植物病理科技创新与绿色防控

——中国植物病理学会 2021 年学术年会论文集

◎ 彭友良 宋宝安 主编

Proceedings of the Annual Meeting of Chinese Society for Plant Pathology (2021)

中国农业科学技术出版社

图书在版编目（CIP）数据

植物病理科技创新与绿色防控：中国植物病理学会 2021 年学术年会论文集 / 彭友良，宋宝安主编 . --北京：中国农业科学技术出版社，2021. 8

ISBN 978-7-5116-5425-0

Ⅰ. ①植… Ⅱ. ①彭… ②宋… Ⅲ. ①植物病理学-学术会议-文集-2021 Ⅳ. ①S432. 1-53

中国版本图书馆 CIP 数据核字（2021）第 144855 号

责任编辑 姚 欢 邹菊华
责任校对 李向荣
责任印制 姜义伟 王思文

出 版 者 中国农业科学技术出版社
北京市中关村南大街 12 号 邮编：100081
电 话 （010）82106636（发行部） （010）82106631（编辑室）
（010）82109703（读者服务部）
传 真 （010） 82106631
网 址 http：//www.castp.cn
经 销 者 各地新华书店
印 刷 者 北京科信印刷有限公司
开 本 210 mm×285 mm 1/16
印 张 44. 125
字 数 900 千字
版 次 2021 年 8 月第 1 版 2021 年 8 月第 1 次印刷
定 价 120. 00 元

《植物病理科技创新与绿色防控》

编辑委员会

前　言

“中国植物病理学会2020年学术年会”因突如其来的新冠肺炎疫情而取消。经中国植物病理学会第十一届理事会研究决定，“中国植物病理学会2021年学术年会”将于2021年8月17—21日在贵州省贵阳市召开。会议期间将分大会场、分会场及墙报形式交流我国植物病理学理论研究与实践的主要进展，以促进我国植物病理学科发展和科技创新。

会议通知发出后，全国各地植物病理学科技工作者投稿踊跃，为了便于交流，会议论文编辑组对收到的论文和摘要进行了编辑，并委托中国农业科学技术出版社出版。本论文集收录论文及摘要共605篇，其中真菌及真菌病害196篇、卵菌及卵菌病害21篇、病毒及病毒病害66篇、细菌及细菌病害52篇、线虫及线虫病害22篇、植物抗病性119篇、病害防治99篇，以及其他30篇。这些论文及摘要基本反映了近年来我国植物病理学科技工作者在植物病理学各个分支学科基础理论、应用基础研究与病害防治实践等方面取得的研究成果。

由于本论文集论文数量多，编辑工作量大，时间仓促，在编辑过程中，本着尊重作者意愿和文责自负的原则，对论文内容一般未做改动，仅对某些论文的编辑体例和个别文字做了一些处理和修改，以保持作者的写作风貌。因此，论文集中如果存在不妥之处，诚请读者和论文作者谅解。另外，在本论文集中发表的摘要不影响作者在其他学术刊物上发表全文。

本次学术年会的召开，得到了贵州大学、贵州省农业科学院、贵州省烟草科学研究院等单位的鼎力支持。在大会筹办和论文集编辑出版期间，中国植物病理学会和上述单位的众多专家和工作人员，为本次大会的召开和论文集的出版，付出了辛勤劳动。在此，笔者表示衷心的感谢！

最后，谨以此论文集庆贺中国共产党成立100周年，祝中国植物病理学会2021年学术年会圆满成功！

编　者

2021年8月

目 录

第一部分 真 菌

第二部分　卵　菌

第三部分 病 毒

第四部分 细 菌

第五部分 线 虫

第六部分 抗病性

第七部分　病害防治

第八部分 其 他

第一部分　真　菌

大丽轮枝菌乙烯形成酶基因的功能分析*

李　彪**　陈　睿　宋　雯　黄家风***
（石河子大学农学院/新疆绿洲农业病虫害治理与
植保资源利用重点实验室，石河子　832002）

摘　要：由大丽轮枝菌（*Verticillium dahliae* Kleb.）引起的棉花黄萎病是严重威胁我国棉花生产的一种土传真菌维管束病害。乙烯作为一种信号分子在病原物与寄主植物互作中具有非常重要的作用。已有研究表明，在尖孢镰刀菌（*Fusarium oxysporum*）和柑橘指状青霉（*Penicillium cyclopium*）中乙烯形成酶基因（*EFE*）与真菌乙烯形成密切相关，并影响真菌对寄主的致病性。NCBI 检索发现，大丽轮枝菌存在 EFE 乙烯合成途径上的乙烯形成酶基因（VDAG_09492），本研究对大丽轮枝菌中的该基因进行功能分析。以棉花黄萎病菌强致病力落叶型菌株 V592 基因组 DNA 为模板，成功克隆了大丽轮枝菌乙烯形成酶基因，命名为 *VdEFE*。对 *VdEFE* 基因编码氨基酸进行结构预测，结果显示 VdEFE 含有与乙烯形成密切相关的 2 个保守结构域：DIOX_N 结构域和依赖铁（Ⅱ）和氧戊二酸的双加氧酶结构域 2OG_FeⅡ_Oxy，表明 *VdEFE* 基因可能与乙烯形成有关。利用同源重组原理和 ATMT 转化获得针对 *VdEFE* 基因的敲除突变体 D*vdefe*、互补体 *EC-vdefe* 及过表达体 *OE-VDEFE*，研究 *VdEFE* 基因对大丽轮枝菌乙烯合成的影响。以野生型 V592 为对照，敲除体 D*vdefe* 乙烯含量显著降低，而过表达体 *OE-VDEFE* 乙烯含量明显升高。2-氧化戊二酸（OXO）是 EFE 乙烯合成途径中的唯一底物，利用 OXO 对所有菌株进行诱导后发现，OXO 能使敲除突变体、互补体及过表达体菌株产生更多的乙烯；受 OXO 诱导，野生型 V592 的乙烯含量显著高于敲除体的乙烯含量。乙烯形成酶 EFE 是一种多功能酶，在催化乙烯形成的同时，还催化琥珀酸的产生，因此对所有菌株的琥珀酸含量进行测定，结果发现过表达体 *OE-VDEFE* 产生的琥珀酸含量明显高于野生型菌株 V592 的含量。对 *VdEFE* 基因敲除突变体的生物学功能进行测定，结果显示，*VdEFE* 基因敲除导致大丽轮枝菌生长速率显著下降，微菌核形成、产孢量和产孢梗均明显减少。致病力测定结果显示，过表达体 *OE-VDEFE* 产生高浓度乙烯抑制大丽轮枝菌致病，敲除突变体 D*vdefe* 产生低浓度乙烯增强大丽轮枝菌致病。上述结果表明，*VdEFE* 基因是 EFE 合成途径中乙烯形成酶基因，证明大丽轮枝菌可以利用 EFE 途径产生乙烯，低浓度乙烯可以增强大丽轮枝菌的致病力，高浓度的乙烯抑制大丽轮枝菌的致病力，同时该基因在大丽轮枝菌生长发育及致病过程有着重要的作用。

关键词：大丽轮枝菌；基因敲除；乙烯形成酶；功能分析

---

* 基金项目：国家自然科学基金资助项目（No. 31760497；No. 32060590）

** 作者简介：李彪，硕士研究生，研究方向为分子植物病理学；E-mail：599057267@ qq. com

*** 通信作者：黄家风，教授，研究方向为分子植物病理学；E-mail：jiafeng_huang@ 163. com

小麦白粉病菌对氟环唑和吡唑醚菌酯的敏感性研究*

房　悦[1,2**]　王柳青[2]　陈凤平[1***]　范洁茹[2***]
(1. 福建农林大学植保学院，福州　350002；
2. 中国农业科学院植物保护研究所，北京　100193)

摘　要：小麦白粉病是由专性寄生真菌禾布氏白粉菌小麦专化型（*Blumeria graminis* f. sp. *tritici*）引起的一种多循环气传性真菌病害，是小麦生产上的主要病害之一，严重威胁小麦的产量和品质，造成巨大损失，生产上通常以化学防治为主。氟环唑是1985年由巴斯夫公司开发的一种甾醇脱甲基化抑制剂，2002年在我国登记用于小麦病害的防治。吡唑醚菌酯是1993年由德国巴斯夫公司开发的一种新型广谱甲氧基丙烯酸酯类杀菌剂，2015年在我国登记用于防治小麦白粉病。这两种药剂在我国登记应用已有多年，但是我国小麦白粉病菌对氟环唑以及吡唑醚菌酯的敏感性现状未见报道。本研究通过离体叶段法，对2019年采自湖北（13）、江苏（8）、京津冀（13）、河南（14）、甘肃（15）、山东（14）、青海（12）、陕西（10）以及2000年以前（17）的共116株小麦白粉病菌菌株进行敏感性测定。结果表明2000年以前采集的小麦白粉病菌对氟环唑的EC_{50}的范围在0.003~0.365 μg/mL，平均值为（0.184 0±0.181）μg/mL；2019年小麦白粉病菌对氟环唑的EC_{50}的范围在0.001~1.002 μg/mL，平均值为（0.501 5±0.500 5）μg/mL，经非参数置换检验，与2000年前未使用氟环唑的菌株相比，2019年小麦白粉病菌群体对氟环唑的敏感性显著下降（p=0.018 6），表明田间小麦白粉病菌对氟环唑已产生敏感性下降的群体。2000年以前的小麦白粉病菌对吡唑醚菌酯的EC_{50}的范围在0.032~0.365 μg/mL，平均值为（0.198 5±0.166 5）μg/mL；2019年小麦白粉病菌对吡唑醚菌酯的EC_{50}的范围在0.030~0.603 μg/mL，平均值为（0.316 5±0.286 5）μg/mL。经非参数置换检验，与2000年前未使用吡唑醚菌酯的菌株相比，2019年小麦白粉病菌群体的敏感性并未发生显著性变化（P=0.883 8），说明田间没有产生对吡唑醚菌酯产生抗药性的菌株。该研究结果为田间小麦白粉病菌对氟环唑和吡唑醚菌酯的使用和小麦白粉病的田间防治提供依据。

关键词：小麦白粉病；氟环唑；吡唑醚菌酯；敏感性；抗药性

* 基金项目：国家自然基金（31972226）小麦白粉病菌耐高温遗传特性及分子机制研究
** 第一作者：房悦，在读硕士，主要研究方向植病流行与控制；E-mail：1042178846@ qq. com
*** 通信作者：范洁茹，助理研究员，研究方向为麦类真菌病害；E-mail：jrfan@ ippcaas. cn
陈凤平，副研究员，病原真菌和卵菌的抗药性及群体遗传学；E-mail：chenfengping1207@ 126. com

不同酸碱度和巴西蕉根系分泌物对香蕉枯萎病菌 Foc1 和 Foc4 镰刀菌酸含量产生的影响*

叶怡婷**　高宇鹤　李华平***

（华南农业大学植保学院，广州　510642）

摘　要：由尖孢镰刀菌古巴专化型（*Fusarium oxysporum* f. sp. *cubense*，Foc）引致的香蕉枯萎病是香蕉生产上一种最重要的病害，其中 1 号（Foc1）和 4 号（Foc4）生理小种在致病性上存在明显的差异。在巴西蕉上，二者均能侵染，但 Foc1 不能、Foc4 却能引致病害症状。为了揭示二者的致病性机制，笔者开展了不同酸碱度以及巴西蕉根系分泌物对二者主要致病因子——镰刀菌酸含量产生的影响，并对病菌的酸碱度调控基因（*PacC*）和镰刀菌酸合成相关基因（*FUB*）进行了表达量分析。试验结果表明，酸碱度能够严重影响镰刀菌酸的产生。与碱性条件下（pH9.0）相比，两个生理小种在酸性条件下（pH5.0）能够产生更多的镰刀菌酸含量；*FUB* 表达量分析结果也显示，Foc 在酸性条件下显著高于碱性条件下的表达量，这些结果表明酸性条件更利于 Foc 产生更多的镰刀菌酸。两个小种相比较，在酸性条件下，Foc1 产生的镰刀菌酸含量少于 Foc4 产生的含量，且 *FUB* 基因表达量也相对降低；*PacC* 表达量分析表明，Foc4 中 *PacC* 的表达量显著高于 Foc1 的表达量，这表明 Foc4 比 Foc1 对 pH 的响应更快或更强。对添加巴西蕉根系分泌物与不添加巴西蕉根系分泌物各个处理组中对比发现，添加巴西蕉根系分泌物虽然均可促进 Foc1 和 Foc4 的菌丝生长，但镰刀菌酸产生的含量在 Foc4 中显著高于 Foc1；进一步的 FUB 表达量分析也证实了这一结果。这种主要致病因子产生的差异可能是导致 Foc1 和 Foc4 在巴西蕉中存在致病性差异的一个重要原因，具体机制仍在进一步研究中。

关键词：香蕉；香蕉枯萎病菌；镰刀菌酸；根系分泌物

---

* 基金项目：财政部和农业农村部：国家现代农业产业技术体系建设专项（CARS-31-09）

** 第一作者：叶怡婷，博士研究生，研究方向为植物病理学；E-mail：ytyeyh@163.com

*** 通信作者：李华平，教授；E-mail：huaping@scau.edu.cn

香蕉枯萎病菌厚垣孢子纯化及萌发过程中基因表达差异分析*

周 荃** 李鹏飞 李华平***
（华南农业大学植物保护学院，广州 510642）

摘 要：由尖孢镰刀菌古巴专化型（*Fusarium oxysporum* f. sp. *cubense*，Foc）引致的香蕉枯萎病，是香蕉生产上危害最为严重的一种土传维管束病害，每年都会给香蕉生产带来严重损失。其中，香蕉枯萎病菌4号生理小种（Foc race 4，Foc4）对香蕉的危害性最大。为了深入探究Foc4分离纯化方法、萌发诱导以及萌发过程中基因的表达情况，笔者较为系统的开展了对其厚垣孢子的诱导、分离纯化方法和不同生理生化条件对其萌发影响的探究，并进一步探究了对病害具有抑制作用的韭菜以及抗病和感病香蕉品种巴西蕉、南天黄的根系分泌物对厚垣孢子萌发过程中基因表达的影响。结果表明，一种米粉培养基对Foc4厚垣孢子产生的诱导效果较佳，诱导14 d即可产生大量厚垣孢子，数量达到2.5×10^7 spores/mL；酶解法和密度梯度离心法均能够对Foc4厚垣孢子进行有效的纯化，其中小量纯化可采用蜗牛酶酶解法，而较大量纯化则采用蔗糖密度梯度离心法，分生孢子去除率分别达到100%和70%以上；巴西蕉、南天黄、辣椒、水稻、韭菜五种寄主或非寄主根系分泌物对Foc4厚垣孢子的萌发有不同程度的促进和抑制，进一步选择巴西蕉、南天黄、韭菜三种作物根系分泌物处理厚垣孢子，对其萌发过程中的基因表达进行转录组测序，结果表明，Foc4厚垣孢子在萌发过程中，脂肪酸降解、氰氨基酸代谢、抗生素的生物合成、色氨酸代谢等相关基因调控作用明显，而巴西蕉、南天黄、韭菜不同根系分泌物处理后，主要影响涉及信号传导及膜转运系统、氧化还原过程、水解过程、细胞壁降解过程、氨基酸代谢、脂质代谢、毒素代谢、抗性反应的转录和调控等过程。具体涉及的与厚垣孢子萌发及响应根系分泌物相关的关键基因的挖掘正在进行。

关键词：香蕉枯萎病；厚垣孢子；分离纯化；根系分泌物；转录组测序

---

* 基金项目：财政部和农业农村部：国家现代农业产业技术体系建设专项（CARS-31-09）
** 第一作者：周荃，硕士研究生，研究方向为植物病理学；E-mail：552306189@qq.com
*** 通信作者：李华平，教授；E-mail：huaping@scau.edu.cn

3种有机酸对假禾谷镰孢菌生长的影响*

孙丹丹[1a,1c]** 肖 茜[1a,1c] 白晶晶[1a,1c] 齐永志[1a,1c]*** 甄文超[1b,1c,2]

（1. 河北农业大学 a. 植物保护学院，b. 农学院，c. 省部共建华北作物改良与调控国家重点实验室，保定 071000；2. 河北省作物生长调控重点实验室，保定 071000）

摘 要：秸秆还田是中国北方小麦玉米一年两熟区普遍采用的种植方式。还田秸秆在土壤物理、化学与生物因子的影响下，会腐解产生多种化学物质，其中有机酸类物质相对含量较高。近年来，秸秆还田麦区小麦茎基腐病发生程度呈逐年加重趋势。为明确还田秸秆腐解产生的水杨酸等有机酸类物质对茎基腐病发生的影响，本试验采用常规方法测定了水杨酸、对羟基苯甲酸和香草酸对小麦茎基腐病优势病原菌假禾谷镰孢菌（*Fusarium pseudograminearum*）菌丝生长、孢子萌发、芽管长度和产孢量的影响。结果表明：浓度低于或等于5.0 mg/L水杨酸对上述4个指标均表现明显促进作用，促进率在3.6%~63.7%；浓度高于10.0 mg/L时均表现抑制作用，其中100.0 mg/L水杨酸对菌丝抑制率最高（16.7%）。在浓度低于5.0 mg/L时对羟基苯甲酸对其均表现明显促进作用，其中，0.5 mg/L对羟基苯甲酸处理8 h后，假禾谷镰孢菌芽管长度比对照增长102.8%。香草酸对上述指标均表现抑制作用，菌丝生长抑制率在7.7%~19.2%。较低浓度的水杨酸和对羟基苯甲酸对假禾谷镰孢菌生长的促进作用可能与秸秆还田麦区小麦茎基腐病重发有关。

关键词：秸秆还田；小麦茎基腐病；假禾谷镰孢菌；菌丝生长；孢子萌发

* 基金项目："十三五"国家重点研发计划（2018YFD0300502、2017YFD0300906）、河北省教育厅项目（ZD2016162）

** 第一作者：孙丹丹，硕士研究生，研究方向为植物土传病害发生生态机制与综合防控；E-mail：sundd12dd@163.com

*** 通信作者：齐永志，博士，副教授，硕士生导师，研究方向为植物土传病害发生生态机制与综合防控；E-mail：qiyongzhi1981@163.com

3 种玉米镰孢茎腐病菌的室内毒力测定*

杨克泽** 马金慧 吴之涛 李文学 常 浩 汪亮芳 徐志鹏 任宝仓***

（甘肃省农业工程技术研究院/甘肃省玉米病虫害绿色防控工程研究中心/
武威市玉米病虫害绿色防控技术创新中心，武威 733006）

摘　要：玉米茎腐病是一种世界性病害，在我国以及大多数国家普遍发生，大多数是由镰孢菌（*Fusarium*）侵染所致，给玉米生产带来严重的威胁。本试验以 3 种从甘肃省玉米茎基部分离到的假禾谷镰孢菌（*Fusarium pseudograminearum*）、尖孢镰孢菌（*F. oxysporum*）和茄病镰孢菌（*F. solani*）为研究对象，采用菌丝生长速率法在室内测定了 12 种不同类型杀菌剂对 3 种镰孢菌的抑制效果，测定其 EC_{50}值，为玉米茎腐病的田间防治提供理论依据。结果表明：12 种药剂对 3 种镰孢菌都有一定的抑制效果，其中 40%咯菌腈 · 氟菌唑酰羟胺对假禾谷镰孢菌毒力最强，其 EC_{50}值为 0.51 μg/mL；10%叶菌唑对尖孢镰孢菌和茄病镰孢菌的毒力最强，其 EC_{50}值分别为 0.06 μg/mL 和 1.1 μg/mL；30%肟菌戊唑醇对假禾谷镰孢菌、尖孢镰孢菌和茄病镰孢菌的毒力都较强，其 EC_{50}值分别为 0.98 μg/mL、0.08 μg/mL 和 1.4 μg/mL；对假禾谷镰孢菌毒力较强的药剂还有 10% 叶菌唑、25% 吡唑醚菌酯、43% 戊唑醇和 43% 氟菌肟菌脂，其 EC_{50} 值依次 1.28 μg/mL、1.39 μg/mL、2.05 μg/mL 和 5.55 μg/mL；对茄病镰孢菌毒力较强的药剂还有 50%多菌灵、40%咯菌腈 · 氟菌唑酰羟胺和 43%氟菌肟菌脂，其 EC_{50}值分别为 3.5 μg/mL、3.5 μg/mL 和4.5 μg/mL；对尖孢镰孢菌毒力较强的药剂还有 40%咯菌腈 · 氟菌唑酰羟胺、43%氟菌肟菌脂、43%戊唑醇、30%丙硫菌唑、50%多菌灵和 20%氟唑菌酰羟胺，其 EC_{50}值分别为 0.07 μg/mL、0.14 μg/mL、0.6 μg/mL、0.94 μg/mL、2.95 μg/mL 和 4.23 μg/mL。

关键词：玉米茎腐病；假禾谷镰刀菌；尖孢镰刀菌；茄病镰刀菌；毒力测定

* 基金项目：甘肃省青年科技基金计划（17JR5RA016）；甘肃省重点研发计划（18YF1NA011）；甘肃省青年科技基金计划（20R10RA482）；甘肃省玉米产业技术体系（GARS-02-03）等项目资助

** 第一作者：杨克泽，高级农艺师，研究方向为玉米病害研究及防治；E-mail：307231530@ qq. com

*** 通信作者：任宝仓，副研究员，研究方向为作物病虫害研究及防治；E-mail：463573198@ qq. com

腐殖酸钾对土壤中香蕉枯萎病菌种群消长的影响*

谢衡萍**　李鹏飞　李华平***

（华南农业大学植保学院，广州　510642）

摘　要：香蕉（*Musa* spp.）主要种植于热带和亚热带地区。由尖孢镰刀菌古巴专化型4号小种（*Fusarium oxysporum* f. sp. *cubense* race 4，Foc4）引起的香蕉枯萎病严重威胁着世界香蕉产业的发展，研发有效的防控措施是当前香蕉生产上最重要的一个任务。腐殖酸钾是一种能够改善土壤理化性质、优化土壤微生物群落的土壤改良剂，但腐殖酸钾与香蕉枯萎病菌的直接作用尚不明确。为此，笔者测定了不同浓度腐殖酸钾对病菌培养的生物量影响，利用灭菌土壤测定了不同含量腐殖酸钾对病菌的生存状态和种群消长、不同水分土壤含量中病菌的生存和繁殖，以及对病菌产生的镰刀菌酸毒素的影响。结果表明，Foc4在灭菌土中较非灭菌土更易生存和繁殖，在灭菌土中添加腐殖酸钾在初期能显著降低病菌繁殖；利用激光共聚焦显微镜、平板计数和荧光定量PCR定期检测不同处理土壤（腐殖酸钾浓度分别为0 g/kg、16 g/kg、32 g/kg、64 g/kg、96 g/kg）中病菌含量发现，腐殖酸钾能够促进Foc4分生孢子的萌发形成菌丝体以及促进厚垣孢子的形成，并抑制病原菌的生长发育而导致土壤中Foc4含量的下降，但不同浓度的腐殖酸钾对Foc4的抑制效果影响不明显；不同含水量的土壤能显著影响香蕉枯萎病菌的生存，在湿润和干旱土壤中病菌含量下降缓慢，但在淹水土壤中病菌下降明显。在淹水状态下，病菌在120 d后仍然保持在较高的数量水平；腐殖酸钾能够抑制或减轻镰刀菌酸对香蕉植株的毒害作用，其中中低浓度的腐殖酸钾（腐殖酸钾浓度为3.2 g/L、16 g/L）对FA的解毒效果更好，高浓度（64 g/L）的腐殖酸钾对香蕉具有毒害作用。

关键词：香蕉；香蕉枯萎病；腐殖酸钾；灭菌土壤；种群数量

---

* 基金项目：财政部和农业农村部：国家现代农业产业技术体系建设专项（CARS-31-09）

** 第一作者：谢衡萍，硕士研究生，研究方向为植物病理学；E-mail：931633336@ qq. com

*** 通信作者：李华平，教授；E-mail：huaping@ scau. edu. cn

热耐受性关键调控因子 FpHsp104 参与假禾谷镰孢的产孢和致病性*

夏荟清** 凡 卓 彭梦雅 李洪连 陈琳琳***

（河南农业大学植物保护学院/小麦玉米作物学国家重点实验室/
河南省粮食作物协同创新中心，郑州 450002）

摘 要：假禾谷镰孢（*Fusarium pseudograminearum*）引起的小麦茎基腐病是一种世界性病害，近年来在我国黄淮麦区发生严重，罹病小麦茎基部变褐，形成枯白穗，造成小麦产量的严重损失。与其他镰孢菌类似，假禾谷镰孢产生 DON 等毒素，危害人和动物的健康，对小麦的品种造成严重影响。由于目前缺乏抗病小麦品种，加之病害初期症状不明显，导致小麦茎基腐病防治困难。研究假禾谷镰孢的致病机理将为病害的精准防控提供理论基础。热激蛋白是在大多数生物体内广泛存在的高度保守的蛋白，在生物体抵抗多种逆境过程中起着非常重要的作用。其中，真核生物热激蛋白 Hsp104 是细菌分子伴侣 ClpB 和植物 Hsp100 的同源物，在真菌抵抗高温和各种化学物质中起着重要作用。但其在植物病原真菌中的功能研究较少。本研究在假禾谷镰孢基因组中鉴定到一个 Hsp104 同源蛋白 FpHsp104，具有 Hsp104 保守的结构域，蛋白分子量为 103.8kDa。表达分析发现在假禾谷镰孢的致死高温处理中，*FpHsp*104 的表达完全被抑制，病原菌转移到适合的温度时，*FpHsp*104 明显诱导表达，说明 *FpHsp*104 可能参与病原菌对高温的耐受性。利用 PEG 介导的遗传转化方法获得 *FpHsp*104 缺失突变体，与野生型和回补菌株相比，*FpHsp*104 缺失突变体的菌丝生长无明显变化，但是对高温的敏感性增强。而且在高温诱导下，*FpHsp*104 的定位会在一些小颗粒上聚集。*FpHsp*104 的缺失不影响假禾谷镰孢在渗透压、氧化应激和细胞壁应激反应中的耐受性。除此以外，*FpHsp*104 在假禾谷镰孢分生孢子中高表达，而且 *FpHsp*104 的缺失导致真菌分生孢子产生减少，分生孢子变短、分隔减少、萌发减慢，且多个产孢相关基因的表达下调，但是 *FpHsp*104 不影响基因 mRNA 的剪接修复。与野生型和回补菌株相比，*FpHsp*104 缺失突变体对小麦和大麦的致病性明显降低，但是对 DON 毒素的合成无明显变化。以上结果说明，*FpHsp*104 对假禾谷镰孢对高温的耐受性非常关键，并参与病原菌的产孢和致病性。

关键词：小麦茎基腐；假禾谷镰孢；热激蛋白；高温耐受性

---

* 基金项目：国家自然科学基金—河南省联合基因项目（U2004140）

** 第一作者：夏荟清，硕士研究生，研究方向植物真菌病害；E-mail：898597114@ qq. com

*** 通信作者：陈琳琳，副教授，研究方向植物病理学；E-mail：llchensky@ 163. com

凤梨释迦黑星病病原菌的初步鉴定

蓝达愉* 舒芳玲 秦小芳 林 纬 黎起秦 袁高庆**
（广西大学 农学院，南宁 530004）

摘　要： 凤梨释迦（*Annona atemoya* Hort.）又称蜜释迦，为番荔枝科（Annonaceae）番荔枝属（*Atemoya*）中的一种多年生果树，具有重要的经济价值，近年来在广西东南部和沿海地区种植面积不断扩大，呈规模化种植趋势。近几年来，在广西南宁市发现一种凤梨释迦叶部病害发生普遍，严重时病叶率达到65%左右。受害叶片首先出现针尖大小的黑褐色斑点，随后扩展形成近圆形小黑斑，直径 1~3 mm，病斑中央稍凹陷，边缘多有黄晕，靠近支脉处病斑分布更加密集。主脉和支脉亦可受害，形成黑色条斑。病斑后期出现小黑点即分生孢子器，大量产生时触摸有粗糙感。多个小病斑可愈合形成不规则形大斑，致叶肉组织坏死、叶片提早脱落。采集典型病叶，利用常规组织分离法分离得到 6 个菌株。在 28 ℃下 PDA 培养基上培养，菌落白色呈羽毛状，具有同心轮纹，后期菌丝颜色加深呈黄白色。在燕麦培养基上 28 ℃培养 7 d 后开始形成小黑点即分生孢子器，15 d 后形成成熟的分生孢子。所分离菌株都可产生甲型和乙型两种分生孢子。甲型分生孢子呈纺锤形，大小为（6.94~8.97）μm×（2.31~3.87）μm，两端多具两个油球。乙型分生孢子呈线性，大小为（20.76~31.84）μm×（1.05~2.01）μm，一端微弯曲。扩增 6 个菌株的 rDNA-ITS、β-微管蛋白（β-TUB）和翻译延伸因子（TEF-1α）基因序列，经 NCBI 数据库 BLASTn 比对分析，确定 6 个菌株均属于间座壳属（*Diaporthe* sp.），其无性型为拟茎点霉属（*Phomopsis* sp.）。选取两个有代表性的菌株在燕麦培养基上于 28 ℃培养 6 d，用打孔器取 5 mm 的菌饼，以针刺法接种到健康的离体叶片上，以接种燕麦培养基为对照，然后置于 28 ℃下保湿培养。4 d 后，接种分离物的叶片上均出现黑色病斑，而对照处理中的叶片保持健康。通过组织分离法分离发病部位的病原真菌，获得的分离物与原接种菌株的形态特征一致。研究结果表明，凤梨释迦黑星病是由拟茎点霉属真菌引起，其分类地位有待进一步明确。

关键词： 凤梨释迦；黑星病；拟茎点霉；鉴定

---

* 第一作者：蓝达愉，硕士研究生，研究方向为植物病害及其防治；E-mail：landayu@ foxmail. com
** 通信作者：袁高庆，博士，副教授，研究方向为植物病害及其防治；E-mail：ygqtdc@ sina. com

河南省麦根腐平脐蠕孢中的 *ToxA* 基因的携带情况*

耿月华** 李田田 马庆周 徐 超 郭雅双 臧 睿 张 猛***
（河南农业大学植物病理学系，郑州 450000）

摘 要：小麦根腐病是一种世界性的小麦重要病害，在美国、法国、加拿大、德国以及我国北方危害严重，主要病原为麦根腐平脐蠕孢（*Bipolaris sorokiniana*）。*ToxA* 毒素是一个死体营养效应因子，也是一种很重要的毒力因子，最早发现于小麦病原（*Prenophora tritici-repentis*）的代谢培养液中，毒素 A 蛋白最初是由 Tomas 和 Bockus（1987）利用培养发现的，它易受感染，且具有疾病的易感性（Tomás 等，1987）。1995 年 Tuori 研究证明 PtrToxA 是一种 13.2 kDa 蛋白坏死效应子（NE），它是第一个被发现的蛋白质死体营养效应因子（Tuori 等，1995）。1997 年 Ballance 等表明它是 *Parastagonospora Nodorum* 基因组中的一个单拷贝基因，后来发现其水平转移到麦根腐平脐蠕孢中。根据 *ToxA* 基因的基因序列设计了一对特异性引物，ToxA-F 和 ToxA-R，在本实验室保存的其他菌株中进行检测，包括桃褐腐病菌、梨轮枝菌、拟茎点霉菌、链格孢、褐腐病菌、麦根腐平脐蠕孢、镰刀菌、炭疽菌、草莓棒孢菌、玉米圆斑病菌、玉米弯孢病菌、玉米大斑病菌中进行 PCR 检测，发现只有在麦根腐平脐蠕孢的部分菌株中检测到了 *ToxA* 基因，因此证明设计的特异性引物 ToxA-F 和 ToxA-R 对麦根腐平脐蠕孢具有特异性，可以用来作接下来的麦根腐平脐蠕孢中 *ToxA* 基因检测的特异性引物。利用此特异性引物，对分离自河南不同地区的 48 株麦根腐平脐蠕孢菌株进行了检测，发现 29 株含有 *ToxA* 基因，有 19 株不含有 *ToxA* 基因。并且通过 RT-PCR 在 RNA 转录水平上对 *ToxA* 进行了检测，检测结果与 DNA 水平上的一致。

从中挑选出含有和不含有 *ToxA* 的麦根腐平脐蠕孢各 3 株，对小麦矮抗 58 品种（AK58）致病力进行了测定，结果表明含有 *ToxA* 和不含有 *ToxA* 的麦根腐平脐蠕孢菌株对小麦叶片的致病力均无显著的差异，该基因在麦根腐平脐蠕孢侵染小麦过程中的作用尚待研究。

关键词：*ToxA* 基因；毒素；小麦根腐病；麦根腐平脐蠕孢；致病力

---

* 支持项目：国家自然科学基金项目（31770029）
** 第一作者：耿月华
*** 通信作者：张猛；E-mail：zm2006@163.com

Inheritance and linkage of virulence genes in *Puccinia striiformis* f. sp. *tritici* race virulent to *Yr*5 via selfing on susceptible barberry

ZHANG Gensheng KANG Zhensheng ZHAO Jie*

(*State Key Laboratory of Crop Stress Biology for Arid Areas*, *College of Plant Protection*, *Northwest A&F University*, *Yangling* 712100, *Shaanxi*, *China*)

Abstract: *Puccinia striiformis* f. sp. *tritici* (*Pst*), the causal pathogen of wheat stripe rust, which seriously threatens the safety of wheat production worldwide. *Pst* is of quick variability to produce new virulent races, resulting in ineffectiveness of resistance genes. Recently, a race virulent to *Yr*5, TSA-6, was identified in China. In this study, 120 progenies of the race were obtained by selfing on barberry (*Berberis shensiana*) as an alternate host. Phenotyping analysis showed that the virulence (V) avirulence (A) characteristics of parental isolate and its progenies were divided into 73 virulence phenotypes (VPs) based on tests 25 single *Yr* gene lines. Parental isolate and all progenies were avirulent to *Yr*10, *Yr*15, *Yr*26, but only virulent to *YrA*, indicating that the avirulence /virulence genes were homozygous at those loci. Phenotypic analysis indicated that VPs to *Yr*3 and *Yr*5, with a ratio of A : V=3 : 1, were controlled by a dominant gene, and those to *Yr*2, *Yr*7, and *Yr*8, showed a ratio of A : V=1 : 3, were controlled by a recessive gene, respectively. However, the VPs to *Yr*1, *Yr*6, *Yr*9, *Yr*17, *Yr*27, *Yrsp*, *Yr*25, *Yr*28, *Yr*29, represented a ratio of A : V=1 : 15, were controlled by two complementary recessive genes, and those to *YrTr*1 and *Yr*32, showed a ratio of A : V=15 : 1, were controlled by two complementary dominant genes. The VPs to *Yr*44, *YrTye* (A : V=3 : 13) and *Yr*4, *YrExp*2, *Yr*43 (A : V=13 : 3) were possibly controlled by one dominant gene and one recessive gene, or one dominant gene and one suppressor gene. Totally, 111 multi-locus genotypes (MLGs) were detected among progenies by using 21 KASP-SNP makers. Twenty one avirulence/virulence gene loci corresponding to 21resistance genes, expect for 4 homozygous loci, were constructed in a linkage map, and phenotypes of some progenies were associated with their genotypes each other. The results showed that sexual reproduction can produce new virulence and diverse genotypes of *Pst*.

Key words: wheat stripe rust; sexual reproduction; selfing; virulence variation; genetics of virulence/ avirulence

* Corresponding author: ZHAO Jie; E-mail: jiezhao@ nwafu. edu. cn

Mating system of *Puccinia striiformis* f. sp. *tritici* is tetrapolar, contributing to virulence evolution and population diversity through sexual genetic recombination

LI Sinan DU Zhimin JU Meng YANG Letao KANG Zhensheng ZHAO Jie*

(*State Key Laboratory of Crop Stress Biology for Arid Areas*, *College of Plant Protection*, *Northwest A & F University*, *Yangling* 712100, *Shaanxi*, *China*)

Abstract: Wheat stripe rust, caused by *Puccinia striiformis* f. sp. *tritici* (*Pst*), is a major disease threatening safety of wheat production. Rational selection and deployment of disease-resistant varieties can effectively, economically and environmentally manage wheat stripe rust. However, the emergence and accumulation of new virulent races of *Pst* often leads to ineffectiveness of resistance in varieties, resulting in a large scale of epidemics of wheat stripe rust. In recent years, studies showed that sexual reproduction is a main way of virulence variation of *Pst*.

The sexual reproduction in Basidiomycetes includes two types: homothallism and heterothallism. And the heterothallism includes the bipolar mating system and the tetrapolar mating system. The mating type (*MAT*) genes of Basidiomycetes are limited to two types, one is the *A* mating type locus encoding the homeodomain transcription factor (*HD* gene), and the other is the *B* mating type locus encoding the pheromone precursor and pheromone receptor (*P/R* gene). At present, the *MAT* genes and the mating system of *Pst* has been not well understood, and the role of sexual reproduction on the genetic diversity of natural *Pst* population is still needed to be further explored. In this study, a total of 11 *HD*1 gene sequences were cloned from the natural population of *Puccinia striiformis* (*Ps*), 10 of which were from *Pst* and one from *Puccinia striiformis* f. sp. *hordei* (*Psh*). The mating system of *Pst* is confirmed to be tetrapolar. Sexual hybridization of *Pst* was the main reason for the diversity of *HD*1 gene combination types in *Pst* population, which can cause the genetic diversity of *Pst* natural population. Analysis of the epidemic of *Pst* in 11 provinces of China based on *HD*1 gene showed that the *Pst* populations in Gansu and Shaanxi provinces were abundant in *HD*1 gene combination types and had high genetic diversity, and the *Pst* populations in Tibet and Xinjiang were two relatively independent populations compared to other regions in China. The results provide an insight into further understanding the mating type of *Pst*, revealing the role of sexual reproduction on the variation and prevalence of *Pst*, and a basis for management of wheat stripe rust.

Key words: wheat stripe rust; mating type gene; sexual genetic recombination; genetic diversity

* Corresponding author: ZHAO Jie; E-mail: jiezhao@ nwafu. edu. cn

2019 年江浙两省小麦条锈病发生菌源研究

鞠 萌 康振生 赵 杰
（西北农林科技大学植物保护学院旱区作物逆境生物学国家重点实验室，杨凌 712100）

摘 要：小麦条锈病是条形柄锈菌小麦专化型（*Puccinia striiformis* f. sp. *tritici*，*Pst*）引起的世界范围均有发生的毁灭性病害，严重威胁小麦生产安全。该病害通过气流远距离传播，最远可达 2 000 km，其传播受风向和风力的影响。平常年份，条锈病仅在我国东部的江苏、浙江地区零星发生，而 2019 年春季条锈病在该地区发生大规模严重流行。因此，为明确 2019 年江浙地区条锈病流行的菌源，本研究利用两套鉴别寄主对来自全国 10 个省份的 171 个菌系进行了毒力测定，并通过 20 对 SNP 引物对其进行了基因型分型检测。表型和基因型分析结果表明，2019 年江浙两省小麦条锈菌的群体构成不同，小麦条锈病的传播来自两条不同的传播途径，江苏病原群体主要来自云南，而浙江病原群体主要来自四川和贵州，同时，陇南越夏区越夏菌源为越冬区（河南南部、湖北北部）秋苗侵染提供了菌源，并为翌年东部包括江、浙在内的春季流行区提供菌源。研究证实，我国小麦条锈病的区域间流行可能较为复杂，西南片区在全国条锈病发生中的作用应引起重视。

关键词：小麦条锈菌；毒力鉴定；基因分型；病害传播

陕西省小麦条锈病自西向东传播的分子证据

刘　薇　康振生　赵　杰
（旱区作物逆境生物学国家重点实验室，西北农林科技大学植物保护学院，杨凌　712100）

摘　要：小麦条锈病是由条形柄锈菌小麦专化型（*Puccinia striiformis* f. sp. *tritici*）引起的小麦上的重要病害，该病害主要通过气流传播，严重威胁我国小麦生产安全。陕西省是我小麦条锈病的常发流行区，但是，小麦条锈菌菌源来源及传播路线的直接证据鲜有报道。因此，本研究通过对2019—2020年采集的陕西省（172个）与甘肃省（55个）的227个小麦条锈菌菌株，利用23对多态性KASP-SNP分子标记进行基因分型。聚类分析、群体结构分析、群体多样性分析和DAPC分析的结果表明，春季陕西省内小麦条锈菌的传播由西向东传播，传播路线为宝鸡→咸阳→西安→渭南；甘肃省（天水、陇南）与陕西省小麦条锈菌群体间存在一定基因交流。本研究从分子层面直接证实陕西省小麦条锈病自西向东传播，陕西西部是陕西省小麦条锈病发生的重要菌源基地，研究结果为陕西省小麦条锈病的防治提供了科学依据。陕西省小麦条锈病的菌源需进一步研究明确。

关键词：小麦条锈病；病害流行；分子标记；SNP；MLG

自然条件下小麦条锈菌侵染十大功劳完成有性生殖的证据

程相瑞 赵 杰 康振生
(旱区作物逆境生物学国家重点实验室，西北农林科技大学植物保护学院，杨凌 712100)

摘 要：近年，学者证实中国分布的多种小檗（*Berberis* spp.）是条形柄锈菌小麦专化型（*Puccinia striiformis* f. sp. *tritici*）的转主寄主，证实小檗在自然条件下小麦条锈菌有性生殖的发生，毒性变异及条锈病的发生中起作用。但是，十大功劳（*Mahonia* spp.）在小麦条锈病中的作用尚无研究报道。本研究旨在明确小麦条锈菌转主寄主十大功劳的种类及其自然条件下能否侵染十大功劳完成有性生殖。结果表明十大功劳、安坪十大功劳和长阳十大功劳可作为小麦条锈菌的转主寄主；从自然发病的十大功劳上分离获得小麦条锈菌菌系 7 个，其中 1 个为已知小种，6 个为新菌系，其 54 个单孢群体归于 20 个不同的致病类型，其中 19 个为新致病类型。利用 SNP 分子标记技术对 54 个单孢群体进行遗传多样性分析，获得其 Nei's（1973）基因多样性指数（H）为 0.32，Shannon 信息指数（I）为 0.49，表现出丰富的遗传多样性。综上所述，在中国十大功劳不仅可以作为小麦条锈菌的转主寄主，而且自然条件下小麦条锈菌在野生十大功劳上完成有性生殖。但是野生感病十大功劳能否在小麦条锈病的发生中起作用，需进一步研究明确。

关键词：小麦条锈菌；十大功劳；转主寄主；SNP 分子标记

凸脐蠕孢菌玉米专化型和高粱专化型差异效应蛋白基因的表达分析*

马周杰** 何世道 黄宇飞 庞欣宇 王禹博 姚 远 高增贵***

（沈阳农业大学植物保护学院，沈阳 110866）

摘 要：玉米、高粱等禾本科作物大斑病是由凸脐蠕孢菌（*Setosphaeria turcica*）侵染引起的真菌叶部病害，经常造成严重的经济损失。玉米专化型（*Setosphearia turcica* f. sp. *zeae*）和高粱专化型（*Setosphearia turcica* f. sp. *sorghi*）表现出明显的寄主专化性，二者具有密切的进化关系。目前，对凸脐蠕孢菌专化型的致病专化机理尚不明确。本研究通过对高粱专化型进行全基因组测序，结合已公布的玉米专化型基因组数据，利用 SignalP-5.0 Server、TMHMM Server v2.0、TargetP-2.0 Server 以及 EffectorP 2.0 等软件进行序列分析。结果显示，玉米专化型和高粱专化型中分别存在 137 个和 160 个效应蛋白基因，进一步分析显示，在玉米专化型特有的 24 个效应蛋白基因中有 8 个为功能注释基因，包含糖苷水解酶家族基因 A1078、A2464、A3531、A6616、A8125，碳水化合物酯酶家族基因 A2199、A3017 以及碳水化合物结合模块家族基因 A0353；而在高粱专化型特有的 47 个效应蛋白基因中仅有 6 个为功能注释基因，分别为裂解多糖单加氧酶基因 A01301，糖苷水解酶家族基因 A03194、A06951 以及碳水化合物酯酶家族基因 A07496、A07946、A08959。利用荧光定量 PCR 分析了这 14 个效应蛋白基因与其寄主互作过程中的表达情况，发现除玉米专化型中 A1078 以及高粱专化型 A07496 出现负调控外，其余基因均在病原菌侵染寄主过程中随病程的延长而大幅度上调表达，推测其在专化性侵染寄主时起到关键性作用。以上研究结果为凸脐蠕孢菌致病分化机制提供了重要的理论依据，为防治大斑病和抗病品种的遗传育种提供了有效的参考。

关键词：凸脐蠕孢菌；基因组；效应蛋白；荧光定量 PCR

---

* 基金项目：“十三五”国家重点研发项目（2018YFD0300307；2017YFD0300704；2016YFD0300704）

** 第一作者：马周杰，博士研究生，研究方向为玉米病害研究

*** 通信作者：高增贵，研究员，博士生导师；E-mail：gaozenggui@ syau. edu. cn

玉米大斑病菌侵染玉米早期的组织学研究

房雅丽*

（山西农业大学植物保护学院，晋中，030801）

摘　要：由大斑刚毛球腔菌（*Setosphaeria turcica*）引起的玉米大斑病是威胁世界玉米生产的主要病害之一，可造成严重经济损失。然而，尚不清楚该病原菌侵染玉米的早期侵染过程。本研究调查了玉米大斑病菌孢子萌发和附着胞形成的最适温度，并且通过组织学染色观察了玉米大斑病菌侵染玉米叶鞘时侵染结构的特征和玉米细胞的活性。结果表明：玉米大斑病菌孢子萌发和附着胞形成的最适温度为 20 ℃。玉米大斑病菌接种玉米叶鞘 8h 后，萌发的孢子形成附着胞并穿透玉米表皮细胞，在附着胞下形成圆形的囊泡，在接种 16~24 h 后，侵染菌丝分枝，进入临近的细胞。侵染菌丝倾向于沿着细胞壁扩展进入临近细胞。更为重要的是，玉米叶鞘细胞在受到侵染 8h 后死亡。本研究为揭示玉米大斑病菌与玉米互作分子机制奠定基础。

关键词：玉米大斑病菌；大斑刚毛球腔菌；组织学

* 第一作者：房雅丽，助理研究员

引起我国甜樱桃叶斑病的间座壳属菌种类鉴定*

周悦妍** 张 玮 李兴红 燕继晔***
（北京市农林科学院植物保护环境保护研究所，北京 100097）

摘 要：近年来我国甜樱桃种植面积迅速增加，樱桃叶斑病（Cherry Leaf Spot）是甜樱桃上发生普遍的病害之一，具有多种症状类型和病原菌，造成早期落叶，削弱树势，降低樱桃的产量和品质。2019 年在北京市、四川省、山东省和辽宁省发现一种樱桃叶斑病，该病害通常从叶边缘产生近圆形或不规则灰褐色病斑，病斑周围具有黄色晕圈，有时病斑脱落形成穿孔，与已报道的其他叶斑病症状明显不同。采集样品经组织分离法进行病原菌分离纯化，得到 5 株单孢系菌株，结合形态学观察与分子系统发育分析进行种的鉴定。菌落白色毡状，后期菌落表面形成黑色分生孢子器，产生 α 型和 β 型两种类型的分生孢子，并测量孢子大小。利用最大似然法，基于核糖体基因内转录间隔区（ITS）、转录延伸因子（*EF* 1-α）、β-微管蛋白（TUB2）、钙调蛋白（CAL）基因，利用最大似然法（ML）构建多基因系统发育树，5 株菌与甜樱间座壳 *Diaporthe eres* 聚为一枝，自举支持率为 77%。因此分离获得的菌株鉴定为 *Diaporthe eres*。采用离体叶片接种法进行柯赫氏法则验证，结果表明 *D. eres* 可侵染甜樱桃离体叶片，形成褐色病斑，病斑的病健交界处可再分离获得 *D. eres* 菌株。综上所述，将引起我国甜樱桃叶斑病的间座壳属菌鉴定为 *D. eres*。研究结果为我国樱桃叶斑病的高效防控奠定了基础。

关键词：甜樱桃；叶斑病；间座壳属

* 基金项目：北京市农林科学院创新能力建设专项（KJCX20210403）
** 第一作者：周悦妍，硕士研究生；E-mail：yueyan_zhou@163.com
*** 通信作者：燕继晔，研究员；E-mail：jiyeyan@vip.163.com

稻曲病菌 SIX 效应蛋白参与调控植物免疫*

刘月冉　孙　庚　屈劲松　王毓富　阴伟晓**　罗朝喜
（华中农业大学植物科技学院，湖北省作物病害监测及安全控制重点实验室，武汉　430070）

摘　要：稻曲病菌能够分泌大量效应蛋白帮助其侵染水稻，其中有一类为 SIX（Secreted in xylem）效应蛋白。本研究对稻曲病菌中的 6 个 SIX1 蛋白和 1 个 SIX2 蛋白进行分析。通过酵母系统对其分泌特性进行分析；在烟草上通过农杆菌介导的瞬时表达检测 SIX 蛋白是否抑制 BAX、INF1、XEG1 引起的坏死；在烟草上表达 SIX 蛋白后接种疫霉，观察 SIX 效应蛋白对疫霉侵染是否有促进作用。结果表明：所检测的 SIX 蛋白均具有分泌功能；SIX 蛋白参与了植物的免疫反应并且能够促进侵染。本研究结果表明稻曲病菌 SIX 效应蛋白在病原菌致病过程中发挥作用，为其他效应蛋白的研究提供参考。

关键词：稻曲病菌；SIX 效应蛋白；植物免疫；致病性

* 基金项目：国家自然科学基金（No. 31701736）
** 通信作者：阴伟晓；E-mail：wxyin@ mail. hzau. edu. cn

锌指蛋白转录因子 MoIRR 的功能研究*

孟凡珠[1**] 王佐乾[3] 阴伟晓[1,2] 罗朝喜[1,2***]

（1. 华中农业大学植物科学技术学院，武汉 430070；
2. 湖北省作物病害监测和安全控制重点实验室，武汉 430070；
3. 湖北省农业科学院，武汉 43007）

摘　要：稻瘟病是水稻三大病害之一，对水稻产量有着重要的影响。稻瘟灵（富士1号）是一种用于稻瘟病防治的高效、低毒的杀菌剂。随着杀菌剂的大量的使用，病原菌对杀菌剂的抗药性风险越来越受到人们关注。

实验室前期明确了一个编码 Zn2Cys6 锌指蛋白转录因子的基因 *MoIRR* 负调控稻瘟病菌对稻瘟灵的抗性。为了进一步的发现 MoIRR 的下游靶标，本研究进行了转录因子 MoIRR 的 ChIP-seq 的工作。以高效 MoIRR-FLAG 的过表达突变体进行 ChIP 实验，将获得的 19.6 ng 的特异性 DNA 建库测序。以 input 为背景，使用 MACS 对 IP 组 peak 提取，共计获得 9 405 个peak，peak 长度主要在 200～600 bp，其中在 promoter-TSS 区域在基因组功能区的 peak 占比为 48.96%。通过对 9 405 个peak 注释，一共获得 2 134 个基因，其中 peak 处于 promoter-TSS 为候选区域，共注释 1 627 个基因，占注释基因的 76.24%。利用 Pathway 显著性富集分析，在 Peak 相关基因中显著性富集的 Pathway，共显著的富集到 8 个 Pathway，如次生代谢产物的生物合成、脂肪酸的降解。通过对 MoIRR ChIP-seq 分析，获得候选的下游靶标基因，对进行下一步分子实验打下了良好的基础。

关键词：杀菌剂抗性；ChIP-seq；转录因子；稻瘟病菌

---

* 基金项目：国家重点研发计划（2016YFD0300700）；华中农业大学基础研究支持项目（2662015PY195）

** 第一作者：孟凡珠，博士研究生；E-mail：mengfanzhu123@163.com

*** 通信作者：罗朝喜，教授，研究方向为病原真菌抗药性机理、果树病害防控及稻曲病与水稻互作；E-mail：cxluo@mail.hzau.edu.com

云南山茶内生产香菌的分离鉴定及其生物学特性研究*

钟丽伟[1**] 樊炳君[1] 雷 荣[1] 马艺玲[1] 刘佳妮[1]
陈泽斌[1] 钟宇[1] 徐胜光[2] 魏 薇[1***]
（1. 昆明学院农学与生命科学学院，昆明 650214；
2. 云南省高校生物炭工程研究中心，昆明 650214）

摘 要：本研究采用组织分离法，从云南山茶（*Camellia reticulata* Lindl.）叶片中分离、纯化得到一株具有产香特性的内生真菌 CXJ。通过对分离菌的形态学观察，结合真菌 rDNA-ITS 序列分析法对其进行鉴定，初步鉴定该菌为黑轮层炭壳（*Daldinia* sp.）。为了进一步明确该产香真菌的生物学特性，通过测定不同培养条件下的菌落直径来分析光照、pH 值、温度、培养基、碳源和氮源对该菌株生长的影响。结果表明：该产香真菌在全黑暗条件下菌丝生长最佳，适宜菌落生长的 pH 值为 9~12，最适温度为 28 ℃，最适培养基为 PDA，葡萄糖和果糖为最佳碳源，酵母浸膏为最佳氮源。上述研究为该株具有生防潜能的产香菌的产香机制和产香真菌资源开发提供理论基础。

关键词：云南山茶；产香真菌；分离与鉴定；生物学特性

* 基金项目：国家自然科学基金项目（31902109）；云南省教育厅科学研究基金项目（2019J0571）
** 第一作者：钟丽伟，硕士，研究方向为植物与病原菌互作；E-mail：zhonglw2020@ 163. com
*** 通信作者：魏薇，讲师，博士，研究方向为植物与病原菌互作；E-mail：weiweiperson@ 163. com

Inheritance and linkage of virulence genes in a Chinese isolate Psh1 of the barley stripe rust pathogen *Puccinia striiformis* f. sp. *hordei*

DU Zhimin KANG Zhensheng ZHAO Jie*

(*State Key Laboratory of Crop Stress Biology for Arid Areas*, *College of Plant Protection*, *Northwest A & F University*, *Yangling* 712100, *Shaanxi*, *China*)

Abstract: Barley stripe rust, caused by *Puccinia striiformis* f. sp. *hordei*, is an important fungal disease threating barley production worldwide. The disease causes significant yield reduction in barley growing regions as epidemics occur. The emergence and development of new virulent races can overcome the resistance of barley cultivars becoming susceptible and were responsible for subsequent stripe rust epidemics. In this study, a total of 53 progenies were obtained by selfing of a *P. striiformis* f. sp. *hordei* isolate Psh1 on *Berberis aggregate* serving as an alternate host. The parental isolate and its progenies were characterized by phenotyping on 11 barley varieties with different resistance genes, and genotyping with 24 polymorphic KASP-SNP markers. The 53 progenies were classified into 18 virulence phenotypes (VPs), and generated 27 multi-locus genotypes (MLGs). All progenies and parental isolate were avirulent to *rpsHF*, but virulent to *rpsTr*1 and *rpsTr*2. The VPs of the parental isolate to resistance gene *rpsEm*1, *rpsEm*2, *rpsAst*, *rpsHi*1, *rpsHi*2, *rpsVa*1, *rpsVa*2, *rps*2, *Rps*1. *c*, *Rps*1. *b*, *Rps*3, *rpsI*5, and *RpsBab* were identified to be heterozygous. Based on the segregation of the virulence/avirulence phenotypes, the VPs to *rpsEm*1, *rpsEm*2, *rpsVa*1, *rpsVa*2, *RpsBab* and *Rps*1. *b* were controlled by two recessive genes, those to *rpsAst*, *Rps*3 and *rpsI*5 were controlled by one dominant gene and one recessive gene, those to *rpsHi*1 and *rpsHi*2 were controlled by two dominant genes, and those to *rps*2 and *Rps*1. *c* were controlled by one recessive gene. Molecular mapping was constructed to reveal the linkage of 13 virulence/avirulence genes. The results are useful for understanding the plant-pathogen interactions and developing barley cultivars with effective and durable resistance.

Key words: stripe rust; *Puccinia striiformis* f. sp. *hordei*; sexual production; virulence variation

* Corresponding author: ZHAO Jie; E-mail: jiezhao@nwafu.edu.cn

Glyoxal oxidasegene *FpGLX* controls growth, conidiation, virulence and DON production in *Fusarium pseudograminearum*

LIU Dongwei[1] WANG Zhifang[1] LI Ke[1] XIE Yuan[1] SONG Jiaqing[1] PAN Xin[1] YAN Shuwei[1] GAO Fei[1] DING Shengli[1] ZHANG Xiaoting[1] LI Honglian[1,2]

(1. *College of Plant Protection*, *Henan Agricultural University*, *Zhengzhou* 450002, *China*;
2. *National Key Laboratory of Wheat and Maize Crop Science*, *Zhengzhou* 450002, *China*)

Abstract: Glyoxal oxidase is an essential enzyme in lignin degradation of some filamentous fungi. In *Fusarium graminearum*, glyoxal oxidase were found to be recognized by a *Fusarium* genus-specific antibody that conferring durable resistance to different *Fusarium* pathogens. In this study, mutant strains of glyoxal oxidase gene in *F. pseudograminearum FpGLX* were obtained and analyzed. The ΔFpGLX mutants displayed defects in vegetative growth, conidiation, virulence and significantly decreased DON production and all these phenotypes could be successfully complimented in FpGLX-C strain. Similar characteristics in vegetative growth, conidiation, virulence and DON production were found in the gene overexpressing strain FpGLX-OE. Cellular localization of the overexpressed FpGLX-GFP fusion protein were found fluorescently in plasma membrane. The above results had laid foundation for the further investigation of the biological functions of *FpGLX* in F. pseudograminearum.

Key words: wheat crown rot; *Fusarium pseudograminearum*; glyoxal oxidase

Phenotypic and transcriptomic analysis of the *Fusarium pseudograminearum* strain containing a mutant megabirnavirus

LI Ke[1] LIU Dongwei[1] WANG Zhifang[1] XIE Yuan[1] SONG Jiaqing[1] PAN Xin[1] YAN Shuwei[1] GAO Fei[1] ZHANG Xiaoting[1] LI Honglian[1,2]

(1. *College of Plant Protection*, *Henan Agricultural University*, *Zhengzhou* 450002;
2. *National Key Laboratory of Wheat and Maize Crop Science*, *Zhengzhou* 450002, *China*)

Abstract: *Fusarium pseudograminearum* is the dominant pathogen of wheat crown rot disease causing serious economic losses in Huanghuai wheat area, China. A megabirnavirus with a bi-segmented dsRNA genome, named FpgMBV1, had been discovered in the hypovirulent strain FC136-2A of *F. pseudograminearum.* In this study, we report a progeny strain of FC136-2A with the genome dsRNA2 of FpgMBV1 lost and designated it as FC136-2A-ΔdsRNA2. The phenotype and comparative transcriptome of FC136-2A and FC136-2A-ΔdsRNA2 were analyzed. Results showed that the growth rate and sporulation rate were significantly reduced, and the FpgMBV1-dsRNA1 content were significantly strengthened in FC136-2A-ΔdsRNA2. While for both strains, the pathogenicity to wheat coleoptile were low, meaning that the hypovirulence effect of FpgMBV1 still exists in the strain FC136-2A-ΔdsRNA2. Besides, a relatively lower capacity to endure 0.3 mol/L $CaCl_2$ and a higher frequency of mycelial tip dispelling were found in FC136-2A-ΔdsRNA2 than in FC136-2A. A total of 4208 genes were found to be differently expressed in FC136-2A-ΔdsRNA2 comparing to FC136-2A, with 2082 upregulated and 2126 downregulated. These differently expressed genes (DEGs) were involved in pathways including cell apoptosis, transport metabolism, signal transduction, amino acid metabolism, fat metabolism and the biosynthesis of other secondary metabolites. In summary, a *F. pseudograminearum* strain with a mutant FpgMBV1 were found and the comparing transcriptome were analyzed to reveal the hypovirulence mechanism underlying the interaction between *F. pseudograminearum* and FpgMBV1, which lay a foundation for deep understanding of the pathogenicity nature of *F. pseudograminearum* and the gene functions of megabirnavirus.

Key words: wheat crown rot; *Fusarium pseudograminearum*; mycovirus; genome rearrangement

The regulatory role of retromer cargo-recognition complex in aflatoxins metabolism

WANG Sen[1] WANG Yu[1] LIU Yinghang[1] LIU Lin[1] LI Jinyu[2]
YANG Kunlong[1] LIU Mengxin[1] ZENG Wanlin[1] QIN Ling[1] NIE Xinyi[1]
JIANG Longguang[2] WANG Shihua[1 *]

(1. *State Key Laboratory of Ecological Pest Control for Fujian and Taiwan Crops, Key Laboratory of Pathogenic Fungi and Mycotoxins of Fujian Province, and School of Life Sciences, Fujian Agriculture and Forestry University, Fuzhou, Fujian* 350002, *China*;
2. *College of Chemistry, Fuzhou University, Fuzhou, Fujian* 350002, *China*)

Abstract: The retromer complex is responsible for the reverse transport of specific biomolecules from endosomes to the Golgi network. However, the role of retromer complex in *Aspergillus flavus* is still unclear. Here, we report that the cargo-recognition complex which is constituted of three vacuolar protein sorting-associated proteins (AflVps26-AflVps29-AflVps35), is essential for development of conidia and sclerotia, aflatoxin production and pathogenicity in *A. flavus*. Especially, the AflVps26-AflVps29-AflVps35 complex is negatively correlated with aflatoxin exportation. With structural simulation, site-specific mutagenesis, and Co-immunoprecipitation experiments, it showed that interactions among AflVps26, AflVps29 and AflVps35 played a crucial role during retromer complex executing its core functions. Moreover, AflVps35 directly bound to AflRab7, and mutations in the binding site indicated that they work together to regulate the production of toxins. We found that intrinsic connection between AflRab7 and retromer involves in vesicle-vacuole fusion, then affects accumulation of aflatoxin-synthesis associated enzymes, suggesting that retromer complex did not merely exhibit reverse traffic function in *A. flavus*. Overall, these results provided mechanistic insights to understand the regulatory role of retromer cargo-recognition complex in aflatoxins metabolism.

Key words: *Aspergillus flavus*; Retromer complex; aflatoxin; AflRab7

* Corresponding author: WANG Shihua; E-mail: wshyyl@sina.com.cn

穗发育阶段和温度对穗颈瘟侵染的影响和侵染过程观察*

杜　艳**　齐中强　刘永锋***

（江苏省农业科学院植物保护研究所，南京　210014）

摘　要：稻瘟病菌（*Magnaporthe oryzae*）是水稻生产上极具破坏性的病原真菌之一，由其引起的穗颈瘟直接导致水稻产量的损失。一直以来，人们对叶部的侵染因素研究较多，但对穗部侵染因素了解甚少。本试验从影响稻瘟菌穗颈侵染的主要因素（水稻穗发育阶段和温度）入手，研究其对稻瘟病菌 Guy11 菌株侵染穗部过程的影响。通过接种离体水稻穗颈部，笔者发现当最适叶枕距为 15~20 cm 时，水稻品种丽江新团黑谷对稻瘟病菌高度感病。当最适叶枕距为 8~10 cm，水稻品种南粳 9108 中度感病，而 Y 两优 800 穗发育阶段都高度抗病。通过不同温度（22 ℃、25 ℃、28 ℃、30 ℃、32 ℃和 35 ℃）处理接种后的穗部，笔者发现在 28 ℃和 30 ℃时最适宜稻瘟病菌穗部致病。进一步通过激光共聚焦荧光观察和透射电镜技术，观察了稻瘟病菌在水稻穗部的侵染过程。结果发现在侵染 24 h 时，稻瘟病菌的附着胞已经侵入穗部表皮。随着侵染时间的推移，在侵染 60 h 时，在薄壁细胞内观察到侵染菌丝形成了致密的菌丝网络。以上结果表明，穗发育阶段对稻瘟病菌侵染不同水稻品种至关重要。与叶部侵染相比较，穗部侵染时间相对较早，在侵染方式上也更为复杂。研究结果将有助于了解穗发育阶段和温度因素对穗部侵染的影响，有助于改进抗性评价方法。

关键词：穗颈瘟；穗发育阶段；温度；侵染过程

* 基金项目：国家重点研发计划（2016YFD0300706）；国家自然科学基金青年基金（31861143011；31601592）；江苏省自主创新资金项目（CX［19］1008）

** 第一作者：杜艳，副研究员，研究方向为稻瘟病菌的致病机理；E-mail：dy411246508@126. com

*** 通信作者：刘永锋，研究员，研究方向为植物病害致病机制及其防控技术；E-mail：liuyf@jaas. ac. cn

First report of *Colletotrichum fructicola* causing anthracnose on cherry (*Prunus avium*) in China

TANG Zhaoyang[1] LOU Jun[1] HE Luqian[2] WANG Qidong[2] CHEN Linghui[3]
ZHONG Xueting[1] WU Choufei[1] ZHANG Liqin[1] WANG Zhanqi[1]
(1. *Key Laboratory of Vector Biology and Pathogen Control of Zhejiang Province*, *College of Life Sciences*, *Huzhou University*, *Huzhou* 313000, *China*;
2. *College of Life Sciences*, *Huzhou University*, *Huzhou* 313000, *China*;
3. *Taizhou Academy of Agriculture Sciences*, *Taizhou*, 317000, *China*)

Abstract: Cherry (*Prunus avium*) has become an important economical fruit in China. In October 2020, a leaf spot disease was found on cherry in the orchard of Taizhou, Zhejiang, China. To isolate the causing agent, small fragments from five target symptomatic leaves were plated onto potato dextrose agar (PDA) medium. The colony morphology showed light to dark gray, cottony mycelium, with the underside of the culture became brownish after 7 days. The morphological characteristics matched well with previous descriptions of *Colletotrichum* species of *C. gloeosporioides* species complex, including *C. fructicola*. The results of Basic Local Alignment Search Tool (BLAST) analysis revealed that the ITS, GAPDH, ACT, TUB2 and CHS sequences of both isolates matched with 100% identity to *Colletotrichum fructicola* culture collection sequences. These morphological characteristics and molecular analyses allowed the identification of the pathogen as *C. fructicola*. Koch's postulates were performed with healthy detached cherry leaves. Anthracnose symptoms appeared within 3 days both on non-wounded and wounded inoculation approaches. The fungus was reisolated from infected leaves and confirmed as *C. fructicola* following the methods described above. Until recently, it has been found that *C. fructicola* can infect tea, apple, pear, *Pouteria campechiana* in China. To the best of our knowledge, this is the first report of *C. fructicola* on cherry in China.

Key words: *Colletotrichum fructicola*; cherry; anthracnose

小麦茎基腐病病原鉴定及其对小麦赤霉病流行的潜在风险*

江　航** 马立国 祁　凯 张悦丽 张　博 马国苹 李长松 齐军山***
(山东省农业科学院植物保护研究所，山东省植物病毒学重点实验室，济南，250100)

摘　要：小麦茎基腐病是干旱和半干旱小麦种植区极其严重的病害之一。近年来，小麦茎基腐病在黄淮海地区快速蔓延，已成为小麦生产上极其严重的病害之一。2021 年 4 月初，田间调查发现山东省商河县小麦苗期茎基腐病发生严重，且田间存在大量的小麦和玉米秸秆。采集苗期小麦病株，对小麦根部、茎基部和叶鞘部位的病原菌进行分离鉴定，发现假禾谷镰孢菌（*Fusarium pseudograminearum*）是该地区小麦茎基腐病的优势病原菌，占 66.7%（14/21）；其次是禾谷镰孢菌（*Fusarium graminearum*），占 14.3%（3/21）。另外，还分离到一些其他真菌。随机选取 10 株假禾谷镰孢菌和 3 株禾谷镰孢菌测定其对小麦的致病性，结果显示所选菌株都能引起严重的小麦茎基腐症状；此外，将从茎基部分离到的假禾谷镰孢菌和禾谷镰孢菌于小麦扬花初期接种小麦穗部，发现所接菌株均能引起典型的小麦赤霉病，对发病小麦穗部的病原菌进行分离鉴定，所有接种假禾谷镰孢菌和禾谷镰孢菌的小麦穗部都分离到了相应的菌株。对田间采集到的小麦和玉米秸秆进行显微观察，发现秸秆表面附着有真菌的有性态（子囊壳），在秸秆内部可观察到菌丝。子囊孢子的种类及活力尚需进一步鉴定。通过本研究，明确了山东省济南市商河县小麦茎基腐病的优势病原菌为假禾谷镰孢菌，且假禾谷镰孢菌也可导致小麦赤霉病，需要充分警惕。携带病原菌的小麦和玉米秸秆还田后，可能增加了土壤中的病原菌基数，这或许是小麦茎基腐病快速蔓延的重要原因。

关键词：小麦茎基腐病；小麦赤霉病；假禾谷镰孢菌；禾谷镰孢菌；秸秆还田

---

* 基金项目：山东省现代农业产业技术体系小麦创新团队（SDAIT－01－10）；山东省农业科学院科技创新工程（CXGC2021A38；CXGC2021A33）

** 第一作者：江航，博士，助理研究员，研究方向为粮食作物病害；E-mail：jhfor724@163.com

*** 通信作者：齐军山，博士，研究员，研究方向为作物病害；E-mail：qi999@163.com

多药抗性灰葡萄孢的代谢变化特征分析*

王婷婷**　李雪明　吴照晨　刘鹏飞***
（中国农业大学植物病理学系，北京　100193）

摘　要：灰葡萄孢（*Botrytis cinerea*）寄主范围广泛，在果蔬花卉等植物上危害严重，其在田间对杀菌剂易产生抗性甚至多药抗性，给生产造成巨大经济损失。为了寻找灰葡萄孢抗、感菌株的代谢差异，分析灰葡萄孢产生多药抗性的代谢基础，本文以标准菌株 B05.10 为对照，基于气相色谱质谱联用（Agilent 7890B/7200）检测分析平台，研究了多药抗性灰葡萄孢 242、309、WC1-4 和 JC3-9 的代谢组变化。在检测获得 *B. cinerea* 菌丝代谢组总离子流色谱图（TIC）的基础上，采用 MassHunter Qualitative DA 软件进行解卷积，气质分析软件 Qualitative Analysis B. 07 进行定量，利用软件 G3835-60017 Mass Hunter Mass Profiler Professional software 进行 ANOVA 和变化倍数分析，发现了多药抗性菌株的代谢组中有 71 个共同显著变化的代谢物。其中，相比于标准菌株 B05. 10，在四株多药抗性菌株中一致下调的代谢物包括：乙酰-L-赖氨酸、丙酸、乌氨酸、酪氨酸、谷氨酸和 β-龙胆二糖，其中乙酰-L-赖氨酸和乌氨酸在 4 种多药抗性菌株中下降倍数均大于 12 倍。分析认为，这些代谢变化可能与抗性适合度代价有关。仍需开展深入研究以明确多药抗性灰葡萄孢特有的标志代谢物及代谢途径，揭示多药抗性形成的代谢机制，为田间抗性治理途径的探索提供参考。

关键词：灰葡萄孢；多药抗性；代谢组

---

* 基金项目：国家自然科学基金（No. 31772192）

** 第一作者：王婷婷，在读硕士研究生，研究方向为植物病理学；E-mail：wtt104823@163. com

*** 通信作者：刘鹏飞，副教授，博士，研究方向为植物病理学；E-mail：pengfeiliu@cau. edu. cn

转运蛋白 MoMfs1 对稻瘟病菌胁迫应答和多药抗性的调控*

齐中强** 杜 艳 潘夏艳 于俊杰 张荣胜 俞咪娜 曹慧娟 宋天巧 刘永锋***
（江苏省农业科学院植物保护研究所，南京 210014）

摘 要：稻瘟病菌（*Magnaporthe oryzae*）引起的稻瘟病是水稻生产上一种最具破坏性的真菌病害，严重威胁我国的水稻生产安全。为了研究转运蛋白 MoMfs1 编码基因 *MoMFS*1（MGG_01301）在稻瘟病菌生长发育及致病过程中的功能，利用基因敲除策略将其进行缺失突变并对突变体进行了一系列的生物学表型分析。结果发现该突变体无论在自然培养基还是在合成培养基上，生长速率较野生型均没有变化；同时利用水稻喷雾和大麦离体接种方法对其致病性进行测定，结果发现其致病性没有变化，表明该基因不参与稻瘟病菌的致病性。另外，该突变体原生质体释放速度变慢，推测其细胞壁完整性存在缺陷。同时在细胞壁胁迫刚果红和 SDS 培养基上发现其抑制率均降低，表明其对细胞壁胁迫耐受性增强。此外，对该突变体对胞外漆酶和过氧化物酶的外泌作用进行了检测，结果发现该突变体对对胞外漆酶和过氧化物酶的分泌显著降低；同时对该突变体对不同类型的杀菌剂（咪鲜胺、丙环唑、多菌灵和嘧菌酯）敏感性增强，推测该基因参与了稻瘟病菌对杀菌剂的外排。综上所述，转运蛋白 MoMfs1 不参与对稻瘟病菌的致病性，参与调控稻瘟病菌对胁迫应答和杀菌剂外排的调控。

关键词：稻瘟病菌；MoMfs1；多药抗性；胁迫

* 基金项目：国家自然科学基金面上项目（No. 31871921）
** 作者简介：齐中强，副研究员，研究方向为植物病理学；E-mail：qizhongqiang2006@ 126. com
*** 通信作者：刘永锋，研究员，研究方向为植物病理学；E-mail：Liuyf@ jaas. ac. cn

Identification and characterization of the pathogen of *Corynespora* leaf spot of strawberry from China*

XUE Caiying** MA Qingzhou XU Huiyuan WU Haiyan
GENG Yuehua ZANG Rui XU Chao*** ZHANG Meng***
(*Department of Plant Pathology*, *College of Plant Protection*,
Henan Agricultural University, *Zhengzhou* 450002, *China*)

Abstract: *Corynespora* leaf spot, caused by the fungus *Corynespora cassiicola*, has become a great threat that affect the yield of various crops in China. During 2016–2019, we isolated five typical *Corynespora* strains from the disease spots of strawberry leaves in different cities of Henan province. Based on analysis of their morphological characters and DNA sequences of *ITS*, *TUB* and *EF*-1*a* gene regions, all of these isolates were undoubtedly identified as the species *Corynespora cassiicola*, which was then proved to be the only true pathogen by Koch's postulates. Studies on the biological properties of *C. cassiicola* showed that PDA medium, 25–30 ℃, pH 6–9, and alternating light and dark (12 h/12 h) are the optimal conditions for its mycelial growth. The best carbon and nitrogen sources were glucose and potassium nitrate, respectively. In line with its wide host range, this pathogen could at least infect ten different crops while causing varying degrees of symptoms. Moreover, preliminary exploration of the infection process of *C. cassiicola* revealed that appressorium-like structures could form at the top of germ tubes on strawberry leaves (but not observed on the inner epidermis of onion), which only distributed away from stomas. All the above research results would provide a theoretical basis for the comprehensive control of *Corynespora* leaf spot disease of strawberry.

Key words: *Corynespora* leaf spot; biological characteristics; conidia germination; appressorium-like structures

* Funding: Science and Technology Key Project of Henan Province (192102110164)
** First author: XUE Caiying; E-mail: hnxuecaiying@126.com
*** Corresponding authors: XU Chao; E-mail: chaoxu01@163.com
ZHANG Meng; E-mail: zm2006@126.com

Identification and characterization of *Colletotrichum* species associated with anthracnose disease of banana*

HUANG Rong[1,2]** SUN Wenxiu[1] WANG Luru[1] LI Qili[2]*** HUANG Suiping[2] TANG Lihua[2] GUO Tangxun[2]*** MO Jianyou[2] TOM Hsiang[3]

(1. *College of Life Sciences*, *Yangtze University*, *Jingzhou*, *Hubei* 434025, *China*;
2. *Institute of Plant Protection*, *Guangxi Academy of Agricultural Science and Guangxi Key Laboratory of Biology for Crop Diseases and Insect Pests*, *Nanning*, *Guangxi* 530007, *China*;
3. *School of Environmental Sciences*, *University of Guelph*, *Guelph*, *Ontario*, *N1G 2W1*, *Canada*)

Abstract: Banana (*Musa* spp.) is one of the five most abundantly produced fruits in the world, and is widely planted in tropical and subtropical areas. Banana anthracnose is one of the main diseases during the growth and postharvest storage period of banana, seriously affecting quality and production. In this study, 24 samples of banana anthracnose were collected near the cities Nanning, Qinzhou, Baise and Chongzuo in Guangxi Province, China. Based on colony features, conidial and appressorial morphology, and sequence analysis of several genomic regions (internal transcribed spacer (ITS) region, glyceraldehydes-3-phosphate dehydrogenase (GAPDH), actin (ACT), β-tubulin (TUB2), chitin synthase (CHS-1), calmodulin (CAL) and the intergenic region of apn2 and MAT1-2-1 (ApMAT)), the 32 *Colletotrichum* isolates obtained were identified as five species: *C. fructicola* (41%), *C. cliviicola* (28%), *C. siamense* (16%), *C. karstii* (9%) and *C. musae* (6%). A conidial suspension (1×10^6 spores / mL) was used to inoculate banana seedlings for pathogenicity tests by applying 20 μL to wound sites. Lesions caused by *C. musae* developed most rapidly while those of *C. karstii* took the longest time to develop. This is the first report of *C. siamense* and *C. karstii* associated with banana anthracnose in China, and the first report of *C. fructicola* and *C. cliviicola* associated with banana anthracnose world-wide.

Key words: Banana; *Colletotrichum*; phylogenetic analysis; pathogenicity

* Founding: This work was supported by Guangxi Science and Technology Major Project of China (AA18118028-6) and Guangxi Key Laboratory of Biology for Crop Diseases and Insect Pests (2019-ST-05)

** First author: HUANG Rong, Master, major in plant pathology; E-mail: 1930745671@qq.com

*** Corresponding authors: LI Qili; E-mail: 65615384@qq.com

GUO Tangxun; E-mail: 75102310@qq.com

杧果蒂腐病病原种类鉴定*

孙秋玲[1,3**]　杨芝霓[2]　李其利[3***]　莫贱友[3]
黄穗萍[3]　唐利华[3]　郭堂勋[3]　韦继光[1***]
（1. 广西大学农学院，南宁　530004；2. 广西桂林市经济作物技术推广站，桂林　541002；
3. 广西农业科学院植物保护研究所，南宁　530007）

摘　要：为明确我国杧果蒂腐病病原的种类，采用组织分离法对我国杧果主产区海南、广西、云南、四川4省区不同品种杧果的蒂腐病样品进行分离，共分离获得73株真菌，其中葡萄座腔菌科（Botryosphaeriaceous）菌株54株，镰刀属（*Fusarium* sp.）菌株4株；间座壳属（*Diaporthe* sp.）菌株3株；草茎点霉属（*Phoma* sp.）菌株2株；链格孢属（*Alternaria* sp.）菌株2株；附球菌属（*Epicoccum* sp.）、拟茎点霉属（*Phomopsis* sp.）、裂褶菌属（*Schizophyllum* sp.）、拟盘多毛孢属（*Pestalotiopsis* sp.）、新拟盘多毛胞属（*Neopestalotiopsis* sp.）、枝孢属（*Cladosporium* sp.）、黑孢属（*Nigrospora* sp.）以及 *Letendraea* sp. 菌株各1株。进一步选择其中39个具代表性的葡萄座腔菌科菌株进行形态学特征观察，并结合核糖体内转录间隔区序列（internal transcribed spacer，ITS）、α 延伸因子序列（elongation factor 1 alpha，EF-1α）等分子系统学分析。结果表明，杧果果实葡萄座腔菌主要分为4种，分别为小新壳梭孢菌（*Neofusicoccum parvum*），占33.33%；可可毛色二孢菌（*Lasiodiplodia theobromae*），占30.77%；葡萄座腔菌（*Botryosphaeria dothidea*），占28.21%；假可可毛色二孢（*Lasiodiplodia pseudotheobromae*），占7.69%，其中假可可毛色二孢为国内首次报道的新记录种。采用菌丝块离体接种测定致病性，结果表明葡萄座腔菌科、镰刀属、间座壳属、草茎点霉属、链格孢属、附球菌属、拟茎点霉属、裂褶菌属的菌株均具有致病性，其中可可毛色二孢菌致病力最强，拟茎点霉属和链格孢属菌株的致病力最弱。

关键词：杧果；蒂腐病；葡萄座腔菌；种类鉴定

---

* 基金项目：广西农业科学院科技发展基金项目（2018YM22）
** 第一作者：孙秋玲，硕士研究生，主要研究方向为植物真菌病害；E-mail：414528642@qq.com
*** 通信作者：李其利，研究员，主要研究方向为植物真菌病害及其防治；E-mail：liqili@gxaas.net
韦继光，教授，主要研究方向为真菌分类学、林木病理学、真菌分子系统学；E-mail：19860038@gxu.edu.cn

柿子炭疽菌病原鉴定和侵染过程观察*

张苗苗[1]　黄　荣[1]　孙文秀[1**]　李其利[2**]
唐利华[2]　黄穗萍[2]　郭堂勋[2]　莫贱友[2]
（1. 长江大学生命科学学院，荆州　434025；
2. 广西壮族自治区农业科学院植物保护研究所，南宁　530007）

摘　要：柿子是笔者重要的木本粮油树种之一，果实风味甜美，营养丰富，具有重要的经济、社会价值。根据2018年联合国粮农组织统计数据，我国柿栽培面积约98.15万 hm^2，年产量421.64万t，居世界之首。广西是中国最大的柿子产区，柿栽培面积和产量均居全国第一，主要分布于广西的恭城县、平乐县、来宾市等地。炭疽病是柿子的主要病害之一，主要危害柿子的叶片、果实和枝条，造成严重的经济损失。为明确广西柿子炭疽病病原菌种类，从恭城、阳朔、平乐、荔浦4个县采集具有典型症状的炭疽病害样品。经常规组织分离法从柿子果实、叶片和枝条样品中分离获得98个炭疽菌菌株，从中挑选80个炭疽菌进行进一步研究。利用多基因位点（ITS、*CAL*、*ACT*、*CHS*-1、*GAPDH*、*TUB*2和*ApMat*）系统发育分析，结合形态学对80个供试菌株进行鉴定，共鉴定出5种炭疽菌：哈瑞炭疽 *C. horii*、喀斯特炭疽 *C. karsti*、果生炭疽 *C. fructicola*、*C. cliviicola* 和暹罗炭疽 *C. siamense*，其中优势种是果生炭疽，占比52.50%，其次是哈瑞炭疽菌，占比28.75%。致病性测定采用孢子液活体接种植株叶片，结果表明，5种炭疽菌都可以致病，但不同种炭疽菌菌株的致病力存在显著差异。本研究是国内首次报道 *C. fructicola*、*C. cliviicola* 和 *C. siamense* 可引起柿子炭疽病。

通过细胞组织学比较观察了5种柿子炭疽菌的侵染过程，结果表明，在25 ℃下，*C. karsti* 和 *C. cliviicola* 萌发速度最快，在接种后3 h开始萌发，萌发率分别为24.43%和42.67%，6 h开始形成附着胞，附着胞形成率分别为26.00%和49.81%，接种48 h后，菌丝在寄主表面横纵随机扩展，逐步形成网状分布，第7 d出现分生孢子盘，分生孢子盘上的分生孢子梗产生新的分生孢子；果生炭疽菌 *C. fructicola* 萌发最慢，在接种后12 h开始萌发并形成附着胞，萌发率和附着胞形成率分别为22.00%和8.00%，48 h开始出现菌丝，第6 d出现分生孢子盘，分生孢子盘上的分生孢子梗产生新的分生孢子。

关键词：柿子炭疽病；病原菌鉴定；致病力测定；侵染过程观察

---

* 基金项目：广西科技重大专项（AA18118028-6）；广西作物病虫害生物学重点实验室（2019-ST-05）
** 通信作者：李其利，研究员，研究方向为果树真菌病害及其防治技术
孙文秀，副教授，研究方向为植物病害的生物防治

杧果间座壳叶斑病病原种类鉴定*

张玉杰[1,2]** 莫贱友[1] 李其利*** 郭堂勋[1] 唐利华[1] 黄穗萍[1] 孙文秀[2] 桂 卿[2]
(1. 广西农业科学院植物保护研究所, 南宁 530007;
2. 长江大学生命科学学院, 荆州 434025)

摘 要: 杧果(*Mangifera indica* L.)是一种重要的热带和亚热带水果。间座壳菌是杧果生产上的一种重要病原菌, 可引起烂茎、果腐、叶枯、枝枯、根腐等多种症状, 严重影响杧果的质量和产量。本研究对采集于中国云南、广西、海南、福建等4个省(区)的杧果病叶样品进行间座壳属真菌分离, 共分离到43个间座壳菌, 选取其中28个代表菌株进行形态学和分子系统学鉴定。在PDA平板上培养7 d后, 菌落正面从白色逐渐转变为浅褐色, 中心为淡黄色, 反面中心为黑色, 气生菌丝发达。采用苜蓿煎汁+Czapek培养基诱导产生2种分生孢子, α型孢子无色、单胞, 纺锤形至椭圆形, 含1~2个油球, 孢子大小为(5.5~7.6)μm×(2.2~3.7)μm; β型孢子无色, 单孢, 线条形, 一端呈钩状, 无油球, 孢子大小为(19.0~24.2)μm×(0.9~1.7)μm。进一步通过核糖体RNA间隔转录区序列(ITS)、部分β-微管蛋白(TUB2), 组蛋白-3(HIS)和翻译延伸因子(TEF 1-α)等多基因分子系统发育学分析, 共鉴定为5个种, 分别为 *Diaporthe ueckerae*、*D. endophytica*、*D. tulliensis*、*D. yunnanensis* 和 *D. arecae*。其中 *D. endophytica*、*D. tulliensis* 和 *D. yunnanensis* 为杧果上首次发现的新记录种。致病性测定结果显示, 所有分离株均可致病, 且致病力存在显著差异。其中 *D. tulliensis* 致病力最强, *D. endophytica* 致病力最弱。

关键词: 杧果; 叶斑病; 间座壳属; 病原菌鉴定

* 基金项目: 国家自然科学基金(No. 31600029)
** 第一作者: 张玉杰, 硕士研究生; E-mail: 2969035737@qq.com
*** 通信作者: 李其利, 研究员, 主要研究方向为植物真菌病害及其防治; E-mail: liqili@gxaas.net

Transcription factor SsFoxE3 activating *SsAtg8* is critical for sclerotinia, compound appressoria formation and pathogenicity in *Sclerotinia sclerotiorum**

JIAO Wenli　YU Huilin　CONG Jie　XIAO Kunqin　ZHANG Xianghui
ZHANG Yanhua　LIU Jinliang　PAN Hongyu**
(*College of Plant Sciences*, *Jilin University*, *Changchun* 130012, *China*)

Abstract: *Sclerotinia sclerotiorum*, the notorious broad-spectrum necrotrophic phytopathogenic fungus, is responsible for sclerotium disease in more than 600 plant species worldwide, especially including many economic crops such as soybean, oilseed rape and sunflower. The compound appressoria is a crucial multicellular infection structure specialized by hypha, which is a prerequisite for infecting healthy tissues. Previously, the Forkhead-box family transcription factors (FOX TFs) comprised SsFoxE2 and SsFKH1 play key regulatory role in hyphae growth and development, sexual reproduction and pathogenicity of *S. sclerotiorum*. However, little is known about the roles of SsFoxE3 regulating growth and development, and pathogenicity. Here, we report *SsFoxE3* is contribute to the sclerotium formation and deletion of *SsFoxE3* leads to reduced formation of compound appressoria and developmental delays. Transcripts of *SsFoxE3* was highly increased during the initial stage of infection and *SsFoxE3* deficiency showed reduced virulence on host, meanwhile, stabbing can partially restore pathogenicity. The *SsFoxE3* mutant showed sensitive to H_2O_2, additionally, the expression of ROS detoxification and autophagy related genes were reduced. Moreover, expression of *SsAtg8* was also decreased during infection process of *SsFoxE3* mutant. Y1H suggested that SsFoxE3 interacted with the promotor of *SsAtg8*. Subsequently, disruption of *SsAtg8* result in the similarity with the phenotype of *SsFoxE3* mutant. Compare the level of autophagy in wild-type and *SsFoxE3* mutant performed that N starvation-induced autophagy is reduced in *SsFoxE3* mutant. Taken together, our findings indicate that *SsFoxE3* plays an important role in compound appressorium formation and involved in transcriptional activation *SsAtg8* during the infection of *S. sclerotiorum*.

Key words: *Sclerotinia sclerotiorum*; forkhead transcription factor; autophagy; pathogenicity

* Funding: The National Natural Science Foundation of China (31972978, 31772108)

** Corresponding author: PAN Hongyu; E-mail: panhongyu@ jlu. edu. cn

Pathogenic mechanism of chorismate mutase SsCm1 in the *Sclerotinia sclerotiorum**

YANG Feng XIAO Kunqin CUI Wenjing GUO Jinxin ZHANG Xianghui
ZHANG Yanhua PAN Hongyu LIU Jinliang**
(*College of Plant Sciences*, *Jilin University*, *Changchun* 130012, *China*)

Abstract: *Sclerotinia sclerotiorum* (Lib.) de Bary is a plant pathogenic fungus with a wide range of hosts. Sclerotinia stem rot caused by *S. sclerotiorum* greatly limits the yield and quality of soybean (*Glycine max* L. Merr.). Chorismate mutase catalyzes the formation of prephenylic acid into phenylalanine and tyrosine. It is worth noting that chorismate is also an important precursor for the synthesis of salicylic acid (SA). The chorismate mutase of biotrophic pathogen *Ustilago maydis* (UmCmu1) reduces the level of salicylic acid by forming dimer with the host's chorismate mutase, thereby inhibiting the immune responses. Bioinformatics analysis shows that *S. sclerotiorum* is the only necrotrophic that has homologous protein with UmCmu1.

In this study, the functions of SsCm1 in the development and pathogenicity of *S. sclerotiorum* were studied. qRT-PCR results showed that the expression of *SsCm1* was significantly up-regulated during infection. The pathogenicity of knockout mutant *ΔSsCm1* to different hosts was significantly decreased. Transgenic *Arabidopsis thaliana* overexpressing *SsCm1* is more susceptible to *S. sclerotiorum*. Eleven interacting proteins with SsCm1 were obtained by Y2H library screening in soybean. Among them, the multi-organelle RNA editing factor (GmMORF6) and plastocyanin (GmPETE) were selected as candidate proteins. The interactions were verified by Y2H, BiFC and Co-IP assays. Confocal microscopy results showed the interaction between SsCm1 and candidate proteins caused SsCm1 to enter the host chloroplast. In order to investigate the function of the candidate proteins, the interaction between SsCm1 and the homologous protein of GmMORF6 in tobacco (NbMORF2b) was verified by Co-IP, and silencing *NbMORF2b* in tobacco made host more resistant to *S. sclerotiorum*. The expression of GmMORF6 was significantly inhibited during the infection of *S. sclerotiorum*. Transient expression of NbMORF2b and GmMORF6 in tobacco inhibited the PCD triggered by BAX and INF. Taken together, these results suggest that MORF6 is a negative regulator of plant immunity. Our results suggest that SsCm1, maybe as an effector, affects the immune response of the host by inhibiting the accumulation of salicylic acid and targeting to the host chloroplast.

Key words: *Sclerotinia sclerotiorum*; chorismate mutase; pathogenesis; chloroplast; plant immunity; multi-organelle RNA editing factor

---

* Funding: The National Key Research and Development Program of China (2019YFE0114200); the National Natural Science Foundation of China (31972978, 31772108)

** Corresponding author: LIU Jinliang; E-mail: jlliu@jlu.edu.cn

*SsAGM*1 Involves in Glycometabolism and Chitin Biosynthesis in *Sclerotinia sclerotiorum* *

ZHANG Junting　BI Jiawei　ZHOU Longfei　ZHANG Qi　LIU Jinliang
ZHANG Xianghui　PAN Hongyu　ZHANG Yanhua**

(*College of Plant Sciences*, *Jilin University*, *Changchun* 130012, *China*)

Abstract: Ascomycete *Sclerotinia sclerotiorum* (Lib.) de Bary is a necrotrophic phytopathogen, which is widely distributed in the world. *S. sclerotiorum* has an extremely broad host range, consisting of more than 600 plants. Plant sclerotinia caused by *S. sclerotiorum* causes huge economic losses every year. The cell wall of fungi is mainly composed of glucans, mannan and chitin, which is an important structure of fungi. The cell wall can help fungi resist external mechanical pressure and osmotic pressure. Chitin is a unique component of fungi, accounting for about 10% - 20% of the cell wall, which plays an important role in maintaining the cell integrity and pathogenicity of pathogenic fungi. UDP-GlcNAc (5′-uridine diphospho-N-acetyl-D- glucosamin) is a direct precursor of chitin synthesis. In the process of UDP- GlcNAc biosynthesis, AGM1 (*N*-acetylglucosamine-phosphate mutase) catalyzes the interconversion of GlcNAc-6P into GlcNAc-1P (N-acetylglucosamine-1-phosphate), which is necessary for the synthesis of UDP- GlcNAc. UDP -GlcNAc is also involved in the biosynthesis of cell wall mannose protein and GPI anchored protein. Agm1 has been isolated and identified from *Saccharomyces cerevisiae*, *Candida albicans*, *Aspergillus fumigatus* and *Homo sapiens*. In *A. fumigatus*, reduced expression of AGM1 resulted in retarded cell growth and altered cell wall ultrastructure and composition. In this study, the *SsAGM*1 gene of *S. sclerotiorum* was cloned and the *SsAGM*1-silenced mutant of was obtained by RNAi. Compared to the wild-type strain, the *SsAGM*1-silenced mutant exhibited impaired mycelial growth, sclerotia formation, melanin deposition and decreased virulence. The *SsAGM*1-silenced mutant is more sensitive to inhibitors of cell wall synthesis (CR, SDS, CFW). Chitin distributed unevenly and gathered irregularly in the cell wall *SsAGM*1-silenced mutant. These results indicate that *SsAGM*1 plays an important role in the growth, development and pathogenicity of *S. sclerotiorum*, which lays a foundation for further study on the molecular mechanism of chitin synthesis and pathogenicity of *S. sclerotiorum*.

Key words: *Sclerotinia sclerotiorum*; RNA interference; Cell wall; Chitin; SsAGM1

---

* Funding: The National Key Research and Development Program of China (2019YFE0114200); the Science and Technology Development Plan of Jilin Province (20190201025JC)

** Corresponding author: ZHANG Yanhua; E-mail: yh_zhang@ jlu. edu. cn

First report of leaf spot caused by *Colletotrichum fructicola* on *Myrica rubra* in China*

LI Shucheng[1] WANG Yinbao[1] WU Fan[1] XIAO Liuhua[1]
CHEN Ming[1] CHEN Jinyin[1,2] XIANG Miaolian[1**]

(1. *College of Agronomy*, *Jiangxi Agricultural University*, *Collaborative Innovation Center of Postharvest Key Technology and Quality Safety of Fruits and Vegetables in Jiangxi Province*, *Jiangxi Key Laboratory for Postharvest Technology and Nondestructive Testing of Fruits & Vegetables*, *Nanchang* 330045, *China*; 2. *Pingxiang University*, *Pingxiang* 337055, *China*)

Abstract: *Myrica rubra* is an important fruit tree with high nutritional and economic value and is widely cultivated in multiple regions of China. In January 2021, an unknown disease causing leaf spot was discovered on the leaves of *M. rubra* in Jiujiang City of Jiangxi Province (29.71°N, 115.97°E). The initial symptoms were small pale brown spots on the leaves, which gradually expanded into round or irregular dark brown spots with the occurrence of the disease, the lesion developed necrotic tissues in the center at later stages, eventually led to the leaves turned chlorotic and wilted. Infected leaves with typical symptoms were collected and the leaf tissue (5 mm×5 mm) at junction of diseased and healthy portion were cut and disinfected with 75% ethanol for 45 s, followed by 1% sodium hypochlorite for 1 min, rinsed in sterile water for 3 times and transferred to potato dextrose agar (PDA) at 28 ± 1 ℃ for 3 days. Five fungal single isolates with similar morphology were purified from single spores. On PDA medium, the colonies initially appeared white with numerous aerial hyphae, and the center of the colony turned gray at later stages, less sporulation. On czapek-dox medium (CA), the mycelia of the colony was sparse and produced a large number of small bright orange particles (conidial masses). Conidia were single-celled, transparent, smooth-walled, 1-2 oil globule, cylindrical with slightly blunt rounded ends, (14.45-18.44) μm× (5.54-6.98) μm (av = 16.27 μm×6.19 μm, n = 50) in size. These morphological characteristics of the pathogen were similar to the descriptions of *Colletotrichum fructicola* (Ruan et al, 2017; Yang et al, 2021). To further confirm the identity of the pathogen, genomic DNA from isolates was extracted with DNA Extraction Kit (Biocolor, Shanghai, China), and the internal transcribed spacer (ITS), glyceraldehyde-3-phosphatedehydrogenase (GAPDH), calmodulin gene (CAL), actin (ACT) and chitin synthase 1 (CHS 1) were amplified using the primers ITS1/ITS4 (Gardes et al, 1993), GDF/GDR (Templeton et al, 1992), CL1C/CL2C (Weir et al, 2012), ACT-512F/ACT-783R and CHS-79F/CHS-345R (Carbone et al, 1999), respectively. The PCR amplified sequences were submitted to GenBank (GenBank Accession No. ITS, MW740334; GAPDH, MW759805; CAL, MW759804; ACT, MW812384; CHS-1, MW759803) and aligned with GenBank showed 100% identity with *C. fructicola* (GenBank Accession No. ITS, MT355821.1

* Funding: This work was supported by Natural Science Foundation of Jiangxi Province (20192BAB204018) and Jiangxi Province Fruit and Vegetable Postharvest Processing Key Technology and Quality and Safety Collaborative Innovation Center Project (JXGS-03)

** Corresponding author: XIANG Miaolian; E-mail: mlxiang@jxau.edu.cn

(546/546 bp); GAPDH, MT374664.1 (255/255 bp); CAL, MK681354.1 (741/741 bp); ACT, MT364655.1 (262/262 bp); CHS, MT374618.1 (271/271 bp)). Phylogenetic tree using the maximum likelihood methods and combined ITS-ACT-GAPDH-CHS-CAL concatenated sequences showed that isolates was assigned to *C. fructicola* strain (ZJ-2, ZC102-5, ZC102-4, XLJ-2, JH-5 and DSC-1) with 99% bootstrap support. Pathogenicity of isolates was tested on 20 healthy *M. rubra* leaves after disinfection with 75% ethanol, the epidermis of tested leaves was lightly scratched with a sterilized needle in the symmetrical two areas along the main vein. Ten μL spore suspension (1.0×10^6 conidia/mL) of isolates from 7-day-old culture were inoculated on the surface of wounded leaves, respectively. An equal number of healthy leaves were inoculated with sterile water as a control. The experiment was repeated three times. All leaves were incubated on incubator at 28 ± 1 ℃ with 90% relative humidity. Five days later, all the wounded leaves inoculated with *C. fructicola* showed similar symptoms to those observed on the original leaves, while the control remained healthy. Finally, the *C. fructicola* was re-isolated from the inoculated leaves. *C. fructicola* has been reported on *Juglans regia*, *Peucedanum praeruptorum*, *Paris polyphylla* var. *Chinensis* in China (Wang et al, 2017; Ma et al, 2020; Zhou et al, 2020). To our knowledge, this is the first report of *C. fructicola* causing leaf spot on *M. rubra* in China. The results provide a theoretical basis for the control of *M. rubra* diseases in this region of China.

Key words: Bayberry; Leaf spot; *Colletotrichum fructicola*; identification; multi-locus phylogeny

禾谷镰孢菌金属蛋白酶 *FgFly*1 基因功能研究

王欣桐 丁慧怡 何苗苗 刘欢欢 李 强 王保通
（西北农林科技大学，旱区作物逆境生物学国家重点实验室，杨凌 712100）

摘 要：禾谷镰孢菌（*Fusarium graminearum*）是小麦赤霉病的主要病原菌，该病菌侵染小麦过程中会分泌有害的真菌毒素，但其致病分子机理尚不清楚。真菌金属蛋白酶已被证明参与一些植物几丁质酶的裂解，为了明确金属蛋白酶 *FgFly*1 在禾谷镰刀菌侵染过程中功能及作用机制，本研究对 *FgFly*1 缺失突变体进行表型测定，发现突变体在 Congo Red、SDS 等细胞壁相关因子胁迫下生长速率、分生孢子产孢量与野生型相比变化明显。致病力和产毒测定结果显示，*FgFly*1 缺失突变体致病力显著下降，但是其 *Tri* 基因表达和 DON 毒素的含量与野生型相比差异不明显。进一步研究发现，野生型菌株 PH-1 可以裂解植物免疫蛋白 TaChiA，但突变体则失去这一功能。酵母双杂（Y2H）和双分子荧光互补（BiFC）试验证实 *FgFly*1 与 TaChiA 存在互作，表明金属蛋白酶 *FgFly*1 在禾谷镰刀菌对 TaChiA 的裂解起着关键作用。本研究结果为进一步解析禾谷镰刀菌的致病机理提供了科学依据。

关键词：禾谷镰孢菌；*FgFly*1；TaChiA；致病力

Identification of microRNA-like RNAs from *Trichoderma asperellum* DQ-1 during its interaction with tomato roots*

WANG Weiwei** ZHANG Fengtao LIU Zhen HOU Jumei WANG Rui LIU Tong***

(*College of plant protection*, *Hainan University*, *Haikou* 570228, *China*)

Abstract: *Trichoderma* spp., the widespread biocontrol fungi, can promote plant growth and induce plant disease resistance. To investigate milRNAs potentially involved in the interaction between *Trichoderma* and tomato roots, a small RNA library expressed during the interaction of *T. asperellum* DQ-1 and tomato roots was constructed and sequenced using the Illumina HiSeqTM 2500 sequencing platform. From 13,464,142 small RNA reads, we identified 21 milRNA candidates that were similar to other known microRNAs in the miRBase database and 22 novel milRNA candidates that possessed a stable microRNA precursor hairpin structure. Among them, three milRNA candidates showed different expression level in the interaction according to the result of stem-loop RT-PCR indicating that these milRNAs may play a distinct regulatory role in the interaction between *Trichoderma* and tomato roots. The potential transboundary milRNAs from *T. asperellum* and their target genes in tomato were predicted by bioinformatics analysis, which revealed that several interesting proteins involved in plant growth and development, disease resistance, seed maturation, and osmotic stress signal transduction might be regulated by the transboundary milRNAs. To our knowledge, this is the first report of milRNAs taking part in the process of interaction of *T. asperellum* DQ-1 and tomato roots and associated with plant promotion and disease resistance.

Key words: *Trichoderm asperellum*; Tomato; Transboundary milRNAs

* 基金项目：海南大学高层次人才引进科研启动基金“木霉菌的开发与应用”项目资助

** 第一作者：王伟伟，博士，讲师，研究方向为生物防治；E-mail：wvivi2@ 163. com

*** 通信作者：刘铜，教授，博士生导师，研究方向为生物防治；E-mail：liutongamy@ sina. com

First Report of *Alternaria alternata* Causing Leaf Spot of Tartary Buckwheat in China

LI Shaoqing[1] SHEN Quan[1] Wang Haihua[1,2,4] HE Feng[1,5]
XIAO Zuyin[1] PENG Xixu[1,2,3] ZhOU Meiliang[5] TANG Xinke[1,2]

(1. *School of Life Science*, *Hunan University of Science and Technology*, *Xiangtan* 411201, *China*;
2. *Key Laboratory of Genetic Improvement and Multiple Utilization of Economic Crops in Hunan Province*, *Xiangtan* 411201, *China*;
3. *Key Laboratory of Integrated Management of the Pests and Diseases on Horticultural Crops in Hunan Province*, *Xiangtan* 411201, *China*;
4. *Key Laboratory of Ecological Remediation and Safe Utilization of Heavy Metal-polluted Soils*, *College of Hunan Province*, *Xiangtan* 411201, *China*;
5. *Institute of Crop Science*, *Chinese Academy of Agricultural Sciences*, *Beijing* 100081, *China*)

Abstract: Buckwheat (*Fagopyrum tataricum*) is recognized as a healthy food with abundant nutrients and high levels of rutin. In April and May of 2020, an unknown tartary buckwheat leaf spot distinct from *Nigrospora* leaf spot was observed in Xiangxiang, Hunan, China (27°49′54″N, 112°18′48″E.). Disease incidence was 60%-70% within three fields (totally 7 000 m^2). The disease occurred after plants emerged. Initial symptoms began as circular, or ellipsoid, chlorotic, water-soaked spots, mostly on leaf apexes or leaf margins. The small spots gradually enlarged and often coalesced to form large circular or irregular, pale to light brown lesions, and the infected leaves eventually withered and fell off. Thirty 2 mm × 2 mm infected tissue pieces collected from five locations were sterilized in 70% ethanol for 10 s, in 2% NaClO for 30 s, rinsed in sterile water for three times, dried, and placed on PDA with lactic acid (3 mL/L). After 3-5 days at 28 ℃ in the dark, 17 fungal isolates were purified using single-spore isolation method. Almost all fungal isolates had similar morphology. Colonies were initially olive green with white margin and later turned dark olive or black with profuse sporulation. Conidia were borne in long chains, tawny to brownish green, with 1-3 longitudinal and 1-7 transverse septa, pyriform, and measured 9.5-39.6 μm long, and 5.1-12.6 μm wide ($n=50$). Based on morphological characteristics, the fungus was identified as *Alternaria alternata*. Partial internal transcribed spacer (ITS), glyceraldehyde-3-phosphate dehydrogenase (GAPDH), translation elongation factor 1-α (TEF) and Alternaria major allergen (Alt a1) genes of isolate BLS-1 were amplified using ITS1/ITS4, EF1-728F/EF1-986R, Gpd1/Gpd2 and Alt-4for/Alt-4rev, respectively. Sequences were deposited into GenBank with acc. nos MW453091 (*ITS*), MW480219 (*GAPDH*), MW480218 (*TEF*), and MW480220 (*Alt a*1). BLASTn analysis showed 99.8% (*ITS*, MH854758.1), 100% (*GAPDH*, KP124155.1), 99.8% (*TEF*, KP125073.1) and 100% (*Alt a*1, KP123847.1) identity with reference strain CBS 106.24 of *A. alternata*, confirming isolate BSL-1 to be *A. alternata*. A neighbor-joining phylogenetic tree constructed by MEGA7.0 based on concatenated sequences of the four genes indicated that BSL-1 formed a distinct clade with *A. alternata* CBS 106.24 with 100% bootstrap values. Pathogenicity test was triplicately performed on healthy leaves. Twenty leaves of five 20-day-old plants (cv. Pinku1) were sprayed with conidial suspension (1×10^6 conidia/mL) collected from PDA cultures with 0. 05% Tween 20. An equal number of control leaves were sprayed with sterile water to serve as the controls. Treated plants were kept in a greenhouse at (28±3)℃ with relative humidity of 80%±5% for 24 h and transferred to natural conditions (22–30 ℃, RH 50%–60%). After 4 to 6 days, all inoculated leaves developed symptoms similar to those observed in the fields, while the control leaves remained healthy. *A. alternata* was re-isolated from all infected leaves. Occasionally-isolated *Diaporthe* isolates were not pathogenic. *A. alternata* causes leaf spot of oat and leaf blight of *F. esculentum*. To our knowledge, this is the first report of *A. alternata* causing leaf spot on *F. tataricum* in China and the world. Effective strategies should be developed to manage the disease.

Key words: Tartary buckwheat (*Fagopyrum tataricum*); leaf Spot; *Alternaria alternata*; pathogen identification

A Secreted Protein from *Rhizoctonia solani* Is Essential For The Necrotrophic Interactions With Rice*

LI Shubin** HAI Yingfan XIANG Zongjing YE Long
WANG Yan WEI Songhong LI Shuai***
(*College of Plant Protection*, *Shenyang Agricultural University*, *Shenyang* 110866, *China*)

Abstract: The influence of effectors which is secreted by necrotrophic pathogens during infection has growing attention recently. However, little is known about the virulence and mechanisms of these proteins. *Rhizoctonia solani*, which cause rice sheath blight, is one of the most significant necrotrophic pathogens. Preliminary studies have been shown that genome of *R. solani* AG1 IA reveals many potential genes coding effector. Bioinformatics analysis indicated that some effectors contain structure which may contribute to pathogenicity. Here, we performed functional studies on putative effectors in *R. solani* and demonstrated that AGLIP1 could induce cell death at 4 days after infiltration by *Agrobacterium*. Moreover, AGLIP1 inhibited BAX-induced and INF1-induced HR response in *Nicotiana benthamiana*. Further research has revealed AGLIP1 was up-regulated during *R. solani* infection. AGLIP1 could interact with OsClpP6 which is a caseinolytic protease in rice. AGLIP1 decreased the accumulation of OsClpP6 in *Nicotiana benthamiana*. The results will provide new outlooks in understanding the molecular mechanisms of *R. solani* pathogenesis and rice resistance.

Key words: *Rhizoctonia solani*; Effector; Plant Immunity; Pathogenicity

---

* Funding: The work is supported by the National Natural Science Foundation of China (31901956); the Earmarked Fund for China Agriculture Research System (CARS-01)

** First author: LI Shubin; E-mail: 3466401676@ qq. com

*** Corresponding author: LI Shuai, Ph. D.; E-mail: lishuai@ syau. edu. cn

转录因子 CfMcm1 参与果生刺盘孢分生孢子形态建成、附着胞发育、致病、定殖和有性发育

刘文魁　梁晓飞　韩　璐　张　荣　孙广宇
（西北农林科技大学，杨凌　712100）

摘　要：苹果炭疽叶枯病（Glomerella leaf spot，GLS）是由果生刺盘孢（*Colletotrichum fructicola*）引起的，一种发生于我国苹果上新型流行性病害，该病害可导致苹果叶片坏死且大面积脱落、果斑、贮藏期腐烂和减弱树势。但目前对 GLS 发病机制知之甚少。笔者通过转录组分析发现一个 SRF 型 MADS-box 转录因子基因 *CfMcm*1 在果生刺盘孢侵染的早期被显著诱导表达。通过不同阶段的表达分析发现，该基因在分生孢子及附着胞中表达量较高。为探究 CfMcm1 在果生刺盘孢致病过程中的作用，笔者通过同源重组技术敲除了果生刺盘孢中的 *CfMcm*1 基因，构建了该基因的敲除突变体（Δ*CfMcm*1）。表型分析表明，功能缺失突变体 Δ*CfMcm*1 的细胞壁合成受损，与此同时，其对氧化胁迫、渗透胁迫和酸性环境胁迫的敏感性增强。Δ*CfMcm*1 产生的分生孢子存在颜色和形态建成缺陷，分生孢子形态多样，包括两个细胞的孢子和空细胞孢子。在致病相关表型方面，Δ*CfMcm*1 在分生孢子萌发和附着胞形成过程中存在缺陷，这可能是导致 Δ*CfMcm*1 对苹果叶片致病性丧失的主要原因。此外，Δ*CfMcm*1 突变体在苹果果实的定殖和有性发育结构—子囊壳，子囊孢子的形成中也存在缺陷。综上所述，CfMcm1 是果生刺盘孢分生孢子形态建成、附着胞发育、致病、定殖、有性发育和逆境适应的关键调控因子。

关键词：炭疽叶枯病；致病性；Mcm1；转录因子

milR5636 靶向轮纹病菌细胞周期蛋白激酶复合物（BdCDKs）基因特异性切割验证及作用机制分析*

高云静[1,2] 李姗姗[1,2] 杨岳昆[1,2] 洪 霓[1,2] 王国平[1,2] 王利平[1,2]**

（1. 华中农业大学植物科学技术学院，武汉 430070；
2. 华中农业大学，湖北省作物病害监测与安全控制重点实验室，武汉 430070）

摘 要： 葡萄座腔菌（*Botryosphaeria dothidea*）引起的梨轮纹病是梨树三大枝干病害之一，在我国梨产区普遍发生，是我国梨产业上难解决的“卡脖子”问题之一。MicroRNA 是一类长度为 21~24 nt 的内源性非编码小 RNA，在植物中通过转录和转录后水平介导调控内源靶标基因行使功能，参与调控植物生长发育、致病、生命活动等过程。真菌 MicroRNA 研究较少，仅有少量报道。本研究选取了前期获得的真菌病毒 BdCV1 感染下梨轮纹病菌 LW-C 中差异表达的 milR5636 作为研究对象，预测靶基因为 BdCV1 RdRp 及细胞周期蛋白激酶复合物（BdCDKs）。采用 RT-PCR 和 Stem-loop RT-PCR 对 milR5636 前体、成熟体进行了验证，进一步分析了 *Bd*-milR5636 前体、成熟体及靶基因 mRNA 表达模式，结果显示 LW-C 菌株培养 3~15 d 菌丝生长过程中，milR5636 成熟体呈下调表达，靶基因 BdCDKs 呈上调表达；另一个靶基因 BdCV1 RdRp 与 milR5636 表达趋势相同，表明了 BdCV1 感染条件下响应 milR5636 介导靶基因表达及调控方式存在差异。进一步构建了 MIR5636 和靶基因 BdCDKs 瞬时表达载体，农杆菌转化本氏烟，结果表明 MIR5636 与靶基因 BdCDKs 载体共同浸润的烟草叶片 2d 观察到的 GFP 荧光信号弱于靶基因 BdCDKs 载体单独浸润本氏烟产生的荧光信号，初步明确 MIR5636 调控靶基因 BdCDKs 表达。采用 5′-RLM-RACE 法对其靶基因 BdCDKs 进行切割验证，结果表明 milR5636 对 BdCDKs 的裂解位点位于第 18 个和第 19 个核苷酸之间，证实了 milR5636 对靶基因靶位点位置存在特异性切割作用方式。目前正在对 milR5636 介导靶基因 BdCV1 RdRp 特异性切割验证及作用机制，以及 milR5636 及其调控靶基因在梨轮纹病菌中抗病毒功能进一步深入研究。

关键词： 梨轮纹病菌；产黄青霉病毒（BdCV1）；milRNA；5′-RLM-RACE

* 基金项目：国家自然科学基金（31471862）；国家梨产业技术体系（CARS-29）

** 通信作者：王利平，副教授，研究方向为果树病理学；E-mail：wlp09@ mail. hzau. edu. cn

Polymorphism analysis of *Valsa mali* isolated from Xinjiang province using ISSR markers*

GUO Kaifa[1,2] WANG Yanxia[1] YANG Jiayuan[1]
JIN Chenzhong[1] ZHAO Sifeng[2]
(1. *Key Laboratory of Pesticide Harmless Application*, *Collaborative Innovation Center for Field Weeds Control* (*CICFWC*) *of Hunan Province*, *Loudi* 417000, *Hunan*, *China*; 2. *College of Agronomy*, *Shihezi University/Key Laboratory for Oasis Agricultural Pest Management and Plant Resource Utilization at Universities of Xinjiang Uygur Autonomous Region*, *Shihezi Xinjiang*, 832003, *China*)

Abstract: In order to detect the population genetic diversity of apple valsa canker pathogen (*Valsa mali*) at the molecular level. Eighty primers were selected for ISSR-PCR analysis of 44 strains apple valsa canker as *Valsa mali* in Xinjiang. The results showed that 8 primers amplified a total of 80 clear and reproducible bands, including 80 polymorphic loci, and the polymorphic loci rate was 100%. Nei's (1973) gene diversity index (H) and Shannon's information index (I) were both higher than 0.2 and 0.4, respectively, which indicated that the genetic diversity of *Valsa mali* in Xinjiang was considerably abundant. The cluster analysis indicated that there was no significant correlation between the genetic relationships and their geographical originals.

Key words: Xinjiang; Valsa canker; *Valsa mali*; Genetic diversity; ISSR

* Funding: Innovation Platform Project of Colleges and Universities of Hunan Province (19K049, 19C0988)

Small GTPase FgRab1 is required for the vegetative growth, DON production and pathogenicity in *Fusarium graminearum*

YUAN Yanping[1] LI Jingjing[1] YANG Chengdong[1]
CHEN Xin ZHENG Huawei[2] ZHOU Jie[1]
(1. *College of Life Sciences, Fujian Agriculture and Forestry University*, *Fuzhou* 350002, *China*;
2. *Marine and Agricultural Biotechnology Laboratory*, *Institute of Oceanography*, *Minjiang University*, *Fuzhou* 350108, *China*)

Abstract: *Fusarium graminearum* is the major pathogen causing Fusarium head blight (FHB), which not only severely reduces crop yields, but also contaminates grains with mycotoxins such as deoxynivalenol (DON), that can seriously threaten to human and animal health. Rab GTPases are key regulators of intracellular vesicle transport, and they modulate the development and pathogenicity of plant pathogens through mediated endocytosis and secretion processes. However, the biological function of *FgRab*1 is still unclear in *F. graminearum*. In this study, we constructed the constitutively active (CA) and dominant negative (DN) vectors of *FgRAB*1 and transformed them into the wild type PH-1. Phenotypic analyses of CA and DN transformants showed that *FgRAB*1 is important for the vegetative growth, cell wall formation and mycelial tip branching. Compared to wild type PH-1, the conidiation of *Fgrab*1DN transformants was significantly reduced with abnormal conidial morphology. *Fgrab*1DN was significantly reduced pathogenicity in wheat heads. Subcellular localization analysis showed that FgRab1 localized to the Golgi apparatus, endoplasmic reticulum and Spitzenkörper. We further found that the DON content in the mycelia and culture medium of the *FgRab*1DN transformant was both significantly reduced compared with that of the wild type PH-1. Further analyses demonstrated that the inactivation of *FgRab*1 impairs the production and secretion of DON by affecting the expression of DON biosynthesis genes and toxin transporter, as well as the localization of toxin transporter. Finally, *FgRab*1 was found to be crucial for FgSnc1-mediated fusion of secretory vesicles from Golgi to plasma membrane in *F. graminearum*. In summary, our results indicate that FgRab1 plays vital roles in the vegetative growth, conidiogenesis, DON production, and the pathogenicity of *F. graminearum*.

Key words: *Fusarium graminearum*; FgRab1; dominant negative; vesicle transport; DON

Trichoderma breve FJ069 重寄生相关 milRNA 发掘及其调控分子机理研究*

刘 震** 徐 宁 邢梦玉 侯巨梅 刘 铜***

（海南大学植物保护学院，热带农林生物灾害绿色防控教育部重点实验室，海口 570228）

摘 要：木霉菌是一种重要的生防真菌，对众多植物病原真菌表现出较强的重寄生作用。前期实验通过光学显微镜和扫描电镜观察发现 *Trichoderma breve* FJ069 通过缠绕，穿刺的方式重寄生番茄灰霉病菌（*Botrytis cinerea*），为了进一步解析其重寄生的分子机制，利用高通量测序技术鉴定 *T. breve* FJ069 和番茄灰霉菌互作过程中的 milRNA，经生物信息学分析预测了 *T. breve* FJ069 存在 126 个 milRNA，其中发现一个新的 milRNA：miR29-3p 在重寄生过程存在特异性表达，进一步利用生物信息学和 RT-PCR 技术明确了该 miR29-3p 只存在 *T. breve* FJ069 基因组中，而在灰霉病菌未发现该小 RNA 存在，并且该小 RNA 可能靶向番茄灰霉病菌几丁质合成酶 *Chitin synthase* 7（*CHS*7）基因。因此，推测该小 RNA 可能存在跨界靶向调控作用。试验进一步通过烟草共表达体系和 RACE 技术发现 miR29-3p 可以剪切 *CHS*7 转录本，抑制 *CHS*7 基因的表达，暗示 *T. breve* FJ069 在重寄生灰霉病菌过程 miR29-3p 可以跨界负调控 *CHS*7 基因表达，目前关于 miR29-3p 靶向调控 *CHS*7 的功能正在研究中。

关键词：木霉菌；番茄灰霉病菌；miRNA 跨界；几丁质合成酶

---

* 基金项目：海南省高层次人才基金（320RC484）

** 第一作者：刘震，博士研究生，研究方向为分子植物病理学；E-mail：liuzhenhenan@163.com

*** 通信作者：刘铜，教授，博士生导师，研究方向为植物病理学与生物防治；E-mail：liutongamy@sina.com

Population genomic analyses reveal the role of sexual reproduction in the evolution of *Yr*26–virulent races of the wheat stripe rust fungus in China

WANG Jierong ZHAN Gangming KANG Zhensheng ZHAO Jing

(*State Key Laboratory of Crop Stress Biology for Arid Areas*, *College of Plant Protection*, *Northwest A&F University*, *Yangling* 712100, *China*)

Abstract: Many fungal pathogens possess multiple reproductive modes, but the role of sexual reproduction is often neglected because of its rarity and complexity. *Puccinia striiformis* f. sp. *tritici* (*Pst*) is the causal agent of wheat stripe rust that occurs in most wheat–growing areas throughout the world and is a severe threat to wheat production. Sexual reproduction of *Pst* on the alternate host barberry has been found recently, and the near–Himalayan regions are thought as the hotspot of sexual reproduction. However, the contribution of sexual recombination to the evolution of *Pst*, such as the emergence of the *Yr*26–virulent (V26) races in China, remains largely unknown. In the present study, we resequenced the genomes of 42 worldwide isolates of *Pst*, including 32 isolates from China. Population structure and phylogenetic analysis indicated that all Chinese V26 isolates clustered into one population P4. The significantly low heterozygosity levels, together with the results from the reticulation of the phylogenetic neighbor–net, PHI tests and LD simulations analyses revealed sexual recombination predominantly in P4 and P3, another population from China that was closely related to P4 except for the virulence to *Yr*26. Selective sweep analysis revealed 24 regions spanning 94 selected genes. Combined with association analysis, 45 genes, including six genes encoding predicted secreted proteins, were identified as *AvYr*26 candidates. Our results provide new evidence for the important role of sexual reproduction in the variation of *Pst* virulence and demonstrate how sexual reproduction impacts the coevolution of fungal pathogens and their hosts.

Key words: *Puccinia striiformis*; sexual reproduction; population structure; *Yr*26–virulent races; host–inducted selection

Identification of the pathogen *Fusarium oxysporum* causing Date palm wilt disease*

WANG Yi[1**] WANG Fuyou[1] ZHANG Ning[1] HU Meijiao[2] LI Min[2]
HONG Xiaoyu[2] FU Haiquan[1] LI Dongxia[1] XU Zhongliang[1***]
(1. *Coconut Research Institute, Chinese Academy of Tropical Agricultural Sciences, Wenchang* 571339, *China*;
2. *Environment and Plant Protection Institute, Chinese Academy of Tropical Agricultural Sciences, Haikou* 571101, *China*)

Abstract: Date palm (*Phoenix dactylifera* L.) is an important fruit, especially in Middle East and Arab states, and it is important socioeconomically as a product for export to foreign markets. Through the Belt and Road Initiative, date palm was introduced into Hainan and Yunnan provinces for trial planting. In August 2020, one-sided death and a severe wilt death of the fronds of palms occurred in Wenchang city, Hainan province. Horizontal sections of affected branches showed vascular bundles discoloration. Severely infected hundreds of palms were completely dead. The incidence in the field, especially after a series of typhoon or rainy days, reached over 60%. In all cases, a similar fungus was consistently isolated from symptomatic tissue. The fungi were identified as *Fusarium* sp. (isolates No. YZYW-1), based on morphological characteristics by conidia characters. In addition, the same fungal cultures were successfully re-isolated from inoculation plants (3 months after) and confirmed by morphological characters, which completed Koch's postulates. Molecular characterization of fungal isolates by amplifying and sequencing the following three genes: rDNA-ITS, translation elongation factor 1 α (tef1) and β-tubulin (tub2). The sequences were compared the GenBank nucleotide database by using a BLAST alignment, which revealed that YZYW-1 had 99% to 100% identity with *F. oxysporum* for the ITS, EF-1α and BT gene sequences. So the fungus was identified as *F. oxysporum*. Fusarium is one of the most destructive fungal genera, causing many diseases for plants. It was reported an important pathogen causing wilt disease of date palm trees in worldwide. To our knowledge, this is the first report of Fusarium wilt of date palm caused by *F. oxysporum* in China.

Key words: date palm; *Fusarium oxysporum*; wilt disease; identification

* Funding: International Exchange and Cooperation in Agriculture: introduction, trial planting and risk assessment of date palm (12530015)

** First author: WANG Yi, Master; E-mail: wang_yi_w@ sina. com

*** Corresponding author: XU Zhongling, Master; E-mail: 190635659@ qq. com

一株蕨麻根腐病病原菌的分离鉴定及其生物学特性研究*

李晨芹[1,2,3]** 李军乔[1,2,3]*** 王鑫慈[1,2,3] 牛永昆[1,2,3]

（1. 青海民族大学生态环境与资源学院，西宁 810000；
2. 青海民族大学青藏高原蕨麻研究中心，西宁 810000；
3. 青海省特色经济植物高值化利用重点实验室，西宁 810000）

摘 要：本研究对从青海省湟源蕨麻人工种植基地蕨麻块根部位分离得到的菌株 D2 进行了致病性检测、形态学观察、rDNA-ITS 序列分析鉴定，同时分析了不同温度、pH、光照、碳源、氮源、培养基对该病原菌生长、产孢及其孢子萌发的影响。结果表明，根据其形态特征和 rDNA-ITS 序列分析可鉴定菌株 D2 为镰刀菌 *Fusarium perseae*，致病性研究表明其符合柯赫氏法则，为首次在蕨麻块根部位发现的蕨麻根腐病的病原真菌。生物学特性研究表明，菌株 D2 菌丝生长、产孢和孢子萌发的最适温度分别为 25 ℃、30 ℃和 25 ℃；光照条件不利于菌丝生长，12 h 光暗交替利于菌落产孢但不利于孢子萌发；pH 值 5.0～12.0 菌丝均能较好生长，菌丝生长和孢子萌发的最适 pH 值为 7.0，产孢最适 pH 值为 9.0；碳源中果糖利于菌丝生长、产孢和孢子萌发，乳糖不利于菌丝生长但利于孢子萌发，葡萄糖、可溶性淀粉、蔗糖和甘露醇作为碳源生长的菌丝均会产生绿色色素；氮源中牛肉浸膏利于菌丝生长、产孢和孢子萌发，蛋白胨不利于菌丝生长和产孢但能促进孢子萌发，甘氨酸和牛肉浸膏作为氮源生长的菌丝均会产生绿色色素；PDA 培养基和 JM（C）培养基利于菌丝生长和产孢，且显著促进孢子萌发，而 CZ 培养基不利于菌丝产孢及孢子萌发；菌丝致死温度为 64 ℃（10 min）。

关键词：蕨麻；镰刀菌属；病原真菌；生物学特性

---

* 基金项目：青海省自然科学基金资助项目（2021-ZJ-911）

** 作者简介：李晨芹，硕士研究生；E-mail：qin1067519402@163.com
*** 通信作者：李军乔；E-mail：ljqlily2002@126.com

一株鸡蛋花鞘锈菌重寄生真菌的种类鉴定*

黄奕蔓　白津铭　朱文倩　李　峰　黄桂香　廖咏梅**
（广西大学农学院，南宁　530004）

摘　要：鸡蛋花锈病是鸡蛋花的重要病害，其病原菌为鸡蛋花鞘锈菌（*Coleosporium plumeriae*），感染锈病的鸡蛋花叶片背面出现黄色隆起的粉状夏孢子堆，叶片正面有淡黄色小斑点，影响其观赏价值，严重时叶片提前脱落。2020 年在广西南宁市上林县的一个自 2003 年以来从未施用化学药剂的茶园——万古茶园，发现鸡蛋花锈病叶片背面的夏孢子堆被白色的霉状物覆盖，在光学显微镜下镜检发现，这些霉状物为具分隔的菌丝体和大量椭圆形或近球形、单胞无色的分生孢子，被菌丝体覆盖的鸡蛋花鞘锈菌夏孢子堆中，可见有菌丝体自夏孢子中长出，夏孢子由黄色变为透明、其边缘由完整变为破碎。在扫描电子显微镜下，被霉状物覆盖的夏孢子皱缩变瘪，而正常夏孢子饱满。可见，覆盖在鸡蛋花鞘锈菌上的白色霉状物为该锈菌的重寄生真菌。

挑取少量鸡蛋花鞘锈菌重寄生真菌的菌丝体置于 PDA 培养基上，在 28 ℃培养 7 d，可见菌落白色，直径 28~40 mm，菌落正面稍凸起、有皱褶，气生菌丝质地紧密，菌落背面黄色；分生孢子梗菌丝状单生，分生孢子呈头状聚生在分生孢子梗顶端，分生孢子呈椭圆形或近球形，单胞无色，大小（0.5~1.0）μm×（0.9~1.2）μm。提取鸡蛋花鞘锈菌重寄生真菌代表菌株单孢分离菌株 PR-CPH1 的总 DNA，用真菌通用引物 ITS1/ITS4、*SSU* 基因的 NS1/NS4 引物和 *LSU* 基因的 NL1/NL4 引物进行 PCR 扩增，并对 PCR 产物进行测序和序列分析。在 NCBI 的 GenBank 数据库中进行 BLAST 比较，结果发现菌株 PR-CPH1 的 ITS 序列（MW505984）、*SSU* 序列（MW505988）和 *LSU* 序列（MW505987）与 *Simplicillium subtropicum* 的相应片段序列（ITS-AB603990、*SSU*-LC496895 和 *LSU*-LC496880）的同源性分别为 99.00%、98.11%和 98.11%。下载 GenBank 上发布的 *Simplicillium* 属主要真菌种类的 ITS、*SSU* 和 *LSU* 序列，三个片段联合（ITS-*SSU*-*LSU*）后，利用 MEGA 6.0 软件中的邻接法（Neighbor-joining method，N-J 法）构建系统发育树，发现菌株 PR-CPH1 与 *Simplicillium subtropicum*（strain JCM18180）的三个片段（AB603990-LC496895-LC496880）联合序列的遗传距离最近。根据 Kenichi 等（2013）对 *Simplicillium subtropicum* 的形态特征描述及 ITS、*SSU* 和 *LSU* 联合序列的系统发育分析，鉴定菌株 PR-CPH1 为 *Simplicillium subtropicum*。*Simplicillium subtropicum* 的分类地位为子囊菌门（Ascomycota）、粪壳菌纲（Sordariomycetes）、肉座菌目（Hypocreales）、虫草菌科（Cordycipitaceae）、单梗霉属（*Simplicillium*）。有关 *Simplicillium subtropicum* 的研究，仅见 Anoumedem 等（2020）报道，从番荔枝科（Annonaceae）的一种植物（*Duguetia*

* 基金项目：广西科技重大专项（桂科 AA18118046）
** 通信作者：廖咏梅；E-mail：liaoym@gxu.edu.cn

staudtii）中分离得到内生真菌 *Simplicillium subtropicum*，从中提取得到的两种化合物 Simplicilones A 和 B 对宫颈癌细胞株 KB3.1 有轻微毒理作用。未见 *Simplicillium subtropicum* 是植物病原菌重寄生真菌的报道，也未见鸡蛋花鞘锈菌重寄生现象的报道。本研究发现的鸡蛋花鞘锈菌重寄生真菌（*Simplicillium subtropicum*）为首次报道。

关键词：鸡蛋花锈病；鸡蛋花鞘锈菌；重寄生真菌；*Simplicillium subtropicum*

Hidden diversity of powdery mildews belonging to the recently re-discovered genus *Salmonomyces* *

JIN DanNi[1,2**] KISS Levente[3] TAKAMATSU Susumu[4] ZHANG ZhaoYang[1,2]
DE ÁLVAREZ Maria Graciela Cabrera[5] LI Zhuang[6] LI Yu[1,2] LIU ShuYan[1,2***]

(1. *Laboratory of Plant Pathology*, *College of Plant Protection*, *Jilin Agricultural University*, *Changchun* 130118, *China*; 2. *Engineering Research Center of Edible and Medicinal Fungi*, *Ministry of Education*, *Jilin Agricultural University*, *Changchun* 130118, *China*; 3. *Centre for Crop Health*, *Institute for Life Sciences and the Environment*, *University of Southern Queensland*, *Toowoomba Qld* 4350, *Australia*; 4. *Faculty of Bioresources*, *Mie University*, *Tsu* 514-8507, *Japan*; 5. *Department of Plant Protection*, *Faculty of Agricultural Science*, *National University of the Northeast*, *Corrientes*, *Argentina*; 6. *Shandong Provincial Key Laboratory for Biology of Vegetable Diseases and Insect Pests*, *College of Plant Protection*, *Shandong Agricultural University*, *Tai'an* 271018, *China*)

Abstract: Powdery mildew on various *Acalypha* spp. has previously been assigned to *Erysiphe acalyphae*. In a recently published reassessment, it has been revealed that sequences retrieved from this *Acalypha* powdery mildew form a separate lineage representing a genus of its own for which the old genus name *Salmonomyces* was reinstated, with the new combination *Salmonomyces acalyphae*. *Pseudoidium javanicum*, described from Indonesia on *Acalypha javanica*, was reduced to synonymy with *Salmonomyces acalyphae*. Then, the name *Salmonomyces acalyphae* was applied to all collections on *Acalypha*, first and foremost on the basis of the congruence of the morphological characteristics of the asexual morphs on *Acalypha supera* and other *Acalypha* spp. Meanwhile, attempts to trace new collections of this powdery mildew on *Acalypha supera* in Kunming, Yunnan Province, were successful and allow epitypification of *Erysiphe acalyphae* with ex-epitype sequence data. Phylogenetic analyses surprisingly revealed the hidden diversity that two sister species are involved within *Salmonomyces*, viz., *Salmonomyces acalyphae* with both anamorph and teleomorph, confined to *Acalypha supera* in South China as host, and a second species, so far only known as anamorph, with wider host range and distribution, for which the new combination *Salmonomyces javanicus*, based on *Pseudoidium javanicum*, being introduced.

Key words: Erysiphaceae; ITS; powdery mildew; *Salmonomyces javanicus*; 28S rDNA

---

* 基金项目：国家自然科学基金（31970019）

** 第一作者：金丹妮，硕士研究生，研究方向为植物病理学；E-mail：412490312@ qq. com

*** 通信作者：刘淑艳，博士，教授，研究方向为菌物分类学与分子系统学；E-mail：liussyan@ 163. com

UvSMEK1 参与调控稻曲病菌致病力、分生孢子形成以及分生孢子萌发*

于俊杰**　俞咪娜　宋天巧　曹慧娟　雍明丽　潘夏艳
齐中强　杜　艳　张荣胜　尹小乐　梁　栋　刘永锋***
（江苏省农业科学院植物保护研究所，南京　210014）

摘　要：稻曲病已成为我国水稻上的重要病害之一，但其致病分子机制尚不完全清楚。本研究从前期构建的稻曲病菌 T-DNA 突变体库中筛选到一株丧失致病力的突变体 A204。进一步研究发现，A204 中 T-DNA 为单拷贝插入，其 T-DNA 插入 *UvSMEK*1 编码区 5′端导致该基因不能正常表达。将野生型菌株 P-1 中的 *UvSMEK*1 敲除，敲除突变体的致病力丧失；在 YT 液体培养基中 *UvSMEK*1 敲除突变体相较野生型菌株 P-1 的分生孢子产生能力显著提高，其在摇培 2~4 d 时与野生型菌株产生的分生孢子量相当，但在摇培 5~7 d 时其分生孢子产量显著高于野生型菌株，而 *UvSMEK*1 敲除突变体丧失了在 YT 固体培养基中微循环产分生孢子的能力，表明稻曲病菌在液体和固体培养基中的分生孢子形成的调控机制不完全相同。*UvSMEK*1 敲除突变体可产生一种异常的分生孢子，其直径是野生型菌株 P-1 孢子的 2~3 倍，且其萌发时产生的芽管也较野生型菌株 P-1 较宽，推测 UvSMEK1 敲除也影响了稻曲病菌分生孢子萌发时的极性生长。此外，相较于野生型菌株 P-1，*UvSMEK*1 敲除突变体对 H_2O_2 和 NaCl 表现出更强的耐受性。本研究证明了稻曲病菌 UvSMEK1 在调控稻曲病菌致病力、分生孢子形成和萌发等方面的功能，并为农药分子设计提供了一个潜在的分子靶标。

关键词：稻曲病；*UvSMEK*1；分生孢子

* 基金项目：国家重点研发计划（2016YFD200805），国家自然科学基金（31301624，31571961）
** 第一作者：于俊杰，江苏常州人，副研究员，研究方向为水稻真菌病害及其防控；E-mail：jjyu@ jaas. ac. cn
*** 通信作者：刘永锋，研究员；E-mail：liuyf@ jaas. ac. cn

甘蔗根腐病研究进展及展望*

任庆肖[1,2]** 张金旭[1] 张木清[1,2]
(1. 广西甘蔗生物学重点实验室，南宁 530005；
2. 亚热带农业生物资源保护与利用国家重点实验室，南宁 530005)

摘 要：根腐病是甘蔗根部重要病害之一，在广东、福建、云南、海南等地都有发生，是制约果蔗产业持续健康发展的因素之一。目前世界上对于甘蔗根腐病的报道较少，本研究主要从甘蔗根腐病的发生与分布、病原菌分离与鉴定、致病菌的种类及特点、接种方法、防治策略、绿色荧光蛋白在研究致病机理中的应用、病原入侵后关键节点以及关键节点转录组成分分析等对国内外甘蔗根腐病研究现状进行综述。

目前，镰刀菌属引起的甘蔗根腐病研究相对滞后。甘蔗根腐病的致病菌还有待进一步鉴定，接种方法、分级标准还需要统一标准，病原菌与植株的互作侵染循环关系也尚无深入探究。所以本研究主要依托甘蔗根腐病样品，从中分离得到病原菌，通过回接试验找到强致病菌，用强致病菌对不同接种方法进行筛选，找出适合甘蔗根腐病的接种方法，同时对其侵染机理、侵染后植株转录水平的改变进行深入研究，为揭示甘蔗根腐病与病原互作关系提供重要理论，同时也对甘蔗根腐病抗病育种有重要意义。

关键词：甘蔗根腐病；致病菌；接种方法；防治策略；致病机理

* 基金项目：国家糖料产业技术体系甘蔗抗病品种选育岗位（CARS170190）

** 第一作者：任庆肖，硕士研究生，研究方向为甘蔗遗传育种；E-mail：15610413126@163.com

稻瘟菌氧固醇结合蛋白的功能分析

王 健[*] 徐海娇 杨思如 范 军[**]
(中国农业大学植物保护学院，北京 100193)

摘 要：氧固醇结合蛋白（OSBP）家族包括 OSBP 和 OSBP 类似蛋白（OSBP-related protein，ORP），是广泛存在于酵母、人类等多种真核生物中一类结合脂类、固醇类的蛋白，主要功能包括细胞内脂类转运、维持脂类稳态以及细胞信号传导和细胞生长发育。ORPs 在不同生物中的成员数量和结构域存在变异，其生物学功能也存在相应的分化。实验室前期从稻瘟菌中鉴定得到 6 个 MoORPs 基因，为确定稻瘟菌中 ORP 的生物学功能，构建 MoORPs 的敲除和回补株并进行生物学测定，发现 MoORPs 是稻瘟菌营养生长和致病所必需的，并且存在功能重叠及分化。本研究对 ORP 调控稻瘟菌侵染过程具体环节的细胞生物学特征进行分析，发现敲除 MoORPs 基因导致人工疏水膜上稻瘟菌附着胞的形成率降低，并且影响稻瘟菌附着胞中脂质的转移和降解，从而影响附着胞膨压。MoORPs 还参与附着胞的侵入以及侵入后菌丝的扩展、寄主先天免疫反应，并且参与 pwl2 胞质效应子的分泌。此外，胞吞特异性染料 FM4-64 的染色结果表明，MoORPs 还参与调控胞吞作用。这些结果表明 MoORPs 在稻瘟菌侵染的多个阶段发挥重要作用，其调控稻瘟菌致病力的分子机制需要进一步研究。

关键词：稻瘟菌；氧固醇结合蛋白；生物学特征分析

---

* 第一作者：王健，博士研究生，研究方向为植物病原物致病机理

** 通信作者：范军，教授，研究方向为植物病原物致病机理及植物数量抗病性的遗传和分子机理；E-mail：jfan@cau.edu.cn

野大麦新病害茎基腐病的病原鉴定*

刘佳奇　薛龙海

（兰州大学草地农业科技学院/草地农业生态系统国家重点实验室/
草地微生物研究中心，兰州　730020）

摘　要：在2020年甘肃省张掖市临泽县发生一种引起野大麦茎基腐的新病害，该病主要危害野大麦的茎基部，症状表现为初期形成黑褐色小点，后期湿度大时引起茎基部缢缩，植株枯死。为明确其病原菌，进行了野大麦新病害病原菌的鉴定及致病力测定。采用常规组织分离法，从野大麦病株的茎基部分离并单孢纯化获得20个形态相似的真菌分离物。菌落初期为白色，逐渐变为黄粉色，随着培养时间延长，逐渐变成青灰褐色。柯赫氏法则证明该真菌分离物可造成野大麦组培苗表现与田间病株相似症状，并分离获得了与野大麦病株初分离物菌落形态相同的真菌菌株。显微镜观察发现分离物的分生孢子梗极短，无色透明，突脐状，分生孢子长椭圆形，个别稍弯，无色透明，大小（5.2~9.9）μm×（1.2~2.4）μm。基于ITS序列和LSU序列比对发现，分离物与CBS 137.64 *Microdochium bolleyi* 相似度达到100%。本研究首次报道了 *M. bolleyi* 引起的野大麦茎基腐，研究结果将为防治野大麦新病害提供重要依据。

关键词：野大麦；新病害；茎基腐；病原真菌

* 基金项目：“双一流”引导专项

Characterization of pectate lyase gene family in *Fusarium oxysporum* f. sp. *Lycopersici* genome and expression mode during inoculation

FENG Baozhen LI Peiqian YAO Zhen

(*Department of life science*, *Yuncheng University*, *Yuncheng* 044000, *China*)

Abstract: Tomato Fusarium wilt is a common soil born fungal disease in tomato production. To identify pectate lyase gene family members in *Fusarium oxysporum* f. sp. *Lycopersici* genome and to clarify the expression mode after inoculations, in the study, PEL family was identified, also the distribution, physical and chemical properties, gene structure, and tertiary structure prediction of PELs in *F. oxysporm* f. sp. *Lycopersici* genome were performed by bioinformatics. Expression mode of FoPEL1-16 in inoculated tomato roots were analyzed by qRT-PCR. Results showed that there were 16 FOPELs in *F. oxysporm* f. sp. *Lycopersici* genome. The amino acid sequences were 175-548aa in length with 16-21aa signal peptides. The FOPEL genes were unevenly distributed on 7 chromosomes. 16FOPELs were divided into two groups according to gene structure and conserved motifs. Tertiary structure prediction results showed that similar domain structure presented in the same family. Evolutionary analysis showed that FOPELs clustered in two clades. qRT-PCR analysis showed that FoPEL express levels significantly increased during inoculation. The pectate lyase existed in the form of gene family in tomao wilt genome, and the difference of gene structure indicated their function diversity. The expression levels of FoPEL were significantly increased during infection, which indicated that FoPEL was involved in the pathogenicity. The study provided a theoretical basis for pathogenic gene function and plant-pathogen interaction of *F. oxysporium*.

Key words: Fusarium wilt; Pectate lyase; Gene family; Genome

不同培养时间对尖孢镰刀菌苜蓿专化型产孢的影响

屈佳欣

（兰州大学草地农业生态系统国家重点实验室/兰州大学农业农村部草牧业创新重点实验室/兰州大学草地农业科技学院，兰州 730020）

摘　要：紫花苜蓿（*Medicago sativa*）是豆科苜蓿属多年生草本植物，素有“牧草之王”的美誉。镰刀菌根腐病是国内外苜蓿种植区普遍发生的一种土传病害，尖孢镰刀菌（*Fusarium oxysporum*）为我国苜蓿根腐病的优势镰刀菌种类。本文研究了不同培养时间对尖孢镰刀菌产孢速度的影响，在 PDA 及 PDB 培养基上培养 1~4 周，每周测定其分生孢子产量。结果表明，在 PDA 培养基上培养三周时孢子产量显著高于其他培养时间（$P<0.05$），在 PDB 培养基上培养两周时孢子产量显著高于其他培养时间（$P<0.05$）。本研究为尖孢镰刀菌引起的根腐病防治提供了理论基础。

关键词：紫花苜蓿；尖孢镰刀菌；根腐病；培养时间

First record of *Erysiphe platani* on *Koelreuteria paniculata* and *Cercis chinensis*, two hosts outside the Proteales*

LIU Li[1,2**]　TANG Shurong[1]　Takamatsu Susumn[3]　LI Yu[1]　LIU Shuyan[1,2***]

(1. *Laboratory of Plant Pathology*, *College of Plant Protection*, *Jilin Agricultural University*, *Changchun* 130118, *China*;
2. *Engineering Research Center of Edible and Medicinal Fungi*, *Ministry of Education*, *Jilin Agricultural University*, *Changchun* 130118, *China*;
3. *Faculty of Bioresources*, *Mie University*, *Tsu* 514-8507, *Japan*)

Abstract: In 2018 and 2019, two powdery mildew samples were collected separately on *Koelreuteria paniculata* in Hubei Province and on *Cercis chinensis* in Jiangxi Province, China. The morphological characteristics of the two collections are in accord with the description of *Erysiphe platani*. A phylogenetic tree was constructed based on the combined ITS and 28S rDNA sequences including data from two collections with maximum parsimony method. The two sequences formed a clade with *E. platani* with 100% bootstrap support. Based on its morphological characteristics and phylogenetic placement, we propose the two collections belong to *E. platani*. As we all know, it exclusively parasitizes on *Platanus* spp. This is the first record of *E. platani* on hosts outside the genus *Platanus* and the family Platanaceae, as well as the order Proteales. Identity of species and host range are discussed.

Key words: Erysiphaceae; *Koelreuteria paniculata*; *Cercis chinensis*; host range; ITS; 28S rDNA

* 基金项目：国家自然科学基金（31970019）

** 第一作者：刘丽，博士研究生，研究方向为白粉菌分类学与分子系统学；1459526728@ qq. com

*** 通信作者：刘淑艳，博士，教授，研究方向为菌物分类学与分子系统学；liussyan@ 163. com

VmNLP2 from *Valsa mali* acts as a phytotoxic virulence factor

LIU Jianying NIE Jiajun CHANG Yali HUANG Lili *

(*State Key Laboratory of Crop Stress Biology for Arid Areas, College of Plant Protection, Northwest A&F University, Yangling* 712100, *China*)

Abstract: Necrosis and ethylene-inducing peptide 1 (Nep1) -like proteins (NLPs) are typically phytotoxic molecules and play important roles in plant-microbe interactions. However, their biological roles in the pathogenic fungus *Valsa mali*, the causal agent of apple *Valsa* canker, remains unclear. Herein, we identified two NLPs, *VmNLP*1 and *VmNLP*2 from *V. mali*. Using agrobacteria-mediated transient expression in *Nicotiana benthamiana*, only VmNLP2 was shown to induce cell death and was subjected to further analysis. By infiltration of *VmNLP*2 recombinant protein in apple leaves, we found that *VmNLP*2 exhibited phytotoxic activity in apple leaves as well. Gene knockout and pathogenicity test showed that *VmNLP*2-deficient *V. mali* strain displayed reduced aggressiveness on apple. Multiple sequence alignment revealed that the second Histidine (H) among the conserved heptapeptide (GHRHDWE) of *VmNLP*2 is mutated to Tyrosine (Y). When this Tyrosine (Y) was substituted by Histidine (H), the variant ($VmNLP2^{Y137H}$) showed a stronger cell death-inducing activity in *N. benthamiana*. Moreover, complementation of $VmNLP2^{Y137H}$ to *VmNLP*2 deletion mutant caused larger disease lesion on apple leaves, compared to the *V. mali* wild type strain. Taken together, we demonstrate that *VmNLP*2 from *V. mali* is an essential virulence factor, and the virulence of VmNLP2 probably correlates to its phytotoxic activity.

Key words: *Valsa mali*; Nep1-like proteins; cytotoxicity; virulence factor; biological roles

* Corresponding author: HUANG Lili; E-mail: huanglili@ nwsuaf. edu. cn

核盘菌两个加氧酶的功能初步研究

刘锐文*　王　培　胡亚雯　田斌年　方安菲　杨宇衡　毕朝位　余　洋**

（西南大学植物保护学院，重庆　400715）

摘　要：核盘菌（*Sclerotinia sclerotiorum*）是一种典型的死体营养型植物病原真菌，由其引起的菌核病给油菜等多种重要作物带来严重的经济损失，深入解析核盘菌的致病机制将为探索绿色可持续的作物菌核病防控策略提供重要线索。植物病原真菌在侵染寄主过程中会合成多种次生代谢物，其中一些与其致病性密切相关。到目前为止，对核盘菌致病相关的次生代谢物及其合成机制仍知之甚少。本研究前期深入挖掘核盘菌基因组信息发现一个环二肽类次生代谢物合成基因簇 *Sspc*1，其由环二肽合酶、加氧酶、转录调控因子和转运蛋白等 7 个编码基因组成，这些基因均在核盘菌侵染寄主初期表达量持续升高，推测 *Sspc*1 合成物质在核盘菌致病过程中发挥重要作用。在该基因簇中，基因 *SsPC1C* 和 *SsPC1D* 分别编码 2OG-Fe（Ⅱ）加氧酶和非血红素铁加氧酶。根据同源重组原理，本研究对这两个基因分别进行了敲除。与野生型菌株相比，*SsPC1C* 和 *SsPC1D* 基因敲除突变株菌丝生长异常且对油菜叶片致病力显著降低。本研究进一步对获得的基因敲除突变体进行了代谢组分析。与野生型菌株相比，*SsPC1C* 和 *SsPC1D* 基因敲除菌株均呈现显著的代谢组物质积累差异。本研究初步表明 *SsPC1C* 和 *SsPC1D* 基因在核盘菌致病过程中发挥着重要作用，其作用机制可能与合成关键性致病相关次生代谢物相关。

关键词：核盘菌；作物菌核病；次生代谢产物；加氧酶；致病力

---

* 第一作者：刘锐文，硕士研究生，研究方向为核盘菌致病的分子机理；E-mail：18235448445@163.com

** 通信作者：余洋，副教授，研究方向为核盘菌致病机理及其群体遗传结构；E-mail：zbyuyang@swu.edu.cn

甘蔗黑穗病菌丝状生长与致病性的遗传解析

卢　姗[1,2]　郭　枫[3]　王志强[2]　沈笑瑞[3]　蒙姣荣[1,2]　陈保善[1,2*]

(1. 广西大学农学院，南宁　530004；
2. 亚热带农业生物资源保护与利用国家重点实验室，南宁　530004；
3. 广西大学生命科学与技术学院，南宁　530004)

摘　要：由担子菌 *Sporisorium scitamineum* 引起的甘蔗黑穗病是我国甘蔗主产区最重要的病害，造成的损失极为严重。甘蔗黑穗病菌单倍体担孢子为酵母状，不具有致病性，只有当两个不同交配型担孢子经有性配合形成双核菌丝后方可侵染甘蔗并形成系统性侵染。甘蔗在受病菌侵染后期，形成一个由真菌菌丝、冬孢子以及植物组织共同组成的黑色鞭状体（俗称“黑鞭”）。本研究通过对野生型 JG36 菌株（MAT-1 交配型）进行 T-DNA 插入突变获得了 11 个丝状突变单倍体，经 Southern Blot 分析归类为 6 种不同基因型。全基因组重测序分析表明插入突变位点分别位于第 2、8 和 14 号染色体上的不同区段。将突变体与野生型 JG35（MAT -2 交配型）混合接种甘蔗组培苗，对新形成的冬孢子的后代进行分离，获得了等位突变的丝状突变体。所有等位丝状突变体均不影响菌株的有性配合能力，但不同基因的突变表现出对致病性和冬孢子发育的不同影响，6 种丝状突变体中至少存在 3 种类型，首次明确了甘蔗黑穗病菌的丝状生长与致病性有不同的调控网络。本研究结果为进一步研究甘蔗黑穗病菌致病机制和冬孢子发育的调控网络提供了基础和新的材料。

关键词：甘蔗黑穗病菌；T-DNA 插入突变；性状分离；丝状生长；致病性

* 通信作者：陈保善；E-mail：chenyaoj@ gxu. edu. cn

组蛋白去乙酰化酶 UvUBR1 调控稻曲病菌黑粉菌素合成机制研究*

王 博[1] 刘 玲[1] 邹佳营[1] 龙昭谊[1] 李月娇[2] 李大勇[1] 孙文献[1,2]
(1. 吉林农业大学植物保护学院，长春 130118；
2. 中国农业大学植物保护学院，北京 100193)

摘 要： 稻曲病不仅造成产量损失，还因产生多种毒素而降低稻谷品质。课题组前期研究揭示了包含聚酮合酶基因 *UvPKS*1 的 *ugs*（*ustilaginoidins synthesis*）基因簇控制黑粉菌素（ustilaginoidins）生物合成，但是该毒素的合成机理尚未得到阐释。丝状真菌中的多项研究表明，组蛋白的乙酰化与去乙酰化过程参与真菌毒素合成等次生代谢过程。对稻曲病菌中预测的编码组蛋白去乙酰化酶（histone deacetylase，HDAC）基因进行敲除，发现编码组蛋白去乙酰化酶基因 *UvUBR*1（*ustilaginoidin biosynthesis regulator* 1）的缺失导致 ustilaginoidins 产量显著增加。进一步研究发现，Δ*uvubr*1 损害了稻曲病菌的营养生长，产孢量降低，但是对氧化、高渗等非生物胁迫耐受能力增强。转录组和代谢组分析显示，Δ*uvubr*1 与 WT 菌株相比分别有 1 020 个基因和 565 个代谢物表达量或产量差异显著。GO 与 KEGG 分析显示差异基因多富集在生长、转运、转录激活，次级代谢等过程。通过 Western blot 对 Δ*uvubr*1、WT 与回补菌株进行组蛋白乙酰化的检测，结果表明 Δ*uvubr*1 的 H3K9 和 H4K8 的乙酰化水平显著增加。RT-qPCR 验证发现 Δ*uvubr*1 中黑粉菌素合成相关基因的表达显著增加。综上所述，推测 UvUBR1 影响 H3K9 和 H4K8 的乙酰化水平，从而调控稻曲病菌中黑粉菌素合成和生长发育相关基因的表达，进而影响毒素的积累与生长表型。这些研究结果为后续揭示组蛋白乙酰化修饰等表观遗传调控真菌毒素合成的机制奠定了重要基础。

关键词： 稻曲病菌；组蛋白去乙酰化酶；基因敲除；黑粉菌素

---

* 基金项目：国家自然科学基金（31471728）；北京市自然基金（6181001）

The UvUBR2 histone deacetylase is important for Conidiation and Ustilaginoidin biosynthesis in *Ustilaginoidea virens*[*]

LONG Zhaoyi YANG Cui WANG Bo LI Dayong SUN Wenxian

(*College of Plant Protection*, *Jilin Agricultural University*, *Changchun* 130118, *China*)

Abstract: Histone deacetylases (HDACs) play essential roles in modulating chromatin structure to provide accessibility to gene regulators. Increasing evidence has indicated that HADCs may be involved in mycotoxin production in filamentous plant fungi. *Ustilaginoidea virens* is a causal agent of rice false smut and a producer of the mycotoxin ustilaginoidins. In this study, the putative genes encoding HDACs in *U. virens* were knocked out, and it was found that the deletion of the gene encoding histone deacetylase UvUBR2 (Ustilaginoidin Biosynthesis Regulator 2) resulted in reduced production of ustilaginoidins, and severe defects in colony growth and conidiation. The *UvUBR*2 mutant was more sensitive to H_2O_2, NaCl, Congo red, sorbitol and SDS. In addition, UvUBR2 physically interacted with RPD3 and SIR2 in yeast two-hybrid assays. Overall, our results indicate that UvUBR2 may interact with RPD3 and SIR2 and function as a component in a well-conserved HDAC complex in the regulation of fungal morphogenesis, conidiation, and ustilaginoidin production.

Key words: *Ustilaginoidea virens*; histone deacetylase; ustilaginoidins

* Funding: The National Natural Science Foundation of china (31471728); Beijing Municipal Natural Scienee Foundation (6181001)

广东省丝瓜蔓枯病新病原鉴定*

吕　闯[1,2]**　于　琳[1,2]***　佘小漫[1]　蓝国兵[1]　汤亚飞[1]　李正刚　何自福[1,2]***

（1. 广东省农业科学院植物保护研究所，广州　510640；

2. 广东省植物保护新技术重点实验室，广州　510640）

摘　要：丝瓜［*Luffa acutangula* L.（Roem.）］，又名有棱丝瓜，为葫芦科丝瓜属一年生攀缘草本植物，是我国华南地区重要的葫芦科蔬菜之一，在广东省大面积种植，在粤港澳大湾区菜篮子工程中扮演重要角色。2020—2021 年，在广州市白云区和南沙区采集丝瓜叶斑病病样，经组织分离获得 5 个病原真菌菌株。在 25 ℃、PDA 培养基上培养，发现这些菌株的菌落形态相似，呈圆形，灰白色至浅黄色，在培养后期，菌落呈黑色，在 PDA 上极少产孢。光学显微镜下观察分生孢子为单细胞，透明，短棒状，大小（7.18~14.75）μm ×（2.25~4.13）μm。克隆上述 5 个菌株的核糖体内转录间隔区（ITS）、β-微管蛋白（TUB）、钙调蛋白（CAL）和几丁质合成酶（CHS）基因的部分序列，构建多基因系统发育树，发现这 5 个菌株与 *Stagonsporopsis citrulli* 聚为一枝。同时，利用 Brewer et al.（2016）报道的三重 PCR 法快速鉴别病原菌种类，上述 5 个菌株均扩增出 360 bp、270 bp 和 220 bp 3 个片段，与前人报道的 *S. citrulli* 扩增结果一致。将病原菌的菌丝块接种两片真叶期的丝瓜（品种：雅绿六号）植株叶片上，以单独接种 PDA 块为对照，25 ℃下保湿培养，3 d 后菌丝块周围出现明显的圆形、褐色腐烂病斑；5 d 后病斑变成“V”字形，呈现出瓜类蔓枯病发病叶片的典型症状；接种后期叶片完全腐烂，靠近叶片的茎部萎缩，最后整株枯死。通过组织分离法分离发病部位的病原物，获得的分离物与接种的病原菌形态一致。前人研究发现，引起葫芦科作物蔓枯病的病原菌主要包括 *S. caricae*、*S. citrulli* 和 *S. cucurbitacearum* 3 种，而 *S. citrulli* 仅在西瓜、甜瓜、黄瓜和西葫芦上有报道，未在丝瓜上发现。本研究通过生物学和多基因分子系统学方法，鉴定 *S. citrulli* 是引起广东省丝瓜蔓枯病的新病原。据作者所知，这是国内外首次报道 *S. citrulli* 侵染丝瓜引起丝瓜蔓枯病。

关键词：丝瓜；蔓枯病；*Stagonsporopsis citrulli*

---

* 基金项目：广东省科技创新战略专项（重点领域研发计划）（2018B020202007）；广东省农业科学院院长基金（201822）

** 第一作者：吕闯，硕士研究生，研究方向为葫芦科蔬菜真菌病害

*** 通信作者：于琳，博士，副研究员，研究方向为植物病原真菌学及真菌病害绿色防控技术；E-mail：yulin@ gdaas. cn

何自福，博士，研究员，研究方向为蔬菜病理学；E-mail：hezf@ gdppri. com

兴安落叶松林下凋落物真菌的抗植物病原菌活性

吴 彤 于洪佳 刘建聪 刘惠娣 都婷婷 刘 瑶 杨 骁 徐利剑
（黑龙江大学现代农业与生态环境学院，哈尔滨 150080）

摘 要：中国东北森林资源丰富，林下凋落物的降解离不开真菌的多样性。本课题组前期报道了在东北森林凋落物中分离鉴定了多株真菌，其中包括真菌新物种白色粘丝裸囊菌属（*Myxotrichum albicans*）、长白黄微孢菌（*Parametarhizium changbaiense*）与兴安黄微孢菌（*P. hingganense*），可见东北森林凋落物中尚含有大量未开发利用的真菌资源。真菌被认为是抗菌天然产物的重要来源，例如青霉素、灰黄霉素与棘白菌素等重要抗生素都是来源于真菌。本研究为了开发利用东北森林凋落物真菌资源，以大兴安岭落叶松林下凋落物真菌为研究对象，于2020年9月至2021年6月，通过颗粒涂布平板法共分离培养了95株真菌，通过扩增比对它们的内部转录间隔区（ITS）序列，并进行了初步鉴定，发现它们隶属于75个属，其中有30株与其最相近菌种的ITS相似度低于98.5%。对这30株真菌进行了发酵及提取物制备，发现17株真菌具有抗植物病原菌活性。其中有3株真菌对青枯劳尔氏菌（*Ralstonia solanacearum*）的抗细菌活性较强，2株对甘蓝黑腐黄单胞菌疮痂致病变种（*Xanthomonas campestrus* pv. *vesicatoria*）的抗细菌活性较强，2株对丁香假单胞杆菌黄瓜角斑病致病变种（*Pseudomonas syringae* pv. *lachrymans*）的抗细菌活性较强，此外还有10株真菌也表现了不同程度的抗植物病原真菌与细菌的活性。未来将尝试分离鉴定凋落物真菌产生的抗菌化合物。本研究为东北森林凋落物真菌资源的利用提供了备选菌株。本研究是在国家自然科学基金（31870528）、黑龙江大学研究生创新科研项目（YJSCX2021-217HLJU）与黑龙江大学学生科研能力提升项目资助下完成的。

关键词：大兴安岭；凋落物；真菌；病原菌

CRISPR/Cas 基因编辑技术在植物病原真菌中的应用研究进展*

夏雄飞**　韩长志***
（西南林业大学生物多样性保护学院，云南省森林灾害预警与控制重点实验室，昆明　650224）

摘　要：CRISPR/Cas（Clustered Regularly Interspaced Short Palindromic Repeats/CRISPR－associated）是在细菌、古细菌基因组中含有的一种成簇有规律的间隔短回文重复序列，基于其功能学术界开发了 CRISPR/Cas 基因编辑技术，与传统的锌指核酶（ZFNs）和转录激活因子样效应物核酶（TALENs）基因编辑方法相比，该技术拥有更高效、更简便的优势，现广泛应用于植物、动物等多种生物基因功能挖掘和定向遗传改良中。前人对于植物病原真菌致病基因的功能研究，多采用单个基因敲除试验的方式进行。学术界尚未见有关 CRISPR/Cas 基因编辑技术在植物病原真菌中应用的系统综述。本研究通过对 CRISPR/Cas 系统的组成、作用机制和运用原理进行阐述，系统总结了该技术在植物病原真菌（稻瘟病菌、橡胶树胶孢炭疽菌、玉米黑粉病菌等）中的致病相关基因组定点编辑应用情况，明确该基因组编辑技术的局限性，并针对上述问题提出一些建议及对未来应用与研究方向的展望，以期为进一步开展该领域的科学研究提供重要的理论指导。研究结果表明，学术界已经利用该系统对部分植物病原真菌中的诸多基因开展基因敲除及功能研究工作，例如稻瘟病菌中的 SDH、ALB1、*Spo*11，橡胶树胶孢炭疽菌中的 URA5，玉米黑粉病菌中的 *bE*1、*bW*2、don3 等；同时，已经实现一系列诸如共同编辑、单交叉介导的基因同源重组编辑、荧光蛋白标记、两轮转化、微同源重组、PEG 介导编辑、内源性基因标记等应用策略。尽管如此，目前 CRISPR/Cas 系统在植物病原真菌基因编辑方面，依然存在着整体上编辑效率普遍不高、规范化操作不高以及 sgRNA 设计工具、突变检验方式、载体选用不统一等问题。相较于植物病原真菌分布及种类、数量的多样性，该系统在植物病原真菌中的应用范围还较小，同时，某些真菌较难实现基因同源重组，缺乏启动子和有效的选择信号标，严重影响了该技术应用于植物病原真菌致病基因功能的解析。因此，未来学术研究应进一步挖掘该系统新的应用方式与应用对象，规范该系统中的载体及步骤操作等，从而更好地提高基因的编辑效率，明确植物病原菌中致病基因的功能。

关键词：CRISPR/Cas；植物病原真菌；基因编辑；研究综述

---

* 基金项目：国家自然科学基金（31960314）；云南省应用基础研究计划（2018FG001-028）

** 作者简介：夏雄飞，硕士研究生，研究方向为资源利用与植物保护；E-mail：616385792@ qq. com

*** 通信作者：韩长志，博士，副教授，研究方向为经济林木病害生物防治与真菌分子生物学；E-mail：hanchangzhi2010@163. com

天竺桂枝枯病病原菌的初步鉴定*

张美鑫** 冯 柳 白 英 翟立峰***

（长江师范学院现代农业与生物工程学院，重庆 408000）

摘 要：天竺桂（*Cinnamomum japonicum*），别名大叶天竺桂，是樟科（Lauraceae）樟属（*Cinnamomum*）常绿乔木。近年来，天竺桂被作为行道树大量种植，但是枝枯病的发生致使其观赏价值严重受到影响。该病害主要危害小枝，初期表现为褐色条状坏死，病健交界处组织变黑，病斑沿枝条扩增快。危害后期，枝梢干枯萎蔫，叶片枯死不脱落。在病部坏死部位有明显类似于刀割的裂皮现象，裂皮呈一定弧度的翘起，呈鱼鳞状。为了明确天竺桂枝枯病的病原菌种类，对采自重庆市涪陵区的天竺桂枝枯病样品采取组织分离法进行病原菌的分离，根据病原菌的形态学特征及致病性，并结合菌株的 rDNA-ITS、β-tubulin 和 EF1-α 序列分析，鉴定其病原菌的种类。结果表明：纯化菌株的菌落边缘生长不整齐，气生菌丝短而密集，呈绒毡状，气生菌丝初期为白色，菌落背面 3~4 d 后从中心开始产生墨绿色，气生菌丝开始变灰色，7 d 后整个菌落均变成黑色。分生孢子器黑色，在菌落边缘少量产生，聚生，菌落为白色，气生菌丝为白色，背面黑色。分生孢子呈梭形、无色透明、单细胞，长 22.97~34.09 μm，宽 13.28~20.05 μm。通过对代表菌株 CSTZGS9-10a 的 ITS、β-tubulin 和 EF1-α 序列联合构建系统进化树，分析表明：菌株 CSTZGS9-10a 和和菌株 CMW8000（NCBI 登录号 AY236949）和 CBS110302（NCBI 登录号 AY259092）聚在同一分支，表明该菌株为葡萄座腔菌（*Botryosphaeria dothidea*）。将菌株 CSTZGS9-10a 有伤接种天竺桂一年生枝条测定其致病性，接种后 2 d 开始发病，病斑由初期的褐色变成栗色，最终变成黑色病斑，空白对照的枝条并未出现发病情况。对发病枝条进行再分离，所得病原菌与原接种病原菌的形态特征和 rDNA-ITS 序列一致，符合科赫氏法则。因此，葡萄座腔菌为引起天竺桂枝枯病的病原菌。

关键词：天竺桂；枝枯病；葡萄座腔菌

---

* 基金项目：国家自然科学基金（32072476），重庆市自然科学基金（cstc2019jcyj-msxm1560）

** 第一作者：张美鑫，实验师，研究方向为果树病害及其防治；E-mail：zhangmeixin00@126.com

*** 通信作者：翟立峰，副教授，研究方向为果树病害及其防治；E-mail：zhailf@yeah.net

A novel C_2H_2-containing transcription factor CfCppd regulates 'plus' and 'minus' strain differenciation in *Colletotrichum fructicola*

KONG Yuanyuan YUAN Yilong ZHANG Rong LIANG Xiaofei SUN Guangyu

(*State Key Laboratory of Crop Stress Biology in Arid Areas/College of Plant Protection, Northwest A&F University, Yangling* 712100, *China*)

Abstract: *Colletotrichum fructicola* is a devastating fungal phytopathogen. Within the species, there are sexually compatible "plus" and "minus" strains which differ in cultural appearance and manner of perithecial production. The two strain types are inefficient in self-fertilization but their hyphal contact triggers the development of a strong "mating line" containing abundant and fertile perithecia encompassing both cross-fertilization and self-fertilization events. However, the differenciation mechanism of "plus" and "minus" strain, remains poorly understood. In this study, we characterized a novel C_2H_2-containing transcription factor CfCppd that showed differenciation expressions between "plus" and "minus" strains in growth and development. The *CfCppd* gene deletion mutants within "plus" strain (ΔP) and "minus" strain (ΔM) were unable to produce conidia but deletion mutants still infected unwounded apple leaves (Gala) when inoculated with mycelial plugs. It is interesting that lesion size elicited by mutant inoculation was significantly larger than that of the wild type strain. In addition, efficient appressorium differentiation from hyphal tip was only observed with the mutants but not the wild type on the apple leaf surface at 3 d post inoculation. On potato dextrose agar (PDA) and oatmeal agar media (OA), ΔP mutant exhibited slow hyphal growth, fluffy colony and perithecial developmental defects; ΔM mutant formed much more perithecia that were smaller in size and more compactly organized relative to the "minus" wild type. Pair culture between ΔM mutant and wild type "plus" strains induced normal mating line development whereas a weak line was observed between ΔP mutant and wild type "minus" strain or ΔM mutant. In conclusion, the results demonstrate that the C_2H_2 transcription factor CfCppd of *C. fructicola* is a key regulator of "plus" and "minus" strain differenciation involved in vegetative growth, sporulation, virulence, perithecial development and sexual reproduction.

Key words: *Colletotrichum*; Appressoria; Sporulation; Perithecia; C_2H_2 transcription factor

花生白绢病分离物致病力和相关致病因子的测定*

宋万朵** 康彦平 雷 永 淮东欣 王志慧 晏立英*** 廖伯寿***

（中国农业科学院油料作物研究所，油料作物生物学与遗传育种重点实验室，武汉 430062）

摘 要：由罗氏阿太菌（*Athelia rolfsii*）引起的白绢病是花生的一种重要病害，严重影响花生的产量和品质。草酸与果胶酶是花生白绢病菌的两个主要致病因子，研究不同白绢病菌株的草酸产量与果胶酶活性有助于深入解析其致病机理。

本研究以39个分离自花生的白绢病菌株为材料，在花生材料中花413上进行了毒力测定；另外，还测定了这些菌株在人工培养条件下的草酸产量和果胶酶活性。结果表明，39个菌株对花生植株的毒力呈现明显分化。其中：中等毒力（33.3<DI<66.7）菌株有17个，占总菌株数的比例最高，达43.59%；弱毒力（DI<33.3）菌株有13个，占总菌株数的比例为33.33%；强毒力（DI>66.7）菌株有9株，仅占总菌株数的24.08%。不同毒力的白绢病菌株分布呈现较强的地域性，强毒力株系主要来自河南和湖北，弱毒力株系则主要来自南方省份，包括广西、海南、广东等。39个花生白绢病菌株在草酸产量和果胶酶活性方面差异明显，但强毒力株系、中等毒力株系和弱毒力株系与菌株的草酸产量和果胶酶活性并没有明显联系。这一结果可能是由实际侵染过程与人工培养条件的多种差异导致的。

关键词：花生白绢病；*Athelia rolfsii*；致病力；致病因子

---

* 基金项目：财政部和农业农村部国家现代农业产业技术体系（CARS）

** 第一作者：宋万朵，助理研究员，研究方向为油料作物病害；E-mail：songwanduo@163.com

*** 通信作者：晏立英，研究员，研究方向为油料作物病害；E-mail：yanliying2002@126.com

廖伯寿，研究员，研究方向为花生病害；E-mail：lboshou@hotmail.com

引起杧果真菌性黑斑病的病原分离及鉴定*

宋晓兵**　黄　峰　凌金锋　崔一平　陈　霞　彭埃天***
（广东省农业科学院植物保护研究所，广东省植物保护新技术重点实验室，广州　510640）

摘　要：杧果是我国华南地区重要的果树之一，2019 年我国杧果种植面积超过 28 万 hm^2，产量达到 245.5 万 t。2020 年 8 月笔者在广东省肇庆市高要区杧果园调研发现，杧果（四季蜜芒）新梢出现大量黑斑，病斑圆形或椭圆形，发病严重部位连接成片，新梢发病严重，老叶发病较轻，病斑比杧果细菌性黑斑病（角斑病）面积更大，怀疑是一种新病害。田间采集病害样品，通过组织分离与纯化，获得 1 种纯培养菌株，菌株在 PDA 培养基上生长迅速，白色，絮状菌落。显微观察显示，分生孢子有 2 种不同类型，大型分生孢子呈长条形或镰刀形，大小（12.3~62.5）μm×（2.6~5.8）μm；小型分生孢子长椭圆形，大小（4.8~10.3）μm×（1.8~4.2）μm。提取病原菌 DNA 进行分子生物学鉴定，PCR 扩增核糖体内转录间隔区（ITS）、肌动蛋白（ACT）、甘油醛-3-磷酸脱氢酶（GAPDH）3 个基因序列并测序，在线序列比对结果显示 3 个基因序列与镰孢菌属的藤黑镰孢菌（*Fusarium fujikuroi*）的同源性分别为 100%、99.26%、100%。在基于多基因序列构建的系统发育树中，病原菌与藤黑镰孢菌（*Fusarium fujikuroi*）聚为一支。通过病原菌的致病性测定，结合形态学观察和分子生物学鉴定结果，最终确定 *Fusarium fujikuroi* 为肇庆地区杧果真菌性黑斑病的病原。

关键词：杧果；黑斑病；新病害；鉴定

* 基金项目：广东省现代农业产业技术体系建设专项（2020KJ108）
** 第一作者：宋晓兵，副研究员，研究方向为南方果树病害综合防控；E-mail：xbsong@126.com
*** 通信作者：彭埃天，研究员；E-mail：pengait@163.com

导致梨僵芽的病原间座壳菌（*Diaporthe*）种类多样性与致病性研究*

王先洪　姜佳琦　洪　霓　王国平**

（华中农业大学植物科学技术学院，武汉　430070）

摘　要：在贵州、湖北等梨产区栽培的玉露香、翠冠等品种，近些年常在萌芽期发生有一种称为梨僵芽的新病害，其主要症状表现为受害花芽和叶芽坏死或不能正常萌发，严重影响梨树的生长和结果。为探究梨僵芽的发生与病害的关系并明确其病原菌种类，笔者在梨产区对梨僵芽的发生危害特点进行了调查，并采集表现有僵芽症状的病枝，切取其病芽通过组织分离法进行病菌分离，根据菌落形态观察和ITS序列测定，所获得的分离株约有80%为间座壳属（*Diaporthe*）真菌，进一步选取其中的40个菌株进行形态学观察和多基因位点（ITS、*TEF*、*CAL*、*HIS*、*TUB*）序列进化分析。结果显示，所鉴定的菌株分属于间座壳属（*Diaporthe*）的8个种，包含的种类及各种的菌株数分别为：*Diaporthe biguttulata*（1）、*D. eres*（14）、*D. fusicola*（1）、*D. hongkongensis*（5）、*D. phaseolorum*（5）、*D. psoraleae pinnatae*（9）、*D. sennae*（2）和*D. unshiuensis*（3）。结果表明*D. eres*为优势种，占到分离菌株的35%。间座壳菌（*Diaporthe*）可产生两种不同形态的分生孢子，其中β型分生孢子为线形，α型分生孢子纺锤形。本研究观察到8个间座壳种均可产生α和β型分生孢子。8种间座壳种的代表菌株的α型分生孢子均呈椭圆形、无色透明，无隔膜，具两个或多个游球，大小为（4.6~8.2）μm×（1.6~3.8）μm；β型分生孢子线状，一端稍弯曲，无色透明，无隔膜，大小为（21.0~36.7）μm×（1.0~2.4）μm。分别采用分生孢子液和菌丝块通过无伤和有伤方式接种到不同梨品种（玉露香、晋蜜、雪花、红香酥）的离体枝条，结果显示，8个种的代表菌株均可使这4个梨品种的离体枝条致病产生与在田间表现相同的症状，但同一种间座壳菌在4个梨品种上的症状反应程度有异，且不同种的间座壳菌的致病力之间存在明显差异，其中*D. eres*和*D. psoraleae pinnatae*的致病力较强。本研究初步明确了导致我国梨产区新发病害梨僵芽的病原间座壳菌种类及其致病性，为其有效防控提供了理论依据，也为认识植物病原间座壳菌的形态变化和分子变异提供了新的科学证据。

关键词：梨僵芽；间座壳菌；多基因鉴定；种类多样性；致病性

---

* 基金项目：国家现代农业产业技术体系（CARS-28）；国家重点研发计划（2019YFD1001800）

** 通信作者：王国平；E-mail：gpwang@ mail. hzau. edu. cn

2015—2016年我国南方稻区稻瘟菌无毒基因 *Avr-pik* 组成

尤凤至[*] 徐殊琬 郭晨初 吴波明[**]
（中国农业大学植物保护学院植物病理系，北京 100193）

摘 要：由稻瘟菌引起的稻瘟病，是水稻重要的病害之一。目前防治稻瘟病最为经济有效的措施是培育种植抗病水稻品种。了解稻瘟病无毒基因 *Avr-pik* 的组成分布，为水稻抗病品种合理布局提供依据。本研究选取了2015—2016年采自我国南方稻区（包括江苏、湖北、安徽、江西、湖南、四川、重庆、广东、广西、云南、福建等地）的稻瘟病感病材料，分离出单胞菌株，提取出菌株基因组 DNA 作为模板，采用 *Avr-Pik* 特异引物进行 PCR 扩增，并对扩增产物测序。对于无法通过特异性引物确定的菌株采用 TOPO 克隆技术鉴定菌株无毒基因 *Avr-Pik* 的杂合基因型。最终得到366个菌株的无毒基因，其中纯合的 *Avr-pik*C 2株、*Avr-pik*B 2株、*Avr-pik*D 37株以及 *Avr-pik*E 93株；两种基因杂合的 *Avr-pik*AD 46株、*Avr-pik*ED 129株以及 *Avr-pik*FD 28株；三基因杂合的 *Avr-pik*ADE 3株、*Avr-pik*ADF 4株以及 *Avr-pik*DEF 13株；四基因杂合的 *Avr-pik*ADEF 9株。结果表明，无毒基因 *Avr-pik* 在我国南方的多样性极其丰富，具备多种杂合基因型，并且杂合基因型在病菌群体中数量上占一定优势。

关键词：稻瘟病；无毒基因；*Avr-pik*

* 第一作者：尤凤至，研究生，研究方向为植物病害流行学
** 通信作者：吴波明，教授，研究方向为植物病害流行学；E-mail：bmwu@cau.edu.cn

希金斯炭疽菌细菌视紫红质编码基因的功能研究

谭　瑶[*]　祝一鸣　张媛媛　周而勋　舒灿伟[**]
（华南农业大学植物保护学院植物病理学系，
广东省微生物信号与作物病害重点实验室，广州　510642）

摘　要：希金斯炭疽菌（*Colletotrichum higginsianum*）又称希金斯刺盘孢，属于真菌门，半知菌类，炭疽菌属。该菌主要危害白菜、甘蓝、萝卜、花椰菜等十字花科植物，严重影响其品质和产量，是一种重要的世界性病原物。该菌因其遗传操作的可行性，也被作为半活体营养型真菌研究的模式物种，目前该菌的一系列重要的基因功能也逐渐被报道。

细菌视紫红质（bacteriorhodopsin）是一种色素蛋白，最初发现于嗜盐菌（*Halobacterium halobium*）的紫膜中，该蛋白可介导 H^+的跨膜运输，也可利用光能合成 ATP 提供能量。细菌视紫红质蛋白广泛分布于细菌、真菌、藻类中，但有关该蛋白的功能报道并不多。在真菌中，细菌视紫红质基因被发现广泛存在于植物病原真菌和植物内生真菌的基因组中，可能在真菌的生物学功能和致病作用中具有相关的功能。

本课题组前期通过分析希金斯炭疽菌侵染拟南芥的转录组数据，发现细菌视紫红质的编码基因（Locus tag：*CH63R*-11097）在附着胞形成时期（侵染 22 h）高表达，因此笔者推测该基因与希金斯炭疽菌的侵染有关。生物信息学分析发现希金斯炭疽菌的基因组中仅一个基因 *CH63R*-11097 编码细菌视紫红质，该基因全长 882 bp，无内含子，编码 293 个氨基酸。其编码蛋白由视蛋白和视黄醛组成且含有 7 个跨膜螺旋结构。遗传进化树分析表明，该菌与嗜盐菌的细菌视紫红质存在同源性。本研究利用含潮霉素 *HygR* 抗性基因的 pFGL821 质粒，通过 DNA 无缝克隆技术构建了敲除载体 pFGL821-11097ko，经过根癌农杆菌介导的遗传转化（ATMT）获得基因敲除转化子，对基因敲除转化子进行 PCR 及 Southern blot 验证，成功获得敲除菌株 ΔCH63R-11097-20。人工接种拟南芥发现 ΔCH63R-11097-20 的致病力与野生型菌株相比显著增强，可能是希金斯炭疽菌致病力的负调控基因。为进一步研究该基因的功能，构建该基因的过表达载体 pBARGPE1-mcherry/11097，并通过 PEG 介导的原生质体转化获得了该基因的过表达转化子，将进一步阐明该基因的过表达是否降低病菌的致病力。

本研究将揭示希金斯炭疽菌细菌视紫红质编码基因的功能，为该菌的致病机理和生物学功能研究奠定基础。

关键词：菜心炭疽菌；膜蛋白；遗传转化

---

* 第一作者：谭瑶，硕士研究生，研究方向为分子植物病理学；E-mail：1272384302@qq.com
** 通信作者：舒灿伟，副教授，硕导，研究方向为分子植物病理学；E-mail：shucanwei@scau.edu.cn

希金斯炭疽菌自噬相关基因 *ChAtg3* 的功能分析[*]

何九卿[**] 祝一鸣 段灵涛 舒灿伟 周而勋[***]
（华南农业大学植物保护学院植物病理学系，
广东省微生物信号与作物病害重点实验室，广州 510642）

摘 要：希金斯炭疽菌（*Colletotrichum higginsianum*）是一种重要的世界性植物真菌，主要危害十字花科蔬菜如菜心（*Brassica parachinensis*）、油菜（*Brassica napus*）、萝卜（*Raphanus sativus*）及模式植物拟南芥（*Arabidopsis thaliana*）等，引起炭疽病。该病对菜心的产量和品质产生了重大影响，对于广东省等菜心产区造成了较大的经济损失。自噬是一种普遍存在于真核生物中、依赖于溶酶体和液泡降解细胞胞质内容物的保守途径。通过酿酒酵母（*Saccharomyces cerevisiae*）DNA、RNA、蛋白质及代谢产物等方面的研究，人们对细胞自噬过程已较为清楚，自噬相关基因的研究也较为广泛，但是这些研究大部分集中在人类、模式动植物以及酵母上，而在植物病原真菌中的研究较少，在希金斯炭疽菌中尚未见报道。

本研究利用酿酒酵母（*S. cerevisiae*）ScATG3 通过 BLASTp 比对，鉴定到与 ScATG3 蛋白对应的同源蛋白编码基因，命名为 *ChAtg3*（CH63R_09960）。CH63R_09960 基因全长 1 170 bp，含有 3 个外显子和 2 个内含子，编码 347 个氨基酸。本研究在希金斯炭疽菌基因组中克隆得到了 *ChAtg3* 基因的全长序列，对其进行了敲除及回补，明确该基因功能，为今后十字花科炭疽病的防治提供了理论依据。

首先，以希金斯炭疽菌基因组 DNA 为模板，设计上下游引物，克隆基因 *ChAtg3*，并在 NCBI 上对其进行功能分析。然后，分别扩增 *ChAtg3* 基因上下游约 1 500 bp 序列作为同源臂，依次连入含有潮霉素抗性基因（*HygR*）的质粒 p821 中，最终得到 p821-Atg3KO 敲除质粒。采用根癌农杆菌介导的转化技术获得敲除突变体 Δ*ChAtg3*，接着克隆出目的基因的启动子序列、终止子序列、目的基因序列，以及绿色荧光蛋白基因序列，依次连入质粒 pNEO3300 中，得到 pNEO3300-HBAtg3 回补质粒，同样使用根癌农杆菌介导的转化技术获得回补突变体 CΔ*ChAtg3*。最后，对 Δ*ChAtg3* 突变体的表型和致病力进行分析。敲除希金斯炭疽菌的自噬相关基因 *ChAtg3* 后，从菌落形态上看，Δ*ChAtg3* 突变体菌落黑色素明显减少，菌丝生长速率略快于野生型（WT）及回补菌株，但敲除突变体的菌丝尖端形态与 WT 和回补菌株相比并无明显差异；摇培 7 d后，Δ*ChAtg3* 的产孢量显著低于 WT 及回补菌株；另外，敲除突变体的附着胞形成率也显著低于 WT 及回补菌株，说明 *ChAtg3* 基因对菌株的附着胞形成有显著影响。同时 Δ*ChAtg3* 对拟南芥和菜心的致病力相较于 WT 及回补菌株均有明显下降，说明 *ChAtg3* 基因是影响致病性的关键基因。

本研究在理论上有利于从分子水平上认识希金斯炭疽菌的致病机理；在实践应用上，对寻找及合理利用希金斯炭疽菌特异性分子靶标，建立新的病害防控策略具有重要的指导意义。

关键词：希金斯炭疽菌；自噬相关基因；基因功能；致病力

---

* 基金项目：广东省自然科学基金（2021A1515011166）

** 第一作者：何九卿，硕士研究生，研究方向为植物病理学；E-mail：1090752997@ qq. com
*** 通信作者：周而勋，教授，博士生导师，研究方向为植物病理学；E-mail：exzhou@ scau. edu. cn

希金斯炭疽菌自噬蛋白 ChATG8 与 C6 转录因子 Ch174 的互作验证*

段灵涛** 祝一鸣 何九卿 舒灿伟 周而勋***

（华南农业大学植物保护学院植物病理学系，
广东省微生物信号与作物病害重点实验室，广州 510642）

摘 要：希金斯炭疽菌（*Colletotrichum higginsianum*）是炭疽菌属（*Colletotrichum*）中的一个重要种，是一种重要的植物病原真菌，能够引起十字花科植物炭疽病。该真菌主要侵染十字花科植物叶片，影响十字花科蔬菜的外观和品质，华南地区高温高湿的环境更加有利于十字花科炭疽病的发生与流行，尤其对于华南地区的主要蔬菜——菜薹来说，炭疽病会影响其外观和品质，造成减产。自噬是一种广泛存在于真核细胞中的依赖于溶酶体/液泡的降解途径，能够降解细胞内多余或者受损的细胞器、蛋白，从而进行胞内的物质与能量循环，维持细胞内的稳态，而 ATG8 作为自噬的核心蛋白，在调控自噬小体的形成以及对降解底物的选择方面具有重要作用，并且与病原真菌的致病力具有重要关系。C6 转录因子是一类包含一个 Zn（Ⅱ）$_2$Cys$_6$ 双核簇锌指结构域的真菌特有的转录因子，是子囊菌中最大的转录因子组，其只存在于真菌界，是真菌代谢途径中的特异性调控蛋白，并且 C6 转录因子在病原真菌致病力方面同样有重要影响。

本研究根据实验室前期的实验结果筛选出了与 ChATG8 蛋白互作的候选蛋白。通过构建 AD-Atg8 质粒以及整合候选蛋白基因的 BD 质粒，并将质粒转入 Y2H 酵母菌株中来进行酵母双杂实验，对候选蛋白进行筛选，从中筛选出了与 ChATG8 互作的 C6 转录因子蛋白 Ch174。而后构建了 GST-174 质粒与 MBP-Atg8 质粒，分别将其转入大肠杆菌 DE3 菌株中，通过加入 IPTG 诱导 GST-174 与 MBP-ATG8 蛋白的表达并进行纯化提取。然后进行 Pull-down（蛋白质下拉）试验，对洗脱下的蛋白进行 Western blot，根据 Western blot 结果验证了 ChATG8 与 Ch174 的互作。本研究通过酵母双杂筛选实验室前期预测的 ChATG8 候选互作蛋白，获得了与 ChATG8 互作的 C6 转录因子蛋白 Ch174，并通过 Pull-down 技术验证了二者之间的互作，从而为希金斯炭疽菌中 ChATG8 蛋白的互作网络研究提供了基础。

关键词：希金斯炭疽菌；自噬蛋白 ChATG8；C6 转录因子；酵母双杂；Pull-down（蛋白质下拉）技术

---

* 基金项目：广东省自然科学基金（2021A1515011166）

** 第一作者：段灵涛，硕士研究生，研究方向为分子植物病理学；E-mail：2244148389@ qq. com

*** 通信作者：周而勋，教授，博士生导师，研究方向为分子植物病理学；E-mail：exzhou@ scau. edu. cn

引起云南省玉米茎腐病的镰孢菌主要类型与化学型分析*

席凯飞　单柳颖　张　君　郭　维**
（中国农业科学院农产品加工研究所，北京　100193）

摘　要：由镰孢菌引起的玉米茎腐病是世界范围内非常重要的玉米真菌性病害之一，近年来该病害在我国的发生日益严重，不仅降低玉米产量，而且产生多种真菌毒素在玉米生产、储存和加工的过程中继续危害。本研究分别在2015年和2016年的玉米收获期对云南省7个地级市的玉米茎腐病进行了调查，从有症状的玉米茎秆中分离鉴定到204株镰孢菌。经过形态和分子鉴定，它们分属于12种不同的镰孢菌，其中有83株被鉴定为 *F. meridionale*（40.5%），46株为 *F. boothii*（22.5%），34株为 *F. temperatum*（16.5%），12株为 *F. equiseti*（5.9%），10株为 *F. asiaticum*（4.9%），6株为 *F. proliferatum*（3.0%），4株为 *F. verticillioides*（2.0%），4株为 *F. incarnatum*（2.0%），2株为 *F. avenaceum*（1.0%），1株为 *F. cerealis*（0.5%），1株为 *F. graminearum*（0.5%），1株为 *F. cortaderiae*（0.5%）。值得注意的是，*F. cortaderiae* 为引起玉米茎腐病的首次报道。产毒化学型分析结果显示这些镰孢菌可以产生雪腐镰孢菌烯醇（nivalenol）、脱氧雪腐镰孢菌烯醇（deoxynivalenol）、白僵菌素（beauvericin）、玉米赤霉烯酮（zearalenone）和伏马菌素（fumonisin）5种化学型。基于 *TEF*1-α 序列的系统发育分析表明这些菌株间存在高度的种间多态性。致病性测定表明12种镰孢菌均能在实验条件下在玉米茎秆上引起玉米茎腐病的症状，但在玉米茎秆上的病斑蔓延程度不同，其中 *F. meridionale* 侵染玉米茎秆的能力最强。上述研究结果有助于了解云南省玉米茎腐病的病原菌组成，为云南省地区制定有效的综合防治玉米茎腐病策略提供有用的信息。

关键词：镰孢菌；玉米茎腐病；化学型；致病力；进化分析

---

* 基金项目：国家自然科学基金（32072377）；北京市自然科学基金（6192023）；国家农业科技创新工程（CAAS-ASTIP-2020-IFST-03）

** 通信作者：郭维，研究员，研究方向为植物病原微生物；E-mail：guowei01@caas.cn

苹果树腐烂病菌 pH 信号响应蛋白功能研究

常亚莉　徐亮胜　黄丽丽

（西北农林科技大学植物保护学院/旱区作物逆境生物学国家重点实验室，杨凌　712100）

摘　要：由黑腐皮壳属真菌（*Valsa mali*）引起的苹果树腐烂病严重制约中国苹果产业的发展，全面解析苹果树腐烂病菌的致病分子机制能够为该病害的有效防控提供重要理论依据。环境 pH 在植物与病菌互作过程中，通过调控病菌蛋白质合成、能量代谢、毒力因子的表达，影响病菌的生长发育、侵染定殖等过程。因此，对腐烂病菌侵染致病相关的 pH 调控蛋白的研究就很有必要。本研究通过不同侵染时间点、不同 pH 等对高 pH 条件下表达量高、低 pH 条件下表达量低的基因 *VMPH*1 进行初步的功能研究，生物信息学分析发现其是腐烂病菌所特有的与氧化还原相关的小分子膜蛋白，基因敲除发现该基因影响病原菌生长及致病性，参与环境 pH 的改变，非生物胁迫中对过氧化氢较为敏感，外源添加过氧化氢在一定程度上弥补了该基因敲除突变体的生长缺陷，采用荧光染色法及流式细胞仪相结合的方式发现其影响胞内活性氧的积累量。综上所述，初步推测 *VMPH*1 首先通过改变过氧化氢的量，作为信号分子来发挥主要作用，其次作为辅助因子参与能量代谢等生命活动来影响病原菌生长及致病性，这为苹果树腐烂病菌适应环境 pH 及 pH 调控蛋白致病机制的解析提供参考。

关键词：苹果树腐烂病；pH 信号响应；氧化还原；过氧化氢

苹果树腐烂病菌 *VmHGT4* 基因功能分析

张　高　李　晨　赵彬森　黄丽丽*　冯　浩*
（旱区作物逆境生物学国家重点实验室/西北农林科技大学植物保护学院，杨凌　712100）

摘　要：苹果树腐烂病是由黑腐皮壳属真菌（*Valsa mali*）引起的重要枝干病害。解析病原菌与寄主互作机理对靶向药剂研发及病害防控策略制定具有重要意义。前期研究发现，病菌一个水平转移基因 *VmHGT4* 在其与寄主互作过程中显著上调表达，推测 *VmHGT4* 参与病菌的侵染致病过程。为此，本研究通过基因敲除技术构建了 *VmHGT4* 基因缺失突变体。分析发现，缺失突变体与野生型菌丝的营养生长差异不明显，但对苹果枝条和叶片的致病力显著下降。利用农杆菌介导的本氏烟瞬时表达系统发现 *VmHGT4* 能够引起烟草细胞坏死，进一步分析发现基因 *VmHGT4* 具有信号肽及两个不同结构域，研究表明其两个结构域同时存在才能引起细胞坏死，且其信号肽具有外泌功能，能够将蛋白质分泌到细胞外。同时，*VmHGT4* 在烟草中瞬时表达后能够诱导细胞活性氧与胼胝质大量积累，引起抗病相关通路中的 Mark 基因 PR1、PR2、PR4、LOX 上调表达，且能够提高本氏烟对核盘菌的抗性水平。通过大肠杆菌原核表达体系获得 VmHGT4 蛋白，其注射本氏烟草后引起烟草细胞坏死并诱导活性氧与胼胝质的积累，激发植物免疫反应。本研究结果对进一步理解腐烂病菌与寄主互作过程的分子机制奠定了基础。

关键词：苹果树腐烂病；基因功能；细胞坏死；植物免疫

---

* 通信作者：冯浩；xiaosong04005@163.com
黄丽丽；huanglli@nwsuaf.edu.cn

我国花生果腐病病原的鉴定*

康彦平** 雷 永 宋万朵 李麟芳 淮东欣 王志慧 晏立英*** 廖伯寿***
(中国农业科学院油料作物研究所，油料作物生物学与遗传改良重点实验室，武汉 430062)

摘 要：果腐病是我国花生近年来发生较为严重的一种土传真菌病害，主要危害花生荚果，可导致果壳和籽仁发生不同程度的腐烂。因发生果腐病的植株地上部分与健康植株无异，很难通过地上部分判断花生荚果是否感病，这给果腐病的防治带来了一定的难度。明确花生果腐病病原，对花生果腐病的防治具有重要作用。对采自我国东北、北方和南方花生主产区 8 个省份的 22 个果腐病样进行病原菌分离鉴定，目前已获得 304 株真菌菌株。通过形态学特征观察和 rDNA-ITS 序列分析，发现病原菌主要为镰刀菌属（*Fusarium* sp.）、新赤壳属（*Neocosmospora* sp.）和丝核菌属（*Rhizoctonia* sp.），镰刀菌属共鉴定出 199 株菌株，新赤壳属鉴定出 33 株菌株，丝核菌属鉴定出 7 株菌株。镰刀菌属主要包括 4 个种，即 *Fusarium solani*，*Fusarium oxysporum*，*Fusarium chlamydosporum* 和 *Fusarium proliferatum*，其中 *F. solani* 98 株，*F. oxysporum* 69 株，*F. proliferatum* 11 株和 *F. chlamydosporum* 5 株。分析发现 *F. solani* 和 *F. oxysporum* 分布在每一个采样地，是主要危害的菌株。采用菌丝块离体接种和孢子悬浮液盆栽活体接种 2 种方法，分别对分离得到的 *F. solani*、*F. oxysporum* 和 *N. vasinfecta* 代表菌株进行接种。结果显示，离体接种条件下，这 3 个菌株可导致不同花生品种荚果感病腐烂，而盆栽活体接种只可使感病品种的荚果腐烂。将接种后感病的荚果再次分离病原菌，可得到和接种菌相同的病原菌。通过研究分析，初步明确了我国花生果腐病的病原，主要为镰刀菌属的 *F. solani* 和 *F. oxysporum*，以及新赤壳属的 *N. vasinfecta*。本研究为花生果腐病田间防治和培育花生抗果腐病品种提供了理论依据。

关键词：花生；果腐病；镰刀菌；分离鉴定

---

* 基金项目：财政部和农业农村部国家现代农业产业技术体系（CARS），中国农业科学院创新工程（CAAS-ASTIP-2013-OCRI）

** 第一作者：康彦平，硕士研究生，研究方向为油料作物病害；Tel：027-86812725，E-mail：kangyanping@ caas. cn

*** 通信作者：晏立英，研究员，研究方向为油料作物病害；E-mail：yanliying2002@ 126. com
廖伯寿，研究员，研究方向为花生病害；E-mail：lboshou@ hotmail. com

核盘菌分泌蛋白 SsGSSP1 的功能验证

廖洪梅　丁一娟　陈燕桂　冬梦荃　孟欣然　钱　伟
（西南大学农学与生物科技学院，重庆　400715）

摘　要：核盘菌（*Sclerotinia sclerotiorum*）作为一类世界性分布的重要植物病原真菌，其引起的菌核病严重威胁到油菜等作物的生产。研究发现核盘菌在侵染寄主过程中会分泌小分子蛋白，与寄主植物相互作用，参与核盘菌的致病过程。真菌 GPI 锚定的小分子分泌蛋白（GPI-anchored small secreted protein，GSSP）有着胞外保守的丝苏氨酸富集区，并且在细胞壁生物合成及维持细胞壁完整性和稳定性中起重要作用。本研究旨在鉴定核盘菌中的 GSSP 并验证其功能，为揭示核盘菌的致病机理奠定基础。通过 BLAST 进行蛋白同源比对分析鉴定核盘菌中的蛋白 GSSP（SsGSSP1），利用 MEGA 5.0 软件构建其系统发育树，利用 Pfam 分析其结构域。构建 *SsGSSP1* 的敲除载体，获得核盘菌 *SsGSSP1* 敲除菌株，观察转化子的生物学表型及致病性。构建 *SsGSSP1* 的植物超表达及寄主诱导的基因沉默（HIGS）载体，转化拟南芥，获得 T_3代纯和植株并接种核盘菌，统计菌斑面积。利用酵母双杂初步筛选植物中与 SsGSSP1 互作的寄主蛋白。生物信息学分析结果表明，*SsGSSP1* 基因全长为 780 bp，编码序列为 639 bp，编码 212 个氨基酸，N 端含有一个 1-17 氨基酸的信号肽序列，属于 GPI 锚定家族。该蛋白分子质量为 21 141.20 Da，其等电点（PI）为 4.68。同源比对发现 SsGSSP1 蛋白与白腐病菌（*Sclerotium cepivorum*）的 EAF04_007560 蛋白相似性最高，氨基酸序列的同源性达到 91.98%。相比野生型菌株，*SsGSSP1* 基因敲除转化子致病力显著下降。*SsGSSP1* 基因的 HIGS 植株的菌斑面积相比野生型植株显著减小，抗性增强。而 *SsGSSP1* 基因的超表达拟南芥菌斑面积也显著减小，基因表达分析发现，转基因拟南芥中的 *AtPDF1.2* 的表达相比野生型显著增强。酵母双杂筛库分析发现 SsGSSP1 与 PDF1.2 具有相互作用。综上，分泌蛋白 SsGSSP1 与核盘菌致病性显著相关，SsGSSP1 通过与植物 PDF1.2 互作，触发植物免疫反应。

关键词：核盘菌；GPI 锚定；分泌蛋白；致病机制；植物与病原菌互作

引起小麦赤霉病的假禾谷镰刀菌在河南省广泛分布及其致病力分析*

徐 飞[1,2**] 张 昊[2] 石瑞杰[1] 刘 伟[2] 刘露露[1] 周益林[2***] 王俊美[1]
冯超红[1] 宋玉立[1***] 范志业[3] 李世民[3] 李丽娟[1] 韩自行[1]
（1. 河南省农业科学院植物保护研究所，农业部华北南部作物有害生物综合治理重点实验室，郑州 450002；2. 中国农业科学院植物保护研究所，植物病虫害生物学国家重点实验室，北京 100193；3. 漯河市农业科学院，漯河 462000）

摘 要：为明确假禾谷镰刀菌在引起河南省小麦赤霉病病菌种群组成中动态变化的情况，于2018—2020年对河南省14个市72个田块内采集分离得到的共1 058个镰刀菌菌株进行种的鉴定，结果发现：49.9%为禾谷镰刀菌（*Fusarium graminearum*）、34.7%为亚洲镰刀菌（*F. asiaticum*）、15.4%为假禾谷镰刀菌（*F. pseudograminearum*），该研究结果表明假禾谷镰刀菌已成为引起河南省小麦赤霉病病源菌的主要优势种群之一，且主要分布在河南省北部和西部。对163个假禾谷镰刀菌分别进行毒素化学型和MAT型分析，发现仅12个菌株为3-ADON类型，其他菌株均不产生任何条带，且86个菌株为MAT1型，77个菌株为MAT2型。进一步对禾谷镰刀菌和假禾谷镰刀菌在22个小麦品种上的致病力进行比较，分析结果表明：二者对所有品种均有较强的致病力，但在2019年8个小麦品种上和2020年15个小麦品种上，禾谷镰刀菌致病力显著高于假禾谷镰刀菌。

关键词：假禾谷镰刀菌；小麦赤霉病；致病力；毒素化学型

* 基金项目：国家重点研发计划（2016YFD0300700）；河南省小麦产业技术体系（S2010-01-05）
** 第一作者：徐飞，博士，副研究员，研究方向为小麦病害；E-mail：xufei198409@163.com
*** 通信作者：宋玉立，研究员，研究方向为麦类病害；E-mail：songyuli2000@126.com
周益林，研究员，研究方向为小麦病害；E-mail：ylzhou@ippcaas.cn

禾谷镰孢菌转录因子 FgMetR 的生物学功能研究*

张丽敏　赵彦翔　黄金光
（青岛农业大学植物医学学院，青岛　266109）

摘　要：禾谷镰孢菌（*Fusarium graminearum*）是农业生产上重要的植物病原菌之一，由其引起的小麦赤霉病（*Fusarium* head blight，FHB）在全世界小麦种植区域普遍发生。本研究作者鉴定了禾谷镰孢菌中一个 bZIP 转录因子 FgMetR，并对其生物学功能进行了研究。作者发现与野生型菌株 PH-1 相比，敲除体菌株 ΔFgMetR 在 PDA 培养基上表现为菌落变黄且气生菌丝减少，分生孢子萌发率显著降低，在胡萝卜诱导培养基中不能形成子囊壳，致病力显著降低，对戊唑醇和咪鲜胺等的敏感性显著增加。qPCR 分析表明 ΔFgMetR 菌株中参与 DON 合成的多个 TRI 簇关键基因及唑类杀菌剂靶标基因 CYP51A/B/C 的表达量均下调表达。结果表明，FgMetR 在禾谷镰孢菌营养生长、生殖发育、DON 毒素合成、致病力及唑类杀菌剂的敏感性中发挥重要的作用。

关键词：禾谷镰孢菌；bZIP 转录因子；FgMetR；三唑类杀菌剂；药剂敏感性

* 基金项目：国家重点研发计划（2017YFD0201705）

大丽轮枝菌 RNA 结合蛋白 VdNop12 的功能分析*

张　君　崔伟业　郭　维**

（中国农业科学院农产品加工研究所，北京　100193）

摘　要：植物病原真菌广泛存在越冬现象以度过寄主中断期或休眠期，并作为下一季植物发病的初侵染源，但是植物病原真菌如何适应冬天低温环境的研究还相对薄弱。大丽轮枝菌（*Verticillium dahliae*）是世界范围内温带地区广泛分布的植物病原真菌，以微菌核形式可在土壤中存活多年并在适宜条件下萌发引起棉花、马铃薯、番茄、辣椒等在内的200多种双子叶植物的黄萎病。本研究从大丽轮枝菌的T-DNA突变体库致病力筛选开始，获得了1个与野生型Vd991菌株相比致病力显著降低的突变体。Southern blot杂交结果表明该突变体为单拷贝插入，通过hi-TAIL-PCR（high-efficiency thermal asymmetric interlaced PCR）鉴定到了T-DNA片段在基因组的插入位置。该突变体的T-DNA破坏了1个与酵母中的*Nop*12具有相同结构域以及同源性较高的基因，并将其命名为*VdNop*12；通过亚细胞定位、平板胁迫以及酵母回补等试验发现VdNop12是一个定位于细胞核的RNA结合蛋白，除影响该菌的致病力以外，还在该菌的低温适应、生长发育、大丽轮枝菌响应细胞壁胁迫以及cAMP-PKA和MAPK信号转导通路中发挥重要作用。这一研究为解释大丽轮枝菌的越冬现象提供了线索，也为其他丝状真菌的低温适应性研究提供了借鉴。

关键词：大丽轮枝菌；T-DNA插入突变体筛选；RNA结合蛋白；生长发育；低温适应；非生物胁迫

---

* 基金项目：国家自然科学基金（31670143）；北京市自然科学基金（6192023）；国家农业科技创新工程（CAAS-ASTIP-2020-IFST-03）

** 通信作者：郭维，研究员，研究方向为植物病原微生物学；E-mail：guowei01@caas.cn

禾谷镰刀菌 FgNrp1 的功能研究

张怡然
（西北农林科技大学，杨凌 712100）

摘 要：禾谷镰刀菌（*Fusarium graminearum*）是引起麦类赤霉病的最主要病原菌，其有性生殖是小麦赤霉病暴发流行的关键，因此，研究禾谷镰刀菌有性生殖的调控机制对有效控制小麦赤霉病具有重要意义。

实验室通过高通量测序鉴定出了 1 类有性生殖阶段特异的 siRNA，主要分布在兼性异染色质区域，前期的研究推测这些 siRNA 可能是通过 NRP1 基因来参与组蛋白 H3K27me3 介导的异染色质形成。禾谷镰刀菌的 FgNrp1 基因具有 1 个 ERI-1_3′hExo_like 结构域、1 个 RRM_ARP_like 结构域和 2 个 zf-RanBP 结构域，本研究通过表型分析、亚细胞定位以及转录组分析等试验明确了 FgNrp1 在营养生长、有性生殖等方面的功能，发现 FgNrp1 基因敲除突变体菌落生长速度显著下降，分生孢子数量正常且产孢量无明显变化；在有性生殖阶段，FgNrp1 基因敲除突变体不产生正常形态的子囊壳，但不影响子囊前体的产生，两个结构域缺失突变体子囊壳较小，子囊壳内不产生正常形态的子囊，无子囊孢子形成；本研究通过亚细胞定位试验发现 FgNRP1 定位于细胞质。后续利用转录组分析技术对 FgNrp1 以及 2 个结构域缺失突变体的基因表达进行了分析，发现在缺失突变体中 RNA 沉默机制的组分 FgDcl1、FgArb1 以及 DNA 损伤修复蛋白 FgMlh1、FgRad50 的表达量均有所下降。因此，FgNrp1 可能通过影响 RNA 沉默和 DNA 损伤修复来影响禾谷镰刀菌无性和有性阶段生长。

关键词：禾谷镰刀菌；赤霉病；有性生殖

天然无序蛋白 SPA 调控禾谷镰刀菌有性生殖

张　竞　杨恒康　赵琦闻　郑文辉　鲁国东

（福建农林大学植物保护学院/闽台作物有害生物生态防控国家重点实验室，福州　350002）

摘　要：禾谷镰刀菌（*Fusarium graminearum*）是世界流行性病害小麦赤霉病（*Fusarium head blight*）的病原，通过产生有性结构，即子囊壳越冬，子囊壳内部包裹的子囊及子囊孢子是翌年的初侵染源，因此其有性生殖过程对病害循环至关重要。本研究以禾谷镰刀菌为研究对象，分析了禾谷镰刀菌天然无序蛋白 SPA 的生物学功能。研究表明：相较野生型 PH-1，突变体 Δ*Fgspa*10 几乎不产生子囊壳及子囊孢子，转录组分析也表明 *FgSPA*10 在子囊壳形成前期呈高表达，*FgSPA*10 的缺失造成禾谷镰刀菌有性生殖方面的严重缺陷，但对禾谷镰刀菌菌落的生长、分生孢子的数量以及侵染致病能力的影响不显著。为了进一步探索 SPA 蛋白在有性生殖方面的功能，笔者构建了 FgSpa10-GFP 荧光载体，以观察其亚细胞定位。笔者发现在营养生长及无性生殖阶段，FgSpa10 稳定定位于菌丝及分生孢子的隔膜上，而在有性生殖过程中，FgSpa10-GFP 以点状形式分布在子囊壳上，并且特异性的定位于子囊壳各细胞间连接处，笔者推测 FgSpa10 可能起着细胞间紧密连接的生物学功能。此外，笔者还观察了其他几种 SPA 蛋白（包括 FgSpa1、FgSpa2、FgSpa13、FgSpa18 等）的亚细胞定位。笔者发现各 SPA 蛋白在隔膜处有部分共定位，并且显示出层层包裹的现象。FgSpa1 与 FgSpa2 定位于隔膜最中心隔孔位置，FgSpa10 则定位在较外侧，而 FgSpa18 定位在最外环，这些观察表明 SPA 蛋白在隔膜处的生物学功能可能存在差异。通过酵母双杂实验笔者发现，FgSpa10 与 FgSpa18 以及 FgSpa1 与 FgSpa13 均存在直接的相互作用，除此之外，笔者还通过 PONDR 对禾谷镰刀菌各 SPA 蛋白进行了系统分析，结果显示 SPA 蛋白均存在较低的疏水性和大范围的天然无序区域。通过荧光漂白实验，笔者发现 SPA 蛋白荧光在漂白后能够快速恢复，这些实验都表明禾谷镰刀菌 SPA 蛋白为天然无序蛋白，可能通过相分离反应完成其生物学功能。

关键词：SPA 蛋白；禾谷镰刀菌；有性生殖；子囊壳；亚细胞定位

红托竹荪黄水病病原鉴定*

彭科琴[1**]　袁潇潇[1]　李长田[2]　赵志博[1]
王　勇[1]　曾祥宇[1]　田风华[1,2,3***]　李　玉[2***]
（1. 贵州大学农学院，贵阳　550025；2. 吉林农业大学食药用菌教育部工程研究中心，
长春　130000；3. 贵州大学食用菌研究所，贵阳　550025）

摘　要：红托竹荪（*Phallus rubrovolvatus*）隶属于鬼笔科（Phallaceae）鬼笔属（*Phallus*），具多种药用功能和广阔的研究及利用前景。红托竹荪是贵州省广泛栽培的重要特色食药用菌，需覆土栽培，周期长达 4~10 个月，在此过程中易受环境微生物影响而发生病害，尤以黄水病最重。该病发病初期子实体菌皮表面分泌淡红色水滴，随后菌皮开裂、溃烂，继而伴随大量微生物滋生并迅速蔓延至整棚，部分地区发病率达 60%~80%。黄水病造成了极大的经济损失，制约了红托竹荪产业发展，但其发病原因尚未明确，且无高效防控方法。为明确黄水病发病原因，本研究于 2020 年 3 月从贵州省纳雍县红托竹荪栽培基地采集不同发病程度的子实体，分离获得菌株 2020060402-1 和 2020060503-2，通过柯赫法则证实两株菌均具有致病力。通过形态学、生理生化和 *LSU* 基因序列的特性研究，结果显示两菌株属 *Saccharomycopsis* 的同一种，且为新的分类单元，并将其命名为 *Saccharomycopsis phalluae* sp. nov. 。本研究确定了红托竹荪黄水病的病原菌为 *Saccharomycopsis* 真菌，且为 *Saccharomycopsis* 引起蘑菇病害的首次报道。该研究结果对后续开展红托竹荪黄水病理论研究及黄水病田间防治具有重要意义。

关键词：红托竹荪；黄水病；柯赫法则；系统发育；*Saccharomycopsis phalluae*

* 基金项目：国家自然科学基金（32000013）；贵州大学国家基金培育项目（［2019］46）；黔科合支撑（［2021］一般 199）

** 第一作者：彭科琴，硕士研究生，研究方向为植物病理学；E-mail：2362975722@ qq. com

*** 通信作者：田风华，博士，副教授，研究方向为食用菌病虫害的绿色防控及食用菌种质资源的收集与评价；E-mail：mimitianfenghua@ 163. com

李玉，博士，教授，研究方向为菌物系统分类体系、食药用菌基础理论与产业应用技术等；E-mail：yuli966 @ 126. com

小麦叶锈菌效应蛋白靶定小麦 TaNPR1 蛋白的致病分子机制研究*

赵淑清[1**]　苏　君[1]　赵姣洁[1]　李梦雨[1]　康振生[2]　王晓杰[2]　王逍冬[1***]
(1. 河北农业大学，保定　071000；2. 西北农林科技大学，杨凌　712100)

摘　要：小麦叶锈菌（*Puccinia triticina*）是严重危害全球小麦生产的重要病原真菌，具有发生范围广、频率高、危害严重等特点。小麦叶锈菌的成功侵染与定殖，依赖于自身分泌多种效应蛋白抑制寄主防卫反应。研究小麦叶锈菌效应蛋白靶定植物抗病关键蛋白的致病分子机制，深入揭示叶锈菌效应蛋白调控的病菌与寄主的互作机理，对小麦抗病遗传改良具有重要的指导意义。本课题组前期以小麦 TaNPR1 蛋白为诱饵进行酵母双杂交筛库，发现小麦锈菌效应蛋白 PNPi 与 PNPi2 可共同靶定小麦 TaNPR1 蛋白。而与本课题组已报道的 PNPi 相比，PNPi2 在基因表达模式和蛋白结构方面均存在显著不同，推测其具有独特的作用机制。本研究初步利用酵母双杂交和双分子荧光技术，明确了 PNPi2 与 TaNPR1 蛋白的互作关键氨基酸位点和亚细胞位置。利用农杆菌介导的基因瞬时表达技术，明确了 PNPi2 的植物细胞核定位特征，并验证了其核定位序列。利用酵母分泌系统，验证了 PNPi2 的信号肽功能。制备得到异源表达 *PNPi2* 基因的小麦转基因材料，发现 *PNPi2-OE* 转基因材料的系统获得抗性水平显著降低。制备得到靶向抑制 *PNPi2* 的 RNAi 小麦转基因材料（*PNPi2-HIGS*），用于明确 PNPi2 的致病性功能。综上所述，本研究将深入探究小麦叶锈菌效应蛋白 PNPi2 靶定小麦 TaNPR1 蛋白的致病分子机制。制备得到小麦转基因材料，未来有望作为创新性种质资源用于小麦抗锈病遗传改良。

关键词：小麦叶锈菌；效应蛋白；小麦 NPR1 蛋白；RNAi；小麦转基因

---

* 基金项目：国家自然科学基金青年基金（31701776），河北省优秀青年科学基金（C2018204091）
** 第一作者：赵淑清，博士，研究方向为植物病理学；E-mail：1059037315@ qq. com
*** 通信作者：王逍冬，博士，副教授，研究方向为植物病理学；E-mail：zhbwxd@ hebau. edu. cn

禾谷镰刀菌 FG-12 中丝氨酸蛋白酶家族效应子的初步研究

姜蕴芸* 郝志刚 罗来鑫 李健强**
（中国农业大学植物病理学系/种子病害检验与防控北京市重点实验室，北京 100193）

摘 要： 丝氨酸蛋白酶家族广泛分布于病毒、细菌和真核生物中，具有蛋白水解活性，在多种植物病原菌中被认为是潜在的致病因子。禾谷镰刀菌中该家族在侵染过程中的功能鲜有报道。

实验室前期通过对禾谷镰刀菌 FG-12 基因组的效应蛋白筛选过程中，发现了 1 类引起烟草坏死的基因具有丝氨酸蛋白酶结构域。通过 Pfam 数据库下载该结构域的隐马尔可夫模型（PF00082）搜索菌株 FG-12 中含有丝氨酸蛋白酶结构域的所有成员，共获得了 26 个同源基因。对这 26 个同源基因进行符合效应子特征的筛选，筛选标准为有信号肽、无跨膜结构域和无锚定位点。经过筛选，得到了 11 个符合效应子特征的候选基因。以 cDNA 为模板对这 11 个候选基因进行 PCR 扩增，获得 6 个候选效应蛋白的基因序列。之后将这 6 个候选效应蛋白 CDS 序列前 120 bp 构建到 PSUC2 载体中，通过酵母外泌实验证明这 6 个候选效应子均具有信号肽活性；同时将全长 CDS 序列构建到 PGR107 载体，用农杆菌瞬时表达系统在烟草中瞬时表达，发现其中 5 个可以引起烟草坏死，推测其在禾谷镰刀菌的侵染过程中发挥了重要作用。

本研究结合生物信息学和分子生物学方法对禾谷镰刀菌丝氨酸蛋白酶家族部分基因进行了初步探究，为后续研究这类基因在侵染过程中的功能打下了基础。

关键词： 丝氨酸蛋白酶基因家族；候选效应因子；生物信息学

* 第一作者：姜蕴芸，硕士研究生，研究方向为种子病理学和病原物效应蛋白；E-mail：yunyj_0310@163.com
** 通信作者：李健强，博士，博士生导师，研究方向为种子病理及杀菌剂药理学；E-mail：lijq231@cau.edu.cn

3 个小麦叶锈菌候选效应因子的特征分析*

崔钟池** 武文月 王丽珊 王亚敏 王海燕***

（河北农业大学植物保护学院/河北省农作物病虫害生物防治技术创新中心，保定 071000）

摘　要：小麦叶锈菌（*Puccinia triticina*，*Pt*）引起的小麦叶锈病是世界麦区普遍发生的病害之一，造成小麦严重的产量损失，防治该病害最为安全、经济的方法是抗病品种的合理利用。小麦叶锈菌致病性多样化及毒性的频繁变异，导致小麦抗叶锈性不断丧失。因此，探讨小麦叶锈菌致病的分子机制对于有效控制小麦叶锈病尤为重要。基于叶锈菌生理小种 PHNT 接种抗病品种"TcLr19"和感病品种"中国春"的转录组测序数据，筛选到 3 个符合效应因子特征的差异表达基因 *Pt*_12、*Pt*_19 和 *Pt*_49。利用实时荧光定量（Real-time quantitative，qPCR）检测 3 个基因在 PHNT 侵染小麦"中国春"叶片 0 d、0.5 d、1 d、4 d、6 d、8 d、11 d 和 15 d 后的表达量，发现 3 个基因均在叶锈菌侵染 4 d 前达到表达高峰，表明 3 个基因与叶锈菌侵染有关。信号肽分泌试验结果表明 3 个基因的信号肽均具有分泌功能，是典型的分泌蛋白。利用烟草亚细胞定位试验得知 *Pt*_12 和 *Pt*_19 在植物细胞核和细胞膜上均有表达，*Pt*_49 主要在叶绿体中表达。借助农杆菌介导的瞬时表达系统在烟草中异源表达 3 个基因，结果显示 3 个基因均可以抑制 BAX 诱导的细胞坏死，初步明确 *Pt*_12、*Pt*_19 和 *Pt*_49 具有毒性功能。后续将利用寄主介导的基因沉默技术（Host induced gene scilencing，HIGS）以及细菌Ⅲ型分泌系统（Type secretion system，TTSS）验证候选效应蛋白在寄主与病原菌互作中的作用，利用酵母双杂技术筛选效应蛋白的互作靶标，对揭示病菌的致病机理具有重要意义。

关键词：小麦叶锈菌；信号肽；亚细胞定位；BAX

* 基金项目：河北省自然科学基金（C2020204028）；国家自然科学基金（31501623）

** 第一作者：崔钟池，硕士研究生，研究方向为分子植物病理学

*** 通信作者：王海燕，博士，教授，研究方向为分子植物病理学；E-mail：ndwanghaiyan@ 163. com

S-亚硝基化修饰调控稻瘟菌治病的分子机制*

何文慧** 陈小林***
（华中农业大学植物科学技术学院，武汉　430070）

摘　要：稻瘟病是一种世界性的水稻病害，是影响我国粮食安全的重要因子。在稻瘟菌致病的过程中，能否形成功能性的附着胞穿透寄主是侵入的关键步骤，而能否成功在寄主体内建立活体寄生是侵染菌丝扩展的关键步骤。在寄主与病原菌的相互作用中，植物细胞能够产生一种"活性氧暴发"来应对病原菌的感染。能否成功抑制寄主植物细胞活性氧的产生，或者成功对活性氧进行解毒，是植物病原真菌在寄主细胞内侵染的关键过程之一。S-亚硝基化是一种基于氧化还原的翻译后修饰，通过该修饰，NO 基团共价连接到蛋白质的 Cys 巯基以形成 S-亚硝基硫醇（SNO）。水稻 S-亚硝基谷胱甘肽还原酶基因（GSNOR1）的过度表达导致细胞内 S-亚硝基硫醇水平的降低，调节蛋白质 S-亚硝基化的整体水平，抑制植物的细胞死亡。笔者通过稻瘟菌 S-亚硝基谷胱甘肽还原酶（GSNOR）基因敲除体生物学功能分析，S-亚硝基化修饰靶标蛋白信号通路和调控网络分析，以及 S-亚硝基化修饰调控关键靶标功能的机制解析，结合 S-亚硝基化修饰定量蛋白质组学分析，系统揭示了 S-亚硝基化修饰在稻瘟菌活性氧解毒以及致病过程中的调控机制和生物学意义。

关键词：S-亚硝基化；活性氧；S-亚硝基谷胱甘肽还原酶

---

* 基金项目：国家自然科学基金（401418040）
** 第一作者：何文慧，硕士研究生，研究方向为植物病理学；E-mail：hewenhui20@webmail.hzau.edu.cn
*** 通信作者：陈小林，副教授，研究方向为植物真菌病害和分子植物病理；E-mail：chenxiaolin@mail.hzau.edu.cn

稻曲菌分泌蛋白 UvPr1a 功能研究

李夏冰* 陈晓洋 李萍萍 段宇航 刘 浩 郑 露 黄俊斌**
（华中农业大学植物科学技术学院，武汉 430070）

摘 要：稻曲病是由稻曲菌（*Ustilaginoidea virens*）引起的世界范围内的水稻真菌病害，该病害典型症状是在水稻穗部形成黑色、墨绿色或黄色的稻曲球。稻曲病严重影响水稻产量，甚至产生大量毒素，威胁人和动物的健康。本研究在稻曲菌分泌组学数据中鉴定了一个分泌蛋白 UvPr1a，为枯草杆菌蛋白酶（subtilisin-like protease），在稻曲菌侵染转录组数据中，该基因在侵染过程大量上调表达，推测该基因可能与稻曲菌致病相关。*UvPr1a* 基因缺失显著影响了稻曲菌的致病力。在本氏烟中，UvPr1a 可以抑制 BAX 引起的过敏性坏死反应。通过酵母双杂交筛库，筛选出候选互作蛋白 OsSGT1，酵母双杂交、BiFC、Co-IP 和 GST-Pull down 实验进一步验证了 UvPr1a 与 OsSGT1 互作，推测分泌蛋白 UvPr1a 可能通过抑制 OsSGT1 蛋白的作用来实现致病功能，但具体机制尚不明确。这些研究结果揭示分泌蛋白 UvPr1a 的功能和作用机理，为稻曲菌的致病机理及与水稻互作机制提供思路，为筛选和培育抗性水稻品种提供参考。

关键词：稻曲菌；分泌蛋白；蛋白互作；致病力

* 第一作者：李夏冰，硕士研究生，研究方向为植物病理学；E-mail：1716202162@ qq. com
** 通信作者：黄俊斌，教授，研究方向为植物真菌病害和分子植物病理；E-mail：junbinhuang@ mail. hzau. edu. cn

苹果树腐烂病菌 RdRP 基因功能分析

梁家豪　王　凯　李光耀　黄丽丽　冯　浩*
（西北农林科技大学植物保护学院，旱区作物逆境生物学国家重点实验室，杨凌　712100）

摘　要： 苹果树腐烂病是由黑腐皮壳属真菌（*Valsa mali*）侵染引起的枝干病害，导致树皮腐解溃烂，甚至枝枯树死。解析病菌致病机理对于病害防控新策略开发具有重要指导意义。依赖 RNA 的 RNA 聚合酶（RNA dependent RNA polymerases，RdRP）是 RNAi 的主要信号扩增分子，广泛参与生物体各项生命活动。前期基于苹果树腐烂病菌全基因组信息分析，分离获得了 4 个 RdRP 基因。在此基础上，通过基因敲除技术分别构建了 *Vm*-RdRP 的单基因缺失突变体（Δ*Vm*-RdRPs）。表型分析发现，与野生型 *V. mali* 相比，Δ*Vm*-RdRP-2 和 Δ*Vm*-RdRP-3 的营养生长和对苹果枝条的致病力表现出显著下降，而 Δ*Vm*-RdRP-1 和 Δ*Vm*-RdRP-4 则无显著性差异。同时，4 个基因缺失突变体对 Na^+和 K^+胁迫的敏感性均上升，产生繁殖体的数量均下降。基因回补后，表型、抗胁迫敏感性和繁殖体数量的改变均恢复。进而选取 Δ*Vm*-RdRP-2、Δ*Vm*-RdRP-3 和野生型 *V. mali* 进行了 small RNA 丰度测定。结果显示，*Vm*-RdRP-3 的缺失增加了 *V. mali* 中 sRNAs 的生成，*Vm*-RdRP-2 的缺失则减少了 sRNAs 的生成，其中的具体机理还在进一步分析当中。研究结果为全面揭示 *V. mali* 中 RNAi 通路组件功能研究奠定了基础。

关键词： RdRP；siRNA；RNA 干扰；苹果树腐烂病

* 通信作者：冯浩；xiaosong04005@163.com
黄丽丽；huanglli@nwsuaf.edu.cn

暹罗炭疽菌（*Colletotrichum siamense*）转录因子 CsATF1 互作蛋白的筛选与鉴定*

宋　苗** 方思齐 何其光 李　潇 刘文波
张　宇 刘文波 林春花*** 缪卫国***
（海南大学植物保护学院，热带农林生物灾害绿色防控教育部重点实验室，海口　570228）

摘　要：转录因子（transcription factors）可以和目的基因特定 DNA 序列结合或与相关蛋白相互作用来激活或抑制基因的转录，从而调节目的基因以特定的强度在特定的时间与空间表达，进而调控生物体的生理代谢和生长。本项目组前期克隆获得暹罗炭疽菌（*Colletotrichum siamense*）的一个 bZip 转录因子 CsATF1，并分析显示该转录因子 CsATF1 参与吡咯类药剂敏感性的调控功能，为进一步了解该转录因子的作用机制，采用酵母双杂交的方法对其互作蛋白进行了筛选和鉴定。本研究使用双酶切的方法构建了诱饵载体 pGBKT7-CsATF1，自激活和毒性验证显示诱饵蛋白无自激活能力、无毒性。将含诱饵载体的 Y2HGold 菌株与暹罗炭疽菌 cDNA 酵母文库杂交，于 SD/-Trp-Leu-His-Ade 缺陷培养基平板上筛选 3 次后得到 94 个阳性克隆。以粗提取的酵母 DNA 为模板，对上述 94 个单克隆进行 PCR 验证，结果显示有 49 个单克隆能够扩增到片段。排除重复序列后，在 NCBI 上进行比对分析，获得 12 个候选互作蛋白。经比对分析，它们分别为线粒体缺氧反应区蛋白、细胞壁蛋白 PhiA、疏水蛋白、锌乙醇脱氢酶、发育调控的 MAPK 相互作用蛋白、甲基转移酶以及 5 个假定蛋白等。进一步通过免疫共沉淀技术，证实了转录因子 CsATF1 能够与线粒体缺氧反应区蛋白发生体内互作。本研究结果为进一步研究 CsATF1 调控炭疽菌生物胁迫应答机制奠定了基础。

关键词：橡胶树；暹罗炭疽菌；转录因子；互作蛋白

---

* 基金项目：国家自然科学基金（31760499）；海南省自然科学基金（2019RC035，320RC477）；现代农业产业技术体系建设专项（CARS-33-BC1）

** 第一作者：宋苗，硕士研究生；E-mail：songmiao0614@163.com

*** 通信作者：林春花，教授；E-mail：lin3286320@126.com
缪卫国，教授；E-mail：weiguomiao1105@126.com

利用ChIP-seq技术筛选暹罗炭疽菌（*Colletotrichum siamense*）转录因子CsATF1的靶向基因*

宋　苗**　李志刚　何其光　李　潇　刘文波
张　宇　刘文波　林春花***　缪卫国***
（海南大学植物保护学院，热带农林生物灾害绿色防控教育部重点实验室，海口　570228）

摘　要：碱性亮氨酸拉链结构（basic leucine zipper，bZip）转录因子是真核生物转录因子家族之一，通过调控基因的表达来参与调控生物、非生物胁迫应答和发育等生理过程。本项目组前期克隆获得暹罗炭疽菌（*Colletotrichum siamense*）的一个bZip转录因子CsATF1，并分析显示该转录因子CsATF1参与吡咯类药剂敏感性的调控功能。为进一步了解该转录因子调控的靶基因，筛选下游参与药剂敏感性调控功能的基因，本研究利用染色质免疫沉淀技术（ChIP-seq）获得可与转录因子CsATF1结合的片段。共获得30 045个Peak，平均长度为488 bp，Peaks主要分布在基因启动子区间区和外显子区。将CsATF1结合的基因进行基因功能（gene ontology，GO）注释，显著富集的GO term主要集中在生物学过程和细胞成分两个方面，其中显著富集的细胞成分为内膜系统、细胞膜、极性生长部位等。另外，生物过程调控、细胞过程调控、细胞内定位等生物学过程，结合及功能蛋白结合等分子功能在结合基因中显著富集。本研究结果为进一步研究CsATF1调控炭疽菌生物胁迫应答机制奠定了基础，还可为寻找炭疽菌防治新靶标提供依据。

关键词：暹罗炭疽菌；转录因子；ChIP-seq

---

* 基金项目：国家自然科学基金（31760499）；海南省自然科学基金（320RC477，2019RC035）；现代农业产业技术体系建设专项（CARS-33-BC1）

** 第一作者：宋苗，硕士研究生；E-mail：songmiao0614@163.com
*** 通信作者：林春花，教授；E-mail：lin3286320@126.com
缪卫国，教授；E-mail：weiguomiao1105@126.com

暹罗炭疽菌（*Colletotrichum siamense*）中脂滴包被蛋白 CsCap20 与乙酸激酶 CsAck 的互作验证*

王　娜** 　王记圆　宋　苗　刘文波　李志刚　李　潇　林春花*** 　缪卫国***
（海南大学热带农林学院，热带农林生物灾害绿色防控教育部重点实验室，海口　570228）

摘　要：附着胞是炭疽菌等许多重要病原真菌的重要侵染结构，能否形成成熟附着胞与病原菌穿透寄主表皮形成寄生关系具有重要作用。暹罗炭疽菌是我国橡胶树田间优势病原种类，前期研究显示该病原菌的脂滴包被蛋白（CsCap20）与病原真菌附着胞膨压的形成有关，影响病菌穿透寄主能力和致病力。为了进一步了解该脂滴包被蛋白的调控机制，本课题组前期通过酵母双杂交技术从橡胶树炭疽菌 cDNA 文库中筛选到 16 个与 CsCap20 互作的候选蛋白，本研究从中选取了乙酸激酶 CsAck（Acetate kinase）利用 Pull-down 和 Co-IP（Co-Immunoprecipitation）技术进行体外和体内互作验证。研究结果进一步证明了脂滴包被蛋白 CsCap20 与乙酸激酶 CsAck 确实存在互作关系，为进一步研究炭疽菌脂滴包被蛋白 CsCap20 是否受到乙酸激酶 CsAck 的调控提供基础。

关键词：暹罗炭疽菌；CsCap20；CsAck；蛋白互作；Pull-down；Co-IP

---

* 基金项目：国家自然科学基金（31760499）；海南省自然科学基金（2019RC035，320RC477）；现代农业产业技术体系建设专项（CARS-33-BC1）

** 第一作者：王娜，硕士研究生；E-mail：931341951@ qq. com

*** 通信作者：林春花，教授；E-mail：lin3286320@ 126. com

缪卫国，教授；E-mail：weiguomiao1105@ 126. com

利用酵母双杂交筛选暹罗炭疽菌（*Colletotrichum siamense*）中与疏水蛋白 CsHydr1 互作的蛋白*

王　娜**　宋　苗　刘文波　李志刚　李　潇　林春花***　缪卫国***
（海南大学热带农林学院，热带农林生物灾害绿色防控教育部重点实验室，海口　570228）

摘　要：疏水蛋白（hydrophobins，HPs）是由丝状真菌特异产生的一类小分子蛋白质，普遍存在于真菌的气生菌丝、侵染结构、或子实体细胞壁表面，与病原真菌形态建成和致病性有关。有研究显示疏水蛋白的存在与病原真菌的菌丝和分生孢子在寄主表面的附着能力、侵染结构的发育有关。课题组前期研究表明疏水蛋白 CsHydr1 参与炭疽菌分生孢子形态建成、菌丝表面疏水性、细胞壁完整性和致病性功能。为进一步探究疏水蛋白的功能和调控机制，本研究以 CsHydr1 为诱饵，从橡胶树炭疽菌 cDNA 文库中筛选得到 13 个阳性克隆。经分析显示，它们分别为细胞色素 P450、裸麦角碱-Ⅰ醛还原酶 A、GPI 锚定的 CFEM 结构域蛋白、葡聚糖内切-1,3-β-葡萄糖苷酶 eglC、胶原蛋白 alpha-5（Ⅵ）链、天门冬氨酸生物合成蛋白、微管蛋白特定伴侣蛋白 C、多糖单氧酶 Cel61a、抗原类甜蛋白以及 4 个假定蛋白。本研究成功从炭疽菌 cDNA 文库中筛选到与 CsHydr1 互作的蛋白质，为进一步分析其互作蛋白和探究它们对炭疽菌 CsHydr1 的致病功能和调控机制的作用奠定了基础。

关键词：橡胶树炭疽菌；CsHydr1；酵母双杂交；蛋白互作

---

* 基金项目：国家自然科学基金（31760499）；海南省自然科学基金（2019RC035，320RC477）；现代农业产业技术体系建设专项（CARS-33-BC1）

** 第一作者：王娜，硕士研究生；E-mail：931341951@qq.com
*** 通信作者：林春花，教授；E-mail：lin3286320@126.com
缪卫国，教授；E-mail：weiguomiao1105@126.com

玉米苗枯病菌 FG-12 全基因组候选效应蛋白预测与分析

郝志刚[*]　姜蕴芸　罗来鑫　李健强[**]

（中国农业大学植物病理学系，种子病害检验与防控北京市重点实验室，北京　100193）

摘　要：玉米苗枯病是一种重要的玉米苗期病害，病原菌为禾谷镰刀菌（*Fusarium graminearum*），主要引起玉米幼苗萎蔫坏死。之前关于该病害体系的报道主要集中在病原菌鉴定、病害传播规律研究及病害综合防控等方面，而对该菌效应蛋白相关研究报道较少。

本研究采用生物信息手段，基于实验室组装的禾谷镰刀菌菌株 FG-12 全基因组信息，以 N 端含有信号肽、不含有跨膜结构域、没有 GPI 锚定位点、富含半胱氨酸的小分子蛋白 4 个特征为依据，对该病菌基因组的候选效应蛋白进行了预测。具体方法及结果为：在 Linux 系统环境中，①利用 SignalP-5.0 对禾谷镰刀菌 FG12 数据库中的蛋白序列信号肽存在与否进行分析，发现共有 1 245 个蛋白具有信号肽序列；②通过 TMHMM Server v 2.0、Phobius 程序选取无跨膜结构和只有 1 个跨膜结构域并与信号肽区域高度重合的序列，二者取交集后共获得 1 017 条蛋白序列；③根据其序列大小（≤500 aa）和半胱氨酸含量（Cys≥4）进一步筛选得到 508 条蛋白序列；④通过 PredGPI 程序进行预测不含 GPI-anchor 位点蛋白序列 437 个。之后将候选蛋白的 CDS 构建到 PGR107 载体，利用农杆菌瞬时表达系统大规模筛选引起烟草免疫反应的基因，目前已经发现核酸酶类、丝氨酸蛋白酶类基因可以引起烟草坏死。

综上所述，本研究采用生物信息学分析方法对禾谷镰刀菌 FG-12 全基因组的 12 470 个蛋白序列进行了分析，预测得到 437 个符合条件的候选效应蛋白，而对引起烟草坏死基因功能的探究为进一步研究效应蛋白的功能和玉米苗枯病菌与寄主互作研究奠定了基础。

关键词：玉米苗枯病菌；全基因组；候选效应因子；生物信息学

* 第一作者：郝志刚，博士研究生，研究方向为种子病理学和作物病害生物防治；E-mail：1067323960@ qq. com

** 通信作者：李健强，博士，博士生导师，研究方向为种子病理及杀菌剂药理学；E-mail：lijq231@ cau. edu. cn

禾谷镰刀菌 FG-12 全基因组 De novo 测序、分析

郝志刚[*]　姜蕴芸　王旭东　罗来鑫　李健强[**]
（中国农业大学植物病理学系，种子病害检验与防控北京市重点实验室，北京　100193）

摘　要：禾谷镰刀菌是一种世界性的植物病原菌，它不仅引起多种作物的病害，造成作物产量和品质下降，而且产生的毒素对人和动物产生安全隐患。禾谷镰刀菌引起的病害在中国危害严重，而目前 NCBI 数据库中上传的全基因组测序菌株均来自国外，对于分离自国内菌株的全基因组学研究尚未见报道。

本研究采用三代 Oxford Nanopore Technology（ONT）测序技术，对分离自河西走廊的菌株进行 De novo 测序与分析，获得了大小为 35.8 Mb，N50 长度 8 Mb 染色体水平的基因组序列。对基因组进行结构注释和功能注释，结果表明，禾谷镰刀菌 FG-12 的重复序列较低，为 2.26%，基于 ab initio 预测、RNA-seq 转录本的预测以及同源基因的预测方法对编码基因进行预测，发现该菌株共编码 12 470 个基因，其中 74.1% 的基因可以被 EggNOG 数据库进行注释。使用 Mummer 软件对模式菌株 PH-1 和 FG-12 进行共线性分析，发现虽然两者共线性很高，但 FG-12 在 4 号染色体末端缺少 1.5 Mb 的序列（编码 83 个基因），对这 83 个基因进行 KEGG 注释发现这些基因富集到 thermogenesis 通路，这个通路主要与环境适应性相关。同时对致病相关的碳水化合物酶类、效应蛋白进行预测，分别获得 238 个和 437 个候选基因。

综上所述，本研究采用三代 ONT 测序技术对菌株 FG-12 进行全基因组测序、组装，同时对 FG-12 基因组信息进行剖析和挖掘及对致病相关基因的预测，为下一步分子生物学研究及致病基因的鉴定奠定了坚实的基础。

关键词：禾谷镰刀病菌；全基因组测序；基因组注释；致病相关基因

* 第一作者：郝志刚，博士研究生，研究方向为种子病理学和作物病害生物防治；E-mail：1067323960@qq.com
** 通信作者：李健强，博士，博士生导师，研究方向为种子病理及杀菌剂药理学；E-mail：lijq231@cau.edu.cn

Identification of pathogenicity-related genes from *Calonectria ilicicola*, the destructive pathogen of black rot of peanut*

CHEN Xinyu[1,2]** DONG Zhongyong[2] ZOU Huasong[1]***

(1. *College of Plant Protection*, *Fujian Agriculture and Forestry University*, *Fuzhou* 350002, *China*; 2. *Innovative Institute for Plant Health*, *Zhongkai University of Agriculture and Engineering*, *Guangzhou* 510225, *China*)

Abstract: The cylindrocladium black rot caused by *Calonectria ilicicola* is a destructive disease for peanut. A multi-omic strategy was conducted to identify the pathogenicity-related genes from *Calonectria ilicicola* in this study. A DNA sequencing was performed to gain the whole genome information of strain *Ci*14017. Differentially expressed genes were explored by transcriptome and proteome analysis in the interaction with peanut plants. We found that a total of 10 311 genes were expressed with *in planta*. Among the quantifiable 805 proteins in *C. ilicicola* in *planta*, differentially expressed 536 proteins were all up-regulated in sensitive peanut cultivar P562. To explore the specific host genes in response to *C. ilicicola* infection, the differentially expressed genes were identified from peanut plants. In transcriptome analysis, 15 621 and 18 122 differentially expressed genes were identified from sensitive cultivar P562 and resistance cultivar T09, respectively. Among the quantifiable 6 157 peanut proteins from resistance line T09, 785 proteins were up-regulated and 310 were down-regulated in relative to sensitive P562. In conclusion, 48 pathogenicity-related genes were identified based on multi-omics analysis. The results provided useful information to understand the prevalence of cylindrocladium black rot of peanut.

Key words: Cylindrocladium peanut black rot; *Calonectria ilicicola*, genome; transcriptome; proteome; pathogenicity-related gene

* 基金项目：国家自然科学基金（31872919）
** 第一作者：陈欣瑜，博士研究生，研究方向为植物病理学；E-mail：1084918406@ qq. com
*** 通信作者：邹华松，研究员，研究方向为植物病理学；E-mail：hszou@ sjtu. edu. cn

甘蔗梢腐病病原菌 *Fusarium sacchari* Nep1-like 蛋白的筛选鉴定及功能分析

黄　振[1,2]　李慧雪[1,3]　周宇明[2,3]　暴怡雪[1,3]　张木清[1,2,3]　姚　伟[1,2,3]

（1. 亚热带农业生物资源保护与利用国家重点实验室，南宁　530004；
2. 广西甘蔗生物学重点实验室，南宁　530004；
3. 广西大学农学院，南宁　530004）

摘　要：甘蔗作为我国主要的糖料作物，其种植面积和产糖量均占全国的90%以上。甘蔗梢腐病的为害日益严重，造成较大的经济损失，感病菌株株高比健康株平均减少 30~60 cm，受害蔗田平均每公顷减产 15~30 t。因此，甘蔗梢腐病已逐渐成为影响我国甘蔗生产的主要病害之一，但是目前对于甘蔗梢腐病致病机理还不清楚。甘蔗梢腐病是一种由多种致病镰刀菌，如轮枝镰刀菌（*F. verticillioides*）、层出镰刀菌（*F. proliferatum*）等引起的真菌性病害。深入探讨甘蔗梢腐病的抗病机制，对指导甘蔗抗病品种选育和寻找新的杀菌剂靶标具有十分重要的意义。研究发现，NLPs（Nep1-like proteins）类基因在真菌侵染及定殖过程中发挥重要作用。本实验在对梢腐病病原菌基因组测序（尚未公布）的基础上，通过 BLASTP 分析得到甘蔗梢腐病病原菌 *F. sacchari* 中 4 个 NLP 家族基因 *Fs*_00548，*Fs*_03159，*Fs*_06646，*Fs*_11062。将克隆到的 3 个基因（*Fs*_00548，*Fs*_03159，*Fs*_11062；*Fs*_06646 未克隆到）分别构建至 PVX 载体，利用农杆菌介导的烟草叶片瞬时表达系统检测，发现只有 *Fs*_00548 可以诱导细胞产生与 Bax 相似的坏死反应，*Fs*_03159 和 *Fs*_11062 则不能。利用酵母信号肽分泌功能验证方法，发现 *Fs*_00548 和 *Fs*_03159 的信号肽具有分泌活性，并且 *Fs*_00548 的信号肽区域对其发挥功能具有重要作用。qRT-PCR 结果显示该基因在侵染过程中均有表达，其中侵染 72 h 时表达量最高，是菌丝中该基因表达量的 48 倍。以上研究结果表明，*Fs*_00548 在病原菌侵染过程中发挥重要作用，研究结果为进一步探究病原菌与甘蔗互作提供参考。

关键词：甘蔗；梢腐病；NLPs（Nep1-like proteins）；PTI

2020年贵州小麦条锈菌毒性结构分析*

陈　文[1,2]**　彭云良[3]　赵　杰[2]　陈小均[1]　康振生***

（1. 贵州省农业科学院植物保护研究所，贵阳　550006；
2　西北农林科技大学植物保护学院 旱区作物逆境生物学国家重点实验室，杨凌　712100；
3　四川省农业科学院植物保护研究所，成都　610066）

摘　要： 小麦条锈菌（*Puccinia striiformis* Westend. f. sp. *tritici* Eriks. & Henn.）引起的条锈病是威胁我国小麦安全生产的重要病害之一，种植抗病品种是防治该病最为有效、安全和经济的措施。近年来，小麦条锈菌流行优势小种发生变化，导致国内多数产区小麦品种抗病性退化甚至"丧失"，造成严重的产量损失。贵州是我国小麦条锈菌重要的冬繁区，当前，该地小麦条锈菌毒性组成和毒性多样性尚不清楚，不能有效评估小麦品种（系）抗病性"丧失"的潜在风险及布局抗病品种控病。本研究利用19个中国小麦条锈菌鉴别寄主对2020年采自贵州安龙县、兴义市、晴隆县、赫章县、纳雍县、威宁县、六枝特区、盘县、水城县、安顺市、普定县、花溪区12个县（市/区）的90个小麦条锈菌菌系进行毒性结构分析。结果表明贵州小麦条锈菌毒性结构复杂，供试菌株中鉴定出2个已知的生理小种，CYR32和CYR34，同时还鉴定出17个已知的致病类型，HY-30、HY-47、HY-159、HY-182、HY-269、Su11-139、Su11-268、G22-13、G22-40、G22-109、G22-129、G22-237、G22-251、G22-252、G22-270、G22-309和G22-333，以及32个未知致病类型。出现频率最高的小种或致病类型为G22-40，占比13.33%，分布于12个县（市/区）中的8个，其次为CYR34、G22-333或HY-6，占比为6.67%，其余小种或致病类型出现频率均低于4.5%。该地小麦条锈菌致病类型以贵农22致病类群和Hybrid46致病类群为主，占比分别为52.22%和37.78%。小麦条锈菌毒性多样性水平较高，Nei多样性指数（Hs）为0.20，香农多样性指数（SH）为3.58，Kosman指数（K）为0.26。供试菌系的毒性相似系数为0.917~0.983，在相似系数为0.917时被分为2个群体，赫章县单独为1个群体，其他11个县（市/区）为一个群体；相似系数为0.941时被分为3个群体，赫章县为一个群体，贵阳安龙县为一个群体，其他9个县（市/区）为一个群体。该研究结果将为贵州小麦条锈菌毒性小种流行预测、品种（系）抗条锈性"丧失"风险评估、小麦抗条锈育种和条锈病的综合防治提供科学依据。

关键词： 小麦条锈菌；致病类型；毒性多样性；毒性聚类分析

---

* 基金项目：国家自然科学基金（31960524）；农业农村部西南作物有害生物综合治理重点实验室开放基金（2020-XN2d-01）；国家小麦产业技术体系（CARS-3-2-43）

** 第一作者：陈文，博士，副研究员，研究方向为小麦病害流行；E-mail：cw0708@163.com

*** 通信作者：康振生，博士，教授，研究方向为植物免疫；E-mail：kangzs@nwsuaf.edu.cn

新疆喀什马铃薯疮痂病分离鉴定及拮抗菌的筛选和发酵条件优化

吕　卓[1,2]　宋素琴[1]　徐李娟[1,3]　唐琦勇[1]　楚　敏[1]　朱　静[1]　顾美英[1]　张志东[1]
（1. 新疆农业科学院微生物应用研究所，新疆特殊环境微生物重点实验室，乌鲁木齐　830091；
2. 新疆农业大学食品科学与药学学院，乌鲁木齐　830052；
3. 新疆农业大学农学院，乌鲁木齐　830052）

摘　要：近年来，新疆马铃薯疮痂病愈发严重，已成为制约新疆马铃薯产业快速发展的重要因素之一。本研究目的是分离和鉴定新疆喀什地区的马铃薯疮痂病病原菌，筛选马铃薯疮痂病病菌的拮抗菌株，为新疆马铃薯疮痂病的生物防治提供依据。对新疆喀什地区的感病马铃薯进行病原菌的分离与鉴定，采用平板对峙法对从感病马铃薯根际土壤中分离得到的菌株进行筛选，并通过形态特征结合16S rDNA序列分析对拮抗菌株进行鉴定，再通过单因素和响应面试验设计对拮抗菌的发酵条件进行优化。结果显示，新疆喀什地区的马铃薯疮痂病病原菌为致病性疮痂链霉菌CJ-1（*Streptomyces acidiscabies*）。从感病马铃薯根际土壤中分离得到1株拮抗菌株B3，菌体为白色，显微形态呈杆状，结合16S rDNA序列结果将其鉴定为地衣芽孢杆菌（*Bacillus licheniformis*），抑菌直径达到40.47 mm；同时，对拮抗菌B3的培养条件进行优化，确定适宜培养条件为：碳源为葡萄糖，氮源为蛋白胨，$MgSO_4 \cdot 7H_2O$ 0.05%，NaCl 0.50%，KH_2PO_4 0.063%，碳源/氮源（质量比）1∶1.28，初始pH 7.0，培养时间23.86 h；抑菌圈直径从40.60 mm提高至47.50 mm，抑菌活性提高了15%。

综上所述，新疆喀什地区的马铃薯疮痂病病原菌为致病性疮痂链霉菌CJ-1（*Streptomyces acidiscabies*），拮抗菌株B3为地衣芽孢杆菌，本研究结果为马铃薯疮痂病的生物防治提供了研究基础。

关键词：马铃薯疮痂病；拮抗菌；发酵条件优化

Genome-Wide identification of Zn (2) -Cys (6) class fungal-specific transcription factors (ZnFTFs) and functional analysis of UvZnFTF1 in *Ustilaginoidea virens*

SONG Tianqiao[1,2] ZHANG Xiong[3] ZHANG You[1] LIANG Dong[1] YAN Jiaoling[1] YU Junjie[1] YU Mina[1] CAO Huijuan[1] YONG Mingli[1] PAN Xiayan[1] QI Zhongqiang[1] DU Yan[1] ZHANG Rongsheng[1] LIU Yongfeng[1,4 *]

(1. *Institute of Plant Protection, Jiangsu Academy of Agricultural Sciences, Nanjing* 210014, *China*; 2. *School of Life Sciences, Jiangsu University, Zhenjiang* 212013, *China*; 3. *Key Laboratory of Biology and Genetic Improvement of Oil Crops, Ministry of Agriculture and Rural Affairs/Oil Crops Research Institute, Chinese Academy of Agricultural Sciences, Wuhan* 430062, *China*; 4. *School of the Environment and Safety Engineering, Jiangsu University, Zhenjiang* 212013, *China*)

Abstract: Transcription factors (TFs) orchestrate the regulation of cellular gene expression and thereby determine cell functionality. In fungi, TFs play essential roles in cellular functions, but systematic analyses of these TFs are limited. In this study, we analyzed the distribution of TFs containing both domains, which we named ZnFTFs, in ascomycete and basidiomycete fungi. We found that ZnFTFs were widely distributed in these fungal species, but there was more expansion of the ZnFTF class in *Ascomycota* than in *Basidiomycota*. We identified 40 ZnFTFs in *Ustilaginoidea virens*, a pathogen causing rice false smut disease, and demonstrated the involvement of UvZnFTF1 in vegetative growth, conidiation, pigment biosynthesis, and pathogenicity. RNA-seq analysis suggested that UvZnFTF1 might regulate different nutrient metabolism pathways, the production of secondary metabolites and the expression of PHI (pathogen-host interaction) genes and secreted protein-encoding genes. Analysis of the distribution of different fungal TFs in *U. virens* further demonstrated that UvZnFTFs made up a large TF family and might play essential biological roles in *U. virens*.

Key words: Zn (2) Cys (6) -type fungal-specific transcription factor; *Ustilaginoidea virens*; rice pathogen; gene silencing; RNA-seq; metabolism pathways; effector expression; pathogen-host interaction

* Corresponding author: LIU Yongfeng; E-mail: liuyf@jaas.ac.cn

杭白菊叶斑病的病原鉴定*

方 丽** 谢昀烨 武 军 王汉荣***
（浙江省农业科学院植物保护与微生物研究所，杭州 310021）

摘 要：杭白菊是浙江省传统“浙八味”之一，其花絮可以入药，具有疏风散热、清肝明目等功效。随着人们对大健康的重视，中医养生理念的普及及菊饮茶的推广流行，杭白菊的安全生产倍受重视。为明确浙江省桐乡石门镇杭白菊产区的叶部病害的病原，更好地防控杭白菊病害的发生，对不同生长时期的杭白菊植株进行调查采样。主要结果如下。

（1）采用常规组织分离和单孢纯化、致病性测定等方法获得了包括 *Fusarium* sp.、*Alternarium* sp.、*Didymella* sp.、*Phoma* sp.、*Nigrospora* sp.、*Epicoccum* sp. 等118个分离物，首次发现 *Didymella* sp. 和 *Epicoccum* sp. 对杭白菊具有致病性，这两种分离物均属亚隔孢壳科真菌。

（2）*Didymella* sp. 和 *Epicoccum* sp. 引起的叶斑病常在杭白菊植株的中上部叶片最先发病，*Didymella* sp. 侵染后最初在叶面上形成不规则形退绿小点，病斑附近叶肉组织变黄，后期病斑变棕黄色至橄榄色，病健交界清晰，有时有轮纹，病斑表面密生小黑点；*Epicoccum* sp. 侵染后最先在叶缘发病，形成不规则形棕色或枯黄色斑，病健交界清晰，有时有黄色晕圈，病斑可融合成大斑至叶片枯死。

（3）对分离获得 *Didymella* sp. 和 *Epicoccum* sp. 进行致病性测定和形态学特征分析，结果表明，*Didymella* sp. 和 *Epicoccum* sp. 分离物 P3-1-1 和 Jupa2-3 对杭白菊具有较强的致病性，孢子液（10^6个孢子/mL）叶片喷雾接种杭白菊苗（10叶左右）后4 d即可出现上述病斑，14 d左右叶片枯死；在PDA、OA和MEA上的菌落形态及分生孢子大小均与 *Didymella* sp. 和 *Epicoccum* sp. 相符。采用 *ITS*、*TUB*、*RPB* 等基因进行分子生物学技术鉴定，用MEGA 5.0软件构建系统发育树，结果表明，以 *Phoma digital* 为外组，供试菌株 Jupa2-3 与 *E. latusicollum* 具有100%的相似性，而 P3-1-1 与已发表的 *D. macrophylla* 株系形成了类群，构成了明显的分支。结合形态学鉴定结果，确定 *D. macrophylla* 和 *E. latusicollum* 可引起杭白菊上的叶斑病。

关键词：杭白菊叶斑病；病原鉴定；*Didymella macrophylla*；*Epicoccum latusicollum*

---

* 基金项目：浙江省农业重大技术协同推广计划（2018XTTGYC04-02）
** 第一作者：方丽，硕士，研究方向为经济作物病害及其致病机理；E-mail：fl0155@gmail.com，Tel：0571-86408843
*** 通信作者：王汉荣；E-mail：wanghrg@yahoo.com.cn

番石榴干枯病病原菌鉴定及生物学特性研究*

曾　敬** 习平根 戚佩坤 姜子德 李敏慧***
(华南农业大学植物保护学院，广州 510000)

摘　要：番石榴是我国热带及亚热带地区重要的经济果树，以枝干枯死为典型症状的番石榴干枯病在我国广东迅速蔓延，发病果园新植的果树仍然表现症状，具有土传病害的特点，对当地番石榴生产构成严重威胁。然而，造成该病害的病因以及病害发生规律尚未彻底清楚，本研究对广州南沙番石榴干枯病进行病原鉴定，并对病原菌的生物学特性和侵染特性进行研究，为明确病害发生发展规律以及病害防控提供理论依据。

通过对采自广州南沙的番石榴干枯病植株进行病组织分离与培养，共得到3种分离株，依据其形态学特征和基于ITS序列的分子系统发育分析将3种分离菌分别鉴定为番石榴纳氏霉(*Nalanthamala psidii*)、小孢拟盘多毛孢(*Pestalotiopsis microspora*)和小新壳梭孢(*Neofusicoccum parvum*)。当接种番石榴嫁接苗枝条时，番石榴纳氏霉菌和小孢拟盘多毛孢可以引起幼嫩枝条枯死的症状，内部维管束也明显变褐色，而小新壳梭孢菌只能造成枝条维管束变色，外部并没有明显的坏死症状；当接种番石榴实生苗根部时，番石榴纳氏霉菌使植株生长明显减慢，下部叶片萎蔫，剖开根茎基部可见明显褐色病变，小孢拟盘多毛孢可致植株下部叶片变黄，但根茎基部不变色，而接种小新壳梭孢后番石榴苗内外都不呈现症状；当接种番石榴果实时，3种分离株均能造成不同程度的果实坏死症状。致病性检测结果表明番石榴纳氏霉是造成番石榴枝干枯死的主要病原，而小孢拟盘多毛孢和小新壳梭孢是次要病原。对番石榴纳氏霉的生物学特性研究表明，30 ℃以上的高温、pH值为6的弱酸环境以及以果糖作为碳源最适合其生长，在不同浓度的盐胁迫下该病原菌仍然能够生长，说明其具有一定的盐耐受性；以果糖和甘露醇作为碳源时最适产生分生孢子，而常见的PDA培养基并不适用于该菌的生长和产孢。

本研究共分离和鉴定了3种引起广州南沙番石榴干枯病的病原真菌，通过接种试验明确了各病原菌的侵染特性，番石榴纳氏霉是引起番石榴干枯病的主要病原，可经由植物根部和枝条侵入从而造成枝干枯死，病原菌为国内首次报道；而小孢拟盘多毛孢和小新壳梭孢是次要病原，在番石榴树势减弱枝条有伤口时宜侵入而产生枝干枯死症状。

关键词：番石榴干枯病；番石榴纳氏霉；小孢拟盘多毛孢；小新壳梭孢；生物学特征

---

* 基金项目：广东省重点领域研发计划(2018B020205003)

** 第一作者：曾敬，硕士研究生；E-mail：1046260445@qq.com

*** 通信作者：李敏慧，副教授，研究方向为果树真菌病害；E-mail：liminhui@scau.edu.cn

木葡聚糖酶基因 *CvXEG*1 在葡萄白腐病菌致病中的功能解析

孙佳宁　秦嘉星　王倩楠　李保华　周善跃*
（青岛农业大学植物医学学院，青岛　266109）

摘　要： *Coniella vitis* 侵染葡萄引起白腐病（Grape white rot），该病原菌一旦侵入寄主组织，病情发展迅速，引起葡萄果粒腐烂，枝蔓枯死，给葡萄生产造成严重损失。近年来，白腐病的发生逐渐加重，已成为葡萄的重要病害之一。

笔者前期的研究证明木葡聚糖酶在白腐病菌的致病中具有重要作用。对白腐病菌的基因组序列分析发现，其基因组中含有 4 个 GH12 家族木葡聚糖酶基因。qRT－PCR 检测结果显示，*CvXEG*1 基因在病原菌侵染初期大量表达，推测 *CvXEG*1 基因可能在病原菌侵染致病中发挥重要作用。

利用同源重组交换的原理通过 PEG 介导的原生质体转化法获得 *CvXEG*1 基因的敲除突变体 Δ*CvXEG*1，与野生型菌株相比，Δ*CvXEG*1 菌株的致病力显著减弱、木葡聚糖酶活性显著降低，而菌株的菌落形态、生长速率等没有明显变化。回补体菌株 Δ*CvXEG*1－C 的致病力与木葡聚糖酶活性均恢复到野生型菌株的水平。该结果说明 CvXEG1 是白腐病菌重要的致病因子，病原菌的致病力可能与 CvXEG1 的酶活性呈正相关。

利用在酵母中表达、纯化的 CvXEG1 蛋白注射三生烟叶片，可诱导烟草细胞活性氧和胼胝质的大量积累，最终导致烟草细胞的死亡。该结果说明 CvXEG1 蛋白能够激活寄主植物的免疫反应。经预测，CvXEG1 第 66 位和第 97 位的天冬酰胺残基是潜在的糖基化修饰位点，酵母中分别表达两个氨基酸位点突变的蛋白，根据蛋白的分子量判断，第 97 位的天冬酰胺被糖基化修饰。N97Q 的突变导致蛋白水解酶的活性显著降低，诱导烟草细胞活性氧和胼胝质积累的能力减弱。该结果说明 CvXEG1 第 97 位的天冬酰胺是重要的糖基化修饰位点，糖基化修饰对 CvXEG1 的水解酶活性、诱导寄主免疫反应具有重要调控作用。

综上所述，木葡聚糖酶基因 CvXEG1 是葡萄白腐病菌重要的致病因子，基因的缺失导致病原菌致病力减弱。病原菌 CvXEG1 能够激活寄主的免疫反应，该反应受到第 97 位天冬氨酸糖基化修饰的调控。

关键词： 木葡聚糖酶；白腐病；葡萄；天冬酰胺残基

* 通信作者：周善跃；E-mail：zhoushanyao@ 126. com

桑葚菌核病菌 *Ciboria carunculoides* 和 *Scleromitrula shiraiana* 的全基因组测序分析*

朱志贤** 于 翠 董朝霞 莫荣利 李 勇 邓 文 胡兴明

（湖北省农业科学院经济作物研究所，武汉 430064）

摘 要：桑葚菌核病是主要由桑实杯盘菌（*Ciboria shiraiana*）、肉阜状杯盘菌（*Ciboria carunculoides*）和桑葚核地杖菌（*Scleromitrula shiraiana*）引起的果桑毁灭性病害，本研究旨在全面解析桑葚菌核病菌基因组序列，为病菌致病分子机制研究提供数据支撑，进而为科学防控该病害提供理论支持。将经单孢纯化的分离自恩施市桑葚小粒型菌核病菌 Lf3 和赤壁市桑葚缩小型菌核病菌 Cb1-6-24，在 Illumina Hiseq2000 二代测序平台和 PacBio RSII 三代测序平台进行全基因组测序。下机后的序列经过滤校正，使用 SOAPdenovo v2.04 和 Canu V1.7 对测序数据 clean data 进行组装，使用 CEGMA v2.5 和 BUSCO v3.0 评估组装的基因组质量，利用 Maker2 软件进行真菌的基因预测，利用 Barrnap v0.8 和 tRNAscan-SE v2.0 软件对 rRNA 和 tRNA 进行预测，采用 Repeatmasker 软件识别与已知重复序列相似的序列，并对其进行分类。对预测得到的编码基因与 5 大数据库（NR 库，Swiss-Prot 库，Pfam 库，COG 数据库，GO 数据库）比对进行功能注释。用碳水化合物活性酶（Carbohydrate-Active enzymes，CAZy）数据库分析 CAZyme 酶类。用病原与宿主互作数据库挖掘其毒力基因、分泌蛋基因和转运蛋白基因等。使用 Othofinder 软件对 Lf3、Cb1-6-24、核盘菌 1980 UF-70、灰霉 B05.10 基因家族进行分析，用 interactivenn 绘制同源基因家族韦恩图，用单拷贝同源基因蛋白序列来构建分子进化树。结果表明，*C. carunculoides* Lf3 菌株的基因组大小为 61.65 Mb，GC 含量为 45.14%，共有 16 872 个蛋白编码基因被预测出来，在这些预测的蛋白质中，分别编码 820 种分泌蛋白和 16 052 种非分泌蛋白；共鉴定出 26 083 bp 重复序列（0.04%）；有 10 927 个可以注释到 COG 数据库（64.76%）；有 6 836 个可以注释到 GO 数据库（40.51%）；有 3 124 个可以注释到 KEGG 通路上（18.52%）；对其基因组中 CAZyme 进行分析发现，有 149 个糖苷水解酶基因、58 个糖基转移酶基因、40 个碳水化合物酯酶基因、62 个辅助活性酶类、5 个碳水化合物结合域蛋白以及 1 个多糖裂解酶基因。*S. shiraiana* Cb1-6-24 菌株的基因组大小为 37.58 Mb，GC 含量为 39.92%，共有 10 823 个蛋白编码基因被预测出来，在这些预测的蛋白质中，分别编码 690 种分泌蛋白和 10 133 种非分泌蛋白；共鉴定出 10 724 bp 重复序列（0.03%）；有 7 829 个可以注释到 COG 数据库（72.34%）；有 5 463 个可以注释到 GO 数据库（50.48%）；有 4 006 个可以注释到 KEGG 通路上（37.01%）；对其基因组中 CAZyme 进行分析发现，有 161 个糖苷水解酶基因、57 个糖基转移酶基因、62 个碳水化合物酯酶基因、84 个辅助活性酶类、3 个碳水化合物结合域蛋白以及 5 个多糖裂解酶基因。将二者基因组与核盘菌和灰霉进行同源基因家族分析发现，Lf3 有 384 个，Cb1-6-24 有 2 199 个特有基因家族。将 Lf3 和 Cb1-6-24 与其他 11 个真菌构建物种 NJ 系统发育树，Lf3 与桃褐腐病菌的亲缘关系较近，Cb1-6-24 单独聚为一个分支。

关键词：肉阜状杯盘菌；桑葚核地杖菌；全基因组；碳水化合物活性酶；基因家族

---

* 基金项目：国家现代农业产业技术体系建设专项（CARS-18-ZJ0208）；国家自然科学基金青年基金（31800544）；湖北省自然科学基金（2019ABA090）

** 第一作者：朱志贤，博士，助理研究员，研究方向为桑树病虫害；E-mail：zhuzhixian1987125@163.com

稻瘟菌分泌蛋白 MoDPPV 的基因功能分析*

聂燕芳[1,3]　冷梅钦[2,3]　李洁玲[2,3]　李华平[2,3]　李云锋[2,3**]
（1. 华南农业大学材料与能源学院，广州　510642；
2. 华南农业大学植物保护学院，广州　510642；
3. 华南农业大学广东省微生物信号与作物病害重点实验室，广州　510642）

摘　要：稻瘟病是水稻生产上最重要的病害之一。前期研究中，笔者发现在稻瘟菌分生孢子附着孢形成期，分泌蛋白二肽基肽酶 V（Dipeptidyl-peptidase V，*MoDPP*V）的表达量显著上调。以此为基础，笔者对 *MoDPP*V 基因进行了克隆及测序，获得了大小为 2 421 bp 的DNA 序列和 2 157 bp 的cDNA 序列；该基因编码蛋白为 718 个氨基酸，属于乙酰木聚糖酯酶（AXE1）家族。采用同源重组策略，利用 *MoDPP*V 两端侧翼序列设计特异性引物，构建了稻瘟菌 *MoDPP*V 基因敲除载体；采用原生质体转化法，对 *MoDPP*V 基因进行敲除；经过潮霉素抗性筛选、PCR 分析、荧光信号观察、Southern blot 鉴定，成功获得了 5 个 *MoDPP*V 基因敲除突变株。对 Δ*MoDPP*V 敲除突变体进行了表型分析，发现其在见里培养基中的生长速度减慢，气生菌丝稀疏，菌落颜色呈现黄白色，黑色素沉积减少；将其接种于番茄燕麦培养基中进行产孢分析，发现其产孢量显著减少；分生孢子的萌发试验结果表明，其萌发率显著降低；但其菌丝和分生孢子形态与野生型菌株没有明显区别。胁迫试验结果表明，Δ*MoDPP*V 敲除突变体对 NaCl、SDS 和 H_2O_2 均表现敏感，菌落生长速率明显降低，黑色素合成明显减少。采用离体和活体接种法分别进行致病性分析，结果表明 Δ*MoDPP*V 敲除突变体的致病力显著降低。

关键词：稻瘟菌；二肽基肽酶 V；基因敲除；致病性分析

* 基金项目：国家自然科学基金（31671968）；广东省自然科学基金（2021A1515010643）；广州市科技计划项目（201804010119）

** 通信作者：李云锋；E-mail：yunfengli@ scau. edu. cn

分泌蛋白 MoUPE2 基因参与调控稻瘟菌的生长发育和致病性*

聂燕芳[1,3]　冯小凡[2,3]　李华平[2,3]　李云锋[2,3]**

（1. 华南农业大学材料与能源学院，广州　510642；

2. 华南农业大学植物保护学院，广州　510642；

3. 华南农业大学广东省微生物信号与作物病害重点实验室，广州　510642）

摘　要：由稻瘟菌（*Magnaporthe oryzae*）引起的稻瘟病是水稻生产上最重要的病害之一。分泌蛋白是稻瘟菌重要的致病因子。在本研究室的前期研究中，通过分泌蛋白质组学技术鉴定了 1 个 Uncharacterized protein（命名为 MoUPE2），EffectorP 预测为候选效应子。生物信息学分析发现，MoUPE2 含有 N-端信号肽，不含有跨膜结构域和 GPI 锚定位点，定位于胞外，属于经典分泌蛋白。采用 PEG 介导的原生质体转化法，对稻瘟菌 *MoUPE*2 基因进行敲除；通过潮霉素抗性筛选、PCR 技术、Southern blot、GFP 荧光显微观察、qRT-PCR 技术等方法，成功获得了敲除突变体 Δ*Moupe*2；构建 *MoUPE*2 基因回补载体，并获得了回补突变体 Δ*Moupe*2-com。表型观察结果表明，Δ*Moupe*2 的菌落、菌丝和分生孢子形态以及产孢量与稻瘟菌野生型没有显著差异；但芽管和附着胞的形成减慢，附着胞形成率降低，分生孢子发育过程中的糖原和脂质从分生孢子向附着胞的转移减慢。胁迫敏感性分析表明，Δ*Moupe*2 对 H_2O_2 和 SDS 不敏感，但对 NaCl、山梨醇、刚果红和 CFW 胁迫的敏感性显著提高。qRT-PCR 分析发现，*MoUPE*2 敲除导致稻瘟菌细胞壁完整性相关基因 *MoMkk*1 和 *MoMps*1 表达量显著降低；几丁质合成相关基因（*MoCHS*1、*MoCHS*5、*MoCHS*6）表达量显著下调，说明 *MoUPE*2 的敲除影响了稻瘟菌的细胞壁完整性。采用离体和活体接种法分别进行致病性分析，结果表明，Δ*Moupe*2 对水稻的致病性显著降低。对侵染过程的显微观察发现，Δ*Moupe*2 在水稻叶鞘细胞中的附着胞数量和侵染菌丝的形成显著减少。

关键词：稻瘟菌；分泌蛋白；效应子；基因敲除；致病性

---

* 基金项目：国家自然科学基金（31671968）；广东省自然科学基金（2021A1515010643）；广州市科技计划项目（201804010119）

** 通信作者：李云锋；E-mail：yunfengli@ scau. edu. cn

香蕉枯萎病菌分泌蛋白 FoUPE1 的基因功能研究*

聂燕芳[1,3] 刘春奇[2,3] 李华平[2,3] 李云锋[2,3**]

（1. 华南农业大学材料与能源学院，广州 510642；

2. 华南农业大学植物保护学院，广州 510642；

3. 华南农业大学广东省微生物信号与作物病害重点实验室，广州 510642）

摘 要：由尖孢镰刀菌古巴专化型 4 号小种（*Fusarium oxysporum* f. sp. *cubense* race 4，Foc4）引致的香蕉枯萎病是我国香蕉生产上最重要的病害之一。效应子作为一类重要的致病因子，在 Foc4 侵染香蕉过程中起着重要作用。在前期工作中，本研究室建立了 Foc4 分泌蛋白质组数据库。其中，分泌蛋白 FoUPE1（Uncharacterized protein）不含已知结构域，被预测为与病原菌毒力减弱相关（reduced virulence）。系统进化树分析表明，FoUPE1 在镰刀菌中高度保守。qRT-PCR 分析表明，*FoUPE*1 在香蕉组织提取物诱导条件下表达水平显著增加。研究还发现 FoUPE1 可以抑制由 BAX 诱导的烟草坏死反应。采用同源重组策略，对 Foc4 中 *FoUPE*1 基因进行了敲除；通过潮霉素抗性筛选、PCR 技术、Southern blot、qRT-PCR 等方法，获得了敲除突变体 Δ*Foupe*1。通过构建基因回补载体以及原生质体转化法等，经博来霉素筛选、PCR 分析和 qRT-PCR 验证，获得了基因回补突变体 Δ*Foupe*1-com。表型分析表明，Δ*Foupe*1 的菌丝和孢子形态没有明显差异，但菌落生长和产孢量显著下降。氧化胁迫分析表明，Δ*Foupe*1 对 H_2O_2 胁迫敏感，而对刚果红、荧光增白剂、NaCl、山梨醇和 SDS 等胁迫不敏感。qRT-PCR 分析表明，Δ*Foupe*1 中产孢相关基因（*FOIG*_00370、*FOIG*_02194、*FOIG*_07247）表达显著降低。致病力分析表明，Δ*Foupe*1 对巴西蕉的致病力显著降低，而 Δ*Foupe*1-com 的表型、耐胁迫能力、致病性等都恢复到 Foc4 野生型水平。

关键词：香蕉枯萎病菌 4 号小种；效应子；瞬时表达；基因敲除；致病力

---

* 基金项目：广东省现代农业产业共性关键技术研发创新团队建设项目（2019KJ134）；国家香蕉产业技术体系建设专项（CARS-31-09）；国家自然科学基金（31600663）

** 通信作者：李云锋；E-mail：yunfengli@ scau. edu. cn

香蕉枯萎病菌候选效应子 FoCFEM 的基因功能研究*

聂燕芳[1,3]　刘春奇[2,3]　李华平[2,3]　李云锋[2,3]**

（1. 华南农业大学材料与能源学院，广州　510642；
2. 华南农业大学植物保护学院，广州　510642；
3. 华南农业大学广东省微生物信号与作物病害重点实验室，广州　510642）

摘　要：香蕉枯萎病是由尖孢镰刀菌古巴专化型（*Fusarium oxysporum* f. sp. *cubense*，Foc）引起的一种土传真菌病害。按照其对不同香蕉品种致病性的差异，可将 Foc 分为 3 个小种，其中以 4 号小种（Foc4）为害最为严重。效应子作为一类重要的致病因子，在 Foc4 侵染香蕉过程中起着重要作用。在前期工作中，本研究室建立了 Foc4 分泌蛋白质组数据库。PHI 数据库分析表明，分泌蛋白 FoCFEM（含 CFEM domain-containing 结构域）与病原菌毒力减弱相关（reduced virulence）。qRT-PCR 分析表明，*FoCFEM* 在香蕉组织提取物诱导条件下表达水平显著增加；农杆菌介导的烟草瞬时表达试验表明，FoCFEM 能抑制由 BAX 诱导的烟草坏死反应。采用同源重组策略，对 Foc4 中 *FoCFEM* 基因进行了敲除；通过潮霉素抗性筛选、PCR 技术、Southern blot、*q*RT-PCR 等方法，获得了敲除突变体 Δ*Focfem*。通过构建基因回补载体以及原生质体转化法等，经博来霉素筛选、PCR 分析和 *q*RT-PCR 验证，获得了基因回补突变体 Δ*Focfem*-com。表型分析表明，Δ*Focfem* 的菌落大小、菌丝形态、产孢量、孢子形态与 Foc4 均没有显著差异。氧化胁迫分析结果表明，在含 H_2O_2 的 PDA 培养基上，Δ*Focfem* 的受抑制程度显著高于 Foc4；在分别含刚果红、荧光增白剂、NaCl、山梨醇和 SDS 等不同胁迫的 PDA 培养基上，Δ*Focfem* 的受抑制程度与 Foc4 没有明显差异。致病力分析表明，Δ*Focfem* 对巴西蕉的致病力显著高于 Foc4；而 Δ*Focfem*-com 的表型、耐胁迫能力、致病性等均恢复到 Foc4 野生型水平。

关键词：香蕉枯萎病菌 4 号小种；效应子；瞬时表达；基因敲除；致病力

* 基金项目：广东省现代农业产业共性关键技术研发创新团队建设项目（2019KJ134）；国家自然科学基金（31600663）
** 通信作者：李云锋；E-mail：yunfengli@ scau. edu. cn

云南弥勒甘蔗褐条病病原菌的分离鉴定*

李 婕** 张荣跃 李文凤 李银煳 单红丽 王晓燕 黄应昆***
（云南省农业科学院甘蔗研究所，云南省甘蔗遗传改良重点实验室，开远 661699）

摘 要：2019 年 10 月，在云南弥勒甘蔗示范基地（103.33°E，23.92°N）云瑞 10-187 和福农 11-2907 甘蔗植株上看到严重的甘蔗褐条病症状，发病率为 50%~80%。为明确其病原，本研究采集病样进行病原菌的分离和鉴定，以期为该病害的有效防控提供依据。形态学观察分生孢子梗褐色，有隔，稍弯曲或直，单生或丛生，宽度 3.5~5.2 μm，上部弯曲。分生孢子直至稍弯，纺锤形至梭形，浅棕色或棕色，4~10 个横膈，大小（31.7~96.7）μm×（10.7~16.3）μm，脐不明显或稍突起，初步将其病原菌鉴定为平脐蠕孢属（*Bipolaris*）。测序结果 BLAST 同源性比对结果显示，ITS 序列（登录号：MW466590-MW466591）与狗尾草平脐蠕孢 *Bipolari setariae* 模式菌株 CBS 141.31（登录号：EF452444）相似性达 99.47%，与菌株 CBSHN01（登录号：GU290228）相似性达 100%；GPDH 序列（登录号：MW473721-MW473722）与 *B. setariae* 模式菌株 CBS 141.31（登录号：EF513206）相似性达 99.83%，与菌株 CPC28802（登录号：MF490833）相似性达 100%。基于 *ITS* 和 *GPDH* 基因序列构建系统发育树，发现菌株 BS1 和 BS2 与 *B. setariae* 处于同一分枝，亲缘关系最近。根据形态学和分子生物学鉴定结果将该真菌鉴定为狗尾草平脐蠕孢 *B. setariae*。综上，本研究结合形态特征、多基因分子鉴定及致病性测定，在云南首次报道了狗尾草平脐蠕孢 *B. setariae* 为甘蔗褐条病病原菌，丰富了甘蔗褐条病病原菌的信息，为后续其他蔗区褐条病的研究奠定了基础。

关键词：低纬高原；甘蔗褐条病；病原菌；分离鉴定

---

* 基金项目：财政部和农业农村部国家现代农业产业技术体系专项（CARS-170303）；云岭产业技术领军人才培养项目（2018LJRC56）；云南省现代农业产业技术体系建设专项资金

** 第一作者：李婕，硕士，助理研究员，研究方向为甘蔗病害；E-mail：lijie0988@163.com
*** 通信作者：黄应昆，研究员，研究方向为甘蔗病害防控；E-mail：huangyk64@163.com

低纬高原甘蔗中后期灾害性真菌病害调查研究*

李文凤** 李 婕 王晓燕 单红丽 张荣跃 李银煳 黄应昆***

（云南省农业科学院甘蔗研究所，云南省甘蔗遗传改良重点实验室，开远 661699）

摘 要：为明确低纬高原甘蔗中后期灾害性真菌病害种类、病原类群、为害损失及灾害特性，给甘蔗病害防控提供理论依据。本研究于2015—2020年，分别对云南低纬高原蔗区甘蔗中后期灾害性真菌病害发生分布和品种抗性进行了调查鉴定，甘蔗成熟期收砍称量和测定分析甘蔗产量、糖分及损失率。调查鉴定结果表明，云南低纬高原甘蔗中后期灾害性真菌病害有梢腐病、褐条病、锈病3种，存在复合侵染；梢腐病菌为镰刀菌 *Fusarium verticillioides* 和 *Fusarium proliferatum*，优势种为 *F. verticillioides*，褐条病菌为狗尾草平脐蠕孢 *Bipolari setariae*，锈病菌为屈恩柄锈菌 *Puccina kuehnii* 和黑顶柄锈菌 *Puccina melanocephala*，优势种为 *P. melanocephala*；34个主栽品种中，对梢腐病、褐条病和锈病高抗到中抗分别有18个（占52.9%）、24个（占70.6%）、25个（占73.5%）；60个新品种中，对梢腐病、褐条病和锈病高抗到中抗分别有35个（占58.3%）、32个（占53.3%）、41个（占68.3%）。其中，桂糖11-1076、闽糖12-1404、福农09-2201、福农09-71111、桂糖06-1492、桂糖08-1180、云蔗11-1074、桂糖06-2081、桂糖08-1589、粤甘48号、柳城09-15、云蔗05-51、云蔗11-1204、福农07-3206等新品种高度抗病，建议在生产上合理使用。测定结果显示，梢腐病、褐条病和锈病实测产量平均相对损失率分别为38.43%、25.6%、24.9%，最多分别为48.5%、32.8%、31.7%；甘蔗平均糖分分别降低3.54%、2.82%、3.11%，最多分别降低5.21%、3.71%、4.24%。研究结果丰富了低纬高原甘蔗病害相关理论和技术基础，为甘蔗病害有效防控提供了理论指导和科学依据。

关键词：低纬高原；甘蔗；真菌病害；发生危害；调查研究

---

* 基金项目：财政部和农业农村部国家现代农业产业技术体系专项（CARS-170303）；云岭产业技术领军人才培养项目（2018LJRC56）；云南省现代农业产业技术体系建设专项

** 作者简介：李文凤，研究员，研究方向为甘蔗病害；E-mail：ynlwf@163.com

*** 通信作者：黄应昆，研究员，研究方向为甘蔗病害防控；E-mail：huangyk64@163.com

稻曲菌酯环化酶 *UvEC1* 基因功能研究*

李萍萍** 陈晓洋 裴张新 李夏冰 段宇航 郑 露 黄俊斌***
（华中农业大学植物科学技术学院，武汉 430070）

摘　要：稻曲病是由稻曲菌（*Ustilaginoidea virens*）引起的水稻穗部病害，该病害的发生严重影响水稻的产量和质量。在稻曲菌侵染水稻的转录组数据中，发现一个假定的酯环化酶（Ester Cyclase，UvEC1）在稻曲菌侵染水稻过程中显著上调表达。UvEC1 包含一个 Polyketide cyclase SnoaL-like 结构域，属于酮环化酶中的一类，在植物病原菌中的功能仍不清楚。*UvEC1* 基因敲除后显著提高了稻曲菌的菌丝生长、产孢、压力响应和致病力。TMT 标记定量蛋白组学分析表明 UvEC1 影响稻曲菌代谢、蛋白质定位、催化活性、毒素生物合成和剪接体。综上所述，研究结果表明 *UvEC1* 对稻曲菌生长发育和致病力至关重要。

关键词：稻曲菌；酯环化酶；致病力；蛋白质组学

---

* 基金项目：国家自然科学基金（32072371）

** 第一作者：李萍萍，研究生，研究方向为植物病理学；E-mail：LPP_19960202@163.com

*** 通信作者：黄俊斌，教授，研究方向为植物真菌病害和分子植物病理；E-mail：junbinhuang@mail.hzau.edu.cn

G 蛋白 α 亚基 FadA 对黄曲霉耐药性和黄曲霉毒素合成的调控研究*

耿青如　罗　越　刘　曼　李永新　田　俊**　杨坤龙**
（江苏师范大学生命科学学院，徐州　221116）

摘　要：黄曲霉（*Aspergillus flavus*）是一种广泛存在的腐生型真菌，作为植物和动物的共同致病菌，不仅给农业生产、食品加工等造成重大的危害，也给人类健康带来严重的威胁。本研究发现，黄曲霉中 G 蛋白 α 亚基 FadA 参与了对天然抗菌剂紫苏醛的耐药和黄曲霉毒素的合成。进一步扫描电镜观察发现，*fadA* 敲除导致黄曲霉菌丝和孢子的细胞壁完整性受到了破坏，突变体对细胞壁抑制剂 CFW 也更加敏感。检测 Slt2 蛋白磷酸化水平发现，*fadA* 敲除导致 Slt2 的磷酸化下降。通过转录组分析发现，*fadA* 敲除导致黄曲霉菌中大部分几丁质和海藻糖合成相关基因、活性氧清除以及黄曲霉毒素合成相关基因表达显著下降。检测黄曲霉菌中 cAMP 水平和 PKA 酶活发现，*fadA* 突变体中的 cAMP 水平和 PKA 酶活显著降低。这些结果表明 G 蛋白 α 亚基 FadA 在黄曲霉耐药性和黄曲霉毒素合成中发挥着重要的作用。

关键词：黄曲霉；黄曲霉毒素；G 蛋白；胞外应激；耐药性

---

* 基金项目：国家自然科学基金（31900036）
** 通信作者：田俊，博士，教授，研究方向为食品微生物；E-mail：tj-085@163.com
杨坤龙，博士，讲师，研究方向为病原微生物；E-mail：ykl_long@yeah.net

板栗疫病菌自噬相关基因 *CpAtg4* 的功能研究

赵丽九[1,2] 陈保善[2] 李 茹[1,2*]
（1. 广西大学生命科学与技术学院，南宁 530004；
2. 亚热带农业生物资源保护与利用国家重点实验室，南宁 530004）

摘 要： 自噬是依赖于溶酶体的降解途径，其过程在真核生物中高度保守。自噬体的形成受几种不同蛋白质的调节，包括关键的半胱氨酸蛋白酶 Atg4。在板栗疫病菌中，Atg4 在自噬形成过程中的作用以及它们在板栗疫病菌中的非自噬事件中的作用尚未明了。笔者首先确定了来自板栗疫病菌的 *CpAtg4* 基因能够在功能上互补酵母 *Atg4* 的缺失，接着证实 CpAtg4 和 CpAtg8 直接互作，并且鉴定了 CpAtg4 的 377-409 位氨基酸是其与 CpAtg8 结合的残基。Δ*CpAtg4* 菌株丧失单丹磺酰尸胺（MDC）染色能力，这表明 CpAtg4 是板栗疫病菌自噬所必需的。此外，Δ*CpAtg4* 致病力显著降低，气生菌丝和孢子显著减少，对 H_2O_2 和刚果红诱导的胁迫也更敏感。另外，缺失回补实验证明，CpAtg4 的第 377~409 位氨基酸对于体内 CpAtg4 的功能至关重要。以上研究结果使笔者对植物病原真菌自噬蛋白 Atg4 在真菌生长、致病及抗性中的作用有了更深入的认识。

关键字： 自噬；CpAtg4；胁迫耐受性；致病力；板栗疫病菌

* 通信作者：李茹

板栗疫病菌蛋白磷酸酶 2A 调节亚单位 B 基因 *Cprts*1 的功能研究

陈凤月[1,2] 陈保善[2] 李 茹[1,2*]

（1. 广西大学生命科学与技术学院，南宁 530004；
2. 亚热带农业生物资源保护与利用国家重点实验室，南宁 530004）

摘 要：板栗疫病菌（*Cryphonectria parastica*）是引起板栗疫病的病原真菌，该真菌可携带多种病毒，是研究病毒/宿主相互作用的一个优秀模型。本实验室前期研究中发现，板栗疫病菌野生菌株 EP155 和感染低毒病毒后的菌株 EP713 中均存在大量的磷酸化蛋白，而且某些蛋白的磷酸化水平在 EP155 和 EP713 中存在明显差异，提示低毒病毒感染影响了某些真菌蛋白的磷酸化修饰水平，磷酸化修饰可能和真菌毒力相关。CpRts1 是显著差异的磷酸化蛋白之一，EP713/EP155 中 CpRts1 的磷酸化水平下调 0.76。序列分析结果表明，该蛋白编码基因全长 2 175 bp，编码 645 个氨基酸残基，暂命名为 *Cprts*1。功能域预测结果显示，CpRts1 是蛋白磷酸酶 2A 的一部分，蛋白磷酸酶 2A 由催化亚单位 C，结构亚单位 A 和调节亚单位 B 组成，是丝氨酸苏氨酸磷酸化酶，调节真核细胞中主要的去磷酸化反应，对细胞内的许多通路产生影响。

为进一步明确该 *Cprts*1 在板栗疫病菌生长及致病力中的作用，本研究采用同源重组双交换技术，对 *Cprts*1 基因进行敲除。经 PCR 和 Southern blot 鉴定后得到 3 株正确的 *Cprts*1 敲除菌株，表型观察发现该基因的缺失导致板栗疫病菌生长速度下降，色素、气生菌丝及孢子产量均明显减少；致病力检测结果显示，*Cprts*1 的致病力与野生型菌株相比显著减低。以上结果表明 *Cprts*1 在板栗疫病菌生长及致病方面发挥重要作用。本研究计划通过磷酸化位点定点突变、酵母双杂以及免疫共沉淀等技术，鉴定磷酸化修饰对 CpRts1 蛋白功能的影响以及鉴定 CpRts1 在板栗疫病菌中的互作蛋白，为进一步明确 CpRts1 蛋白作用机理奠定基础。

关键词：板栗疫病菌；蛋白磷酸酶；基因敲除；CpRts1

* 通信作者：李茹

核盘菌分泌蛋白基因 *SS1G_02250* 的功能验证

孟欣然* 廖洪梅 冬梦荃 丁一娟 钱 伟
（西南大学农学与生物科技学院，重庆）

摘 要：菌核病，是由核盘菌（*Sclerotinia sclerotiorum*）引起的一种非专一性的植物病原真菌病害，这种病害对许多作物，特别是油菜、大豆和向日葵等造成了巨大的产量损失和经济损失。核盘菌通过分泌水解酶类、草酸、小分泌蛋白达到其侵染的目的。因此，对核盘菌分泌蛋白基因进行功能验证，研究其致病机理，并寻找油菜中的靶基因，对油菜的菌核病防治提供方法。本研究利用 SignalP，SMART，NCBI 等生物信息学的方法，分析 *SS1G_02250* 基因的结构特点，通过 qRT-PCR 分析基因的表达特点，构建 *SS1G_02250* 基因的超表达以及敲除载体，获得该基因的超表达、沉默转化子以及拟南芥超表达的转基因株系。对 *SS1G_02250* 转化子的致病力以及转基因拟南芥致病力进行测定，同时对该基因的超表达、沉默转化子进行生物学测定。另外，分析转基因拟南芥接种核盘菌的转录组数据，筛选目的基因参与的代谢通路，进一步对 *SS1G_02250* 的功能进行分析。结果显示，*SS1G_02250* 基因 N 端含有信号肽结构，无跨膜结构域，推测该基因编码的蛋白可能是分泌蛋白。*SS1G_02250* 在侵染过程中高表达，其沉默转化子致病性显著下降，超表达转化子致病性增强。接种核盘菌 1980 于 24 h 后发现 *SS1G_02250* 超表达转基因拟南芥的菌斑显著大于野生型拟南芥。并且 qRT-PCR 结果显示 *SS1G_02250* 基因的沉默转化子的表达量低于野生型 1980 的表达量，而 *SS1G_02250* 基因的超表达转化子的表达量略高于野生型的表达量。通过生长速度测定试验发现，*SS1G_02250* 基因的沉默转化子在 12 h、24 h 以及 48 h 的生长速度都低于核盘菌 1980 的生长速度。核盘菌 *SS1G_02250* 基因可能是一个小分泌蛋白，并且推测该基因能分泌与致病相关的蛋白，从而在核盘菌的致病过程中发挥重要作用。

关键词：核盘菌；分泌蛋白；*SS1G_02250*；基因功能

* 第一作者：孟欣然；E-mail：Mengxinran0047@ 163. com

核盘菌质粒 pSS1 的发现及分子特性分析*

罗　鑫[1,2**]　程家森[1,2]　付艳苹[1]　陈　桃[1,2]　谢甲涛[1,2]　姜道宏[1,2***]
(1. 湖北省作物病害监测和安全控制重点实验室，华中农业大学，武汉　430070；
2. 农业微生物学国家重点实验室/华中农业大学，武汉　430070)

摘　要： 核盘菌（*Sclerotinia sclerotiorum*）是一重要病原真菌，其引起的菌核病是油菜的首要病害。对 2018 年采集自河南省信阳市油菜病残体上的核盘菌菌核进行分离纯化培养，并提取其 RNA 进行高通量测序。发现 contig_89 的序列与板栗疫病菌（*Cryphonectria parasitica*）中的质粒 pCR1 具有较高的相似性，推定核盘菌中存在 DNA 质粒，命名为 pSS1。pSS1 的 DNA 全长为 4 479 bp，环状，具有 1 个编码 1 141 个氨基酸的阅读框，通过对其编码的蛋白进行比对和系统发育分析，发现其编码的蛋白属于 DNA 聚合酶 B 家族。对分离自信阳市的 219 株核盘菌菌株进行检测，发现 108 株菌株携带 pSS1；随后相继在 2019 年和 2021 年从信阳市采集的菌株中高频率地检测到质粒 pSS1，表明携带 pSS1 的核盘菌菌株在信阳市可以稳定存在。携带质粒的菌株与不携带质粒的菌株在形态和致病方面没有显著差异，有关其对核盘菌生物学及生态存活的影响有待进一步研究。

关键词： 核盘菌；油菜；系统发育；质粒

---

* 基金项目：财政部和农业农村部国家现代农业产业技术体系
** 第一作者：罗鑫，硕士研究生，研究方向为真菌病毒及其应用；E-mail：lx15071359509@163.com
*** 通信作者：姜道宏，教授，研究方向为生物防治；E-mail：daohongjiang@mail.hzau.edu.cn

染色体级别的棘孢木霉 DQ-1 基因组构建及遗传进化分析*

张锋涛[1,2]** 王 睿[1,2] 侯巨梅[1] 邢梦玉[1,2] 刘 铜[1,2]***
(1. 海南大学植物保护学院，热带农林生物灾害绿色防控教育部重点实验室，海口 570228；
2. 海南省绿色农用生物制剂创制工程研究中心，海口 570228)

摘 要：本研究以实验室前期获得 1 株抑菌促生效果优良的生防棘孢木霉 DQ-1 为材料，通过 Illumina 和 Oxford Nanopore（Nanopore）的测序技术，采用 Hi-C 技术辅助组装，完成棘孢木霉 DQ-1 染色体水平的基因组构建。棘孢木霉 DQ-1 线性染色体的长度为 37 Mb，包含 7 条染色体，GC 含量近 47%，重序列序列占比为 5.5%，共预测了 7 306 个基因。进一步利用单拷贝直系同源基因构建的系统发育树显示，棘孢木霉 DQ-1 与里氏木霉在 107.5 Mya 发生分化，形成独立的分支，且与植物病原真菌（番茄灰霉病，大豆菌核病菌）在 434.3 Mya 发生分化，与 18 株病原真菌和其他木霉种比较，棘孢木霉 DQ-1 在脂肪酸生物合成过程、鞘脂代谢过程和类固醇激素生物合成过程的基因发生显著扩张，有 25 个基因受到正向选择压力作用，其生物学过程集中在烟酸盐、烟酰胺代谢过程和矿物质吸收过程。目前已采用转录组、代谢组和小 RNA 高通量测序技术筛选与鉴定棘孢木霉 DQ-1 与番茄根、叶和病原菌互作过程中的蛋白质、代谢物和小 RNA，将为深入研究棘孢木霉 DQ-1 与宿主互作的分子机制奠定基础。

关键词：棘孢木霉 DQ-1；基因扩张；正选择压力；小 RNA

---

* 基金项目：海南大学高层次人才引进科研启动基金
** 第一作者：张锋涛，硕士，研究方向为生物信息学；E-mail：zhuimengzhezft@ sina. com
*** 通信作者：刘铜，教授，博士生导师，研究方向为植物病理学和生物防治；E-mail：liutongamy@ sina. com

陕鄂豫小麦条锈菌群体遗传结构分析*

吕　璇** 杨璐嘉 邓　杰 孙志强 张克瑜 初炳瑶*** 马占鸿***
（中国农业大学植物病理学系，农业部植物病理学重点开放实验室，北京　100193）

摘　要：小麦条锈病是由条形柄锈菌小麦专化型（*Puccinia striiformis* f. sp. *tritici*，*Pst*）引起的真菌性病害，是大区流行性病害，严重影响我国小麦生产和粮食安全。我国陕西南部、湖北大部以及河南南部均是 *Pst* 重要的冬繁区，因此明确这些地区的 *Pst* 群体遗传结构，有助于了解这 3 个地区的菌源来源，为小麦条锈病的防控提供有力依据。本研究于 2021 年春季在陕西汉中略阳、汉中宁强、安康旬阳、安康汉阴，湖北荆门、襄阳，河南南阳、信阳和驻马店 9 个地区共采集菌系 252 个。利用 10 对 SSR 引物进行 PCR 扩增，分析遗传多样性、共享基因型、AMOVA、PCoA 以及贝叶斯 STRUCTURE 遗传结构。结果显示：陕西汉中略阳、汉中宁强、安康旬阳以及湖北襄阳具有较高的基因型多样性（>0.5），河南驻马店、南阳、信阳和陕西安康汉阴基因型多样性较低。安康旬阳，湖北荆门、襄阳和河南南阳群体间共享基因型最多。AMOVA、PCoA 和贝叶斯分析均表明陕西各群体间遗传组成更为相似，与湖北荆门、襄阳，河南南阳、驻马店遗传组成部分相似，河南信阳遗传组成最为不同。以上证据表明，河南南阳，湖北襄阳、荆门接受了来自陕西等西北方向的部分菌源，信阳群体则可能是接收了来自其他方向的菌源。

关键词：小麦条锈菌；SSR；遗传多样性

---

* 基金项目：国家自然科学基金（32001841）和国家重点研发计划（2017YFD0201700）

** 第一作者：吕璇，博士研究生，研究方向为植物病害流行学；E-mail：478541783@ qq. com
*** 通信作者：马占鸿，教授，研究方向为植物病害流行和宏观植物病理学；E-mail：mazh@ cau. edu. cn
初炳瑶，博士后，研究方向为植物病害流行学；E-mail：chubingyao@ 163. com

The N-terminus of an *Ustilaginoidea virens* Ser-Thr-rich glycosyl-phosphatidyl-inositol-anchored protein elicits plant immunity as a MAMP

SONG Tianqiao[1] ZHANG You[1] ZHANG Qi[2] ZHANG Xiong[2] SHEN Danyu[2]
YU Junjie[1] YU Mina[1] PAN Xiayan[1] CAO Huijuan[1] YONG Mingli[1]
QI Zhongqiang[1] DU Yan[1] ZHANG Rongsheng[1] YIN Xiaole[1] QIAO Junqing[1]
LIU Youzhou[1] LIU Wende[3] SUN Wenxian[4] ZHANG Zhengguang[2]
WANG Yuanchao[2] DOU Daolong[2] MA Zhenchuan[2*] LIU Yongfeng[1*]
(1. *Institute of Plant Protection*, *Jiangsu Academy of Agricultural Sciences*, *Nanjing* 210014, *China*;
2. *Department of Plant Pathology*, *Nanjing Agricultural University*, *Nanjing* 210095, *China*;
3. *State Laboratory for Biology of Plant Diseases and Insect Pests*, *Institute of Plant Protection*, *Chinese Academy of Agricultural Sciences*, *Beijing* 100083, *China*;
4. *College of Plant Protection*, *Jilin Agricultural University*, *Changchun* 130118, *China*)

Abstract: Many pathogens infect hosts through specific organs, such as Ustilaginoidea virens, which infects rice panicles. Here, we show that a microbe-associated molecular pattern (MAMP), Ser-Thr-rich Glycosyl-phosphatidyl-inositol-anchored protein (SGP1) from *U. virens*, induces immune responses in rice leaves but not panicles. SGP1 is widely distributed among fungi and acts as a proteinaceous, thermostable elicitor of BAK1-dependent defense responses in *N. benthamiana*. Plants specifically recognize a 22 amino acid peptide (SGP1 N terminus peptide 22, SNP22) in its N-terminus that induces cell death, oxidative burst, and defense related gene expression. Exposure to SNP22 enhances rice immunity signaling and resistance to infection by multiple fungal and bacterial pathogens. Interestingly, while SGP1 can activate immune responses in leaves, SGP1 is required for *U. virens* infection of rice panicles in vivo, showing that it contributes to the virulence of a panicle adapted pathogen.

Key words: Ustilaginoidea virens; Glycosyl-phosphatidyl-inositol-anchored protein; amino acid peptide

* Corresponding author: MA Zhenchuan; E-mail: zhenchuan.ma@njau.edu.cn
LIU Yongfeng; E-mail: liuyf@jaas.ac.cn

茶饼病对茶叶品质的作用研究

陈应娟　万宇鹤　韩雨欣
（西南大学食品科学学院，北碚　400715）

摘　要：茶饼病（tea blister blight），又称为茶疱状叶枯病，病原为 *Exobasidium vexans* Massee，属担子菌亚门，外担菌属真菌，被认为是绝对寄生的活体营养真菌，只能在活体茶树上完成其生活史。但也有部分研究报道，*E. vexans* 能在 PSA、PDA 等培养基上生长，菌落形成时间较长，需要 20~30 d。PDA 培养基上茶饼病病原菌落形态呈圆形，边缘不整齐，菌丝白色，呈天鹅绒状，正面乳白色，背面茶黄色。但本实验室研究发现此菌落形态与引起茶树轮斑病的拟盘多毛孢菌的菌落形态颇为相似，且尝试多种方法至今仍未分离鉴定到引起茶饼病的外担菌属真菌。

茶饼病属于低温高湿型病害，是高山茶区的常见叶部病害，在中国西南地区，海拔高于 800 m 的高山茶园发生较为严重，严重影响了茶叶的产量和品质。*E. vexans* 主要侵染茶树新梢嫩叶和嫩茎，造成叶片畸形、扭曲、变形等症状。研究表明，茶饼病可引起叶片中茶多酚、儿茶素等成分含量明显降低，采用感病芽叶加工而成的干毛茶易碎、滋味味苦，茶叶品质明显下降。本研究通过对西南地区高山茶园（海拔≥800 m）的茶饼病感病茶树叶片进行了感官审评，发现茶叶感染茶饼病后，相比健康茶树叶片，茶叶香气稍显青臭气，滋味类似中药味，苦味较弱、甜味较强，二泡时甜味明显增强，汤色略显混浊；品质成分分析数据显示，茶饼病感染后的茶叶甜味明显增加，可溶性糖含量显著高于未感病健康茶树叶片，此研究结果与之前报道的研究结果存在较大差异。因此，本研究拟进一步对茶饼病的侵染过程开展代谢组和转录组等相关研究，以揭示茶饼病对茶树代谢途径的影响。

关键词：茶饼病；茶树；感官审评；品质成分

水稻纹枯病菌中参与致病过程三个新效应分子的发现

刘　尧[1,3]　蒋林珈[2,3]　牛贤宇[2,3]　郑爱萍[2,3]

（1. 四川农业大学水稻研究所，成都　611130；

2. 四川农业大学农学院，成都　611130；

3. 西南作物基因资源发掘与利用国家重点实验室，成都　611130）

摘　要：水稻纹枯病是由死体型真菌立枯丝核菌 *AG1IA* 引起的，该病害是世界水稻重大病害之一。然而，关于该病害的致病机理以及效应蛋白功能的深入研究仍然十分稀少。前期，笔者对纹枯病菌侵染水稻后 0~72 h 的转录组进行了分析，发现了数百个预测的效应分子上调表达并对其中在早期上调表达的 60 个预测的效应蛋白进行了功能研究。发现了 3 个能引起烟草细胞坏死的候选效应分子，分别是 RsIA_SSP6、RsIA_SSP40、RsIA_SSP55，3 个候选效应分子编码的蛋白都含有 1 个 N 端信号肽，且信号肽是引起烟草细胞坏死所必需的。RsIA_SSP6、RsIA_SSP40 编码 1 个未知功能蛋白而 RsIA_SSP55 编码的蛋白预测为核酶。效应蛋白一般为糖蛋白，N 糖基化能使效应蛋白更有效分泌，因而糖基化对效应蛋白的功能具有重要作用。笔者发现在 RsIA_SSP6，RsIA_SSP40 中具有糖基化位点，然而将其突变后，不影响效应分子的功能。亚细胞定位发现 RsIA_SSP40 能够定位于叶绿体上，说明叶绿体是纹枯病菌效应分子的重要靶标。有趣的是，笔者发现 RsIA_SSP6 在寄主中的 1 个互作蛋白也是定位于叶绿体，这些发现暗示笔者叶绿体在纹枯病菌的致病机理中具有重要功能。水稻作为众多微生物的寄主，如何占领生态位，也是纹枯病菌是否能成功侵染的关键一环，有研究发现核酶类效应蛋白可以作为病原菌的杀菌毒素，抑制其他微生物的生长，从而使病原菌占领生态位。笔者发现 RsIA_SSP55 也编码 1 个核酶类效应分子，目前发现该蛋白能够抑制酵母菌的生长，说明该蛋白具有一定的杀菌作用，也对纹枯病菌及时占领生态位发挥一定作用。

综上所述，本研究发现的 3 个效应分子从不同角度在水稻纹枯病菌的致病机理中起一定作用，但是否是关键的效应分子，还需要进一步的实验研究。

关键词：水稻；纹枯病菌；效应分子

苦瓜枯萎病菌 *FOXG*-12198 基因功能的初步分析*

张园园** 杜红岩 魏晨星 张 涵 仲荣荣 文才艺 赵 莹***
(河南农业大学植物保护学院，郑州 450000)

摘 要： 由苦瓜枯萎病菌即尖孢镰孢菌苦瓜专化型（*Fusarium oxysporum* f. sp. *momdicae*）引起的苦瓜枯萎病是一种严重影响苦瓜生产的土传维管束病害。明确苦瓜枯萎病菌的致病机理对苦瓜枯萎病的防治具有重要的指导意义。但是，目前苦瓜枯萎病菌的致病机理目前尚不明晰。实验室前期利用转录组测序技术分析了强致病力和弱致病力苦瓜枯萎病菌的差异表达基因；在差异基因分析中发现 *FOXG*-12198 基因在弱致病力苦瓜枯萎病菌中表达量明显下调，达 500 倍以上（$P \leqslant 0.05$），推测该基因可能与苦瓜枯萎病菌致病相关；利用分割标记法克隆了 *FOXG*-12198 基因的敲除片段，通过 PEG 介导的原生质体转化方法对 *FOXG*-12198 基因进行敲除，经验证获得 3 个敲除转化子 FOXG-12198-KO-4，FOXG-12198-KO-8 和 FOXG-12198-KO-9；3 个敲除突变体在 PDA 培养基上的菌落形态、生长速率、产孢量与野生型菌株相比均无显著性差异，但是转化子的致病力相比野生型菌株明显下降，初步证明 *FOXG*-12198 可能参与苦瓜枯萎病菌的致病过程，具体的机理还需要进一步研究。本研究为苦瓜枯萎病菌的致病机理提供理论依据，为更好地防治苦瓜枯萎病提供参考。

关键词： 苦瓜枯萎病菌；基因敲除；致病机理

---

* 基金项目：国家自然科学基金青年基金（31901934）
** 第一作者：张园园，硕士研究生；E-mail：eryazhang5@163.com
*** 通信作者：赵莹，讲师；E-mail：nying2009@126.com

纹枯病菌效应蛋白与水稻抗性蛋白互作的筛选与鉴定*

海樱凡** 项宗敬 李树斌 魏松红 李 帅***
（沈阳农业大学植物保护学院，沈阳 110866）

摘 要：纹枯病是水稻最严重的真菌性病害之一，严重危害水稻的产量与品质。纹枯病菌是一种寄主广泛的腐生真菌，其分泌的蛋白，尤其是分泌的效应蛋白在其侵染寄主过程中起非常重要的作用。本研究构建了水稻纹枯病菌分泌蛋白 prey 载体库共 226 个，通过查找文献，选取水稻纹枯病抗病相关蛋白及叶绿体合成相关蛋白 22 个，并构建 bait 载体。通过酵母双杂交试验，发现 4 个叶绿体合成相关蛋白可与不同效应蛋白互作。利用双分子荧光互补技术，在水稻原生质体中进一步验证了互作关系。研究结果可为进一步探索纹枯病菌与水稻互作的分子机制提供理论基础。

关键词：水稻纹枯病；效应蛋白；抗病机制

---

* 基金项目：现代农业产业技术体系建设专项资金（CARS-01）；国家自然科学基金（31901956）

** 第一作者：海樱凡，硕士研究生，研究方向为植物病理学；E-mail：765063351@qq.com
*** 通信作者：李帅，博士，研究方向为植物病理学；E-mail：lishuai@syau.edu.cn

河南烟区烟草根腐病病原菌分离鉴定*

涂雨瑶[1**] 王雪芬[2] 周 博[1] 李 豪[1] 白慧敏[1] 康梦洋[1] 郑逢茹[1]
苏建华[1] 李建华[2] 蒋士君[1] 孟颢光[1***] 崔江宽[1***]
(1. 河南农业大学植物保护学院，郑州 45000；
2. 河南省烟草公司许昌市公司，许昌 461000)

摘 要：为明确河南省烟草根腐病致病病原物。通过采集河南省不同烟叶产区烟草根腐病株，采用组织分离法获得52个纯化菌株，根据菌株形态甄别、系统发育树分析以及伤根接种法进行鉴定，结果显示：形态学鉴定发现16株疑似致病菌，在PDA培养基上均产生白色菌丝，部分产生紫色色素，大型分生孢子为镰刀形，有分隔，小孢子卵圆形，多无分隔。基于翻译延伸因子EF-1α基因与rDNA-ITS序列构建的系统发育树分析，发现16个菌株中有5株为尖孢镰刀菌（*Fusarium oxysporum*）和11株为茄病镰刀菌（*Fusarium solani*）。室内接种试验表明尖孢镰刀菌（*Fusarium oxysporum*）、茄病镰刀菌（*Fusarium solani*）是烟草根腐病的致病病原物。

关键词：烟草根腐病；镰刀菌；形态鉴定；分子鉴定

* 基金项目：河南省重点研发与推广专项（212102110443）；河南省烟草公司许昌市公司科技项目（2020411000240074）；河南省烟草公司平顶山市公司科技项目（PYKJ202102）

** 第一作者：涂雨瑶，本科生，研究方向为植物病理学；E-mail：yuyao_tu@ sina. com
*** 通信作者：崔江宽，副教授，研究方向为植物与线虫互作机制；E-mail：jk_cui@ 163. com
孟颢光，讲师，研究方向为烟草病害生态防治；E-mail：menghaoguang@ henau. edu. cn

椰枣拟盘多毛孢叶斑病病原的分离与鉴定*

王　义** 王富有 张　宁 符海泉 李东霞 徐中亮***
（中国热带农业科学院椰子研究所，文昌　571339）

摘　要：椰枣广泛种植于中东及北非地区，是该地区重要的粮食和经济作物。随着“一带一路”建设的深入，我国在海南、云南等热区引种、试种椰枣的工作稳步推进，发展椰枣产业，能够丰富国民粮食资源种类，为我国热区农民的增产增收、农村经济产值提升注入新的活力，也能改善我国的生态环境。然而，我国热区气候类型与生态环境与椰枣原生境差异较大，气候复杂多样，季风气候显著，有明显的多雨季，而且夏季高温多雨，使得椰枣在雨季病害大量暴发，严重影响其正常生长。2020—2021 年，笔者在海南省文昌市国家热带棕榈种质资源圃椰枣分区中发现椰枣 1 种黄褐色的叶斑病发生严重，发病率达到 80%。病斑近圆形或椭圆形，中央褐色，边缘黄褐色，后期病斑扩大，呈灰白色，枯死，上面密生黑色孢子堆，发病严重时也扩展至枝条，使整个枝条枯死。通过采集典型病害样品，采用常规组织分离法对疑似病原菌进行分离、纯化，获得疑似病原菌株（YZY47-3），并对其进行致病性测定，发现接种 10 d 后的椰枣叶片发病率达 90%，发病症状与田间相同，并从接种叶片的发病部位重新分离到相同菌株，完成了科赫法则验证。对该菌株进行形态学和分子生物学（ITS、EF-1α 和 BT）鉴定，确定该菌为新拟盘多毛孢属（*Neopestalotipsis*）的 *Neopestalotipsis clavispora*，这是 *Neopestalotipsis clavispora* 引起椰枣叶斑病在国内的首次报道。本研究将为明确我国热区椰枣叶斑病病原菌种类提供理论基础，也为后期开展椰枣叶斑病的发生流行规律和防治研究提供基础。

关键词：椰枣；拟盘多毛孢叶斑病；致病性测定；分离与鉴定

---

* 基金项目：农业国际交流与合作椰枣引种试种与风险评估（12530015）；中国热带农业科学院基本科研业务费专项（1630152019004）

** 第一作者：王义，硕士，研究实习员，研究方向为椰枣种质资源调查及抗病育种；E-mail：wang_yi_w@ sina. com

*** 通信作者：徐中亮，硕士，助理研究员，研究方向为椰枣种质资源收集与评价；E-mail：190635659@ qq. com

婺源县油菜菌核病病情调查

王嘉豪　尤凤至　吴波明
（中国农业大学植物保护学院植物病理系，北京　100193）

摘　要：油菜菌核病是由核盘菌（*Sclerotinia sclerotiorum*）引起的，是对油菜种植影响极大的病害。婺源县位于江西省上饶市，以种植油菜、水稻和茶叶为主。油菜种植面积大，气候湿润，油菜菌核病的大量发生造成了巨大的经济损失。对油菜菌核病发病情况的田间调查有助于了解油菜菌核病流行发展的情况，对进一步研究婺源地区油菜菌核病发病特征、发病规律以及防治指导都有着重要的意义。本次调查选取了全县范围内的35块油菜田，其中稻油轮作田块18块，旱油轮作田块17块。调查内容主要包括发病率、每平方米内子囊盘数量、土壤内菌核数量。调查方法采用五点调查法，即每块田选取5个1 m × 1 m的正方形区块，分别调查区块内子囊盘数量并分别采集100 g土壤，采集深度为0~10 cm。采集的土壤自然风干，过10目筛后用水冲洗，找出土壤中的菌核。调查结果显示，油菜菌核病平均发病率为20.13%，每400 mL土壤菌核平均数为1.31，每平方米田块的平均子囊盘数为3.63。在0.05的置信水平下，稻油轮作发病率和每平方米子囊盘数显著低于旱油轮作，但是土壤中总菌核数和存活菌核数没有显著差别。

关键词：油菜菌核病；核盘菌；子囊盘

葡萄座腔菌科真菌基因家族扩张与侵染寄主关系研究

王训成 张 玮 彭军波 吴琳娜 李永华 王 慧 邢启凯 李兴红 燕继晔
（北方果树病虫害绿色防控北京市重点实验室，
北京市农林科学院植物保护环境保护研究所，北京 100097）

摘 要：葡萄座腔菌科真菌能侵染多种果树和林木，是一类在农业和林业上危害都十分严重的病源真菌。该科真菌种类繁多，不同属之间侵染寄主的能力存在明显差异，然而造成该科真菌侵染寄主及其差异的具体机制目前并不清楚。本研究通过对葡萄座腔菌科 3 个属 *Lasiodiplodia*、*Botryosphaeria* 和 *Neofusicoccum* 各 3 株真菌进行全基因组三代测序，组装得到高质量的基因组。通过基因家族扩张和收缩分析发现，该科真菌在进化过程中一直存在基因家族扩张现象，扩张的基因富集在氧化还原酶活性、纤维素结合、几丁质结合、跨膜转运活性、水解活性等相关基因中，且不同进化时间点以及不同属之间扩张基因的功能存在显著差异。进一步研究发现，这 9 株菌的细胞壁降解相关基因、效应因子、蛋白水解酶类、P450、次级代谢基因、转录因子以及转运蛋白等基因的数目都明显高于其他真菌。对这 9 株菌接种葡萄后发现，*Lasiodiplodia* 属真菌侵染葡萄的能力明显高于其他两个属的真菌。接着分析与侵染寄主相关的细胞壁降解相关的基因家族，结果表明，*Lasiodiplodia* 中与木聚糖降解相关的水解酶以及与果胶降解相关的水解酶等家族基因数目明显高于其他两个属的菌株。最后对 *Lasiodiplodia* 属其中 1 株菌侵染葡萄前和侵染葡萄后的转录组进行测序，发现扩张的基因在侵染葡萄后基因表达明显升高，包括木聚糖降解酶及果胶酶等。这些结果表明，在进化过程中，葡萄座腔菌科真菌的基因家族扩张可能与寄主的侵染有关，与木聚糖及果胶降解有关的水解酶扩张在该科 *Lasiodiplodia* 属侵染葡萄中起重要作用。

关键词：葡萄座腔菌科真菌；基因家族扩张；寄主侵染

比较基因组学分析揭示马铃薯与番茄早疫病菌谱系特有效应子*

王金辉** 肖思雨 朱杰华*** 杨志辉***

（河北农业大学植物保护学院，省部共建华北作物改良与调控国家重点实验室，保定 071001）

摘　要：由 *Alternaria solani* 和 *A. tomatophila* 造成的早疫病是马铃薯和番茄生产中重要的叶部病害。之前关于早疫病菌的研究报道主要集中在毒素和细胞壁降解酶类方面，而对于该类病原菌效应子的研究则相对较少。

本研究通过比较基因组学分析，从早疫病菌谱系特异基因中鉴定到两个效应子基因，分别是 *AsCEP*19 和 *AsCEP*20。它们以“头对头”的形式座位于两片“基因沙漠（AT 区）”之间，且紧邻 AT 区边缘。系统发生分析表明，*AsCEP*19 和 *AsCEP*20 是从另一种死体营养型植物病原菌多主棒孢霉 *Corynespora cassiicola* 菲律宾分离株水平转移而来的。qRT-PCR 分析表明，这两个效应子基因仅在 *A. solani* 侵染马铃薯时高效表达，且呈现出紧密的共表达特征。在本氏烟中瞬时表达效应子发现，在保留信号肽时 AsCEP20 能够诱导植物细胞死亡。两个效应子均能显著减弱由 PAMP 分子诱导的活性氧（ROS）暴发。由此推测，效应子 AsCEP19 和 AsCEP20 在早疫病菌的致病过程中发挥着重要作用，这为进一步揭示早疫病的致病机理提供了新的视角。

关键词：早疫病；效应子；谱系特异基因；基因水平转移

* 基因项目：国家自然科学基金（32070143），现代农业产业技术体系建设专项（CARS-09-P18）

** 第一作者：王金辉，博士，研究方向为植物病原功能基因组；E-mail：jinhwang@hebau.edu.cn

*** 通信作者：杨志辉，教授，研究方向为马铃薯病害；E-mail：bdyzh@hebau.edu.cn

朱杰华，教授，研究方向为马铃薯病害；E-mail：zhujiehua@hebau.edu.cn

甘蔗鞭黑粉菌蛋白磷酸酶基因 *SsPpe*1 的功能研究

仇金凤[1] 卢 姗[2,3] 陈保善[2,3] 李 茹[1,2]*
（1. 广西大学生命科学与技术学院，南宁 530004；
2. 亚热带农业生物资源保护与利用国家重点实验室，南宁 530004；
3. 广西大学农学院，南宁 530004）

摘 要： 蛋白磷酸化是真核生物中最普遍且重要的翻译后修饰，蛋白磷酸酶是负责催化已经磷酸化的蛋白发生去磷酸化反应的酶。真菌中磷酸酶的功能研究目前仅在少数模式真菌中有报道，在病原真菌中尚无报道。

本研究选择甘蔗鞭黑粉菌（*Sporisorium scitamineum*）为对象，通过生信方法在病原菌基因组中找到与酵母菌 Ppe1 蛋白磷酸酶同源的蛋白磷酸酶基因 *SsPpe*1，原核表达并纯化 SsPpe1 蛋白，经酶促反应证明具有磷酸酶活性。用同源重组法获得了 2 个交配型菌株的 *SsPpe*1 基因敲除株 Δ*SsPpe*1-35 和 Δ*SsPpe*1-36。研究结果表明，Δ*SsPpe*1-35 和 Δ*SsPpe*1-36 的有性配合能力下降，对甘蔗的致病能力也显著降低。转录组分析表明，*SsPpe*1 基因的缺失影响了真菌的精氨酸生物合成和硫代谢途径。

关键词： 甘蔗鞭黑粉菌；蛋白磷酸酶；有性配合；致病性

* 通信作者：李茹

盆栽砂糖橘根系真菌的分离和高通量测序*

朱文倩　黄奕蔓　王正贤　廖咏梅**

（广西大学农学院，南宁　530004）

摘　要：柑橘黄龙病是一种极具破坏性的柑橘病害，严重影响柑橘产业的可持续发展。柑橘根毛短且稀少，严重依赖根系真菌帮助其吸收土壤中的水分与矿质营养元素。了解柑橘健康植株与感染黄龙病植株根系真菌种类多样性差异，为分析柑橘根系的吸收功能提供依据。本文以盆栽砂糖橘健康植株和感染黄龙病植株为材料，用组织分离法和高通量测序技术，分析砂糖橘白根样品（白色根尖部位）和褐根样品（紧接着白色根尖部位的褐色根段）中的根系真菌种类多样性。

用组织分离法分离砂糖橘根系上的真菌，用 ITS1/ITS4 引物 PCR 扩增真菌的 ITS 区域，测序后进行序列分析，获得分离菌株的分子种类。在健康砂糖橘植株根系上分离到 61 株真菌菌株，其中在白根样品上分离到 18 株菌株，属于 12 种真菌；在褐根样品上分离到 43 株菌株，属于 13 种真菌。在感染黄龙病砂糖橘植株根系上分离到 26 株真菌菌株，其中在白根样品上分离到 10 株菌株，属于 9 种真菌；在褐根样品上分离到 16 株菌株，属于 6 种真菌。可见，健康植株的根系真菌种类丰富，而感染黄龙病植株根系真菌种类相对较少；褐色根段比白色根尖真菌种类丰富。在所有样品上均分离到腐皮镰孢菌（*Fusarium solani*）和尖孢镰孢菌（*Fusarium oxysporum*），其中健康褐根上获得腐皮镰孢菌 9 个菌株，尖孢镰孢菌 3 个菌株，黄龙病褐根上获得尖孢镰孢菌 3 个菌株，腐皮镰孢菌 2 个菌株，其他样品上两种真菌均获得 2 个菌株。所有样品中获得的真菌种类归于 2 个门，子囊菌门（96.55%）和担子菌门（3.45%）。

高通量测序结果表明，在砂糖橘健康植株和感染黄龙病植株的白根和褐根样品中均能注释出 4 个真菌门，包括子囊菌门（Ascomycota）、担子菌门（Basidiomycota）、球囊菌门（Glomeromycota）和接合菌门（Zygomycota）。其中健康植株白根样品中的担子菌门相对丰度最高，为 43.15%，其次是球囊菌门，为 28.46%，子囊菌门为 28.18%。其他样品均以子囊菌门的相对丰度最高，分别为：健康植株褐根 78.96%、黄龙病植株白根 95.28%、黄龙病植株褐根 94.88%。作为菌根真菌的球囊菌门，在健康植株白根上的相对丰度为 28.46%，其他样品的相对丰度分别为健康植株褐根 1.05%、黄龙病植株白根 1.18%和黄龙病植株褐根 0.04%。可见，在健康植株白根上菌根真菌相对丰度最高，可促进柑橘根系对营养物质的吸收。进一步分析发现，健康植株白根上相对丰度最高的担子菌门中，角担菌科（Ceratobasidiaceae）的相对丰度达到 40.70%，角担菌科是兰科植物的重要菌根真菌，在柑橘根系上是否有菌根真菌的作用值得进一步研究。其他样品上的角担菌科相对丰度分别为健康植株褐根 4.59%、黄龙病植株白根 3.20%和黄龙病植株褐根 0.25%。在所有样品的子囊菌门中，相对丰度最高的是丛赤壳科（Nectriaceae），该科中相对丰度最高的种类是腐皮镰孢菌和尖孢镰孢菌。健康植株白根中腐皮镰孢菌和尖孢镰孢菌的相对丰度分别为 8.05%和 0.93%，褐根样品为 43.14%和 9.76%；黄龙病植株白根样品为 12.01%和 0.11%，褐根样品为 54.82%和 3.16%。可见，褐根样品中的两种真菌相对丰度均高于白根样品，黄龙病植株白根样品的腐皮镰孢菌相对丰度高于健康植株白根样品。根系腐烂是黄龙病的症状之一，可能和腐皮镰孢菌的较高相对丰度有关。

关键词：砂糖橘；黄龙病；根系真菌；高通量测序

---

* 基金项目：广西科技重大专项（桂科 AA18118046）

** 通信作者：廖咏梅；E-mail：liaoym@ gxu. edu. cn

Phomopsis longanae Chi. 侵染所致龙眼果实采后果肉自溶发生的机制研究*

林育钊[1,2,3**]　林河通[1,2,3***]　林艺芬[1,2,3]　陈艺晖[1,2,3]　王　慧[1,2,3]　范中奇[1,2,3]

（1. 福建农林大学食品科学学院，福州　350002；
2. 亚热带特色农产品采后生物学福建省高校重点实验室，福州　350002；
3. 福建农林大学农产品产后技术研究所，福州　350002）

摘　要：果肉自溶是采后龙眼腐坏的主要原因之一，严重影响其食用品质和商品价值，是限制龙眼果实长期贮运的关键因素。目前对龙眼果实采后果肉自溶的生理生化机制所知甚少。笔者的研究认为，龙眼采后果肉自溶与病原菌的侵染有关，其中龙眼拟茎点霉（*Phomopsis longanae* Chi.）是引起龙眼果实采后果肉自溶最主要的病原菌。本研究从 *P. longanae* 侵染后龙眼果肉自溶发生、组织能量状态、呼吸代谢、活性氧代谢、细胞膜系统组分和功能、抗病物质代谢、细胞壁代谢等方面的变化，阐明能量亏缺在 *P. longana* 侵染致使龙眼果实采后果肉自溶过程中的作用；同时采用外源呼吸解偶联剂 2，4-二硝基苯酚（DNP）和提供能量 ATP 来进一步阐明果实能荷状态调控 *P. longana* 侵染所致龙眼果实采后果肉自溶发生的机理。上述研究成果在阐明病原菌侵染致使龙眼果实采后果肉自溶的可能机制方面获得新的理论依据，为生产上通过调控采后龙眼果实能荷状态而控制龙眼果实采后病害发生、延长龙眼果实保鲜期提供重要的科学依据。

关键词：龙眼果实；果肉自溶；龙眼拟茎点霉；*Phomopsis longanae* Chi.；DNP；ATP

* 基金项目：国家自然科学基金（31671914，31701653，30200192）
** 作者简介：林育钊，博士生，研究方向为果蔬采后病理生理与保鲜技术
*** 通信作者：林河通，博士，教授，研究方向为果蔬采后生物学与保鲜技术；E-mail：hetonglin@163.com

稻粒黑粉病菌碳水化合物基因 1650*a* 的克隆、表达及生物信息学分析

舒新月[1]　蒋钰琪[1]　江　波[2]　王爱军[1]　郑爱萍[1]
（1. 四川农业大学农学院，成都　611130；
2. 长江师范学院生命科学与技术学院，重庆　408100）

摘　要：由 *Tilletia horrida* 引起的水稻稻粒黑粉病是一种真菌病害，该病严重危害水稻不育系材料，在全球水稻杂交稻种植区均有发生，严重影响杂交水稻制种产量。碳水化合物结合模块家族作为碳水化合物活性酶关键组成成分，在病原菌侵染宿主植物过程中发挥重要作用。为初步解析稻粒黑粉病菌编码碳水化合物结合模块 50 蛋白基因 1650*a* 在致病过程中的作用。本研究基于基因 1650*a* 的克隆，通过分子生物学实验手段和生物信息学对其致病功能和蛋白结构进行了分析。结果表明，1650a 蛋白为亲水蛋白质，无跨膜结构域，N 端含有 1 个信号肽序列，以阈值 *P*-value>0. 8 共筛选到 63 个磷酸化位点；系统进化树分析表明 1650a 与小麦矮腥黑穗病菌蛋白 KAE8243541. 1 亲缘关系较近。烟草瞬时表达试验表明 1650a 能诱导烟草表皮细胞坏死反应，信号肽序列对其引起烟草表皮细胞死亡能力没有影响。酵母蔗糖实验表明 1650a 信号肽具有分泌功能，且 1650a 在稻粒黑粉病菌侵染早期被诱导上调表达，表明其可能在病原菌致病过程中发挥重要作用。这一研究不仅为阐明稻粒黑粉病致病机制奠定了基础，同时为研发防控稻粒黑粉病农药制剂提供了新靶标。

关键词：水稻；稻粒黑粉病菌；碳水化合物结合模块；信号肽；致病机制

立枯丝核菌 AG-3 实时荧光定量 PCR 检测体系的建立及应用*

王培培** 董丽红 郭庆港 李社增 赵卫松 鹿秀云 张晓云 苏振贺 马 平***
（河北省农林科学院植物保护研究所/农业农村部华北北部作物有害生物综合治理重点实验室/河北省农业有害生物综合防治工程技术中心，保定 071000）

摘 要：由立枯丝核菌（*Rhizoctonia solani*）融合群 3（anastomosis group 3，AG3）引起的马铃薯黑痣病（Potato black scurf）已成为制约马铃薯产业健康发展的主要土传病害之一，严重影响着马铃薯的产量和品质。土传病害的发生与土壤中病原菌含量密切相关，为达到提前了解作物种植前土壤中病原菌含量，提前制定综合防治措施，降低经济损失的目的，本研究以马铃薯立枯丝核菌的优势菌系 AG-3 融合群为研究对象，利用 AG-3 特异性引物对和 TaqMan 探针，采用 Roche LightCycler © 480 Ⅱ 定量检测系统，以克隆有靶标片段的重组质粒为模板构建了绝对定量标准曲线，其扩增效率为 95.00%（R^2 = 0.999 9），检测灵敏度为 5 copies 反应体系，建立了土壤中立枯丝核菌 AG-3 的高效率、高特异性、高灵敏度的定量检测体系。应用该检测技术，以马铃薯为指示作物，通过在土壤中定量添加立枯丝核菌开展温室盆栽试验，研究土壤中立枯丝核菌含量与马铃薯黑痣病发生的关系。结果表明，土壤中病原菌添加量与 qPCR 检测值呈一定相关性，随着土壤中病原菌接种量的增加，病害发生变严重，病情指数增加。将进一步采集河北省马铃薯种植区田间土壤样品进行检测，结合后期病害调查，以期明确土壤中病原菌含量与马铃薯黑痣病发生的关系。

关键词：立枯丝核菌；qPCR 定量检测；马铃薯黑痣病；病原菌检测

---

* 基金项目：国家自然科学基金（31601680）；河北省农林科学院现代农业科技创新工程课题（2019-1-1-7）；财政部和农业农村部国家现代农业产业技术体系（CARS-15-18）

** 第一作者：王培培，博士，副研究员，研究方向为土壤有害生物分子检测；E-mail：wangpeipei0010@163.com
*** 通信作者：马平，博士，博士生导师，研究员，研究方向为植物病害生物防治；E-mail：pingma88@126.com

小麦条锈菌效应蛋白 PstNUC1 的鉴定及功能初步研究

章 影 田 嵩 赵 晶 康振生

（西北农林科技大学植物保护学院，旱区作物逆境生物学国家重点实验室，杨凌 712100）

摘 要：小麦条锈菌（*Puccinia striiformis* f. sp. *tritici*，*Pst*）侵染小麦引起的条锈病是一种严重的流行病害，严重威胁了小麦的安全生产。条锈菌在侵染寄主过程中会分泌一系列参与致病的效应蛋白，解析效应蛋白的功能和致病机理对于该病害的防治具有重要意义。本研究通过比较分析小麦条锈菌夏孢子侵染小麦和担孢子侵染小檗的转录组，筛选鉴定到 1 个编码非特异性核酸内切酶的效应蛋白基因 *PstNUC1*，并对该基因进行了克隆和功能分析。*PstNUC1* 在条锈菌夏孢子侵染小麦和担孢子侵染小檗过程中均上调表达。原核表达纯化后的 PstNUC1 在体外具有非特异性核酸内切酶活性。通过农杆菌介导的烟草瞬时过表达，发现 PstNUC1 能够诱导烟草细胞坏死，且依赖于其非特异性核酸内切酶活性。通过寄主诱导的基因沉默（host-induced gene silencing，HIGS）技术对该基因的致病功能进行了验证，发现条锈菌在该基因特异性沉默的植株上产孢量和菌落面积减少，生物量降低，表明 *PstNUC1* 在条锈菌侵染小麦过程中具有重要致病功能。

关键词：非特异性核酸内切酶；HIGS；小麦条锈菌；效应蛋白

Verticillium dahlia toxin to resistant and susceptible cultivar of *Gossypium hirsutum* leaf Proteomic by iTRAQ

JIAN Guiliang* HE Lang ZHANG Huachong SI Ning

(*Institute of Plant Protection*, *Chinese Academy of Agricultural Sciences*, *Beijing* 100193, *China*)

Abstract: Verticillium wilt of cotton is a vascular disease mainly caused by the soil-born filamentous fungus *Verticillium dahliae*. To study the mechanisms associated with defense responses in wilt-resistant cotton (*Gossypium hirsutium*) upon *V. dahliae* infection, a comparative proteomic analysis between infected and mock-inoculated leaf was performed by iTRAQ database-assisted MS/MS analysis. A total of 67 up-regulated and 34 down-regulated proteins were identified from Resistance *Verticillium* wilt *G. hirsutium* var. Zhongzhimian KV3, a cultivar showing high resistance of *V. dahliae* and Susceptible cultivar 86-1. These proteins are mainly involved in defense and stress responses, primary and secondary metabolisms, lipid transport and cytoskeleton reorganization. Three novel clues regarding wilt resistance of *G. hirsutium* are gained from this work. First, ethylene signaling was significantly activated in the cotton leaf attacked by *V. dahliae* as shown by the elevated expression of ET biosynthesis and signaling component. Second, the Bet v I family proteins may play an important role in the defense reaction against *Verticillim* wilt. Third, wilt resistance may implicate the redirection of Ribulose bisphosphate carboxylase small chain OS. To our knowledge, this study is the first leaf proteomic analysis on *G. hirsutium* high wilt resistance and provides important insights for establishing strategies for cotton wilt control.

Key words: proteinmics; *Verticillium dahliae*; *Gossypium hirsutium*; defense responses

* First author: JIAN Guiliang; E-mail: jianguiliang@126.com

Stagonosporopsis pogostemonis: A Novel Ascomycete Fungus Causing Leaf Spot and Stem Blight on *Pogostemon cablin* (Lamiaceae) in South China[*]

LUO Mei[1**] HUANG Yinghua[1**] MANAWASINGHE Ishara sandeepani[1]
Dhanushka WANASINGHE[2] LIU Jiawei[1] SHU Yongxin[1***]
ZHAO Minping[1] XIANG Meimei[1] DONG Zhangyong[1***]
(1. *Innovative Institute for Plant Health, Zhongkai University of Agriculture and Engineering, Guangzhou* 510225, *China*;
2. *CAS Key Laboratory for Plant Biodiversity and Biogeography of East Asia, Kunming Institute of Botany, Kunming* 650201, *China*)

Abstract: *Pogostemon cablin*, is one of the well-known southern Chinese medicinal plants with detoxification, anti-bacterial, anti-inflammatory and other pharmacological functions. Identification and characterization of phytopathogens on *P. cablin* are of great significance for the prevention and control of the diseases. From the spring to summer of 2019 and 2020, a leaf spot disease on *Pogostemon cablin* was observed in Guangdong Province, South China. The disease incidence was 15% under high temperature and humidity. *Pogostemon cablin* plants with necrotic leaf spots were collected from the field in Zhanjiang City, Guangdong Province, China (E110°3′, N21°2′) in the spring and summer of 2020. The pathogen was isolated and identified based on both morphological and DNA-based molecular approaches. The molecular identification was conducted using multi-gene sequences analysis of large subunit (LSU), the nuclear ribosomal internal transcribed spacer (ITS), beta-tubulin (*β-tubulin*) and RNA polymerase II (*rpb2*) genes. Two isolates were obtained in this study. The combined sequence data set comprised of these two *Stagonosporopsis* isolates from this study and 76 reference sequences. The causal organism was identified as *Stagonosporopsis pogostemonis*, a novel fungal species. Pathogenicity of *Stagonosporopsis pogostemonis* on *P. cablin* was fulfilled via confining the Koch's postulates, causing leaf spots and stem blight disease. Diseased symptoms were characterized by brown spots from the leaf tips. In some cases, these spots can coalesce and form a big scorch-like spot covering a large portion of the leaves. Moreover, some of them form perforation, wither and dropped off. *Stagonosporopsis pogostemonis* showed the similar symptoms to those in field conditions.

Key words: didymellaceae; phoma-like; pathogenicity; phylogeny

---

* 基金项目：广东省重点领域研发计划（2018B020205003）
** 第一作者：罗梅，博士，高级实验师，研究方向为植物病理学；E-mail：08luomei@163.com
黄影华，硕士研究生，研究方向为植物病理学；E-mail：106548893@qq.com
*** 通信作者：MANAWASINGHE Ishara sandeepani，博士，副教授，研究方向为真菌学；E-mail：ishara.ishara@yahoo.com
董章勇，博士，副教授，研究方向为植物病理学；E-mail：dongzhangyong@hotmail.com

A NIS1-like protein from apple canker pathogen (*Valsa mali*) may escape plant recognition and serves as a virulence factor

NIE Jiajun[1] ZHOU Wenjing[1] LIN Yonghui[1]
LIU Zhaoyang[1] YIN Zhiyuan[1] HUANG Lili*
(1. *State Key Laboratory of Crop Stress Biology for Arid Areas*, *College of Plant Protection*, *Northwest A&F University*, *Yangling* 712100, *China*;
2. *Department of Plant Pathology*, *China Agricultural University*, *Beijing* 100193, *China*)

Abstract: Phytopathogens-produced conserved effectors play important roles in plant-microbe interactions. NIS1-like proteins represent a newly identified family of effectors represented in a wide array of fungal species. However, their biological roles in pathogenic fungi remain largely elusive. In this study, we characterized two NIS1-like proteins VmNIS1 and VmNIS2 from *Valsa mali*, the causal agent of apple *Valsa* canker. We found that VmNIS1 induced intense cell death, whereas VmNIS2 suppressed INF1 elicitin-triggered cell death when transiently expressed in the model plant *Nicotiana benthamiana*. Treatment of *N. benthamiana* with VmNIS1 recombinant protein activated a series of immune responses and greatly enhanced plant resistance against *Phytophthora capsici*. In contrast, VmNIS2 strongly suppressed plant immune responses and promoted the infection of *P. capsici* when transiently expressed in *N. benthamiana*. These observations indicate that VmNIS1 but not VmNIS2 can be recognized by *N. benthamiana*. Sequence alignment revealed that, compared to VmNIS1, VmNIS2 is truncated at C-terminus by 13 amino acids residues (C13). Interestingly, deletion of C13 greatly compromised VmNIS1-triggered cell death, whereas fusion of C13 to the C-terminus of VmNIS2 can induce visible cell death in *N. benthamiana*. This indicates that C13 is essential for plant detection of VmNIS1, and VmNIS2 may evade plant recognition via C-terminal truncation. We further found that knocking out of *VmNIS*1 showed no apparent influence on *V. mali* virulence, however, knocking out of *VmNIS*2 obviously attenuated pathogen virulence, suggesting that VmNIS2 is essential for *V. mali* infection of host. In conclusion, our data suggest that the NIS1-like protein VmNIS2 from the pathogenic *V. mali* may have escaped plant recognition and functions as a virulence factor.

Key words: *Valsa mali*; NIS1-like protein; cell death; immune responses; virulence

* Corresponding author: HUANG Lili; E-mail: huanglili@ nwsuaf. edu. cn

崇明西红花主要病害类型调查研究*

胡　双** 汪星星 孙文静 王莉莉 黎万奎***
(上海中医药大学中药研究所，上海 201203)

摘　要：西红花（*Crocus sativus*）是鸢尾科番红花属的多年生花卉，是世界著名染料香料，也是我国重要的药用植物，极具开发利用价值。西红花原产于伊朗、希腊、印度和西班牙等地，我国20世纪80年代开始引种，现在主产区有浙江、上海和安徽等地，目前在崇明岛有大面积栽培，已发展为上海市为数不多的道地药材。随着西红花的种植面积不断扩大，连作障碍问题不断凸显，尽管有些地方采用了轮作等措施来克服该问题，但每年仍有不少西红花出现球茎腐烂情况，这已成为西红花产业持续健康发展的限制因素。在2020年7月的调查采样中发现，崇明岛西红花病害类型主要分为3种：①红烂病，特征为自球茎基部一侧或全部呈黑腐状，有的病处呈青灰色或黄白色，发病轻者与健康球茎外形无异，不易发觉，剥去外层膜质鳞叶后可现红斑，发病重者整个球茎呈黑色或深白色，有的内部中空或呈松散粉末状，气味似腐烂大蒜；②白烂病，特征为外部膜质鳞叶上着生白色茸毛，内部球茎干瘪皱缩，表面不平整，质地坚硬，有的内部中空，呈灰白色或黑色，质量较健康者明显减小；③黑斑病，特征为球茎底部凹槽内发黑，明显区别于正常者，剥去膜质鳞叶后可见零散分布的黑斑，黑斑周围呈现微褐色，严重者黑斑连成片。其内部随病变程度的加深，褐变越厉害。其对西红花的伤害并非是致命的，仅会造成产量减小。通过病原菌的分离鉴定，并采用柯赫氏法则验证，共确定4种病原菌，分别为尖孢镰刀菌（*Fusarium oxysporum*）—红烂病主要病原菌、茄病镰刀菌（*Fusarium solani*）—白烂病主要病原菌、柠檬硫酸青霉（*Penicillium citreosulfuratum*）—黑斑病主要病原菌和桔青霉（*Penicillium citrinum*）—共有病原菌，其中尖孢镰刀菌是致病力最强和分布最广的病原菌。本结果为进一步研究上海市西红花病害发生流行规律及病害综合防治奠定了理论基础，同时为其他地区的西红花病害防控提供参考。

关键词：西红花；病害类型；病原菌；鉴定

---

* 基金项目：国家自然科学基金（81673541）

** 第一作者：胡双，硕士研究生，研究方向为中药生物技术与资源开发利用；E-mail：3288835037@ qq. com

*** 通信作者：黎万奎，副研究员，研究方向为中药生物技术与资源开发利用；E-mail：bio5210@ 126. com

胶孢炭疽菌 qPCR 定量检测体系的建立及应用*

张梦宇** 王培培 郭庆港 董丽红 李社增 吕晓旭 史翠月 马 平***
(河北省农林科学院植物保护研究所，农业农村部华北北部作物有害生物综合治理重点实验室，河北省农业有害生物综合防治工程技术中心，保定 071000)

摘 要：胶孢炭疽菌（*Colletotrichum gloeosporioides*）是引起草莓炭疽病的病原之一，严重危害草莓的生产。土传病害的发生与土壤中病原菌含量密切相关，为达到提前了解作物种植前土壤中病原菌含量，提前制定综合防治措施，降低经济损失的目的，本研究针对胶孢炭疽菌构建了实时荧光定量 qPCR 检测体系，以胶孢炭疽菌（*C. gloeosporioides*）为研究对象，利用胶孢炭疽菌特异性引物对和 TaqMan 探针，采用 Roche LightCycler © 480 Ⅱ 定量检测系统，用克隆有靶标片段的重组质粒为模板构建了绝对定量标准曲线，其扩增效率为 102.00%（R^2=0.980 2），检测灵敏度为 50 copies 每反应体系，建立了土壤中胶孢炭疽菌的高效率、高特异性、高灵敏度的定量检测体系。应用该检测技术，以草莓为指示作物，通过在土壤中定量添加胶孢炭疽菌孢子开展温室盆栽试验，研究土壤中胶孢炭疽菌含量与草莓炭疽病发生的关系。结果表明，当土壤中孢子浓度大于或等于 10^4 个孢子/g 时，草莓炭疽病发生，且随着土壤中病原菌接种量的增加，病害发生严重，病情指数增加，土壤中孢子达到 10^6 个孢子/g 时，草莓炭疽病发病率 100%。进一步将采集河北省草莓种植区田间土壤样品进行检测，结合病害调查，以期明确土壤中病原菌含量与草莓炭疽病发生之间的关系。

关键词：胶孢炭疽菌；qPCR 定量检测；草莓炭疽病；病原菌检测

---

* 基金项目：国家自然科学基金（31601680）；河北省农林科学院现代农业科技创新工程课题（2019-1-1-7）；财政部和农业农村部国家现代农业产业技术体系（CARS-15-18）

** 第一作者：张梦宇，硕士，研究方向为土壤有害生物分子检测；E-mail：411452809@ qq. com
*** 通信作者：马平，博士，博士生导师，研究员，研究方向为植物病害生物防治；E-mail：pingma88@ 126. com

香蕉枯萎病菌致病水解酶的筛选及初步功能分析*

舒永馨** 董章勇***

（仲恺农业工程学院植物健康创新研究院，广州 510225）

摘 要：香蕉枯萎病是由尖孢镰刀菌古巴专化型（*Fusarium oxysporum* f. sp. *cubense*，Foc）引起的一种严重的维管束病害。Foc 有 4 个生理小种，其中 4 号生理小种（*Fusarium oxysporum* f. sp. *cubense* 4，Foc4）致病范围最广，能侵染几乎所有香蕉品种，严重威胁了香蕉产业的稳定发展。本研究对香蕉枯萎病菌株 *Foc*TR4-14013 进行全基因组重测序，通过 CAZymes 数据库、分泌蛋白、Cysteine 含量、小分子特征序列分析、病原物与寄主相互作用数据库（PHI）和真菌毒力数据库（DFVF）相结合的方法，筛选出致病相关水解酶基因 6 个，分别是 4 个 PL3 基因 g919. t1、g9109. t1、g12213. t1、g13230. t1g，1 个 AA9 基因 g10317. t1 和 1 个 CE5 基因 13116. t1。采用原核表达和酵母生长抑制实验对果胶裂解酶基因 g12213. t1 进行了初步功能分析，成功获得了约为 26. 4 kDa 的纯化蛋白，其对酿酒酵母无明显毒力抑制作用；通过酶活测定及巴西蕉致病性测定，该蛋白的 PL 酶活性为 30 U/mg，其对巴西蕉具有一定的组织降解活性。

关键词：香蕉枯萎病菌 4 号生理小种；重测序；致病水解酶；原核表达；酵母生长抑制

---

* 基金项目：广东省普通高校重点项目（2019KZDXM040）

** 第一作者：舒永馨，硕士研究生，研究方向为植物病理学；E-mail：2787306582@ qq. com

*** 通信作者：董章勇，博士，副教授，研究方向为植物病理学；E-mail：dongzhangyong@ hotmail. com

花生纹枯病菌侵染过程的组织病理学研究*

薛彩云**　李元杰　周如军***　许梦雪　肖　迪
（沈阳农业大学植物保护学院 沈阳　110866）

摘　要：花生纹枯病是辽宁近年来发生的新病害，可造成花生叶片腐烂，严重时全株枯死。湿度大时，病部有白色蛛丝状菌丝，病部有黑灰色菌核产生。该病害多发生在7月中旬至8月，高温高湿有利于病害发生。为了明确花生纹枯病菌对寄主叶片的侵染过程，本研究通过宏观观察和组织化学染色，体视解剖镜观察、光学显微镜观察、扫描电镜和透射电镜观察，从组织病理学方面研究病原菌与寄主互作过程中病斑的产生过程、病原菌侵染结构及侵染方式，探索病菌侵染中寄主组织在宏观和细胞水平上的变化。结果表明，花生纹枯病菌菌丝生长速度和侵染速度均较快。在供试条件下，接种6 h菌丝即可从菌饼上长出，以菌饼为中心呈辐射状生长。接种48 h便可见明显的病斑。该病菌在侵染过程中，能够产生大量的附着胞和侵染垫等侵染结构。附着胞产生于粗短的侧枝末端，多为足形或裂片状。侵染垫为侧枝重复分枝交叉集结形成的团状结构，光学显微镜下观察呈圆形至不规则形，体式解剖镜和扫描电镜下观察呈球形、半球形或不规则球形、半球形。两种侵染结构绝大多数都紧贴叶表。花生纹枯病病斑在生长的菌丝前端与叶片接触部位形成的侵染垫下方形成，说明侵染垫在病菌的致病中起重要的作用。病原菌菌丝可气孔侵入。综合显微观察、细胞化学染色以及超显微技术的研究结果，明确了花生纹枯病菌侵染寄主叶片组织的过程主要包括6个阶段：①菌丝从接种体（菌饼）上长出伸向叶片表面（6 h）；②菌丝接触到叶片后，在叶片表面扩展蔓延，产生大量附着胞（12 h）；③产生大量白色至浅黄褐色侵染垫（24 h），侵染垫下方出现浅黄色粘液物质，并且叶表面出现少量细胞膜系统损伤或死亡；④侵染垫颜色加深变为浅褐色，下部菌丝出现融合、皱缩，且下方的叶片组织细胞大量死亡，此时菌丝侵入叶片内部，在细胞内和细胞间生长扩展，细胞从此开始发生变形，质壁分离，叶绿体解体，淀粉粒消失，脂肪滴增多，线粒体消失等一系列变化（36 h）；⑤侵染垫皱缩加重，颜色加深，下部的组织出现明显病斑，组织开始腐烂浸解，病斑部位细胞大量死亡（48 h）；⑥侵染垫颜色不断加深，侵染垫发生严重皱缩，侵染垫下病斑扩展合并，病斑扩大，病斑部位细胞大量死亡［60 h或（和）60 h之后］。本研究首次对花生纹枯病的侵染过程进行系统研究，以期为病原菌致病机制的进一步研究奠定基础，并为生产中制定病害防控策略提供理论依据。

关键词：花生纹枯病；*Rhizocotonia solani*；侵染过程；组织病理学

---

* 基金项目：辽宁省自然基金（2019JH/10300324）

** 第一作者：薛彩云，博士，高级实验师，研究方向为植物真菌病害；E-mail：syauxue@ syau. edu. cn
*** 通信作者：周如军，博士，教授，研究方向为植物真菌病害和植物病害流行学；E-mail：zrj5823@ 163. com

Identification of the pathogen causing celery root rot from Dingxi, Gansu province*

ZHANG Min LI Huixia** LUO Ning SHI Mingming LI Wenhao HAN Bian

(College of Plant Protection of Gansu Agricultural University/Biocontrol Engineering Laboratory of Crop Disease and Pets of Gansu Province, Lanzhou 730070, China)

Abstract: Celery (*Apium graveolens*) is an important vegetable in Dingxi city, Gansu province, which has high medicinal and nutritional value. The celery are planted more than 15 000 hm^2 in Dingxi city. Root rot disease is the most serious soil-borne disease with the incidence rate of 10%~30%, which leads to the loss of production by 20%~30%; some are as high as 90% which can reduce production by even 80% to 90% in serious plots. Pathogens of root rot disease were isolated, cultivated, purified by single spore isolation with media of potato dextrose agar (PDA) and water agar (WA), respectively. The color of pigment substrate of cultures and morphologies of macroconidia, microconidia, chlamydospores and conidiophores were observed. Identification based on sequence analysis of the ITS-rDNA and the translation elongation factor 1α genes (TEF-1α) were carried out. The results were as following: morphologically, the representative strain G13 had fluffy aerial hyphae, the middle of colonies with lavender color, substrate without color. Macroconidium were crescent-shaped, slightly bent and gradually tapering to terminus. Microconidium were large number, oval - shaped and simple phialide. Chlamydospores were spherical shape, 6~8 μm in diameter, simple phialide. Strain J2 had fluffy aerial hyphae, white to earthy yellow in color at culture, with yellow substrate surface and without changing in color. No microconidium and macroconidium were observed on the PDA. Chlamydospores were spherical and chain-shaped, with a diameter of 6~9 μm. ITS-rDNA trees revealed that G13 was clustered with *Fusarium oxysporum* sequences and J2 was clustered with *F. equisetum* with high supported clade. The result of TEF-1α phylogenetic trees obtained the same result as that of ITS-rDNA. In this study, we initially determined that the pathogens of celery root rot disease were *F. oxysporum* and *F. equisetum* using morphology and molecular characteristics. The results could provide theoretical basis in celery root rot disease.

Key words: celery root rot disease; morphological characteristics; molecular characteristics; phylogenetic trees

---

* 基金项目：国家重点研发计划子课题（2018YFD0201205）

** 通信作者：LI Huixia；E-mail：lihx@ gsau. edu. cn

苦荞VQ基因家族的全基因组鉴定及其在叶斑病原与激素处理下的表达谱分析

郑逢盛[1] 王海华[1,2] 邬清韬[1] 申 权[1,2] 田建红[1] 彭喜旭[1,3] 唐新科[1,3]
(1. 湖南科技大学生命科学学院，湘潭 411201；
2. 经济作物遗传改良与综合利用湖南省重点实验室，湘潭 411201；
3. 重金属污染生态土壤修复与安全利用湖南省高校重点实验室，湘潭 411201)

摘 要： VQ基因家族在植物生长、发育以及对生物或非生物胁迫反应中发挥重要功能。本文基于VQ保守结构域的隐马尔可夫文件（PF05678），采用HMMER 3.0对苦荞平苦一号基因组数据库进行比对搜索，鉴定VQ基因；通过DNAMAN、MapInspect、MEGA、MEME、OrthoFinder、PLACE等生物信息学工具分析基因结构、染色体分布、启动子顺式元件、蛋白质理化性质、蛋白质保守基序、蛋白质亚细胞定位和蛋白质系统进化关系；采用实时荧光定量PCR（qPCR），分析苦荞叶VQ基因在病原侵染或水杨酸（SA）、茉莉酸（JA）、乙烯（ET）处理下的表达模式。结果表明，苦荞基因组中有28个VQ基因，大小为566~1 454 bp，均无内含子，不均一地分布在8条染色体上。根据它们在染色体上的物理位置，命名为FtVQ1-FtVQ28。亚细胞定位预测表明，21个FtVQ蛋白定位在细胞核中，其余定位在叶绿体或细胞质中。根据蛋白质氨基酸序列与保守结构基序，FtVQ蛋白归类于5个亚家族，亚家族内基因结构和蛋白质基序相对保守。基因重复分析表明，苦荞基因组中有8对VQ旁系同源基因，均为大片段重复基因，提示大片段基因重复在FtVQ基因家族数量扩张中发挥主要作用；它们的非同义突变和同义突变的比值（Ka/Ks）均小于1，表明重复基因在进化中经历了纯化选择。启动子顺式元件预测表明，所有FtVQ基因启动子含有BIHD1OS、CGTCA、ERELEA4、W-box和类W-box等病原或SA、JA、ET反应元件，尤其在FtVQ10、14、15、22、23、27的启动子区域密集程度更高。qPCR分析显示，在可检测的20个FtVQ基因中，有55%~70%的基因为病原或激素处理下的差异表达基因（DEGs），其中72.7%~85.7%的DEGs的表达显著上调。上述发现表明，部分VQ基因可能通过SA、JA/ET信号途径参与了苦荞对叶斑病原的抗性反应。

关键词： 苦荞（*Fagopyrum tataricum*）；VQ基因家族；互格链格孢叶斑病；黑孢霉叶斑病；防御相关激素；表达谱

苦荞叶斑病原诱导的*FtWRKY39*基因的克隆、表达与生化特性分析

邬清韬[1]　王海华[1,2]　申　权[1,3]　田建红[1]　唐新科[1,2]

（1. 湖南科技大学生命科学学院，湘潭　411201；
2. 经济作物遗传改良与综合利用湖南省重点实验室，湘潭　411201；
3. 重金属污染生态土壤修复与安全利用湖南省高校重点实验室，湘潭　411201）

摘　要： WRKY 转录因子在植物抗病防御过程中发挥重要的调节功能。苦荞（*Fagopyrum tataricum*）叶斑病由互格链格孢（*Alternaria alternata*）、黑孢霉（*Nigrospora osmanthi*）引起。采用逆转录 PCR 方法，从接种 *A. alternata* 的苦荞叶 RNA 样品中克隆获得 *FtWRKY*39 基因的 cDNA 序列。*FtWRKY*39 cDNA 长 1 037 bp，含有 1 个 1 029 bp 的完整开放读码框，编码 342 个氨基酸。FtWRKY39 具有 1 个典型的 WRKY 保守结构域，锌指类型为 CCHC，归类于 WRKY 第Ⅲ组。FtWRKY39 与苦荞 WRKY12、藜麦（*Chenopodium quinoa*）WRKY41 和甜菜（*Beta vulgaris*）WRKY41 在氨基酸水平上的同源性较高，序列同一性分别为 50.9%、44.6%、43.7%。原生质体瞬时表达分析表明，绝大部分的 FtWRKY39 定位细胞核中，少量分布于细胞质内，与亚细胞定位预测结果一致。FtWRKY39 的 C 端为酸性结构区，富含丝氨酸、苏氨酸磷酸化位点，说明它具有转录激活活性，酵母单杂交实验证实了这种推测。实时荧光定量 PCR 分析表明，FtWRKY39 在根中的表达丰度最高，其次是果、花和叶，在茎中表达水平最低；*FtWRKY*39 受 *A. alternata* 和 *N. osmanthi* 以及 3 种重要的抗病相关激素——水杨酸（salicylic acid，SA）、茉莉酸（jasmonic acid，JA）和乙烯（ethylene，ET）显著诱导。上述结果表明，FtWRKY39 具有作为转录因子的基本结构与生化特征，可能通过 SA、JA/ET 信号通路介导对苦荞叶斑病的抗性反应。

关键词： 苦荞（*Fagopyrum tataricum*）；叶斑病原；WRKY 基因；生物信息学分析；基因表达模式；亚细胞定位；转录激活活性

茄链格孢 *AsSlt2* 基因对无性产孢相关基因 *AswetA* 的调控*

东 曼** 赵冬梅 郑立佳 王金辉 范莎莎 杨志辉 朱杰华***
（河北农业大学植物保护学院，保定 071000）

摘 要：本实验室在前期研究中筛选得到了不产生分生孢子的茄链格孢 *AsSlt2* 基因敲除突变株（Δ*AsSlt2*），目前 *AsSlt2* 调控茄链格孢产孢的机制还不清楚。本研究通过茄链格孢野生型与突变体 Δ*AsSlt2* 不同产孢时间点样品的转录组测序分析，发现在产孢阶段 Δ*AsSlt2* 突变体中 *AswetA* 基因的表达水平显著低于野生型菌株 HWC-168，利用 qRT-PCR 技术验证了 *AsSlt2* 基因突变对 *AswetA* 基因表达的影响，结果表明 *AsSlt2* 基因正调控 *AswetA* 基因的表达。进一步通过融合 PCR 构建过表达质粒 KN-*AswetA*，利用 PEG 介导的原生质体转化法构建了 *AswetA* 基因的过表达菌株 HWC-168/*AswetA-OE*、Δ*AswetA*/*AswetA-OE*、Δ*AsSlt2*/*AswetA-OE*；对过表达菌株的表型和产孢量进行分析，发现在 Δ*AsSlt2* 突变体中过表达 *AswetA* 基因后，突变体菌落颜色加深，生长速率加快，产孢量恢复到了野生型菌株的 56.29%。结果表明，*AswetA* 基因的超表达使突变体 Δ*AsSlt2* 的表型和产孢量得到了不同程度的恢复，进一步说明 *AsSlt2* 基因与 *AswetA* 的表达水平密切相关，*AsSlt2* 基因通过正调控 *AswetA* 基因的表达来调控茄链格孢的生长发育和分生孢子的产生。

关键词：茄链格孢；产孢基因；过表达菌株；*AsSlt2*；*AswetA*

---

* 基金项目：河北省教育厅青年基金（QN2019156）；财政部和农业农村部国家现代农业产业技术体系
** 第一作者：东曼，硕士研究生，研究方向为植物病理学；E-mail：297975200@ qq. com
*** 通信作者：朱杰华，教授，研究方向为马铃薯病害与分子植物病理学；E-mail：zhujiehua356@ 126. com

茶树响应茶白星病菌侵染比较转录组分析*

周凌云** 杨文波 刘红艳 向 芬 李 维 银 霞 曾泽萱

(湖南省农业科学院茶叶研究所，长沙 410125)

摘 要：以 232 份茶树种质资源枝条为试材，连续 2 年比较其对茶白星病的抗感性，进一步分析不同发病程度茶样的内含成分，并基于 Illumina 测序平台的转录组学技术对茶白星病菌入侵的茶树叶片进行基因表达检测。结果表明：不同类型的茶树种质资源之间茶白星病发病程度表现出较大的差异性和多样性，其中乌牛早、福大、八斗 73-01、歌乐、水仙 72-04 与薮北抗病性相对最强，而云大 72-04 与福大 61 号抗病性相对最弱；种质资源抗病程度与其黄酮类含量呈正相关；编码黄烷酮-3-羟化酶（flavanone 3 hydroxylase，F3H）基因的表达量随着病菌入侵而显著升高，推测 F3H 作为抗病性重要组分参与茶树对茶白星病的抵御反应。

关键词：茶树；茶白星病；侵染；黄烷酮-3-羟化酶

---

* 基金项目：国家自然科学基金（32072625）；湖南省重点研发项目（2018NK2033）

** 第一作者：周凌云，博士，研究方向为茶树病理学；E-mail：zhoulingyun0808@126.com

草莓炭疽病菌对氯氟醚菌唑的抗性突变体筛选*

刘子怡**　李福鑫　常又川　毕　扬***
（北京农学院生物与资源环境学院，农业农村部华北都市农业重点实验室，北京　102206）

摘　要：草莓炭疽病在全世界草莓产区普遍发生，是草莓的重要苗期病害之一。目前莓炭疽病主要由胶孢炭疽菌复合种（*C. gloeosporioides* complex species）和尖孢炭疽菌（*C.nymphaeae*）引起，其防治方法多以化学防治为主，但是由于人们对杀菌剂使用不规范等原因致使病原菌对一些杀菌剂产生了不同程度的抗药性，加上相关杀菌剂的品种单一，因此开发利用新的防治药剂迫在眉睫。氯氟醚菌唑（Mefentrifluconazole）是由巴斯夫公司近年研发出的第一个新型异丙醇三唑类杀菌剂，已有研究表明氯氟醚菌唑可以抑制 C_{14}-脱甲基酶的活性，但迄今，国际上有关三唑类衍生物杀菌剂的抗药性风险评估均未见报道，这给该类新药剂的田间使用带来了风险和挑战。

本研究从浙江、湖南、北京 3 个省市的草莓炭疽病叶上采集分离获得共 128 株菌株，经鉴定为 *C. fructicola*、*C. boninense*、*C. truncatum*。从 3 种引起草莓炭疽病的菌株中选取具有代表性的 92 株，通过紫外诱变和药剂驯化的方法筛选抗性突变体，获得草莓炭疽病菌对氯氟醚菌唑的抗性突变体共 7 株。突变体抗性频率为 2.3×10^{-4}，抗性倍数为 5.67~22.00，其突变体生存适合度、抗感菌株竞争力以及交互抗药性测定仍需进一步研究。

关键词：草莓炭疽病菌；氯氟醚菌唑；抗性风险

---

* 基金项目：北京市教委科研计划项目（KM201610020007）；国家自然科学基金（31501671）
** 第一作者：刘子怡，硕士研究生；E-mail：734725724@ qq. com
*** 通信作者：毕扬，副教授，研究方向为植物病害化学防治与病原菌抗药性；E-mail：biyang0620@ 126. com

A novel effector CsSp1 from *Bipolaris sorokiniana* was essential for colonization in wheat and also an elicitor activating host immunity through salicylic signaling pathway

ZHANG Wanying[1 *] LI Haiyang[1] WANG Limin[1] XIE Shunpei[1]
ZHANG Yuan[1] KANG Ruijiao[2] ZHANG Mengjuan[1] ZHANG Panpan[3]
LI Yonghui[1] HU Yanfeng[1] WANG Min[1] CHEN Linlin[1]
YUAN Hongxia[1] DING Shengli[1 **] LI Honglian[1 **]

(1. *Henan Agricultural University/Collaborative Innovation Center of Henan Grain Crops/National Key Laboratory of Wheat and Maize Crop Science*, *Zhengzhou* 450002, *China*;
2. *Xuchang Vocational Technical College*, *Xuchang* 461000, *China*;
3. *Xuchang Agriculture and Rural Affairs Bureau*, *Xuchang* 461500, *China*)

Abstract: The hemibiotrophic pathogen *Bipolaris sorokiniana* cause root rot, leaf blotch, and black embryo on wheat and barley globally, resulting in significant yield or quality reduction. The mechanism of the host-pathogen interaction between *B. sorokiniana* and wheat or barley remains obscure. The *B. sorokiniana* genome encodes a large number of uncharacterized putative effector proteins. In this study, we found a putative secreted protein CsSp1 with a classical N termina signal peptide, which is induced during early infection. The split-marker approach was used to knock out the *CsSP*1 in the Lankao9-3 strain. The deletion mutant *ΔCssp*1 displayed lower radial growth rate on PDA plate and produced less spores, and the complemented transformants totally restored the phenotypes of deletion mutant to that of the wild type. The pathogenicity of the deletion mutant on wheat was attenuated even though appressoria penetrated the host. As well, the infectious hyphae became swollen and exhibited reduced growth within the onion epidermal cell. Signal peptide of CsSp1 were verified through the yeast YTK12 secretion system. Transient expression of CsSp1 in *Nicotiana benthamiana* inhibited lesion formation caused by *Phytophthora capsica*, which located in plant nucleus. In *B. sorokiniana* infected wheat leaves, the salicylic acid regulated genes, *TaPAL*, *TaPR*1 and *TaPR*2, were down regulated in *ΔCssp*1. In conclusion, the CsSp1 was a virulence effector and acted as a novel elicitor to trigger host immunity through SA signaling pathway.

Key words: *Bipolaris sorokiniana*; effector; elicitor; wheat root rot; CsSp1; plant immune; SA

* First author: ZHANG Wanying; 913337177@ qq. com
** Corresponding author: DING Shengli; E-mail: shengliding@ henau. edu. cn
LI Honglian; E-mail: honglianli@ sina. com

外源离子和有机物对杧果炭疽病菌胞外漆酶酶活的影响*

董玲玲[1**] 谭 晴[1] 肖春丽[1] 张梦婷[1] 张 贺[2] 蒲金基[2] 刘晓妹[1***]

(1. 海南大学植物保护学院，热带农林生物灾害绿色防控教育部重点实验室，海口 570228；
2. 中国热带农业科学院环境与植物保护研究所，
农业部热带作物有害生物综合治理重点实验室，海口 571101)

摘 要：真菌漆酶的酶活受不同外界条件和因素的影响，如培养基中的碳氮源、离子和芳香族化合物等。不同外源物或同一外源物不同浓度对不同真菌漆酶酶活的影响不同。1.25~2.5 mmol/L Mn^{2+}对白灵侧耳（*Pleurotus tuliensis*）漆酶有激活作用，5~10 mmo1/L Mn^{2+}却表现抑制作用。1 mmol/L Cu^{2+}诱导下黄曲霉（*Aspergillus flavus*）漆酶活力提高10倍，但当Cu^{2+}浓度增加到5 mmol/L，漆酶活力降低了2.5倍，当Cu^{2+}浓度增加到10 mmol/L时，漆酶活力与无Cu^{2+}情况相差无几。Zn^{2+}和Al^{3+}等对平菇（*Pleurotus ostreatus*）漆酶酶活也有促进作用。将阿魏蘑（*Pleurotus eryngii* var. *ferulae*）漆酶基因 *lacc*2 和 *lacc*6 在毕赤酵母中异源表达后，发现低浓度的K^+、Cu^{2+}、Co^{2+}和Mn^{2+}均会促进2个同工酶酶活；但当浓度增大至5 mmol/L时酶活受到抑制；1.0 mmol/L的Fe^{2+}能使LACC2和LACC6完全失活。同样，阴离子Cl^-对栓菌属（*Trametes*）漆酶酶活抑制作用不明显，CO_3^{2-}的抑制作用显著，NO_3^-和SO_4^{2-}有一定的激活作用，但激活程度不大。此外，有机物鞣酸、丁香酸、肉桂酸和愈创木酚均能够诱导 *Trametes velutina* 5930漆酶的表达；乙二胺四乙酸（EDTA）、二硫苏糖醇（DTT）、苯甲基磺酰氟（PMSF）和L-半胱氨酸对在毕赤酵母中异源表达后的阿魏蘑（*Pleurotuseryngii* var. *ferulae*）漆酶基因 *lacc*2 和 *lacc*6 的酶活力均有抑制作用，其中0.5 mmol/L的二硫苏糖醇（DTT）和L-半胱氨酸可完全抑制。在平菇液态发酵油菜秸秆培养体系中，低浓度的草酸钠和甘醇酸钠对平菇漆酶有显著的促进作用。

漆酶是杧果胶孢炭疽菌（*Colletotrichum gloeosporioides* Penz. & Sacc.）侵染器官附着胞黑化穿透寄主必需的一种酶，探究影响漆酶酶活的外源物离子和有机物，或许能为开发新的替代药剂或助剂提供参考。本实验以杧果炭疽病菌为研究对象，用漆酶测试盒分别测定12 d内胞外酶活的变化曲线和10种阳离子、8种阴离子、9种有机物在1 mmol/L、5 mmol/L和10 mmol/L浓度下对漆酶酶活的影响，结果表明，第10 d为胞外漆酶酶活高峰期。具有明显抑制作用的有：阳离子有Fe^{2+}、Fe^{3+}、NH_4^+、Na^+、K^+，阴离子有SO_3^{2-}、CO_3^{2-}、HCO_3^-、SO_4^{2-}、NO_3^-、$H_2PO_4^-$、HPO_4^{2-}，有机物有半胱氨酸、白藜芦醇、对甲氧基苯胺、对羟基苯甲酸、二甲基亚砜、肉桂酸、香草酸，其中Fe^{2+}、Fe^{3+}、SO_3^{2-}、半胱氨酸的抑制作用尤为明显，抑制率达到90%以上；不同浓度下同一离子或有机物对胞外漆酶酶活影响存在差异，如1 mmol/L的Mn^{2+}、Ca^{2+}、Cu^{2+}具有促进作用，而在5 mmol/L和10 mmol/L浓度下具有抑制作用；1 mmol/L和5 mmol/L 4-羟基-3-甲氧基肉桂酸甲酯、焦性没食子酸具有抑制作用，但在10 mmol/L浓度下无明显作用。

关键词：杧果炭疽病菌；漆酶；离子；有机物

---

* 基金项目：国家自然科学基金（31860479）
** 作者简介：董玲玲，硕士研究生，研究方向为植物病理学
*** 通信作者：刘晓妹

Diversity of Endophytic *Diaporthe* associated with *Citrus grandis* cv "Tomentosa" in China*

DONG Zhangyong[1**] MANAWASINGHE Ishara Sandeepani[1,2] HUANG Yinghua[1]
SHU Yongxin[1] PHILLIPS Alan John Lander[3] DISSANAYAKE Asha Janadaree[4]
HYDE Kevin David[1,2] XIANG Meimei[1] LUO Mei[1***]

(1. *Innovative Institute for Plant Health*, *Zhongkai University of Agriculture and Engineering*, *Guangzhou* 510225, *China*; 2. *Center of Excellence in Fungal Research*, *Mae Fah Luang University*, *Mueang Chiang Rai* 57100, *Thailand*; 3. *Faculdade de Ciências*, *Biosystems and Integrative Sciences Institute* (*BioISI*), *Universidade de Lisboa*, *Lisbon* 1649-004, *Portugal*; 4. *School of Life Sciences and Technology*, *University of Electronic Science and Technology of China*, *Chengdu* 611731, *China*)

Abstract: *Diaporthe* species are associated with *Citrus* as endophytes, pathogens, and saprobes worldwide. However, little is known about *Diaporthe* as endophytes in *Citrus grandis* in China. In this study, 24 endophytic *Diaporthe* isolates were obtained from cultivated *C. grandis* cv. "Tomentosa" in Huazhou, Guangdong Province in 2019. The nuclear ribosomal internal transcribed spacer (ITS), partial sequences of translation elongation factor 1-a (*tef*1), b-tubulin (*tub*2), and partial calmodulin (*cal*) gene regions were sequenced and employed to construct phylogenetic trees. Based on morphology and combined multigene phylogeny, eleven *Diaporthe* species were identified including two new species, *Diaporthe endocitricola* and *D. guangdongensis*. These are the first report of *D. apiculata*, *D. aquatica*, *D. arecae*, *D. biconispora*, *D. limonicola*, *D. masirevicii*, *D. passifloricola*, *D. perseae*, and *D. sennae* on *C. grandis*. This study provides the first intensive study of endophytic *Diaporthe* species on *C. grandis* cv. tomentosa in China. These results will improve the current knowledge of *Diaporthe* species associated with *C. grandis*. The results obtained in this study will also help to understand the potential pathogens and biocontrol agents and to develop a platform in disease management.

Key words: new host records; new species; *Diaporthales*; phylogeny; taxonomy

---

* 基金项目：广东省重点领域研发计划（2018B020205003）

** 第一作者：董章勇，博士，副教授，研究方向为植物病理学；E-mail：dongzhangyong@ hotmail. com

*** 通信作者：罗梅，博士，高级实验师，研究方向为植物病理学；E-mail：08luomei@ 163. com

稻瘟病菌海藻糖-6-磷酸合成酶与底物的计算丙氨酸扫描研究*

蒋志洋** 李婧怡 师东梅 段红霞*** 黄家兴
（中国农业大学理学院应用化学系农药创新中心，北京 100193）

摘 要：稻瘟病是由稻瘟病菌（*Maganaporthe oryzae*）侵染引起的水稻毁灭性病害。海藻糖-6-磷酸合成酶不仅是稻瘟病菌体内海藻糖合成通路的重要功能酶，还是调控稻瘟病菌侵染和致病的关键蛋白，并且该酶不存在于脊椎动物体内，因此稻瘟菌海藻糖-6-磷酸合成酶（*Mo*TPS1）可作为绿色杀菌剂开发的候选靶标。本研究通过分子动力学、MM-GBSA 和 MM-PBSA 方法分析了 *Mo*TPS1 与其底物——尿苷二磷酸葡萄糖（UDPG）和 6-磷酸葡萄糖（G6P）的分子互作模式，能量分解的结果显示：*Mo*TPS1 催化中心的 Gly42、Leu44、Asp153、His181、Arg289、Lys294、Val366、Asn391 和 Glu396 等关键氨基酸残基对 *Mo*TPS1 和两底物的结合贡献较大，可与二者产生氢键和离子键等非键相互作用。另外，本研究通过单轨迹计算丙氨酸扫描（CAS）方法进一步筛选发现了 *Mo*TPS1 催化中心的关键氨基酸残基：包括在 UDPG 结合位点附近的氨基酸残基 Lys294（$\Delta\Delta G$ = 4.38 kcal/mol）、Arg289（$\Delta\Delta G$ = 4.05 kcal/mol）和 Asn391（$\Delta\Delta G$ = 3.87 kcal/mol）等，以及位于 G6P 结合位点附近的氨基酸残基 Arg289（$\Delta\Delta G$ = 3.30 kcal/mol）和 Leu44（$\Delta\Delta G$ = 2.68 kcal/mol）等。此前已有实验证实 *Mo*TPS1 中 Arg289 和 Lys294 突变为丙氨酸的确可导致 *Mo*TPS1 催化底物转化的活性下降达 80%，由此可见，通过分子模拟筛选发现的关键氨基酸残基与实验结果相吻合。本研究将为基于 *Mo*TPS1 结构进行高效和反抗性新型抑制剂的合理设计和发现提供理论指导。

关键词：稻瘟病菌；海藻糖-6-磷酸合成酶；分子动力学模拟；计算丙氨酸扫描；抑制剂

* 基金项目：国家重点研发计划项目（2017YFD0200504）
** 第一作者：蒋志洋，硕士研究生，研究方向为新农药分子设计与创制；E-mail：joel_jiangzhiyang@hotmail.com
*** 通信作者：段红霞，副教授，研究方向为新农药分子设计与创制；E-mail：hxduan@cau.edu.cn

甜菜主产区生产用种种子携带病菌的分离与鉴定

蔡铭铭* 苗 朔 罗来鑫 李健强**
（中国农业大学植物病理学系，种子病害检测与防控北京市重点实验室，北京 100193）

摘 要：甜菜属于二年生草本植物，是许多国家制糖的主要原料之一，也是我国第二大制糖原料作物和制糖工业的重要支撑来源。目前我国甜菜常年栽培面积固定在300万亩左右，种植区域以新疆、内蒙古、黑龙江为主。

在甜菜的生产系统中，因真菌、细菌以及病毒等引起的各类病害危害甜菜的叶片、根茎，严重制约着甜菜产量和含糖量等品质的提高。这其中各类种传、土传病害尤为严重，主要包括由甜菜尾孢菌（*Cercospora beticola*）所引起的甜菜褐斑病、由链格孢菌（*Alternaria* spp.）所引起的甜菜叶斑病以及由假单胞杆菌（*Pseudomonas syringae*）引起的甜菜细菌性斑枯病等。明确甜菜种子上所携带的种传病害类型能为甜菜种子杀菌药剂的筛选、病害的防治以及甜菜产量的提升提供理论基础。

本研究对2020年来自新疆以及黑龙江的14批甜菜种子进行了种子携带病原菌的检测。通过形态学（菌落形态、孢子形态）观察及多基因位点序列（包括ITS、EF、HIS和CAL）分析相结合的方法鉴定，结果共检测出58株真菌分离物以及196株细菌分离物。对甜菜种子所携带的优势菌群进行分析，其种子携带的优势真菌为链格孢菌（*Alternaria*），占分离物总数的27.60%；优势细菌除芽孢杆菌（*Bacillus*）外为假单胞杆菌（*Pseudomonas*），占分离物总数的7.65%；并依据柯赫氏法则进行验证，甜菜上的致病真菌有细极链格孢（*Alternaria tenuissima*）、互隔链格孢（*Alternaria alternata*）、平头刺盘孢（*Colletotrichum truncatum*）和变红镰刀菌（*Fusarium incarnatum*）。研究结果表明，各批次甜菜种子携带的病菌种类具有多样性且均携带有甜菜致病菌。本研究深入分析我国甜菜主产区生产所用甜菜种子的带菌情况，为后续筛选杀菌剂、有效控制种传病害及减轻甜菜损失提供理论指导。

关键词：甜菜；种子带菌检测；病原菌分离；鉴定

* 第一作者：蔡铭铭，硕士研究生，研究方向为甜菜病害；E-mail：17720815932@163.com
** 通信作者：李健强，教授，研究方向为种子病理学；E-mail：lijq231@cau.edu.cn

阴山沿麓地区马铃薯枯萎病菌的分离鉴定及生物学特性的研究

贾瑞芳[1,2] 徐利敏[2] 康立茹[1] 赵远征[2] 赵 君[1]
(1. 内蒙古农业大学园艺与植物保护学院，呼和浩特 010018；
2. 内蒙古农牧业科学院植物保护研究所，呼和浩特 010031)

摘 要：为明确阴山沿麓地区马铃薯枯萎病的病原菌种类、生态分布和不同种病原菌的生物学特性，调查来自阴山沿麓不同地区2017—2019年田间疑似马铃薯枯萎病株，经过柯赫氏法则鉴定，将分离获得的139株分离物鉴定为镰刀属下的10个不同的种，其中以每个种随机选取的菌株为研究对象，对其生物学特性进行了比较研究。结果表明：轮枝镰刀菌HD-4的生长速度最快，而茄病镰刀菌XH-1生长速度最慢；产孢量以尖孢镰刀菌LNC-6最多，而锐顶镰刀菌BYS-2的产孢量最少。在不同的培养温度下，供试菌株均能在5 ℃低温条件下生长，但是生长速度缓慢，除了锐顶镰刀菌BYS-2最适生长温度仅为25 ℃，其余菌株的最适生长温度均为25～30 ℃。所有供试的菌株在pH 4～11的培养条件下均可生长。采用灌根接种法对不同种的镰刀菌的致病力测定结果显示，在接种15d后，尖孢镰刀菌LNC-6的病情指数为60.19，与其他镰刀菌属具有显著性差异；其次为接骨木镰刀菌LNC-5、芳香镰刀菌DY-2-2和三线镰刀菌DDP-6，病情指数分别为54.43、53.33和50.81；其他镰刀菌种病情指数为20～40。

关键词：马铃薯枯萎病；镰刀菌；生物学特性；致病力

小麦条锈菌胱氨酸转运蛋白 PsCYNT 的鉴定和初步功能分析

段婉露　张　弘　赵　晶　康振生
（西北农林科技大学植物保护学院，旱区作物逆境生物学国家重点实验室，杨凌　712100）

摘　要：小麦条锈菌（*Puccinia striiformis* f. sp. *tritici*）是一种活体营养型寄生真菌，由其侵染引起的条锈病是小麦较为严重的流行病害之一，严重威胁着小麦的生产。条锈菌与小麦互作过程中营养吸收的分子机理仍不清楚。本研究通过转录特征分析，鉴定到一个在侵染小麦前期上调表达的条锈菌氨基酸转运蛋白基因，并对该基因及其编码蛋白的功能进行了分析。酵母突变体互补功能分析发现该基因能特异的转运胱氨酸，而不能转运半胱氨酸，因此将该基因命名为条锈菌胱氨酸转运蛋白基因 *PsCYNT*（cystine transporter of *Puccinia striiformis*）。进一步研究发现 PsCYNT 定位于细胞膜上，且小麦接种后叶片中胱氨酸含量明显增加。通过寄主诱导的基因沉默技术对 *PsCYNT* 基因进行了功能分析，发现条锈菌在基因沉默植株上的生长受到阻碍，侵染面积和产孢量均减少。与对照相比，基因沉默植株接种后胱氨酸含量的增长也受到抑制。这些结果表明胱氨酸的转运在条锈菌侵染小麦过程中发挥重要作用。综上所述，条锈菌可能通过调控胱氨酸转运基因的表达，从而帮助病菌从寄主细胞中获取胱氨酸，促进条锈菌的侵染。该研究对于揭示条锈菌侵染寄主过程中营养吸收的分子机理具有重要意义，也为条锈病的可持续控制奠定了基础。

关键词：小麦条锈菌；胱氨酸转运蛋白；小麦与条锈病的互作；寄主诱导的基因沉默

银条根茎红斑病病原鉴定及防治药剂的室内毒力测定*

王树和** 赵 恒 谷玉锌 李 磊 贾松松 李鑫鑫
（河南科技大学园艺与保护学院，洛阳 471023）

摘 要：银条（*Stachys floridana* Schuttl. ex Benth）是唇形科水苏属多年生草本植物，具有较高的药用和食用价值。国内银条种植主要集中在河南省偃师地区，占全国栽培总量的95%以上。近年来，受种植品种单一、连作和不合理施肥等诸多因素的影响，根茎红斑病成为银条的主要病害，尤其在银条连作重茬地，呈逐年加重发生的趋势，给银条种植户造成了极大损失，成为制约河南偃师银条产业发展的重要障碍因子。本研究采用组织分离法对来源于河南偃师银条种植区的银条病株进行病原菌的分离纯化，获得纯培养物，通过形态特征及 rDNA-ITS 序列分析确定其分类地位，并开展致病性测定和杀菌剂室内毒力测定等，以期探明河南省偃师地区发生的银条根茎红斑病病原种类并筛选有效的防治药剂。研究结果表明，引起银条根茎红斑病的病原菌为黄瓜织球壳菌（*Plectosphaerella cucumerina*），发病银条地下茎形成红褐色病斑，严重发生时引起植物萎蔫。该病菌在 PDA 培养基上菌落均呈白色或米色，边缘整齐，表面潮湿，菌丝生长速率为 4.3 mm/d；病菌孢子梗通常为单生直立瓶颈，顶部尖细，分生孢子无色透明，椭圆形或圆形，大小为（3.9~8.7）μm×（2.1~4.1）μm。室内毒力测定结果显示，苯醚甲环唑、吡唑醚菌酯和咯菌腈对 *P. cucumerina* 都有较好的抑制作用，EC_{50}分别为 0.147 μg/mL、0.177 μg/mL 和 0.290 μg/mL；多菌灵对 *P. cucumerina* 的抑制作用相对较差，EC_{50}为 69.516 μg/mL。

关键词：银条；黄瓜织球壳菌；毒力测定；苯醚甲环唑；吡唑醚菌酯；咯菌腈

---

* 基金项目：河南省高等学校重点科研项目（21A210003）；河南科技大学博士启动基金（13480059）

** 通信作者：王树和，博士，研究方向为植物病害流行和真菌学；E-mail：wangshuhe@haust.edu.cn

低纬高原甘蔗梢腐病病原菌检测及遗传多样性分析*

仓晓燕** 王晓燕 李文凤 李 婕 李银煳 单红丽 张荣跃 黄应昆***

（云南省农业科学院甘蔗研究所，云南省甘蔗遗传改良重点实验室，开远 661699）

摘 要：国内外现已报道的甘蔗梢腐病病原菌有7种，不同国家和蔗区的病原种群及优势种存在差异，为确定低纬高原甘蔗梢腐病病原菌种类，为甘蔗梢腐病的科学防控提供依据。2020年从云南广西蔗区共14个主推甘蔗品种上采集甘蔗梢腐病样品，用设计的甘蔗梢腐病特异性检测引物进行PCR检测。结果表明，广西蔗区桂糖55号感病较重，感 *Fusarium verticillioides* 和 *Fusarium proliferatum*，病株率为100%。桂糖42号感 *F. verticillioides* 和 *F. proliferatum*，病株率为62.5%和12.5%。云南蔗区检测结果表明，感 *F. verticillioides* 甘蔗品种有3个为粤糖93-159、新台糖25号和新台糖1号，病株率为50%。感 *F. proliferatum* 甘蔗品种有6个，为川糖79-15、新台糖1号、粤糖93-159、新台糖22号、新台糖25号和新台糖10号，病株率为100%。开远、弥勒5个甘蔗品种（云瑞14-662，粤糖1301、粤甘52号、福农10-1405和粤甘52号）均感 *F. verticillioides* 和 *F. proliferatum*，病株率为71.4%。中国云南、广西蔗区甘蔗梢腐病存在 *F. verticillioides* 和 *F. proliferatum* 复合侵染，基于聚类分析的结果表明，广西和云南甘蔗梢腐病菌小种 *F. verticillioides* 和 *F. proliferatum* 在地理来源上有隔离，遗传组成有差异。

关键词：甘蔗；梢腐病；小种鉴定；遗传多样性

---

* 基金项目：财政部和农业农村部国家现代农业产业技术体系专项资金资助（CARS-170303）；云岭产业技术领军人才培养项目“甘蔗有害生物防控”（2018LJRC56）；云南省现代农业产业技术体系建设专项资金

** 作者简介：仓晓燕，硕士，助理研究员，研究方向为甘蔗病害；E-mail：cangxiaoyan@126.com

*** 通信作者：黄应昆，研究员，研究方向为甘蔗病害防控；E-mail：huangyk64@163.com

AsflbA 对茄链格孢无性产孢基因的调控及对胁迫耐受性的影响*

赵冬梅** 白家琪 常婧一 李 雪 赵世勇 般姝新 朱杰华***
（河北农业大学植物保护学院，保定 071000）

摘 要：由茄链格孢引起的马铃薯早疫病是我国马铃薯生产中常见病害之一，常造成马铃薯减产和储藏过程中薯块腐烂。无性孢子是早疫病菌传播、侵染及致病的基础。*flbA* 是丝状真菌无性产孢通路上游调控因子，本研究在获得茄链格孢 *AsflbA* 缺失突变株的基础上，为了明确 *AsflbA* 对茄链格孢无性产孢基因的调控方式，利用实时荧光定量 PCR 分析了无性产孢基因在野生株 HWC-168 和 Δ*AsflbA* 中表达量的变化情况。结果表明，诱导产孢 48 h 后，与野生株相比，*AsvosA*、*Asabr2*、*AschsA* 共 3 个基因在 Δ*AsflbA* 中表达量下调，*AsmedA*、*AswetA*、*AschsD*、*AsSlt2*、*AschsC*、*AsabaA*、*Asabr1*、*AsfluG*、*AsstuA* 共 9 个基因在 Δ*AsflbA* 中表达量上调。*AsflbA* 基因正调控产孢相关基因 *AsvosA*、*Asabr2*、*AschsA*，负调控产孢相关基因 *AsmedA*、*AswetA*、*AschsD*、*AsSlt2*、*AschsC*、*AsabaA*、*Asabr1*、*AsfluG*、*AsstuA*。

为了进一步明确 *AsflbA* 在茄链格孢分生孢子萌发及对细胞壁胁迫应答等方面发挥的作用，本研究对野生菌株 HWC-168、Δ*AsflbA* 中和 Δ*AsflbA*-C 进行胁迫处理。结果表明，与野生株 HWC-168 和Δ*AsflbA*-C 相比，Δ*AsflbA* 在 G25N 培养基上菌落颜色变浅，对渗透胁迫因子 NaCl（0.5 mol/L）、KCl（0.5 mol/L）的耐受性无明显变化，但对山梨醇（1 mol/L）的耐受性减弱。在对孢子的萌发率研究中发现，与野生菌株 HWC-168 和 Δ*AsflbA*-C 相比，Δ*AsflbA* 的孢子萌发率显著降低，下降了 13.56%。进一步对野生菌株 HWC-168、Δ*AsflbA* 中和 Δ*AsflbA*-C 中几丁质含量及胞外酶活性进行了测定，发现与野生株 HWC-168 和 Δ*AsflbA*-C 相比，Δ*AsflbA* 中几丁质含量和漆酶活性显著降低，分别下降了 44.19%和 33.33%。研究结果表明，*AsflbA* 基因参与调控茄链格孢色素合成、孢子萌发、几丁质合成以及漆酶的活性。

关键词：马铃薯早疫病；茄链格孢；*AsflbA*；产孢基因；胁迫耐受性。

* 基金项目：河北省教育厅青年基金（QN2019156）
** 第一作者：赵冬梅，讲师，研究方向为马铃薯病害；E-mail：zhaodongm03@126.com
*** 通信作者：朱杰华，博士生导师，研究方向为马铃薯病害；E-mail：zhujiehua356@126.com

基于转录组分析禾谷镰孢菌响应茶处理的分子机理

丁慧怡　王欣桐　刘欢欢　何苗苗　李　强　王保通
（西北农林科技大学旱区作物逆境生物学国家重点实验室，杨凌　712100）

摘　要：小麦赤霉病是由禾谷镰孢菌（*Fusarium graminearum*）引起的一种世界范围内广泛流行的真菌病害。已有报道证明茶叶有抑菌效果，本实验室前期研究发现茶处理后禾谷镰孢菌生长发育缓慢，为明确茶叶对禾谷镰孢菌抑菌的分子机理，本研究对禾谷镰孢菌野生型菌株经茶处理后进行转录组测序，结果表明，茶处理菌株与野生型菌株相比，差异表达基因数量显著，其中，上调基因648个，下调基因605个；差异表达基因主要富集在酪氨酸代谢、苯丙氨酸代谢、乙氧基化物和二羧基化物代谢等代谢通路中，表明茶处理在禾谷镰孢菌此类代谢途径中发挥重要作用。利用qRT-PCR对其中表达量下调较高基因*Fg*197、*Fg*201、*Fg*389、*Fg*803、*Fg*907进行转录表达分析，qRT-PCR验证与转录组测序结果相符。通过同源重组获得其缺失突变体，试验结果表明，ΔFg197、ΔFg201的产孢量及致病力相较野生型明显下降，表明*Fg*197和*Fg*201基因调控禾谷镰孢菌的生长发育及致病力，具体分子机理还在进一步研究之中。本研究为明确茶叶影响禾谷镰孢菌致病性的分子机理及为寻找靶标基因防治小麦赤霉病奠定了基础。

关键词：禾谷镰孢菌；茶；转录组测序；差异表达基因

辣椒炭疽菌热处理技术研究*

程唤奇**　岳鑫璐　梁　根　李志强　骆清兰　郑小玲　胡茂林***
（深圳市农业科技促进中心，深圳　518055）

摘　要：辣椒炭疽病是辣椒上一种普遍发生的真菌性病害，其优势种为平头炭疽菌（*Colletotrichum truncatum*）和尖孢炭疽菌（*Colletotrichum acutatum*）。为探究热处理对平头炭疽菌和尖胞炭疽菌的影响，本研究设置不同温度、时间对离体辣椒炭疽病菌及辣椒种子进行干热处理，测定分析菌丝、孢子生长状况，同时结合带菌种子干热处理，统计分析种子发芽势、发芽率指标。结果显示：55 ℃干热处理 1 h 条件下，对平头炭疽菌和尖孢炭疽菌的菌丝和孢子生长抑制率均达到 100%，辣椒种子在 55~66 ℃、1~24 h 区间条件下处理可有效促进出苗。在温度 55~66 ℃，时间 1~24 h 组合区间进行干热处理，可有效抑制辣椒炭疽菌生长，同时可促进辣椒种子的萌发并提高出苗率。本研究结果为蔬菜种子热处理技术研究及辣椒炭疽病综合防控提供了参考。

关键词：辣椒；种子；炭疽病菌；干热处理；抑制率

---

* 基金项目：国家重点研发计划（2017YFD0201602）

** 第一作者：程唤奇，助理农艺师，研究方向为种子病理学；E-mail：huan9281911@163.com

*** 通信作者：胡茂林，博士，高级农艺师，研究方向为种子病理学；E-mail：maolin522612@126.com

山田胶锈菌侵染苹果的分子互作模式

邵晨曦　陶思齐　梁英梅
（北京林业大学省部共建森林培育与保护教育部重点实验室，
北京林业大学博物馆，北京　100083）

摘　要： 山田胶锈菌（*Gymnosporangium yamadae* Miyabe ex G. Yamada）在性孢子和锈孢子阶段侵染苹果（*Malus domestica*），造成大量落叶、落果及果实畸形，严重影响果实品质。苹果叶片受山田胶锈菌侵染的部位会形成明显的红色病斑，病斑边缘呈亮黄色，这种变色反应在锈菌与寄主的亲和互作中并不常见。与其他具有转主寄生现象的锈菌不同，山田胶锈菌在性孢子和锈孢子阶段侵染被子植物，表明其可能具有特殊的寄主选择机制。目前，关于山田胶锈菌在不同生活史阶段与寄主相互作用的分子机制研究相对较少。因此，本研究对接种后典型性孢子和锈孢子时期苹果叶片及同时期对照组的健康苹果叶片进行了转录组测序，结合冬孢子阶段转录组数据，使用生物信息学等方法进行数据分析，探究了苹果叶片受山田胶锈菌侵染的分子响应模式及山田胶锈菌在不同生活史阶段的基因表达模式。通过对两个接种时期的苹果叶片基因进行差异表达分析结果表明，苹果叶片在两个侵染阶段均上调表达和均下调表达的基因分别为579个和291个。对接种后苹果叶片中所有差异表达的基因进行MapMan可视化通路分析发现，在两个接种时间点的苹果叶片中下调表达的基因都显著富集到了光合作用途径中，上调表达的基因注释到了植物呼吸作用途径中；而在接种后10 d和30 d的苹果发病叶片中差异表达的基因分别富集到了溶质运输过程和RNA交换这一细胞学过程中。KEGG通路富集分析表明，在接种后10 d和30 d的发病叶片中，最显著富集的KEGG通路分别是谷胱甘肽代谢过程和类黄酮合成途径。以上结果说明，在山田胶锈菌侵染初期苹果应对侵染的策略主要是防御，以减少病原菌对自身的毒性作用；在侵染后期则通过产生大量次级代谢物质来限制病原菌在叶片的进一步扩展。将山田胶锈菌性孢子阶段、锈孢子阶段KOG注释结果与冬孢子阶段进行比较，发现这3个阶段的KOG功能分布的整体趋势相对一致，且均有大量基因被注释到“转录后修饰、蛋白转换、分子伴侣”这一过程；对这3个阶段的分泌蛋白进行MCL分析，得到了3 584个被认为是山田胶锈菌在苹果叶片侵染阶段特异性表达的蛋白，其中在性孢子阶段和锈孢子阶段特异性表达的分泌蛋白分别有45个和50个。这些阶段特异性表达的分泌蛋白很可能作为效应蛋白参与到山田胶锈菌的致病过程中。

关键词： 山田胶锈菌；互作转录组；植物次生代谢；分泌蛋白

黑龙江省马铃薯晚疫病菌群体研究和分析*

郭 梅[1**] 王文重[1***] 魏 琪[1] 吕 军[2] 宋显东[3] 王春荣[3] 刁 琢[4]
杨 帅[1] 董学志[1] 司兆胜[3] 张 静[3] 毛彦芝[1] 闵凡祥[1]
（1. 黑龙江省农业科学院马铃薯研究所，哈尔滨 150086；
2. 黑龙江大学现代农业与生态环境学院，哈尔滨 150080；
3. 黑龙江省植检植保站，哈尔滨 150090；
4. 大兴安岭地区农业林业科学研究院，大兴安岭 165000）

摘 要：马铃薯晚疫病（Late blight）是由致病疫霉（*Phytophthora infestans*）引起的影响马铃薯生产最严重的病害之一，严重威胁我国马铃薯生产安全。实现马铃薯晚疫病最经济有效且生态安全的防控方法是利用抗病品种，但田间马铃薯晚疫病菌群体遗传多样性复杂且生理小种多，严重制约着抗病品种的科学布局。为了明确黑龙江省马铃薯主要种植区晚疫病菌群体结构变化，分别从黑龙江省 10 个种植区采集 343 样品，分离纯化 159 个菌株。利用皿内对峙培养法，CAPs 标记和 A2 特异性 DNA 片段扩增方法对交配型进行测定；利用病原菌生长量测量法测定待测菌株对甲霜灵敏感性；利用含有 *R* 基因的鉴别寄主对生理小种进行鉴定，通过上述研究为马铃薯晚疫病防治提供科学有效的理论支持。2019 年和 2020 年结果发现：

（1）黑龙江省马铃薯晚疫病菌以 A1 交配型为主，占总菌株 88.68%，A2 交配型占总菌株 4.40%，自育型占总菌株 6.92%。

（2）甲霜灵敏感性测定结果显示，在 141 个菌株中，敏感性菌株、中抗菌株、高抗菌株分别占 3.55%、3.55%、92.92%。

（3）78 株马铃薯晚疫病菌样品共鉴定出 57 个生理小种类型，生理小种类型趋于复杂，复合型生理小种已经占据了主导地位，优势小种为 1、2、3、4、5、6、7、10（占总菌株 5.1%），1、2、3、4、5、6、7、8、9、10（占总菌株 5.1%）和 1、2、3、4、5、6、7、8、9、11（占总菌株 5.1%）。1、2、3、4、5、6、7、8、9、11 最为复杂，能够克服 11 个抗性基因中的 10 个。单基因生理小种虽然存在，但是其分布的地域已很有限，仅在大兴安岭地区发现 1 株。

（4）毒力基因 *R5* 在 2019 和 2020 年出现频率都表现为最高（91.67%和 93.33%），毒力基因 *R3* 和 *R4* 在 2019 年出现频率也较高（85.41%和 83.33%），毒力基因 *R4* 和 *R5* 在 2020 年出现频率也较高（均为 90%和 93.33%）。综合 2019 年和 2020 年的调查结果毒力基因 *R5* 在出现频率最高，*R3*、*R6* 和 *R9* 出现频率呈明显下降趋势，*R11* 出现频率呈明显上升趋势。

关键词：马铃薯；晚疫病菌；交配型；生理小种；抗药性

---

* 基金项目：国家重点研发计划项目（2017YFE0115700）
** 第一作者：郭梅，硕士，研究员，研究方向为马铃薯真菌病害；E-mail：guo_plum@126.com
*** 通信作者：王文重，博士，副研究员，研究方向为马铃薯真菌病害；E-mail：wenwen0331@163.com

扩展青霉致病效应子 *PeSCP* 基因的功能分析与鉴定*

孟 迪 李明艳 尚林林 夏小双 任 云 赵鲁宁 周兴华 王 云**

（江苏大学食品与生物工程学院，镇江 212013）

摘 要：扩展青霉（*Penicillium expansum*）是苹果采后腐烂病害的主要致病菌，不仅造成严重的经济损失，其分泌产生的真菌毒素对人类健康也构成潜在威胁。扩展青霉侵染过程中分泌的一些效应子在其侵染宿主过程中扮演着重要角色。本研究通过模拟宿主植物自然环境，采用分泌蛋白质组学方法对扩展青霉胞外分泌蛋白进行 LS-MS/MS 分析，结合生物信息学预测分析，鉴定了 272 个候选致病效应子，其中大部分功能已知的蛋白为水解酶类，如细胞壁降解酶、肽酶和酯酶等。qRT-PCR 分析显示候选效应子 *PeSCP* 基因在扩展青霉侵染苹果过程中，表达水平明显上调；采用同源重组的方法构建 *PeSCP* 缺失突变菌株（Δ*PeSCP*），与野生型相比，其产孢能力下降、菌丝的径向生长速度加快，苹果侵染实验表明，突变株侵染苹果形成的病斑直径与野生型相比减少约 60%；进一步的扫描电镜分析显示，在侵染苹果过程中，*PeSC* 基因的缺失明显降低了扩展青霉的定植能力，表明 *PeSCP* 可能在扩展青霉的侵染早期阶段发挥着重要作用。本研究结果丰富了人们对扩展青霉侵染发病机制的认识，为扩展青霉侵染引起的苹果青霉腐烂病害的防控提供了新的理论依据和科学指引。

关键词：扩展青霉；致病效应子；蛋白质组学；*PeSCP*

* 基金项目：国家自然科学基金（32072639）

** 通信作者：王云；E-mail：wangy1974@ujs.edu.cn

链格孢 *Alternaria alternata* 引起桃树新梢坏死病的初步研究*

周　莹[1**]　刘　梅[1]　张　玮[1]　燕继晔[1***]　李兴红[1]　李世访[2]
（1. 北京市农林科学院植物保护环境保护研究所，北京　100097；
2. 中国农业科学院植物保护研究所，北京　100193）

摘　要：桃树（*Prunus persica* L.）在我国南北产区广泛种植，2020 年我国桃种植面积达到了 86.7 万公顷，产量位居世界第一。随着产业的不断发展，在品种的更替、栽培方式的改变以及气候的变化等因素的影响下，桃树病害问题也愈发突出。2019—2020 年在北京地区平谷桃园病害调研中发现一种新梢坏死的病害，该病害引起的症状与梨小食心虫引起的折梢很相似，但新梢内部未见虫道，为了明确是否由病原菌引起，本研究收集病样，采用组织分离法进行病原菌的分离，获得 19 株 *Alternaria* sp. 菌株，经过形态学和 *Alt a*1、*GAPDH* 多基因整合系统发育分析进行种级别的鉴定，显示以上菌株均属于链格孢（*A. alternata*），选取其中 3 个菌株（PP190201、PP190203、PP190107）进行离体和活体接种桃叶片。结果显示，以上菌株均有致病性，离体和活体接种都可发病；同时发现菌株间致病力存在明显差异，PP190201 菌株致病力最强。本研究为进一步认识链格孢属真菌的致病多样性提供了新的思路。

关键词：桃树；新梢坏死；鉴定；链格孢

* 基金项目：北京市科技计划项目（Z201100008020014）；北京市农业科技项目
** 第一作者：周莹，副研究员；E-mail：zhouying16_2013@163.com
*** 通信作者：燕继晔，研究员；E-mail：jiyeyan@vip.163.com

我国咖啡炭疽病菌致病力分化研究*

陆 英** 贺春萍 吴伟怀 梁艳琼 黄 兴 习金根 谭施北 易克贤***
（中国热带农业科学院环境与植物保护研究所，农业农村部热带农林有害生物入侵检测与控制重点开放实验室，海南省热带农业有害生物检测监控重点实验室，海口 571101）

摘 要：咖啡为茜草科咖啡属多年生经济作物。咖啡是世界上除石油以外的最大交易品，产量、产值及消费量均位居世界三大饮料作物（咖啡、茶叶、可可）之首，每年零售额达700亿美元，是全球经济的重要组成部分。由炭疽菌（*Colletotrichum* spp.）引起的咖啡炭疽病是咖啡树上一种极易暴发流行的重要病害，在我国咖啡产区连年发生，为我国咖啡第二大病害，对咖啡的产量及品质具有严重影响，已成为我国咖啡高产、稳产的主要生物限制因子之一。为了明确我国咖啡炭疽病病原菌种类组成、分布及其致病力分化情况，为咖啡炭疽病的有效防治和抗病育种奠定基础。本研究采用形态学结合 *ApMat* 基因序列比对和系统发育进化分析，对从我国咖啡种植区典型炭疽病的叶片、枝条、浆果上分离获得的74株炭疽菌病原菌进行鉴定，并采用离体叶片接种法，对所获得的菌株进行致病力测定，分析菌株的致病力差异。通过形态学及 *ApMat* 基因序列比对分析方法，55个菌株鉴定为胶孢复合种群，且归为3个种：*C. siamense*、*C. nupharicola*、*C. theobromicola*。致病力试验结果表明不同菌种之间的致病力存在差异，*C. theobromicola* 的致病力最强，其次是 *C. siamense*，最后是 *C. nupharicola*。其中来自海南白沙咖啡种植基地和云南瑞丽咖啡苗圃的大部分炭疽菌株致病力属中等水平。

关键词：咖啡；炭疽病病原菌；*ApMat* 基因序列分析；致病力

---

* 基金项目：国家重点研发计划项目“特色经济作物化肥农药减施技术集成研究与示范”（2018YFD0201100）；中国热带农业科学院基本科研业务费专项资金“咖啡产业技术创新团队—咖啡主要病害防控”（1630042017021）

** 第一作者：陆英，博士，副研究员，研究方向为植物病理学；E-mail：ytluy2010@163.com

*** 通信作者：易克贤，博士，研究员，博士生导师，研究方向为抗性育种；E-mail：yikexian@126.com

王草草茎点霉叶斑病病原菌的绿色荧光蛋白基因标记*

陆 英[1**] 何宝霞[1,2] 林培群[1] 贺春萍[1] 吴伟怀[1] 梁艳琼[1] 易克贤[1***]
(1. 中国热带农业科学院环境与植物保护研究所，农业农村部热带农林有害生物入侵检测与控制重点开放实验室，海南省热带农业有害生物检测监控重点实验室，海口 571101；
2. 南京农业大学植物保护学院，南京 210000)

摘 要：王草（*Pennisetum*）别称皇草、皇竹草，以象草为母本、美洲狼尾草为父本杂交（*Pennisetum purpureum*×*P. americanum*）育种而成。我国于 1982 年由中国热带农业科学院从哥伦比亚引进，经过多年试种选育而成，后定名为热研 4 号王草。王草为多年生牧草，具有产量高、生长快、抗倒伏、耐干旱、抗病力强等特点，而且茎叶柔软口感好，营养丰富，以优质、高产而著称，被誉为“草中之王”，是各种草食性牲畜和鱼类的优质饲料，适宜在我国热带及亚热带种植。截至目前，热研 4 号王草已在我国海南、广东、广西、江西、福建、四川、湖南、云南、贵州等省区大面积推广种植。但随着王草种植面积不断扩大，潜在的病害问题日趋严重，严重影响了王草的产量和品质。笔者在广西横县发现王草大面积发生叶斑病，从叶斑病病叶上分离获得 1 株强致病性菌株，对其完成致病性测定，依据病原形态学特征结合 rDNA-ITS 序列分析，将其鉴定为草茎点霉菌（*Phoma herbarum*）。通过溶壁酶酶解菌丝体成功制备草茎点霉菌原生质体，用抗潮霉素基因作为选择标记，采用 PEG 介导的原生质体转化法，用绿色荧光蛋白表达载体（pCT74-sGFP）转化原生质体，获得表达 GFP 草茎点霉菌的转化子菌株；转化子菌株在含潮霉素平板上经多次单孢纯化后，在无选择压下连续继代培养仍能发出稳定而强烈的绿色荧光，用 GFP 特异性引物 PCR 扩增转化子菌株基因组 DNA 获得预期大小片段，表明 *gfp* 基因已成功导入杧果炭疽病病原菌基因组中，且稳定遗传；GFP 标记菌株生长正常，致病性和野生型菌株无明显差别，这为进一步研究该病菌在自然界的生物学及侵染方式奠定了基础。

关键词：草茎点霉菌；绿色荧光蛋白基因；转化

---

* 基金项目：中国热带农业科学院基本科研业务费专项资金（项目编号 1630042021001）“CATAS-CIAT 王草-茎点霉互作机理及化防药剂筛选合作研究”

** 第一作者：陆英，博士，副研究员，研究方向为植物病理学；E-mail：ytluy2010@ 163. com
*** 通信作者：易克贤，博士，研究员，博士生导师，研究方向为抗性育种；E-mail：yikexian@ 126. com

致病疫霉效应蛋白 Pi16275 的功能研究*

陈泓妃** 许机分 杨祝强 王洪洋 李灿辉 刘 晶***

（云南师范大学，云南省马铃薯生物学重点实验室，
云南省高校马铃薯生物学重点实验室，昆明 650500）

摘 要：马铃薯是世界四大粮食作物之一，然而由致病疫霉（*Phytophthora infestans*）引起的马铃薯晚疫病是马铃薯生产上最具毁灭性的病害之一。致病疫霉通过分泌大量的效应蛋白到植物体内调控植物免疫反应。前期研究发现致病疫霉 RxLR 效应蛋白 Pi16275 兼具无毒和毒性功能。本研究利用荧光定量 PCR 方法探究致病疫霉侵染马铃薯不同时期 Pi16275 的表达模式，结果表明 Pi16275 在侵染的早期阶段上调表达，暗示 Pi16275 对致病疫霉的致病性起重要作用。农杆菌介导的瞬时表达试验证明，在烟草中瞬时超量表达 *Pi*16275 促进致病疫霉的侵染。蛋白亚细胞定位结果显示，Pi16275 定位在植物细胞核、细胞质及细胞膜。为进一步明确 Pi16275 在植物中的互作蛋白，本研究利用酵母文库筛选技术及酵母双杂交技术筛选出 3 个与 Pi16275 存在互作的马铃薯靶标蛋白。随后，利用病毒介导的基因沉默技术将 3 个靶标蛋白在烟草中的同源基因进行沉默，结果发现沉默 *StRPS5* 的同源基因后显著降低了烟草叶片对致病疫霉的抗性，说明 *StRPS5* 在植物抵抗致病疫霉侵染过程中发挥着重要作用。本研究为后续深入研究致病疫霉的致病机制及植物的抗病免疫应答奠定了基础。

关键词：致病疫霉；马铃薯；RxLR 效应蛋白；靶标蛋白

* 基金项目：云南省科技厅基础研究专项（202001AU070091）；云南省教育厅科学研究基金项目（2019J0067）

** 第一作者：陈泓妃，硕士研究生，研究方向为植物病原菌致病机制；E-mail：1175022415@ qq. com

*** 通信作者：刘晶，讲师，研究方向为植物病原菌致病机制及其与植物互作；E-mail：liujinglove. ok@ 163. com

陕北黄土高原苹果红点病菌种类组成研究*

徐成楠[1,2**] 丁丹丹[1] 鲍壹江[1] 胡嘉伟[1] 刘 博[1,2] 回虹燕[1]
(1. 延安大学生命科学学院，延安 716000；
2 陕西省红枣重点实验室，延安 716000)

摘 要：陕西是中国苹果最主要产区，其栽培面积和产量均位居全国首位，苹果作为陕西最具特色的优势农产品之一，具有较强的国际竞争力。陕北黄土高原地区是世界公认的苹果生产最佳适宜区、最大的优质苹果产区。苹果产业现已成为陕北黄土高原地区发展最快、效益最好的农业产业之一，也是农民增收的支柱产业。富士套袋苹果黑红点病是近年来危害果实的重要病害之一，严重影响苹果果实品质与商品价值，目前苹果果实近成熟期果面红点病害大面积发生已成为陕北山地苹果产业发展的重大阻碍，严重挫伤果农种植苹果积极性。2019—2020 年，申请人在陕西延安市洛川县和宜川县等地调研发现，部分果园套袋红点病果率在 80%，主要发病症状表现为：近成熟期果实表面形成以皮孔为中心的红色点状晕斑，部分红点中央皮孔坏死呈黑色，斑点直径 2~5 mm，红色斑点大多集中于果实肩部及腰部，红点后期不扩展，果实完全丧失商品价值，而且在贮藏期间极易被轮纹病菌和炭疽病菌再次侵染，给果农造成了严重经济损失。本课题组近 2 年从陕北黄土高原山地苹果产区采集苹果红黑点果实样本 120 个，获得单孢分离菌株 185 株，均保存在延安大学植物病原真菌学与病害综合防治实验室。通过形态学比较，将菌株进行属级别划分，选取代表性菌株进行了苹果果实离体致病性测定；初步完成 30 个代表性菌株的 ITS、LSU、RPB2、TUB 和 EF1-α 共 5 个基因片段的序列测定与分析。形态学、DNA 序列分析结合致病性初步研究结果表明：苹果红点病菌是由链格孢（*Alternaria*）、亚隔孢壳属（*Nothophoma*）、枝孢菌属（*Cladosporium*）等弱寄主真菌侵染所致，以上病原菌均对苹果果实具有弱致病性。

关键词：陕北黄土高原；苹果红点病；致病性测定；种类组成

* 基金项目：陕西省重点研发计划项目（2021NY-065）；延安大学博士科研启动项目（YDBK2019-45）；延安大学 2020 年科研计划项目（YDQ2020-16）；延安大学大学生创新创业训练计划项目（2019）

** 通信作者：徐成楠，博士，副教授，研究方向为果树蔬菜真菌病害病原学及其病害综合防治；E-mail：xuchengnan1981@sina. com

陕西省黄瓜棒孢叶斑病的病原鉴定及其致病性研究*

徐成楠[1,2]** 丁丹丹[1] 李嘉欣[1] 刘 博[1,2] 回虹燕[1]
（1. 延安大学生命科学学院，延安 716000；2. 陕西省红枣重点实验室，延安 716000）

摘 要：黄瓜是我国重要的蔬菜作物之一，其产量高，利润相对较大，农民生产积极性高。随着生活水平的提高，人们对于蔬菜的品质要求提高，因此对保护地黄瓜的需求量不断增多。设施黄瓜是陕西省主要栽培的蔬菜作物，尤其在陕北黄土高原地区，由于耕地面积匮乏，设施蔬菜栽培面积逐年增加，然而，由于高温高湿的设施栽培气候条件，温室黄瓜病虫害广泛发生，给其产量和品质带来极大危害，严重影响农民的收益与种植蔬菜积极性。根据本课题组近 2 年调研发现，黄瓜棒孢叶斑病是目前陕西省黄瓜生产中最重要病害，发生面积广，多次暴发流行且危害时间长，给菜农带来严重的经济损失。为了明确我国陕西省黄瓜棒孢叶斑病的病原菌种类组成，2020—2021 年，课题组分别从陕西省延安市宝塔区、安塞区、甘泉县等地采集黄瓜棒孢叶斑典型发病叶片，采用组织分离和单孢分离法分离病原菌，共获得病原菌菌株 58 株。对分离获得的菌株进行菌丝形态及分生孢子形态观察描述，同时利用 ITS 结合 EF1-α 针对所获病原菌分离株进行分子系统发育分析；采用 2 株代表性菌株在寄主黄瓜和番茄上进行盆栽苗致病性测定。初步研究结果表明，陕西省设施黄瓜棒孢叶斑病主要病原菌为多主棒孢菌（*Corynespora cassiicola*），病菌对黄瓜及番茄幼苗均具致病性。本研究为明确黄瓜棒孢叶斑病病原，进一步探索陕西不同地区病害发生流行规律，预测预报及综合防治提供了理论基础。

关键词：黄瓜；棒孢叶斑病；病原鉴定；致病性

---

* 基金项目：陕西省重点研发计划项目（2021NY-065）；延安大学博士科研启动项目（YDBK2019-45）；延安大学 2020 年科研计划项目（YDQ2020-16）；延安大学大学生创新创业训练计划项目（2019）

** 通信作者：徐成楠，博士，副教授，研究方向为果树蔬菜真菌病害病原学及其病害综合防治；E-mail：xuchengnan1981@sina. com

青海省青贮玉米叶枯病病原菌鉴定*

祁鹤兴[1**] 芦光新[1***] 李宗仁[1] 徐成体[2] 马桂花[1] 马海霞[1] 马伟丽[1] 王英成[1]
(1. 青海大学农牧学院，西宁 810016；2：青海大学畜牧兽医科学院，西宁 810016)

摘 要：青贮玉米是指在适宜收获期内收获包括果穗在内的地上全部绿色植株，经切碎、加工，适宜用青贮发酵的方法来制作青贮饲料以饲喂牛、羊等草食牲畜的一种玉米。它与一般普通（籽粒）玉米相比，具有生物产量高、营养丰富、气味芳香、消化率较高、干物质和水分含量适宜等特点。青海属于青藏高原玉米产区，玉米生产发展速度快，潜力大；特别是青贮玉米因其高产、高值、高质的优势，已成为青海玉米发展的一个优势趋向。但是叶枯病的发生对青贮玉米的品质和产量造成了影响。

2018—2020 年，本研究组从青海省 9 个不同海拔高度青贮玉米种植区采集病叶，从中分离得到 1 002 株病原菌，根据菌落和孢子等的形态特征和 rDNA-ITS 序列分析对病原菌进行鉴定。结果表明引起青海省青贮玉米叶枯病的病原菌分别属于链格孢属（*Alternaria*）、平脐蠕孢属（*Bipolaris*）、枝孢霉属（*Cladosporium*）、突脐蠕孢属（*Exserohilum*）、弯孢霉属（*Curvularia*）、镰刀菌属（*Fusarium*）、暗球腔菌属（*Pleosporaceae*）、附球菌属（*Epicoccum*）等。链格孢属和麦根腐平脐蠕孢菌为青海省青贮玉米优势病原真菌，链格孢叶枯病和麦根腐平脐蠕孢叶枯病为青贮玉米主要病害。

关键词：青贮玉米；叶枯病；病原菌鉴定

* 基金项目：国家自然科学基金（31860103）；青海大学 2020 年科研启动金（4139040111）；青海省饲草产业科技创新平台；小麦平台玉米功能室

** 第一作者：祁鹤兴，讲师，博士；E-mail：qhx390495559@ 126. com
*** 通信作者：芦光新，教授，博士；E-mail：lugx74@ qq. com

青稞苗期根腐病发生的微生态机制研究*

许世洋[1**]　李敏权[2]　汪学苗[2]　张怡忻[1]　范雨轩[1]　李雪萍[2***]

(1. 甘肃农业大学草业学院，兰州　730070；

2. 甘肃省农业科学院植物保护研究所，兰州　730070)

摘　要：青稞苗期根腐病发生普遍，但其受重视程度较低，其发病机理的研究尚是空白。本研究以甘肃省甘南藏族自治州青稞苗期根腐病为研究对象，采集健康青稞，以及发病率为5%、10%、15%、20%的青稞根际土壤样品，提取其DNA，检测合格后经Illumina Miseq平台测序，分析其细菌群落结构的变化规律。结果共产生15 421条OTU，5组样品共有的OTU为1 032个，发病率为5%的样品特有OTU最多，为21个。分析不同发病率的样品在不同分类水平下丰度变化发现，变形菌门（Proteobacteria）、酸杆菌门（Acidobacteria）、放线菌门（Actinobacteria）和拟杆菌门（Bacteroidetes）为5组样品组所共有的优势菌群，且随着发病率的增加，变形菌门（Proteobacteria）的丰度明显升高，酸杆菌门（Acidobacteria）和放线菌门（Actinobacteria）的丰度则降低。在属的水平上，鞘脂单胞菌属（*Sphingomonas*）的丰度随发病率的升高呈增高趋势，但当发病率进一步增高为20%时，其丰度有降低趋势。在种的水平上，简单芽孢杆菌（*Bacillus simple*）和醋酸钙不动杆菌（*Acinetobacter calcoaceticus*）为5组样品的优势种，其丰度随发病率的升高而增高。本研究通过解析不同发病率青稞根际土壤细菌群落的变化规律，明确了青稞根腐病发生的微生态机制，为青稞根腐病的生态防控提供有效的理论依据。

关键词：青稞；根腐病；微生态；群落结构；高通量测序

---

* 基金项目：甘肃省农业科学院博士基金（2019GAAS34）

** 第一作者：许世洋，本科生，研究方向为草业科学；E-mail：2548081431@qq.com

*** 通信作者：李雪萍，博士，副研究员，研究方向为草地生物多样性、植物病理学；E-mail：lixueping@gsagr.ac.cn

高温影响小麦白粉菌侵染的关键生育阶段的组织学研究*

张美惠**　刘　伟　范洁茹***　周益林***
（中国农业科学院植物保护研究所，植物病虫害生物学国家重点实验室，北京　100193）

摘　要：由专性寄生真菌 *Blumeria graminis* f. sp. *tritici* 引起的小麦白粉病是小麦的重要病害之一。温度是影响小麦白粉病发生流行以及病原菌群体进化的重要环境因子。已有研究发现随着我国冬麦区年平均气温的升高，小麦白粉菌群体中已产生了耐高温菌株，但其耐高温机制还有待研究。为明确高温影响小麦白粉菌侵染过程的关键阶段，笔者通过组织学染色的方法研究了 4 株温度敏感菌株和 4 株耐高温菌株在适温（18 ℃）和高温（25 ℃）条件下的侵染过程。研究结果表明，小麦白粉菌温度敏感菌株在最适温度下，接种后 8 h 分生孢子萌发，萌发率达到 75%以上；接种后 24 h 萌发的分生孢子形成附着胞，甚至形成初生吸器，但是少部分附着胞出现畸形现象；畸形现象主要表现为附着胞分瓣和附着胞芽管过长（孢子直径的十几倍），畸形率在 10%左右；接种后 48 h 小麦白粉菌的初生吸器发育成熟，形成成熟吸器；接菌后 72 h 菌丝扩展形成微菌落。对温度敏感菌株和耐高温菌株在适温（18 ℃）和高温（25 ℃）条件下的侵染过程进行比较发现，接种后 8 h，18 ℃下敏感菌株和耐高温菌株孢子萌发率分别为 75.41%±0.075%和 75.42%±0.062%，25 ℃下分别为 75.06%±0.032%和 78.02%±0.017%，不同处理之间没有显著性差异。接种后 24 h，18 ℃下敏感菌株和耐高温菌株附着胞畸形率分别为 12.23%±0.037%和 9.03%±0.016%，25 ℃下分别为 18.32%±0.062%和 17.34%±0.053%，不同处理之间没有显著性差异；18 ℃下敏感菌株和耐高温菌株附着胞芽管长度分别为（34.51±0.93）μm 和（32.42±4.42）μm，25 ℃下分别为（35.88±3.75）μm 和（33.59±5.14）μm，不同处理之间没有显著性差异。接种后 48 h，18 ℃下敏感菌株和耐高温菌株吸器形成率分别为 14.22%±0.053%和 11.76%±0.109%，25 ℃下分别为 5.76%±0.019%和 6.80%±0.048%，高温对敏感菌株的抑制率为 60.49%±0.149%，对耐高温菌株的抑制率为 32.86%±0.117%，表明高温处理下敏感菌株的吸器形成率显著降低，但是高温对耐高温菌株吸器形成的抑制率显著低于对敏感菌株的抑制率。接种后 72 h，18 ℃下敏感菌株和耐高温菌株微菌落长轴直径分别为（305.21±64.99）μm 和（326.64±32.61）μm，25 ℃下分别为（335.18±64.53）μm 和 379.（1 243.22±43.22）μm；高温处理下耐高温菌株微菌落长轴直径大于敏感菌株，但差异不显著。

综上所述，高温对小麦白粉菌分生孢子萌发、附着胞畸形现象、附着胞芽管长度以及微菌落大小均没有显著性影响，但高温会显著抑制吸器的形成，而耐高温菌株在高温下的吸器形成率显著高于敏感菌株，表明耐高温菌株抵御高温的关键生育阶段是吸器形成阶段。

关键词：小麦白粉菌；耐高温性；生育阶段；吸器

---

* 基金项目：国家自然科学基金（31972226）

** 第一作者：张美惠，博士研究生，研究方向为分子植物病害流行学；E-mail：13998991215@163.com

*** 通信作者：周益林，研究员，研究方向为麦类病害流行学；E-mail：ylzhou@ippcaas.cn

范洁茹，助理研究员，研究方向为麦类病害；E-mail：jrfan@ippcaas.cn

稻瘟病菌 *CFEM*1 基因的致病功能分析

徐嘉擎* 何奕滢 何松恒 陈东钦**
（中国农业大学植物保护学院，北京 100193）

摘 要：水稻是我国四大主粮之一，在其生长周期中会遭受各类病原微生物的侵染。其中，稻瘟病是水稻常发性病害，一旦罹病，将造成大面积减产。因此，深入了解稻瘟病菌致病相关分子机制，将有助于合理防治稻瘟病。CFEM 家族蛋白是一类结构高度保守的真菌细胞膜或者分泌蛋白，在稻瘟菌侵染过程中可能发挥着重要作用。本研究采用同源重组法对稻瘟菌野生型菌株 RB22 中 6 个 *CFEM* 家族基因进行敲除，经过 PCR 验证，均成功获得敲除转化子。离体接种水稻和大麦叶片后，与野生型菌株 RB22 比较，*cfem*1 敲除转化子病斑扩展能力显著性降低。对该基因在侵染前后的表达模式分析发现，稻瘟病菌侵染大麦后 12~16 h，*CFEM*1 基因表达量极大升高。以上实验结果表明，*CFEM*1 基因在稻瘟病菌侵染寄主的过程中发挥重要功能。此外，在酵母系统中研究发现 CFEM1 蛋白的信号肽可以成功引导缺乏信号肽的转化酶 SUC2 蛋白的分泌。在此研究基础上，将进一步对 *CFEM*1 基因的致病功能进行探究，研究结果将加深对稻瘟病菌致病分子机制的理解，有助于稻瘟病的防治应用。

关键词：水稻；稻瘟病菌；致病相关基因；CFEM；致病性

* 第一作者：徐嘉擎，博士研究生，研究方向为植物与病原真菌互作；E-mail：136810185@ qq. com
** 通信作者：陈东钦，教授，研究方为植物天然免疫与抗病；E-mail：chendq@ cau. edu. cn

乙烯调控胶孢炭疽菌附着胞形成与致病力的机理研究*

任丹丹　王　坦　段晓敏　王奕文　许　玲　朱品宽
（华东师范大学生命科学学院，上海　200241）

摘　要： 乙烯参与调控植物生长发育的各个阶段，对于采后果蔬而言，乙烯能促进果实成熟衰老，且病原真菌也能合成和感受乙烯，然而乙烯对病原真菌的作用机理尚不清楚。胶胞炭疽菌是果实常见的采后病害，也是重要的植物病原真菌之一。本研究以胶孢炭疽菌为对象，发现外源乙烯处理 4h 可以显著促进该菌附着胞的形成，且随着处理时间的延长，乙烯可显著促进多重附着胞形成；乙烯还可显著促进胶胞炭疽菌—番茄叶片病害互作体系早期活性氧的积累以及晚期黑化病斑的形成。通过转录组数据分析发现，乙烯显著促进胶孢炭疽菌几丁质去乙酰化酶、角质酶、多铜氧化酶以及毒力蛋白等胞外水解酶类基因表达；同时，乙烯也显著促进胶胞炭疽菌细胞壁蛋白、附着胞壁蛋白以及糖脂表面锚点蛋白等结构蛋白基因表达。为了进一步解析乙烯调控胶孢炭疽菌附着胞形成及致病力的下游关键靶点，笔者通过同源重组法获得了 Δ*Cgcap22*（附着胞壁结构蛋白）、Δ*Cgscd*（黑色素合成关键基因）、Δ*Cgcp*（cerato-plantanin 毒力蛋白）突变菌株，对其离体以及互作过程中的乙烯响应表型进行分析，结果表明在乙烯诱导胶孢炭疽菌致病的过程中，*Cgscd* 和 *Cgcp* 基因起着重要的作用。对调控附着胞发育有关的 MAPK 和 cAMP 信号通路相关基因进行敲除及各突变体乙烯响应表型分析发现，乙烯很可能通过上述信号通路协同调控附着胞形成，进而调节胶孢炭疽菌早期活性氧的积累以及致病过程，同时也调控下游水解酶类以及毒力蛋白基因的表达，进而调节胶孢炭疽菌的致病力。本研究结果为深入理解乙烯信号在果实—病原真菌互作体系种的作用机制提供了新的理论认识，也为激素调控果实采后病害提供了理论依据。

关键词： 乙烯；胶孢炭疽菌；附着胞；致病力

* 项目资助：国家自然科学基金（No. 3201133006，31972121）

腺苷酸环化酶（BAC）通过调控生物钟影响灰霉菌的光形态建成*

蔡云飞　陈　雪　李佩璇　朱品宽　姜伊娜　许　玲
（华东师范大学生命科学学院，上海　200241）

摘　要：腺苷酸环化酶（AC）是广泛分布于生物界不同物种中合成胞内重要第二信使cAMP的合成酶，通过对下游PKA的调控将多种多样的外界环境刺激信号转变为均匀的胞内信号，由此形成cAMP-PKA信号通路调控细胞对外界刺激信号做出响应。丝状真菌是多细胞真核生物，其中灰霉菌是典型的果蔬采后坏死型致病菌，由于其寄主十分广泛，抗逆性很强，可以造成多次侵染从而导致防治困难，对果蔬采后的危害甚大。实验室在前期研究中发现灰霉菌BAC的S1407位点自然突变菌株，有性与无性生殖、生物钟等光形态建成相关表型受到影响，本研究通过转录组分析、酵母双杂验证及生物钟重要组分FRQ表达的节律检测结果表明，cAMP信号通路下游PKA可通过磷酸化生物钟重要组分WCC蓝光受体复合体及FRQ的作用形式调控生物钟从而影响有性、无性生殖的LTF家族相关基因的表达。进一步通过生物信息学、遗传学等方法对BAC发生的点突变进行了分析与验证，证实BAC发生的点突变影响了其酶活性并同时影响了BAC的磷酸化水平，表明BAC自然突变的S1407位点是其磷酸化位点。综上所述，外界信号通过BAC的磷酸化水平变化调控下游，完成对生物钟、有性与无性生殖的调控从而影响灰霉菌的传播与致病。

关键词：灰霉菌；腺苷酸环化酶；点突变；生物钟；有性/无性生殖

* 项目资助：国家自然科学基金（No. 31972121）；国家“十三五”重点专项课题（2016YFD0400105）

光照对灰霉菌低温适应性的影响及其机制研究*

周港涵 唐 艳 许 玲 朱品宽
（华东师范大学生命科学学院，上海 200241）

摘 要：灰霉菌是造成多种园艺作物病害损失的重要病原真菌，且该菌具有很强的低温耐受性，是果蔬产品在低温冷藏环境下最常见的采后病害之一。光照是重要的环境因子，生物能通过感知不同的光信号并适应环境的变化，从而进行生存和繁衍；且光照与温度这两种环境因子对生物体的影响密切相关，但是光照与温度信号互作对于病原真菌的生长发育和致病力的影响机制仍不清楚。本研究对不同光照和温度条件下灰霉菌生长发育及其在果实宿主上的致病性进行了分析，结果表明：在常温（22 ℃）条件下，黑暗、白光、蓝光（465 nm）、红光（625 nm）对灰霉菌的菌落生长速率、孢子萌发率、萌芽管生长速率及侵染垫形成等方面无显著影响。然而，在低温（4 ℃）条件下，蓝光能够显著抑制灰霉菌的菌落生长、孢子萌发及萌芽管伸长等过程；当接种于葡萄果实后，常温条件下不同光照对灰霉菌野生型菌株在葡萄果实上的致病性无显著影响，然而低温条件下蓝光处理能显著抑制灰霉菌在葡萄上的致病性；进而对灰霉菌光信号途径关键基因的突变体 Δ*bcwcl*1 和 Δ*bcvel*1 进行表型分析，结果发现灰霉菌在不同温度条件下对光信号的响应存在显著差异，表明光信号传导途径对灰霉菌适应环境温度的变化具有重要的调控作用。本研究将进一步结合多组学、分子遗传学、生物化学、细胞生物学等技术，深入揭示光信号调控灰霉菌适应温度变化的分子网络，为制定果蔬采后的光、温物理控病措施提供理论依据。

关键词：冷藏病害；灰霉菌；光信号；生长发育；致病性

---

* 项目资助：国家自然科学基金（No. 3201133006）；上海市自然科学基金（No. 21ZR1421600）

丙酸钙对灰霉菌侵染垫发育与致病力的调控机制*

朱传玺　罗　钊　任丹丹　许　玲　朱品宽
（华东师范大学生命科学学院，上海　200241）

摘　要：灰霉菌（*Botrytis cinerea*）是一种典型的坏死型植物病原真菌，其寄主范围广，给果蔬、花卉等作物采收前后带来严重的经济损失，是世界上重要的植物病原真菌之一。灰霉菌孢子萌发产生的菌丝能发育形成侵染垫，该特化的结构对灰霉菌分泌致病因子和侵染宿主至关重要，但关于调控灰霉菌侵染垫发育的机制仍鲜有报道。丙酸钙作为一种公认安全的食品防腐添加剂，对真菌和细菌具有广泛的抗菌作用。本研究发现，丙酸钙对灰霉菌抑制作用存在剂量效应，培养基中丙酸钙的质量分数大于1%时可完全抑制灰霉菌生长，浓度为0.25%时可延缓灰霉菌孢子萌发和菌丝生长，且侵染垫的发育受到抑制。此外，丙酸钙的抑菌效果随pH值降低而增强。分泌有机酸酸化宿主是灰霉菌的重要致病因子之一，相比于野生型菌株，丙酸钙对*Bcvel*1基因缺失突变体（产酸缺陷）的抑制效果减弱，对*Bcmkk*1基因缺失突变体（产酸增加）的抑制效果增强，进一步说明灰霉菌在萌发过程中自身产酸的特点，对外援施加丙酸钙的抑菌效果具有显著的反馈促进作用。丙酸钙还能显著削弱灰霉菌致病因子的分泌，实验室和田间试验表明，外源施加丙酸钙能有效控制番茄叶片和葡萄果实上的灰霉病。转录组测序分析表明，低浓度的丙酸钙（0.25%）处理能显著改变灰霉菌的基因表达模式，尤其水解酶、毒素的合成、活性氧的产生与清除、黑色素的合成酶等编码基因的表达均呈现显著差异。本研究综合表明丙酸钙不仅能抑制灰霉菌生长，还能调控其侵染结构发育与致病因子分泌，深入解析丙酸钙调控灰霉菌致病性的分子机制和下游靶点，将为灰霉病的防控提供新的参考依据。

关键词：灰霉菌；丙酸钙；侵染垫；产酸

* 项目资助：国家自然科学基金（No. 3201133006，31972121）

Aputative PKA phosphorylation site S227 in MoSom1 is essential for infection-related morphogenesis and pathogenicity in *Magnaporthe oryzae**

DENG Shuzhen XU Lin XU Zhe LV Wuyun
CHEN Zhengxian YANG Nan WANG Zhengyi**
(*State Key Laboratory of Rice Biology, Institute of Biotechnology, Zhejiang University, Hangzhou*, 310058, *China*)

Abstract: *Magnaporthe oryzae* is the causal agent of blast disease, the most serious disease of cultivated rice and a significant constraint on global rice production. Due to its economic significance, the interaction between *M. oryzae* and rice has emerged as a model system to investigate fungal-plant interactions. In *M. oryzae*, two main conserved cell signalling pathways, cAMP dependent protein kinase A (cAMP-PKA) pathway and Pmk1 mitogen-activated protein kinase (Pmk1-MAPK) pathway, that regulate appressorium-mediated infection have so far been characterized. The cAMP-PKA signalling pathway plays a critical role in regulating leaf surface recognition and the initiation of appressorium development. However, direct downstream targets of the cAMP signalling pathway are not well-characterised. The MoSom1 protein functions downstream of the cAMP-PKA and is essential for infection-related morphogenesis and pathogenicity. In this study, we show that mutation of a putative PKA phosphorylation site S227 in MoSom1 is essential for its role in appressorium differentiation and pathogenicity in *M. oryzae*. Mutation of serine 227 in MoSom1 by deletion or serine (S) substitution to alanine (A), valine (V) or tyrosine (Y), resulted in defects of conidiation, appressorium-like structure formation and fungal pathogenicity. Western blot analysis confirmed that S227 in MoSom1 is a putative PKA phosphorylation site. Furthermore, a *ΔMosom*1 mutant showed reduced expression of *PMK*1 and was defective in Pmk1 phosphorylation, indicating that the Pmk1-MAPK acts downstream of MoSom1 in *M. oryzae*. We conclude that the putative PKA phosphorylation site S227 in MoSom1 is essential for infection-related morphogenesis and pathogenicity, and the cAMP-PKA pathway may regulate the Pmk1 MAPK pathway through MoSom1 during rice infection by the blast fungus.

Key words: Magnaporthe; Pmk1-MAPK; MoSoml

* Funding: This work was supported by the Natural Science Foundation of China (Grant No. 31770153 and 31370172)
** Corresponding author: WANG Zhengyi; E-mail: zhywang@ zju. edu. cn

The influence of lower temperature induction of *Valsa mali* on the infection of apple trees

MENG Xianglong　WANG Shutong　WANG Yanan　HU Tongle　CAO Keqiang
(*College of Plant Protection*, *Hebei Agricultural University*, *Baoding* 071000, *China*)

Abstract: Apple valsa canker (AVC), caused by *Valsa mali* (*Vm*), is one of the most important diseases of apple trees in China. AVC occurred severely along with cold winter or cold spring. However, the effect of lower temperature on *Vm* is poorly understood. This study evaluated the influence of lower temperature pre-treatment of *Vm* on the infection of apple twigs and leaves. The results showed that exposing of *Vm* at lower temperature (between −10 ℃ and 10 ℃) for more than 18 h significantly increased the disease severity of apple leaves and twigs, with a higher LAR, lesion length and *DI* than that at 25 ℃. In addition, cold treatment ranging from −5 ℃ to 10 ℃ promoted the colony growth. Meanwhile, the relative expression of four cell wall degrading enzymes (CWDEs) related genes pre-treated at −5 ℃ and 5 ℃ were significantly higher than that at 25 ℃. The results indicated that the virulence of *Vm* mycelium is sensitivity for lower temperature change. After sensing lower temperature changes, *Vm* can adjust its infection of apple trees by regulating the expression of pathogenicity gene and growth rate. Spring is the season with very frequent temperature changes, and *Vm* is highly invasive in this season. Therefore, more attention should be paid in spring to protecting apple trees from infection by *Vm*, such as reduction of pruning wounds formation in spring, and application of protective agents to the pruning wounds in time.

Key words: Apple Valsa canker; *Valsa mali*; lower temperature; infection

刺梨多孢锈菌新种（*Phragmidium rosae-roxburghii* sp. nov.）：引起贵州刺梨锈病的病原菌*

孙靖娥**　杨远桥　杨　琪　安华明　王　勇***
（贵州大学农学院，贵阳　550025）

摘　要：刺梨（*Rosa roxburghii* Tratt.，Ros. Monogr）系蔷薇科落叶灌木植物，别名缫丝花、刺蘼、山刺梨。其果实营养价值和药用价值极高，果肉中维生素 C 的含量居各类水果之冠。贵州省刺梨的种植面积稳定在 210 万亩。锈病是刺梨上最重要的病害，主要危害植株茎干、叶片和叶柄，对产量造成严重影响。本文对采自贵州省不同刺梨基地的刺梨锈病病样的病原物进行了观察，结合锈孢子堆、锈孢子、夏孢子堆和夏孢子等形态特征鉴定，发现该病原菌的锈孢子圆形至椭圆形，内含物呈金黄色，大小（22~30）μm×（14~22）μm，细胞壁厚 1.8~3.1 μm，表面不光滑，大多数具有不规则疣状物；夏孢子呈方形至菱形，少数为椭圆形或近圆形，内含物呈橘黄色，大小（20~28）μm×（18~26）μm，细胞壁厚 0.6~1.2μm，表面不光滑，具有规则排列的刺状物，因此确定该病原菌属多孢锈菌属。笔者对锈状物直接提取 DNA 并进行 ITS 和 LSU 片段的 PCR 扩增及测序后构建了系统发育树，发现该病原物只与 *Phragmidium warburgianum* 形成了一个进化枝，但显示了一定的遗传距离，此外形态学比较也证实该病原物不属于 *P. warburgianum*，因此笔者将该病原物鉴定为一个新种，因分离自刺梨，故而命名为刺梨多孢锈菌（*Phragmidium rosae-roxburghii* J. E. Sun & Yong Wang bis，sp. nov.），这为该病害的有效防治提供了理论依据。

关键词：刺梨锈病；锈孢子；夏孢子；分子系统学；鉴定

---

* 基金项目：国家自然科学基金（3197170483）
** 作者简介：孙靖娥，在读硕士，研究方向为真菌分类；E-mail：1326002717@qq.com
*** 通信作者：王勇，博士，教授，研究方向为真菌分类；E-mail：yongwangbis@aliyun.com

高山杜鹃根腐病病原学研究

刘迎龙[1*] 何鹏搏[1] 何鹏飞[1] 吴毅歆[1]
Shahzad Munir[1] Suhail Asad[1] 汤再祥[2] 张寒涛[2] 何月秋[1**]
（1. 云南农业大学，昆明 650201；2. 云南海达新生态环境建设有限公司，昆明 605233）

摘　要：高山杜鹃（*Rhododendron lapponicum*）因其具有较高的园艺价值而被广泛种植。但随着种植时间的延长和规模扩大，一种新的根腐病引起高山杜鹃种植基地大量苗木死亡，且发病率等于死亡率。然而，其病原还不清楚。为了明确病因，笔者于 2021 年 1 月进行了实地考察和采集样品，利用组织分离法、柯赫氏法则、形态特征观察及 β-tubulin、ITS、Ypt1 基因序列分析对分离物做鉴定，同时探究了病原菌的生物学特征，测定了病原物在常见园林景观植物上的寄主范围和化学药剂的室内毒力，筛选了病原拮抗微生物。根据柯赫氏法则，接种分离物 Pci-1 能引起高山杜鹃枯萎死亡，重新分离物仍与 Pci-1 形态一致，证实了该菌株为病原菌。病原菌 Pci-1 在 pH 值 7.0~8.0 的 OA 培养基及 27 ℃的培养条件下最适宜生长，菌落白色，菌丝无隔，培养后期易形成肿胀结构和孢子囊，孢子囊呈椭圆形或卵球形，一端呈乳突状凸起或无乳突状结构，成熟后释放出大量游动孢子；基于 β-tubulin、ITS、Ypt1 基因序列的系统发育树均显示分离物 Pci-1 与樟疫霉（*Phytophthora cinnamomi*）聚为一枝。综合形态学与分子片段序列结果，引起高山杜鹃根腐病的病原菌 Pci-1 为樟疫霉。在常见的 60 余种园林景观植物中，Pci-1 能寄生蜀葵、油菜、桃、李、栾树、杜鹃、玉兰等 10 多种植物离体叶片并引起腐烂。高山杜鹃根际拮抗菌多粘类芽孢杆菌 P2-5 和棘孢木霉 NY-1 对 Pci-1 分别有明显的抑制作用和寄生作用。对病原菌 Pci-1 的 EC_{50}，烯酰吗啉为 0.196 5 μg/mL，氟吗啉为 0.732 0 μg/mL，烯酰 · 霜脲氰为 0.189 4 μg/mL，氟菌 · 霜霉威为 4.692 7 μg/mL 和精甲 · 咯菌睛为 1.335 5 μg/mL，以烯酰吗啉毒力最高。以上研究结果表明：樟疫霉能引起高山杜鹃严重的根腐病，且寄主范围广，对云南地区的高山杜鹃和自然生态系统构成潜在威胁。本研究能为樟疫霉引起病害防控提供科学依据。

关键词：高山杜鹃；疫霉根腐病；樟疫霉；拮抗菌；烯酰吗啉

* 第一作者：刘迎龙，硕士研究生；E-mail：1846270657@ qq. com
** 通信作者：何月秋，教授，研究方向为功能微生物产品开发与植物病理学；E-mail：ynfh2007@ 163. com

梨果黑斑病菌 *AaCaMK* 基因的克隆及功能分析

蒋倩倩　毛仁燕　李永才
（甘肃农业大学食品科学与工程学院，兰州　730070）

摘　要：钙/钙调素依赖性蛋白激酶（Calcium/Calmodulin - dependent protein kinase，CaMK）是真核生物细胞钙信号途径中钙调素下游的一类重要靶蛋白，对病原物生长、胁迫响应及致病性等具有重要的调控作用。本研究采用同源克隆法从梨果黑斑病菌 *Alternaria alternata*（*JT*-03）中克隆得到 3 个片段分别为 1 212 bp、1 200 bp、2 349 bp 的 *AaCaMK*1、*AaCaMK*2 和 *AaCaMK*3 基因；序列分析表明 *AaCaMK*1、*AaCaMK*2 和 *AaCaMK*3 编码蛋白均含有 CaMK 蛋白的保守结构域，并与玉米大斑病菌中该类蛋白的同源性最高；利用实时定量 PCR（RT-qPCR）技术分析表明 *AaCaMK*1、*AaCaMK*2 和 *AaCaMK*3 在疏水及果蜡诱导 *A. alternata* 侵染结构分化过程中均显著上调表达（$P<0.05$），且果蜡诱导作用更显著。其中 *AaCaMK*1 和 *AaCaMK*2 在附着胞形成时期（6 h）表达量为对照的 1.51 倍和 3.05 倍，而 *AaCaMK*3 在侵染菌丝形成阶段（8 h）表达量最高，为对照的 2.86 倍，且在果蜡诱导下，在芽管伸长阶段（4 h）这 3 个基因的上调表达量显著高于疏水界面。进一步通过药理学实验发现抑制剂 KN-93 处理对 *A. alternata* 孢子萌发影响不显著，但对附着胞形成具有明显的抑制作用。综上表明钙信号途径中 *AaCaMK* 基因参与了疏水及果蜡诱导下 *A. alternata* 孢子萌发和附着胞形成。

关键词：*Alternaria alternata*；钙/钙调素依赖型蛋白激酶；侵染结构；表达分析

跨膜蛋白 *AaSho1* 对果实表面蜡质和疏水性诱导梨果黑斑病菌附着胞形成和毒素产生的调控作用

刘勇翔[1]　李永才[2]　马　丽[1]　邓惠文[1]
黄　怡[2]　蒋倩倩[2]　杨阳阳[2]　毕　阳[2]　Dov B. Prusky[3]
（1. 甘肃农业大学园艺学院，兰州　730070；2. 甘肃农业大学食品科学与工程学院，兰州　730070；3. 以色列采后与食品科学研究所，里雄莱锡安）

摘　要：跨膜蛋白 Sho1 在真菌病原物响应外界刺激进而调控其营养生长、次生代谢和侵染结构形成具有重要作用。本文从梨果黑斑病菌 *Alternaria alternata* 中克隆并鉴定了编码 Sho1 的基因（*AaSho1*）。生物信息学分析表明 *AaSho1* 具有 4 个特征跨膜结构域，并含有 SH3 保守结构域。qRT-PCR 分析表明，果蜡提取物涂膜表面诱导 *AaSho1* 基因显著上调表达。药理实验表明，*AaSho1* 特异性抑制剂制霉菌素处理显著抑制了果蜡、蜂蜡和石蜡涂膜诱导的 *A. alternata* 孢子萌发和附着胞形成，其抑制率分别为 58.00%、46.70% 和 83.72%。同时，制霉菌素处理对 *A. alternata* 毒素 altenuene（ALT）、tentoxin（TEN）和黑色素含量均有影响，但对 *A. alternata* 孢子形态和损伤接种梨果实上的致病性没有显著的影响。结果表明，*AaSho1* 对 *A. alternata* 侵染结构分化和次生代谢具有一定的调控作用。

关键词：梨果黑斑病菌；*AaSho1*；制霉菌素；侵染结构；次生代谢

梨果黑斑病菌磷酸二酯酶PDE基因克隆及对链格孢侵染结构的调控

毛仁燕 蒋倩倩 李永才
(甘肃农业大学食品科学与工程学院，兰州 730070)

摘 要：磷酸二酯酶PDE能够特异地催化cAMP/cGMP 3′，5′环磷酸的3′环磷酸键水解，调节胞内cAMP水平，进而调控致病真菌的生长发育。但在梨果黑斑病菌PDE基因的结构及功能尚不清楚。本文采用RT-PCR克隆得到了梨果黑斑病菌*Alternaria alternata*中的*PDEL*和*PDEH*基因，分别命名为*AaPDEL*和*AaPDEH*，CDS区长度分别为3 132 bp和2 886 bp；通过生物信息学方法对其编码蛋白进行序列分析表明*AaPDEL*和*AaPDEH*分别具有Class Ⅱ型和Ⅰ型保守催化结构域；采用实时荧光定量PCR（qRT-PCR）技术分析表明疏水性诱导*A. alternata*侵染结构分化过程中，*AaPDEL*和*AaPDEH*基因在附着胞形成阶段（6h）表达量显著提高，较萌发初期阶段（2 h）分别上调了2. 19倍和2. 97倍。进一步通过药理学实验发现10 μmol/L的PDE抑制剂长春西汀处理显著提高了表皮蜡质和疏水性诱导*A. alternata*的孢子萌发和附着胞形成。表明*AaPDE*参与了*A. alternata*响应梨果皮蜡质物化信号进而启动侵染的调控。

关键词：梨果黑斑病菌；磷酸二酯酶；梨果皮蜡质；侵染结构分化

葡萄座腔菌疏水蛋白基因（*BHP*1）功能的初步分析*

杨　旭** 　王世兴　国立耘　朱小琼***
（中国农业大学植物保护学院，农业部作物有害生物监测
与绿色防控重点实验室，植物病理学系，北京　100193）

摘　要：葡萄座腔菌（*Botryosphaeria dothidea*）是重要的木本植物病原真菌，可侵染蔷薇科、樟科、胡桃科、杨柳科等上百种不同的植物。侵染苹果引起轮纹病，形成瘤状突起、枝干溃疡、枝条枯死及果腐等症状。苹果轮纹病在中国普遍发生，易感品种富士苹果的推广更是加重了该病的危害，造成严重经济损失，成为制约我国苹果生产的主要原因，严重影响了我国苹果产业的经济发展。

有关葡萄座腔菌致病机理的研究比较缺乏。课题组根据 *B. dothidea* 的基因组序列分析预测了 320 个候选效应蛋白，并通过农杆菌介导烟草瞬时表达方法筛选出 120 个可以抑制 Bax 引起 PCD 反应的候选效应因子。其中 BHP1 包含疏水蛋白结构域。真菌疏水蛋白是丝状真菌分泌产生的一种小分子量的具有双亲性的蛋白。根据疏水蛋白的水缘性图谱和蛋白膜的可溶性的程度将它们分为Ⅰ型疏水蛋白和Ⅱ型疏水蛋白。真菌疏水蛋白通过降低水的表面张力促进气生菌丝生长，在真菌生长、发育及致病中发挥重要的作用。

本研究利用课题组建立的同源重组技术进行基因敲除，得到了 *BHP*1 的缺失突变体 Δ*BHP*-2 和 Δ*BHP*-3 及互补体 *BHP*-*C*1 和 *BHP*-*C*2。通过对突变体、互补体及野生型的菌丝生长速率、分生孢子形成、致病力等进行了一系列观察和测定，结果显示 *BHP*1 缺失突变体的菌丝生长速率减慢、不形成分生孢子器、对苹果果实及叶片不能致病。本研究对于探究疏水蛋白基因 *BHP*1 在 *B. dothidea* 生长发育、致病过程中的作用及解析 *B. dothidea* 的致病机理提供了重要材料和信息。

关键词：葡萄座腔菌；苹果轮纹病；疏水蛋白；基因敲除；表型分析

---

* 基金项目：京津苹果农药减施增效技术集成研究与示范（2016YFD0201129）

** 第一作者：杨旭，在读硕士研究生，研究方向为植物病理学；E-mail：yangxu0929@ qq. com

*** 通信作者：朱小琼，副教授；E-mail：mycolozhu@ cau. edu. cn

石榴叶斑病在我国的首次报道*

杨远桥** 孙靖娥 王 勇***
(贵州大学农学院，贵阳 550025)

摘 要：石榴（*Punica granatum*）果实色泽艳丽，味甜酸，性清凉。其含水分 79%，含碳水化合物 17%以上，并含有丰富的维生素 C，同时还具有较高的药用价值。该果树原产于伊朗和阿富汗等中亚地区，汉朝时经丝绸之路传入我国。现今在中国亚热带和温带不同生态地区较广泛种植。贵州地处中国西南的东南部，属亚热带湿润季风气候，气温变化小，冬暖夏凉，气候宜人，适合种植石榴等果树。2021 年 5 月，笔者在贵州省开阳县一石榴种植园中发现一种疑似新真菌病害，该病害的症状为叶片枯黄、于叶尖部位产生椭圆、黑棕色的病斑，严重时还可导致果实腐烂。据初步统计，该病在单株石榴树上的发病率在 50%左右。在实验室经保湿培养及组织分离，笔者从病害样本中分离获得 3 株疑似病原菌。在 PDA 培养基上培养一周后，菌落大小达 72.3mm，制作玻片观察其微观形态结构，分生孢子大小为（12～18.9）μm×（9.9～14.9）μm [av. ±SD：（14.5±1.41）μm×（12.2±1.14）μm]，与已知种 *Dwiroopa punicae* 分生孢子大小相似。对培养物进行 DNA 提取以及 PCR 扩增测序，ITS 序列比对结果显示该菌为 *Dwiroopa*，后续通过最大似然法、最大简约法和贝叶斯分析方法进行多基因系统发育树构建，明晰了所获菌株的分类地位，将其鉴定为 *Dwiroopa punicae*。2019 年 Xavier 等人在北美报道该菌为石榴叶斑病的致病菌，而本研究为首次在国内对该病害及该菌进行报道，为后续石榴种植产业对该病害的防控奠定理论基础。

关键词：*Dwiroopa punicae*；石榴；叶斑病；鉴定

* 基金项目：国家自然科学基金（3197170483）
** 第一作者：杨远桥，在读硕士，研究方向为植物病理学；E-mail：1830274880@ qq. com
*** 通信作者：王勇，教授，研究方向为植物病原学；E-mail：yongwangbis@ aliyun. com

AaPKAc 对梨果皮蜡质物化信号诱导 *Alternaria alternata* 侵染结构的分化、次级代谢和致病性的调控作用

张　苗　李永才　刘勇翔　毛仁燕　蒋倩倩
（甘肃农业大学食品科学与工程学院，兰州　730070）

摘　要： 梨果黑斑病菌 *Alternaria alternata* 作为典型的潜伏侵染性采后致病真菌，其可感知和响应果皮表面的物化信号进而启动侵染结构的形成。为了揭示环 AMP 依赖性蛋白激酶（cAMP-PKA）信号在 *A. alternata* 响应宿主表面信号中的作用，在对 cAMP 依赖性蛋白激酶催化亚基基因（*AaPKAc*）克隆及生物信息学分析的基础上，通过 RT-qPCR 分析发现，*AaPKAc* 在疏水表面诱导 *A. alternata* 附着胞形成的早期阶段显著上调表达。进一步通过同源重组构建缺失突变体 Δ*AaPKAc*，比较分析发现与野生型相比，Δ*AaPKAc* 突变株在高疏水性和不同蜡质表面附着胞和侵染菌丝形成率显著减少，在培养 4h 后，Δ*AaPKAc* 突变株在高疏水性和果蜡提取物表面的附着胞形成率与野生型菌株相比分别降低了 31.6% 和 49.3%。同时发现 *AaPKAc* 正调控了 *A. alternata* 菌丝生长、生物量、致病性和毒素的产生，而负调控了 *A. alternata* 分生孢子的形成和黑色素的产生。综上所述，*AaPKAc* 对 *A. alternata* 生长发育、侵染结构分化、次级代谢及其毒力具有重要的调控作用。

关键词： *Alternaria alternata*；cAMP 依赖蛋白激酶；梨果皮蜡质；疏水性；毒力

香蕉枯萎病菌 1 号和 4 号小种自噬相关基因的比较分析*

薛治峰** 田青霖 姬梦琳 龚禹瑞 秦世雯***
（云南大学农学院/资源植物研究院，昆明 650500）

摘 要：香蕉枯萎病是由尖孢镰刀菌古巴专化型（*Fusarium oxysporum* f. sp. *cubense*，Foc）引起的维管束系统性病害，严重制约全球香蕉产业发展。该病原菌 4 号（Foc4）和 1 号小种（Foc1）在侵染主栽香蕉品种 Cavendish（巴西蕉）时孢子萌发和菌丝生长存在显著差异，造成两者致病性明显分化。细胞自噬与植物病原真菌的孢子萌发和菌丝生长发育，以及致病性密切相关。然而细胞自噬在 Foc 致病性分化中的作用尚未明晰。本研究利用 Foc 基因组数据，结合酿酒酵母、禾谷镰刀菌和稻瘟病菌的自噬基因（AuTophaGy-related gene，*Atg*）序列，通过 BLAST、HMM search 和 Pfam 进行 2 个 Foc 小种比较基因组分析。结果发现，Foc1 基因组中含有 21 个 *Atg* 基因，Foc4 基因组中含有 23 个 *Atg* 基因。其中，*Atg*7、*Atg*22 和 *Atg*26 为 Foc1 特有 *Atg* 基因，*Atg*4、*Atg*15、*Atg*23、*Atg*28 和 *Atg*101 为 Foc4 特有 *Atg* 基因。利用 Cell-PLoc 2.0 和 Tbtools 软件预测，Foc1 和 Foc4 的 Atg 蛋白亚细胞定位于细胞质和液泡，Foc1 的 *Atg* 基因主要分布在 1 号和 7 号染色体上，而 Foc4 的 *Atg* 基因主要分布在 1 号、6 号和 7 号染色体上。利用 Bach-CDSearch 和 MEGA 软件进行保守域预测和构建系统发育树发现，Foc 和其他真菌的 *Atg* 基因结构域高度保守，Foc 与禾谷镰刀菌的 *Atg* 基因亲缘关系最近，而与酿酒酵母的 *Atg* 基因亲缘关系最远。通过转录组数据分析发现，Foc4 降解巴西蕉细胞壁多糖时有 6 个 *Atg* 基因上调表达，而在 Foc1 降解粉蕉细胞壁多糖时却没有上调表达的自噬相关基因，且在 Foc4 中高水平表达的 *Atg* 基因在 Foc1 中均低水平表达。以上结果说明，Foc4 在突破寄主细胞壁屏障时可能特异表达相关 *Atg* 基因，以保证其孢子萌发和菌丝生长，确保对 Cavendish 香蕉的致病性。综上所述，*Atg* 基因可能是香蕉枯萎病菌致病性分化的重要调控因子，相关基因功能研究正在进行中，以期明确 *Atg* 基因在香蕉枯萎病菌致病性分化中的作用机制。

关键词：香蕉枯萎病；生理小种；细胞自噬基因；致病性分化

---

* 基金项目：国家自然科学基金（32060593）；云南省科技厅基础研究计划项目（202101AT070021）；云南大学研究生创新项目（NXY202019）

** 第一作者：薛治峰，硕士研究生，研究方向为植物病原物与寄主互作机理；E-mail：zhifengxue@ mail. ynu. edu. cn
*** 通信作者：秦世雯，博士，讲师，研究方向为植物病原物与寄主互作机理；E-mail：shiwenqin@ ynu. edu. cn

第二部分　卵　菌

Autophagy plays an important role in the vegetative growth, autophagosome formation and pathogenicity of *Phytophthora litchii*

YANG Chengdong[1]　LI Wenqiang[2]　SHI Mingyue[3]　LV Lin[1]　CHEN Qinghe[1]*

(1. *Key Laboratory of Green Prevention and Control of Tropical Plant Diseases and Pests, Ministry of Education, College of Plant Protection, Hainan University, Haikou* 570228, *China*; 2. *College of Plant Protection, Fujian Agriculture and Forestry University, Fuzhou*, 350002, *China*; 3. *Fujian Key Laboratory for Monitoring and Integrated Management of Crop Pests, Institute of Plant Protection, Fujian Academy of Agricultural Sciences, Fuzhou* 350003, *China*)

Abstract: Litchi downy blight caused by *Phytophthora litchii* is the most serious disease on the tropical fruit tree Lychee. A deep understanding of the pathogenic mechanism is a prerequisite for scientific disease prevention and control. Autophagy plays critical roles in the pathogenicity of phytopathogenic fungi, but its functions in the oomycetes remains elusive. Here, we identified 19 autophagy-related genes in *P. litchii*, and transcriptional profiling showed that several ATG genes were expressed at higher levels in the developmental stages related to infection. In order to further investigate the role of autophagy in the pathogenicity and its regulatory mechanisms, gene knockout were performed by using CRISPR/Cas9 technique. We found that the deletion of *PlATG*1*a*, *PlATG*3, *PlATG*7, *PlATG*11 and *PlATG*8 reduced the vegetative growth and sporangia formation in comparison to the wild-type strain SHS3. Moreover, pathogenicity of the aforementioned mutants on litchi fruits were also significantly decreased. Microscopy observation showed that the autophagosomes stained by Dansylcadaverine (MDC) in the mutants were significantly reduced compared to the wild-type strain. These results collectively suggested that autophagy plays an vital role in the vegetative development, sporangia and autophagosome formation, pathogenicity of *P. litchii*.

This study will provide a theoretical insight into the mechanism of autophagy-related genes in the pathogenesis of *P. litchii*, and provide a scientific basis for the development of new strategies for the control of Litchi downy blight and other oomycete diseases.

Key words: Autophagy; Phytophthora litchii; Pathogenicity

* Corresponding author: CHEN Qinghe; E-mail: qhchen@hainanu.edu.cn

Structural and functional analysis of *Phytophthora sojae* RxLR effector Avr3b reveals different WY-Nudix conformation contributing to virulence

GUO Baodian[1,2] WANG Haonan[1] HU Qinli[3]
DONG Suomeng[1] XING Weiman[4] WANG Yuanchao[1]
(1. *Department of Plant Pathology*, *Nanjing Agricultural University*, *Nanjing* 210095, *China*;
2. *Institute of Plant Protection*, *Jiangsu Academy of Agricultural Sciences*, *Nanjing* 210095, *China*;
3. *Shanghai Center for Plant Stress Biology and Center of Excellence in Molecular Plant Sciences*, *Chinese Academy of Sciences*, *Shanghai* 200234, *China*;
4. *College of Life Sciences*, *Shanghai Normal University*, *Shanghai* 200234, *China*)

Abstract: *Phytophthora* are filamentous pathogens which can infect many plants and cause serious losses. Each *Phytophthora* species can produce hundreds of effectors to regulate host immune response. Previously, we identified *Phytophthora sojae* RxLR effector Avr3b containing a Nudix hydrolase motif and demonstrated Avr3b showing Nudix hydrolase activity in plant. Further, we found Avr3b needs to be processed by a plant prolyl-peptidyl isomerase (GmCYP1) to perform virulence function. Here, we report the crystal structure of Avr3b. Avr3b contains a WY-like motif fold in the N segment, although it's a little different from the typical WY fold of reported RxLR effectors. The structure of Nudix region at the C-termini of Avr3b is highly homologous with that of plant or human Nudix hydrolase, suggesting Avr3b is a typical Nudix hydrolase. There is a long flexible loop between WY-like motif and Nudix structure. Avr3b can self-associate in plant. We further found Avr3b might has more than one configuration in plant, which both required for its full virulence. Overall, our results demonstrated a novel WY-Nudix fold in *Phytophthora* RxLR effector repertoire, and Avr3b shows different WY-Nudix configuration in plant which both contributing to virulence.

Key words: *Phytophthora* effector; Nudix hydrolase; crystal structure; functional analysis

荔枝霜疫霉转运家族基因 PlMFS1 的功能研究*

关天放 朱洪辉 窦梓源 孔广辉 姜子德 习平根**
（华南农业大学植物保护学院，广州 510642）

摘　要：荔枝霜疫病是由荔枝霜疫霉（*Peronophythora litchii* Chen *ex* Ko *et al.*）侵染引起的重要病害。该病原菌属同宗配合的二倍体生物，通过其菌丝及产生的卵孢子进行越冬，通过孢子囊和游动孢子进行侵染，危害荔枝的叶片、花穗及果实，每年给荔枝生产造成巨大经济损失。随着 2016 年荔枝霜疫霉全基因组测序的完成，在分子层面对生活史各阶段功能基因进行研究可深入了解其致病机制。本研究应用 CRISPR/Cas 9 技术对荔枝霜疫霉 MFS 转运家族功能基因 *PlMFS*1 进行敲除，再通过突变体与野生型系统性的对比探究该基因的功能，主要研究结果如下：

（1）对荔枝霜疫霉全基因组数据及 *PlM*90 沉默突变体转录组数据进行分析，筛选到一个荔枝霜疫霉 MFS 转运家族功能基因 *PlMFS*1。将 PlMFS1 蛋白与橡树疫霉（*Phytophthora ramorum*）、大豆疫霉（*Phytophthora sojae*）等卵菌同源蛋白进行序列比对，并与上述卵菌及大肠埃希氏菌（*Escherichia coli*）、水稻（*Oryza sativa*）等模式物种的同源蛋白进行系统发育分析，结果表明 PlMFS1 同源蛋白广泛存在于动物、植物、细菌、真菌及卵菌中，且在卵菌中较为保守。

（2）通过 RT-PCR 对 *PlMFS*1 在荔枝霜疫霉的菌丝、孢子囊、游动孢子、休止孢和卵孢子五个发育阶段及侵染荔枝嫩叶 1.5 h、3 h、6 h、12 h 和 24 h 五个侵染阶段进行转录水平分析。结果显示 *PlMFS*1 基因在卵孢子阶段相比于菌丝阶段的转录表达量升高 6 倍，在侵染阶段均有显著升高，在侵染后期（24 h）已超过 100 倍，表明 *PlMFS*1 可能与荔枝霜疫霉卵孢子的形成及侵染致病相关。

（3）基于 CRISPR/Cas 9 技术构建敲除载体并通过 PEG 介导的原生质体转化获得 2 个 *PlMFS*1 基因敲除转化子。对突变体进行菌丝生长速率、孢子囊产量、游动孢子释放、休止孢萌发、卵孢子产量及致病力测定等表型分析，结果显示 2 个突变体的菌丝生长速率、游动孢子释放率、卵孢子产量及致病力均显著低于 WT；*PlMFS*1 基因的敲除不影响孢子囊产量和休止孢萌发。表明 *PlMFS*1 对于荔枝霜疫霉的菌丝生长、游动孢子释放、卵孢子的产生及致病力发挥着重要作用。

关键词：荔枝霜疫霉；*PlMFS*1；CRISPR/Cas 9；卵孢子产生；致病力

---

* 项目资助：广东省基础与应用基础研究基金项目（2019A1515010977）；财政部和农业农村部国家现代农业产业技术体系建设专项（CARS-32）

** 通信作者：习平根；E-mail：xpg@ scau. edu. cn

荔枝霜疫霉效应子 PlAvh133 的功能研究及靶标蛋白的筛选*

邵　毅　司徒俊键　张梓敬　黄琳晶　孔广辉　习平根　姜子德**
（华南农业大学植物保护学院，广州　510000）

摘　要： 荔枝霜疫霉（*Peronophythora litchii*）为半活体营养型卵菌，由其引发的荔枝霜疫病是荔枝上最为严重的病害。前期研究发现其 RXLR 效应子 PlAvh133 能引起本氏烟过敏性坏死。为探究 PlAvh133 的功能及作用机制，本研究首先通过 qRT-PCR 对 *PlAvh*133 在荔枝霜疫霉侵染各阶段的转录模式进行分析，结果显示其在游动孢子及侵染初期（1.5~6 hpi）的表达量显著上调。利用 CRISPR/Cas9 基因编辑技术成功对荔枝霜疫霉 SHS3 菌株中的 *PlAvh*133 进行敲除，同时通过 pTOR 载体介导获得了 *PlAvh*133 过表达转化子，致病力测定发现其过表达突变体对荔枝的致病力显著减弱。为了进一步探究 PlAvh133 的致病机理，本研究通过免疫共沉淀联合质谱方法获得了 88 个 PlAvh133 在植物中的候选靶标蛋白。通过免疫共沉淀及荧光素酶荧光互补实验证明了 PlAvh133 能与本氏烟 Glycolate oxidase 3（NbGOX3）结合。进一步的体内免疫共沉淀及体外的 GST pull-down 结果表明 PlAvh133 能与荔枝 Glycolate oxidase 3（LcGOX3）结合。亚细胞定位观察发现 PlAvh133 与 NbGOX3 共定位于植物细胞膜上。利用病毒介导的基因沉默技术（VIGS）对 *NbGOX*3 进行沉默，结果发现 *NbGOX*3 沉默植株表现出植株矮化及叶片部分白化与发育不良。对 *NbGOX*3 沉默植株进行接菌测试，结果显示 *NbGOX*3 的沉默对辣椒疫霉的侵染有促进作用。本研究结果明确了效应子 PlAvh133 对荔枝霜疫霉的毒性功能及其在植物中的靶标蛋白。

关键词： 荔枝霜疫霉；植物免疫；PlAvh133；Glycolate oxidase 3

---

* 基金项目：财政部和农业农村部国家现代农业产业技术体系建设专项（CARS-32）
** 通信作者：姜子德；E-mail：zdjiang@ scau. edu. cn

基于叶绿素荧光成像的日光温室黄瓜霜霉病早期监测的初步研究

陈晓晖[1,2]　刘凯歌[1]　张春昊[1]　陈思铭[1]　李　明[1,2]
（1. 北京农业信息技术研究中心，国家农业信息化工程技术研究中心，农产品质量安全追溯技术及应用国家工程实验室，中国气象局—农业农村部都市农业气象服务中心，北京　100097；
2. 西班牙阿尔梅里亚大学，阿尔梅里亚，西班牙）

摘　要：日光温室黄瓜霜霉病由古巴假霜霉菌侵染引起，在侵染初期无法通过肉眼发现，发病后病害迅速传播造成黄瓜叶片大面积干枯死亡，严重影响黄瓜产量，因此早期无损预测温室作物病害具有重要意义。本研究在控制条件下，从接种的第一天开始，通过叶绿素荧光成像对样品进行逐日测量，获取了 F_0、F_m等参数值和图像，根据 F_0和 F_m计算出最大 PSⅡ量子产量（F_v/F_m），并估算出有效量子产率 Y［Ⅱ］。确定病害显症前的早期诊断指标，叶绿素荧光成像参数可以较高的准确度区分接种霜霉病病原的叶片与未接种的叶片。并使用软件系统 spss24 进行统计分析，采用 Pearson 相关性分析法建立各指标间的相关矩阵，同时在 RStudio 中采用支持向量机（SVM）进行分类，建立 F_v/F_m、Y［Ⅱ］和 Fm 作为输入的一般线性模型，可作为黄瓜霜霉病初侵染程度的早期诊断定量模型。结果证实了在出现显症前黄瓜霜霉病病原的侵染造成了光合作用活性的紊乱，通过叶绿素荧光成像获取的参数与对照组有明显区别，对早期预测黄瓜霜霉病的发生具有重要意义。

关键词：黄瓜霜霉病；叶绿素荧光成像；支持向量机

大豆疫霉对非寄主种子分泌物的应答机制

张卓群　文景芝*
（东北农业大学，哈尔滨　150030）

摘　要：本研究收集大豆疫霉非寄主植物玉米（绥玉 23）、菜豆（紫花油豆）的种子分泌物，测定了种子分泌物对大豆疫霉生长发育、游动孢子行为的影响，并对应答种子分泌物的游动孢子进行蛋白组分析，明确种子分泌物与大豆疫霉对非寄主不选择的关系，阐明游动孢子对非寄主种子分泌物的应答机制。

结果表明，非寄主玉米、菜豆种子分泌物均抑制大豆疫霉菌丝生长、卵孢子形成，但促进卵孢子萌发。玉米种子分泌物虽然显著促进游动孢子成囊和萌发，但对游动孢子有显著趋避作用，进而决定了游动孢子对玉米的不选择。菜豆种子分泌物不吸引游动孢子，虽然促进游动孢子成囊，但对孢囊有溶解作用，并抑制孢囊萌发，从而发挥对大豆疫霉的非寄主抗性。说明玉米、菜豆种子分泌物在大豆疫霉侵染前参与介导了部分对大豆疫霉的非寄主抗性，且玉米种子分泌物在系列趋化行为的第一步就发挥作用，因此介导的非寄主抗性更强些。

大豆疫霉在非寄主种子分泌物作用下表型及行为均发生变化。大豆疫霉通过游动孢子直接侵染寄主植物，因此本试验测定了游动孢子应答非寄主种子分泌物的蛋白组变化。结果表明，应答非寄主种子分泌物时，调控游动孢子趋化性的蛋白 Gα-GTP 以及负责趋化信号转导的磷脂酰肌醇通路中的蛋白与对照相比均无显著改变；磷脂酰肌醇信号通路下游花生四烯酸通路中的关键蛋白显著下调，进一步减弱了趋化性信号，从而导致了非寄主种子分泌物无法吸引游动孢子，与上述游动孢子趋化性表型相符。应答非寄主种子分泌物过程中，游动孢子细胞壁降解酶显著下调进而促进了细胞壁的形成，能量供应也受到限制，因此逐渐休止并伴随着细胞壁的形成，从而促进成囊，这一点也与上述促进成囊结果相符。与菜豆处理组相比，玉米处理组中游动孢子线粒体内维持正常生命活动的氧化磷酸化水平显著下降，说明玉米种子分泌物使游动孢子处于更为恶劣的环境中，从而导致了游动孢子对玉米种子分泌物产生趋避行为。菜豆处理组中，保护细胞膜结构的蛋白下调倍数显著高于玉米处理组，引发细胞膜破裂，印证了菜豆种子分泌物对孢囊的溶菌作用。

此外，非寄主种子分泌物还给游动孢子带来了氧化压力，导致脂肪酸合成、脂肪酸代谢过程增强；还使游动孢子免疫功能受损，自由基清除过程增强。抑制游动孢子正常生命活动和能量供应、给游动孢子带来氧化压力并破坏其免疫功能等均为非寄主种子分泌物在侵染前介导的非寄主抗性机制。非寄主种子分泌物通过影响游动孢子正常生理代谢，从而决定了大豆疫霉对非寄主的不选择。

关键词：大豆疫霉；非寄主抗性机制；种子分泌物；蛋白组学

---

* 通信作者：文景芝；E-mail：jzhwen2000@163.com

荔枝霜疫霉 PlMAPK2 在无性繁殖和致病过程中的功能研究*

黄佳敏　习平根　邓懿祯　李　雯　李敏慧　姜子德　孔广辉**
（华南农业大学植物保护学院，广州　510000）

摘　要：荔枝是中国重要的热带和亚热带水果，而荔枝霜疫病严重影响主产区荔枝的品质产量以及荔枝贮藏、运输。因此该研究以荔枝霜疫霉为研究对象，研究其致病机制，以期发现新的致病关键基因和病害防控的分子靶标。

本研究首先通过生物信息学方法，鉴定了荔枝霜疫霉 MAPK 家族成员 PlMAPK2 是 Kss1/Fus3 型丝裂原活化蛋白激酶，具有保守功能域 STKc_MAPK。*PlMAPK2* 在孢子囊和侵染 1.5 h 上调表达 15 倍以上，表明这阶段起着重要的调控作用。然后运用 CRISPR/Cas9 基因编辑技术对 PlMAPK2 进行敲除，成功得到 PlMAPK2 的两个敲除突变体：M113 和 M115。对 PlMAPK2 敲除突变体的游动孢子释放率、孢子囊大小及数量、菌丝生长、卵孢子大小及数量、细胞壁胁迫、过氧化氢胁迫和高渗胁迫等进行了测定。结果显示 PlMAPK2 的敲除突变体游动孢子释放率较野生型 WT 和对照组 CK 显著降低，但 PlMAPK2 的敲除不影响孢子囊大小及数量、菌丝生长和卵孢子大小及数量、细胞壁胁迫、过氧化氢胁迫和高渗胁迫，表明 PlMAPK2 在游动孢子的释放过程中发挥功能。为了探究游动孢释放率下降的原因，了解 PlMAPK2 是否参与孢子囊原生质割裂过程，利用特异性标记染料 FM4-64、DAPI 对 PlMAPK2 的敲除突变体的孢子囊细胞膜和细胞核进行染色，结果表明 PlMAPK2 在荔枝霜疫霉孢子囊割裂过程中发挥关键作用。为进一步分析 PlMAPK2 孢子囊不正常割裂的分子机制，笔者分析了 2 个已报道的与孢子囊割裂相关的基因 PlMYB1 和 PlMAD1 与 PlMAPK2 的关系，结果表明 PlMYB1 和 PlMAD1 在 PlMAPK2 敲除突变体中显著下调表达。因此，PlMAPK2 可能调控 PlMAB1 和 PlMAD1 进而影响孢子囊割裂过程。对 PlMAPK2 基因敲除突变体进行了致病力测定，结果显示 PlMAPK2 敲除突变体致病力较 WT 显著减弱，揭示了 PlMAPK2 对荔枝霜疫霉的致病性起重要作用。植物病原菌可分泌漆酶到胞外清除寄主植物产生的腁胝质和活性氧等，随后探究 PlMAPK2 的敲除是否会影响漆酶活性，结果显示，PlMAPK2 基因敲除导致漆酶活性减弱；进一步分析了 8 个漆酶编码基因（Pl103272、Pl1104952、Pl106181、Pl106923、Pl106924、Pl106183、Pl111416、Pl111417）在 PlMAPK2 突变体中的转录水平，结果发现 3 个漆酶编码基因（Pl104952，Pl106183 和 Pl111417）显著下调，推测 PlMAPK2 的敲除影响了漆酶基因的转录水平进而影响漆酶活性。

本研究发现了荔枝霜疫霉 PlMAPK2 在荔枝无性繁殖和致病过程中发挥关键作用，为荔枝霜疫霉的病害防控提供了新的理论基础和靶标基因。

关键词：荔枝霜疫霉；MAPK；CRISPR/Cas9；游动孢子释放

---

* 基金项目：广东省自然科学基金（2020A1515011335）；财政部和农业农村部国家现代农业产业技术体系建设专项（CARS-32）

** 通信作者：孔广辉；E-mail：gkong@ scau. edu. cn

大豆疫霉菌丝和卵孢子阶段差异蛋白组学比较分析*

崔僮珊[1**]　张　灿[1]　陈姗姗[1]　马全贺[1]　刘西莉[1,2***]

(1. 中国农业大学植物病理学系，北京　100193；

2. 西北农林科技大学植物保护学院，旱区作物逆境生物学国家重点实验室，杨凌　712100)

摘　要：大豆疫霉（*Phytophthora sojae*）为典型的土传植物病原卵菌，由于具有易培养、易于遗传操作等特点已成为疫霉属卵菌研究的模式菌。大豆疫霉生活史包括有性生殖和无性繁殖，在有性繁殖阶段，大豆疫霉可通过同宗配合形成卵孢子，卵孢子壁厚，内含物丰富，能够抵御极端环境，在土壤中存活数年。在适宜条件下，卵孢子可作为初侵染源，直接萌发产生菌丝侵染寄主植物，在大豆疫霉的侵染过程中发挥着重要作用。

因此，本研究采用 TMT 标记的方法进行了大豆疫霉菌丝阶段和卵孢子阶段的蛋白组学测定，共鉴定到 4 688 个蛋白质。大豆疫霉卵孢子段与菌丝阶段相比，共有 579 个蛋白发生差异性表达，其中上调倍数大于 2 倍的差异性蛋白有 369 个，下调倍数大于 2 倍的差异性蛋白有 210 个。通过 GO 富集分析表明，差异表达的蛋白主要富集到 tRNA 甲基转移酶复合物、Ku70：Ku80 复合物、转移酶复合物和细胞色素复合物。通过 KEGG 通路富集分析表明，差异表达的蛋白主要参与内质网蛋白加工、淀粉和蔗糖代谢以及 RNA 转运等过程。综上所述，本研究分析了大豆疫霉菌丝阶段和卵孢子阶段的差异蛋白组，对所获得蛋白进行功能注释和通路富集，丰富了卵菌蛋白数据库，为新型卵菌抑制剂的潜在分子靶标发掘提供了重要的参考。

关键词：大豆疫霉；菌丝阶段；卵孢子阶段；差异蛋白组

---

* 基金项目：国家重点研发计划（2017YFD0200501）；国家自然科学基金（31801761）

** 第一作者：崔僮珊，在读博士研究生；E-mail：cuitongshan0619@163.com

*** 通信作者：刘西莉，教授，研究方向为植物病原菌与杀菌剂互作；E-mail：seedling@cau.edu.cn

大豆疫霉转酰胺基酶 PsGPI16 *N*-糖基化修饰的生物学功能探究*

张　凡[1**]　张　灿[1]　陈姗姗[1]　崔僮珊[1]　马全贺[1]　刘西莉[1,2***]
（1. 中国农业大学植物病理学系，北京　100193；
2. 西北农林科技大学植物保护学院，旱区作物逆境生物学国家重点实验室，杨凌　712100）

摘　要：植物病原卵菌侵染作物种类繁多，可给农业生产造成巨大的经济损失。其中，大豆疫霉（*Phytophthora sojae*）是十大植物病原卵菌之一，其导致的大豆疫病严重危害大豆生产。大豆疫霉的生活史分为无性阶段和有性阶段，其中无性阶段产生的孢子囊和游动孢子在其病害侵染循环中发挥着重要作用。已有报道表明，真核生物中半数以上的蛋白是糖蛋白，90%的糖蛋白发生 *N*-糖基化修饰。在植物病原菌中的相关研究显示，*N*-糖基化可以影响病原菌菌丝的生长发育和无性孢子的产生，并可调控蛋白的折叠、稳定性、质量控制、分类和定位等。

前期研究发现，大豆疫霉 GPI 转酰胺基酶 PsGPI16 在 94 位天冬酰胺上发生 *N*-糖基化修饰，但其生物学功能尚不明确。本研究采用 CRISPR/Cas9 介导的卵菌原生质体转化技术，成功获得了 PsGPI16 蛋白的纯合定点突变转化子 PsGPI16^{N94A}，并开展了其生物学性状研究。结果表明，定点突变转化子的休止孢萌发率显著下降，较亲本减少了 81. 8%~85. 2%；此外，定点突变转化子致病力也显著下降，菌饼和游动孢子接种大豆黄化苗产生的病斑长度较亲本减少了 18. 2~20. 4 mm。综合以上结果，表明 PsGPI16 的 *N*-糖基化修饰参与调控了大豆疫霉的休止孢萌发及其侵染致病，具体的调控机制还需要进一步深入开展研究。

关键词：大豆疫霉；GPI 转酰胺基酶；*N*-糖基化修饰；休止孢萌发

---

* 基金项目：国家自然科学基金（31672052；31801761）

** 第一作者：张凡，在读博士研究生；E-mail：843360141@ qq. com
*** 通信作者：刘西莉，教授，研究方向为植物病原菌与杀菌剂互作；E-mail：seedling@ cau. edu. cn

荔枝霜疫霉 PlCZF1 基因的敲除与功能分析*

朱洪辉　关天放　窦梓源　孔广辉　姜子德　习平根**
（华南农业大学植物保护学院，广州　510642）

摘　要：荔枝霜疫霉引起的霜疫病是荔枝生产上的一种重要的病害，每年不仅给荔枝的生产造成巨大的经济损失，而且也严重地影响荔枝的采后保鲜。该病原菌隶属于卵菌，通过同宗配合形成的卵孢子抗逆性强可以在土壤中越冬，是来年病害发生的主要初侵染源。据报道，C2H2 型锌指蛋白是真核生物体内最大的转录因子超家族，其在生长发育、转录调控、有性生殖以及胁迫应答等方面发挥着重要作用。本研究前期筛选到荔枝霜疫霉 PlCZF1 基因与卵孢子形成相关。为进一步明确该基因的功能，本研究利用 CRISPR/Cas9 介导的疫霉菌基因组编辑技术和聚乙二醇（Polyethylene glycol，PEG）介导的原生质体转化技术，对荔枝霜疫霉 PlCZF1 基因进行了敲除和功能研究。主要结果如下：①采用实时荧光定量 RT-PCR 技术对荔枝霜疫霉 PlCZF1 基因在生活史与侵染阶段的转录水平进行了研究，结果显示 PlCZF1 基因在卵孢子以及侵染 1.5h、3h 时具有较高的转录水平，分别约为菌丝阶段的 23.15 倍、12.71 倍和 17.22 倍。而在孢子囊、游动孢子、休止孢等阶段的转录水平相对较低，表明 PlCZF1 基因可能在调控荔枝霜疫霉有性生殖和侵染寄主植物的过程中发挥作用，而在无性生殖过程中发挥的作用相对较弱。②亚细胞定位结果显示，PlCZF1 基因可以定位到细胞核中。③与野生型菌株相比，PlCZF1 基因敲除转化子的菌丝生长速率、孢子囊产量、游动孢子释放率等方面均差异不大。④与野生型菌株相比，PlCZF1 基因敲除转化子卵孢子的形态异常，无法发育为正常的卵孢子，且 PlCZF1 基因敲除转化子的致病力以及漆酶活性明显降低。研究结果表明 PlCZF1 基因在荔枝霜疫霉的有性生殖和侵染寄主植物中发挥着重要作用。

关键词：荔枝霜疫霉；锌指转录因子；CRISPR/Cas9；卵孢子；致病力

---

* 项目资助：广东省基础与应用基础研究基金项目（2019A1515010977）；财政部和农业农村部国家现代农业产业技术体系建设专项（CARS-32）

** 通信作者：习平根；E-mail：xpg@scau.edu.cn

sRNA milR50 对辣椒疫霉生长发育及致病的影响*

李　瑜[1**]　王治文[1]　邹卓君[1]　张思聪[1]　刘西莉[1,2***]
（1. 中国农业大学植物病理学系，北京　100193；
2. 西北农林科技大学植物保护学院，旱区作物逆境生物学国家重点实验室，杨凌　712100）

摘　要：辣椒疫霉（*Phytophthora capsici*）是一种重要的土传植物病原卵菌，其引起的辣椒疫病是最具破坏性的重要病害之一。该病原菌可侵染茄科的辣椒、番茄和茄子以及葫芦科的黄瓜、西瓜和南瓜等 70 多种作物，每年给全球经济造成严重的损失。已有研究表明，疫霉在不同发育阶段和侵染阶段具有不同的 sRNA 表达特征，推测相关的 sRNA 可能参与疫霉的生长发育和侵染致病。

前期通过高通量测序分析发现辣椒疫霉体内存在与已知 microRNA osamiR50 高度同源的 sRNA milR50，其在辣椒疫霉的菌丝阶段和孢子囊形成阶段均大量表达，推测 sRNA milR50 在辣椒疫霉的无性发育阶段具有重要功能。本研究通过 CRISPR-Cas9 基因编辑技术对辣椒疫霉的 milR50 的前体序列进行敲除，以探究其生物学功能。

对 milR50 缺失突变菌株进行表型测定，结果表明：缺失突变体与野生型相比，其菌丝生长速率、孢子囊产量和游动孢子产量均显著下调，分别为野生型亲本的 60.7%、96.7%和 99.4%。同时，致病力下降了 91.3%，表明 milR50 也参与了辣椒疫霉的致病过程。综上分析表明，milR50 对辣椒疫霉的生长发育及致病至关重要，但其具体的调控机理尚需进一步研究和明确。本研究为进一步从表观遗传学角度揭示植物病原卵菌发育和致病机制提供了理论指导。

关键词：辣椒疫霉；小 RNA；milR50；生物学特性

---

* 基金项目：国家重点研发计划（2017YFD0201602）；博士后科学基金面上项目（2019M650906）
** 第一作者：李瑜，在读硕士研究生；E-mail：1051527819@ qq. com
*** 通信作者：刘西莉，教授，研究方向为植物病原菌与杀菌剂互作；E-mail：seedling@ cau. edu. cn

辣椒疫霉四个纤维素合酶蛋白的互作研究*

李腾蛟[1**]　沈婧欢[1]　李静茹[1]　张　灿[1]　刘西莉[1,2***]
(1. 中国农业大学植物病理学系，北京　100193；
2. 西北农林科技大学植物保护学院，干旱区作物胁迫生物学国家重点实验室，杨凌　712100)

摘　要：辣椒疫霉（*Phytophthora capsici*）是一种寄主范围广泛的植物病原卵菌，在世界范围内造成多种经济作物的严重损失。纤维素作为辣椒疫霉细胞壁的主要组成成分，对于辣椒疫霉的生长发育和致病过程至关重要，辣椒疫霉中存在 4 个纤维素合酶基因（*Cellulose synthetase*，*CesAs*）。已有研究表明，烯酰吗啉等羧酸酰胺类卵菌抑制剂可以通过结合卵菌 CesA3 蛋白，影响卵菌纤维素合成过程从而抑制病原菌生长。本研究拟探究辣椒疫霉纤维素合酶蛋白的互作关系，旨在为探究辣椒疫霉纤维素合成机制，并为进一步开展以纤维素合酶为分子靶标的新药剂开发提供理论基础。

本研究通过靶标基因过表达后结合 IP 和蛋白质谱分析技术，分析了辣椒疫霉 4 个纤维素合酶蛋白的候选互作蛋白，发现 4 个纤维素合酶蛋白可能存在相互作用。借助烟草（*Nicotiana benthamiana*）瞬时表达系统，观察 4 个纤维素合酶蛋白的亚细胞定位，发现均可定位于细胞膜。进一步借助烟草瞬时表达系统的荧光素酶互补成像技术（Firefly Luciferase Complementation Imaging Assay，LCI），对 4 个纤维素合酶蛋白进行互作分析，发现 PcCesA1 分别与 PcCesA2 和 PcCesA4 存在互作，且 PcCesA1 和 PcCesA4 分别可形成二聚体。综上所述，本研究初步探究了不同 CesAs 亚基之间互作关系，为进一步探究辣椒疫霉纤维素合酶的组装形式，并解析其合成纤维素的分子机制提供了参考。

关键词：辣椒疫霉；纤维素合酶；蛋白互作；分子靶标

---

* 基金项目：国家自然科学基金（31672052；31801761）

** 第一作者：李腾蛟，博士生；E-mail：litengjiao@ cau. edu. cn

*** 通信作者：刘西莉，教授，研究方向为植物病原菌与杀菌剂互作；E-mail：seedling@ cau. edu. cn

荔枝霜疫霉细胞色素 b_5 超家族蛋白 PlCB5L1 的功能研究*

李 雯 李 鹏 孔广辉 姜子德**
（华南农业大学植物保护学院，广州 510000）

摘 要：由荔枝霜疫霉（*Peronophythora litchii* Chen ex Ko *et al.*）引起的荔枝霜疫病是荔枝产区普遍发生的一种卵菌病害，该病害严重发生常给荔枝生产造成严重损失。生物体内众多蛋白包含细胞色素 b_5样血红素/类固醇结合结构域（Cytochrome b_5-like heme/steroid binding domain，Cyt-b_5），该结构域在蛋白功能及氧化还原代谢中起着重要作用。本课题组从荔枝霜疫霉中鉴定获得包含 Cyt-b_5结构域的基因 *PlCB5L*1，该基因在卵菌中保守存在。*PlCB5L*1 在游动孢子、孢子囊、孢子囊萌发和侵染早期（1.5~3 h）转录水平较菌丝阶段显著提高。利用 CRISPR/Cas9 基因编辑系统对 *PlCB5L*1 基因进行敲除，并且对该基因的功能进行了分析。*PlCB5L*1 敲除突变体菌丝生长速率以及对 β-谷甾醇的利用效率较野生型显著下降。与野生型菌株相比，*PlCB5L*1 敲除突变体对十二烷基硫酸钠和山梨醇的耐受性显著提高，对刚果红、荧光增白剂、氯化钠、氯化钙和过氧化氢胁迫的耐受性显著降低，表明 *PlCB5L*1 参与荔枝霜疫霉胁迫应答过程。笔者还发现在氧化胁迫下，*PlCB5L*1 敲除突变体中 3 个过氧化物酶和 4 个细胞色素 P450 基因转录水平较在野生型中显著降低，表明 *PlCB5L*1 可能通过调控荔枝霜疫霉过氧化物酶和细胞色素 P450 基因的转录，进而在荔枝霜疫霉抵抗植物活性氧积累发挥着重要的作用。笔者还发现 *PlCB5L*1 对荔枝霜疫霉清除寄主植物活性氧的能力和自身漆酶活性、致病力起着重要作用。这是首次报道含细胞色素 b_5样血红素/类固醇结合结构域蛋白参与植物病原卵菌的致病性和外源胁迫应答过程，本研究为后续的研究奠定了基础。

关键词：荔枝霜疫霉；细胞色素 b_5；生长发育；致病性；氧化胁迫

* 基金项目：财政部和农业农村部国家现代农业产业技术体系建设专项（CARS-32）；农业农村部农作物病虫鼠害疫情监测与防治经费（热带作物）项目（18200005）

** 通信作者：姜子德；E-mail：zdjiang@ scau. edu. cn
孔广辉；E-mail：gkong@ scau. edu. cn

巴西橡胶树棒孢霉落叶病菌 Cas5 毒素蛋白功能分析*

胡国豪** 刘 震 张荣意 侯巨梅*** 刘 铜***

(海南大学植物保护学院，热带农林生物灾害绿色防控教育部重点实验室，海口 570228)

摘 要：由多主棒孢（*Corynespora cassiicola*）引起的巴西橡胶树棒孢霉落叶病是我国橡胶产区的一个重要病害。本研究对海南植胶区引起橡胶树棒孢霉落叶病的病原菌进行分离纯化获得35株多主棒孢菌，通过对毒素蛋白的检测发现海南橡胶树棒孢霉落叶病菌的毒素蛋白均为Cas5亚型，采用Real-time PCR技术对Cas5毒素蛋白基因在病原菌与感抗橡胶品系的不同互作时期和菌丝生长不同阶段表达分析，发现该毒素蛋白基因存在不同的表达模式。试验进一步采用基因敲除和回补技术获得Cas5毒素基因敲除和互补突变体，经致病性检测发现其敲除突变体菌株与野生型菌株比较，其致病性减弱，表明Cas5毒素蛋白是该病原菌的一个重要致病因子。利用生物信息学分析该基因的上游启动子区域及核心区域，经生物信息学预测了结合的转录因子，通过酵母双杂交分析其互作的转录因子，关于互作转录因子正在筛选和验证中。

关键词：多主棒孢菌；Cas5毒素蛋白基因；基因功能

---

* 基金项目：国家自然基金项目“橡胶树棒孢霉落叶病菌 Cas5 基因的上游特异性转录因子鉴定及其调控研究”(32060589)；海南省自然基金（319MS015）

** 第一作者：胡国豪，硕士研究生，研究方向为分子植物病理学；E-mail：462894837@qq.com

*** 通信作者：侯巨梅，副研究员，研究方向为植物病理学；E-mail：amyliutong@163.com

刘铜，教授，博士生导师，研究方向为植物病理学和生物防治；E-mail：liutongamy@sina.com

荔枝霜疫霉自噬相关基因 *PlATG6a* 的功能研究*

王景瑞 习平根 姜子德 孔广辉**
（华南农业大学植物保护学院，广州 510000）

摘 要：细胞自噬机制普遍存在于真核细胞中，在自噬机制发生时，它可以调节细胞内蛋白质和一些废弃细胞器将其运输到溶酶体或液泡中，使其降解为一些小分子物质（比如氨基酸），从而使细胞再利用这些物质，以保证细胞正常代谢。自噬在很多生物中都得了广泛研究，如人、植物、真菌等，但在卵菌中的研究还比较少。本研究以荔枝上为害最严重的病原菌荔枝霜疫霉为研究对象，通过 CRISPR/Cas9 基因编辑技术，利用 PEG 介导的原生质体转化技术对荔枝霜疫霉的一个自噬基因 *PlATG6a* 进行敲除，将获得的敲除突变体与野生型 WT 进行表型对比分析，探索荔枝霜疫霉中细胞自噬机制和生理功能，为防治荔枝霜疫霉病害提供新思路。主要研究结果如下。

（1）利用 CRISPR/Cas9 基因编辑技术构建基因敲除载体，通过 PEG 转化将敲除载体转入原生质体内，获得 3 个 *PlATG6a* 基因敲除突变体，对这 3 个突变体进行菌落生长速率测定、孢子囊产量、游动孢子释放率、休止孢萌发、卵孢子产量及致病力测定等表型分析，结果表明，3 个突变体的菌落生长速率、孢子囊产量均显著低于野生型，而游动孢子释放率显著高于野生型，并且在处理 1h 后，游动孢子释放率达到最大值。

（2）对突变体进行细胞壁胁迫、高渗胁迫、氧化物胁迫测定，结果显示，突变体对于十二烷基硫酸钠的耐受性显著提高，对于刚果红的耐受性较野生型显著下降，突变体对荧光增白剂的耐受性并无影响。该基因的缺失导致荔枝霜疫霉对氯化钠和氯化钙等的耐受性显著下降，但并不影响该菌对山梨醇和过氧化物的耐受性。

关键词：荔枝霜疫霉；细胞自噬；*PlATG6a*；孢子囊产量；游动孢子释放率

* 基金项目：广东省自然科学基金（2020A1515011335）；财政部和农业农村部国家现代农业产业技术体系建设专项（CARS-32）

** 通信作者：孔广辉；E-mail：gkong@ scau. edu. cn

β-谷甾醇对辣椒疫霉菌生长发育的作用研究*

孙　迪** 李　岩 郭晓波 刘艺博 车志平 田月娥***
（河南科技大学园艺与植物保护学院，洛阳　471023）

摘　要：由植物病原卵菌辣椒疫霉（*Phytophthora capsici*）侵染引致的辣椒疫病，发病速度快，流行性强、毁灭性大，严重威胁辣椒等蔬菜作物的安全生产。与其他作物病害防控一样，培育抗病品种是防控由辣椒疫霉引起的植物疫病最为经济、有效易行和对环境安全的基本措施。业已明确，疫霉属卵菌因其基因组缺乏甾醇合成必要的基因而不能合成甾醇，但其可以利用外源的甾醇类物质。然而，甾醇类物质在疫霉属卵菌生长发育中的作用仍不明确。鉴于此，本研究以β-谷甾醇作为外源甾醇，研究了其对辣椒疫霉菌 LT263 生长发育各个阶段的影响，以期明确外源甾醇β-谷甾醇在辣椒疫霉菌生长发育中的作用，为创制新的抗病品种提供理论依据。

本研究采用菌丝生长速率法测定了β-谷甾醇对辣椒疫霉菌菌丝生长的作用；通过液培法测定了其对辣椒疫霉菌菌丝生物量累积的影响；通过显微观察分析了其对辣椒疫霉菌菌丝形态的影响；通过电导率法进一步验证了其对辣椒疫霉菌细胞膜完整性的影响；通过含药平板法测定了其对辣椒疫霉菌孢子囊形成的影响；通过对峙培养法测定了其对辣椒疫霉菌卵孢子形成的影响。

研究结果发现：在设定的β-谷甾醇浓度梯度下，辣椒疫霉菌 LT263 菌丝生长呈现低浓度促进生长，高浓度抑制生长的现象。显微观察发现，高浓度β-谷甾醇对辣椒疫霉菌的菌丝形态有致畸作用。电导率测定结果显示，高浓度β-谷甾醇可增大辣椒疫霉菌的细胞膜透性，表明高浓度β-谷甾醇作用于辣椒疫霉菌后可破坏细胞膜的结构，使细胞膜透性增加，导致细胞内容物外泄。与 CK 相比，高浓度β-谷甾醇处理后，辣椒疫霉菌孢子囊和卵孢子数量明显减少，表明高浓度β-谷甾醇能影响辣椒疫霉菌的无性繁殖和有性繁殖。相反，低浓度β-谷甾醇能促进孢子囊和卵孢子的形成。以上研究结果表明，β-谷甾醇对辣椒疫霉菌的生长发育表现为低浓度促进，高浓度抑制。该研究结果为创制培育抗辣椒疫霉菌的寄主品种提供了新的途径。

关键词：β-谷甾醇；辣椒疫霉菌；生长发育；抗病品种

---

* 基金项目：国家自然科学基金（31901863）

** 第一作者：孙迪，硕士研究生，研究方向为植物病害生物防治；E-mail：18438562229@163.com

*** 通信作者：田月娥，副教授，研究方向为植物土传病害生物防治、植物病原卵菌群体遗传学；E-mail：tianyuee1985@163.com

PsPTL 基因对大豆疫霉生长发育和感应外界胁迫的影响*

薛昭霖[1**] 王为镇[1] 沈婧欢[1] 张西涛[2] 刘西莉[1,2***]
（1. 中国农业大学植物病理学系，北京 100193；2. 西北农林科技大学旱区植物保护学院，
作物逆境生物学国家重点实验室，杨凌 712100）

摘 要：大豆疫霉（*Phytophthora sojae*）可引起大豆种腐、苗枯、根腐以及茎基腐，在全球可造成每年 10 亿~20 亿美元的经济损失。因该病原菌具有易离体培养、易诱导产孢、全基因组已被测序公开、分子遗传操作较为成熟等优点，已逐渐成为卵菌科学研究的模式种。已有研究表明，虽然疫霉是一种甾醇合成缺陷型生物，但是其可以利用外界甾醇促进自身的菌丝生长和产孢能力等。Patched（Ptc）蛋白是一类包含甾醇感应域（Sterol sensing domain，SSD）的蛋白，其在真核生物中高度保守，在胆固醇、鞘磷脂、鞘糖脂等脂类物质的运输和代谢过程中发挥着重要作用。本研究前期通过搜索大豆疫霉基因组数据库，发现了一个包含了 Ptc 蛋白典型的 SSD 结构域和 Patched 结构域的同源蛋白，将其命名为 Patched-like（PTL）蛋白。

通过 qRT-PCR 的方法，测定了 *PsPTL* 基因在大豆疫霉不同发育阶段的表达量，发现其在菌丝阶段的表达量最高，在孢子囊、游动孢子和萌发的休止孢阶段 *PsPTL* 基因表达量无显著性差异。采用 CRISPR/Cas9 技术对于大豆疫霉的 *PsPTL* 基因进行敲除，并测定了敲除突变体的生物学性状。研究发现敲除突变体的菌丝生长速率、产孢能力以及致病力与野生型菌株相比，没有明显改变。进一步的研究表明，*PsPTL* 基因的敲除也不影响大豆疫霉对外界温度、pH、氧胁迫和渗透压胁迫的响应。此外，敲除突变体依然能够对外源甾醇进行响应，当外源添加 β-谷甾醇后能够明显促进敲除突变体的菌丝生长。综上表明，*PsPTL* 可能不是大豆疫霉生长发育以及感应外界环境所必需的基因。

关键词：大豆疫霉；Patched-like（PTL）蛋白；生物学功能；外界胁迫；外源甾醇

---

* 基金项目：国家自然科学基金（31972304）；中国博士后科学基金特别资助项目（2019T120160）
** 第一作者：薛昭霖，在读博士研究生；E-mail：xuezhaolin1215@163.com
*** 通信作者：刘西莉，教授，研究方向为植物病原菌与杀菌剂互作；E-mail：seedling@cau.edu.cn

大豆疫霉不同发育阶段的 N-糖基化组学分析*

陈姗姗[1]** 张 灿[1] 崔僮珊[1] 马全贺[1] 刘西莉[1,2]***

（1. 中国农业大学植物病理学系，北京 100193；2. 西北农林科技大学植物保护学院，旱区作物逆境生物学国家重点实验室，杨凌 712100）

摘 要：卵菌（Oomycete）是一类分布广泛，对植物界及动物界生物均能造成严重危害的微生物，其中植物病原卵菌侵染作物种类繁多。大豆疫霉（*Phytophthora sojae*）作为典型的疫霉属植物病原卵菌，可给农业生产造成巨大经济损失。糖基化修饰是真核生物常见的蛋白质翻译后修饰形式，其中 *N*-糖基化是指在内质网表面经寡糖基转移酶（oligosaccharyltransferase，OST）催化下，将N-聚糖转移到 Asn-X-Ser/Thr 蛋白质特定基序的天冬酰胺 Asn（简写为 *N*）残基上，并进入内质网和高尔基体进一步加工的过程，其中 X 是除脯氨酸外的任意氨基酸。*N*-糖基化修饰对于蛋白质的正确折叠、功能定位、质量控制以及病原菌生物学功能等方面起着重要作用。

本研究对大豆疫霉菌丝、休止孢和卵孢子 3 个不同发育阶段的 *N*-糖基化组学进行了鉴定，共鉴定到 355 个 *N*-糖基化蛋白，包含 496 个 *N*-糖基化位点。这 355 种蛋白中有 71.27%的蛋白具有 1 个 *N*-糖基化位点，20.00%的蛋白具有 2 个 *N*-糖基化位点，7.32%的蛋白具有 3 个 *N*-糖基化位点，而具有 4 个或更多 *N*-糖基化位点蛋白的数量明显减少。对上述糖蛋白进行亚细胞定位预测分析，有 29.58%的蛋白定位在胞外，20.28%的蛋白定位在线粒体，19.72%的蛋白定位在细胞质，另外还有 14.37%的蛋白靶向质膜。KEGG 通路分析结果表明，*N*-糖基化蛋白参与不同的通路，如 2.96%的蛋白参与聚糖降解，12.32%的蛋白参与抗生素的生物合成，8.87%的蛋白参与碳代谢，5.42%的蛋白参与糖酵解/糖异生途径等。综上所述，大豆疫霉中含有大量的 *N*-糖基化蛋白，但 *N*-糖基化修饰对不同糖蛋白的功能影响还需后续进一步探究解析。

关键词：大豆疫霉；N-糖基化修饰；不同发育阶段

---

* 基金项目：国家自然科学基金（31801761；31672052）

** 第一作者：陈姗姗，在读博士研究生；E-mail：572120560@ qq. com

*** 通信作者：刘西莉，教授，研究方向为植物病原菌与杀菌剂互作；E-mail：seedling@ cau. edu. cn

荔枝霜疫霉效应子 PlAvh23 互作蛋白筛选及其功能分析

黄琳晶　司徒俊键　冯迪南　孔广辉　习平根　姜子德
（华南农业大学植物保护学院，广州　510000）

摘　要：荔枝霜疫病是荔枝生产与贮运过程中危害最严重的病害，最早报道自我国台湾，目前主要分布在中国、泰国、澳大利亚、越南、巴布亚新几内亚等国家。该病害常常引起大量的落花落果，严重影响荔枝的产量和质量。除此之外，即使采摘时看似健康完好的果实，在运输过程中也可能发病，造成严重的经济损失。荔枝霜疫病的病原菌荔枝霜疫霉（*Peronophythora litchii*）隶属于茸鞭生物界（Stramenopila）卵菌门（Oomycota）。植物病原卵菌在侵染寄主的过程中会分泌大量效应子作用于植物的胞间或胞质从而干扰其免疫，其中 RXLR 效应子是卵菌中一类重要的胞质效应子。

本研究克隆了一个荔枝霜疫霉中的 RXLR 效应蛋白编码基因 *PlAvh23*，通过酵母双杂筛选发现 PlAvh23 与荔枝的 Mitogen-activated protein kinase kinase 9（LcMKK9）互作，并通过体外 GST pull-down 方法进一步验证了其互作关系。随后本研究进一步对 LcMKK9 的功能进行了研究，结果表明，*LcMKK9* 会在荔枝霜疫霉侵染植物后被大量诱导表达；在本氏烟草中瞬时表达 LcMKK9 能抑制疫霉菌的侵染以及引起烟草过敏性坏死；通过 VIGS 技术将该基因在本氏烟草上的同源基因进行沉默后，发现沉默植株能促进疫霉菌的侵染，表明该蛋白对植物免疫起正调控作用。

关键词：荔枝霜疫霉；互作蛋白；PlAvh23；LcMKK9

第三部分　病　毒

Dinucleotide composition of sugarcane mosaic virus is shaped more by protein coding region than by host species

HE Zhen * QIN Lang DING Shiwen XU Xiaowei DONG Zhuozhuo
(*School of Horticulture and Plant Protection*, *Yangzhou University*, *Wenhui East Road No.* 48, *Yangzhou* 225009, *China*)

Abstract: *Sugarcane mosaic virus* (SCMV), belongs to the *Potyvirus* genus of the family *Potyviridae*, caused mosaic diseases in canne, sugarcane and maize worldwidely. Previously, the genetic variation, timescale, codon usage pattern and host adaption of SCMV were performed. However, the dinucleotide composition and the dinucleotide bias from hosts or protein coding regions of the virus is yet to be investigated. In this study, a comprehensive analyses of dinucleotide composition and dinucleotide bias from hosts, lineages and protein coding regions of the SCMV was performed using 131complete genomic sequences. We found UpG and CpA are largely overrepresented, while UpA, CpC, and CpG are largely underrepresented based on the polyprotein and 11 protein coding regions' data sets. SCMV dinucleotide composition bias is stronger depended on protein coding region rather than host. Weak association between dinucleotide composition and SCMV lineages was also obsevred. Our analysis gives a novel perspective on the molecular evolution mechanisms of SCMV, and may provide better understand on future research of SCMV origin and evolution patterns.

Key words: *Sugarcane mosaic virus*; dinucleotide bias; host; evolution

* Corresponding authors: HE Zhen; E-mail: hezhen@ yzu. edu. cn

番木瓜翻译起始因子与 PLDMV VPg 蛋白的互作研究*

莫翠萍** 李鹏飞 李华平***

（华南农业大学植物保护学院，广州 510642）

摘 要：真核生物的翻译起始因子（eukaryotic translation initiation factor，eIF）通过与病毒基因组连接蛋白（viral protein genome-linked，VPg）相互作用，在易感马铃薯 Y 病毒属病毒（potyviruses）的植物侵染过程中起关键作用，是多种病毒侵染植物的必需因子。eIF4E 或 eIF（iso）4E 广泛存在于植物中，它们的缺失和突变会使宿主植物获得隐性抗病性。番木瓜环斑病毒（*Papaya rinspot virus*，PRSV）和番木瓜畸形花叶病毒（*Papaya leaf distortion mosaic virus*，PLDMV）是属于 *Potyvirus* 的成员，这两种病毒引起的病毒病害成为番木瓜产业的主要限制因子。为了通过基因编辑方法培育番木瓜抗病毒新品种，笔者开展了不同品种番木瓜 eIF 基因克隆和序列比较，并完成了与 PLDMV VPg 的互作分析。结果表明，华南地区栽种的 14 个不同番木瓜品种均存在 eIF4E 和 eIF（iso）4E，不同品种间的 eIF4E 和 eIF（iso）4E 的核苷酸序列一致性为 99.7%~100%，氨基酸序列一致性为 100%，表明番木瓜的这两个基因高度保守。与 NCBI 上已公布的其他物种的 eIF4E 和 eIF（iso）4E 进行氨基酸比对分析，结果发现其氨基酸相似性分别为 57.9%~71.9%和 61.2%~76.5%。其中，番木瓜 eIF4E 与大豆 eIF4E 的相似性最高为 71.9%，与小麦的相似性最低为 57.9%；而番木瓜 eIF（iso4）E 与可可和葡萄相似性最高为 76.5%，与豌豆的相似性最低为 61.2%。进一步对其氨基酸序列比对分析，结果发现不同物种的 eIF4E 和 eIF（iso）4E，都存在帽结合区域和 eIF4G 的结合位点，且高度保守。在与 PLDMV 蛋白互作分析中，本研究通过双分子荧光互补实验（BiFC）和 GST- Pull down 等蛋白互作技术，明确了 PLDMV VPg 均能与番木瓜的 eIF4E 和 eIF（iso）4E 发生互作，且互作发生在细胞核内，但尚未发现互作的关键位点。进一步的研究工作正在进行中。

关键词：番木瓜；翻译起始因子；番木瓜畸形花叶病毒；基因组连接蛋白

---

* 基金项目：财政部和农业农村部国家现代农业产业技术体系建设专项（CARS-31-09）

** 第一作者：莫翠萍，博士研究生，研究方向为植物病理学；E-mail：cuiping2018@ 126. com

*** 通信作者：李华平，教授；E-mail：huaping@ scau. edu. cn

The dynamics of N^6-methyladenine RNA modification in interactions between rice and plant viruses

ZHANG Kun[1,2] ZHUANG Xinjian[1] DONG Zhuozhuo[1] XU Kai[2]
CHEN Xijun[1] LIU Fang[1]*** HE Zhen[1]*
(1. *Department of Plant Protection, College of Horticulture and Plant protection, Yangzhou University, Yangzhou* 225009, *China*; 2. *Jiangsu Key Laboratory for Microbes and Functional Genomics, Jiangsu Engineering and Technology Research Center for Microbiology, College of Life Sciences, Nanjing Normal University, Nanjing* 210023, *China*)

Abstract: N^6-methyladenosine (m6A) is the most common mRNA modification in eukaryotes and has been implicated as a novel epigenetic marker that is involved in various biological processes. The pattern and functional dissection of m6A in the regulation of several major human viral diseases have already been reported. However, the patterns and functions of m6A distribution in plant disease bursting remain largely unknown.

We analyse the high-quality m6A methylomes in rice plants infected with two devastating viruses. We find that the m6A methylation is mainly associated with genes that are not actively expressed in virus-infected rice plants. We also detect different m6A peak distributions on the same gene, which may contribute to different antiviral modes between rice stripe virus or rice black-stripe dwarf virus infection. Interestingly, we observe increased levels of m6A methylation in rice plant response to virus infection. Several antiviral pathway-related genes, such as RNA silencing-, resistance-, and fundamental antiviral phytohormone metabolic-related genes, are also m6A methylated. The level of m6A methylation is tightly associated with its relative expression levels.

We reveal the dynamics of m6A modification during the interaction between rice and viruses, which may act as a main regulatory strategy in gene expression. Our investigations highlight the significant of m6A modifications in interactions between plant and viruses, especially in regulating the expression of genes involved in key pathways.

Key words: rice and plant viruses; N^6-methyladenine; RNA modification

* Correspondence: HE Zhen, Ph. D & Associate Professor; E-mail: hezhen@yzu.edu.cn
LIU Fang, Ph. D & Professor; E-mail: liufang@yzu.edu.cn

地黄花叶病毒河南分离物的检测鉴定

郭　枭　庄新建　丁诗文　董卓倬　贺　振　张　坤*

（扬州大学园艺与植物保护学院，扬州　205000）

摘　要：地黄（*Rehmannia glutinosa* Libosch.），又名生地，为玄参科（Scrophulariaceae）多年生草本植物，其根部可入药。地黄感染病毒后，其块根不能正常膨大，随着病症的加重，产量逐年下降，病毒感染越重，单株产量越低，产量可降低 60% 以上。目前感染地黄的主要病毒种类有烟草花叶病毒（*Tobacco mosaic virus*，TMV）、地黄花叶病毒（*Rehmannia mosaic virus*，ReMV）、蚕豆萎蔫病毒（*Broad bean wilt virus* 2，BBWV2）、油菜花叶病毒（*Youcai mosaic virus*，YoMV）等。

地黄花叶病毒（*Rehmannia mosaic virus*，ReMV）是烟草花叶病毒属（*Tobamovirus*）成员，地黄花叶病毒由机械接种传播，经摩擦接种后，可侵染 4 个科的 13 种植物，主要是茄科、葫芦科、藜科和豆科。ReMV 侵染造成的典型症状为明脉、花叶、褪绿、斑驳及坏死斑等。

本课题组在河南温县地黄种植区发现了褪绿、花叶等疑似病毒侵染症状的地黄。使用 RT-PCR 及免疫酶联吸附分析（ELISA）技术证明了 ReMV 的存在。利用 RT-PCR 克隆了 ReMV 河南分离物 *MP* 的基因序列，结合 NCBI 中已有数据对 ReMV 河南分离物 MP 序列进行，分析显示，ReMV 不同来源分离物间具有较低的遗传分化，说明其进化受到较为清晰的地理隔离的影响。本研究发现了河南温县地区地黄上地黄花叶病毒的侵染，也发现了该地区 ReMV 侵染地黄过程中的分子进化，为地黄花叶病毒病后续的深入研究提供了一定的理论依据。

关键词：地黄花叶病毒；分离物；检测鉴定

* 通信作者：张坤，讲师，研究方向为植物病毒学；E-mail：zk@ yzu. edu. cn，zhangkun880324@ cau. edu. cn

河南省焦作市地黄上蚕豆萎蔫病毒 2 的检测与序列分析

董卓倬[1*]　王铁霖[2]　张　杨[3]　陈夕军[1]　张　坤[1]　徐小伟[1]　秦　朗[1]　贺　振[**]
（1. 扬州大学园艺与植物保护学院，扬州　225009；
2. 中国中医科学院中药资源中心/道地药材国家重点实验室培育基地　100007；
3. 青岛市黄岛区农业农村局植物保护站 266499）

摘　要：地黄（*Rehmannia glutinosa* Libosch.）是一种多年生草本植物，属于玄参科。地黄是我国传统中药材，以其新鲜或干燥的块茎入药，具有滋阴补肾的功能。病毒病是地黄上的一种重要病害，典型症状包括叶片黄化、花叶、卷叶和皱缩等症状。1962 年田波等首先从地黄中分离到地黄退化病毒（*Dihuang degeneration virus*，DDV），1994 年余方庆和杨立等利用血清学和生物学方法从地黄中分离得到 4 种病毒，其中包括烟草花叶病毒（*Tobacco mosaic virus*，TMV）和黄瓜花叶病毒（*Cucumber mosaic virus*，CMV），另外 2 种病毒未确定分类地位，2010 年周颖等在北京地黄上分离到 CMV 和蚕豆萎蔫病毒 2（*Broad bean wilt virus* 2，BBWV2）。目前，关于地黄病毒病病原的报道以及系统性研究较少，因此，需进一步明确地黄病毒病病原的种类以及发病情况。

本研究于 2019 年 7 月在河南省焦作市采集疑似受病毒侵染的地黄样品 20 株，利用 RT-PCR 结合核苷酸序列分析的方法对采集的地黄样品进行检测分析发现 13 株地黄 BBWV2 呈阳性，这是 BBWV2 侵染河南省地黄的首次发现，在阳性样品中克隆出病毒 *CP* 基因，经 BLAST 比对发现与 BBWV2 *CP* 基因序列具有较高同源性，系统进化树分析表明该病毒与 BBWV2 辽宁分离物亲缘关系较近，最终确定该病毒为 BBWV2，为河南地黄病毒病的防治和研究提供理论基础。

关键词：地黄；蚕豆萎蔫病毒 2；检测分析

* 第一作者：董卓倬，硕士研究生，研究方向为分子植物病毒学；E-mail：1070279253@qq.com
** 通信作者：贺振，副教授，研究方向为分子植物病毒学；E-mail：hezhen@yzu.edu.cn

河南温县地黄上瓜类褪绿黄化病毒的鉴定及其 *CP* 序列分析

庄新建* 郭 臬 丁诗文 董卓倬 贺 振 张 坤**
（扬州大学园艺与植物保护学院，扬州 225000）

摘 要：地黄（*Rehmannia glutinosa* Libosch.）为玄参科（Scrophulariaceae）多年生草本植物，其根部为传统中药材。地黄栽培中使用块根进行无性繁殖，易导致病毒病发生严重，从而严重影响地黄的产量与质量。目前感染地黄的植物病毒种类主要有烟草花叶病毒（*Tobacco mosaic virus*，TMV）、地黄花叶病毒（*Rehmannia mosaic virus*，ReMV）、油菜花叶病毒（*Youcai mosaic virus*，YoMV）、番茄花叶病毒、蚕豆萎蔫病毒2号（*Broad bean wilt virus* 2，BBWV2）、车前草花叶病毒（*Plantago asiatica mosaic virus*，P1AMV）等。瓜类褪绿黄化病毒（*Cucurbit chlorotic yellows virus*，CCYV）是一种具有重大危害的植物病毒，它属于长线形病毒科（*Closteroviridae*）毛形病毒属（*Crinivirus*）的成员，主要由烟粉虱（*Bemisia tabaci*）以半持久性方式进行传播。CCYV 主要危害甜瓜、西瓜、黄瓜等多种瓜类作物，同时也能系统侵染甜菜、莴苣、菠菜、本生烟、曼陀罗等非葫芦科植物。目前无侵染地黄的报道。

为了理清河南省温县地黄种植区病毒病的发生和分布情况，本文利用 siRNA 高通量测序分析，辅以 RT-PCR 及 ELISA 等实验方法，对采集的10株疑似病毒侵染的地黄样品进行了检测分析，发现 CCYV 与 ReMV 两种病毒可能是侵染河南温县地黄的主要病毒，且首次发现了在自然条件下 CCYV 能侵染地黄。根据 NCBI 上已报道的序列及高通量测序获得的 contig 序列，成功地克隆出了 CCYV *CP* 基因的序列。结合 NCBI 数据库中已有数据比较分析了 CCYV 河南地黄分离物（CCYV-HNDH）*CP* 与其他分离物间的基因组变异情况，发现其 *CP* 序列较为保守，本研究为地黄病毒病的有效防治提供了一定的理论基础。

关键词：地黄；瓜类褪绿黄化病毒；高通量测序；序列分析

* 第一作者：庄新建，硕士研究生，研究方向为植物病毒学；E-mail：1293442280@qq.com
** 通信作者：张坤，博士，讲师，研究方向为植物病毒学；E-mail：zk@yzu.edu.cn

黄瓜花叶病毒香蕉坏死株系侵染性克隆的构建*

郭泳仪**　李鹏飞　李华平***
（华南农业大学植物保护学院，广州　510642）

摘　要：黄瓜花叶病毒（*Cucumber mosaic virus*，CMV）是雀麦花叶病毒科（*Bromoviridae*）黄瓜花叶病毒属（*Cucumovirus*）的成员，该病毒危害严重、寄主范围广泛，可侵染1000多种植物。侵染性克隆是研究病毒基因组结构和功能的常见工具，目前已被广泛应用于植物表达载体和病毒沉默载体的运用等方面。2020年7月，笔者实验室于广东省清远市英德县发现香蕉植株的叶片和假茎呈现坏死症状，经检测发现侵染该植株的病毒为CMV，进一步鉴定该病毒株为香蕉上新发现的坏死株系。为了明确该株系的致病机制，笔者在克隆病毒全基因组的基础上，构建了该株系的侵染性克隆。结果表明，该株系的RNA1全长为3 355 bp，内含1a ORF，编码994个氨基酸的1a蛋白，RNA1与亚组Ⅰ株系核苷酸序列同源性为91.20%～98.30%。CMV RNA2全长3 047 bp，包含2个ORF，2a ORF编码858个氨基酸的2a蛋白，2b ORF序列长336 bp的5′端与2a ORF的3′端重叠，编码113个氨基酸的2b蛋白；RNA2与亚组Ⅰ核苷酸同源性为91.42%～97.86%。CMV RNA3全长2 208 bp，内含2个ORF，其中3a ORF编码280个氨基酸的3a蛋白，CP ORF编码219个氨基酸的CP蛋白；CMV RNA3与亚组Ⅰ同源性为90.81%～95.18%。进化树分析表明，该株系属于亚组Ⅰ。以微型植物表达载体pCB301为模板，利用同源重组的方法分别将CMV RNA1、RNA2、RNA3的完整基因片段构建到植物表达载体的35S启动子和HDZ核酶之间，从而构建成功了pCB301-CMV-RNA1、pCB301-CMV-RNA2和pCB301-CMV-RNA3重组质粒。通过农杆菌介导的方法，将上述混合重组质粒注射到6叶期本生烟，发现注射后第8天，本生烟呈现皱缩症状，经PCR检测在系统叶中发现有CMV。该CMV株系的基因功能研究正在进行中。

关键词：香蕉；黄瓜花叶病毒；坏死株系；侵染性克隆

---

* 基金项目：国家重点研发计划（2019YFD1001802）
** 第一作者：郭泳仪，硕士研究生，研究方向为植物病理学；E-mail：m15813312049@126.com
*** 通信作者：李华平，教授；E-mail：huaping@scau.edu.cn

基于 CMV 载体抗病毒植物疫苗的研发*

程虹霞** 李鹏飞 李华平***

(华南农业大学植保学院，广州 510642)

摘 要：香蕉是重要的经济和粮食作物，在我国香蕉是生产和消费大国。长期以来，由香蕉束顶病毒（*Banana bunchy top virus*，BBTV），黄瓜花叶病毒（*Cucumber mosaic virus*，CMV）和香蕉线条病毒（*Banana streak virus*，BSV）等引致的病毒病害是香蕉生产上最主要的限制因素，严重阻碍了香蕉产业健康和可持续发展。为了防控这些病毒病害，笔者构建了一个侵染香蕉的 CMV 株系的 2b 缺失突变体，拟此作为载体表达相关抗病基因和不同病毒基因保守序列片段，从而开发抗病毒的植物疫苗。试验结果表明，笔者构建的 CMV 株系的 2b 缺失突变体通过农杆菌法接种能够侵染本生烟，与接种 CMV 株系野生型相比，它只引起轻微的花叶症状；进一步在不同的时间段分别检测病毒含量，发现 CMV 株系缺失突变体能够系统侵染本氏烟，结果表明该载体构建成功。先前有人报道植物茎尖干细胞关键调控因子 WUSCHEL（WUS）介导了分生组织对植物病毒的先天免疫性。笔者依据 NCBI 中拟南芥 WUSCHEL 基因序列查找香蕉基因组中的同源序列，结果发现在所有含有 AAA 基因型的香蕉品种中都存在 WUS 调控因子序列，二者相似性为 77.78%。笔者进而克隆了香蕉中的 WUS 基因，将该基因插入 CMV 株系缺失突变体载体中，成功构建了含有该基因的缺失突变体。同时，笔者也分别克隆了香蕉 BBTV、CMV 和 BSV 各病毒不同基因的保守序列，拟构建不同病毒基因沉默载体，进一步的抗病毒效果正在研究中。

关键词：香蕉病毒；CMV 载体；WUS；VIGS

* 基金项目：国家重点研发计划（2019YFD1001802）

** 第一作者：程虹霞，硕士研究生，研究方向为植物病理学；E-mail：2429866558@qq.com

*** 通信作者：李华平，教授；E-mail：huaping@scau.edu.cn

侵染香蕉的 CMV 和 BSV 遗传多样性分析*

陈华宙** 饶雪琴 李华平***
（华南农业大学植保学院，广州 510642）

摘　要：香蕉是重要的经济和粮食作物，是热带和亚热带地区主要的农业支柱产业。长期以来，由黄瓜花叶病毒（*Cucumber mosaic virus*，CMV）和香蕉线条病毒（*Banana streak virus*，BSV）引致的香蕉病毒病对香蕉生产造成严重危害，且广泛分布于包括我国在内的香蕉主产区。CMV 侵染香蕉的主要症状为花叶，有些香蕉植株出现心腐；BSVs 侵染香蕉后可产生多种症状，典型症状是在叶片上出现断续或连续的褪绿条斑，其初期症状与 CMV 引起的症状极为相似，容易混淆；但 BSVs 在侵染香蕉后期可产生坏死条斑，果穗变小，造成产量下降。CMV 在田间发生情况受蚜虫、杂草、寄主等因素影响，常与其他病毒复合侵染，其自然变异频率较高；而 BSVs 基因序列存在广泛变异，不同种病毒基因组序列差异较大，因此探究香蕉这两种病毒的遗传多样性与系统进化关系对这两种病害诊断和防控有重要意义。本研究从我国主要香蕉种植地采集疑似香蕉病样，进行 CMV 和 BSVs 检测，并利用多种生物信息学软件对 CMV MP 基因和 BSVs RT 基因进行核苷酸遗传多样性分析。结果表明，CMV MP 基因核苷酸序列同源率为 98.92%～100%，进化树分析表明所获 CMV MP 同属于 CMV 亚组ⅠB。而 BSVs RT 基因核苷酸同源率为 58.50%～98.70%，进化树分析发现 BSVs 的 RT 基因可分为 3 个分支，多数与 BSVs 确定种有较高的相似性，少数相似性较低。

关键词：香蕉；黄瓜花叶病毒；香蕉线条病毒；遗传多样性分析

---

* 基金项目：国家重点研发计划（2019YFD1001802）

** 第一作者：陈华宙，硕士研究生，研究方向为植物病理学；E-mail：2716945735@qq.com
*** 通信作者：李华平，教授；E-mail：huaping@scau.edu.cn

一种桃蚜从转病毒全基因组植物或冷冻病叶片获取马铃薯卷叶属病毒的方法*

左登攀** 陈相儒 胡汝检 赵添羽 张晓艳 彭艳梅
王 颖 李大伟 于嘉林 韩成贵***
（中国农业大学植物病理学系，农业生物技术国家重点实验室，北京 100193）

摘 要： 马铃薯卷叶病毒属病毒（*Poleroviruses*）为正义单链 RNA（+ssRNA）病毒，病毒粒子为球形，直径为 25~35nm，无包膜，病毒粒子由外壳蛋白和病毒基因组 RNA（genomic RNA，gRNA）组成。马铃薯卷叶病毒属病毒在世界范围内分布广泛，可以侵染十字花科、藜科、葫芦科、禾本科等多种植物，引起严重病害和经济损失。马铃薯卷叶病毒属病毒局限于寄主植物组织的韧皮部，不能机械接种，自然情况下通过介体蚜虫以持久循回非增殖型方式进行传播，还可通过农杆菌浸润或者嫁接等方式进行传播。尽管有病毒侵染性 cDNA 克隆由农杆菌介导侵染，但存在接种效率不稳定和不能取代自然介体接种条件，因此需要解决毒源保存并可以进行蚜虫传毒的方法。

芸薹黄化病毒（*Brassica yellows virus*，BrYV）是马铃薯卷叶病毒属（*Polerovirus*）新发现的一种病毒，在中国大陆 11 个省市均有分布，BrYV 主要侵染卷心菜（*Brassica oleracea* var. *capitata*）、大白菜（*B. pekinensis*）、菜花（*B. oleracea* var. *botrytis*）、芥菜（*B. juncea*）、萝卜（*Raphanus sativus* var. *oleifera*）等多种十字花科作物，在田间引起作物黄化和叶片卷曲症状。

本研究利用桃蚜从病毒转基因植物和冷冻病叶中获得马铃薯卷叶病毒属芸薹黄花病毒（*Brassica yellows virus*，BrYV）并传播的方法。以携带含有芸薹黄化病毒全基因组的转基因拟南芥种子来源的植株和-20 ℃冷冻方法保存的带毒植株对桃蚜（*Myzuspersicae*）进行饲毒，结果表明桃蚜可从病毒转基因植物及冷冻病叶中获得 BrYV 并传播至健康植物，桃蚜获毒能力和传毒能力与新鲜病叶比较无明显差异，此方法简便、准确、可行。此研究为芸薹黄化病毒等马铃薯卷叶病毒属病毒与寄主互作研究、病毒生物学基础研究、品种抗性评价和其他昆虫介体传毒病毒的毒源保存与利用提供了借鉴思路和基础研究方法。

关键词： 芸薹黄化病毒；桃蚜；病毒基因组转基因植物；病毒冷冻叶；病毒获取和传播

致 谢： 感谢中国农业大学生物学院王献兵教授和张永亮教授对本研究的指导和建议。

---

* 基金项目：国家自然科学基金（31972240 和 31671995）

** 第一作者：左登攀，博士生，研究方向为植物病毒与寄主的分子互作；E-mail：B20173190806@cau.edu.cn

*** 通信作者：韩成贵，教授，研究方向为植物病毒病害及抗病转基因作物；E-mail：hanchenggui@cau.edu.cn

分离泛素化酵母双杂交系统筛选与芸薹黄化病毒 RTD 蛋白互作的桃蚜介体蛋白*

何梦君**　左登攀　王　颖　李大伟　于嘉林　韩成贵***
（中国农业大学植物病理学系，农业农村部作物有害生物监测与绿色防控重点实验室，北京　100193）

摘　要：芸薹黄化病毒（*Brassica yellows virus*，BrYV）属于黄症病毒科（*Luteoviridae*），马铃薯卷叶病毒属（*Polerovirus*），侵染时局限于寄主植物的韧皮部组织。该病毒是本实验室在我国分离得到的一种马铃薯卷叶属新病毒，至少存在 BrYV-A、BrYV-B 和 BrYV-C 三种基因型，主要在十字花科蔬菜上造成严重的病害。病毒编码蛋白的过程中，通过通读 ORF3-ORF5 衣壳蛋白（CP）基因的终止密码子产生通读蛋白 RTP（RTP），由 ORF5 编码的通读区域则称为 RTD，RTP 通过 CP 部分组装到病毒粒子中，RTD 从病毒粒子表面伸出，与蚜虫传毒密切相关。BrYV 由蚜虫以持久非增殖方式传播，介体传播是 BrYV 在寄主之间扩散的主要途径。到目前为止，国内外尚无有关于 BrYV 在介体传毒机制方面的研究报道，RTD 与蚜虫蛋白的互作关系也不清楚。因此通过分裂泛素酵母双杂交系统筛选桃蚜体内与 RTD 互作的介体蛋白，进一步探究二者互作的生物学意义，为芸薹黄化病毒的防控提供参考依据。

首先提取了携带 BrYV 和健康桃蚜的 RNA，质量分析合格后送往上海海科生物技术有限公司进行文库构建，采用 DUALmembrane 膜蛋白酵母双杂交系统构建文库，利用同源重组的方法将桃蚜 cDNA 重组至膜蛋白酵母双杂交文库载体（pPR3-N）。TMHMM 网站预测发现 BrYV-RTD 蛋白无跨膜区，因此将 RTD 构建到膜蛋白酵母双杂交的诱饵载体 pDHB1 上，经过自激活检测及功能验证，选择合适的 3-AT 浓度用于后续筛选实验。然后将含诱饵克隆 pDHB1-RTD 的酵母菌株 NMY51 制作成酵母感受态细胞，并将桃蚜 cDNA 库质粒转化于感受态细胞中，转化物分别涂布于二缺（-Leu/-Trp）及四缺培养基（-Ade/-His/-Leu/-Trp）上 30 ℃倒置培养 3~5 d，计算诱饵蛋白与文库转化效率及挑取四缺培养基上生长的酵母单菌落，画线于加有 X-Gal 的四缺板，筛选与 RTD 蛋白互作的桃蚜介体蛋白。蓝白斑筛选后，提取酵母阳性克隆 DNA 并通过 NCBI 进行测序结果的序列比对，目前共筛选到与 BrYV-RTD 互作的桃蚜候选蛋白 51 个，这些介体因子主要与蛋白氧化还原反应相关。接下来需要对上述候选互作蛋白进行进一步的深入验证，并分析其在蚜虫传播病毒过程中的作用。

关键词：芸薹黄化病毒；酵母双杂交；RTD；桃蚜互作蛋白

致　谢：感谢王献兵教授和张永亮教授对本研究的指导和建议。

---

* 基金项目：国家自然科学基金项目部分资助（31972240 和 31671995）

** 第一作者：何梦君，植物病理学硕士生，研究方向为植物病毒介体；E-mail：S20193192583@ cau. edu. cn

*** 通信作者：韩成贵，教授，研究方向为植物病毒学与抗病毒基因工程；E-mail：hanchenggui@ cau. edu. cn

月季香石竹潜隐病毒属新病毒的鉴定及其抗血清制备*

张秀琪[1**]　聂张尧[1**]　李梦林[1]　周梦轲[1]　杨一舟[2]　刘松誉[2]　韩成贵[1]　王　颖[1***]

(1. 中国农业大学植物保护学院，农业生物技术国家重点实验室、农业部病虫害监测与绿色管理重点实验室，北京　100193；2. 中国农业大学生物学院，北京　100193)

摘　要：月季病毒病引起月季黄化、斑驳、花叶、畸形及树势减弱等症状，严重时甚至造成植株死亡。2019 年，提取了北京地区疑似病毒病症状的月季叶片总 RNA 进行高通量测序，发现了 7 种侵染月季的已知病毒和 2 种新的正义 ssRNA 病毒，通过 RT-PCR 和 RACE 获得了其中 1 种与黄化斑驳症状相关的新病毒的全长序列信息，解析了其分类地位，根据乙型线形病毒科（*Betaflexiviridae*）的分类标准，推测其为香石竹潜隐病毒属（*Carlavirus*）的 1 个新种，暂时命名为月季 C 病毒（*Rose virus* C，RVC）。该病毒含有 5 个开放阅读框，全基因组序列除去 3′末端 poly（A）由 8393 个核苷酸组成。在氨基酸水平上，其 RNA 依赖的 RNA 聚合酶与已知 *Betaflexiviridae* 的成员同源性为 35. 87%～46. 74%。系统发育分析显示 RVC 与 *Carlavirus* 的杨树花叶病毒（*Poplar mosaic virus*，PMV）聚为一支，亲缘关系最近。上述研究为深入研究 RVC 打下了基础。目前对于月季病毒病检测的相关报道较少，因此制备 RVC 抗血清用于血清学检测。将其 *cp* 基因构建到原核表达载体 pDB. His. MBP 上，转化大肠杆菌 BL21，用 0. 1 mmol/L 的 IPTG 在 18 ℃条件下诱导培养 16 h，经过超声波破碎和 Ni 柱亲和层析得到了目的蛋白，最后将总量为 8 mg 的蛋白送百迈客公司制备并获得了抗血清，下一步将对抗血清进行效价和灵敏度分析。

关键词：月季病毒；香石竹潜隐病毒属；月季 C 病毒；原核表达；抗血清

致　谢：感谢于嘉林教授、王献兵教授、张永亮教授和李大伟教授对本研究的指导和建议。

---

* 基金项目：国家级大学生创新训练项目（201910019028）、国家级大学生创新训练项目（S202110019030）

** 第一作者：张秀琪，植物病理学硕士生，研究方向为植物病毒致病性；E-mail：xiuqizhang@ cau. edu. cn
聂张尧，植物保护本科生；E-mail：niezhangyao@ cau. edu. cn

*** 通信作者：王颖，副教授，研究方向为植物病毒学及甜菜病害综合防控；E-mail：yingwang@ cau. edu. cn

玉米黄花叶病毒运动蛋白的原核表达和抗血清的制备*

马秋萌**　刘玉姿**　吴　迪　李洪蕊　王　颖　韩成贵***

（中国农业大学植物病理学系，农业农村部作物
有害生物监测与绿色防控重点实验室，北京　100193）

摘　要：玉米黄花叶病毒（*Maize yellow mosaic virus*，MaYMV）属于黄症病毒科（*Luteoviridae*）马铃薯卷叶病毒属（*Polerovirus*），为正义单链 RNA 病毒（*Positive-sense single-stranded RNA virus*，（+）ssRNAvirus），基因组全长 5 642 bp，含有 7 个开放阅读框（open reading frames，ORFs），包括 ORF0～ORF5 以及 ORF3a。2016 年，MaYMV 在我国被首次报道，能侵染玉米、甘蔗等作物，由蚜虫进行持久性、循回非增殖型传播。MaYMV 可以与甘蔗花叶病毒（*Sugarcane mosaic virus*，SMV）等甘蔗花叶病相关病毒复合侵染玉米、甘蔗等，对世界各地的玉米产区和甘蔗产区带来严重的威胁。本研究将编码 MaYMV 运动蛋白（Movement protein，MP）的基因连接到原核表达载体 pDB-His-MBP 上，并将构建成功的原核表达质粒转化到大肠杆菌中，诱导大肠杆菌表达分子量大小约为 62 kDa 的融合蛋白，将纯化后的融合蛋白对大白兔进行免疫，制备得到 MaYMV MP 多克隆抗血清。利用 western blot 测定该抗血清的效价为 1：128 000，抗血清的灵敏度为 1：32，且该抗血清能够特异性地检测到本生烟中瞬时表达的 MaYMV MP，而不与马铃薯卷叶病毒属（*Polerovirus*）及黄症病毒属（*Luteovirus*）的其他病毒发生血清学交叉反应，证明该抗血清具有很好的特异性。制备得到的 MaYMV MP 多克隆抗血清实现了对 MaYMV 的血清学检测，而且为研究 *Polerovirus* 中各种病毒之间的血清学关系以及对 MP 功能的深入研究提供必要的材料基础。

关键词：玉米黄花叶病毒；运动蛋白；原核表达；抗血清制备

* 基金项目：国家现代农业产业技术体系（CARS-170304）；国家自然科学基金（31972240）部分资助

** 第一作者：马秋萌，植物保护专业本科生；E-mail：maqiumeng@ cau. edu. cn
刘玉姿，植物病理学博士生，研究方向为植物与病毒分子互作；E-mail：ZB20203190927@ cau. edu. cn

*** 通信作者：韩成贵，教授，研究方向为植物病毒学与抗病毒基因工程；E-mail：hanchenggui@ cau. edu. cn

甜菜坏死黄脉病毒 p31 蛋白的原核表达

周梦轲* 李梦林 边文娅 张宗英 韩成贵 王 颖**
（中国农业大学植物病理学系/农业生物技术国家重点实验室，北京 100193）

摘 要：甜菜坏死黄脉病毒（*Beet necrotic yellow vein virus*，BNYVV）是甜菜坏死黄脉病毒属（*Benyvirus*）的代表种，由甜菜多黏菌（*Polymyxa betae*）传播，为甜菜丛根病（*Rhizomania*）病原，对甜菜危害极大。BNYVV 是多分体正单链 RNA 病毒，基因组由 4~5 条正单链 RNA 组成。RNA4 编码的 p31 蛋白是一个重要的致病因子，能诱导本生烟植株产生叶片卷缩和植株矮化的严重症状，同时 p31 蛋白与 *P. betae* 高效传毒相关，当 p31 发生缺失或突变时会导致 *P. betae* 传毒效率下降明显。实验室前期结果显示 p31 原核表达时容易形成包涵体，不利后期的试验。本研究将 p31 基因构建到 pCold-TF-His 蛋白表达载体上，得到 pCold-TF-p31 阳性克隆。经小量诱导发现，p31 在 0.1 mmol/L IPTG 诱导后在上清中成功表达。经转化大肠杆菌 BL21 后，在 0.1 mmol/L IPTG 诱导，18 ℃培养 18 h 后，p31 蛋白在大肠杆菌中大量表达。之后进行镍柱亲和层析纯化得到 p31 目标蛋白。纯化的 p31 蛋白可进行 p31 体外蛋白互作分析及多克隆抗体的制备，可为研究 p31 蛋白的功能及 BNYVV 病毒的检测提供了材料基础。

关键词：甜菜坏死黄脉病毒；p31；原核表达

致 谢：感谢于嘉林、李大伟、王献兵和张永亮教授对本研究的建议。

* 第一作者：周梦轲，硕士研究生，研究方向为植物病毒病害；E-mail：s20193192619@cau.edu.cn

** 通信作者：王颖，副教授，研究方向为植物病毒学及甜菜病害综合防控；E-mail：yingwang@cau.edu.cn

甜菜坏死黄脉病毒外壳蛋白抗血清的效价及灵敏度检测*

艾俞每**　李梦林　郭志鸿　张宗英　王　颖　李大伟　于嘉林　韩成贵***

（中国农业大学植物病理学系，农业农村部作物有害生物监测与绿色防控重点实验室，北京　100193）

摘　要：由甜菜坏死黄脉病毒（*Beet necrotic yellow vein virus*，BNYVV）引起的甜菜丛根病是甜菜上重要的病毒病害，能够引起甜菜根部变细及须根大量增多，呈“大胡子”状，造成甜菜产量和含糖量的显著下降。甜菜丛根病的主要防治手段是培育和利用甜菜抗病品种。

本实验室每年与内蒙古农牧业科学院合作进行病圃和大田的甜菜品种抗丛根病鉴定。目前BNYVV的检测方法主要有RT-PCR和酶联免疫吸附法（ELISA），但RT-PCR检测的成本较高不利于大规模的田间检测，而实验室原有抗血清特异性不强，不适用于甜菜根部样品ELISA检测。为了获得一种可用于田间甜菜根部样品BNYVVV ELISA检测的抗血清，本研究通过合成BNYVV CP多肽作为抗原免疫健康的新西兰大白兔，制备并获得抗血清。提取BNYVV侵染发病的本生烟总蛋白，利用western blot测定该抗血清的效价在1：(4 000~10 000）的时候效果较好，抗血清的灵敏度为1：256，说明该抗血清具有很好的特异性。进一步随机抽取了冻存的内蒙古农科院试验田的8个甜菜根部样品，其中有2个样品检测到了目标蛋白，表明该抗血清可以进行甜菜根部的BNYVV检测。

关键词：甜菜坏死黄脉病毒；外壳蛋白；抗血清；效价；灵敏度

致　谢：感谢王献兵教授和张永亮教授对本研究的建议。

---

* 基金项目：现代农业产业技术体系建设项目糖料—甜菜病害防控（CARS-170304）

** 第一作者：艾俞每，专业硕士研究生，研究方向为主要植物病毒病害检测与鉴定；E-mail：nauaiyumei2016@163.com

*** 通信作者：韩成贵，教授，研究方向为植物病毒学与抗病毒基因工程；E-mail：hanchenggui@cau.edu.cn

芸薹黄化病毒 P0 蛋白 C 末端对于病毒的系统侵染是必需的*

张　鑫** Mamun-Or Rashid 赵添羽
李源源 王 颖 李大伟 于嘉林 韩成贵***
（中国农业大学植物病理学系与农业生物技术国家重点实验室，北京 100193）

摘　要：芸薹黄化病毒（*Brassica yellows virus*，BrYV）属于黄症病毒科马铃薯卷叶病毒属，是由本实验室向海英博士首次发现并报道的马铃薯卷叶属新病毒。BrYV 在我国大陆广泛分布，能够侵染多种十字花科作物，引起叶片黄化和卷曲等症状。本实验室前期的研究表明 BrYV 的 P0 蛋白抑制本生烟中的基因沉默，对于局部沉默及系统沉默都有较好的抑制作用。此外，利用多个不同 P0 突变体，发现 P0 蛋白无论是突变单个氨基酸还是被提前终止表达，BrYV 病毒都无法系统侵染，则说明 P0 在 BrYV 系统侵染中发挥着重要作用。

将 BrYV 的 P0 蛋白缺失 C 端 15 个氨基酸，通过农杆菌介导的 pGDG 和 P0 突变体在烟草叶片中的瞬时共表达来检测抑制子活性。在 2 dpi 时，突变体共浸润的叶片表达了与野生型 P0 相似的强 GFP 荧光。蛋白质印迹进一步证明突变体确实积累了 GFP。在 3 dpi，观察接种的叶片出现明显的坏死症状。为了分析该突变体抑制系统沉默的能力，笔者使用 GFP 转基因本生烟品系 16c。在 14 dpi 时，与突变体或阴性对照共同浸润的植物的基因沉默没有受到抑制。然而，与野生型共浸润的植物基因沉默功能受到抑制。基于上述结果，构建了 BrYV cDNA 克隆的系统性 VSR 缺陷突变体 $BrYV^{\Delta 235-249}$，它对 P1 蛋白序列没有影响。为了确定突变体对本生烟植物中 BrYV 感染的影响，在 14 dpi 通过 RT-PCR、蛋白质印迹和 Northern Blotting 检测了本生烟植物的上部叶子。结果表明，只有野生型可以系统侵染，突变体 $BrYV^{\Delta 235-249}$ 不能系统侵染。

在对 PLRV 的研究中也发现了类似的现象。结果表明在 221 位点和之前的截短突变（Δ221-247，超过 27 个氨基酸缺失）使 PLRV 的 P0 蛋白丧失了局部 VSR 活性，在 221 位点之后的截短突变体保留局部 VSR 活性，但均丧失系统侵染活性。为了研究截短突变体的系统侵染能力，构建了 PLRV P0 C 末端截短突变体侵染性克隆（$PLRV^{\Delta 215-247}$ 和 $PLRV^{\Delta 234-247}$），RT-PCR 结果和使用来自各自本生烟植物上部叶提取的蛋白质印迹分析证实，只有野生型 PLRV 在 14 dpi 时引起系统侵染，C 末端截短突变体均不能够系统侵染。

上述结果表明，BrYV 和 PLRV 的 P0 蛋白的 C 末端短肽对于病毒侵染是必需的，P0 蛋白 C 末端在病毒系统侵染中的作用机制还有待进一步研究。

关键词：芸薹黄化病毒；P0 蛋白；C 末端；系统侵染

致　谢：感谢王献兵教授和张永亮教授对本研究的建议。

---

* 基金项目：国家自然科学基金（31972240 和 31671995）部分资助

** 第一作者：张鑫，博士研究生，研究方向为植物病毒与寄主的分子互作

*** 通信作者：韩成贵，教授，研究方向为植物病毒病害及抗病转基因作物；E-mail：hanchenggui@ cau. edu. cn

芸薹黄化病毒运动蛋白 MP 和植物去泛素化酶 OTU 互作鉴定研究*

陈珊珊** 赵添羽 王 颖 李大伟 于嘉林 韩成贵***
(中国农业大学植物病理学系，农业农村部作物
有害生物监测与绿色防控重点实验室，北京 100193)

摘 要： 芸薹黄化病毒（*Brassica yellows virus*，BrYV）是由本实验室首次发现的一种能侵染十字花科多种作物的马铃薯卷叶属新病毒，具有 BrYV-A、BrYV-B 和 BrYV-C 三种不同的基因型。与该属其他病毒类似，其基因组具有 6 个开放阅读框（open reading frame，ORF），其中 ORF 4 编码 MP 蛋白。

本研究以 BrYV-A MP 为诱饵蛋白，通过烟草酵母文库筛选，鉴定到可与 MP^{BrA} 互作的具有去泛素化功能的普通烟 NtOTU1（XM_016655760）。克隆 NtOTU1 在本生烟上的同源物 NbOTU1（Nbv5.1tr6395388），通过基于泛素分裂的酵母双杂交系统（split-ubiquitin based Membrane Yeast Two-Hybrid，MYTH）、免疫共沉淀（Co-IP）、双分子荧光互补（BiFC）试验验证 MP^{BrA} 可与 NbOTU1 互作，并且 NbOTU1 可自身互作。通过序列比对，找到了 NbOTU1 在拟南芥中的同源物 AtOTU2（At1g50670），二者的氨基酸具有 81.73%的一致性。通过基于泛素分裂的酵母双杂交系统（MYTH）、免疫共沉淀（Co-IP）、双分子荧光互补（BiFC）试验验证 MP^{BrA} 也与 AtOTU2 互作，并且 AtOTU2 也可自身互作。去泛素化酶在病毒侵染过程中的作用及其机制正在进行之中。

关键词： 芸薹黄化病毒；运动蛋白 MP；NbOTU1；AtOTU2

致 谢： 感谢王献兵教授和张永亮教授对本研究的建议。

---

* 基金项目：国家自然科学基金（31972240）

** 第一作者：陈珊珊，博士研究生，研究方向为植物病毒病害及抗病毒转基因作物；E-mail：3040881298@qq.com

*** 通信作者：韩成贵，教授，研究方向为植物病毒病害及抗病毒转基因作物；E-mail：hanchenggui@cau.edu.cn

玉米褪绿斑驳病毒侵染与玉米糖代谢的互作调控*

钟　源** 　罗　玲　吴根土　青　玲　李明骏***

（西南大学植物保护学院，重庆　400715）

摘　要：植物中的糖类物质既是植物代谢途径中的基本碳源，也作为能量物质和信号分子在植物种子萌发、开花及应对环境胁迫等多个生理过程中发挥重要功能。植物病毒侵染会导致植物初级代谢的重编程，但植物病毒与寄主植物的互作调控机制尚不清晰。玉米褪绿斑驳病毒（*Maize chlorotic mottle virus*，MCMV）属于番茄丛矮病毒科（*Tombusviridae*）玉米褪绿斑驳病毒属（*Machlomovirus*），是侵染玉米的重要病原。本研究以 MCMV-玉米病害系统为对象，测定了 MCMV 侵染后第 6 天（6 dpi）和第 10 天（10 dpi）时玉米叶片中的葡萄糖和蔗糖含量，结果表明，6 dpi 时，MCMV 侵染玉米较之于 Mock 接种玉米中葡萄糖含量下调，10 dpi 时上调；而蔗糖含量在 6 dpi 时无明显变化但在 10 dpi 时上调。为进一步明确糖物质与 MCMV 侵染的关系，本研究对 MCMV 侵染的玉米分别外源施加 0.02 mol/L、0.5 mol/L、2 mol/L 的葡萄糖或蔗糖溶液，在 7 dpi 时观察玉米症状，并利用 RT-qPCR 技术对病毒积累量进行检测。结果表明两种外源糖处理均可减轻 MCMV 侵染所引起的褪绿斑驳症状，MCMV 的积累量也显著降低。为解析糖物质调控 MCMV 侵染的机制，对 MCMV 侵染后外源施加葡萄糖或蔗糖的玉米进行 RNA-Seq 分析，结果表明，外源施加葡萄糖或蔗糖均可调控玉米的植物激素信号转导通路、淀粉和蔗糖代谢、色氨酸代谢、单萜生物合成、异喹啉生物碱合成、亚油酸代谢、α-亚麻酸代谢、苯丙烷生物合成等通路；此外，外源施加葡萄糖影响了玉米的植物病原互作通路、植物 MAPK 信号、半乳糖代谢等通路；外源施加蔗糖影响玉米的苯丙氨酸代谢、ABC 转运蛋白、酪氨酸代谢等生理通路。

关键词：玉米褪绿斑驳病毒；玉米；糖代谢；RNA-Seq

---

* 基金项目：国家自然科学基金（31801706）

** 第一作者：钟源，本科生，研究方向为植物病理学

*** 通信作者：李明骏，讲师，研究方向为植物病毒与寄主互作；E-mail：lmj20170783@swu.edu.cn

A multiplex reverse transcription PCR assay for simultaneous detection of five main RNA viruses and in nine curcubit plants

ZHAO Zhenxing XIANG Jun TIAN Qian ZHAO Wenjun ZHANG Yongjiang

(*Institute of Plant Inspection and Quarantine*, *Chinese Academy of Inspection and Quarantine*, *Beijing* 100176, *China*)

Abstract: Virus and bacteria diseases occur in cucurbit fruits and vegetables all around the world, causing serious yield losses. For rapid detection of these pathogens and provide a basis for disease control, a multiplex reverse transcription polymerase chain reaction system was established for simultaneous detection of Tobacco mosaic virus (TMV), Zucchini yellow mosaic virus (ZYMV), Cucumber mosaic virus (CMV), and in 9 different cucurbit plants, with 5 pairs of specific primers being designed based on the coat protein (CP) genes of these viruses. Transcriptional elongation factor-1α (EF-1α) from tomato was added to the multiplex RT-PCR reaction system toprevent false negatives. The concentration of the primers, annealing temperature, annealing time, extension time and amplification cycles were optimized. Expected fragments of 159 bp (ToCV), 262 bp (PVY), 362 bp (EF - 1α), 430 bp (TMV), 500 bp (TSWV), 600 bp (CMV) and 705 bp (PVX) were amplified by this multiplex RT-PCR system, and their origin was confirmed by DNA sequencing. This method will have a wide application in virus detection of field samples.

Key words: plant virus detection; RNA viruses; curcubit plants; PCR

Studies on the Molecular Mechanism Underlying Resistance to Potato Virus X Conferred by Plant Argonaute2

ZHAO Zhenxing[1,2,3] MARTINS Guilherme Silva[2] JIAO Zhiyuan[1]
BROSSEAU Chantal[2] FAN Zaifeng[1*] MOFFETT Peter[2*]
(1. *Department of Plant Pathology*, *China Agricultural University*, *Beijing* 100193, *China*;
2. *Centre SÈVE*, *Département de Biologie*, *Université de Sherbrooke*, *Sherbrooke*, *Québec*, *Canada*;
3. *Institute of Plant Inspection and Quarantine*, *Chinese Academy of Inspection and Quarantine*, *Beijing* 100193, *China*)

Abstract: RNA silencing is one of the important mechanisms of plant antiviral innate immunity (Calil and Fontes, 2017; Li and Wang, 2019). Arabidopsis is usually not considered a host of PVX and is immune to its infection. Under certain circumstances, PVX can break this non-host resistance. If combined with another virus, PVX can infect Arabidopsis ecotype Col-0. In previous studies, it was shown that PVX can achieve systemic infection after inoculation in the dcl2/dcl3/dcl4 triple mutant, indicating that RNA silencing may be the cause of Arabidopsis immunity to PVX (Jaubert et al., 2011). It has also been shown that the AtCol-0-AGO2 allele confers resistance to PVX, whereas the AGO2 allele from the C24 ecotype (AtC24-AGO2) does not. The reason for this difference may be the longer RGR repeat motif and D33 sites located in the N-terminus of AtCol-0-AGO2. These variants are not located in the known functional domain of AGO2 (Brosseau et al., 2019). The molecular role of these two sites involved in antiviral resistance is still unclear. This study aims to use the tobacco leaf transient overexpression system and transgenic overexpression Arabidopsis lines to explore the function of the N-terminal region of the AGO2 protein and its effect on the relationship between PVX and P25.

Key words: RNA silencing; ARGONAUTE 2; viral suppressor of RNA silencing; *Potato virus X*

* Corresponding authors: FAN Zaifeng; E-mail: tofanzf@cau.edu.cn
MOFFETT Peter; E-mail: peter.moffett@usherbrooke.ca

葡萄座腔菌真菌病毒 BdCV1 RNA 依赖 RNA 聚合酶不依赖帽子翻译调控机制研究*

于成明**　原雪峰***　刘会香***

（山东农业大学植物保护学院山东省农业微生物重点实验室，泰安　271018）

摘　要：葡萄座腔菌（*Botryosphaeria dothidea*）常造成林果枝干溃疡、枝枯、果腐、炭腐、流胶等多种病害和巨大的经济、社会和生态损失，严重影响了我国林果产业的健康持续发展，开展病害的绿色防控成为生产中迫切需要解决的难题。真菌病毒是一类最有前途的和绿色的病害持续防控措施，利用真菌病毒防控林果溃疡病将会开辟新的病害防控途径。

本研究在由葡萄座腔菌所引起的苹果轮纹病中发现了一种能够抑制葡萄座腔菌生长发育和致病性的双链 RNA 病毒 BdCV1，全长克隆及序列分析确定其基因组包含 4 条双链 RNA，4 条链的基因表达均通过不依赖帽子翻译机制实现。其中 RNA1 编码 RNA 聚合酶 RdRp，是病毒复制酶体系的核心组分，是病毒转录和复制的主要催化剂，直接调控病毒的存活和表达量。因此，明确 BdCV1 真菌病毒不依赖帽子翻译的分子调控机制，有助于深入了解 BdCV1 的基因表达调控元件对葡萄座腔菌引起的林果溃疡病的生物防控作用。

研究结果必将对林果溃疡病的生物防控开辟新策略、提供新技术、新方法和新材料，也为其他利用真菌病毒防控真菌病害提供参考。

关键词：葡萄座腔菌；真菌病毒；BdCV1；翻译调控

* 基金项目：国家自然科学基金（31872638，31670147，31770684）；山东省“双一流”奖补资金资助经费（SYL2017XTTD11）

** 第一作者：于成明，讲师，研究方向为植物病毒学；E-mail：ycm2006. apple@ 163. com

*** 通信作者：原雪峰，教授，博士生导师，研究方向为分子植物病毒学；E-mail：snowpeak77@ 163. com

刘会香，教授，研究方向为林果病害的病原与寄主分子互作机制；E-mail：hxliu722@ 126. com

番茄斑萎病毒（TSWV）亚基因组对比基因组翻译调控的高效性研究*

杨 晨** 于成明 原雪峰***

（山东农业大学植物保护学院植物病理系，山东省农业微生物重点实验室，泰安 271018）

摘 要：番茄斑萎病毒病的病原为番茄斑萎病毒（*Tomato spotted wilt virus*，TSWV），该病毒属于布尼亚病毒科（*Bnuyaviridae*）番茄斑萎病毒属（*Tospovirus*），寄主植物广泛，主要侵染番茄、烟草、花生、辣椒、大豆等蔬菜作物和数以千计的观赏植物，其基因组包含有3条RNA链，分别为L（8.9 b），M（4.8 kb），S（2.9 kb）共编码5个蛋白，RNA M和S均为双义RNA，分别编码两个非重叠的蛋白，即RNA M和S链及其互补链产生两条亚基因组。

本研究主要通过^{35}S标记的体外翻译研究TSWV亚基因组、基因组翻译效率调控的研究。体外翻译RNA加帽时，基因组和亚基因组蛋白表达量一致；不加帽时，基因组和亚基因组蛋白表达量一致；加帽均比不加帽时翻译效率高。通过报告基因萤火虫荧光酶素（Fluc）的体外翻译系统发现加帽时翻译效率比不加帽翻译效率高；全长M-5′UTR-3′UTR的翻译效率与亚基因组NSm-5′UTR-3′UTR翻译效率差异不明显。

本研究表明了亚基因组产生的必要性，同时暗示了只有当亚基因组有帽子结构，而基因组没有帽子结构时，亚基因组才表现出翻译优势。

关键词：番茄斑萎病毒；亚基因组；^{35}S标记；蛋白翻译

---

* 基金项目：国家自然科学基金（31670147；31370179）；山东省“双一流”建设资助经费（SYL2017XTTD11）

** 第一作者：杨晨，硕士，研究方向为分子植物病毒学；E-mail：yang1993_chen@ yeah. net

*** 通信作者：原雪峰，教授，博士生导师，研究方向为分子植物病毒学；E-mail：snowpeak77@ 163. com

烟草丛顶病毒不依赖帽子翻译的远距离RNA-RNA互作的开闭机制研究*

耿国伟[1**] 窦宝存[1] 于成明[1] 王德亚[2] 原雪峰[1***]
（1. 山东农业大学植物保护学院植物病理系，山东省农业微生物重点实验室，泰安 271018；
2. 枣庄学院生命科学学院，枣庄 277000）

摘　要：烟草丛顶病毒（*Tobacco bushy top virus*，TBTV）属于番茄丛矮病毒科幽影病毒属。TBTV基因组由一条正义单链RNA（+ssRNA）组成，编码4个蛋白，5′端没有帽子结构，3′末端也不带poly（A）尾。ORF1和ORF2是病毒复制酶的组成成分，ORF3和ORF4可能参与病毒的远距离或细胞间运输。TBTV的3′UTR含有BTE元件，其中SL-Ⅲ可以与5′UTR互作促进不依赖帽子的高效翻译。

课题组前期克隆了3种TBTV弱毒分离物（JC，MDI和MDⅡ），发现包含远距离RNA-RNA互作位点的5′末端511 nt区域（RI）和RV（包含BTE元件）的替换可造成不依赖帽子翻译水平的明显下降。序列比对发现RI区置换型突变体远距离RNA-RNA互作位点保守存在，利用体外RNA结构分析技术SHAPE分别分析TBTV野生型和MDI分离物5′和3′端远距离RNA-RNA互作位点的结构特征，发现2种分离物5′端的互作位点均处于封闭状态，而MDI分离物3′端的互作位点处于打开状态，暗示该区域存在抑制远距离RNA-RNA互作的位点。随后利用SHAPE技术分别分析了TBTV野生型和MDI分离物RI区的结构特征，发现2种分离物的RI区存在3处较为明显的结构差异区，暗示这3处结构的差异影响了远距离RNA-RNA互作，通过调节RNA的环化来调控TBTV不依赖帽子翻译效率。

关键词：烟草丛顶病毒；不依赖帽子翻译；远距离RNA-RNA互作；RNA结构特征

---

* 基金项目：国家自然科学基金（31872638；31670147）
** 第一作者：耿国伟，博士后，研究方向为分子植物病毒学；E-mail：guowgeng@163.com
*** 通信作者：原雪峰，教授，博士生导师，研究方向为分子植物病毒学；E-mail：snowpeak77@163.com

葡萄座腔菌中真菌病毒检测及分析*

王彦芬[1**]　武海燕[1]　郭雅双[1]　徐　超[1]　郭立华[2]　张　猛[1***]
（1. 河南农业大学植物保护学院，郑州　450002；
2. 植物病虫害生物学国家重点实验室，北京　100193）

摘　要：由葡萄座腔菌［*Botryosphaeria dothidea*（Moug：Fr）Ces & De Not］侵染桃引起的桃流胶病是桃树生产上的一种重要真菌性病害，发病后引起桃树势衰弱，严重时可导致枝干枯死。已有研究表明部分真菌病毒（*Mycovirus*）进入病原菌后可引起寄主致病力减弱，这为真菌病害的生物防治提供了新途径。本研究对来源于桃流胶病菌中携带的真菌病毒进行分析，旨在挖掘具有致病力减弱特性的真菌病毒资源。本研究通过生长速率及致病力分析研究发现，14 个供试菌株在生长速率和致病力方面存在差异，进一步运用特异引物 Bd-F/R 对存在差异的菌株进行 PCR 扩增，结果表明 14 个菌株均为葡萄座腔菌（*B. dothidea*）。提取供试菌株的 dsRNA，显示其所携带 dsRNA 条带均有 1~5kb。通过观察 dsRNA 带型，发现 14 个菌株所携带 dsRNA 含有 1~8 条带，其中菌株 190608-1 含有约 10 条 dsRNA 条带。通过 RT-PCR 检测与分析，表明 4 株携带 *Botryosphaeria dothidea* partitivirus 1（BdPV1）、8 株携带 *Botryosphaeria dothidea* RNA virus 1（BdRV1）以及 2 株携带 *Botryosphaeria dothidea* chrysovirus 1（BdCV1），且部分菌株存在复合侵染现象。经致病力测定发现 BdRV1 可减弱寄主的致病力，本研究为进一步利用真菌病毒进行生物防治提供了有用的资源。

关键词：桃流胶病；葡萄座腔菌；真菌病毒；RT-PCR

---

* 基金项目：本研究由植物病虫害生物学国家重点实验室开放基金（SKLOF202103）资助

** 第一作者：王彦芬；E-mail：wyfhist@163.com
*** 通信作者：张猛，教授；E-mail：zm2006@126.com

Four distinct isolates of *Helminthosporium victoriae virus* 190S identified from *Bipolaris maydis* *

LI Duhua[1]　CHENG Hui[1]　PAN Xin[1]　WU Ruixue[1]
LIU Minghong[2**]　ZHANG Songbai[1***]
(1. *Hubei Engineering Research Center for Pest Forewarning and Management*, *Jingzhou* 434025, *China*;
2. *Zunyi City Company*, *Guizhou Tobacco Company*, *Zunyi* 563000, *China*)

Abstract: *Helminthosporium victoriae virus* 190S (HvV190S) is the type species of the genus *Victorivirus* under the family *Totiviridae*. To date, HvV190S has never been found in places outside the USA and has *Helminthosporium victoriae* as its only know natural host fungus in the field. Here, we report the identification of 4 double-stranded RNA (dsRNA) viruses from *Bipolaris maydis* in Hubei province of China. Interestingly, the genomes of the 4 viruses show 81.2% ~ 85.5% sequence identities to HvV190S. Their capsid protein (CP) and RNA-dependent RNA polymerase (RdRp) share 95.5% ~ 97.9% and 94.6% ~ 96.6% amino acid sequence identities to corresponding proteins of HvV190S (Figure). Therefore, the 4 viruses, which show 81.8% ~ 87.3% pairwise genome sequence identities, should be considered as distinct isolates of HvV190S. Our finding suggests that HvV190S is widely distributed in the world and may infect fungal species other than *H. victoriae*.

Key words: *Helminthosporium victoriae virus* 190S; *Victorivirus*; *Bipolaris maydis*; genetic diversity

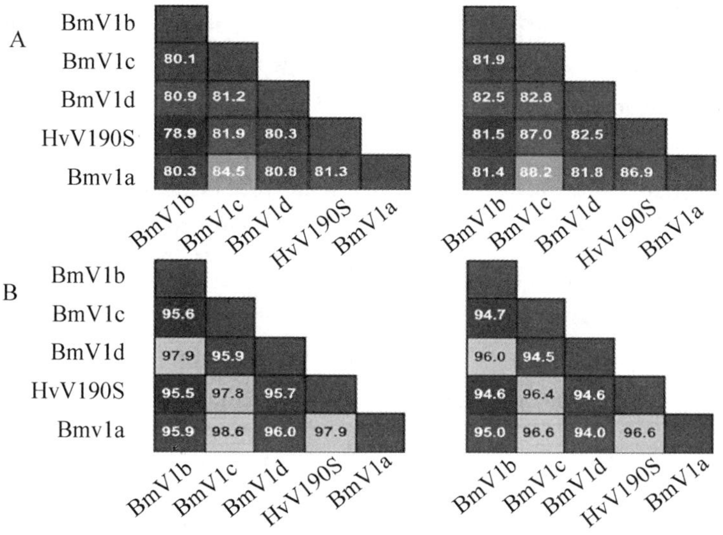

Figure　Pairwise nucleotide (A) and amino acid (B) sequence identities of the CP (left) and RdRp (right) of BmV1a, b, c, d and *Helminthosporium victoriae virus* 190S.

---

* Funding: This work was supported by the Science and Technology Project of Guizhou tobacco company (No. 201921), the National Natural Science Foundation of China (No. 31972243)

** Corresponding authors: LIU Minghong; E-mail: lmh859@163. com
ZHANG Songbai; E-mail: yangtze2008@126. com

Effects of cucumber mosaic virus infection on physiological characteristic and gene expression of *Panax notoginseng*

ZHENG Tianrui[1] PENG Qiding[1] HUANG Wanying[1]
ZHOU Shuhao[1] DONG Jiahong[2] XI Dehui[1 *]

(1. *Key Laboratory of Bio-Resource and Eco-Environment of Ministry of Education*, *College of Life Sciences*, *Sichuan University*, *Chengdu* 610065, *China*;
2. *School of Chinese Materia Medica and Yunnan Key Laboratory of Southern Medicinal Resource*, *Yunnan University of Chinese Medicine*, *Kunming* 650500, *China*)

Abstract: *Panax notoginseng* (Burk.) F. H. Chen, belonging to the *Panax* genus under the *Araliaceae* family, is one of the most highly valued medicinal plants in the world. Triterpene saponins, the main medicinal active ingredients in *P. notoginseng* are synthesized by secondary metabolic pathways and regulated by various enzymes. The yield and quality of *P. notoginseng* are easily affected by various environmental factors, but the mechanism of the regulation is largely unknown. With the expansion of *P. notoginseng* artificial planting area, the occurrence of virus disease in *P. notoginseng* is becoming common. In this study, the effects of cucumber mosaic virus (CMV) on the growth and saponin synthesis of *P. notoginseng* plants were investigated. The results showed that the infection of CMV on *P. notoginseng* plants resulted in vein yellow symptoms. The chlorophyll content and photosynthesis capacity of virus infected *P. notoginseng* plants decreased significantly, whereas a large amount of reactive oxygen species accumulated and the activities of several antioxidant enzymes increased. Besides, cell damage and oxidative damage was more serious in virus infected *P. notoginseng* plants. Further RNA - Seq and transcriptomic analyses showed that many genes associated with triterpenoid saponin synthesis and disease resistance were up-regulated in *P. notoginseng* plants under CMV infection. Taken together, our results indicated that virus infection could not only affect the growth of *P. notoginseng* plants and induce the expression of defense related genes, but also promote the expression of genes related to the secondary metabolism of saponins. How to improve the disease resistance of *P. notoginseng* plants and make use of the up-regulation effect of terpenoid synthesis induced by virus infection is worthy of further study.

Key words: CMV; Panax notoginseng; Triterpene saponis

* Corresponding author: XI Dehui; E-mail: xidh@ scu. edu. cn

辣椒上番茄斑萎病毒分离物鉴定和RT-RPA检测方法的建立

郝凯强[*]　杨淼壬　顾　铭　夏子豪　吴元华[**]
（沈阳农业大学植物保护学院，沈阳　110866）

摘　要：在2020—2021年对辽宁省的植物病毒病害调查过程中，笔者在铁岭市和沈阳辣椒的叶片上发现了黄化、斑驳、褪绿和坏死的症状。经过实验室分离鉴定（柯赫氏法则和分子鉴定），初步认定病原是TSWV，并命名为TSWV-LN分离物。而辽宁省作为我国北方重要的蔬菜生产基地，TSWV的流行将会对其蔬菜生产造成巨大的损害，危害我国北方蔬菜安全。因此，迫切需要一种快速简便的方法来检测TSWV，减少我国北方因TSWV流行造成的损失。实验结果表明：笔者通过构建TSWV分离株外壳蛋白（CP）基因核苷酸序列的系统发育树，发现TSWV-LN与TSWV-LX-Lettuce-12（云南）和TSWV-TSHL（山东）的亲缘关系最密切。表明造成该地区的TSWV的流行可能是由于国内蔬菜或者种苗的传播；利用TSWV CP基因设计了RPA的特异性扩增引物RPA-TSWV13/3R，建立了一种快速灵敏检测TSWV的反转录重组酶聚合酶扩增（RPA）技术。混合物在39 ℃下反应20 min，然后在65 ℃下纯化10 min，通过琼脂糖凝胶电泳分析可以准确、快速地完成RPA分析。引物具有高度特异性，扩增产物条带清晰，利用该引物进行PCR和RPA反应，可从阳性样品cDNA中扩增出特异性条带（大小为250 bp的目标片段），而其他5种病毒和空白对照的cDNA均未产生条带；灵敏度高，RPA最低检出限为1.0×10^3拷贝/μL，灵敏度是常规PCR的10倍；检测速度快，整个反应过程只需要30 min，不需要控温设备；应用可靠，可成功应用于田间样品检测，与常规PCR检测结果一致。

笔者首次报道了辽宁省的作物上TSWV的危害，并在省内多地区辣椒上均检测出TSWV，说明TSWV已在辽宁省流行。本研究建立的RPA方法简便、快捷、实用，为辽宁省的TSWV准确、快速检测提供了一种新型的分子诊断工具。

关键词：辽宁省；番茄斑萎病毒（TSWV）；辣椒；系统发育分析；重组酶聚合酶扩增（RPA）技术

* 第一作者：郝凯强，博士研究生，研究方向为植物病毒学；E-mail：2019200126@stu.syau.edu.cn
** 通信作者：吴元华，教授，研究方向为植物病毒学；E-mail：wuyh09@syau.edu.cn

Identification of actinidia chlorotic ringspot-associated virus encoded P4 and P5 as RNA silencing suppressors

XU Qianyi PENG Qiding HAN Hongyan
WANG Yunru LI Xiangyangpeng XI Dehui *

(*Key Laboratory of Bio-Resource and Eco-Environment of Ministry of Education, College of Life Sciences, Sichuan University, Chengdu* 610065, *China*)

Abstract: Actinidia chlorotic ringspot-associated virus (AcCRaV, genus *Emanavirus*; family *Fimoviridae*) is a newly identified negative-stranded RNA virus infecting kiwifruit. Since AcCRaV was first reported in China, it has showed a trend of rapid spread and become the main virus infecting kiwifruit in recent years. AcCRaV has a multipartite negative-stranded RNA genome with a single ORF encoded by each genomic segment. In this study, the functions of P4 and P5 encoded by RNA4 and RNA5 of AcCRaV were identified. The results of subcellular localization showed that P4 was located in the nucleus and cell membrane, whereas P5 was located only in the nucleus, indicating that P4 and P5 may play different roles in the process of AcCRaV infecting kiwifruit plants. Then, putative proteins encoded by AcCRaV genomic RNA4 and RNA45 were screened for potential RNA silencing suppression activity by using a green fluorescent protein-based reporter agroinfiltration assay. The results showed that not only P5 had a local RNA silencing suppressor function, but P4, which was predicted as a movement protein, also had a local RNA silencing suppressor function, the results also showed that both P4 and P5 had activities of systemic RNA silencing suppressor. Further investigation on the possible silencing suppressor active regions in P5 displayed that four partial segments of P5 had RNA silencing suppressor activity similar to that of the full length of P5. Finally, pathogenicity test showed that with the help of P4 or P5, potato virus X was more infectious, indicating that both P4 and P5 could enhance the pathogenicity of heterologous virus. Our results provided new date of VSRs from negative-stranded RNA virus, and displayed that multiple VSRs may be essential for protecting AcCRaV from antiviral silencing in the perennial tree host, and may be related to the rapid epidemic of this virus.

Key words: AcCRaV; Actinidia; RNA silencing

* Corresponding author: XI Dehui; E-mail: xidh@ scu. edu. cn

Identification of squash leaf curl China virus on *Cucurbita pepo* L. in Shandong*

PENG Dezhi　DU Kaitong　FAN Zaifeng　ZHOU Tao**

(*Department of Plant Pathology*, *China Agricultural University*, *Beijing* 100193, *China*)

Abstract: *Squash leaf curl China virus* (SLCCNV) belongs to the genus *Begomovirus* in the family *Geminiviridae*, and is known to infect some Cucurbitaceae crops such as *Cucurbita moschata*, *Benincasa hispida* and *Cucumis melo*. It was transmitted by *Bemisia tabaci* in a persistent way. In February 2021, many summer squash (*Cucurbita pepo*) plants in the Dezhou District, Shandong Province, China, showed stunting, leaf roll and mosaic in leaves. Deep sequencing of small RNAs (sRNA) from symptomatic leaves and analysis of sRNA populations were then conducted to determine the causal agent (s). It obtained two contigs with lengths of 1 489 and 794 nucleotides, which showed highly homologous to SLCCNV by BLASTn alignments. Based on SLCCNV coat protein coding sequence, a pair of specific primers (F, 5′-ATTTCAACTCCCGCGTCGAA-3′ and R, 5′-TGATGCGTATGTTCCTCCCG-3′) were designed for RT-PCR to confirmed the virus. The 558 bp PCR product was cloned and sequenced. Sequence analysis of the amplified fragment showed high nucleotide identity (99.6%) with a SLCCNV isolate from Guangdong (GenBank accession MW389919.1). It showed 88.2%~99.4% homology with other isolates of SLCCNV from China, Tailand, Philippines and Kangra. These results identified the occurrence of SLCCNV in *Cucurbita pepo*.

Key words: *Squash leaf curl China virus* (SLCCNV); small RNA deep sequencing; *Cucurbita pepo* L.

* Supported by Beijing Innovation Consortium of Agriculture Research System (BAIC01-2020, 2021)

** Corresponding author: ZHOU Tao; E-mail: taozhoucau@cau.edu.cn

Two novel mycoviruses from the phytopathogenic fungus *Setosphaeria turcica*[*]

WU Yaolin[1] PAN Xin[1] GAO Zhongnan[1]
WANG Xiaoyan[2] LIU Minghong[2**] ZHANG Songbai[1***]
(1. *Hubei Engineering Research Center for Pest Forewarning and Management*, *Jingzhou*, *Hubei* 434025;
2. *Zunyi City Company*, *Guizhou Tobacco Company*, *Zunyi* 563000, *China*)

Abstract: Two putative mycoviruses tentatively named *Setosphaeria turcica polymycovirus* 1 (StPmV1) and *Setosphaeria turcica fusarivirus* 1 (StFV1) were discovered from the phytopathogenic fungus *Setosphaeria turcica*. StPmV1 has a genome comprising 5 double stranded RNAs (dsRNAs). DsRNA1-3 each encodes a protein sharing significant but lower than 64% sequence identity with corresponding proteins from other polymycoviruses. DsRNA4-5 each encodes a protein with a sequence not conserved among polymycoviral proteins. However, the protein encoded by dsRNA4 is rich in proline (P), alanine (A), and serine (S) residues, which is a feature shared by the so-called PAS-rich proteins encoded by all polymycoviruses. Phylogeny reconstruction using the RNA-dependent RNA polymerases (RdRp) of accepted or putative Polymycoviruses revealed that StPmV1 is most closely related to *Plasmopara viticola* lesion associated Polymycovirusmyco 1 (PvaPolymyco1), a putative polymycovirus recovered from the phytopathogenic oomycetes *Plasmopara viticola*. These data suggest that StPmV1 may represent a novel species of the genus *Polymycovirus* under the family *Polymycoviridae*. StFV1 has a genome comprising 6 685 nucleotides. The genome contains three open reading frames (ORF). The largest ORF, ORF1, is preceded by an untranslated region (UTR) of 16 nucleotides and separated from ORF2 by an intergenic region of 63 nucleotides. The smallest ORF, ORF3, overlaps ORF2 by 16 nucleotides and is followed by a 3′-UTR of 82 nucleotides. The protein encoded by ORF1 is 71.8%, 67.4% and 68.1% identical to the RNA-dependent RNA polymerase (RdRp) of Pleospora typhicola fusarivirus 1 (PtFV1), *Plasmopara viticola* lesion associated fusarivirus 1 (PvlaFV1) and *Plasmopara viticola* lesion associated fusarivirus 3 (PvlaFV3), respectively, besides showing significant but less than 47% amino acid sequence similarity to the RdRp of other fusariviruses. To our knowledge, these are the first fusarivirus and first polymycovirus discovered from *S. turcica*.

Key words: *Setosphaeria turcica*; *Setosphaeria turcica polymycovirus* 1; *Setosphaeria turcica fusarivirus* 1

---

* Funding: This work was supported by the Science and Technology Project of Guizhou tobacco company (No. 201921), the National Natural Science Foundation of China (No. 31972243)

** Corresponding authors: LIU Minghong, lmh859@163.com
ZHANG Songbai, yangtze2008@126.com

Coleus blumei viroids: good examples for investigation of viroid recombination and evolution*

JIANG Dongmei[1]　LI Shifang[2**]

(1. *Beijing Research Center for Agricultural Standards and Testing*, *Beijing* 100097, *China*;
2. *State Key Laboratory for Biology of Plant Diseases and Insect Pests*, *Institute of Plant Protection*, *Chinese Academy of Agricultural Sciences*, *Beijing* 100193, *China*)

Abstract: Coleus (*Coleus blumei*) is an ornamental plant grown worldwide and can be infected by several viroids in the genus *Coleviroid*, family *Pospiviroidae*. Up to now, six mainviroids that infect coleus have been reported: *Coleus blumei viroid*-1 to *Coleus blumei viroid*-6 (CbVd-1~CbVd-6), which size of references sequences range from 248~364 nucleotides (nts). Coleus blumei viroids (CbVds) are good examples to illustrate the roles of recombination in the genetic variability and evolution of viroids considering that they are prone to frequent genome-wide recombination. For instance, CbVd-2 and CbVd-6 are viroid chimeras—the former is made up of the right half of CbVd-1 and the left half of CbVd-3 and the latter is made up of the right half of CbVd-5 and the left half of CbVd-3. CbVd-4 is an in vitro-generated 'inverse' chimera of CbVd-2 which has been proved to be infectious after inoculated to coleus plants. And thus CbVd-3 is the most active viroid in the recombination event occurred among CbVds so far, and further study on CbVd-3 would be beneficial to elucidate the recombination mechanism of CbVds. Moreover, as members of the family *Pospiviroidae*, it is noteworthy that all of the known coleus viroids share a common central conserved region (CCR), which is known to be an important structural element for replication of viroids in the family *Pospiviroidae* (i. e., processing and ligation), and appears to be essential for the preservation of the secondary structure and maintenance of viroid replication. In addition, two complementary viroid-derived small RNAs (vd-sRNAs) of 22 nts that were generated from the CCR of CbVds was identified through high-throughput sequencing analysis of small RNAs derived from CbVds, suggesting an important role of CCR in vd-sRNA biogenesis. Rapid detection methods of Sap-direct RT-PCR and hybridization method using 8CCR-probe, which were established both based on the CCR sequences of CbVds, would be helpful to find new viroid chimeras in coleus. Furthermore, just like other viroids and RNA viruses, all the CbVds populations are composed of closely related haplotypes and follow the quasispecies model. Considering these distinctive features, studies on CbVds have not only been able to provide new insights into viroid recombination but also been helpful in understanding evolution of viroids and even RNA viruses.

Key words: viroid; coleus; RNA recombination; evolution

* Foundation item: National Natural Science Foundation of China (No. 31701756)

** Corresponding author: LI Shifang, professor, focus on plant viruses and viroids; E-mail: sfli@ippcaas. cn

一种电光叶蝉体内共生病毒的特性研究*

万佳佳** 梁启福 张 俭 陈红燕 魏太云***

（福建农林大学闽台作物生态有害生物防治国家重点实验室，
福建省植物病毒学重点实验室，福州 350002）

摘 要：电光叶蝉（*Recilia dorsalis*）是我国黄河以南地区的重要作物害虫，不仅吸食作物汁液危害，还传播病毒、植原体等重要作物病害，严重威胁着农业生安全。然而，电光叶蝉体内还携带多种共生的昆虫病毒，可与宿主长期共同进化而不造成宿主的病变，它们之间的关系复杂多样。本研究通过高通量测序拼接分析，获得一种电光叶蝉体内新的正单链 RNA（+ssRNA）病毒的全基因组序列，长度为 16 158 bp，含有 7 个开放阅读框。经保守结构域分析后，用 RdRp 进行 BLAST 比对，结果显示该病毒属于 *Virga* 病毒科，基因组结构与同科的代表种烟草花叶病毒（*Tobacco mosaic virus*）相似。RT-PCR 结果显示，该病毒在电光叶蝉中的侵染十分普遍，实验室稳定饲养的电光叶蝉种群带毒率高达 80%~90%。在不同发育龄期的电光叶蝉中均可检测到病毒，并且在中肠、唾液腺和生殖系统等组织中也能检测到病毒。免疫荧光标记实验证实了该病毒可侵染不同昆虫组织，表明该病毒可系统性侵染电光叶蝉。然而，通过检测发现该病毒不在水稻中增殖。交配实验结果表明，该病毒既能经父本，也能经母本垂直传播到子代电光叶蝉中，且病毒经父本垂直传播的能力显著高于母本。此外，携带该病毒的电光叶蝉种群寿命和产卵量均显著高于不带毒种群，且带毒虫的平均发育历期比无毒虫缩短 2~3 d。因此该病毒的侵染有利于电光叶蝉在自然环境下的种群繁衍。

关键词：电光叶蝉；内共生病毒；垂直传播；Virga

---

* 基金项目：国家自然科学基金（31920103014）；福建农林大学科技创新专项基金（CXZX2019004K）

** 第一作者：万佳佳，硕士研究生，研究方向为病毒与介体昆虫互作机制；E-mail：2396446506@ qq. com

*** 通信作者：魏太云，研究员；E-mail：weitaiyun@ fafu. edu. cn

中国胜红蓟黄脉病毒侵染海南雪茄烟的首次报道*

陈德鑫[1**] 夏长剑[1***] 唐着宽[2] 李方友[1] 林北森[1] 李 萌[3]

（1. 中国烟草总公司海南省公司海口雪茄研究所，海口 571100；
2. 海南红塔卷烟有限责任公司技术中心，海口 571137；
3. 郑州轻工业大学烟草科学与工程学院，郑州 450000）

摘 要：曲叶病毒病是我国南方烟区的重要病害。2019 年 2 月在海南屯昌发现呈现典型烟草曲叶病毒病症状的雪茄烟病株，从中分离出病毒分离株 TC。应用双生病毒通用引物扩增出约 500 bp 的片段，根据测序结果设计特异性引物扩增出 TC 基因组 DNA-A 全长。测序结果显示，TC DNA-A 全长为 2 745 bp，与中国胜红蓟黄脉病毒（*Ageratum yellow vein China virus*，AYVCNV）的同源性最高（98.0%）。应用双生病毒 DNAβ 通用引物得到了伴随 DNAβ 分子全长，其长度为 1 340 bp，与 AYVCNV DNAβ 同源性最高，达到 94.4%。这是首次报道中国胜红蓟黄脉病毒侵染海南雪茄烟。

关键词：海南；雪茄烟；中国胜红蓟黄脉病毒；DNA-A；DNAβ

Firstreport of *Ageratum yellow vein China virus* Infecting cigar tobacco (*Nicotiana tabacum*) in Hainan province, China

CHEN Dexin[1] XIA Changjian[1] TANG Zhuokuan[2]
LI Fangyou[1] LIN Beisen[1] LI Meng[3]

(1. *Hainan Cigar Research Institute*, *Hainan Provincial Branch of China National Tobacco Corporation*, *Haikou* 571100, *China*;
2. *R & D Center*, *Hainan Hongta Cigarette Co.*, *Ltd*, *Haikou* 571137, *China*;
3. *School of tobacco science and engineering*, *Zhengzhou University of Light Industry*, *Zhengzhou* 450000, *China*)

Abstract: Tobacco curly leaf disease is an important disease in southern China. In 2019, cigar tobacco plants showing typical curly leaf symptoms were observed in Tunchang, Hainan province, China. Virus isolate TC was obtained from the infected cigar tobacco plants. PCR and phylogenic analysis were used to identify the pathogen. Genomic DNA was isolated from the diseased sample and then used as template in PCR. Partial sequence of DNA-A (528 bp) were obtained by PCR with degenerate primer

* 基金项目：中国烟草总公司海南省公司科技计划项目（201846000024056）
** 第一作者：陈德鑫；E-mail：chendxtob@ 126. com
*** 通信作者：夏长剑；E-mail：xiachangjian@ hi. tobacco. gov. cn

pairs PA/PB. The full length sequence of DNA-A were obtained by PCR with specific primer pairs Hn2F/ Hn2R, which were designed based on the sequence of the 528 bp amplicon. The complete nucleotide sequence of TC DNA-A was determined to be 2 745 bp. The comparison of TC DNA-A with other geminiviruses showed that isolate TC shared the highest sequence identity with *Ageratum yellow vein China virus* (AYVCNV) isolate SY02 (KF999981) at 98.0%. The complete sequence of DNAβ associated isolate TC was obtained by PCR with primer pairs β01/β02. The complete sequence of DNAβ associated isolate TC was determined to be 1 340 bp, sharing 94.4% the highest nucleotide sequence identity with the DNAβ associated with AYVCNV isolate Hn2 (AM048834) and Hn9 (AM048835) at 94.4%. To our knowledge, this is the first report of AYVCNV infecting cigar tobacco plants in the field in Hainan province, China.

Key words: Hainan province; Cigar Tobacco; *Ageratum yellow vein China virus*; DNA-A; DNAβ

双生病毒（Geminivirus）是世界范围内热带、亚热带及温带地区广泛发生的一类植物病毒，因其具有孪生颗粒形态的病毒粒子而被称为双生病毒。双生病毒为单链环形 DNA 病毒，其基因组为单组分或双组分结构，一些单组分病毒还包含一条与病毒致病性相关的卫星 DNA 分子-DNAβ[1]。大多数双生病毒由烟粉虱以持久性方式传播，20 世纪 90 年代以来，随着传毒媒介烟粉虱在烟区的危害日益严重，由双生病毒侵染引起的曲叶病的发生和危害有日益严重的趋势。双生病毒侵染烟草可导致植株矮化、茎秆顶部扭曲、曲叶、叶脉出现耳突等症状，被害烟叶基本失去经济价值，是烟草生产的毁灭性病害。该类病害最早于 1912 年记录于荷属东印度，但直至 1981 年才确认由烟粉虱传播的双生病毒引起。据不完全统计，目前世界范围内已报道的侵染烟草的双生病毒超过 20 多种，已在中国、印度尼西亚、古巴、西班牙等国家烟草上造成较大损失[2-5]。目前烟草曲叶病毒病目前主要在我国福建[6]、云南[7]、广西[8]等南方烟区发生较重。2019 年 2 月课题组在海南省屯昌县雪茄烟栽培基地病虫害调查中发现一些烟株呈现叶片扭曲、矮化等曲叶病毒病典型症状（图 1）。为确定该病害病原，笔者提取了病株病叶基因组 DNA，应用双生病毒基因组通用引物扩增出病毒片段，在此基础上设计特异性引物扩增病毒基因组 DNA-A 全长，通过 BLAST 比对和系统进化分析确定病毒种类。应用双生病毒 DNAβ 通用引物扩增 DNAβ 全长，明确该病毒是否伴随有 DNAβ 并确定其种类。

1 材料与方法

1.1 仪器、试剂与材料

PCR 仪（美国 Thermo Fisher Scientific 公司）；MiniBIS Pro 凝胶成像系统（以色列 DNR 公司）；DYY-6C 电泳仪（北京六一生物科技有限公司）。磁珠法植物基因组 DNA 提取试剂盒（洛阳吉恩特生物科技有限公司）；高保真 PCR 酶（南京诺唯赞生物科技有限公司）；引物由上海生工生物工程有限公司合成。

病叶于 2019 年 2 月采自海南屯昌海口雪茄研究所试验田，烟草品种为 H382。

1.2 实验方法

1.2.1 DNA 提取

称取 10~20mg 病叶样品放入 1.5 mL 离心管中，加入液氮，应用玻璃研磨棒在离心管内将病叶研磨成均匀浆液，按照 DNA 提取试剂盒说明书提取病毒基因组 DNA。

1.2.2 PCR 扩增、克隆和序列测定

应用双生病毒 DNA-A 通用引物 PA/PB 扩增 DNA-A 部分片段，应用 DNAβ 通用引物 β01\

图 1 海南屯昌雪茄烟病株症状

β02 扩增 DNAβ 全长序列[8]。应用根据测出 DNA-A 部分片段设计的特异引物 Hn2F（5′-GTGG-GATCCTCTTTTGAACGAG-3′）和 Hn2R（5-AGAGGATCCCACATTGCTTT-3′）扩增 DNA-A 全长[9]。

1.3 序列分析

利用 NCBI BLAST（http://blast.ncbi.nlm.nih.gov/Blast.cgi）查找同源较近的序列，利用软件 DNAMAN 进行序列初步比对，利用 MEGA 7.0 的邻接法构建系统发育树。

用于 DNA-A 序列比较和进化分析的病毒有：中国番木瓜曲叶病毒 Fz10 分离株（*Papaya leaf curl China virus*-Fz10，PaLCCNV-Fz10，JF682837），PaLCCNV-G12（AJ558124），木瓜曲叶病毒（*Papaya leaf curl China virus*，PaLCuCNV，AJ558117），中国胜红蓟黄脉病毒 Vietnam16 分离株（*Ageratum yellow vein China virus*-Vietnam16，AYVCNV-Vietnam16，KC878475），胜红蓟黄脉病毒（*Ageratum yellow vein virus*，complete sequence，AYVV，KC172826.1），胜红蓟黄脉病毒 AFSP4a 分离株（*Ageratum yellow vein virus*-AF-SP4a，AYVV-AFSP4a，JN809817），广西一品红曲叶病毒 G35-1 分离株（Euphorbia leaf curl Guangxi virus-G35-1，ELCGxV-G35-1，AM411424），中国胜红蓟黄脉病毒分离株 SY01 DNA-A 全序列（*Ageratum yellow vein China virus* isolate SY01 segment DNA-A complete sequence，AYACNV-SY01，KF999980.1），中国胜红蓟黄脉病毒分离株 SY02 DNA-A 全序列（*Ageratum yellow vein China virus* isolate SY02 segment DNA-A complete sequence，AYACNV-SY02，KF999981.1），烟草曲茎病毒（*Tobacco curly shoot virus*，TbCSV，AJ457986）。

用于 DNA-β 序列比较和进化分析的病毒有：中国胜红蓟黄脉病毒伴随的卫星分子（*Ageratum yellow vein China* betasatellite，AYVCNB）分离株 G96（AYVCNB-G96，AJ971261），G95（AYVCNB-G95，AJ971260），G66（AYVCNB-G66，AJ971257），G69（AYVCNB-G69，AJ971258），Hn2（AYVCNB-Hn2，AM048834），Hn12（AYVCNB-Hn12，AM048836），Hn9（AYVCNB-Hn9，AM048835），番茄曲叶病毒伴随的卫星分子（Tomato leaf curl virus betasatellite，ToLCB）分离株 ch1-12（ToLCB-ch1-12，AJ542495），中国胜红蓟黄脉病毒伴随的卫星分子（Ageratum yellow vein China betasatellite isolate JX-Gz01）全序列（JX-Gz01，KP685600），中国番木瓜曲叶病毒伴随的卫星分子（Papaya leaf curl China virus satellite，PaLCCNV）全序列（PaL-CCNV，DQ641709）。

2 结果

2.1 病毒分离株 TC DNA-A 与其他双生病毒的同源性比较

以从病叶中提取病毒分离株 TC 基因组 DNA 为模板，利用双生病毒的简并引物 PA/PB 对分离株 TC 进行 PCR 扩增检测，可得到一条约 500 bp 的特异性条带（图 2）。根据该片段的测序结果（528 bp），应用 Hn2F/ Hn2R 背向引物扩增得到 DNA-A 全长（图 3），测序结果显示 DNA-A 全长为 2 745 bp。

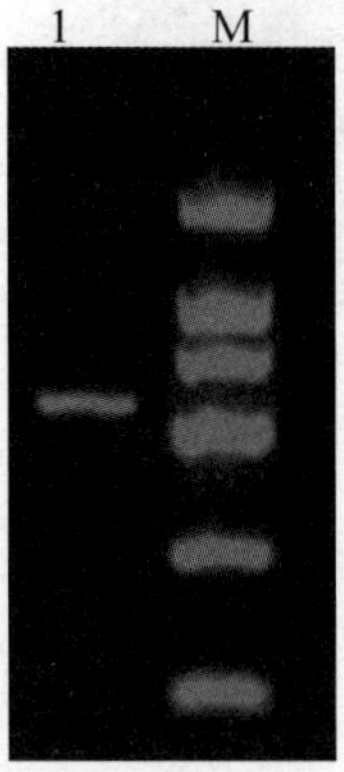

M：DL2000 DNA Marker；泳道 1：TC。

图 2 PA/PB 扩增 DNA-A 片段

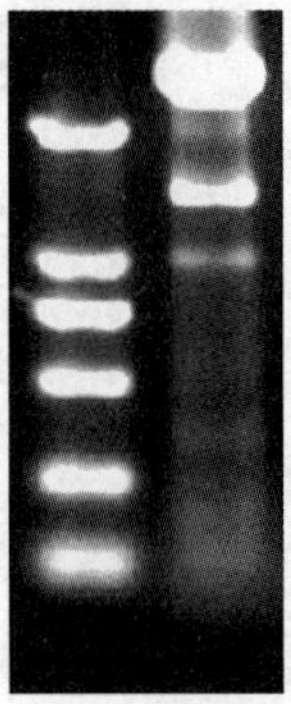

M：DL2000 DNA Marker；泳道 1：TC。

图 3 Hn2F/ Hn2R 扩增 DNA-A 全长

BLAST 比对发现病毒分离株 TC1 DNA-A 与海南报道的中国胜红蓟黄脉病毒（AYVCNV）分离株 AYVCNV-SY02 和 AYVCNV-SY01 的同源性最高，分别为 98.0%（AYVCNV-SY02）和 97.8%（AYVCNV-SY01）（表 1）。系统发育分析显示，结果表明，TC DNA-A 与 AYVCNV 和 AYVV 亲缘关系较近（图 4 A）。

表 1 TC 与其他相关双生病毒 DNA-A 的同源性比较

病毒名称	同源性（%）
AYVCNV-SY02	98.0
AYVCNV-SY01	97.8
AYVV	96.6
AYVCNV-Vietnam16	96.1
AYVV-AFSP4a	93.5
PaLCCNV-Fz10	90.4
PaLCCNV-G12	89.7
PaLCuCNV-G30	89.6
ELCGxV-G35	85.9
TbCSV-Y4	80.0

2.2 病毒伴随卫星 DNAβ 的分子结构及其与其他卫星病毒的同源性比较

利用双生病毒卫星分子的简并引物 β01/β02 对病毒分离株 TC 进行 PCR 扩增检测，扩增出一条约 1 300 bp 的特异性条带（图 5）。测序结果显示 DNAβ 全长为 1 340 bp。BLAST 比对发现

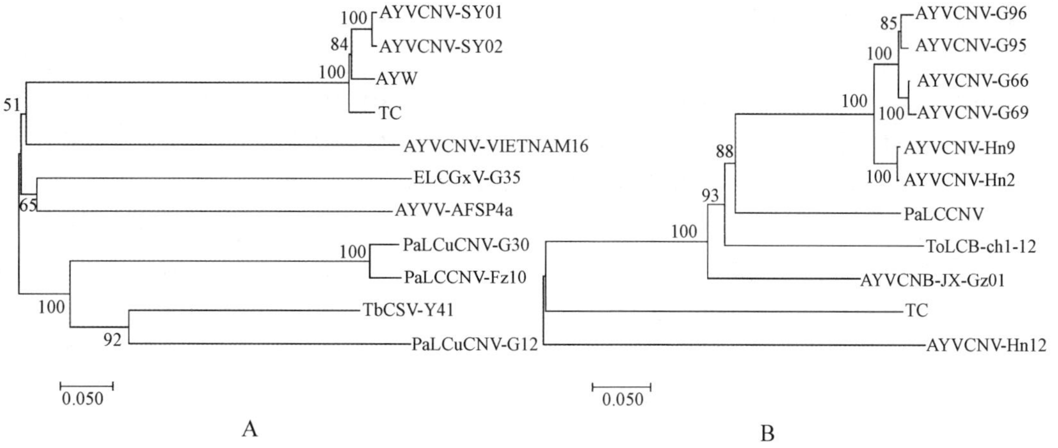

图 4　基于 TC 和其他相关双生病毒 DNA-A（A）及伴随的 DNAβ 分子（B）全长序列构建的系统关系树

病毒分离株与海南报道的中国胜红蓟黄脉病毒（AYVCNV）分离株 Hn2 和 Hn9 伴随的 DNAβ 同源性最高，均为 94.4%（表 2）。系统发育分析显示，结果表明，TC 伴随 DNAβ 的与 AYVCNV 伴随的 DNAβ 亲缘关系较近（图 4 B）。

表 2　TC 伴随的 DNA-β 与其他相关双生病毒 DNA-β 的同源性比较

病毒名称	同源性（%）
AYVCNV-Hn9	94.4
AYVCNV-Hn2	94.4
AYVCNV-Hn12	93.9
AYVCNB-JX-Gz01	93.9
PaLCCNV	92.4
AYVCNV-G66	92.4
AYVCNV-G95	92.3
AYVCNV-G96	91.8
AYVCNV-G69	91.8
ToLCB-ch1-12	84.2

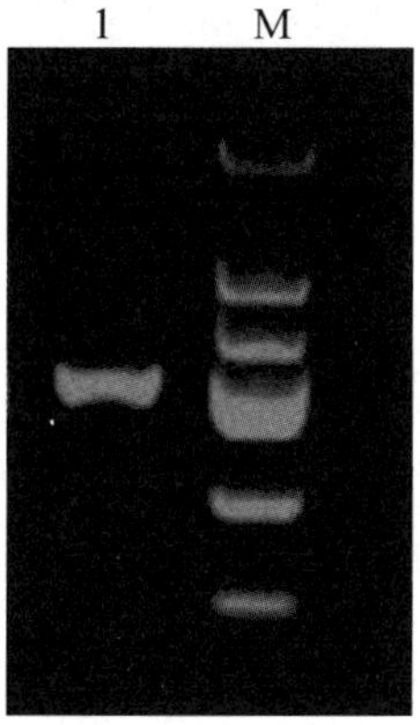

M：DL2000 DNA Marker；泳道 1：TC。

图 5　β01/β02 扩增 DNAβ 全长

3　结论与讨论

海南丰沛的水热条件不仅利于烟草的生长发育，也为烟粉虱及其传播的双生病毒病的流行创造了有利条件。由于以往烟草种植面积较小且较为分散，海南双生病毒病主要在甜瓜[10]、番茄[11]等作物及黄花稔[12]、胜红蓟[9]等杂草上发生危害。本研究发现海南屯昌雪茄烟上分离的病毒分离株 TC 的 DNA-A 及其伴随的 DNAβ 均与以往报道的中国胜红蓟黄脉病毒（AYVCNV）的同源性最高，表明侵染海南屯昌雪茄烟上的双生病毒为中国胜红蓟黄脉病毒。

Duan 等[12]研究显示中国黄花稔曲叶病毒（*Sida yellow mosaic China virus*，SiYMCNV）是海南儋州雪茄烟曲叶病毒病的重要病原，本研究发现侵染屯昌雪茄烟的病原为 AYVCNV，两者症状上主要区别为中国黄花稔曲叶病毒侵染烟株叶脉会产生耳突，而 AYVCNV 侵染烟株无此症状。黄花稔和胜红蓟均为海南常见杂草，笔者在烟田附近也发现了呈现黄脉症状的胜红蓟植株并检测到了 AYVCNV，病毒很可能经由烟粉虱由杂草传播至烟株，建议烟田及其附近彻底清理杂草寄主以切断病毒侵染途径。

参考文献

[1] SEAL S E，VAN DEN BOSCH F，JEGER M J. Factors influencing Begomovirus evolution and their increasing global significance：Implications for sustainable control［J］. Critical Reviews in Plant Sciences，2006，25：23-46.

[2] HIDAYAT S H，PANICH OC，AIDAWATI N. Molecular identification and sequence analysis of tobacco leaf curl begomovirus from Jember，East Java，Indonesia［J］. HAYATI Journal of Biosciences，2009，15（1）：13.

[3] MORÁN Y M，RAMOS-GONZÁLEZ P L，DOMÍNGUEZ M，et al. Tobacco leaf curl Cuba virus，a new begomovirus infecting tobacco（*Nicotiana tabacum*）in Cuba［J］. Plant Pathology，2010，55：570.

[4] FONT M I，CÓRDOBA C，GARCIA A，et al. First report of tobacco as a natural host of *Tomato yellow leaf curl virus* in Spain［J］. Plant Disease，2005，89（8）：910.

[5] 周雪平，崔晓峰，陶小荣．双生病毒：一类值得重视的植物病毒［J］. 植物病理学报，2003，33（6）：487-492.

[6] LIU Z，YANG C X，JIA S P，et al. First report of *Ageratum yellow vein virus* causing tobacco leaf curl disease in Fujian province，China［J］. Plant Disease，2008，92（1）：177.

[7] 刘勇，谢艳，廖白璐，等．云南省烟草上双生病毒的发生与分布［J］. 植物病理学报，2008，37（6）：566-571.

[8] 徐幼平，周雪平．侵染广西烟草的中国番茄黄化曲叶病毒及其伴随的卫星 DNA 分子的基因组特征［J］. 微生物学报，2006，46（3）：358-362.

[9] XIONG Q，FAN S，WU J，et al. *Ageratum yellow vein China virus* is a distinct begomovirus species associated with a DNA beta molecule［J］. Phytopathology，2007，97（4）：405-411.

[10] WU H J，LI M，HONG N，et al. Molecular and biological characterization of melon-infecting *Squash leaf curl China virus* in China［J］. Journal of Integrative Agriculture，2020，19（2）：570-577.

[11] 汤亚飞，周洋，张丽，等．番茄黄化曲叶病毒侵染危害海南番茄及其分子特征［J］. 南方农业学报 2020，51（8）：1970-197.

[12] DUAN X T，YANG J G，GONG M Y，et al. First report of *Sida yellow mosaic China virus* infecting tobacco（*Nicotiana tabacum*）in China［J］. Plant Disease，103（9）：2482.

应用原位杂交技术研究水稻瘤矮病毒在寄主水稻及介体电光叶蝉中的定位*

万文强** 迟云化 王伟英 吕鑫伟 魏太云***
（福建农林大学植物病毒研究所，福建省植物病毒学重点实验室，福建 350002）

摘 要：水稻瘤矮病毒（*Rice gall dwarf virus*，RGDV）引起的水稻瘤矮病在我国南方稻区一直处于常态流行态势，对水稻生产造成严重的经济损失。分子生物学和血清学方法可用于定量检测和鉴定感病植株和介体昆虫中的 RGDV。但是，还没有可靠的方法精确定位病毒 RNA 在感病寄主组织中的分布。本研究针对该病毒编码的主要外壳蛋白的 S8 基因序列设计特异性引物，并合成地高辛标记的原位杂交检测探针，随后以水稻及电光叶蝉的组织制备石蜡切片并进行探针杂交和显色。经 NBT-BCIP 显色后，感染 RGDV 的水稻植株及电光叶蝉的组织石蜡切片杂交结果呈阳性，地高辛标记的 RNA 探针与组织内 RGDV 的 RNA 可特异性结合呈紫红色，病毒 RNA 在水稻韧皮部及电光叶蝉唾液腺腺泡、中肠上皮细胞、雄性生殖系统、雌性生殖系统中表现出明显的组织嗜性差异，而未感染 RGDV 的对照组未出现阳性信号。该技术的应用为研究植物病毒 RNA 在寄主水稻和介体电光叶蝉中的分布提供了一种新的思路。

关键词：水稻瘤矮病毒；原位杂交；电光叶蝉

* 基金项目：国家自然科学基金（31920103014）；福建农林大学科技创新专项基金（CXZX2019004K）
** 第一作者：万文强，硕士研究生，研究方向为水稻病毒与介体昆虫互作机制；E-mail：1527543988@qq.com
*** 通信作者：魏太云，研究员；E-mail：weitaiyun@163.com

侵染滇重楼的一种 *Tombusviridae* 科新病毒的鉴定*

王　喆[1,2]　陈　潞[1,2]　陈泽历[1,2,3]　高丽柯[1,2]　李尚贇[1,2]　文国松[1,2,3]　赵明富[1,2,3**]

（1. 云南农业大学农业生物多样性控制病虫害教育部重点实验室，昆明　650201；
2. 云南农业大学功能产品研究中心，昆明　650201；
3. 云南农业大学农学与生物技术学院，昆明　650201）

摘　要：滇重楼（*Paris polyphylla* var. *yunnanensis*）是藜芦科（Melanthiaceae）重楼属（*Paris*）多年生草本植物，作为一种重要的中药材广泛分布于云南各地区，经调查发现目前云南地区滇重楼病毒性病害逐年加重。番茄丛矮病毒科（*Tombusviridae*）是一类具有直径 28～35 nm 的等轴对称二十面体光滑或颗粒状病毒粒子。该科共分为 3 个亚科，共包含 17 个属、95 个确定种，所有病毒种都能通过机械接种、繁殖体进行传播，另外还包含了大量土传病毒，它们可以依赖或不依赖生物载体通过土壤传播，部分病毒也能通过种子传播。*Tombusviridae* 科成员实验寄主范围很广，科内成员可感染单子叶植物或双子叶植物，但是没有物种可以同时感染这两种植物，所以单个病毒种的自然宿主范围相对狭窄。该科病毒引起的典型病毒病特征包括叶片斑驳、皱缩、坏死和畸形，有些病毒感染自然寄主后不表现症状。课题组借助高通量测序初步判断分析出叶片显现花叶和褪绿的滇重楼病株中携带 *Tombusviridae* 科的一种新病毒，暂命名为重楼 2 号病毒（*Paris virus* 2，ParV2）。ParV2 病毒全基因组序列为 4 118 nt，具有 Tombusviridae 科典型的基因组结构特征且包含 6 个开放阅读框（ORFs），分别编码复制酶相关蛋白（P40）、依赖于 RNA 的 RNA 聚合酶（RdRp）、运动蛋白 1（MP 1）、运动蛋白 2（MP 2）、辅助蛋白（P9）和衣壳蛋白（CP）。本研究利用高通量测序得到的病毒全基因组序列在 NCBI 在线 Primer BLAST 设计特异性引物用于 RT-PCR 扩增验证病毒的存在。将扩增产物使用 DNAMAN 进行组装得到病毒全长基因组。经 BLAST x 比对分析发现该序列与已报道的 *Tombusviridae* 科中暂未分类的生姜褪绿斑相关病毒（*Ginger chlorotic fleck-associated tombusvirus*，GCFaV-1，登录号：QKE30557）具最高为 68.56%的氨基酸序列相似性。进一步与 *Tombusviridae* 科中的 21 种病毒分离株进行多序列比对分析显示病毒全基因组核苷酸及各蛋白质氨基酸序列相似性分别为：全序列（31.7%～55.5%）、RdRp（26.3%～59.2%）、MP 1（10.5%～42.8%）、MP 2（7.6%～47.2%）。由于 RdRp 在 Tombusviridae 科不同成员中高度保守，是用于病毒分类的可靠指标。基于推导的 RdRp 蛋白氨基酸序列构建系统发育树，结果显示同一个属中的病毒成员间都有表现出最近的亲缘关系并与其他属病毒成员分开，而 ParV2 与 GCFaV-1 以及 *Procedovirinae* 亚科中 *Machlomovirus* 和 *Panicovirus* 成员聚集在一个大的分支，其中与 GCFaV-1 聚为一个单独的小分支，表现出更近的亲缘关系。因此认为该病毒是 *Tombusviridae* 中的一个新种，但其具体归类于哪个属有待进一步确定。

关键词：滇重楼；番茄丛矮病毒科；病毒鉴定

---

* 基金项目：国家自然科学基金地区基金项目（81860774）

** 通信作者：赵明富，副教授，主要研究方向为植物病理和微生物；E-mail：zhaomingfu@ 163. com

假禾谷镰刀菌 WC157-2 携带真菌病毒的研究*

马国苹** 张悦丽 马立国 张 博 江 航 祁 凯 李长松 齐军山***
（山东省农业科学院植物保护研究所，济南 250100）

摘　要：小麦茎基腐病是一种典型的土传性真菌病害，在小麦整个生育期均可发生，近年来，由于秸秆还田及免耕少耕等耕作措施的大面积推广，该病在我国黄淮海地区日益加重，给我国小麦安全生产带来严重威胁。本课题组前期研究结果表明，引起山东省小麦茎基腐病的优势病原菌是假禾谷镰刀菌（*Fusarium pseudograminearum*）。真菌病毒是一类在丝状真菌、酵母和卵菌体内自我复制和繁殖的病毒。部分真菌病毒侵染后引起寄主真菌的生理性衰退，即弱毒现象。具有弱毒特性的真菌病毒是一种潜在的生防因子。世界范围内已在多种镰刀菌中发现真菌病毒，仅在 *F. pseudograminearum* 中报道一种病毒，*Fusarium pseudograminearum megabirnavirus* 1（FpgMBV1）。在研究山东小麦茎基腐病病原 *F. pseudograminearum* 携带的真菌病毒时，发现菌株 WC157-2 携带一个双分体病毒，并通过随机引物克隆得到该病毒的部分序列信息。经 BLAST 比对分析，dsRNA1 与 *Fusarium graminearum virus* 4（FgV4）编码依赖 RNA 的 RNA 聚合酶（RNA-dependent RNA polymerase，RdRP）的序列一致性为 98.63%；dsRNA2 包含 2 个开放阅读框（open reading frame，ORF），ORF2a 与 *Fusarium graminearum dsRNA virus* 5（FgV5）编码的假定蛋白（hypothetical protein，HP）序列一致性为 91.77%，与 FgV4 编码的 HP 序列一致性为 91.26%，ORF2b 与 FgV4 编码的 HP 序列一致性为 95.76%。结合序列分析结果，初步认定菌株 WC157-2 携带的病毒是 FgV4 的新株系，暂命名为 FgV4-Fps1。

关键词：小麦茎基腐病；假禾谷镰刀菌；真菌病毒；序列分析

* 基金项目：山东省现代农业产业技术体系小麦创新团队（SDAIT-01-10）；山东省农业科学院科技创新工程（CXGC2021B13，CXGC2021A17，CXGC2021A33）

** 第一作者：马国苹，助理研究员，研究方向为植物病原真菌及真菌病毒；E-mail：maguopingapple@163.com
*** 通信作者：齐军山，研究员，研究方向为植物病害；E-mail：qi999@163.com

基于二代测序技术及多重 RT-PCR 的四川雪茄烟病毒鉴定*

周　涛[1**]　周士栋[1]　兰鑫宇[1]　陈　勇[2]　王　俊[2]
张瑞娜[2]　向　欢[2]　安梦楠[1]　吴元华[1***]
（1. 沈阳农业大学植物保护学院，沈阳　110866；
2. 四川省烟草公司泸州市公司，四川　646000）

摘　要：快速准确的鉴定植物病毒对防止病毒传播以及减少农业产量损失具有重要意义。四川地区气候湿润，物种丰富，烟草上存在多种病毒的复合侵染，为害十分严重。在本研究中，利用 Illumina MiSeq 测序平台对四川省德阳市雪茄烟种植区采集的样本进行了小 RNA（sRNAs）深度测序。从 3 个具有典型病毒症状的样本混池中分别获得 27 930 450 个、21 537 662 个和 28 194 021 个clean reads，通过 Cap3 EST splicing software 软件对测序获得的 reads 进行拼接，共有 105 个重叠群被 blast 到最相似的植物病毒，长度范围在 34~1 720 nt。结果表明，马铃薯 Y 病毒（*Potato virus* Y，PVY）、辣椒脉斑驳病毒（*Chilliveinal mottle virus*，ChiVMV）、烟草脉带花叶病毒（*Tobacco vein banding mosaic virus*，TVBMV）、烟草花叶病毒（*Tobacco mosaic virus*，TMV）和黄瓜花叶病毒（*Cucumber mosaic virus*，CMV）为检测样品中的主要病毒。接下来通过特异性扩增引物采用反转录 PCR（RT-PCR）扩增对上述病毒进行验证，并进行了序列比对和系统发育分析。随后，建立了一种快速、灵敏的多重 RT-PCR 检测方法，用于同时检测四川省雪茄烟和烤烟中常见的 RNA 病毒，设计了 PVY-6494F/PVY-7087R、ChiVMV-7987F/ChiVMV-8809R、TVBMV-989F/TVBMV-2222R、TMV-130F/TMV-614R 和 CMV-265F/CMV-1240R 共 5 对引物，扩增片段长度分别为 613 bp、842 bp、1 253 bp、485 bp 和 995 bp，样本选用来自四川省德阳市的 32 株不同症状的雪茄烟以及泸州市烤烟的 12 株烟叶，结果表明，PVY、ChiVMV、TVBMV、TMV 和 CMV 的检出率分别约为 36%、55%、45%、55%和 9%，其中有 10 个叶片样品分别检测出上述单一的 5 种病毒，另外 34 个叶片样品表现出 2 种或 2 种以上病毒的复合侵染。本研究为雪茄烟病毒的快速检测提供了理论依据和简便方法。

关键词：雪茄烟；深度测序；植物病毒病；多重 RT-PCR；复合侵染

---

* 基金项目：四川省烟草公司重点科技项目（2020510600270011）

** 第一作者：周涛，硕士研究生，研究方向为有害生物与环境安全；E-mail：zt13332465967@163.com

*** 通信作者：吴元华，教授，研究方向为病毒学；E-mail：wuyh7799@163.com

海南槟榔黄化病和隐症病毒病调查及病原检测*

唐庆华** 林兆威 宋薇薇 孟秀利 于少帅 余凤玉 牛晓庆 杨德洁 覃伟权***

（中国热带农业科学院椰子研究所；院士团队创新中心/槟榔黄化病综合防控及棕榈植物病害发生规律与生态调控研究；海南省槟榔产业工程研究中心，文昌 571339）

摘　要： 槟榔是海南第一大经济作物，全省230多万农民以槟榔为主要经济来源。自1981年屯昌县发现槟榔黄化病以来，陵水、万宁、琼海等市县槟榔黄化问题日趋严重，已成为制约槟榔产业可持续发展的瓶颈。迄今，研究发现生产上引起槟榔黄化的病原有2种，即槟榔黄化植原体（*Areca palm yellow leaf phytoplasma*，APYLP）和槟榔隐症病毒1（*Areca palm velarivirus* 1，APV1），二者分别引起槟榔黄化病（*Yellow leaf disease of areca palm*，YLD）和槟榔隐症病毒病（*Areca palm velarivirus disease*，APVD）。为了查明2种病害的分布情况，笔者于2020年9—11月对全省16个市县（三沙、昌江和临高槟榔种植面积非常小，未做调查）的槟榔园进行了系统调查。采样巢式PCR和RT-PCR对APYLP和APV1分别进行了检测，检测结果表明12个市县的黄化槟榔叶片样品检测到APYLP，14个市县的病叶样品检测到APV1。该结果表明，12个市县有槟榔黄化病发生，14个市县有槟榔隐症病毒病发生。检测及样品分析结果表明，发生槟榔黄化病的12个市县的槟榔园亦有槟榔隐症病毒病发生。调查统计结果表明，2种病害的发生面积达70.16万亩，占全省槟榔种植面积的36.70%。鉴于目前生产上染病槟榔加速增多、加重，建议加强《槟榔黄化病明白纸》培训，由各级政府指导采取分类防控措施从而遏制2种病害扩散蔓延趋势，保障农民收入以及海南槟榔产业健康发展。

关键词： 槟榔；黄化病；隐症病毒病；《槟榔黄化病明白纸》

* 基金项目：2018年海南省槟榔病虫害重大科技项目：槟榔黄化灾害防控及生态高效栽培关键技术研究与示范（ZDKJ201817）；中国热带农业科学院基本科研业务费专项：槟榔产业技术创新团队——槟榔黄化病及其他病虫害综合防控技术研究及示范（1630152017015）

** 第一作者：唐庆华，博士，副研究员，研究方向为棕榈作物植原体病害综合防治及病原细菌—植物互作功能基因组学；E-mail：tchuna129@163.com

*** 通信作者：覃伟权，研究员；E-mail：QWQ268@163.com

基于微滴式数字 PCR 技术的柑橘碎叶病毒的绝对定量方法的建立*

赵金发[1] 王 莹[1] 张兴铠[1] 申晚霞[1] 张 伟[2] 周 彦[1**]

（1. 西南大学柑桔研究所，国家柑桔工程技术研究中心，重庆 400712；
2. 四川省农业农村厅植保站，成都 640041）

摘 要：由柑橘碎叶病毒（CTLV）引起的柑橘碎叶病是危害全球柑橘产业重要病害。本研究通过优化反应条件，建立了 CTLV 的反转录-微滴式数字 RT-PCR（RT-ddPCR）检测方法。RT-ddPCR 检测 CTLV 的 RNA 转录产物的动态范围为 5~5×10^{5}拷贝/μL，灵敏度比 RT- qPCR 高 10 倍。两种检测方法均表现出高度的线性（R^2=0.991）和定量相关性。采用 RT-ddPCR 检测的柑橘间样品中阳性检出量（62.3%）高于 RT-qPCR 检测的阳性检出量（49.2%）。可见，RT-ddPCR 是一种很有前景的 CTLV 检测方法。

关键词：柑橘碎叶病；微滴式数字 PCR；定量

* 资金项目：国家重点研发计划（2019YFD1001800）；中国农业科研体系建设项目（CARS-26-05B）；重庆市基础与前沿技术研究计划（cstc2019jcyj-msxmX0557）

** 通信作者：周彦，研究员，研究方向为柑橘病毒病害；E-mail：zhouyan@ cric. cn

江西赣州柑橘衰退病毒种群构成变化研究

张兴铠 赵金发 王 莹 周常勇 周 彦
（西南大学柑桔研究所，国家柑桔工程技术研究中心，重庆 400712）

摘 要：通过研究柑橘衰退病毒（*Citrus tristeza virus*，CTV）的种群构成，探究近年来世界著名脐橙产地之一江西赣州纽荷尔脐橙上茎陷点型衰退病暴发的原因。从赣州的 10 个区县采集了 199 份疑似感染了 CTV 的纽荷尔脐橙样品，对阳性样品进行了 8 种基因型的检测。有 112 份样品感染了 CTV，且均含有两种及两种以上的基因型。最常见的基因型组合为 T36+VT+T3+T30+S1+RB 和 T36+VT+T3+T68，分别占总数的 13.4%和 9.8%。与 2004—2007 年采集的 CTV 样品相比，2019—2020 年采集的样品中新出现了 RB、T30 和 HA16-5 基因型，且 T36 和 RB 基因型的检出率显著上升。赣州 CTV 的种群结构发生了改变，RB 和 HA16-5 基因型可能是引起赣州纽荷尔脐橙上茎陷点型衰退病暴发的原因。

关键词：柑橘衰退病毒；基因型；种群构成

影响茉莉 H 病毒沉默抑制子功能氨基酸的鉴定

张崇涛　朱丽娟　韩艳红

（福建农林大学，福州　350002）

摘　要：茉莉 H 病毒（*Jasmine virus* H，JaVH）是一种引起茉莉黄化嵌纹病征相关的病毒，给茉莉生产造成了重大损失。该病毒属于番茄丛矮病毒科（*Tombusviridae*）天竺葵黄斑病毒属（*Pelarspovirus*），是一种正单链 RNA 病毒，基因组全长 3 867 nt，含有 5 个开放阅读框（open reading frame，ORF），ORF1 编码辅助复制相关蛋白，ORF2 通读 ORF1 编码 RNA 依赖的 RNA 聚合酶（RNA-dependent RNA polymerase，RdRp），ORF3 和 ORF4 编码 2 个运动蛋白（movement protein，MP），ORF5 编码外壳蛋白（coat protein，CP）。在病毒与寄主的长期竞争中，寄主会形成多种抗病毒机制，其中 RNA 沉默是寄主抵御病毒入侵的关键手段，为了抵抗寄主的 RNA 沉默，病毒也会编码一种或几种 RNA 沉默抑制子（viral suppressors of RNA silencing，VSRs）增强自身致病能力，越来越多的研究表明该属病毒的外壳蛋白不仅具有包裹病毒核酸的功能，还能作为 VSR 发挥作用。为了研究茉莉 H 病毒的外壳蛋白是否也具有沉默抑制子功能，构建了 JaVH 外壳蛋白瞬时表达重组质粒 pXT-CP 与 pGDG 混合浸润本生烟，pGDG+pXT 为阴性对照，pGDG+$P19^{TBSV}$为阳性对照，利用长波紫外灯（Black Ray Model B 100AP/R）持续观察浸润区域的荧光表达情况。2 d 后，发现 pGDG+pXT、pGDG+$P19^{TBSV}$和 pGDG+pXT-CP 均表达高亮度的绿色荧光；5 d 后，浸润 pGDG+pXT 区域几乎没有荧光，而 pGDG+pXT-CP 以及 pGDG+$P19^{TBSV}$均能观察到高亮度的绿色荧光，该结果表明 JaVH 的外壳蛋白抑制了本生烟对荧光蛋白的沉默，由此可以确定其是一个较强的沉默抑制子。为进一步鉴定影响外壳蛋白发挥抑制子作用的关键功能位点，将 JaVH 外壳蛋白与同属其他病毒进行氨基酸序列比对后选择相对保守位点，据此构建了 18 个 pXT-CP 的突变体，利用农杆菌共浸润瞬时表达系统，将突变体与 pGDG 分别混合注射本生烟草，pGDG+pXT 为阴性对照，pGDG+$P19^{TBSV}$和 pGDG+pXT-CP 为阳性对照。5 d 后利用紫外灯观察并拍摄记录所有突变体浸润区域的荧光表达情况，初步确定与阴性对照接近，观察不到明显绿色荧光的突变体影响了外壳蛋白的沉默抑制子功能，并利用 Western Blot 检测了这些突变体中 CP 和 GFP 表达量，结果表明 CP 和 GFP 表达量均远低于阳性对照，而与阴性对照较接近，该结果与上述荧光观察结果一致。根据荧光表达情况和 Western blot 结果，最终明确了 13 个影响外壳蛋白沉默抑制子功能的关键氨基酸位点，包括 28W、40R、58R、75G、83I、84T、108V、111F、115S、123K、124Y、132R 和 200K。该研究通过对关键氨基酸位点的确定，为茉莉 H 病毒致病分子机制的研究提供了理论基础。

关键词：茉莉 H 病毒；外壳蛋白；沉默抑制子

江苏甘薯主产区常见病毒病检测及发生趋势分析*

张成玲** 孙厚俊 唐 伟 罗勤川 马居奎 杨冬静 谢逸萍
（江苏徐淮地区徐州农业科学研究所，中国农业科学院甘薯研究所，
农业农村部甘薯生物学与遗传育种重点实验室，徐州 221121）

摘　要：为了明确江苏地区甘薯主产区甘薯病毒病病原种类及发生趋势，为病毒病防控提供依据，笔者利用嫁接和RT-PCR检测了2014年、2016年和2018年甘薯上病毒种类。结果表明：所采集到的疑似病毒样品嫁接到健康巴西牵牛植株上，造成巴西牵牛新生叶片产生皱缩、褪绿等症状。利用SPFMV、SPVG、SPV2、SPCSV、SPMSV、CMV、SPMMV、SPLCV、SPLV、SPCFV共10种病毒特异引物对采集的甘薯样品进行RT-PCR检测，结果显示，所有的样品均含有病毒，但不同样品病毒种类不同，10种病毒在甘薯中均有发生。SPFMV检出率最高，29个样品中仅有4个样品为阴性，3年的阳性率均在80%以上，总阳性率高达86.2%。SPV2、SPVC和SPCSV阳性率都在50%以上，SPVC在2016年的样品检测出阳性率最高为83.3%，其余2个年份阳性率在43.0%左右；SPCSV的阳性率出现逐年递增的发生趋势，2018年阳性率为81.3%；其余病毒阳性率低，最低为3.5%。甘薯病毒病的发生主要以3~5种病毒复合侵染为主，复合侵染率占比在62.1%，又以4种病毒病原复合侵染较为普遍，占比24.1%。每年的甘薯病毒侵染种类不同，2014年主要以SPFMV、SPVC和SPCFV共3种病毒复合侵染为主，2016年以SPFMV与SPVC（或SPCFV）为主的两种病毒复合侵染为主，2018年样品，以SPCSV、SPFMV、SPV2、SPMMV和CMV共5种病毒复合侵染为主的。利用SPFMV部分*cp*基因序列及78 bp非编码区构建系统进化树发现，江苏分离物属于O株系和RC株系。SPCSV-*cp*基因构建系统进化树，结果表明江苏分离物在EA和WA组中均有分布。通过全面了解江苏病毒病的发生及危害特点，可为病毒病的预防及防治提供理论依据。

关键词：甘薯；病毒；检测；复合侵染

* 基金项目：国家自然科学基金财政部和农业农村部：江苏省“333”工程（BRA2020255）；国家现代农业产业技术体系资助（CARS-10-B15）；重点研发项目（2018YFD1000703-4）

** 第一作者：张成玲，博士，副研究员，研究方向为植物病理学；E-mail：zhchling5291@163.com

CRISPR/Cas12a-RPA 体系检测南方水稻黑条矮缩病毒方法的建立*

段雪艳** 马文娣 焦志远 周 涛 范在丰***

（中国农业大学植物保护学院，农业部作物有害生物监测与绿色防控重点实验室，北京 100193）

摘 要： 南方水稻黑条矮缩病毒（*Southern rice black-streaked dwarf virus*，SRBSDV）可侵染水稻、玉米等禾本科作物与杂草，具有传播快、突发性强、范围广等特点。SRBSDV 侵染造成水稻矮缩、不抽穗，严重影响水稻的产量和品质。因此，建立特异、灵敏、快速的早期病毒检测方法尤为重要。

近几年，重组酶聚合酶扩增（recombinase polymerase amplification，RPA）技术已广泛应用于病原物检测领域。RPA 在恒温条件下对目的片段进行循环扩增，打破了 PCR 技术需要温控设备的局限性。将提取的 SRBSDV 阳性样品总 RNA 反转录成 cDNA，结合 RPA 技术可实现快速高效扩增。目前，基因编辑工具 CRISPR/Cas 系统越来越多地应用于核酸检测领域。CRISPR/Cas12a 能够识别数个核苷酸的特定原型间隔子相邻模体（protospacer adjacent motif，PAM）序列（Lb-Cas12a 能够识别 5′-TTTN-3′）；在 crRNA 的引导下，切割双链靶标 DNA；切割 dsDNA 后，能够激活其切割 ssDNA 的活性。基于 CRISPR/Cas12a 的这一切割活性，笔者结合 RPA 技术建立了 SRBSDV 的快速可视化核酸检测体系。在该检测体系中，加入带有 FAM 荧光基团的报告探针 ssDNA，Cas12a 切割报告探针后产生绿色荧光，在紫外灯下肉眼可见检测结果。相较于传统的 RT-PCR 检测，该方法灵敏度高，扩增速度快，反应时间短，高效简便，不需要复杂的仪器设备；适用于现场快速检测，为基层植保部门进行病害早期诊断与及时防控提供依据。

关键词： 南方水稻黑条矮缩病毒；重组酶聚合酶扩增；CRISPR/Cas12a；可视化检测

---

* 基金项目：国家重点研发计划（2016YFD0300710）

** 第一作者：段雪艳，硕士研究生，研究方向为植物病毒学；E-mail：Shirley_dxy9@ 163. com

*** 通信作者：范在丰，教授，研究方向为植物病毒学；E-mail：fanzf@ cau. edu. cn

山东大樱桃病毒病种类调查*

曹欣然[1,2]　田利光[3]　李向东[2]　ANDIKA Ida Bagus[1]　原雪峰[2]
（1. 青岛农业大学植物医学学院，青岛　266109；2. 山东农业大学植物保护学院，山东省农业微生物重点实验室，泰安　271000；3. 烟台市果茶工作站，烟台　264001）

摘　要：调查山东大樱桃病毒病种类，掌握大樱桃病毒病发生和流行情况，为防治提供参考。2016—2018 年，共采集来自山东省 13 个市、62 个县区的 110 个具有代表性果园的大樱桃样品。110 个果园的樱桃感病样品中，针对 17 种候选病毒进行 RT-PCR 检测，共检测到 8 种病毒，分别为樱桃病毒 A（*Cherry virus A*，CVA）、樱桃绿斑驳病毒（*Cherry green ring mottle virus*，CGRMV）、樱桃小果病毒 1（*Little cherry virus* 1，LChV-1）、樱桃小果病毒 2（*Little cherry virus* 2，LChV-2）、李树皮坏死与茎痘伴随病毒（*Plum bark necrosis stem pitting-associated virus*，PBNSPaV）、李属坏死环斑病毒（*Prunus necrotic ringspot virus*，PNRSV）、李矮缩病毒（*Prune dwarf virus*，PDV）和黄瓜花叶病毒（*Cucumber mosaic virus*，CMV）。110 个果园的样品中，有 93 个果园可检测到侵染樱桃的病毒，检测到的病毒种类中，潜隐性病毒（CVA 和 CGRMV）普遍存在，CVA 检出率 96.8%，CGRMV 检出率 43%；造成严重危害的小果病毒（LChV-1 和 LChV-2）检出率低，LChV-1 检出率 11.8%，LChV-2 检出率 3.2%。93 个检测到病毒的果园中，多病毒侵染现象普遍，只有 4 个果园是 CVA 单独侵染，果园中存在两种及两种以上病毒占 95.7%，最高达 8 种病毒同时存在一个果园中。山东大樱桃主产区中，在同一果园中存在两种及两种以上病毒概率高，不同地区间樱桃病毒病的发生情况呈现分布不均，可能与种苗调运频繁程度相关。

关键词：大樱桃；病毒病；山东省；种类鉴定

Comprehensive analysis of viruses infecting cherry in Shandong Province

CAO Xinran[1,2]　TIAN Liguang[3]　LI Xiangdong[2]　ANDIKA Ida Bagus[1]　YUAN Xuefeng[2]
（1. *College of Plant Health and Medicine*，*Qingdao Agricultural University*，*Qingdao* 266109，*China*；
2. *College of Plant Protection*，*Shandong Agricultural University*，*Taian* 271000，*China*；
3. *Yantai Tree Fruit and Tea Station*，*Yantai* 264001，*China*）

Abstract：To investigate the species of cherry viruses in Shandong province，and to master the occurrence and epidemics of cherry viral diseases，so as to provide reference for management. Diseased cherry samples were collected from each county widely planting cherry in Shandong province，and 3~5 representative orchards were selected in each county. Total RNA of diseased plant was extracted，and 32 specific primers were designed for 17 candidate viruses. RT-PCR technology and DNA sequencing tech-

* 基金项目：国家自然科学基金（32072382，32001867，31872638）；山东省自然基金（ZR2020QC129）

nology were used for molecular biological detection. During 2016 to 2018，diseased cherry samples have been collected from 110 cherry orchards in 13 cities and 62 counties in Shandong province. RT-PCR was performed on the samples from 110 cherry orchards to detect the existence of 17 kinds of candidate viruses. Eight kinds of viruses were detected，respectively *Cherry virus A*（CVA），*Cherry green ring mottle virus*（CGRMV），*Little cherry virus*-1（LChV-1），*Little cherry virus*-2（LChV-2），*Plum bark necrosis stem pitting-associated virus*（PBNSPaV），*Prunus necrotic ringspot virus*（PNRSV），*Prune dwarf virus*（PDV）and *Cucumber mosaic virus*（CMV）. Among the 110 cherry orchards，93 orchards have been detected to be infected with cherry virus. Latent viruses including CVA and CGRMV are prevalent with the detection rate of 96. 8% for CVA and 43% for CGRMV. Little cherry virus（LChV-1and LChV-2）has a low presence rate with the detection rate of 11. 8% for LChV-1 and 3. 2% for LChV-2. Among the 93 orchards containing viruses，co-infection of viruses were common and only 4 orchards were infected by CVA alone. The proportion of two or more viruses existing in one orchard was 95. 7%，and up to 8 viruses existed in one orchard. Viral diseases are prevalent in the main producing areas of cherry in Shandong province，and the probability of two or more viruses in the same orchard is very high. The occurrence of cherry virus disease presented uneven distribution among different cities in Shandong province. Yantai and Tai'an cities had the most varieties of cherry viruses in this study，which may be related to the frequency of seedling transportation.

Key words：sweet cherry；viral disease；Shandong province；species identification

大樱桃种植业被世界各国称为“黄金种植业”，近 20 年来栽培面积和产量稳定增长[1]。目前世界上普遍种植的有 4 个种类，我国种植的主要是中国樱桃和欧洲大樱桃[2]，各地因气候条件不同，主栽品种各有不同，主要有红灯、美早、萨米脱、红艳和砂蜜豆等[3]。病毒病是大樱桃的一种重要病害，可以通过无性繁殖传播扩展，其危害性在生产中逐年显现，尤其是近年来随着地区之间种苗调运的日益频繁，已成为影响大樱桃产量和品质的关键因素之一[4]。

樱属病毒病主要有 68 种，其中侵染大樱桃的病毒 34 种，常见有 20 种[5]。目前，国内已报道侵染大樱桃的病毒病有 14 种，分别为苹果花叶病毒[6]（*Apple mosaic virus*，ApMV）、李属坏死环斑病毒[7]（*Prunusnecrotic ring spot virus*，PNRSV）、李矮缩病毒[8]（*Prune dwarf viru*，PDV）、苹果褪绿叶斑病毒[9]（*Apple chlorotic leaf spot virus*，ACLSV）、樱桃锉叶病毒[9]（*Cherry rasp leaf virus*，CRLV）、樱桃病毒 A[10]（*Cherry virus*，CVA）、黄瓜花叶病毒[11]（*Cucumber mosaic virus*，CMV）、樱桃绿环斑驳病毒[12]（*Cherry green ring mottle virus*，CGRMV）、李树皮坏死与茎痘伴随病毒[13]（*Plum bark necrosis stem pitting-associated virus*，PBNSPaV）、樱桃小果病毒-2[14]（*Little cherry virus*2，LChV-2）、樱桃坏死锈状斑驳病毒[15]（*Cherry necrotic rusty mottle virus*，CNRMV）、樱桃叶斑驳病毒[16]（*Cherry mottle leaf virus*，CMLV）、樱桃小果病毒-1[17]（*Little cherry virus* 1，LChV-1）、柑橘叶斑点病毒[18]（*Citrus leaf blotch virus*，CLBV）。我国大樱桃主产区主要有山东、辽南地区、冀东地区、陕西、北京和河南，山东是我国大樱桃栽培面积最大、产量最多的一个省[19]。有关报道调查过北京、河南、湖北、大连等大樱桃产区的部分果园[20-21]，对于山东省的大樱桃各主产区的病毒病系统性调查还未见报道。

病毒检测技术主要有生物学鉴定、血清学检测和分子生物学检测和电镜技术。根据病毒特异性序列设计引物，进行 RT-PCR 已成为病毒检测的重要手段之一[22]。本研究针对山东省大樱桃主产区进行了病毒病系统性调查，明确了山东省大樱桃病毒病现状，可全面掌握山东省大樱桃病毒病的发生情况和病原鉴定，为其防治提供依据。

1　材料与方法

1.1　样品采集

在山东省樱桃主产区广泛采集样品，选择 14 个市，62 个县（市、区）樱桃主栽区，每个主栽区选择 3~5 个代表性果园，每个果园为一个混合样品。记录采集样品的品种、发病症状、地点及树龄等信息。

1.2　候选病毒的 RT-PCR 检测及克隆、测序

采用 TransZol Plant 试剂（TransGen 公司）提取 RNA，每份样品中的所有叶片都取一小部分，在研钵中用液氮进行研磨，研磨至粉末状，提取步骤参考说明书，提取的植物总 RNA 置于-80 ℃备用。利用 RT-PCR 进行核酸水平的病毒检测。RT 反应体系（25.0 μL）（试剂购自 TakaRa 公司）：植物总 RNA，5.0 μL，反向引物，5.0 μL，10mmol/L dNTP，4.0 μL，dd H_2O，5.0 μL；80 ℃，3 min，冰上 5 min；5× Reverse Transcriptase M-MLV Buffer，5.0 μL，Reverse Transcriptase M-MLV，0.5 μL，Recombinant RNase Inhibitor，0.5 μL；42 ℃，90 min。PCR 体系（20.0 μL）：RT 产物，2.0 μL，正向引物，0.5 μL，反向引物，0.5 μL，2× Tag Master Mix（康为公司），10 μL，dd H_2O，7.0 μL。反应条件：94 ℃，5 min，94 ℃，40 s，50~55 ℃，40 s，72 ℃，20~30 s，30 Cycles，72 ℃，10 min，4 ℃，∞。注：退火温度为引物对中 Tm 值较低引物的 Tm 值-5 ℃；延伸时间根据 *Taq* 酶的复制效率计算，实验中按 1 kb/min 计算，根据片段大小设定循环中延伸时间。RT-PCR 产物经电泳鉴定其有无、大小，根据设计的目的片段大小切取条带，克隆到 pMD18-T 载体，阳性克隆进行 DNA 测序，测序结果在 NCBI 网站进行 Blast 比对。

2　结果及分析

2.1　大樱桃发病样品采集及症状概况

2016—2018 年，共采集来自山东省 13 个市，分别是烟台市、枣庄市、泰安市、潍坊市、济宁市、临沂市、青岛市、日照市、聊城市、济南市、威海市、德州市和菏泽市，62 个县（市、区）的樱桃主栽区 110 个果园的样品。每个地市区的樱桃主产区的果园均进行采样。根据栽培面积，在每个主栽区选择代表性果园，每个果园选择有病毒病症状的叶片，作为一个混合样品。采集样品栽培模式有露地樱桃栽培及设施樱桃栽培。经纬度分布于 115°34′12″E ~ 122°41′42″E，35°0′12″N ~ 37°91′12″N。种苗来源有本地扦插自繁、科研院所脱毒苗选育、外地种苗调运等。栽培方式一般为扦插等无性繁殖方式，实生苗一般为砧木。采集品种包括美早、红灯、砂蜜豆、萨米脱、黛米尔、黄蜜、红艳、岱汇和芝罘红。树龄从 3~18 年，包括幼树、壮年树和老龄树。病毒病疑似症状样品均进行采集，症状包括叶片黄化、卷叶、斑驳、皱缩、失绿、小叶、耳突、狭长、叶片表面凹凸不平和叶片边缘缺刻；果实上症状包括双果、果小、坐果率低、果实上白斑点、花果、果形不好和果实成熟期晚；枝条上症状包括枝条短缩。显症方式包括整株显症和局部显症。

RT-PCR 检测有病毒侵染的样品中，叶片症状有边缘缺刻、叶形不对称、失绿、卷叶、耳突、皱缩、斑驳、叶片狭长；果实表现为花果、小果、坐果率低、上色不均匀；枝条表现短缩丛生等症状（图 1）。感病品种多为红灯、美早；显症树龄多为 10~20 年生。

2.2　大樱桃样品的病毒检测

RT-PCR 中所采用的引物选择 17 种候选病毒，根据 GenBank 已报道序列，利用 DNAMAN 分析保守序列，在保守区设计引物，共设计 32 条引物，引物长度 20 ~ 24 bp，Tm 值 55 ~ 62 ℃。RT-PCR 与小 RNA 深度测序相结合的方法进行样品检测，所采集的 110 份樱桃疑似病毒病样品，经过 RT-PCR 可以扩增得到与 8 种病毒的目的扩增条带大小基本对应的单一条带。其中 CVA 的

（a）黛米尔斑驳、边缘缺刻；（b）红灯斑驳；（c）美早皱缩、斑驳、小叶；（d）红灯畸形、皱缩；（e）红灯耳突；（f）砂蜜豆斑驳皱缩；（g）红灯花果；（h）美早短缩、卷曲。

图 1　大樱桃病毒病症状

引物对分别扩增到约 750 bp 和 1 600 bp 条带，CGRMV 的引物对分别扩增到约 900 bp 和 550 bp 条带，LChV-1 的引物对扩增到约 1000 bp 条带，LChV-2 的引物对扩增到约 470 bp 条带，PBNSPaV 的引物对扩增到约 540 bp 条带，PNRSV 的引物对分别扩增到约 1 100 bp 和900 bp 条带，PDV 的引物对扩增到约 430 bp 条带，CMV 的引物对扩增到约 650 bp 条带。将扩增产物克隆然后进行 DNA 测序。CVA 引物对扩增的约 750 bp（CVA-6677）的序列和 1 600 bp（CVA-5838）与 NCBI 中的登录号为 KY510865 的 CVA 的相应序列的同源性均为 97%；CGRMV 引物对扩增的约 900 bp（CGRMV-7831）的序列和 550 bp（CGRMV-7474）与 NCBI 中的 KF030847 同源性均为为 98%；LChV-1 引物对扩增到约 1 000 bp 序列与 NCBI 中的 JX669615 同源性为 97%；樱桃小 LChV-2 引物对扩增到约 470 bp 序列与 NCBI 中的 KP410831 同源性为 97%；PBNSPaV 引物对扩增到约 540 bp 序列与 NCBI 中的 KC0590345 同源性为 98%；PNRSV 引物对扩增到约 1 100 bp 序列与 NCBI 中的 JQ005034 同源性为 98%；PNRSV 引物对扩增到约 900 bp 序列与 NCBI 中的 KT444702 同源性为 97%；PDV 引物对扩增到约 430 bp 序列与 NCBI 中的 GU066795 同源性为 96%；CMV 引物对扩增到约 650 bp 与 NCBI 中的 KY646102 同源性为 99%。综上所述，所设计引物能够扩增到对应病毒的单一条带，共检测到 17 种候选病毒中的 8 种病毒，分别是樱桃病毒 A（CVA）、樱桃绿环斑病毒（CGRMV）、樱桃小果病毒 1（LchV-1）、樱桃小果病毒 2（LchV-2）、李树皮坏死与茎痘伴随病毒（PBNSPaV）、李树坏死环斑病毒（PNRSV）、李矮缩病毒（PDV）和黄瓜花叶病毒（CMV）。

2.3　山东大樱桃病毒分布及侵染模式

110 个果园样品中，93 个果园检测到病毒。93 个检测到病毒的果园中，CVA 检出率最高为 96.8%；CGRMV 与 PBNSPaV 检出率次之，分别为 43.0%和 36.6%；CMV、PDV 和 PNRSV 检出率分别为 28.0%、22.6%和 15.1%；樱桃小果病 LChV-1 和 LChV-2 检出率较低，分别为 11.8%和 3.2%。

93 个带病毒样品的果园中，有 4 个果园是 CVA 单独侵染；存在两种及两种以上病毒侵染的果园有 89 个，存在 2 种病毒的果园有 50 个，存在 3 种病毒的果园有 24 个，存在 4 种病毒的果园有 7 个，存在 5 种病毒的果园有 7 个，存在 8 种病毒的果园有 1 个。其中同时存在 2 病毒的果园占受侵染果园 53.8%；检测到 CVA 和 CGRMV 24 个果园，占受侵染果园 25.8%；检测到 CVA 和 PBNSPaV 11 个果园，占受侵染果园 11.8%；检测到 CVA 和 CMV 7 个果园，占受侵染果园 7.5%；检测到 CVA 和 LChV-1 4 个果园，占受侵染果园 4.3%，分别有 1 个果园检测到 CVA 和 PDV、LChV-1 和 PBNSPaV、CGRMV 和 PBNSPaV、CGRMV 和 CMV。同时存在 3 种病毒的果园占受侵染果园 25.8%，检测到 CVA、CGRMV 和 PBNSPaV 4 个果园，占受侵染果园 4.3%；检测到 CVA、CGRMV 和 CMV 4 个果园，占受侵染果园 4.3%；检测到 CVA、PDV 和 CMV 4 个果园，占受侵染果园 4.3%；检测到 CVA、PBNSPaV 和 CMV 2 个果园，占受侵染果园 2.2%；检测到 CVA、CGRMV 和 LChV-1 2 个果园，占受侵染果园 2.2%；检测到 CVA、LChV-1 和 LChV-2 2 个果园，占受侵染果园 2.2%；检测到 CVA、PBNSPaV 和 PDV 2 个果园，占受侵染果园 2.2%；检测到 CVA、PBNSPaV 和 PNRSV 2 个果园，占受侵染果园 2.2%；分别检测到 CVA、LChV-2 和 CMV 和 CVA、PNRSV 和 CMV 的果园各 1 个。同时存在 4 种病毒的果园占受侵染果园 7.5%，检测到 CVA、CGRMV、PNRSV 和 PDV 1 个果园，占受侵染果园 1.1%；检测到 CVA、CGRMV、PDV 和 CMV 1 个果园，占受侵染果园 1.1%；检测到 CVA、CGRMV、PBNSPaV 和 PNRSV 1 个果园，占受侵染果园 1.1%；检测到 CVA、LChV-2、PNRSV 和 PDV 1 个果园，占受侵染果园 1.1%；检测到 CVA、PBNSPaV、PDV 和 CMV 1 个果园，占受侵染果园 1.1%；检测到 CVA、PBNSPaV、PNRSV 和 PDV 2 个果园，占受侵染果园 2.2%。同一果园同时存在 5 种病毒占受侵染果园 7.5%，检测到 CVA、CGRMV、PNRSV 和 PDV 1 个果园，占受侵染果园 1.1%；有 1 个果园同时存在 8 种病毒。

山东各大樱桃产区中，烟台和泰安的样品中病毒种类最多，分别检测到 8 种；烟台和泰安是山东省大樱桃主产区，种植品种广泛，种植面积大，暗示其病毒种类多可能与种苗调运有关；鲁东地区除烟台外潍坊、青岛和威海的样品中检测到 5~6 种病毒，病毒种类偏多，鲁东地区也是大樱桃种植面积较大地区，尤其是潍坊市，暗示病毒种类与种苗间的无性繁殖关系密切；鲁南地区临沂、日照和枣庄样品中检测到 3 种病毒；鲁北地区德州、聊城和济南的样品中检测到 2 种病毒；鲁西南地区济宁的样品中检测到 1 种病毒；鲁西南地区菏泽的采集样品中没有检测到 17 种候选病毒。相邻地区之间病毒数量差异较大，例如泰安市有 8 种病毒，而与其相邻的济宁市只检测到 1 种病毒。总体上，病毒种类丰富度与地理位置相关性不大，而与栽培历史、栽培面积及种苗调运有密切关系。

3　结论与讨论

山东省引起樱桃病毒病病毒共有 8 种，分别为 CVA、CGRMV、LChV-1、LChV-2、PBNSPaV、PNRSV、PDV 和 CMV，其中 CMV 首次在山东省樱桃园上检测到。110 个果园中，93 个果园检测到病毒，检出病毒中潜隐性病毒 CVA 检出率最高（96.8%），小果类病毒 LChV-2 检出率最低（3.2%）。93 个带毒果园中，多病毒侵染现象普遍，只有 4 个果园是 CVA 单独侵染，果园中存在两种及两种以上病毒占 95.7%，最高有 8 种病毒同时存在一个果园。山东省不同地区间樱桃病毒病的发生情况呈现分布不均，烟台和泰安检测到樱桃病毒种类最多（8 种）。

山东地区樱桃园中，病毒病广泛存在。其中 CVA 和 CGRMV 是两类侵染核果类果树的潜隐性病毒，单独侵染时宿主植物不表现症状，目前尚不清楚该类病毒对果树的危害性[23]。CVA 最早在感染小果病的大樱桃植株中分离，可能与其他病毒协同作用加重感病植株的症状。据报道，日本、美国加州大樱桃生产园中 CVA 田间检出率较高，日本大樱桃样品中 CVA 检出率甚至高达 92%[24]；本研究中也存在 CVA 检出率较高（82.7%）的现象，说明 CVA 的广泛存在。

PNRSV 和 PDV 是当前传播范围较广、危害较为严重的病害；它们同属等轴不稳环斑病毒属（*Ilarvirus*），由于传播途径相似，通常复合感染大樱桃植株，PNRSV 在田间症状差异很大，典型症状有坏死斑、耳突和穿孔等，但通常该病毒在果树上都是复合侵染，表现的症状通常是复合侵染的症状[25]。CMV 的寄主范围非常广泛，表现症状通常为花叶、矮化和退绿等，影响植物光合作用，降低产量；该病毒可以通过蚜虫传毒，危害严重[26]。小果病（Little cherry disease，LChD）是大樱桃的主要病害，导致果实变小、畸形，糖度降低等症状，国内检测到的是 LChV-1 和 LChV-2，该病害造成的田间损失大，产量损失严重[25]。

截至目前，我国多省均发现有病毒病，其中山东省发现的种类最多，有 11 种，辽宁、陕西和云南次之，有 5~7 种[19-21]。本研究系统性的调查了山东省的大樱桃病毒的分布情况，发现烟台、泰安的病毒种类最多，能检测到 8 种，可能由于该地区是大樱桃起源地，加上近些年从国外引进品种频繁，病毒通过嫁接等方式快速定植，该地区樱桃园树龄偏大，树势弱，利于各种病毒的扩繁。而相对应一些种植面积小的地区，病毒种类单一，且大多为潜隐性病毒，可能与其他病毒协同侵染树体而存活下来。病毒种类丰富度与地理位置相关性不大，而与栽培历史、栽培面积及种苗调运有密切关系。

研究中发现大樱桃病毒病症状与病毒种类的潜在对应关系有：①相同种类病毒同时存在，在樱桃不同品种上表现症状不同。②同一大樱桃品种相同症状，病毒种类不同。③有隐症现象。同时感染 3 种以上病毒的症状，多表现为皱缩、斑驳。同时，出现症状的树体发病程度不一致，有个别枝条显症，有整树显症。不同品种之间，发病程度不同，红灯、美早品种显症明显，分析原因可能是红灯品种在长期无性嫁接过程中病毒积累多，多种病毒同时存在，显症明显。田间常见的“花叶”症状，与多种因素有关，缺素、细菌性和真菌性病害等都会造成花叶[20]，大樱桃是多年生果树，病毒病长期在其体内寄生，其症状不会是非常明显的黄绿相间的花叶，而多是线纹、褪绿环斑等症状。

参考文献

[1] 崔建潮，王文辉，贾晓辉，等．从国内外甜樱桃生产现状看国内甜樱桃产业存在的问题及发展对策［J］．果树学报，2017，34（5）：620-631.

[2] 张琪静，张新忠，代红艳，等．甜樱桃品种 SSR 指纹检索系统的开发及遗传多样性分析［J］．园艺学报，2008（3）：329-336.

[3] 黄贞光，刘聪利，李明，等．近 20 年国内外甜樱桃产业发展动态及对未来的预测［J］．果树学报，2014，31（S1）：1-6.

[4] 刘聪利，李明，赵改荣，等．河南甜樱桃病毒病害调查及病原检测［J］．植物保护，2016，42（4）：200-204.

[5] 董薇，宋雅坤，吴明勤，等．大樱桃病毒病研究进展［J］．中国农学通报，2005（5）：332-336.

[6] ZHOU Y Y，RUAN X F，WU C L，*et al.* First report of *Sweet cherry viruses* in China［J］．Plant Disease，1996，80（12）：1429.

[7] 李青，覃兰英，李明福，等．酶联免疫法检测核果果树病毒［J］．北京农业科学，1996（4）：34-36.

[8] 阮小凤，杨勇，马书尚，等．甜樱桃病毒病的 ELISA 检测研究［J］．山东农业大学学报，1998（3）：3-8.

[9] 谭海东，李树英，赵姝华，等．樱桃锉叶病毒的初步鉴定和防治［J］．北方果树，2002（3）：6-8.

[10] RAO W L，ZHANG Z K，LI R. First Report of *Cherry virus A* in Sweet Cherry Trees in China［J］．Plant Disease，2009，93（4）425.

[11] TAN H D，LI S Y，DU X F，*et al.* First Report of *Cucumber mosaic virus* in Sweet Cherry in the People's Republic of China［J］．Plant Disease，2010，94（11）：1378.

[12] ZHOU J F，WANG G P，KUANG R F，*et al.* First Report of *Cherry green ring mottle virus* on Cherry and

Peach Grown in China [J]. Plant disease, 2011, 95 (10): 1319.

[13] GUI H G, HONG N, XU W X, *et al.* First Report of *Plum bark necrosis stem pitting-associated virus* in Stone Fruit Trees in China [J]. Plant disease, 2011, 95 (11): 1483.

[14] RAO W L, LI F, ZUO R J, *et al.* First Report of *Little cherry virus* 2 in Flowering and Sweet Cherry Trees in China [J]. Plant disease, 2011, 95 (11): 1484.

[15] ZHOU J F, WANG G P, QU L N, *et al.* First report of *Cherry necrotic rusty mottle virus* on stone fruit trees in China [J]. Plant disease, 2013, 97 (2): 290.

[16] MA Y X, LI J J, LI G F, *et al.* First Report of *Cherry mottle leaf virus* Infecting Cherry in China [J]. Plant disease, 2014, 98 (8): 1161.

[17] LU M G, GAO R, CHEN R R, *et al.* First Report of *Little cherry virus* 1 in Sweet Cherry Trees in China [J]. Plant disease, 2015, 99 (8): 1191.

[18] WANG J, ZHU D, TAN Y, *et al.* First Report of *Citrus leaf blotch virus* in Sweet Cherry [J]. Plant disease, 2016, 100 (5): 1027.

[19] 宗晓娟，王文文，魏海蓉，等. 3 种甜樱桃病毒 PNRSV、PDV 及 LChV-2 的多重 RT-PCR 检测方法的建立与应用 [J]. 中国农业科学，2014，47 (6)：1111-1118.

[20] 王文文，宗晓娟，魏海蓉，等. 山东泰安甜樱桃“花叶病”树体症状观察及病毒检测 [J]. 植物保护，2015，41 (2)：97-101，129.

[21] 苏佳明. 苹果和樱桃主要病毒调查及脱毒苗培育研究 [D]. 泰安：山东农业大学，2010.

[22] JELKMANN W. *Cherry virus A*: cDNA cloning of dsRNA, nucleotide sequence analysis and serology reveal a new plant capillovirus in sweet cherry [J]. J. Gen. Virol, 1995, 76 (8): 2015-2024.

[23] EASTWELL K C. Little cherry disease-in perspective [M]. Research Signpost, Triandrum, India, 1997: 143-151.

[24] CUI H G, LIU H Z. Genetic diversity of *Prunus necrotic ringspot virus* infecting stone fruit trees grown at seven regions in China and differentiation of three phylogroups by multiplex RT-PCR [J]. Crop Prot., 2015, 74: 30-36.

[25] 廖乾生. 黄瓜花叶病毒 2b 基因及其与卫星 RNA 互作研究 [D]. 杭州：浙江大学，2007.

[26] LIM S, IGORI D. Genomic detection and characterization of a Korean isolate of Little cherry virus 1 sampled from a peach tree [J]. Virus Genes, 2015, 51 (2): 260-266.

广西玉米上首次检出玉米黄化花叶病毒*

李战彪[1**]　陈锦清[1]　谢慧婷[1]　杨　萌[2]　崔丽贤[1]　秦碧霞[1]　蔡健和[1***]
（1. 广西农业科学院植物保护研究所，广西作物病虫害生物学重点实验室，南宁　53007；
2. 广西农业科学院玉米研究所，南宁　530007）

摘　要：玉米是我国重要的粮饲作物，病毒病严重威胁玉米的高产稳产。玉米黄化花叶病毒（*Maize yellow mosaic virus*，MaYMV）是我国新报道的一个黄症病毒科（*Luteoviridae*）马铃薯卷叶病毒属（*Polerovirus*）的新种，基因组为正单链 RNA，全长约为 5.6 kb。该病毒可通过玉米蚜（*Rhopalosiphum maidis Fitch*）和禾谷缢管蚜（*Rhopalosiphum padi* Linnaeus）进行传播，侵染玉米、甘蔗等作物。2020 年，本研究团队在广西农业科学院玉米研究所明阳基地发现部分育种材料顶部叶片呈现红叶症状，疑似感染玉米病毒病，发病率高达 80%以上，但其病原尚不清楚。为了明确引发该症状的病原，利用大麦黄矮病毒（*Barley yellow dwarf virus*，BYDV）各不同株系的特异引物对疑似病样进行 RT-PCR 检测，结果发现，仅特异引物 BYDV-RMVL1/R1 可以从样品中扩增出目的基因条带，PCR 产物经纯化、克隆、测序，所得序列进行 blastn 比对分析发现，所得序列与 Genbank 中已登录的 MaYMV 各分离物核苷酸相似性高达 99%以上；参考 Genbank 登录的序列设计特异引物分段扩增获得广西玉米红叶病病原的近全基因序列（5 618 bp），blastn 分析发现与 Genbank 已登录的 MaYMV 各分离物的核苷酸相似性达 97%以上，可以证实引起广西玉米红叶病的病原是 MaYMV，命名为 MaYMV-Guangxi（Genbank 登录号：MZ330692）。系统进化分析发现，MaYMV 各分离物具有地域分布特点，MaYMV-Guangxi 与中国其他地区的分离物处于一个大的分支，但与 MaYMV-SC1、MaYMV-SC2 和 MaYMV-FZ1 处于一个小分支，说明 MaYMV-Guangxi 与这 3 个病毒分离物可能具有较近的亲缘关系。这是 MaYMV 侵染广西玉米的首次报道。

关键词：玉米黄化花叶病毒；广西；玉米；红叶病

* 基金项目：广西科技重大专项（桂科 AA17202042-12）；粤桂联合基金—重点项目（2020B1515420003）；广西农业科学院基本科研业务专项（桂农科 2021YT071）；广西农业科学院科技发展基金项目（桂农科 2020ZX13）

** 第一作者：李战彪，博士，副研究员，主要研究方向为植物病毒学；E-mail：lizhanbizo8410@ sina. com
*** 通信作者：蔡健和，硕士，研究员，主要研究方向为植物病毒学；E-mail：caijianhe@ gxaas. net

小 RNA 深度测序揭示广东省瓜类作物存在病毒多重侵染*

李正刚 农 媛 汤亚飞 佘小漫 于 琳 蓝国兵 何自福
（广东省农业科学院植物保护研究所，广东省植物保护新技术重点实验室，广州 510640）

摘 要：病毒病是危害瓜类作物生产的主要因素之一。中国是世界上瓜类作物产量和消费量最多的国家，总产量约占世界总量的三分之二。广东省地处中国南部，属热带和亚热带气候区，十分适合瓜类等作物的生长，但也利于昆虫介体传播的病毒病发生。侵染瓜类作物的病毒种类繁多，各地差异也比较大。2018—2020 年，笔者针对黄瓜、南瓜、葫芦、冬瓜、丝瓜 5 种广东主要瓜类作物的病毒病进行了调查与监测，并采集了 357 个疑似病毒侵染的瓜类作物样品。将采集的样品提取总 RNA 后进行小 RNA 深度测序与组装分析，然后根据小 RNA 测序分析结果设计病毒特异引物进行 RT-PCR 验证，得出每个瓜类样品中的病毒种类，最后对结果进行统计分析。结果表明广东瓜类作物病毒病的田间病株率一般为 5%~30%，在一些发病严重地块的病株率高达 60%，甚至 100%。在采集的 5 种瓜类作物样品中总共鉴定出归属于 10 个病毒属的 17 种病毒，其中检出率最高的病毒是番木瓜环斑病毒（PRSV）、小西葫芦虎纹花叶病毒（ZTMV）、小西葫芦黄花叶病毒（ZYMV）、西瓜银斑驳病毒（WSMoV），检出率分别是 24.4%、19.0%、17.1%、14.3%。5 种瓜类作物样品中病毒种类不同，且优势病毒也明显不同，黄瓜上检出率最高的病毒是甜瓜黄化斑点病毒（MYSV），南瓜上是 PRSV，葫芦上是黄瓜绿斑驳花叶病毒（CGMMV），冬瓜上是 WSMoV，丝瓜上是 ZYMV。一个样品中检测出多种病毒的复合侵染很普遍，不同的瓜类作物样品中复合侵染的形式也不一样。进一步分析发现 CGMMV、西瓜绿斑驳花叶病毒（WGMMV）、西瓜病毒 A（WVA）在葫芦上的复合侵染率很高。笔者克隆了 CGMMV、WGMMV 和 WVA 的基因组全长序列，遗传进化分析表明 WGMMV 与 CGMMV 的亲缘关系较近。本研究首次在中国大陆发现了 WGMMV。结论，广东最流行的瓜类作物病毒是马铃薯 Y 病毒属病毒（potyvirus）、正番茄斑萎病毒属病毒（orthotospovirus）、烟草花叶病毒属病毒（tobamovirus），其主要传播途径分别是蚜虫、蓟马及种子带毒。本研究为瓜类作物病毒病防控策略及防控措施的制定奠定了理论基础。

关键词：瓜类病毒；小 RNA 深度测序；遗传分析；马铃薯 Y 病毒属；正番茄斑萎病毒属病毒；烟草花叶病毒属病毒

* 基金项目：广州市科技计划项目（202102020504）；科技创新战略专项资金-高水平农科院建设（R2017YJ-YB3004，R2019PY-QF003，R2018QD-058）

Genome-wide identification of microRNAs that are responsive to virus/viroid infection in nectarine trees

YANG Lijuan* LI Shifang ZHANG Zimeng LU Meiguang**

(*State Key Laboratory for Biology of Plant Diseases and Insect Pests*, *Institute of Plant Protection*, *Chinese Academy of Agricultural Sciences*, *Beijing* 100193, *China*)

Abstract: Peach is one of the most widely grown fruit crops in China, and nectarine [*Prunus persica* (L.) Batsch var. *nucipersica* (Suckow) C. K. Schneid.] is an important commercial variety of peach. MicroRNAs (miRNAs) are a class of non-coding RNAs that play important functions in post-transcriptional gene regulation in plants. Although a number of miRNAs have been identified in peach trees, miRNAs in the different tissues of nectarine trees and in greenhouse-grown trees infected with various viruses or viroids have not been well studied. In this study, miRNAs and their target genes were identified and characterized by sequencing four small RNA libraries prepared from nectarine leaf and fruit tissues infected with different virus/viroid combinations using next-generation sequencing technology. A total of 116 known peach miRNAs belonging to 49 miRNA families were identified, and 303 putative novel miRNAs were predicted. Some of these miRNAs were found to be highly conserved, such as miR156, miR166, miR167, miR390, miR395, miR482. Most of the novel miRNAs were 24-nt in length and many of these miRNAs came from the *MIR*5271 and *MIR*7717 families. Prediction of potential targets of the differentially-expressed miRNAs showed that these miRNAs targeted 2, 785 genes, including genes involved in transcriptional regulation and morphogenesis and biological processes and pathways such as metabolism, stress responses, and pathogen defense. Comparative profiling revealed that 45 miRNAs belonging to 27 known miRNA families exhibited significant differential expression between leaf and fruit tissue. Moreover, the expression levels of these miRNAs were significantly affected in the two tissues despite the fact that the trees were infected by different virus/viroid combinations (infected by nectarine stem-pitting-associated virus and peach latent mosaic viroid or infected by nectarine stem-pitting-associated virus, peach latent mosaic viroid, apple chlorotic leaf spot virus, and asian prunus virus 2); for example, miR167a, miR172a-3p, miR319a, miR395a-5p, and miR398a-3p were down-regulated in fruit tissue, while miR1511-5p, miR156a, miR159, miR162, miR164a, and miR171d-5p were up-regulated in fruit tissue. We also found that there were more differentially expressed miRNAs in leaves tissue than in fruits, and a few miRNAs were identified that play important roles in the response to virus/viroid infection. Our results show that the expression of some miRNAs appears to be tissue-specific, and virus/viroid infection had a greater effect on the miRNA expression profiles in leaves than in fruits of nectarine. We hypothesize that virus/viroid infection induces the production of many novel miRNAs and also affects their lengths.

Key words: Nectarine; microRNA; leaf and fruit; next-generation sequencing; virus/viroid

* First author: YANG Lijuan, master degree candidate, molecular plant pathology; E-mail: 18765756671@ 163. com

** Corresponding author: LU Meiguang, associate professor, molecular plant pathology; E-mail: meiguanglu@ 163. com

侵染广东黄瓜的瓜类褪绿黄化病毒分子检测及基因组序列分析*

林 祺** 李正刚 佘小漫 于 琳 蓝国兵 何自福 汤亚飞***
（广东省农业科学院植物保护研究所，广东省植物保护新技术重点实验室，广州 510640）

摘 要：瓜类褪绿黄化病毒（*Cucurbit chlorotic yellows virus*，CCYV）属于长线形病毒科（*Closteroviridae*）毛线病毒属（*Crinivirus*）成员，主要由烟粉虱（*Bemisia tabaci*）以半持久性方式传播，是一种双分体正单链 RNA 病毒，包括 RNA1 和 RNA2 两条链。CCYV 病害症状主要表现叶片褪绿、黄化，早期叶脉仍然保持绿色，后期整株叶片变黄。该病毒于 2004 年首次在日本甜瓜上被发现，2010 年起已在我国台湾、山东、河南、北京等多地有报道，可见该病毒扩散速度快，已成为影响瓜类作物正常生产的重要病毒。2020 年调查发现广东省广州市、湛江市、廉江市的黄瓜植株叶片明显黄化，且植株上存在大量烟粉虱，由此推测这些黄瓜植株可能被 CCYV 侵染。并从每调查点随机采集 5 份典型症状的黄瓜病样，合计 15 份疑似病样，利用扩增 CCYV 的热激蛋白 70 的特异引物对病样进行 RT-PCR 检测，能从 12 份病样中扩增出单一预期大小目的条带证实黄瓜病样中确实存在 CCYV，且检出率 80%。进一步采用分段扩增、克隆测序方法，共获得 GDNS2、GDLJ4、GDXW1 共 3 个广东分离物全基因组序列，3 个分离物大小和基因组结构一致，RNA1 全长大小为 8 607 bp，包含 4 个 ORF，分别编码 ORF1a、*RdRp*、*P*6、*P*22 蛋白，5′UTR 和 3′UTR 的长度分别为 73 nt 和 250 nt，所获的 3 个广东分离物相似性为 99.73%~99.81%，与已报道的 CCYV 其他分离物的全基因组序列相似性为 99.55%~99.90%，其中与台湾分离物（登录号：JN641883.1）的相似性最高，分别为 99.87%、99.90%、99.86%。RNA2 全长大小 8 041bp，包含 8 个 ORF，分别编码 p4.9、Hsp70 h、p6、p59、p9、CP、CPm、p26 蛋白，5′UTR 和 3′UTR 的长度分别为 1 034 nt 和221 nt，所获的 3 个广东分离物相似性为 99.73%~99.80%，与已报道的 CCYV 其他分离物的全基因组序列相似性为 99.53%~99.91%，其中 GDNS2、GDXW1 分离物与台湾分离物（登录号：JF502222）的相似性最高，为 99.91% 和 99.83%，GDLJ4 分离物与山东分离物（登录号：MH819191）相似性最高，为 99.91%。本文首次明确 CCYV 3 个广东黄瓜分离物的分子特征，为开展该病毒种群遗传特征、序列变异与进化等研究提供了素材。

关键词：瓜类褪绿黄化病毒；黄瓜；广东；分子检测；基因组序列

---

* 基金项目：广州市科技计划项目（201901010173）；广东省重点领域研发计划（2019B020217003-05）；广东省现代农业产业共性关键技术研发创新团队建设项目（2020KJ134、2020KJ110）；科技创新战略专项资金（高水平农科院建设）（R2019PY-JX005）

** 第一作者：林祺，硕士研究生，研究方向为植物病毒；E-mail：l. ki_a@ 163. com

*** 通信作者：汤亚飞，研究员；E-mail：yf. tang1314@ 163. com

柑橘衰退病毒编码的 p20 通过植物细胞自噬途径降解 NbSGS3 抑制 RNA 沉默*

张永乐　杨作坤　王国平　洪　霓**

（华中农业大学植物科学技术学院，

湖北省作物病害检测与安全控制重点实验室，武汉　430070）

摘　要：柑橘衰退病毒（*Citrus tristeza virus*，CTV）是长线形病毒科（*Closteroviridae*）长线形病毒属（*Closterovirus*）成员。由该病毒引起的柑橘衰退病在世界各柑橘产地均有发生，严重影响柑橘植株生长。已知 CTV 编码的 p20、p23 和 CP 具有抑制 RNA 沉默的活性，其中 p20 可以抑制细胞间和细胞内 RNA 沉默。为明确 p20 抑制 RNA 沉默的机制，本研究将 p20 的编码基因构建至植物表达载体 pCNF3 上，将分别含有 pCNF3-p20 和 35S：GFP 质粒的农杆菌共浸润至转 *gfp* 基因的本氏烟 16c 叶片，5 d 后取浸润叶提取 RNA 进行 sRNA 测序，序列分析结果显示，与共浸润 pCNF3 和 35S：GFP 的对照处理相比，在 pCNF3-p20 浸润接种的本氏烟叶片中来源于 *gfp* 的 sRNA 的数量显著减少，来源于 *gfp* 负义链的 sRNA 的 5′端 U 所占的比例显著降低，来源于 *gfp* 基因的 mRNA 链的 sRNA 长度及在 mRNA 链上的分布特点无明显变化，该结果表明，p20 可以抑制 sRNA 的产生并影响 sRNA 的 5′端碱基偏好性。进一步研究发现，p20 可以与本氏烟次级 siRNA 合成的关键蛋白 NbSGS3 互作，将 p20 和 NbSGS3 在本氏烟叶片进行共表达时，NbSGS3 蛋白水平显著降低，但该蛋白编码基因的 mRNA 水平无显著变化，推测 p20 可能促进 NbSGS3 蛋白降解。使用自噬抑制剂 3-MA 处理后 NbSGS3 蛋白水平显著增加，蛋白酶体抑制剂 MG132 处理后 NbSGS3 蛋白水平无显著变化，表明 p20 可能通过影响植物的自噬途径而介导 NbSGS3 蛋白降解。CTV 侵染本氏烟后，自噬途径相关基因 *NbPI3K*、*NbATG5*、*NbATG6*、*NbATG8f* 和 *NbATG9* 的相对表达水平显著上调，自噬小泡数量显著增加，自噬流检测显示选择性自噬受体 NBR1 蛋白含量显著降低，表明 CTV 侵染可诱导植物自噬的发生。激光共聚焦和透射电镜观察发现，瞬时表达 p20 的本氏烟叶片细胞中自噬小泡数量显著增加。双分子荧光互补（BiFC）实验发现，p20 可以与植物自噬关键蛋白 NbATG8a 互作，而 NbSGS3 不与 NbATG8a 互作。当共表达 pCNF3-p20、NbSGS3-YN 和 YC-NbATG8a 时，p20 通过分别与 NbSGS3 和 NbATG8a 相互作用形成 p20/NbSGS3/NbATG8a 复合体从而产生荧光信号。因此，p20 可将 NbSGS3 招募至自噬小泡中，通过自噬途径降解 NbSGS3 以抑制植物 RNA 沉默，研究结果可以加深对 CTV 侵染机制的认识和对植物-病毒相互作用的理解。

关键词：柑橘衰退病毒；自噬；RNA 沉默；关键蛋白

---

* 基金项目：国家自然科学基金（31870145）

** 通信作者：洪霓，教授，研究方向为植物病毒学；E-mail：whni@ mail. hzau. edu. cn

梨腐烂病菌携带真菌病毒种类鉴定及序列分析*

邹　琦[1,2]　王　琼[1,2]　王婷婷[1,2]　洪　霓[1,2]　王国平[1,2]　王利平[1,2]**
（1. 华中农业大学植物科学技术学院；
2. 华中农业大学，作物病害监测和安全控制湖北省重点实验室，武汉　430070）

摘　要：我国梨种植面积和产量均居于世界首位。梨腐烂病（*Valsa* pyri）是梨树生产上最为严重的病害，在梨园中与轮纹病、干腐病复合侵染梨树，导致大量梨园被毁，对梨产业造成严重威胁。近年来，报道有真菌病毒能够有效用于板栗疫病和苹果白纹羽病的生物防治。因此，发现和挖掘梨腐烂病菌中真菌病毒资源是绿色防治腐烂病的一条主要途径。本研究以实验室保存的前期梨腐烂病调查获得分离病菌的41个菌株为材料，采用高通量测序结合生物信息学方法，对组装获得Contigs进行BlastX序列比对、分析，鉴定到5种+ssRNA病毒，为*Fusariviridae*、*Mitoviridae*、*Botourmiaviridae*科新成员。RT-PCR鉴定发现，采集自云南地区“美人酥”梨发病枝干样品中分离获得YN-3菌株携带属于*Fusariviridae*和*Botourmiaviridae*两种新型病毒。YN-3分离株菌落生长较为缓慢，菌落形态与其他腐烂病菌菌株存在差异，通过打孔接种不同品种的梨树枝条发现YN-3菌株的致病力明显弱于其他不携带病毒的腐烂病菌菌株致病力，笔者提出是否病毒引起该菌株弱致病力，以及YN-3菌株携带2种病毒通过何种方式来影响菌株生物学及致病性？本研究已获得了YN-3菌株携带*Fusarivirus*基因组全长序列及基因组结构，明确了序列特性及分子遗传进化关系；正在测定并分析其基因功能，揭示其对菌株的影响。下一步笔者将通过水平传毒生物学试验明确真菌病毒对寄主生物学特异及致病性的影响，筛选弱致病力腐烂菌株，为梨腐烂病菌的生物防治提供重要的生防材料。

关键词：梨；梨腐烂病菌；高通量测序；真菌病毒；生物防治

* 基金项目：国家自然科学基金（31972321）；国家梨产业技术体系（CARS-29）

** 通信作者：王利平，副教授，研究方向为果树病理学；E-mail：wlp09@mail.hzau.edu.cn

梨轮纹病菌线粒体病毒基因组全长序列测定及分子生物学特性分析*

邹　琦[1,2]　高云静[1,2]　王　琼[1,2]　洪　霓[1,2]　王国平[1,2]　王利平[1,2]**

（1. 华中农业大学植物科学技术学院；

2. 华中农业大学，作物病害监测和安全控制湖北省重点实验室，武汉　430070）

摘　要： 梨轮纹病是我国梨产业中的一种重要枝干病害，目前在所有的梨产区均有分布，严重影响了梨的产量和品质，阻碍了我国梨产业的健康发展。因此，寻找一种安全有效的生物防治措施迫在眉睫，弱毒相关的真菌病毒可以引起植物病原菌的致病力衰退，具有潜在生防潜力。本研究通过高通量测序技术和生物信息学分析，从引起梨轮纹病的葡萄座腔菌（*Botryosphaeria dothidea*）分离自福建的FJ分离菌株中检测到含有一种新型线粒体真菌病毒基因。基于组装获得该病毒Contig基因组序列信息，设计特异引物并结合RACE末端克隆方法，测序获得了该病毒基因组全长核苷酸序列为2 538 nt，包含一个2 070 nt的开放阅读框，编码689个氨基酸，含有RdRP保守结构域和线粒体病毒特征的典型motif序列。病毒基因组5′端、3′端非编码区可形成茎环二结构及锅饼结构。基于以上结果，该病毒暂命名为 *Botryosphaeria dothidea mitovirus* 3（BdMV3）。将BdMV3与来源于不同真菌寄主种类的线粒体病毒分离物RdRP aa序列进行系统进化树分析，显示共分为3个clade组群，BdMV3与已报道的 *Rhizoctonia solani mitovirus* 10（RsMV10）和 *Macrophomina phaseolina mitovirus* 4（MpMV4）RdRP aa同源性最高，分别为69.36%和68.79%，聚为同一组群clade Ⅰ，遗传进化关系最近。以上结果表明BdMV3属于线粒体病毒科新成员。据报道，BdMV3是葡萄座腔菌（*B. dothidea*）中发现的线粒体病毒的第3个新成员，也是首次在梨轮纹病菌中发现的首例线粒体真菌病毒，获得结果丰富了笔者对梨轮纹病菌中真菌病毒分类、进化的认识，也为真菌病毒用于果树轮纹病害绿色防控研究提供了候选材料。

关键词： 梨；梨轮纹病；葡萄座腔菌；真菌病毒；线粒体病毒

---

* 基金项目：国家自然科学基金（31972321）；国家梨产业技术体系（CARS-29）

** 通信作者：王利平，副教授，研究方向为果树病理学；E-mail：wlp09@mail.hzau.edu.cn

A new *Polerovirus* inhabiting in Wild-rice is a potentially dangerous pathogen of rice cultivar

YAN Wenkai[1] LIU Wencheng[1] ZHU Yu[2] ZOU Chengwu[3] JIA Bei[1] ZHAO LiLing[1] JIN Liying[1] WU Jianguo[1] HAN Yanhong[1] WU Qingfa[2] CHEN Baoshan[3] DING Shouwei[4] GUO Zhongxin[1 *]

(1. *Vector-borne Virus Research Center*, *State Key Laboratory for Ecological Pest Control of Fujian and Taiwan Crops*, *College of Plant Protection*, *Fujian Agriculture and Forestry University*, *Fuzhou* 350002, *China*; 2. *School of Life Sciences*, *University of Science and Technology of China*, *Hefei* 230026, *China*; 3. *State Key Laboratory for Conservation and Utilization of Subtropical Agro-bioresources and Key Laboratory for Microbial and Plant Genetic Engineering*, *College of Life Science and Technology*, *Guangxi University*, *Nanning* 530004, *China*; 4. *Department of Microbiology and Plant Pathology*, *Center for Plant Cell Biology*, *Institutefor Integrative Genome Biology*, *University of California*, *Riverside*, *CA*, *USA*)

Abstract: Wild rice are natural reservoirs of plant pathogenic viruses which could be transmitted to threat rice production. In order to find potential pathogenic viruses in Wild rice, we performed high-throughput RNA-seq and sRNA-seq on about 1 000 Wild rice individuals collected from different areas of Guangxi Province. After sequence assembly, some known and unknown plant viruses inhabiting in Wild rice were firstly uncovered. We found that a new positive single-strand RNA virus existed in most of Wild rice individuals. The full-length sequence of the virus genome was obtained using RACE and its infectious clone was successfully developed for further study. Amino acid sequence identities of the virus indicated that it belongs to a new *polerovirus*. It has been reported that this genus virus is transmitted by different kinds of aphids in a persistent non-proliferative type, we explored whether the new *polerovirus* can be transmitted by distinct aphid to infect rice cultivar, and found that only *Rhopalosiphum padi* can transmit the virus to rice cultivar although other aphids also could carry the virus after feeding on Wild rice. We further noticed that the new *polerovirus* from Wild rice could systemically infect rice cultivar and induce less tillering disease symptom in rice cultivar, indicating its great potential threat to rice production.

Key words: Wild rice; *Polerovirus*; *Rhopalosiphum padi*; rice production

* Corresponding author

广东番茄上首次检测到南方番茄病毒*

汤亚飞[1,2**]　佘小漫[1]　李正刚[1]　于　琳[1]　蓝国兵[1]　邓铭光[1]　何自福[1,2***]
（1. 广东省农业科学院植物保护研究所，广州　510640；
2. 广东省植物保护新技术重点实验室，广州　510640）

摘　要：南方番茄病毒（*Southern tomato virus*，STV）属于*Amalgaviridae*科*Amalgavirus*属成员，是一种双链RNA病毒，大小约3.5 kb，编码2个含有部分重叠的ORF，分别为推测编码外壳蛋白的ORF1和依赖于RNA的RNA聚合酶的ORF2。STV是一种严格种传病毒，不能通过汁液摩擦接种和嫁接传播，尚未发现有昆虫介体传播。该病毒于1984年首次在美国加利福尼亚州番茄病株中被发现，目前已在墨西哥、美国、法国、西班牙、孟加拉国多个国家均有分布；也是我国近年来在番茄上新发现的一种病毒，目前已在山东、新疆、北京的番茄植株上被陆续检测到。2020年5月，调查发现广东省河源市大棚种植的番茄植株表现明显黄化、长势衰退、结果少等症状，棚内发病率达到100%。采集典型症状番茄病样8份，利用检测STV的两对特异引物STV-F/STV-R（5′-CGTTATCTTAGGCGTC AGCT-3′/5′-GGAGTTTGATTGCATCAGCG-3′）和STV168F/STV745R（5′-CGTG TTCCAAACGCTGCCA-3′/5′-CCCACATACCGG CTAACAGGCT-3′），对采集的病样总RNA进行RT-PCR检测，两对引物均能从8份病样总RNA中扩增出单一预期大小目的条带，进一步对目的片段进行测序分析，BLASTn结果显示，从广东番茄病样扩增所获得片段序列与已报道的STV各分离物相似性在99%以上。本研究首次在广东番茄产区检测到南方番茄病毒，由于种子是目前该病毒唯一确定的传播途径，因此应严把种子关，从源头来控制该病毒的扩散。

关键词：南方番茄病毒；广东；检测

---

* 基金项目：广东省重点领域研发计划（2019B020217003-05）；广东省现代农业产业共性关键技术研发创新团队建设项目（2020KJ134、2020KJ110）；科技创新战略专项资金（高水平农科院建设）（R2019PY-JX005）

** 第一作者：汤亚飞，研究员，博士，研究方向为植物病毒；E-mail：yf. tang1314@ 163. com

*** 通信作者：何自福，研究员；E-mail：hezf@ gdppri. com

白背飞虱 E3 参与南方水稻黑条矮缩病毒在介体内增殖的机制研究*

罗国钟** 孙新艳 史 玮 方红芬 魏太云 贾东升***
（福建农林大学植物病毒研究所/福建省植物病毒学重点实验室，福建 350002）

摘 要：由白背飞虱（*Sogatella furcifera*，Horváth）以持久增殖型方式传播的南方水稻黑条矮缩病毒（*Southern rice black-streaked dwarf virus*，SRBSDV）在我国南方稻区流行危害。SRBSDV 编码的非结构蛋白 P7-1 形成包裹病毒粒体的管状结构，是病毒突破介体白背飞虱各种屏障并快速扩散的重要通道，病毒的扩散需要介体因子的协助。实验室前期以 SRBSDV P7-1 作为诱饵蛋白对带毒白背飞虱 cDNA 文库进行筛选，发现 SRBSDV P7-1 与 ubiquitin-protein E3 ligase（E3）存在互作关系。已有研究表明 E3 在细胞增殖、免疫调节等过程中发挥重要作用。本研究将 E3 经 SMART 蛋白结构分析，发现其由 RING 型功能域组成。通过酵母双杂交系统再次验证了 P7-1 与 E3 存在的互作关系，同时发现 SRBSDV 侵染的白背飞虱后体内 E3 表达量显著上调。免疫荧光观察发现在 SRBSDV 侵染的中肠上皮细胞内 E3 被诱导表达，且随着病毒的增殖扩散，P7-1 小管结构周围聚集大量 E3 蛋白。当用 dsRNA 抑制 E3 的表达，则 SRBSDV 的增殖也受到显著的抑制。由此推测白背飞虱体内的 E3 可能是被病毒侵染所诱导上调表达，随后并用于靶向昆虫抗病毒免疫反应某个途径中的蛋白，从而促进病毒在昆虫体内的增殖能力。为此，本研究将进一步筛选 E3 作用的抗病毒免疫通路，解析 RING 型 E3 调控昆虫免疫反应促进植物病毒高效增殖的分子机制。

关键词：南方水稻黑条矮缩病毒；RING 型 E3 泛素化连接酶；白背飞虱

---

* 基金项目：国家自然科学基金项目（31970160；31920103014）；福建省杰出青年基金（2020J06015）；福建农林大学科技创新专项基金（CXZX2019021G；CXZX2019020G）

** 第一作者：罗国钟，研究方向为水稻病毒与介体昆虫互作机制

*** 通信作者：贾东升，副研究员；E-mail：jiadongsheng2004@163.com

辽宁省 BBWV2 的鉴定与 RPA 检测方法的建立与应用*

罗雪琮** 安梦楠 吴元华 夏子豪***
（沈阳农业大学植物保护学院，沈阳 110866）

摘 要：蚕豆萎蔫病毒 2 号（*Broad bean wilt virus* 2，BBWV2）属蚕豆病毒属（*Fabavirus*），能够侵染多种重要的经济植物，造成重大经济损失。本研究通过小 RNA 高通量测序与 RT-PCR 检测在辽宁省沈阳市采集的芝麻上鉴定到 BBWV2，并对 BBWV2 的全长基因组进行扩增，得到 RNA1 和 RNA2 的全长序列，长度分别为 5 955 nt（GenBank 号：MK116519.1）和 3 573 nt（MK118749.1）。通过序列比对发现，RNA1 序列与来自辽宁藜上的分离物 BBWV2-LNSY 亲缘关系最近，核苷酸同源性达 84.00%；RNA2 序列与来自韩国京畿道细叶益母草上的分离物 BBWV2-LS2 亲缘关系最近，核苷酸同源性达 83.66%。另外，本研究建立了 BBWV2 的检测体系——重组酶聚合酶扩增（recombinase polymerase amplification，RPA）技术。RPA 作为一种快速、灵敏的检测技术已经应用于转基因生物、各类病原物及食品安全检测等多个领域，其中作为新兴技术在植物病毒检测领域中正快速发展。本文基于不同 BBWV2 分离物 RNA1 和 RNA2 保守序列区域，设计并比较了 4 对 RPA 引物，选取扩增效果最好的 1 对引物进行后续研究。本试验设置 10 min、20 min、30 min、40 min 与 50 min 不同反应时间，发现反应 30 min 及以上时电泳结果较好；设置 36~41 ℃不同反应温度，得到 RPA 反应最适宜温度为 38 ℃。RPA 引物特异性强，与黄瓜花叶病毒（*Cucumber mosaic virus*，CMV）、烟草花叶病毒（*Tobacco mosaic virus*，TMV）、马铃薯 Y 病毒（*Potato virus Y*，PVY）、番茄斑萎病毒（*Tomato spotted wilt virus*，TSWV）、辣椒脉斑驳病毒（*Chilli veinal mottle virus*，ChiVMV）均没有交叉反应。通过 RPA 灵敏度试验得到其检测限度为 10^2 copies/μL，比常规 PCR 方法灵敏 10 倍。另外，采集疑似病毒病症状的田间样品进行 RPA 检测，在 8 个样品中得到 4 个阳性结果，与 PCR 结果一致。本研究还对辽宁省不同地区采集的多种疑似病毒病症状的样品进行 BBWV2 检测，为 BBWV2 的田间诊断与预测预报提供更好的技术支持，同时也为有效预防与控制 BBWV2 的流行与发生奠定基础。

关键词：蚕豆萎蔫病毒 2 号；重组酶聚合酶扩增技术；病毒检测

---

* 基金项目：沈阳农业大学人才引进基金
** 第一作者：罗雪琮，硕士研究生，研究方向为资源利用与植物保护；E-mail：1193645288@qq.com
*** 通信作者：夏子豪，博士，副教授，研究方向为植物病毒学；E-mail：zihao8337@syau.edu.cn

脱水素蛋白 COR15 促进植物 RNA 沉默并抑制柑橘衰退病毒复制*

杨作坤 张永乐 王国平 洪 霓**

（华中农业大学植物科学技术学院，湖北省作物病害检测与安全控制重点实验室，武汉 430070）

摘 要：柑橘衰退病毒（*Citrus tristeza virus*，CTV）为长线形病毒属（*Closterovirus*）成员，CTV 基因组为约 19.3 kb 的正义单链 RNA（+ssRNA），包含 12 个开放阅读框（Open reading frame，ORF），编码至少 19 种蛋白，已知 CTV 编码的 p20 具有抑制植物 RNA 沉默活性。脱水素蛋白为一类具有多种功能的蛋白，可与细胞酶和膜等非特异性结合，保护其免受低温、脱水和活性氧等胁迫，同时与植物的光合效率有关。前期研究发现柑橘的脱水素蛋白 CtCOR15 可与 p20 直接互作并影响 p20 的沉默抑制活性（杨作坤等，2018）。在此基础上，本研究进一步采用分裂泛素化酵母系统（DUAL membrane）和双分子荧光互补（BiFC）试验，确认了 CTV 编码的 p20 与甜橙脱水素蛋白 CtCOR15 和本氏烟脱水素蛋白 NbCOR15 的互作，在本氏烟的叶片表皮细胞质中，p20 分别与 CtCOR15 和 NbCOR15 互作，形成大量的颗粒状的聚集体。Northern blot 和 Western blot 分析结果显示，与 35S：GFP 浸润处理的叶片相比，在用含有 CtCOR15 和 35S：GFP 表达载体的农杆菌浸润接种的本氏烟 16c 叶片中，gfp-mRNA 和 GFP 蛋白积累量明显降低，而 gfp-sRNA 积累量增加，表明 CtCOR15 的表达促进了 gfp-mRNA 的沉默，从而降低 GFP 蛋白的积累水平。对本氏烟 16c 叶片的农杆菌浸润接种区进行 sRNA 测序，发现 CtCOR15 的表达增加了 gfp-sRNA 的产生，但 sRNA 在 gfp-mRNA 链上的分布及长度和碱基偏好性无明显影响。采用基于 TRV 的 VIGS 诱导本氏烟 NbCOR15 基因沉默，然后在 NbCOR15 沉默的烟植株上接种 CTV 侵染性克隆，qRT-PCR 分析结果显示，CTV 的 cp 基因表达水平较对照植株增加了 1.8～8 倍，表明沉默 NbCOR15 可促进 CTV 的积累。研究结果为深入理解 CTV 寄主互作和挖掘植物抗病毒基因提供了重要参考信息。

关键词：柑橘衰退病毒；脱水素蛋白；RNA 沉默；本氏烟；病毒复制

---

* 基金项目：国家自然科学基金（31870145）

** 通信作者：洪霓，教授，研究方向为植物病毒学；E-mail：whni@mail.hzau.edu.cn

苹果茎痘病毒编码的 TGBps 利用植物内质网相关降解通路和内吞途径完成胞内运输*

李 柳 王国平 洪 霓**

（华中农业大学植物科学技术学院/湖北省作物病害监测与安全控制重点实验室，武汉 430070）

摘 要：病毒侵染植物并在植物体内扩展需要运动相关蛋白的参与，已知多个属的植物病毒基因组 RNA 的三基因盒（triple gene block，TGB）编码的蛋白（TGBp）在病毒运动中共同发挥作用。苹果茎痘病毒（*Apple stem pitting virus*，ASPV）在苹果和梨树上发生十分普遍，该病毒为β线性病毒科（*Betaflexiviridae*）凹陷病毒属（*Foveavirus*）的代表成员，其基因组由 1 条正义单链 RNA 组成，包含 5 个开放阅读框（open reading frame，ORF），其中 ORF2-4 组成 TGB，编码的 TGBps 共同介导 ASPV 在植物体内的运动。本研究分析了该病毒的 TGBp2 和 TGBp3 在本氏烟叶片表皮细胞中诱导形成囊泡的特点及植物的相关代谢通路。研究结果表明，TGBp2 和 TGBp3 的瞬时表达皆可诱导本氏烟叶片表皮细胞产生大小不均的分布于核周和胞质的囊泡结构，且 TG-Bp3 的表达水平对 TGBp2 的亚细胞定位存在影响，在二者共表达的情况下，是否能在烟细胞中诱导产生囊泡依赖于 TGBp3 的积累量。对 TGBp2 二级结构比对分析发现，在其 N 端存在类似核糖体失活蛋白（ribosome inactivating protein，RIP）序列，该 TGBp2 的类 RIP 序列与已知的利用内质网相关降解（endoplasmic reticulum-associated protein degradation，ERAD）通路到达胞质的 Ricin A chain 系统进化关系较近，对 TGBp2 类 RIP 区域进行点突变，发现突变体在烟细胞诱导的核周囊泡数量增多，胞质囊泡减少；TGBp3 与 TGBp2 突变体共表达的烟细孢囊泡特点与上述一致。使用特异性的蛋白酶体抑制剂 β-lactone 处理 TGBp2 和 TGBp3 共表达的烟叶片，发现 TG-Bp2 和 TGBp3 积累量及胞质囊泡数量明显增加，推测植物的 ERAD 通路可影响二者的积累及运输。采用内吞小泡特异性标记物 FM4-64 染色，发现 TGBp2 与 TGBp3 共表达诱导的囊泡与内吞小泡共定位，经液泡 V-ATP 酶抑制剂 Bafilomycin A1 处理 TGBp2 和 TGBp3 共表达的烟草叶片后，TGBp2 和 TGBp3 积累量及核周囊泡数量增加，因此，TGBp2 和 TGBp3 可能通过植物内吞途径回收至核周或部分运输至液泡进行降解。qRT-PCR 分析发现，TGBp2 和 TGBp3 共表达的烟草叶片中 ERAD 通路相关基因 *NbHsp*40 和 *NbHsp*70 及内吞途径相关基因 *NbVsr*1 和 *NbVsr*3 的表达水平显著上升。综上所述，ASPV 的 TGBp2 和 TGBp3 共表达在烟草叶片表皮细胞诱导产生囊泡结构，这些囊泡凭借 TGBp2 的类 RIP 序列，利用植物 ERAD 通路和内吞途径到达胞质和核周，从而参与病毒复制复合体的运输。

关键词：苹果茎痘病毒；TGBp；囊泡；内质网相关降解通路；内吞途径

* 基金项目：国家重点研发项目（2019YFD1001800）；政府间国际科技创新合作重点专项（2017YFE0110900）；国家现代农业产业技术体系（CARS-28）

** 通信作者：洪霓，教授，研究方向为植物病毒学；E-mail：whni@ mail. hzau. edu. cn

菠菜是木尔坦棉花曲叶病毒新寄主*

高国龙**　张兴旺　刘鑫鑫　都业娟***
（石河子大学农学院，新疆绿洲农业病虫害治理与
植保资源利用重点实验室，石河子　832003）

摘　要：为明确菠菜（*Spinacia oleracea*）植株叶片向上卷曲、皱缩是否由菜豆金色花叶病毒属病毒侵染引起，对新疆石河子市田间采集具有疑似感染症状的菠菜植株叶片样品，应用 *Begomovirus* 通用引物和特异性引物进行 PCR 扩增、克隆及测序，并对其进行系统进化分析。结果显示，采集的疑似病叶中携带有木尔坦棉花曲叶病毒（*Cotton leaf curl Multan virus*，CLCuMuV），并伴随有 DNAβ 卫星分子。分别克隆获得 CLCuMuV 的 DNA-A 与 DNAβ 组分全序列，测序分析表明 CLCuMuV 菠菜分离物（登录号 MW561346）与广东报道的 CLCuMuV 棉花分离物（登录号 KP762786）亲缘关系最近，相似性最高达到 99.93%；DNAβ 菠菜分离物（登录号 MW561347）与广西报道的 DNAβ 棉花分离物（登录号 JQ317604）亲缘关系最近，相似性最高达到 99.26%；基于 DNA-A 和 DNAβ 组分的进化分析表明，菠菜上发生的 CLCuMuV 与中国已报道的 CLCuMuV 进化关系一致。分别利用 CLCuMuV 侵染性克隆与烟粉虱接种进行传毒，结果显示，CLCuMuV 侵染性克隆接种能够导致菠菜出现与田间一致的症状；烟粉虱 MEAM1 和 MED 隐种均能够将 CLCuMuV 传播到菠菜上并引起典型症状，其中 MEAM1 隐种传毒效率为 78.57%，MED 隐种传毒效率为 54.54%；利用 qPCR 检测烟粉虱传毒后 15～45 d 的病毒积累量，表明 CLCuMuV 能够在菠菜体内持续复制增殖。以上结果表明菠菜是 CLCuMuV 的新寄主，且 MEAM1 和 MED 能够将病毒传播到菠菜上引起典型症状。

关键词：菠菜；CLCuMuV；烟粉虱；传毒

---

* 基金项目：国家自然科学基金（31860496）；兵团区域创新计划项目（2018BB403）
** 作者简介：高国龙，硕士研究生，研究方向为植物病毒病及其防治；E-mail：1301824576@qq.com
*** 通信作者：都业娟，副教授，研究方向为植物病毒学；E-mail：dyjagr@sina.com

我国蔗区甘蔗花叶病病毒种类的鉴定与分布*

贺尔奇[1,2**]　包文青[1]　胡春育[1]　毕郑旺[1]　高三基[1***]

（1. 福建农林大学国家甘蔗工程技术研究中心，福州　350002；
2. 贵州省农业科学院亚热带作物研究所，562400）

摘　要：花叶病是甘蔗主要的病害之一，在世界范围内普遍发生。甘蔗花叶病也是我国各蔗区重要的病害，由多种病毒引起。本研究采集了我国 8 个省份 24 个县市蔗区有花叶病症状的叶片样品 901 份，利用高粱花叶病毒（SrMV）、甘蔗花叶病毒（SCMV）、甘蔗条纹花叶病毒（SCSMV）、玉米黄花叶病毒（MaYMV）和甘蔗轻度花叶病毒（SCMMV）5 对特异性检测引物，通过 RT-PCR 方法对这些样品进行分子检测，结果显示，在 901 份甘蔗花叶病样品中，检测到 SrMV、SCMV、SCSMV 和 MaYMV，未检测到 SCMMV，叶片样品病毒检出率达 81.0%，不同病毒混合侵染现象普遍发生。SrMV 是引起我国甘蔗花叶病的主要病毒，检出率为 70.1%，其次是 SCMV 和 SCSMV，检出率分别为 33.4%和 30.3%，MaYMV 检出率仅为 5.1%；从不同病毒在各蔗区分布上来看，除浙江蔗区以 SCMV 侵染为主，其他 7 个省份蔗区均以 SrMV 侵染为主；部分 SrMV、SCMV、SCSMV 和 MaYMV 检测片段经过克隆和测序，分别与 NCBI 数据库中各自的参考序列 SrMV - Xiaoshan（NC_004035）、SCMV - JUJ - 4B（EU196448）、SCSMV - PAK（NC_014037）和 MaYMV-Yunnan11（KU248489）比对分析后，发现这 4 种病毒与各自参考序列的核苷酸一致性分别分为 75.7%~97.4%、92.9%~97.4%、89.2%~99.1%和 99.2%~99.6%。本研究较系统地分析了我国主要蔗区的甘蔗花叶病病毒种类及其发生分布状况，为甘蔗花叶病害的防控提供了依据。

关键词：甘蔗；花叶病；RNA 病毒；RT-PCR；分子检测

---

* 基金项目：财政部和农业农村部国家现代农业产业技术体系资助

** 第一作者：贺尔奇，助理研究员，研究方向为甘蔗病害防控；E-mail：794961956@ qq. com

*** 通信作者：高三基，博士后，研究员，研究方向为甘蔗病害检测与防控、病原微生物致病分子基础和抗病育种等领域；E-mail：gaosanji@ fafu. edu. cn

一种侵染茉莉的长线型病毒科新病毒的发现和分子鉴定

解晓盈　何诗芸　朱丽娟　韩艳红
（福建农林大学，福州　350002）

摘　要：茉莉（*Jasminun sambac*）是一种重要的观赏及经济作物，其生长过程中常受到多种病原物的危害，给茉莉生产带来损失。目前关于茉莉病毒的相关研究很少且不够深入，因此关于茉莉病毒病害的研究对于茉莉病毒病害防治及提高茉莉的产量和质量具有重要的意义。本实验室在田间观察到一种典型的茉莉病毒病症状：枝芽丛簇或呈扫帚状，叶片细长卷曲呈皱缩状，花畸形甚至不能开花。经 RNA 高通量分析预测和拼接发现并克隆了一种新的侵染茉莉的长线型病毒科（*Closteroviridae*）的病毒全序列，暂命名为茉莉 A 病毒（*Jasmine virus* A，JaVA）。该病毒基因组序列与毛形病毒属（*Crinivirus*）病毒最为相似，毛形病毒属病毒为正义单链 RNA 病毒且均含有 RNA1 和 RNA2 两条基因组，而本研究中 RNA 测序结果显示还额外存在一条与 RNA1 结构相似，但序列相似度仅为 67.63%的第二条 RNA1，且未找到与之对应的 RNA2，因此笔者暂且认为 JaVA 含有 3 条基因组且分别命名为 JaVA-RNA1A、JaVA-RNA2 与 JaVA-RNA1B，其基因组序列全长分别为 8 237 nt、8 003 nt 与 8 228 nt，GC 含量分别为 39%、37%与 40%。软件预测 RNA1 含有 3 个开放阅读框（open reading frame，ORF），分别命名为 ORF1a、ORF1b 与 ORF2，编码病毒复制相关蛋白；RNA2 含有 7 个 ORFs，分别命名为 ORF1-ORF7，编码运动、包装等相关蛋白，符合毛形病毒属病毒的结构特征。将 JaVA 病毒热休克蛋白、外壳蛋白及 RNA 依赖的 RNA 聚合酶与长线型病毒科病毒进行进化树分析，结果表明该病毒属于毛形病毒属。与毛形病毒属病毒比较发现该病毒相关基因的相似度远低于成立该属新成员的标准，因此认为 JaVA 为毛形病毒属的一个新成员。

关键词：茉莉 A；长线型病毒科；毛形病毒属；分子鉴定

侵染滇重楼的一种 *Coguvirus* 属新病毒的鉴定*

陈泽历[1,2,3]　王　喆[1,3]　高丽珂[1,3]　李尚贇[1,2,3]　陈　潞[1,3]　文国松[1,2,3]　赵明富[1,3**]

（1. 云南农业大学农业生物多样性控制病虫害教育部重点实验室，昆明　650201；
2. 云南农业大学农学与生物技术学院，昆明　650201；
3. 云南农业大学功能产品研究中心，昆明　650201）

摘　要：白纤细病毒科（*Phenuiviridae*）是布尼亚病毒目中新增的一个科，而 *Coguvirus* 属是近年来成立的一个新属，已划分到白纤细病毒科。目前 *Coguvirus* 属多数成员为暂定种。滇重楼（*Paris polyphylla* var. *yunnanensis*）是一种具有重要药用价值的药用植物，其干燥根茎已成为 70 多种流行专利药中必不可少的成分。近年来，本课题组前期病害调查发现滇重楼病毒病发生严重，通过 RNA-Seq（Illumina HiSeqTM 2500 平台）技术对表现褪绿和花叶症状的样品进行了分析，鉴定到一种 *Coguvirus* 属的新病毒，暂命名为滇重楼负链病毒（*Yunnan paris negative-stranded virus*，YPNSV）。依据测序获得的 12 个病毒重叠群（contigs）设计 8 对特异性引物进行 RT-PCR 扩增，3′和 5′ RACE 试剂盒用于扩增末端序列，最终通过 Sanger 测序获得该病毒的全基因组序列。通过多重比对分析发现，该病毒 RNA1，RNA2 推导的氨基酸序列与 *Coguvirus* 属成员的依赖于 RNA 的 RNA 聚合酶（RdRp），运动蛋白（MP），核衣壳蛋白（NP）区域的氨基酸序列一致性在 14.2%~69.1%。该病毒的基因组结构与 *Coguvirus* 属成员相似，RNA1 由 6616 个核苷酸组成，包含一个开放阅读框（Open reading frame，ORF）在正义链上编码一个 250.97 kDa（p251）的蛋白，p251 包含布尼亚病毒 RdRp 区域典型的保守基序（Premotif A and motifs A-E）。RNA2 是双义编码，由 2864 个核苷酸组成，ORF2a 和 ORF2b 被富含 A 和 U 碱基的基因间隔区域（410 nt）分隔开。ORF2a 编码 46.20 kDa（p46）的 MP 蛋白；ORF2b 编码一个 38.68 kDa（p39）的蛋白，p39 包含白纤细病毒科 NP 蛋白的典型保守域（Tenui_N super family domains，accession cl05345）。对 p251 和 p39 的蛋白序列进行系统发育分析，发现该病毒与 *Coguvirus* 属成员聚为一簇，与西瓜皱缩病毒 2 号（*Watermelon crinkle leaf-associated virus* 2，WCLaV-2）单独聚为一支。在 RdRb 和 NP 蛋白区域，与 WCLaV-2 的氨基酸序列一致性较低，仅为 69.1%和 60.9%。本研究首次从滇重楼上鉴定到负链 RNA 病毒，依据国际分类委员会对 *Coguvirus* 属新种的划分标准的建议，该病毒可以认定为 *Coguvirus* 属的一个新种。

关键词：滇重楼；*Coguvirus* 属；负链 RNA 病毒；病毒鉴定

---

* 基金项目：国家自然科学基金地区基金项目（81860774）

** 通信作者：赵明富，副教授，研究方向为植物病理和微生物；E-mail：zhaomingfu@163.com

中国南瓜曲叶病毒重组酶聚合酶扩增-侧流层析试纸条检测方法的建立*

陈　莹[1**]　马　超[1]　韩科雷[1]　郭　志[2]　严丹侃[1***]　王　芳[3***]

（1. 安徽省农业科学院植物保护与农产品质量安全研究所，合肥　230031；
2. 安徽果致农业发展有限公司，太和　236600；
3. 安徽省农业科学院烟草研究所，合肥　230031）

摘　要：中国南瓜曲叶病毒（*Squash leaf curl China virus*，SLCCV）是一种植物单链DNA病毒，属于双生病毒科（*Geminiviridae*）菜豆金色花叶病毒属（*Begomovirus*）。该病毒在自然条件下可以侵染多种葫芦科作物，如南瓜、甜瓜等，该病毒由烟粉虱进行持久性传播，被侵染后的植株表现为矮化、叶片皱缩卷曲，严重影响果实的产量和品质。2020年10月，在安徽省太和县旧县镇精准扶贫就业基地的南瓜温室中，南瓜表现出大面积的叶片花叶、黄化、坏死及植株矮化等症状，造成整个温室中的南瓜颗粒无收，笔者经SLCCV外壳蛋白特异性引物扩增并测序，鉴定病株毒原为中国南瓜曲叶病毒。为了建立田间快速可视化检测技术体系，笔者根据SLCCV外壳蛋白基因序列的保守区设计特异性引物和探针，利用重组酶聚合酶扩增-侧流层析试纸条技术（recombinase polymerase amplification combined with lateral flow strips，RPA-LFS），在恒温39℃下反应20min，即可达到检测水平，侧流层析试纸条在2~3min内呈现可视化检测结果。用该方法检测田间疑似样品，其检测结果与RT-PCR检测结果一致，且RPA-LFS检测方法具有操作简单、快速方便、灵敏度高和结果可视化等诸多优点，可用于田间SLCCV的快速检测与鉴定。

关键词：中国南瓜曲叶病毒；南瓜；重组酶聚合酶扩增—侧流层析试纸条；快速检测

---

* 基金项目：安徽省农业科学院科研团队—瓜类虫传病毒病发生规律及治虫防病研究（2021YL037）；阜阳市科技局项目-大棚南瓜病毒病绿色防控研究（FK202081139）

** 第一作者：陈莹，硕士研究生，研究方向为植物病毒学；E-mail：cying0825@126.com

*** 通信作者：严丹侃，助理研究员，研究方向为植物病毒与媒介昆虫；E-mail：dkyan2011@163.com

王芳，副研究员，研究方向为植物病毒学；E-mail：wangfang1378@126.com

The roles of calcium-dependent protein kinase 19 in response to Rice black-streaked dwarf virus infection*

WANG Pengyue[1] HUANG Ziting[1] ZHANG Xiaoli[1] XIAO Yu[1]
LI Yuelong[1] LIU Jianjian[1,2] ZHANG Songbai[2] ZHANG Chao[1]** LI Honglian[1]**
(1. *Department of Plant Pathology*, *Henan Agricultural University*, *Zhengzhou* 450002, *China*;
2. *Hubei Collaborative Innovation Center for Grain Industry*, *Engineering Research Center of Ecology and Agricultural Use of Wetland*, *China Ministry of Education*, *Yangtze University*, *Jingzhou* 434025, *China*)

Abstract: Calcium ion (Ca^{2+}), the important second messenger in organisms, is an evolutionarily conserved and versatile signaling modulator in diverse regulatory pathways, including stress and immune-signaling. Activity of calcium-dependent protein kinases (CDPKs) are regulated by Ca^{2+}, and these kinases are thought to function in signal transduction pathways that utilize changes in cellular Ca^{2+} concentration to couple cellular responses to biotic stimulus such as pathogen invasion. Here, we reported Rice black-streaked dwarf virus (RBSDV) infection significantly induces *OsCDPK*19 at 7 days post inoculation through transcriptome analysis and real-time PCR assays. We also confirmed the dramatic induction of *OsCDPK*19 *in planta* via a *GUS* reporter gene system. Through a yeast two-hybrid screening assay, we determined that among the 13 proteins encoded by RBSDV, RBSDV-encoded major capsid specifically interacts with OsCDPK19. We proved that RBSDV-encoded major capsid didn't translocate the nucleus localization pattern of OsCDPK19 by applying a GFP-base transient expression system in rice protoplasts. But RBSDV major capsid had an effect on the kinase activity of OsCDPK19. To indicate the biological roles of *OsCDPK*19 in response to RBSDV infection, we generated a Flag-tagged OsCDPK19 transgenic overexpression line, and IP-MS was conducted to identify the downstream target proteins including certain NO_3^--responsive transcription factors. The gene editing mutants of *OsCDPK*19 had been obtained. In the later stage, the effect of *OsCDPK*19 on the infection process of RBSDV will be revealed. Our study will make a contribution to the molecular mechanism that how Ca^{2+}-triggered signal transduction in plant cells responses to virus infection, which will provide theoretical guidance for the exploration of plant antiviral strategies.

Key words: Ca^{2+}; *OsCDPK*19; Rice black-streaked dwarf virus; major capsid; cellular signal transduction

* Funding: This work was granted by the High-level Talents Project-Top-Notch Personnel of Henan Agricultural University (30500948)

** Corresponding author: ZHANG Chao; E-mail: address: chaozhang21@126.com
LI Honglian; E-mail: honglianli@sina.com

一种同时检测玉米褪绿斑驳病毒和甘蔗花叶病毒的多重 RPA 方法的建立*

高新然**　陈　元　郝凯强　王志平　安梦楠　夏子豪　吴元华***
（沈阳农业大学，植物保护学院，沈阳　110866）

摘　要：玉米褪绿斑驳病毒（*Maize chlorotic mottle virus*，MCMV）属于番茄丛矮病毒科（*Tombusviridae*），与马铃薯 Y 病毒科（*Potyviridae*）中的某种病毒如甘蔗花叶病毒（*Sugarcane mosaic virus*，SCMV）、玉米矮花叶病毒（*Maize dwarf mosaic virus*，MDMV）和小麦线条花叶病毒（*Wheat streak mosaic virus*，WSMV）复合侵染可引起玉米致死性坏死病（Maize lethal necrosis disease，MLND），造成严重的产量损失，威胁粮食生产安全。在中国云南、四川、贵州等地 MLND 常由 MCMV 和 SCMV 复合侵染引起。目前，多数检测方法主要针对 MCMV，同时检测 MCMV 和 SCMV 两种病毒的方法较少。因此，为了防止 MLND 的传播，本研究建立了同时检测玉米中 MCMV 和 SCMV 的重组酶聚合酶扩增（Recombinase polymerase amplification，RPA）技术。根据 RPA 引物设计原则，针对 MCMV 和 SCMV 不同分离物基因组序列的保守区域设计了同时检测 MCMV 和 SCMV 的特异性 RPA 引物。试验结果表明，RPA 方法可在 38 ℃恒温条件下 30 min 内完成。RPA 引物特异，与其他侵染玉米的病毒无交叉反应。灵敏度试验结果表明，RPA 方法的检测限度为 10^2copies/μL，比常规 PCR 方法灵敏 10 倍。此外，RPA 方法可成功应用于田间采集玉米样品的检测。这些结果表明，建立的 RPA 方法是一种快速有效的同时检测 MCMV 和 SCMV 的方法，为 MLND 的诊断，特别是在现场或资源有限的实验室，提供了一种新技术。

关键词：重组酶聚合酶扩增（RPA）；玉米褪绿斑驳病毒（MCMV）；甘蔗花叶病毒（SCMV）；玉米致死性坏死病（MLND）

---

* 基金项目：国家自然科学基金（31801702）

** 第一作者：高新然，博士研究生，研究方向为植物病毒学；E-mail：g5983xinran@163.com

*** 通信作者：吴元华，博士，教授，研究方向为植物病毒学和病害生物防治；E-mail：wuyh09@syau.edu.cn

酵母双杂交筛选与苹果褪绿叶斑病毒CP互作的梨寄主因子*

邱　辉　张永乐　王国平　洪　霓**

（华中农业大学植物科学技术学院，武汉　430070）

摘　要：苹果褪绿叶斑病毒（*Apple chlorotic leafspot virus*，ACLSV）为乙型线形病毒科（*Betaflexiviridae*）纤毛病毒属（*Trichovirus*）的代表成员，可引起梨树褪绿环斑病，该病毒与其他病毒混合侵染可导致梨树衰退，影响梨产量和品质。该病毒基因组包含3个部分重叠的开放阅读框（open reading frame，ORF），其中ORF3编码外壳蛋白（coat protein，CP），参与病毒粒子组装和基因组复制，同时在该病毒的致病中起作用。目前有关该病毒与寄主植物蛋白互作的研究尚很缺乏。本研究成功构建了该病毒CP的酵母双杂交诱饵载体pGBKT7-CP，并确认CP在酵母细胞中无毒性和自激活现象，利用酵母双杂交方法从构建的红香酥梨酵母双杂交cDNA文库中钓取与CP互作的寄主因子。将含pGBKT7-CP的酵母菌株Y2H Gold与cDNA酵母文库融合，在SD/-Leu/-Trp/-His/-Ade上培养，挑取单菌落，经PCR鉴定后获得109个阳性克隆。通过对阳性克隆测序和在NCBI数据库中进行序列比对分析，初步鉴定到32个可能与CP互作的寄主蛋白。KEGG通路注释的结果显示，这些候选蛋白主要集中在泛素介导的蛋白水解过程、固碳作用、光合作用—天线蛋白、硫代谢和代谢途径等通路。RT-PCR扩增获得10个候选寄主蛋白编码基因的CDS，将其分别构建至pGADT7中，与诱饵质粒pGBKT7-CP共转酵母Y2HGold菌株，发现E3泛素连接酶MIEL（E3 ubiquitin-protein ligase MIEL1）和BOI（probable BOI-related E3 ubiquitin-protein ligase 2）可与CP互作。将CP、MIEL和BOI编码序列分别构建至植物表达载体pEarleygate201-YN和pEarleygate202-YC上，农杆菌浸润接种本氏烟（*Nicotiana benthamiana*）叶片，接种48 h后在激光共聚焦显微镜下观察的结果显示，MIEL-YN/ CP-YC共接种的叶片细胞膜和细胞核中具有互作荧光信号，BOI-YN/CP-YC共接种的叶片细胞核具有互作荧光信号。亚细胞定位分析的结果显示，CP和MIEL均定位在细胞膜和细胞核上，BOI定位在细胞核中。该研究为理解ACLSV与寄主互作提供了参考信息。

关键词：酵母双杂交筛选；苹果褪绿叶斑病毒；CP互作；梨树褪绿环斑病；寄主互作

---

* 基金项目：国家重点研发计划（2019YFD1001800）

** 通信作者：洪霓，教授，研究方向为植物病毒学；E-mail：whni@ mail. hzau. edu. cn

马铃薯孤雌生殖诱导群体病毒病抗性遗传分析*

祝菊澧[1,2**]　王荣艳[1,2]　李　清[1,2]　余希希[1]　唐　唯[1,2***]
（1. 云南师范大学生命科学学院，昆明　650500；
2. 云南省马铃薯生物学重点实验室，昆明　650500）

摘　要：马铃薯是我国主要主粮作物，其种质资源丰富，在自然界中以二倍体至六倍体的形式普遍存在。病毒病是马铃薯主要病害之一，花叶是马铃薯病毒病的重要表现症状。马铃薯 X 病毒（*Potato virus* X，PVX）、马铃薯 Y 病毒（*Potato virus* Y，PVY）、马铃薯 S 病毒（*Potato virus* S，PVS）、马铃薯 A 病毒（*Potato virus* A，PVA）、马铃薯奥古巴花叶病毒（*Potato aucuba mosaic virus*，PAMV）等单一或复合侵染均能引起花叶病。本研究对我国西南地区主栽品种合作 88 的 560 个孤雌生殖诱导群体［二倍体（$2n=2X=24$）145 份，三倍体（$2n=3X=36$）197 份，四倍体（$2n=4X=48$）218 份］的花叶病进行病害分级调查。结果表明：二倍体和三倍体（$P=0.0015<0.05$）、三倍体和四倍体（$P=0.0004<0.05$）之间发病情况差异显著。基于 BSA 方法，通过二代测序（20*X*）并 Mapping 至二倍体 RH 参考基因组，Variant Detection 及过滤，在各个混池全基因组水平挖掘到高质量的差异 SNPs 12 021 个，通过 GWAS 进一步分析发现抗性 SNPs 主要富集于染色体 Chr 9-2 的 18~20Mb，以及染色体 Chr 12-2 的 46~49Mb 区域内。下一步将利用 ELISA 确定病毒类型并开展合作 88 中抗性基因精细定位和克隆相关工作。

关键词：马铃薯病毒病；合作 88；孤雌生殖诱导；BSA；SNP

---

* 基金项目：云南师范大学 2020 年度研究生科研创新基金项目（ysdyjs2020088）；2020 年度国家级大学生创新训练计划（2020101681019）

** 第一作者：祝菊澧，硕士研究生，研究方向为马铃薯病害病原；E-mail：978018307@qq.com
*** 通信作者：唐唯，副教授，研究方向为马铃薯病害功能基因组；E-mail：4311@ynnu.edu.cn

第四部分　细　菌

甜菜细菌性病害研究进展*

祁厚辰** 董轩瑜 董刚刚 艾俞每 韩成贵 王 颖***

（中国农业大学植物保护学院，农业农村部作物有害生物
监测与绿色防控重点实验室，北京 100193）

摘　要：甜菜是重要糖料作物之一，当前我国甜菜病害研究主要集中于真菌和病毒性病害，近年来国内外陆续报道甜菜细菌性病害的发生，对甜菜生产造成的危害不容忽视。重要的细菌性病害包括由丁香假单胞菌（*Pseudomonas syringae*）引起的甜菜细菌性斑点病，由萎蔫短小杆菌（*Curtobacterium flaccumfaciens*）引起的甜菜细菌性叶斑病，主要通过种子内部或外部带菌引起病害发展；由甜菜果胶杆菌（*Pectobacterium betavasculorum*）引起的甜菜细菌性尾腐病，肠系膜明串珠菌（*Leuconostoc mesenteroides*）引起的根腐病，黄单胞菌（*Xanthomonas beticola*）和成团泛菌甜菜致病变种（*Pantoea agglomerans* pv. *betae*）引起的甜菜瘿瘤病，根癌土壤杆菌（*Agrobacterium tumefaciens*）引起的甜菜根癌病，多在病组织病残体或土壤中越冬，通过伤口侵入，引起贮藏期甜菜的腐烂；由立克次氏体类的生物（rickettsia-like organisms，RLO）引起的植原体病害甜菜黄萎病以及由植原体（*Candidatus* Phytoplasma solani）引起的甜菜橡胶直根病，主要通过叶蝉、菟丝子寄生或嫁接等途径传播，造成危害。目前国内报道的细菌性病害有甜菜细菌性斑点病、细菌性叶斑病、细菌性尾腐病、甜菜根癌病以及甜菜黄萎病。2020 年本实验室从内蒙古、河北、新疆、甘肃等地的甜菜样品中分离到了丁香假单胞菌（*Pseudomonas syringae*），验证了其具有致病性，该病菌在国内分布较广，对甜菜生产具有一定的危害。

细菌体积小，繁殖速度快，易在田间与真菌性病害发生互作进而加重危害，对甜菜生产尤其贮存造成很大影响。为有效地防控细菌性病害，可在播种前进行药剂拌种以及种子包衣及二次包衣；对不同地区甜菜及其根部土壤中的细菌分离和鉴定，探明对甜菜的致病或有益作用；加强对国内各甜菜种植区的细菌性病害发生的调查，建立国内甜菜细菌性病害的资源库；探索对甜菜细菌性病害有效的生物防治手段，为各地的甜菜细菌性病害防治提供更多的帮助。

关键词：甜菜；细菌性病害；综合防治

---

* 项目基金：财政部和农业农村部国家现代农业产业技术体系（CARS-170304）

** 第一作者：祁厚辰，专业硕士研究生，研究方向为甜菜病害诊断与病原物的鉴定；E-mail：18854886330@163.com

*** 通信作者：王颖，副教授，研究方向为植物病毒学及甜菜病害综合防控；E-mail：yingwang@cau.edu.cn

Variable AvrXa23-like TALEs enable *Xanthomonas oryzae* pv. *oryzae* to overcome *Xa*23 resistance in rice

XU Zhengyin YANG Yangyang LIU Linlin
WANG Yijie XU Xiameng ZOU Lifang CHEN Gongyou *
(*School of Agriculture and Biology/State Key Laboratory of Microbial Metabolism, Shanghai Jiao Tong University, Shanghai* 200240, *China*)

Abstract: The dominant resistance gene, *Xa*23, mediates broad-spectrum resistance in rice to bacterial leaf blight (BLB) caused by *Xanthomonas oryzae* pv. *oryzae* (*Xoo*) strains containing an avirulence gene *avrXa*23 which encodes a transcription activator-like effector (TALE) protein that binds to the EBE (effector binding element) of *Xa*23 promoter. It is unclear whether the considerable pressure of *Xa*23 leads to the emerging of *Xoo* isolates that overcome *Xa*23 resistance in rice. Here, we found that a virulent isolate, AH28 from Anhui province, is compatible with the *Xa*23-containing rice CBB23, of 185 *Xoo* isolates collected from rice-growing areas in China. Sequencing the genome, assembling the TALE repertoire, and isolating *tal* genes of AH28 revealed an ortholog of *avrXa*23, *tal7b* of AH28. The 4th RVDs (repeat-variable diresidues) in Tal7b are missed and the 5th and 8th RVDs changed from NG and NS to NS and S^*, which made the Tal7b protein unable to induce the expression of *Xa*23 in rice. The ectopic expression of AH28 *tal7b* in a *tal*-free mutant pH of $PXO99^A$ and *avrXa*23 in AH28 made the pH strain still be compatible with and the AH28 strain incompatible with *Xa*23 rice, respectively. Searching the similar RVDs of AvrXa23 from the available genome sequences, we found there are eight variable AvrXa23-like TALEs in *Xoo*, suggesting that the RVD mutation in a TALE protein may be a common strategy for the pathogen evolution to avoid being "trapped" by an executor *R* gene. Best to our knowledge, this is the first insight of a naturally-emerging *Xoo* isolate that overcomes the broad-spectrum resistance of *Xa*23 by the variable AvrXa23-like TALEs.

Key words: resistance gene; Xa23; Xanthomonas oryzae

* Corresponding author: CHEN Gongyou

Complete genome sequence analysis of peanut pathogen *Ralstonia solanacearum* strain AhRS*

CHEN Kun[1**]　GAO Meijia[1]　LI Huaqi[1]
WANG Shanshan[1]　DANG Hao　WEI Jiaxian　ZHUANG Weijian[1,2***]
(1. *College of Plant Protection*, *Fujian Agriculture and Forestry University*, *Fuzhou* 350002, *China*;
2. *College of Agronomy*, *Fujian Agriculture and Forestry University*, *Fuzhou* 350002, *China*)

Abstract: Bacterial wilt caused by *Ralstonia solanacearum* species complex is an important soil-borne disease worldwide that affects more than 450 plant species, including peanut, leading to great yield and quality losses. However, there are no effective measures to control bacterial wilt. The reason is the lack of research on the pathogenic mechanism of bacterial wilt. Here, we report the complete genome of a toxic *Ralstonia solanacearum* species complex strain, Rs-P. 362200, a peanut pathogen, with a total genome size of 5. 86Mb, encoding 5 056 genes and the average G+ C content of 67%. Among the coding genes, 75 type III effector proteins and 12 pseudogenes were predicted. Phylogenetic analysis of 41 strains including Rs-P. 362200 shows that genetic distance mainly depended on geographic origins then phylotypes and host species, which associated with the complexity of the strain. The distribution and numbers of effectors and other virulence factors changed among different strains. Comparative genomic analysis showed that 29 families of 113 genes were unique to this strain compared with the other four pathogenic strains. Through the analysis of specific genes, two homologous genes (gene ID: 2_657 and 3_83), encoding virulence protein (such as RipP1) may be associated with the host range of the Rs-P. 362200 strain. The complete genome sequence analysis of peanut bacterial wilt pathogen enhanced the information of *R. solanacearum* genome. This research lays a theoretical foundation for future research on the interaction between *Ralstonia solanacearum* and peanut.

Key words: *Ralstonia solanacearum*; Peanut; Genome; Effector

* Funding: This work was support by the National Science Foundation of P. R. China (U1705233)
** First author: CHEN Kun; E-mail: kunchen9308@163. com
*** Corresponding author: ZHUANG Weijian; E-mail: weijianz@163. com

Preliminary identification of the function of *Ralstonia solanacearum* effector protein Rip75 and screening of candidate interaction proteins*

CHEN Kun[1**] LI Huaqi[1] GAO Meijia[1]
WANG Shanshan[1] DANG Hao WEI Jiaxian ZHUANG Weijian[1,2***]
(1. *College of Plant Protection*, *Fujian Agriculture and Forestry University*, *Fuzhou* 350002, *China*;
2. *College of Agronomy*, *Fujian Agriculture and Forestry University*, *Fuzhou* 350002, *China*)

Abstract: Bacterial wilt caused by *Ralstonia solanacearum* is harmful to many crops. The pathogen caused water shortage due to blocking effect after the propagation of plant vascular bundle, which affected the normal growth and development of plants, and caused the wilt and death, resulting in crop production reduction and huge economic losses. In the process of pathogen infection, the bacterial use type Ⅲ secretion system to inject a large number of effector proteins directly into host cells, which may affect the immune response of plants and lead to the host plant infected or non-host plants to have hypersensitive response. *R. Solanacearum* is a complex species, which can secrete more than 100 kinds of effector proteins, but the function of most of them is not confirmed. The whole genome of *R. Solanacearum* has been sequenced in this laboratory, and 75 effector proteins were predicted by T3Es database. In this study, we selected Rip75 as candidate effector protein gene to clone and preliminarily analyze the function. Rip75, which encodes a total of 338 amino acids and has no conserved domain, can cause hypersensitive response in *Nicotiana benthamiana*. It is a new effector protein that has not been reported in *R. solanacearum*. Then the mutant strain of Δrip75 was constructed by homologous recombination. Through inoculating peanut varieties resistant and susceptible to bacterial wilt, it was found that the pathogenicity of mutant strain Δrip75 to peanut was weakened. Three proteins (corresponding to *AhPRPS*, *AhKUA*1 and *AhSBT*) interacting with Rip75 were screened by yeast two-hybrid method, and their interaction was verified by BIFC experiment. These results preliminarily revealed the function of the effector protein Rip75 and speculated that it may be a toxic protein, which provided a theoretical basis for the resistance and control of peanut bacterial wilt.

Key words: *Ralstonia solanacearum*; Peanut; Rip75; Effector; Yeast two-hybrid

---

* Funding: This work was support by the National Science Foundation of P. R. China (U1705233)

** First author: CHEN Kun; E-mail: kunchen9308@ 163. com

*** Corresponding author: ZHUANG Weijian; E-mail: weijianz@ 163. com

Phylogenetic analysis of selected genes from four sugar metabolism pathways in *Pectobacterium**

WANG Huan[1**] FRANK Wright[2] LIU Zhaokun[1] FAN Jiaqin[3***] IAN Toth[4***]

(1. *Suzhou Academy of Agricultural Sciences*, *Suzhou* 215155, *China*;
2. *Bioinformatics and Statistics*, *James Hutton Institute*, *Dundee DD*2 5*DA*, *UK*;
3. *College of Plant Protection*, *Nanjing Agricultural University*, *Nanjing* 210095, *China*;
4. *Cell and Molecular Science*, *James Hutton Institute*, *Invergowrie*, *Dundee DD*2 5*DA*, *UK*)

Abstract: *Pectobacterium* is one of the most damaging plant bacterial genera, causing bacterial soft rot and blackleg diseases. Pectin in the plant cell wall is the major sugar source for *Pectobacterium* to utilize during infection. Four sugar metabolism pathways, namely Embden-Meyerhof-Parnas (EMP), Entner- Doudoroff (ED), pentose phosphate (PP) and pectin degradation (PD), are the major pathways to transfer sugar or sugar acid to pyruvate in *Pectobacterium*. In this study, to analyze the gene loss and horizontal gene transfer (HGT) events of the four metabolic pathways during the evolution of *Pectobacterium* species and the effect of these events on pathway function, we conducted multi-locus sequence analysis of 28 loci (10 housekeeping core genes and 18 accessory genes) from 30 isolates (including 11 *Pectobacterium*, 4 *Dickeya*, 6 *Pantoea* and 9 *Erwinia* isolates). From the concatenated alignments of the 10 housekeeping genes (HK10), the phylogenetic tree showed the expected four clades (*Pectobacterium*, *Dickeya*, *Pantoea* and *Erwinia*) but also the position of new *Pectobacterium* isolates. Tanglegram analysis and the Shimodaira-Hasegawa test were conducted to compare the topology of each accessory gene tree with the core gene tree (HK10). The results revealed that there are 4 accessory gene trees that have significant differences in topology compared to the HK10 core tree. From the *Pectobacterium* isolates sampled, there are 4 HGT events in three loci (*glk*, *pehA* and *pemA*), with a gene loss event occurring in the *edd* gene of the ED pathway in 8 of the *Pectobacterium* isolates. For isolates of *Dickeya*, *Pantoea* and *Erwinia*, the gene loss events are mainly present in genes of the PD pathway. Our results suggest that 10 housekeeping genes are sufficient to build a well resolved phylogenetic tree; gene loss events are associated with gene function and HGT may have occurred in genes involved in the basic metabolism pathways.

Key words: *Pectobacterium*; sugar metabolism; phylogeny; gene loss; horizontal gene transfer

* Funding: China Scholarship Council (201406850042); Science and Technology Foundation of Suzhou (SNG2018058); Subsidized Project of Suzhou Academy of Agricultural Sciences [KJ (18) 103]

** First author: HUAN Wang, Doctor, Assistant researcher, Plant bacterial disease; E-mail: wanda_10@126.com

*** Corresponding authors: FAN Jiaqin, Doctor, Assistant Professor, Plant bacterial disease; E-mail: fanjq@njau.edu.cn
IAN Toth, Doctor, Professor, Plant bacterial disease; E-mail: Ian.Toth@hutton.ac.uk

Molecular detection and quantification of *Xanthomonas albilineans* in juice from symptomless sugarcane stalks using a real-time quantitative PCR assay

SHI Yang[1] ZHAO Jianying[1] ZHOU Jingru[1]
NTAMBO Mbuya Sylvain[2] XU Pengyuan[1] ROTT Philippe C.[3] GAO Sanji[1]
(1. *National Engineering Research Center for Sugarcane*, *Fujian Agriculture and Forestry University*, *Fuzhou* 350002, *China*;
2. *Département de phytotechnie*, *Faculté des Sciences Agronomiques*, *Université de Lubumbashi. P. O. Box* 1825, *Lubumbashi*, *DR Congo*;
3. *CIRAD*, *UMRPHIM*, *F*-34398 *Montpellier*, *France*, *and PHIM*, *Plant Health Institute*, *Univ Montpellier*, *CIRAD*, *INRAE*, *Institut Agro*, *IRD*, *Montpellier*, *France*)

Abstract: Leaf scald, a bacterial disease caused by *Xanthomonas albilineans* (Ashby) Dowson, is a major limiting factor for sugarcane production worldwide. Accurate identification and quantification of *X. albilineans* is a prerequisite for successful management of this disease. A very sensitive and robust qPCR assay was developed in this study for detection and quantification of *X. albilineans* using TaqMan probe and primers targeting a putative adenosine triphosphate-binding cassette (ABC) transporter gene (*abc*). The novel qPCR assay was highly specific to the 43 tested *X. albilineans* strains belonging to different pulsed-field gel electrophoresis (PFGE) groups. The detection thresholds were 100 copies/μL of plasmid DNA, 100 fg/μL of bacterial genomic DNA, and 100 CFU/mL of bacterial suspension prepared from pure culture. This qPCR assay was 100 times more sensitive than a conventional PCR assay. The pathogen was detected by qPCR in 75.1% (410/546) symptomless stalk samples, whereas only 28.4% (155/546) samples tested positive by conventional PCR. Based on qPCR data, population densities of *X. albilineans* in symptomless stalks of the same varieties differed between two sugarcane production areas in China, Beihai (Guangxi province) and Zhanjiang (Guangdong province). Non-significant correlation of *X. albilineans* populations was found between Beihai and Zhanjiang. The newly developed qPCR assay proved to be highly sensitive and reliable for the detection and quantification of *X. albilineans* in sugarcane stalks.

Key words: Leaf scald; molecular detection; real-time quantitative PCR; *Saccharum* spp.; *Xanthomonas albilineans*

解淀粉芽孢杆菌 PG12 中 c-di-GMP 受体 YdaK 的功能初探*

龚慧玲** 张 悦 杨攀雷 赵 羽 王 琦 李 燕***
（中国农业大学植物保护学院，北京 100193）

摘 要：c-di-GMP 是细菌中广泛存在的第二信使，通过与特异性受体结合调控细菌不同生理功能，如生物膜形成、运动性、毒力等。解淀粉芽孢杆菌（*Bacillus amyloliquefaciens*）PG12 菌株是本课题组从苹果中分离获得对苹果轮纹病表现出良好防效的有益细菌，产生脂肽类化合物 Iturin A 和 Fengycins 是其重要的生防机制。前期研究结果显示 c-di-GMP 负调控 PG12 的运动能力，正调控 PG12 薄皮型生物膜的形成，同时正调控 PG12 对苹果轮纹病的防病效果，但对轮纹病菌的拮抗活性没有影响。由于生物膜的形成有利于生防菌定殖于植物表面影响其防病效果，因此推测 c-di-GMP 通过影响生物膜形成从而调控 PG12 对苹果轮纹病的防病作用。YdaK 是一类退化的 GGDEF 结构域蛋白，在枯草芽孢杆菌（*B. subtilis*）3610 中 YdaK 作为 c-di-GMP 受体在过量表达时调控细菌一种 EPS 的产生，影响生物膜形成。PG12 中 $YdaK_{PG12}$与 3610 中 $YdaK_{3610}$蛋白同源性较高，为明确 PG12 中 $YdaK_{PG12}$是否作为 c-di-GMP 受体调控生物膜进而调控防病活性，本研究通过基因敲除、功能互补等功能基因组学研究方法，探究菌株 PG12 中 YdaK 对其生物膜形成、运动性及防病活性的影响。

本研究首先利用同源重组技术构建 *ydaK* 的单缺失突变体 Δ*ydaK*，然后在解淀粉芽孢杆菌中 c-di-GMP 代谢酶缺失菌株 Δ*yuxH*、Δ*yhcK*、Δ*ytrP* 的基础上缺失 *ydaK*，即构建双缺失菌株 Δ*yuxH*Δ*ydaK*、Δ*yhcK*Δ*ydaK*、Δ*ytrP*Δ*ydaK*。生物膜形成能力检测结果显示：单缺失敲除突变体的薄皮型生物膜的形成能力没有区别，过表达 *ytrP* 的菌株生物膜形成能力增强，过表达 *yuxH* 的菌株生物膜形成能力减弱，将过表达的 *ytrP* 的 GGDEF 结构域缺失或将 *yuxH* 的 EAL 结构域缺失后，过表达菌株生物膜形成能力恢复，说明 c-di-GMP 影响 PG12 薄皮型生物膜的形成。双缺失菌株的薄皮型生物膜（pellicle）和菌落生物膜（colony）的形成能力与野生型菌株和单缺失菌株没有显著差异，说明敲除 *ydaK* 不影响 PG12 生物膜的形成，推测 $YdaK_{PG12}$与 $YdaK_{3610}$一致，需在过量表达时发挥对生物膜的调控作用。

通过对单缺失和双缺失菌株及功能互补菌株的运动性进行检测发现：Δ*yhcK* 和 Δ*ytrP* 的运动性比对照增强，说明低浓度 c-di-GMP 促进运动性。而 Δ*yuxH* 的运动性和对照相比减弱，说明高浓度 c-di-GMP 使运动性减弱。菌株 Δ*ydaK* 和对照相比无显著差异，但过表达 *ydaK* 时，菌株运动性显著下降。由于 YdaK 是退化的 GGDEF 结构域蛋白，没有合成 c-di-GMP 的功能，说明其可能作为受体影响运动性。

通过分别使用 *ytrP* 和 *yuxH* 的过表达菌株以及 Δ*ydaK* 对苹果轮纹病进行生测实验后发现：过表达 *yuxH* 的菌株对苹果轮纹病的防病效果显著降低，单缺失 *ydaK* 和对照相比无显著差异。这说明敲除 YdaK 不影响 c-di-GMP 调控苹果轮纹病的防病过程，推测 YdaK 需要在过量表达时发挥

* 基金项目：国家自然科学基金（31672074），北京市自然科学基金（6172018）
** 第一作者：龚慧玲，女，硕士研究生，研究方向为植物病理学；E-mail：15874808325@163.com
*** 通信作者：李燕，副教授，研究方向为植物病害生物防治与微生态学；E-mail：liyancau@cau.edu.cn

对苹果轮纹病的防病作用。同时说明 c-di-GMP 正调控 PG12 对苹果轮纹病的防病效果，该影响和生物膜的形成能力成正相关，推测可能是生物膜形成能力对 PG12 在苹果果实上的定殖起到了关键作用。

本研究结果探究了 c-di-GMP 受体 YdaK 对解淀粉芽孢杆菌 PG12 生物膜形成、运动性及防病活性的影响，并首次揭示了 YdaK 在运动性上的功能，为进一步探究解淀粉芽孢杆菌 PG12 在防治苹果轮纹病的生防机制上提供理论基础。

关键词：解淀粉芽孢杆菌；c-di-GMP；运动性；生物膜

植物病原黄单胞菌群体感应退出机制及其生物学意义

王智勇[1,2]　何亚文[1*]
（1. 上海交通大学生命科学技术学院，微生物代谢国家重点实验室，
代谢与发育科学国际合作联合实验室，上海交大—上海农乐生物农药与生物肥料联合研发中心；
2. 湖北民族大学生物科学与技术学院）

摘　要：野油菜黄单胞菌（*Xanthomonas campestris* pv. *campestris*，XCC）是十字花科植物黑腐病致病菌。XCC 致病过程需要多种因子共同参与，与寄主植物之间包含多层次的“攻防战”。DSF 信号依赖的群体感应机制是调控 XCC 致病因子表达的一种重要方式。DSF 信号分子是一类顺式-2-烯中链脂肪酸，其生物合成需要经典的脂肪酸合成循环参与，中间产物 3-羟基酯酰 ACP 经双功能酶 RpfF 催化形成顺式双键。DSF 信号传导途径包括 RpfC/RpfG 双组分系统、二级信使 c-di-GMP、全局性转录因子 Clp 等。在摇瓶培养过程中，DSF 信号在早期几乎不合成；其浓度在对数生长后期迅速提高达到顶峰，诱发一系列与致病和逆境代谢相关基因的表达；在群体感应后期，XCC 又能诱导 *rpfB* 表达，降解 DSF 信号，退出群体感应状态。

rpfB 编码产物为长链脂肪酸酯酰辅酶 A 合成酶，与大肠杆菌脂肪酸 β-氧化途径所需 FadD 高度同源；XCC 基因组中编码大肠杆菌脂肪酸 β-氧化所需其他蛋白的同源基因：*FadA*（Xcc1978）、*FadB*（Xcc1979，Xcc0810）、*FadJ*（Xcc1266）、*FadE*（Xcc1261）和 *FadH*（Xcc0933）；敲除 rpfB 或 Xcc1979 均可阻止 DSF 降解，因此，笔者推测 XCC 退出群体感应状态也是通过脂肪酸 β-氧化途径。与大肠杆菌中的脂肪酸 β-氧化途径不同的是：①XCC 中没有负责脂肪酸转运的 *FadL* 基因，DSF 信号应该是通过细胞膜自由扩散；②XCC 中也没有大肠杆菌中的 β-氧化调控蛋白 FadR，XCC 中全局性调控蛋白 Clp 调控 *rpfB* 表达。此外，DSF 是一个带 2-位顺式双键和 11-位甲基侧链的不饱和脂肪酸，XCC 中负责氧化这个顺式双键和甲基侧链的酶是什么？XCC 中 DSF 信号分子降解的终产物是什么？该终产物对 XCC 和十字花科植物的生长与发育有何影响？群体感应退出机制在 XCC 侵染过程中是否还有其他生物学意义？笔者将会针对这些问题展开阐述和讨论。

关键词：黄单胞菌；群体感应；退出机制；DSF 信号

* 通信作者：何亚文；E-mail：yawenhe@ sjtu. edu. cn

荧光假单胞菌 2P24 中硫氧还蛋白 DsbA1 通过 Gcd 调控抗生素 2,4-DAPG 的产生*

张 博** 赵 辉[2]** 吴小刚[1]*** 张力群[2]***

（1. 广西农业环境与农产品安全重点实验室，广西大学农学院，南宁 530004；
2. 中国农业大学植物保护学院，北京 100193）

摘 要：荧光假单胞菌（*Pseudomonas fluorescens*）2P24 主要通过产生抗生素 2,4-二乙酰基间苯三酚（2,4-diacetylphloroglucinol；2,4-DAPG）等次生代谢产物防治多种植物病原真菌、细菌引起的土传病害。前期研究发现 2,4-DAPG 的产生受到 GacS/GacA 双组分调控系统严格调控。本研究利用 Tn5 转座子对 *gacA* 突变菌株进行随机突变，筛选影响 2,4-DAPG 产生的突变菌株。从大约 5 000 株突变体中获得了 4 株可明显恢复对棉花立枯丝核菌（*Rhizoctonia solani*）抑制作用的突变体，序列分析发现其中一株突变体中 Tn5 破坏了 *dsbA*1 基因。HPLC 实验表明，与野生型菌株相比，突变 *dsbA*1 基因可明显提高菌株 2P24 中 2,4-DAPG 的积累，且 *dsbA*1 基因对 2,4-DAPG 的调控作用不依赖 GacS/GacA 双组分调控系统。细菌双杂交实验发现 DsbA1 可特异性与葡萄糖脱氢酶 Gcd 互作，而 Gcd 蛋白中 C235、C275 和 C578 残基是 DsbA1 与 Gcd 互作所必需的。遗传学实验表明，Gcd 正调控 2,4-DAPG 的产生且突变 Gcd 蛋白中 C235、C275 和 C578 残基可提高 Gcd 的活性，从而进一步增加细胞中 2,4-DAPG 的积累。以上结果表明，*P. fluorescens* 2P24 中 DsbA1 可通过精细调控 Gcd 的活性，从而影响菌株 2P24 中生防相关性状的表达。

关键词：*Pseudomonas fluorescens*；2,4-DAPG；GacS/GacA 双组分调控系统；DsbA1；葡萄糖脱氢酶 Gcd

---

* 基金项目：国家自然科学基金（31760533，31872020）；广西自然科学基金（2017GXNSFAA198341）

** 第一作者：张博，助理研究员，研究方向为植物病害生物防治
赵辉，博士，研究方向为植物病害生物防治

*** 通信作者：吴小刚，副教授，研究方向为植物病害生物防治；E-mail：wuxiaogang@ foxmail. com
张力群，教授，研究方向为植物病害生物防治；E-mail：zhanglq@ cau. edu. cn

荧光假单胞菌中转录调控因子 PhlH 协同内源信号和植物信号调控 2,4-DAPG 合成的分子机制研究

李　杰[1]　吴升刚[1]　朱先峰[1]　张力群[3]　何永兴[2]　张楠楠[1]　葛宏华[1]
（1. 安徽大学物质科学与信息技术研究院，生命科学学院，合肥　230601；
2. 兰州大学生命科学学院，兰州　73000；
3. 中国农业大学植物保护学院，北京　100193）

摘　要：荧光假单胞菌是一类重要的植物根际促生菌，它们能产生多种具有抗真菌或抗菌活性的次级代谢产物，以此抑制植物病原菌的生长并促进自身在植物根际的定殖，因此对这些次级代谢产物生物合成的调控机制研究具有重要的意义。本研究根据转录调控因子 PhlH 的晶体结构，结合 EMSA 和 ITC 实验，确定了影响转录调控因子 PhlH 结合 2,4-DAPG 和植物根皮素的关键氨基酸残基，并揭示了配体结合引发 PhlH 蛋白变构的作用机制。通过不同突变体的体内基因回补实验，发现当 PhlH 蛋白的空间构象锁定在不与 DNA 结合时，回补菌株的 2,4-DAPG 合成水平能恢复到野生菌水平甚至高于野生菌；当 PhlH 蛋白与 DNA 的结合不再受控于 2,4-DAPG 或根皮素的解离作用时，回补菌株几乎不再合成 2,4-DAPG。本研究为进一步阐明荧光假单胞菌中转录调控因子 PhlH 协同内源信号 2,4-DAPG 和植物信号根皮素，调控自身次级代谢产物合成的分子机制奠定了基础。

关键词：荧光假单胞菌；PhlH；信号；2,4-DAPG；根皮素

青枯雷尔氏菌番茄宿主适应性基因的全基因组筛选

苏亚星[*]　郑德洪[**]
（广西大学农学院，南宁　530004）

摘　要：青枯雷尔氏菌（*Ralstonia solanacearum*）是一种破坏力极强的细菌性植物病原菌，广泛分布于世界各地。该病原菌宿主范围极广，可侵染 50 多个科 200 多种植物。青枯雷尔氏菌对寄主植物的适应机制仍不明确。转座子插入测序（Tn-seq）结合了转座子高效随机插入的特点，以及高通量测序高效鉴定转座子插入位点的优点，可用于高效鉴定细菌的环境适应性相关基因。为了筛选出青枯雷尔氏菌对番茄宿主适应性基因，本研究将转座子突变体库注射接种番茄植株，以番茄植株体内环境为筛选压力，进行转座子插入测序。转座子插入测序发现，青枯雷尔氏菌在番茄植株中定殖过程中有 130 个基因起到重要作用。这些基因涉及细胞壁/膜/生物膜合成，氨基酸的转运与代谢，维持胞内蛋白水平稳态等重要功能。随后通过单一基因敲除，对转座子插入测序的结果进行了验证。结果表明，丝氨酸合成相关基因 *RS_RS*04490 或色氨酸生物合成相关基因 *RS_RS*09970 的缺失使青枯雷尔氏菌在番茄植株中的定殖量显著下降，完全丧失了对番茄植株的致病力；参与细胞膜合成的 *RS_RS*01965 和 *RS_RS*04475 的缺失减弱了青枯雷尔氏菌在番茄植株中的定殖能力与致病力；维持胞内蛋白水平稳态的丝氨酸蛋白酶 ClpP 被鉴定为宿主适应性相关，*clpP* 基因的缺失降低了青枯雷尔氏菌在番茄植株中的定殖能力与致病力。综上所述，本研究对青枯雷尔氏菌番茄宿主适应性基因进行了全基因组筛选和验证，为全面了解青枯雷尔氏菌的致病机制提供了重要的信息。

关键词：青枯雷尔氏菌；转座子插入测序；定殖；致病力

---

* 第一作者：苏亚星，硕士研究生，研究方向为分子植物病理学；E-mail：Yaxing_Su@163.com
** 通信作者：郑德洪，助理教授，研究方向为分子植物病理学；E-mail：dehong@gxu.edu.cn

水稻白叶枯病菌色氨酸合成抑制子 TrpR 调控致病性的机制研究*

徐志周[1**]　吴桂春[2]　王　波[2]　赵延存[2]　刘凤权[1,2***]

（1. 南京农业大学植物保护学院，南京　210095；
2. 江苏省农业科学院植物保护研究所，南京　210014）

摘　要：水稻白叶枯病（bacterial leaf blight，BLB）是由稻黄单胞菌白叶枯致病变种（*Xanthomonas oryzae* pv. *oryzae*，*Xoo*）引起的一种细菌性病害。色氨酸是细菌生长所必需的氨基酸之一，在调控 *Xoo* 致病性中也发挥着重要的作用，但目前色氨酸对 *Xoo* 致病性的调控机制尚不清楚。本研究首先通过同源重组法成功构建了 *Xoo* 中编码色氨酸合成抑制子基因的敲除突变体 Δ*trpR*。通过实时荧光定量 PCR 检测，Δ*trpR* 色氨酸合成途径中的关键基因 *trpB*、*trpE* 的表达量显著上调，说明 *trpR* 对 *trpB*、*trpE* 起负调控作用，初步验证 TrpR 具有色氨酸操纵子转录阻遏的功能。通过对 Δ*trpR* 突变体的抗氧化压力、SDS 耐受性、NaCl 耐受性、生物膜、胞外多糖、游动性及致病性进行检测，结果发现 Δ*trpR* 的致病性较野生型菌株（wide-type，WT）显著降低，对 SDS 耐受性较 WT 菌株增强，而在抗氧化压力、NaCl 耐受性、生物膜形成、胞外多糖含量以及游动性等方面与 WT 菌株均无明显差异。同时，结合生物信息学预测及 DNA pull-down 试验，发现 RNA 聚合酶 σ 因子 70（RNA polymerase，sigma 70/D factor，*rpoD*）是 *trpR* 的上游潜在调控因子。通过细菌单杂交和凝胶迁移试验，验证了 RpoD 能够直接结合 *trpR* 的启动子区调控其转录。综上所述，本研究揭示了 TrpR 在调控 *Xoo* 致病力中扮演着重要的角色，对色氨酸合成基因簇相关基因具有负调控作用，同时 RpoD 能够通过结合 *trpR* 的启动子区调控 *trpR* 的转录水平。因此，本研究将通过探究 *Xoo* 中色氨酸合成抑制子 TrpR 调控致病性的机制，并解析 *trpR* 的转录调控机制，最终阐明色氨酸调控 *Xoo* 致病性的机理。

关键词：水稻白叶枯病菌；*trpR*；基因敲除；致病性；转录调控

---

* 基金项目：国家自然科学基金面上项目（32072379）；国家自然科学基金青年项目（32001865）

** 第一作者：徐志周，博士研究生，研究方向为分子植物病理学；E-mail：myzhizhou@163.com

*** 通信作者：刘凤权，研究员，研究方向为植物细菌病害及生防细菌作用机制；E-mail：fqliu20011@163.com

甘蔗白条病菌特有效应蛋白的筛选和鉴定*

陈丽兰** 黄海滨 卞润恬 张慧丽***

（福建农林大学国家甘蔗工程技术研究中心，福州 350002）

摘　要：甘蔗白条病是甘蔗上三大细菌性病害之一，严重影响着甘蔗产业的发展。其病原菌白条黄单胞菌（*Xanthomonas albilineans*）主要通过抑制质体 DNA 复制，导致叶绿体分化受阻，从而引起甘蔗叶片白色条纹症状。黄单胞菌的系统进化分析表明只有包括 *X. albilineans* 在内的 5 种菌株组成一个亚群，而大多数黄单胞菌组成另一个亚群。与大多数黄单胞菌相比，*X. albilineans* 显示出明显不同的致病机制，缺乏 Hrp 类型的Ⅲ型分泌系统和已报道的黄单胞菌效应物同源蛋白。效应蛋白是决定病菌能否成功侵染植物的关键分泌蛋白，目前对 *X. albilineans* 效应蛋白的研究尚属空白。本研究基于甘蔗白条病菌中国株系 Xa-FJ1 全基因组测序结果，通过生物信息学分析筛选得到 16 个 *X. albilineans* 亚群特有的候选分泌蛋白，命名为 Xsu1-Xsu16。利用无标记双交换敲除法，获得对应的突变体。与野生型相比，突变体 Δ*xsu*10 对甘蔗的毒力明显下降，而生长能力、纤维素酶分泌、蛋白酶分泌、淀粉酶分泌能力均无明显差异。后续拟结合腺苷酸环化酶报告系统明确其分泌、转运情况，进一步确定该基因是否表达可分泌的效应蛋白；并进一步通过农杆菌介导瞬时表达和 PEG 介导原生质体转化实验明确效应蛋白在植物细胞的定位，通过酵母双杂交筛库筛选其甘蔗靶标蛋白。研究结果将有助于揭示效应蛋白在白条病菌 *X. albilineans* 与寄主互作中的作用。

关键词：甘蔗白条病；白条黄单胞菌；效应蛋白

---

* 基金项目：国家自然科学基金（31801425）

** 第一作者：陈丽兰，硕士研究生，研究方向为病原细菌与寄主互作；E-mail：1621035412@qq.com

*** 通信作者：张慧丽，博士，助理研究员，研究方向为植物病理学；E-mail：hlzhang@fafu.edu.cn

番茄溃疡病菌青霉素结合蛋白 PBPC 的互作蛋白初步研究

于铖偎*　陈　星　李健强　罗来鑫**

（中国农业大学植物病理学系，种子病害检验与防控北京市重点实验室，北京　10093）

摘　要：由密执安棒形杆菌（*Clavibacter michiganensis*，Cm）引起的番茄溃疡病是一种重要的种传细菌性病害，该病害的发生在世界主要番茄产区均造成过严重的经济损失。作者所在实验室前期研究结果表明，Cm 中存在一种高分子量青霉素结合蛋白 PBPC，具有糖基转移酶和转肽酶活性，在 Cm 细胞壁肽聚糖生物合成过程中发挥着重要作用，*pbpC* 基因敲除突变体较野生型表现为致病力增强、菌体细胞形态膨大、细胞壁变薄、肽聚糖交联程度降低。为明确 PBPC 在细菌生长分裂过程中如何与其他蛋白协同互作，参与到细胞壁肽聚糖的合成和菌体的形态建成中，本研究构建了 PBPC 的过表达菌株，通过 IP-MS 试验对 PBPC 的互作蛋白进行了初步筛选，经蛋白质谱鉴定得到细胞分裂蛋白 Wag31 可能是 PBPC 的潜在互作蛋白。为验证 PBPC 与 Wag31 确实存在直接互作，对 Wag31 与 PBPC 蛋白在大肠杆菌中进行了异源表达纯化，通过体外一对一 Pull down 试验和 Western blot 验证了蛋白的互作，结果表明，PBPC 与 Wag31 在体外存在直接互作。后期将对 Wag31 蛋白如何与 PBPC 协同互作并影响细菌分裂过程中细胞壁的合成进行深入研究。

关键词：番茄溃疡病菌；PBPC；Wag31；互作

---

* 第一作者：于铖偎，硕士研究生，研究方向为植物病原细菌抗逆机制；E-mail：51329999@ qq. com

** 通信作者：罗来鑫，副教授，研究方向为种子病理学和植物病原细菌抗逆机制；E-mail：luolaixin@ cau. edu. cn

柑橘溃疡病菌 FleQ 参与调控鞭毛基因 *flgG* 的作用机制研究*

吴　薇** 赵续续 陈欣瑜 邹华松***

（福建农林大学植物保护学院，福州　350002）

摘　要：柑橘溃疡病是由柑橘黄单胞杆菌［*Xanthomonas citri* subsp. *citri*（*Xcc*）］引起的一个重要细菌病害。此前研究发现 *Xcc* 29-1 菌株中的一个非典型反应调节因子 VemR 通过与 σ54 因子 RpoN2 互作共同调控鞭毛合成基因 *flgG* 的转录表达；同时证明了 *fleQ-vemR-rpoN*2 组成一个转录单元。本研究发现，在 *Xcc* 29-1 背景下构建缺失突变体 Δ*fleQ*，对柑橘的致病力增强，胞外多糖的合成增加，在半固体培养基上的游动性降低。利用运用荧光定量 Real-time PCR（qRT-PCR）检测到 Δ*fleQ* 突变体中 *flgG* 的表达量下调；启动子融合 GUS 实验也证实 Δ*fleQ* 突变体中 *flgG* 启动子的活性下降，说明 FleQ 正调控鞭毛合成基因 *flgG* 的转录表达。FleQ 和 RpoN2 能分别与 VemR 互作，但 FleQ 和 RpoN2 没有互作，说明三者之间是通过 VemR 的中间作用形成一个复合物，共同正调控基因 *flgG* 转录表达。

关键词：柑橘溃疡病菌；细胞游动性；VemR；调控；*flgG*；*fleQ*

---

* 基金项目：国家自然科学基金（31872919）

** 第一作者：吴薇，博士研究生，研究方向为植物细菌病害；E-mail：873643324@ qq. com

*** 通信作者：邹华松，研究员，研究方向为植物细菌病害；E-mail：hszou@ sjtu. edu. cn

西瓜嗜酸菌注射接种本氏烟叶片及西瓜子叶的症状比较*

王旭东**　李　尧　郝志刚　李健强　罗来鑫***
（中国农业大学植物病理学系，种子病害检验与防控北京市重点实验室，北京　100193）

摘　要：细菌性果斑病（Bacterial fruit blotch，BFB）是葫芦科作物中一种重要的种传病害，在世界的4个大洲上均有分布，环境条件适宜时病害所造成的产量损失将高达90%以上。该病的病原菌为西瓜嗜酸菌（*Acidovorax citrulli*，Ac），被世界上包括中国在内的多个国家列为检疫性有害生物。该病害常在育苗温室中暴发，当育苗温室中温湿度较大，幼苗密度高时，病原菌进入空气中形成的气溶胶，或随灌溉水飞溅迅速传播至周围健康幼苗，造成幼苗短时间成批量的死亡。

本氏烟作为西瓜嗜酸菌的替代寄主，注射接种后可产生明显的症状。为明确本氏烟在接种Ac后的发病进程，本研究使用LB液体培养基将Ac摇培至对数生长期，采用0.85% NaCl洗涤并分别稀释至10^2CFU/mL、10^3CFU/mL、10^4CFU/mL、10^5CFU/mL、10^6CFU/mL、10^7CFU/mL，注射接种4周龄本氏烟叶片，以接种2周龄西瓜子叶为对照。结果显示，浓度为10^6CFU/mL和10^7CFU/mL的Ac菌液在接种本氏烟的2 dpi即可以观察到明显的坏死斑，病斑处组织发黄并伴有枯萎的症状；接种10^7CFU/mL菌液的本氏烟叶片在3 dpi已呈现为半透明状；而接种10^5CFU/mL和10^4CFU/mL菌液的本氏烟叶片分别在5 dpi和6 dpi开始显症；但接种10^2CFU/mL和10^3CFU/mL菌液的本氏烟叶片直至8 dpi仍未表现明显的发病症状。浓度为10^5CFU/mL、10^6CFU/mL、10^7CFU/mL的菌液在接种西瓜子叶2 dpi即可表现明显的坏死病斑；浓度为10^3CFU/mL和10^4CFU/mL的菌液在接种西瓜子叶后3 dpi开始显症；浓度为10^2CFU/mL菌液在接种5 dpi开始显症；浓度在10^4CFU/mL以上的菌液在接种的7 dpi已产生枯萎和卷曲的典型症状。

上述结果表明，西瓜嗜酸菌接种本氏烟虽然可以表现典型症状，但同浓度的菌液在接种后要显著慢于接种西瓜子叶的显症速度，这也间接表明西瓜嗜酸菌在与其寄主植物的互作中，能更好地摧毁寄主西瓜的防御系统，造成快速侵染和发病。

关键词：西瓜嗜酸菌；本氏烟；注射接种；发病速度

---

* 基金项目：国家重点研发计划重点专项（2017YFD0201601）

** 第一作者：王旭东，博士研究生，研究方向为植物病原细菌抗逆机制；E-mail：18801115025@163.com

*** 通信作者：罗来鑫，博士，博士生导师，研究方向为种子病理学及植物病原细菌抗逆机制；E-mail：luolaixin@cau.edu.cn

Genetic diversity analysis of *Xanthomonas citri* subsp. *citri* by multilocus sequence typing

XU Xiaoli[1 *] LI Jianqiang[1] ZHANG Guiming[2 **] LUO Laixin[1 **]

(1. *Department of Plant Pathology*, *China Agricultural University*, *Beijing Key Laboratory of Seed Disease Testing and Control*, *MOA Key Lab of Pest Monitoring and Green Management*, *Beijing* 100193, *China*; 2. *Animal and Plant Inspection and Quarantine Technology Center*, *Shenzhen Customs District*, *Shenzhen* 518045, *China*;
3. *Shenzhen Key Laboratory of Inspection Research & Development of Alien Pests*, *Shenzhen*)

Abstract: Citrus canker caused by *Xanthomonas citri* subsp. *citri* (Xcc) is an important disease on *Citrus* and *Poncirus*. As a quarantine pest in China, Xcc was often detected and intercepted from the fruits and seedlings of Rutaceae plants in customs. In this study, 94 Xcc strains and DNA samples collected from different countries and areas were used to explore genetic diversity and population differentiation analysis by multilocus sequence typing (MLST) method. Based on the whole genome sequence of *Xanthomonas citri* pv. *citri* strain 306, seven housekeeping genes were screened for MLST analysis. The total 94 Xcc strains were divided into 19 sequence types (STs), which was suggested abundant genetic diversityand strains' geographical characteristic in Xcc. By Enhanced Based upon Related Sequence Types (eBURST) and Unweighted Pair-Group Method with Arithmetic means (UPGMA) analysis, the strains were classified into two clone complexes (CCs). All strains from different provinces of China were classified in CC1, suggesting a common origin of these STs. However, the division of STs did not show significant host correlation.

Key words: *Xanthomonas citri* subsp. *citri*; multilocus sequence typing (MLST); genetic diversity

* First author: XU Xiaoli; E-mail: xuxl1123@ 126. com
** Corresponding authors: ZHANG Guiming; E-mail: zgm2001cn@ 163. com
LUO Laixin; E-mail: luolaixin@ cau. edu. cn

青枯菌Ⅲ型效应蛋白 Rip63 靶定 GDP-L-半乳糖磷酸酶调控植物抗性*

贵彩英**　邹华松　范晓静***
（福建农林大学植物保护学院，福州　350002）

摘　要：青枯雷尔氏菌（*Ralstonia solanacearum*）引起的青枯病是一种毁灭性土传病害，通过向植物体内分泌Ⅲ型效应蛋白诱导植物抗感病性。Ⅲ型效应蛋白 Rip63 诱导烟草细胞坏死和 H_2O_2 累积，激发水杨酸和茉莉酸信号通路的 Marker 基因 *PR*1 与 *PDF*1.2。利用酵母双杂交和 Pull-down 实验从烟草植物中得到了 Rip63 互作蛋白 GDP-L-半乳糖磷酸酶，在细胞坏死和抗性信号通路的诱导中起重要作用。Rip63 突变体和过表达菌株在番茄和辣椒植物上的接种实验表明，Rip63 对寄主植物 H_2O_2 累积水平有显著影响，暗示 Rip63 通过靶定 GDP-L-半乳糖磷酸酶平衡寄主体内的 H_2O_2 累积水平，对寄主植物抗性产生影响。

关键词：青枯雷尔氏菌；Ⅲ型效应蛋白；Rip63；GDP-L-半乳糖磷酸酶

---

* 基金项目：国家自然科学基金（31801696）
** 第一作者：贵彩英，硕士研究生，研究方向为植物细菌病害；E-mail：1368289298@qq.com
*** 通信作者：范晓静，讲师，研究方向为植物细菌病害；E-mail：752407929@qq.com

青枯菌Ⅲ型效应子 RipI 与寄主 bHLH 互作的关键结构域定位*

赵同心** 范晓静 邹华松 卓 涛***
（福建农林大学植物保护学院，福州 350002）

摘 要：青枯模式菌株 GMI1000 分泌的Ⅲ型效应子 RipI 使致病力降低，靶定寄主植物转录因子 bHLH 诱导 JA/ET 抗病信号通路。通过预测发现 RipI 含有两个特殊的保守结构域，分别为整合酶结构域（58~174）和 DNA 聚合酶Ⅲ亚基 γ 和 τ 结构域（175~378）。酵母双杂交和荧光素酶互补实验结果显示，整合酶结构域与 bHLH 没有互作，但对 Rip Ⅰ与 bHLH 的互作有影响；DNA 聚合酶Ⅲ结构域与 RipⅠ存在互作关系。在本氏烟上瞬时表达 RipI 各个结构域发现，整合酶结构域和 DNA 聚合酶Ⅲ结构域单独都不能诱导细胞坏死，RipⅠ对细胞坏死的诱导需要这两个功能域共同存在。本文基于蛋白结构预测分析，研究了 RipⅠ与 bHLH 互作及诱导植物细胞坏死的关键功能域，为认识效应子 RipⅠ诱导植物抗性的分子机制提供了线索。

关键词：青枯菌；效应蛋白 RipⅠ；转录因子 bHLH93

---

* 基金项目：国家自然科学基金（31701752）

** 第一作者：赵同心，硕士研究生，研究方向为植物细菌病害；E-mail：1751656250@ qq. com
*** 通信作者：卓涛，助理研究员，研究方向为植物细菌病害；E-mail：zhuotao@ fafu. edu. cn

广西金光甘蔗赤条病调查及病原分子检测*

李　婕[1**]　李文凤[1]　单红丽[1]　李银煳[1]
王晓燕[1]　张荣跃[1]　房超[2]　韦美英[2]　黄应昆[1***]
（1. 云南省农业科学院甘蔗研究所，云南省甘蔗遗传改良重点实验室，开远　661699；
2. 广西凯米克农业技术服务有限公司，南宁　530000）

摘　要：2020年在广西南宁市金光农场某基地发现桂糖58号和柳城05-136疑似感染甘蔗赤条病，为明确其病原，本研究对不同甘蔗品种进行了发病率调查，并采集病样进行了PCR检测分析。田间调查发现不同甘蔗品种自然发病率不同：桂糖58号发病率为29%~52.33%，发病严重田块平均发病率为49.67%，发病中等田块平均发病率为33.67%，发病较轻田块平均发病率为29.89%；柳城05-136发病率为2%~27.67%，发病严重田块平均发病率为21.67%，发病中等田块平均发病率为21.22%，发病较轻田块平均发病率为4.67%。PCR检测分析表明：有19份样品扩增出550 bp的特异性条带，阳性检出率为95%，测序序列与*Acidovorax avenae* subsp. *avenae*序列同源性高达100%，且在构建的系统发育树上处于同一分支，证实检测样品为*A. avenae* subsp. *avenae*感染引起的甘蔗赤条病。本研究结果表明桂糖58号为高感品种，柳城05-136为感病品种，今后应积极采取相应防控措施，防止该细菌病害扩展蔓延，确保我国蔗糖产业安全可持续高质量发展。

关键词：广西；甘蔗赤条病；发病率；PCR检测；系统发育分析

---

* 基金项目：财政部和农业农村部国家现代农业产业技术体系专项资金资助（CARS-170303）；云岭产业技术领军人才培养项目“甘蔗有害生物防控”（2018LJRC56）；云南省现代农业产业技术体系建设专项资金

** 作者简介：李婕，硕士，助理研究员，研究方向为甘蔗病害；E-mail：lijie0988@163.com

*** 通信作者：黄应昆，研究员，研究方向为甘蔗病害防控；E-mail：huangyk64@163.com

枯草芽孢杆菌 *pnpA* 影响芽孢形成与萌发作用的研究

梁香柳* 赵 羽 顾小飞 李 燕 王 琦**

（中国农业大学植物保护学院，北京 100193）

摘 要： 枯草芽孢杆菌 9407（*Bacillus subtilis* 9407）是本实验室从苹果植株中分离到的一株生防菌。前期研究发现，多核苷酸磷酸化酶（PNPase）参与调控 *B. subtilis* 9407 通过调控运动性和抗菌物质的产生影响菌株的防病效果。枯草芽孢杆菌形成的芽孢抗逆性强，有利于生防产品的开发和储存。RNA 免疫共沉淀结合高通量测序技术（RIP-seq）分析发现，PNPase 能够参与调控芽孢形成与萌发。检测 PNPase 合成基因 *pnpA* 的缺失突变体、功能互补菌、*B. subtilis* 9407 的芽孢形成率与芽孢萌发率，发现 *pnpA* 缺失突变体与野生型相比芽孢形成率下降了 21%，芽孢萌发率下降了 20%，功能互补菌与野生型没有显著差异。RIP-seq 结果表明 *pnpA* 对 *abrB*、*mecA*、*yisI*、*cotB* 等参与芽孢形成与芽孢衣外壳形成相关的基因有调控作用。目前正在对 RIP-seq 结果进行验证，以解析 *pnpA* 影响芽孢形成与萌发的作用机制，从而进一步发掘该菌株的生防机制。

关键词： 枯草芽孢杆菌；*pnpA*；芽孢形成；芽孢萌发

---

* 第一作者：梁香柳，硕士研究生，研究方向为植物病理学

** 通信作者：王琦，教授，研究方向为植物病害生物防治与微生态

柑橘黄龙病菌分泌蛋白 04580 基因的克隆及原核表达*

邓杰夫**　李　魏　雷　玲　洪艳云　刘双清　戴良英　易图永***
（湖南农业大学植物保护学院，植物病虫害生物学与防控湖南省重点实验室，长沙　410128）

摘　要：柑橘黄龙病（Citrus Huanglongbing，HLB）是由韧皮部杆菌（*Candidatus* Liberibacter spp.）引起的柑橘上一种毁灭性病害。病原菌难以在人工培养基上培养，包括亚洲种（*Candidatus* Liberibacter asiaticus，Las）、非洲种（*Candidatus* Liberibacter africanus，Laf）和美洲种（*Candidatus* Liberibacter americanus，Lam）。为了进一步了解柑橘黄龙病菌亚洲种 Clas 的致病机理，从 Prasad 预测的 166 种分泌蛋白中选取一个在柑橘植株中已知表达量较高的 CLIBASIA-04580 基因进行研究。利用 CTAB 法从感染柑橘黄龙病的柑橘叶片中提取总 DNA，以此为模板经 PCR 扩增 CLIBASIA-04580，胶回收 PCR 产物 T-cloning 到 pET-28a 载体上，通过菌落 PCR 和酶切鉴定筛选阳性克隆，命名为 pET28a-04580；转化大肠杆菌 BL21（DE3），经 IPTG 诱导，表达 N-端融合 6×His 标签的 04580 重组蛋白，SDS-PAGE 电泳检测，分析目的蛋白的表达水平，并利用镍柱进行纯化。结果表明 04580 蛋白成功表达，IPTG 浓度为 1.5mmol/L 时表达量达到最高，且成功纯化了 04580 重组蛋白。本研究克隆了柑橘黄龙病菌 CLIBASIA-04580 基因，构建了原核表达载体 pET28a-04580，并且成功表达、纯化了 04580 重组蛋白，为进一步了解 04580 的生物学功能及其致病机理提供了基础。

关键词：柑橘黄龙病菌；分泌蛋白；原核表达；蛋白纯化

* 基金项目：国家重点研发计划（2018YFD0201505）；湖南农业大学双一流学科建设项目（SYL2019027）
** 作者简介：邓杰夫，硕士生，研究方向为植物病理学；E-mail：443623253@qq.com
*** 通信作者：易图永，教授，博士生导师，研究方向为植物病理学的教学和科研；E-mail：yituyong@hunau.net

碱蓬根部细菌组的结构、功能及促生潜力分析

杨　芳　王　宇　孙　林　赵永强　张云增
（扬州大学生物科学与技术学院，扬州　225009）

摘　要：盐地碱蓬（*Suaeda salsa*）是广泛分布于世界各地盐碱地区的一种典型的盐生植物，具有极强的耐盐碱性，明确盐地碱蓬根部相关微生物组的结构及其功能，并分离鉴定其中具耐盐碱及促生功能的菌株资源，可为利用微生物接种方式改善盐碱地微环境质量及提高作物产量和品质方面的理论和实践依据。本研究自江苏省盐城市国家级珍禽自然保护区典型湿地区域采集了盐地碱蓬的根际和根表土壤样品，共分离获得了150株菌株，其中包括来自根际样品的菌株92株和来自根表样品的菌株58株。通过16S rDNA全序列分析，发现这些菌株主要分布在变形菌门、放线菌门、拟杆菌门和厚壁菌门这4个门（phylum）中，共包括82个种（species）。根际和根表样品的优势物种均为变形菌门和放线菌门，二者所占比例分别为95.36%和89.66%。根际和根表细菌组的组成也有较大差异，根际样品中的优势菌属为*Flavobacterium*属和*Rhizobium*属，而根表样品中的优势菌属为*Microbacterium*属和*Pseudomonas*属。笔者将对这些菌株的耐盐碱能力及溶磷、产植物激素和拮抗病原菌等促生能力进行进一步分析讨论。

关键词：盐地碱蓬；根际微生物；根表微生物；促生功能

水稻白叶枯病菌尿苷二磷酸-N-乙酰基葡萄糖胺 4,6 脱水酶 CapDL，通过调节 ColS 活性调节的毒力和Ⅲ型分泌系统的表达[*]

李逸朗[**]　闫依超　杨瑞环　方　园　周　琦　成官云　邹丽芳[***]　陈功友

（上海交通大学农业与生物学院，上海　200240）

摘　要：水稻白叶枯病菌（*Xanthomonas oryzae* pv. *oryzae*，*Xoo*）侵染水稻，引起的白叶枯病菌是水稻上重要的细菌病害。胞外脂多糖（lipopolysaccharides，LPS）调控细菌毒性的机制还有待于解析。本研究通过同源分析和底物反应，鉴定了 *Xoo* 的 CapDL（Polysaccharide biosynthesis CapD-Like）蛋白具有尿苷 5′-二磷酸-N-乙酰葡糖胺（UDP-GlcNAC）4,6-脱水酶活性，该反应是 LPS 的 O-抗原中鼠李糖链合成所必需的。笔者证明 *capDL* 缺失突变体 PΔ*capDL* 显著降低了游动性、对渗透压和 H_2O_2 的耐受性以及胞外多糖的产量，并降低了 *Xoo* 在感病寄主水稻上的毒性。此外，*capDL* 受到全局转录调控子 Clp 和双组分调控系统 ColS/ColR 的正调控，其中 Clp 可直接结合于 *capDL* 的启动子区域。笔者发现，在 XOM3 培养基中模拟侵染初期时，*capDL* 的缺失显著提高了Ⅲ型分泌系统基因（Type Ⅲ secretion system，T3SS）*hrpG* 和 *hrpB*1 的表达；而在寄主水稻组织的发病期，发现 PΔ*capDL* 中 *hrpG* 和 *hrpB*1 的表达却显著降低，这种趋势的差异涉及 CapDL 反馈调控 ColS 的活性。通过在 PΔ*capDL* 中过表达 *colS* 可以恢复其在寄主水稻上的毒性。这些研究揭示了一种新的反馈调控机理，补充了 *Xoo* 毒性调控网络中 T3SS、LPS 和双组分系统之间存在的联系。

关键词：水稻白叶枯病菌；同源分析；底物反应；胞外脂多糖；Ⅲ型分泌系统基因

---

* 基金项目：国家重点研发计划（2017YFD0200400）；上海市科技兴农项目（沪农科创字〔2019〕第 2-2 号）

** 第一作者：李逸朗，硕士，研究方向为分子植物病理学；E-mail：Lavida-Lee@ sjtu. edu. cn

*** 通信作者：邹丽芳，副教授，硕士生导师，研究方向为分子植物病理学；E-mail：zoulifang202018@ sjtu. edu. cn

系统突变揭示Ⅳ型菌毛的队列复合蛋白和次级菌毛蛋白是水稻白叶枯病菌全毒性、游动性和*T3SS*基因表达所必需的*

李逸朗** 方 园 闫依超 杨瑞环 周 琦 成官云 邹丽芳*** 陈功友

（上海交通大学农业与生物学院，上海 200240）

摘 要：水稻白叶枯病菌（*Xanthomonas oryzae* pv. *oryzae*，*Xoo*）侵染水稻引起的水稻白叶枯病，是世界上水稻种植区最严重的细菌病害。Ⅳ型菌毛（Type Ⅳ pili，T4P）是重要的毒性因子，在病原菌沿寄主水稻的维管组织中移动过程中起重要的作用。本研究揭示了*Xoo*的T4P基因簇中，队列复合蛋白和次级菌毛蛋白涉及调控细菌的毒性和表面相关行为。T4P基因的突变首先会影响PilA的表达和分泌，进而影响抽搐运动能力。在队列复合蛋白PilM、PilN、PilO、PilP、PilQ和次级菌毛蛋白PilE、PilY、PilX、PilW、PilV、FimT的突变体中，细菌的游动性减弱和生物膜形成能力增强。笔者证明了T4P基因簇中*pilC*、*pilE*、*pilY*、*pilX*、*pilW*、*pilV*、*fimT*、*pilN*、*pilO*、*pilP*、*pilQ*、*pilI*、*pilJ*、*pilL*的突变均会显著降低Xoo侵染感病寄主水稻时的病斑长度。此外，T4P基因会影响Ⅲ型分泌系统基因（Type Ⅲ secretion system，T3SS）表达，其中队列复合蛋白PilN、PilO、PilP、PilQ和次级菌毛蛋白PilE、PilY、PilX、PilW、PilV突变体中T3SS基因*hrpG*和*hrpB*1的启动子活性减弱，HrpX蛋白表达水平降低。这些研究系统揭示了Ⅳ型菌毛基因是*Xoo*全毒性所必需的，同时涉及细胞表面相关行为中的多种功能。

关键词：水稻白叶枯病菌；Ⅳ型菌毛；队列复合蛋白；次级菌毛蛋白；全毒性；游动性；*T3SS*基因表达

---

* 基金项目：国家重点研发计划（2017YFD0200400）；上海市科技兴农项目（沪农科创字〔2019〕第2-2号）

** 第一作者：李逸朗，硕士，研究方向为分子植物病理学；E-mail：Lavida-Lee@sjtu.edu.cn

*** 通信作者：邹丽芳，副教授，硕士生导师，研究方向为分子植物病理学；E-mail：zoulifang202018@sjtu.edu.cn

Antifungal mechanism of active components of volatile compounds from *Bacillus subtilis* czk1 on *Ganoderma pseudoferreum* *

LIANG Yanqiong** LI Rui WU Weihuai XI Jingen,
TAN Shibei HUANG Xing LU Ying HE Chunping*** YI Kexian***
(*Key Laboratory of Integrated Pest Management on Tropical Crops, Ministry of Agriculture and Rural Affairs; Hainan Key Laboratory for Monitoring and Control of Tropical Agricultural Pests; Environment and Plant Protection Institute, CATAS, Haikou* 571101, *China*)

Abstract: In order to determine the inhibitory effect of Volatile Organic Compounds produced by *Bacillus subtilis* Czk1 strain on *Ganoderma pseudoferreum*. Benzaldehyde, 3, 5-dimethoxyacetophenone and Butylated Hydroxytoluene, the dominant of active components of Volatile Organic Compounds, were used as subjects to determine their effects on sugar, protein, DNA, activity of key metabolic enzymes and cell content leakage of *G. pseudoferreum*. The results showed that *G. pseudoferreum* was treated by the active components of Volatile Organic Compounds, the sugar content of *G. pseudoferreum* decreased significantly, and the high concentration of volatile active components affected the protein synthesis of *G. pseudoferreum*. The molecular weight of DNA did not change significantly, and the damage to *G. pseudoferreum* did not reach the primary structure. The activities of key metabolic enzymes (MDH and chitinase) were decreased, and the leakage of intracellular lysates was obvious. The active components of Volatile Organic Compounds achieve bacteriostasis by destroying the cell membrane structure and disrupting the metabolic activity of *G. pseudoferreum*.

Key word: *Bacillus subtilis* Czk1; *Ganoderma pseudoferreum*; volatilized active component; Antifungal mechanism

---

* 基金项目：海南省自然科学基金面上项目（320MS083），海南省科协青年科技英才学术创新计划项目（QCXM201714）；国家天然橡胶产业技术体系建设项目（CARS-33-BC1）
** 联系方式：梁艳琼；E-mail：yanqiongliang@126.com
*** 通信作者：贺春萍；E-mail：hechunppp@163.com
易克贤；E-mail：yikexian@126.com

Screening, identification of a strain of *Bacillus velezensis* antagonizing *Fusarium oxysporum* and analysis of its stress resistance characteristics*

YAO Chenxiao[2**] LI Xiaojie[1] QIU Rui[1] LIU Chang[1]
BAI Jingke[1] CHEN Yuguo[1] KANG Yebin[2***] LI Shujun[1***]

(1. *College of Horticulture and Plant Protection*, *Henan University of Science & Technology*, *Luoyang* 471023, *China*;
2. *Key Laboratory for Green Preservation & Control of Tobacco Diseases and Pests in Huanghuai Growing Area/Tobacco Research Institute of Henan Academy of Agricultural Sciences*, *Xuchang* 461000, *China*)

Abstract: In order to obtain biocontrol bacterial strains with good antagonistic effect and stress resistance to tobacco root rot which can provide the basis for the biological control of the disease and the development of biocontrol agents, a large number of soil samples from different ecological areas in Henan Province were collected for microbial isolation and to screen the bacterial strains with strong inhibitory effect to the main pathogen of tobacco root rot *Fusarium oxysporum* and broad antibacterial spectrum by plate confrontation culture method. The species identification was carried out by morphological characteristics and 16S rDNA sequence homologous alignment method. Simultaneously, the antibacterial mechanism and stress resistance characteristics were preliminarily analyzed. The results showed that nineteen strains of bacterium with more than 65% antagonistic effect against *F. oxysporum* were screened out, and among them, the strain of Ba-0321 identified as *Bacillus velezensis* had the highest antibacterial rate and good antibacterial effects against other eight plant pathogenic fungus. The Ba-0321 strain mainly acts on *F. oxysporum* by inhibiting spore germination and hyphae growth, and has good stress resistance to strong UV, high temperature and low nutrition. At the same time, it can promote the growth and development of seed roots and improve root vigor significantly. Therefore, the *B. velezensis* of Ba-0321 strain with highly resistant and good stress resistancecan be used as a biological control material to control tobacco root rot, and has good application value and development prospects for biological control.

Key words: tobacco root rot; *F. oxysporum*; *B. velezensis*; stress resistance characteristics; growth promotion

* Funding: Science and Technology Project of Henan Tobacco Company (2020410000270012)
** First author: YAO Chenxiao, master student, mainly engaged in plant immunology research
*** Corresponding authors: KANG Yebin, professor; E-mail: kangyb@163.com
LI Shujun, researcher; E-mail: lishujun9396@126.com

茄科雷尔氏菌磷酸泛酰巯基乙胺基转移酶的功能研究*

殷　瑜**　王海洪***
（华南农业大学生命科学学院，广东省农业生物蛋白质功能与调控重点实验室，广州　510642）

摘　要：磷酸泛酰巯基乙胺基转移酶（phosphopantetheinyl transferase，PPTase）可对载体蛋白进行翻译后修饰，在生物体内的初级代谢及次级代谢途径中都起着不可或缺的作用。

茄科雷尔氏菌（*Ralstonia solanacearum*）是一种危害严重的植物致病菌，该菌全基因组中存在两个被注释为 PPTase 的编码基因 *RSc*1067 和 *RSp*0163。本文采用生物信息学分析、遗传互补、体内外酶活性检测等手段，研究上述基因编码蛋白的功能。结果表明，RSc1067 和 RSp0163 蛋白均具有 PPTase 功能，*RSc*1067 参与茄科雷尔氏菌的初级代谢，对菌体生长起关键作用，而 *RSp*0163 主要参与次级代谢，缺失 *RSp*0163 影响茄科雷尔氏菌的植物致病力。

关键词：茄科雷尔氏菌；磷酸泛酰巯基乙胺基转移酶（PPTase）；酰基载体蛋白（ACP）

---

* 基金项目：国家自然科学基金（31671987；31972232）

** 第一作者：殷瑜，博士研究生，研究方向为生物化学与分子生物学；E-mail：yinyu0762@163.com

*** 通信作者：王海洪，教授，研究方向为微生物脂肪酸合成相关生理代谢；E-mail：wanghh36@scau.edu.cn

水稻黄单胞菌中长链 3-酮脂酰 ACP 合成酶Ⅱ的功能研究*

鄢明峰[1**]　马金成[1]　张文彬[1]　胡　喆[1]　余永红[2]　王海洪[1***]
（1. 华南农业大学 生命科学学院/广东省农业生物蛋白质功能与调控重点实验室，广州　510642；
2. 广东食品药品职业学院，广州　510520）

摘　要：水稻白叶枯病是水稻最主要的细菌性病害之一，其病原菌水稻黄单胞菌（*Xanthomonas oryzae* pv. *oryzae*，*Xoo*）亦作为模式菌株被广泛研究。水稻黄单胞菌利用Ⅱ型脂肪酸合成（FAS Ⅱ）途径合成脂肪酸，该途径中间代谢产物还可作为前体，合成 DSF 家族群体感应信号分子，全局性调控 *Xoo* 的致病性。FAS Ⅱ中每一步都由独立的酶催化，其中长链 3-酮脂酰 ACP 合成酶Ⅱ（FabF）是合成顺-11-十八烯酸（$C_{18:1}$）的关键酶，也是抗菌药物筛选的潜在靶点。生物信息学分析可知，水稻黄单胞菌 KACC10331 基因组中有两个标注为 3-酮脂酰 ACP 合成酶Ⅱ基因 *XoofabF*1（Xoo0883）和 *XoofabF*2（Xoo0463），其编码蛋白质与大肠杆菌 FabF 的一致性分别为 59.3%和 34.2%，且都具有 Cys-His-His 活性中心。异体遗传互补大肠杆菌 *fabB* 和 *fabF* 温敏型突变株 CY242 和 CY244，结果发现 *XoofabF*1 仅能遗传互补大肠杆菌 *fabF* 突变，而 *XoofabF*2 则不能互补大肠杆菌 *fabF* 或 *fabB* 突变。同时体外酶学分析也证明 XooFabF1 能催化不同链长（C_6~C_{12}）的脂酰 ACP 和丙二酸单酰 ACP 的聚合反应，但 XooFabF2 则不具有聚合延伸功能。另外将 *XoofabF*1 和 *XoofabF*2 异体遗传互补大肠杆菌 *fabF* 突变菌株 CL28（*fabF*::*kan*）并提取脂肪酸进行 GC-MS 分析，发现仅 *XoofabF*1 能使 CL28 的脂肪酸组成中 $C_{18:1}$含量显著上升。上述结果证实了水稻黄单胞菌 *XoofabF*1 具有长链 3 酮脂酰 ACP 合成酶Ⅱ活性，*XoofabF*2 不参与脂肪酸合成。

笔者课题组进一步构建了 *XoofabF*1 敲除突变株并分析突变株的生理性状，结果发现突变株 *Xoo*Δ*fabF*1 在丰富培养基 NA 的生长速率与野生菌相比明显降低，且仅有单拷贝质粒（Mini-Tn7）回补菌株 Δ*fabF*1::*F*1 能恢复生长表型；而多拷贝回补菌株和野生菌过表达菌株均存在生长减弱表型。在此研究上，笔者将进一步探讨 *XoofabF*1 对 DSF 家族信号分子产量的影响，以加深脂肪酸合成途径对黄单胞菌致病分子机制的理解。

关键词：水稻黄单胞菌；脂肪酸合成；长链 3-酮脂酰 ACP 合成酶Ⅱ；群体感应信号分子

---

* 基金项目：国家自然科学基金（3197170198）
** 第一作者：鄢明峰，博士生，研究方向为植物病原细菌脂肪酸代谢；E-mail：mfyan2016@126.com
*** 通信作者：王海洪，教授，研究方向为微生物遗传和生理生化代谢；E-mail：wanghh36@scau.edu.cn

贝莱斯芽孢杆菌 HAB-2 菌株抑菌调控突变体标记基因 *yhdH* 的初步分析*

王焕惟**　许沛冬　刘文波***　缪卫国***

（海南大学植物保护学院，热带农林生物灾害绿色防控教育重点实验室，海口　570228）

摘　要：贝莱斯芽孢杆菌（*Bacillus velezensis*）是一类能够抵抗病原微生物且对环境无害的生防细菌。本实验前期从植物根系土壤中分离鉴定得到贝莱斯芽孢杆菌 HAB-2 菌株，并成功构建了带有转座子 TnYLB 的 HAB-2 突变体文库，通过与病原物平板对峙实验筛选出具有抑菌活性明显变化的突变体 W14，W14 对病原菌黄单孢杆菌（*Xanthomonas oryzae* pv. *oryzae*）、辣椒疫霉菌（*Phytophthora capsica*）、禾谷镰刀菌（*Fusarium graminearum*）的抑菌率分别达到 73.67%±1.41%^{bB}、62.40%±0.03%^{bB}、62.84%±0.40%^{bB}，与野生型 HAB-2 菌株抑菌率 57.78%±0.74%^{aA}、53.45%±0.22%^{aA}、56.21%±1.17%^{aA}相比差异极显著。通过 Southern 杂交，反向 PCR 分子鉴定突变体标记基因，得到 358 bp 的序列，将结果进行克隆连接转化测序，NCBIBlast 比对分析，克隆序列与 *B. velezensis* FZB42 编码转运蛋白基因 *yhdH*，一致性为 99.50%；与 HAB-2 全基因组比对分析，与编码转运蛋白基因 *yhdH* 一致性为 99.98%。结果表明，转座子插入位点标记基因为 *yhdH*，该基因编码 Na^+依赖性转运蛋白，为 sodium neurotransmitter symporter（SNF）基因家族成员。初步推测，突变体 W14 由于转座子的插入，影响 *yhdH* 基因的表达，导致了菌株抑菌活性的差异性变化，该基因可能间接或直接参与菌株抑菌能力的调控。本研究为新靶标药物分子设计及植物病害生物防治新理论与应用提供一定的科学依据。

关键词：*Bacillus velezensis*；HAB-2；抑菌活性；转运蛋白；*yhdH*

---

* 基金项目：国家重点研发计划（2018YFD0201105）；海南省重点研发计划项目（ZDYF2018240）

** 第一作者：王焕惟，硕士研究生，研究方向为植物保护；E-mail：wanghuanwei0220@163.com

*** 通信作者：刘文波，硕士，副教授，研究方向为分子植物病理学相关；E-mail：saucher@hainanu.edu.cn

缪卫国，博士，教授，研究方向为分子植物病理学等；E-mail：weiguomiao1105@126.com

生防荧光假单胞菌 2P24 的 Fic 蛋白单磷酸腺苷化修饰拓扑异构酶 IV*

卢灿华[1**]　陈福荣[2]　LUO Zhaoqing[3]　张力群[2***]

（1. 云南省烟草农业科学研究院，烟草农艺研究中心，昆明　650031；

2. 中国农业大学，植物保护学院，北京　100193；

3. Department of Biological Sciences，Purdue University，West Lafayette，IN，United States）

摘　要：荧光假单胞菌（*Pseudomonas fluorescens*）2P24 分离自小麦全蚀病自然衰退土壤，对小麦全蚀病、番茄青枯病、烟草青枯病等多种土传病害具有较好的防治效果。该菌株的主要防病因子及其调控机制已基本明晰。菌株 2P24 可产生 2,4-DAPG、氢氰酸、嗜铁素和蛋白酶等多种抗菌物质，其中 2,4-DAPG 是主要的抑菌活性成分。但关于菌株 2P24 的抗逆与定殖等方面的研究相对较少。较好的逆境适应性是生防菌在自然环境中发挥竞争优势的重要基础。Fic（filamentation induced by cyclic AMP）是一类含有保守基序 HPFx［D/E］GN［G/K］R 的蛋白。多数 Fic 蛋白以 ATP 为底物，催化转移 AMP 基团至靶标蛋白的丝氨酸、苏氨酸和酪氨酸残基，该过程称为蛋白翻译后单磷酸腺苷化修饰（AMPylation）。研究表明 Fic 蛋白广泛参与蛋白翻译与折叠、病原细菌致病、寄主免疫应答及细菌逆境适应性等过程。近年，笔者自菌株 2P24 克隆到一个抑制菌株生长和细胞分裂的 *fic*-1 基因。研究表明 Fic-1 通过单磷酸腺苷化修饰 PfGyrB 第 111 位酪氨酸（Tyr^{111}），抑制 GyrB 水解 ATP 活性，影响 DNA 促旋酶负超螺旋活性，DNA 不能正常复制，细胞分裂受抑制而形成丝状化菌体。最新研究表明，用细菌双杂交技术检测发现 Fic-1 与 GyrB 的同源蛋白拓扑异构酶 IV B 亚基 ParE 互作。研究发现 Fic-1 单磷酸腺苷化修饰 PfParE 第 109 位酪氨酸残基（Tyr^{109}）。分析不同种属细菌中 Fic 蛋白修饰 GyrB 和 ParE 的能力，发现菌株 2P24 编码的 Fic 蛋白 Fic-2、假结核耶尔森氏菌（*Yersina pseudotuberculosis*）YP Ⅲ 的 FicY 和金黄色葡萄球菌（*Staphylococcus aureus*）的 Sa1560 蛋白单磷酸腺苷化修饰 ParE 或其在革兰氏阳性菌中的同源蛋白 GrlB。进一步研究表明，Fic-1 和 FicY 单磷酸腺苷化修饰 ParE，抑制拓扑异构酶Ⅳ松弛 DNA 的活性。异源表达上述 Fic 蛋白，细胞长度增长而不分裂、DNA 聚集至细胞中央，即形成典型的 *par* 表型；细胞分裂受影响激活细菌 SOS 应答过程。本研究从不同属种的细菌中鉴定获得多种 Fic 蛋白，能单磷酸腺苷化修饰 ParE，影响染色体分离和细胞分裂。生防荧光假单胞菌中 Fic 蛋白参与 DNA 复制和细胞分裂等过程，可能是细菌在逆境条件下增强环境适应性的一种新机制。

关键词：荧光假单胞菌；Fic 蛋白；拓扑异构酶；GyrB；ParE

* 基金项目：国家自然科学基金（31872020，31572045）；中国烟草总公司云南省公司科技计划重点项目（2018530000241006，2020530000241013）

** 第一作者：卢灿华，助理研究员，研究方向为烟草病理学；E-mail：lucanhua1985@163.com

*** 通信作者：张力群，教授，研究方向为植物病害生物防治及病原细菌相关分子生物学；E-mail：zhanglq@cau.edu.cn

番茄溃疡病菌中转座子插入位点的高效鉴定——反向PCR体系的建立

钱　岑[*]　姜蕴芸　罗来鑫[**]　李健强[**]
（中国农业大学植物病理学系，种子病害检验与防控北京市重点实验室，北京　100193）

摘　要：由密执安棒形杆菌（*Clavibacter michiganensis*，Cm）引起的番茄溃疡病是一种重要的世界性种传细菌性病害，田间自然寄主为番茄，一旦病害发生将对番茄品质和产量造成严重损害。正向遗传学方法可通过表型变化来鉴定关键基因，在Cm中筛选合适的转座子载体，通过转座子片段随机插入基因组，构建突变体库的方法也已相对成熟。由于Cm基因组高GC含量的特点使转座子插入位点的鉴定难度增加。本研究基于传统反向PCR（Inverse PCR）的思路，构建了适用于Cm中反向PCR高效鉴定转座子插入位点的体系。首先在Cm中筛选了合适的限制性内切酶进行单酶切，内切酶需要具备在Cm基因组中有尽可能多的切割位点的同时在转座子片段上没有酶切位点，酶切末端为黏性末端的特点。将完全酶切后的部分产物使用T4连接酶过夜连接，最后在转座子片段上设计特异性引物，通过反向PCR的方式扩增得到插入片段的侧翼序列，最终鉴定到Cm基因组中的插入位点。

本研究筛选出基于转座子载体pMarA的合适限制性内切酶*Sal* Ⅰ、*Xho* Ⅰ及*Ngo*M Ⅳ，结合不同单酶切的结果，最终鉴定到80%突变体的插入位点。该体系由于最后一步是完全特异性PCR扩增，准确率极高，同时具有效率高、重复性好、操作简便的优点。

关键词：番茄溃疡病菌；反向PCR；高效；准确率高

---

* 第一作者：钱岑，硕士研究生，研究方向为种子病理学和细菌抗性机制；E-mail：1013348390@qq.com
** 通信作者：罗来鑫，博士，博士生导师，研究方向为种子病理及杀菌剂药理学；E-mail：luolaixin@cau.edu.cn
李健强，博士，博士生导师，研究方向为种子病理及杀菌剂药理学；E-mail：lijq231@cau.edu.cn

土壤中马铃薯黑腐果胶杆菌的荧光定量检测方法*

谭娇娇[1,2,3**]　张世昌[3]　郭成瑾[2]　王喜刚[2]　郭荣君[3***]　沈瑞清[2***]　李世东[3]
（1. 宁夏大学农学院，银川　750021；2. 宁夏农林科学院植物保护研究所，银川　750002；
3. 中国农业科学院植物保护研究所，北京　100193）

摘　要：马铃薯黑胫病是一种世界性的细菌病害，在世界各地均有分布。黑腐果胶杆菌（*Pectobacterium atrosepticum*）是引起马铃薯黑胫病的主要病原菌，该病原主要通过切刀、水流和土壤带菌传播。马铃薯黑胫病菌可在土壤中存活，依附病株残体可存活更长时间。笔者在前期研究中发现黑腐果胶杆菌是宁夏马铃薯黑胫病的重要致病菌，分离频率高、分布广泛，而且在多年连作地块发病严重，因此非常有必要建立土壤中黑腐果胶杆菌的监测方法，以实现马铃薯黑胫病的早期监测和预警。

Boer（1995）报道利用引物 Eca1f/Eca2r 可特异性扩增黑腐果胶杆菌（*P. atrosepticum*），扩增条带约 690 bp。程亮（2020）报道，利用 16S rRNA 基因通用引物和果胶裂解酶基因特异性引物 ADE1/ADE2 可对马铃薯软腐病菌（*P. carotovorum* subsp. *carotovorum*）和黑胫病菌（*P. atrosepticum*）进行区分，并明确西北地区马铃薯黑胫病的主要病原菌为 *P. atrosepticum*。杨松等（2009）建立了马铃薯黑胫病荧光定量 PCR 检测体系，但目前尚缺少土壤中黑腐果胶杆菌的荧光定量监测方法。笔者利用引物 Eca1f/Eca2r，根据荧光定量扩增要求，共设计了 11 对荧光定量 PCR 引物，其中引物 paf4/par4 可从宁夏黑腐果胶杆菌分离株中特异性扩增出长度约为 152 bp 的单一条带。为了检测该引物对土壤中黑腐果胶杆菌扩增特异性，笔者从宁夏不同地市和北京采集土壤，然后加入黑腐果胶杆菌，还采集了盆栽发病植株周围土壤，提取 DNA 后，进行荧光定量扩增。结果表明：所建立的荧光定量反应体系可从上述土壤 DNA 中扩增出黑腐果胶杆菌的特异性条带，溶解曲线峰单一，峰尖锐，说明所建立的荧光定量体系适用于复杂土壤环境中目标菌的检测。在此基础上，建立了目的基因重组质粒标准曲线，$y=0.996x+36.813$，$R^2=0.996$，扩增效率为 107.3%，检测下限为 1.39×10 copies/mL。通过在土壤中加入黑腐果胶杆菌菌悬液，制备浓度为 7.70×10^7 cfu/g～7.70×10^2 cfu/g 的带菌土壤，建立了土壤中黑腐果胶杆菌荧光定量标准曲线，方程为 $y=0.8258x-0.8798$，$R^2=0.9925$，对应的目的基因重组质粒检测下限为 3.88×10 copies/mL，可用于马铃薯黑胫病带菌土壤的定量检测，为马铃薯黑胫病的监测预警提供了技术和方法。

关键词：马铃薯；黑胫病；黑腐果胶杆菌；荧光定量检测方法

---

* 基金项目：宁夏回族自治区重点研发计划重大（重点）项目，蔬菜和马铃薯连作障碍治理创新产品与技术研发和应用（2019BFF02006）；现代农业产业技术体系项目（CARS-23-D05）

** 作者简介：谭娇娇，硕士研究生，研究方向为资源利用与植物保护；E-mail：1148162539@qq.com

*** 通信作者：沈瑞清，研究员，研究方向为植物病理学；E-mail：srqzh@sina.com
郭荣君，副研究员，研究方向为植物病害防治；E-mail：guorj20150620@126.com

蒲桃雷尔氏菌（*Ralstonia syzygii*）LLRS-1的基因组学分析*

卢灿华[1**]　李军营[1]　米梦鸽[2]　马俊红[1]
姜　宁[1]　盖晓彤[1]　雷丽萍[1]　晋　艳[1]　夏振远[1***]
（1. 云南省烟草农业科学研究院，昆明　650021；2. 天津农学院园艺园林学院，天津　300384）

摘　要：青枯病是重要的烟草病害。近年来，该病在云南省的文山、保山、临沧、红河、昆明、玉溪、曲靖、昭通、大理、丽江、楚雄和德宏等州（市）普遍发生，其中文山、临沧、保山和德宏的部分地区发病较为严重。虽然烟草青枯病在云南省发病较为严重，但对该病的研究相对不足，尤其在病原学方面的研究尚少。为系统研究该病原菌的遗传多样性，笔者在云南省的13个植烟州（市）开展疑似青枯病病样的采集与分离鉴定，其间从云南省玉溪市分离获得1株青枯菌LLRS-1。经16S rDNA序列分析，发现其与蒲桃雷尔氏菌（*Ralstonia syzygii*）一致性最高，复合PCR检测结果表明该菌属于演化型Ⅳ菌株。已知的烟草青枯菌有茄科雷尔氏菌（*R. solanacearum*）、假茄科雷尔氏菌（*R. pseudosolanacearum*），但未见蒲桃雷尔氏菌侵染引起烟草青枯病的报道。为进一步明确LLRS-1的分类地位，本文对其进行全基因组测序。测序共获得3 952 586个读长，产生488 Mb数据，测序深度为85x。数据组装后形成2个复制单元，共5 694 719 bp，其中染色体为3 648 314 bp，巨型质粒为2 046 405 bp，总GC含量为67.05%。基因组含5 190个蛋白编码的基因，55个*tRNA*基因，28个*sRNA*基因，3套*rRNA*结构基因（5S-15S-23S）。运用EzBioCloud数据库分析雷尔氏菌内各个亚种的标准菌株与LLRS-1的平均核苷酸一致性（ANI），结果表明LLRS-1与蒲桃雷尔氏菌（*R. syzygii*）的三株菌的ANI均大于96%。进一步分析表明，菌株LLRS-1与3株蒲桃雷尔氏菌的DNA-DNA杂交值（*is*DDH）均大于亚种划分的临界范围79%~80%；基于基因组序列构建的系统发育树表明LLRS-1与蒲桃雷尔氏菌印度尼西亚亚种（*R. syzygii* subsp. *indonesiensis*）标准菌株PSI7^{T}亲缘关系最近。蒲桃雷尔氏菌在印度尼西亚引起香蕉、丁香和其他作物的青枯病，本研究属首次在烟草上报道其引起青枯病。

关键词：烟草青枯病；病原菌；茄科雷尔氏菌；假茄科雷尔氏菌；蒲桃雷尔氏菌

---

* 基金项目：云南省“千人计划”青年人才专项；中国烟草总公司云南省公司科技计划重点项目（2018530000241006、2020530000241013）

** 第一作者：卢灿华，助理研究员，研究方向为烟草病理学；E-mail：lucanhua1985@163.com

*** 通信作者：夏振远，研究员，研究方向为烟草植保技术；E-mail：zhanglq@cau.edu.cn

猕猴桃溃疡病菌Ⅲ型分泌系统荧光素酶报告菌株构建与应用*

刘泉宏** 丁 玥 胡仁建 孙 誉 支太慧 谢 婷 樊 荣 龙友华 赵志博***
（贵州大学农学院，贵州 550025）

摘 要：由丁香假单胞菌猕猴桃致病变种（*Pseudomonas syringae* pv. *actinidiae*，*Psa*）引起的猕猴桃溃疡病发生广泛、危害严重、流行速度快，是猕猴桃最具毁灭性的病害。研究表明，Ⅲ型分泌系统（Type Ⅲ secretion system，T3SS）是 *Psa* 的关键致病因子，在病菌侵染中受到精密调控。本研究拟构建 *Psa* 的荧光素酶报告菌株，用于监测 *Psa* 的 T3SS 表达水平。首先，克隆 T3SS 结构蛋白基因 *hrpA*（包含自身启动子），将 NanoLuc©荧光素酶在 HrpA 蛋白的 C 端融合表达，克隆于 *Pseudomonas* 表达载体，电击转入 *Psa* 菌株 G1，成功构建 T3SS 荧光素酶报告菌株 G1-hrpA-nLuc。其次，将报告菌株分别在营养丰富的 KB 培养基和模拟植物环境的 HDM（*hrp* derepressing medium）培养基中培养，通过化学发光仪检测，发现 HDM 显著诱导荧光素酶的表达；将野生型菌株和报告菌株注射本氏烟叶片，发现报告菌株注射部位呈现明亮荧光，而阴性对照野生型菌株的注射部位无荧光。此外，将报告质粒转入不同 T3SS 表达水平的 *Psa* 菌株中，通过 HDM 培养发现荧光素酶表达水平同各菌株 T3SS 表达水平正相关。最后，使用 G1-hrpA-nLuc 检测几种可能影响 T3SS 表达的小分子化合物，发现萝卜硫素、TMCA、阿魏酸 FA 可显著抑制 *Psa* 的 T3SS 表达。以上结果表明，本研究构建的荧光素酶报告菌株可用于监测猕猴桃溃疡病菌 T3SS 的表达，为 T3SS 调控因子的挖掘及靶向 T3SS 的药物筛选提供基础。

关键词：荧光素酶互补实验；NanoLuc©；蛋白质相互作用

---

* 基金项目：贵州省自然科学基金（黔科合基础〔2019〕1062 号）；国家自然科学基金（31860486）
** 第一作者：刘泉宏，研究方向植物保护；E-mail：859398878@qq.com
*** 通信作者：赵志博，博士，副教授，研究方向为果树病害；E-mail：zbzhao@gzu.edu.cn

拟核相关蛋白 HU 是猕猴桃溃疡病菌的致病相关因子*

支太慧** 谢 婷 李 月 樊 荣 龙友华 赵志博***
（贵州大学农学院，贵州 550025）

摘 要：细菌拟核相关蛋白（nucleoid-associated protein，NAP）HU 具有类似真核生物组蛋白的特性，可不依赖序列结合 dsDNA 以及更强烈地结合有切口或弯曲的核酸结构，从而调控细菌染色体结构，参与 DNA 复制、重组、转座和修复，也可调控基因转录（如大肠杆菌 *gal* 操纵子）以及调控转录后翻译（如与 *rpoS* 的 mRNA 结合调控其翻译）。引起猕猴桃溃疡病的丁香假单胞菌猕猴桃致病变种（*Pseudomonas syringae* pv. *actinidiae*，*Psa*）具有 4 个 HU 同源蛋白，其中 HU-beta 可影响致病关键因子Ⅲ型分泌系统（T3SS）的表达。本研究构建了 Psa 的 HU-beta 敲除突变体，并基于敲除突变体构建了过表达回复菌株。通过接种猕猴桃枝条评价致病力发现，敲除突变体及过表达回复突变体的致病力均显著降低，且过表达菌株的致病力几乎完全丧失；通过梯度注射非寄主本氏烟的叶片，发现敲除突变体及过表达回复突变体激发过敏性坏死（HR）的能力均显著降低。RNA-seq 结果表明，敲除突变体的 T3SS 表达量上升，而过表达回复菌株的 T3SS 表达量下降；同时也通过检测荧光素酶标记蛋白 HrpA::nanoLuc 的积累验证了转录组数据。但是，也有部分基因在敲除突变体与过表达回复突变体中表达趋势一致，例如，T2SS 相关基因均显著降低；与 DNA 复制、重组和修复相关的基因均显著上调。此外，通过生物检测发现，敲除突变体及过表达回复突变体的运动性和脂多糖形成能力均显著降低，且过表达株下降更多。以上结果表明，HU-beta 的精确表达与 Psa 致病密切相关，一方面可能与特异性调控 T3SS 有一定关系，另一方面更多地与 HU-beta 不平衡表达导致的变化趋势一致的生物学通路相关（如 T2SS）。

关键词：HU；猕猴桃溃疡病；T3SS；致病因子

* 基金项目：贵州省自然科学基金（黔科合基础〔2019〕1062 号）；国家自然科学基金（32001864）

** 第一作者：支太慧，硕士研究生，研究方向为资源利用与植物保护；E-mail：2206812127@qq.com

*** 通信作者：赵志博，博士，副教授，研究方向为果树病害；E-mail：zbzhao@gzu.edu.cn

基于 NanoLuc® 的荧光素酶互补载体的构建与应用*

李 月** 支太慧 谢 婷 朱俏眉 樊 荣 龙友华 赵志博***
（贵州大学农学院，贵州 550025）

摘 要：荧光素酶互补技术（luciferase complementation assay，LCA）是一种高效、简便、灵敏、可靠的蛋白质互作（protein-protein interaction，PPI）检测技术。目前普遍使用的荧光素酶具有 550 个氨基酸（62 kDa），LCA 中被切成 N 端和 C 端 2 个功能片段，即 NLuc（2~416 aa）和 CLuc（398~550 aa），分别同 2 个目标蛋白相连，如果具有相互作用，则萤光素酶的 NLuc 和 CLuc 在空间上会足够靠近并正确组装，从而发挥萤光素酶活性，即分解底物萤火素（luciferin）产生荧光。但是，该荧光素酶分子量相对较大，在蛋白互作过程中可能会造成一定的空间位阻，影响互作结果。NanoLuc® 是一种新型荧光素酶，分子量更小（19 kDa），具有信号更亮、更持久、更灵敏的优点。本研究基于 NanoLuc® 和植物表达载体 pCAMBIA1300 构建了可用于 LCA 的载体：pCA1300-nanoLucN-HA 和 pCA1300-nanoLucC-FLAG，其中 nanoLucN 和 nanoLucC 分别是 1~159 aa 和 160~170 aa 的 NanoLuc® 片段。两个载体均使用 CaMV 35S 强启动子和 NOS 终止子，均具有起始密码子，目的基因可插入在 nanoLucN 或 nanoLucC 的 N 端或 C 端，目的基因与报告基因之间具有 2×GGSGG linker。将已知互作的拟南芥原纤维蛋白 1a（FBN1a）和 1b（FBN1b）基因分别克隆于互补载体，构建 pCA-FBN1a-nanoLucC 和 pCA-FBN1b-nanoLucN，转入农杆菌 GV3101 后注射烟草叶片进行共表达，通过 western blot 实验验证了蛋白的正确表达，发现注射部位呈现明亮荧光，而阴性对照（已知非互作蛋白）无荧光。以上结果表明，本研究构建的基于 NanoLuc® 的荧光素酶互补载体可用于检测植物 PPI。

关键词：荧光素酶互补实验；NanoLuc®；蛋白质相互作用

---

* 基金项目：贵州省自然科学基金（黔科合基础〔2019〕1062 号）；国家自然科学基金（31860486）
** 第一作者：李月，硕士研究生，研究方向为资源利用与植物保护；E-mail：2941229074@ qq. com
*** 通信作者：赵志博，博士，副教授，研究方向为果树病害；E-mail：zbzhao@ gzu. edu. cn

宁夏马铃薯黑胫病发生分布和病原菌鉴定*

谭娇娇[1,2,3]**　郭成瑾[2]　王喜刚[2]　郭荣君[3]　沈瑞清[1,2]***　李世东[3]
（1. 宁夏大学农学院，银川　750021；2. 宁夏农林科学院植物保护研究所，银川　750002；
3. 中国农业科学院植物保护研究所，北京　100193）

摘　要：马铃薯是宁夏回族自治区的主要作物。宁夏的中南部山区气候适宜，土壤疏松，含水量高，昼夜温差大，非常适宜种植马铃薯，因而成为宁夏马铃薯主产区（李阳等，2020）。近年来，随着宁夏马铃薯的种植面积扩大，连作现象普遍，加之种植模式的改变和农药的不规范使用，导致宁夏马铃薯的土传病害加重，严重影响了宁夏马铃薯的品质。马铃薯黑胫病近年在宁夏地区也呈逐年加重趋势（郭成瑾等，2012）。明确宁夏马铃薯黑胫病的分布和发生情况及病原菌种类，对该病害的发生预警和防控具有重要的意义。

对宁夏中南部马铃薯主产区黑胫病发生情况的调查表明：黑胫病主要危害部位是根部和茎基部，主要发病症状为根部和茎基部发黑腐烂，发黑部位在潮湿状态下呈水渍状，发病较严重的表皮剥落、须根腐烂脱落、植株易拔起；地上部叶片上卷，呈萎蔫状。连年种植马铃薯和地势低洼的田块发病率较高。在固原市、吴忠市、中卫市和石嘴山市的 16 个乡镇中，固原市隆德县观庄乡发病率最高，达到 35%；西吉红耀、隆德好水和同心下马关镇的发病率较低，为 3%~5%；原州区的张易镇、红河镇、西吉县的马莲乡和盐池的冯记沟乡未发现马铃薯黑胫病植株。

从采集的 68 个发病植株样品中分离到 119 株细菌，其中在 CVP 选择性培养基上具有果胶溶解能力的细菌 28 株。采用细菌 16S rRNA 基因通用引物对 28 株细菌进行测序分析，发现黑腐果胶杆菌（*Pectobacterium atrosepticum*）和格式假单胞（*Pseudomonas grimontii*）分离频率最高，分别为 50%和 29%；胡萝卜软腐果胶杆菌巴西亚种（*P. carotovorum* subsp. *brasiliensis*）的分离频率为 18%；仅分离到 1 株嗜根寡氧单胞菌（*Stenotrophomonas rhizophila*）。致病性测定结果表明：仅胡萝卜软腐果胶杆菌巴西亚种和黑腐果胶杆菌具致病性，二者引起的马铃薯发病症状略有不同，胡萝卜软腐果胶杆菌巴西亚种 P-2-1 接种马铃薯后发病较快，茎秆折断，茎基部发软；黑腐果胶杆菌 TY-1-1 接种马铃薯后，茎秆变黑，出现黑色开裂条纹。采用黑腐果胶杆菌特异性引物 ECA1f/ECA2r 和胡萝卜软腐果胶杆菌巴西亚种特异性引物 BR1f/L1r（Czajkowski et al，2015）对 13 株致病菌进行种属鉴定，确认其鉴定结果正确。上述结果表明：宁夏马铃薯黑胫病主要由黑腐果胶杆菌和胡萝卜软腐果胶杆菌巴西亚种复合侵染造成，为宁夏马铃薯黑胫病的监测预警和防控提供了依据。

关键词：马铃薯；黑胫病；病原菌；种类；分布

* 基金项目：宁夏回族自治区重点研发计划重大（重点）项目，蔬菜和马铃薯连作障碍治理创新产品与技术研发和应用（2019BFF02006）；现代农业产业技术体系项目（CARS-23-D05）

** 作者简介：谭娇娇，硕士研究生，研究方向为资源利用与植物保护；E-mail：1148162539@ qq. com

*** 通信作者：沈瑞清，研究员，研究方向为植物病理学；E-mail：srqzh@ sina. com

浙江省草莓细菌性茎基部坏死病病原学鉴定

谢昀烨[1*] 杨肖芳[2] 方 丽[1] 武 军[1] 王汉荣[1**]
(1. 浙江省农业科学院植物保护与微生物研究所，杭州 310000；
2. 浙江省农业科学院园艺所，杭州 310000)

摘 要：草莓（*Fragaria ananassa* Duch.）是蔷薇科（Rosaceae）草莓属（*Fragaria*）多年生草本植物，因具有很高的营养价值和味道酸甜可口，被人们誉为“水果皇后”。2020年10月底，从浙江省台州市草莓种植园（品种：红颊）的草莓茎基部发现一种新型病害——草莓细菌性茎基部坏死病。发病初期，草莓植株会表现出轻微矮化、黄化和新叶萎蔫等症状，其他叶片与健康植株无异。拔除病株，纵切草莓植株短缩茎后，其内部组织出现红褐色空腔。该病一般前期症状不明显，在草莓现蕾期植株茎基部空腔变大，并严重腐烂，短缩茎极其脆弱，轻轻一碰就断掉，导致植株死亡，因此莓农都称其为“空洞”或“断头”。

将发病初期植株连根拔起带回实验室用自来水冲洗干净后，在无菌操作台内进行表面消毒并吹干，随后用无菌刀片纵切草莓病株短缩茎，用镊子夹取空腔内壁植物组织至无菌水内，用无菌小剪刀剪碎后，接种环蘸取后在NA培养基平板上划线，放置于28 ℃培养箱内恒温培养。24 h后培养基表面生长出乳白偏淡黄的单菌落，菌落表面光滑。选取菌株CMTZ1-4进行生理生化测定、形态学结构观察、致病性测定和分子生物学分析。透射电镜下观察菌株负染结果，该菌株短杆状，大小为（1.2~3.22）μm×（0.61~1.13）μm，无荚膜，周身鞭毛，5~8根鞭毛，革兰氏阴性菌。梅里埃全自动鉴定仪VITEK生化反应检测该菌株与*Enterobacter cloacae* ssp. 相似度为99%。对所有菌株16S rDNA（核糖体RNA）、gyrB（促旋酶B亚基蛋白）和rpoD（RNA聚合酶β亚基蛋白）基因序列进行扩增，经NCBI数据库Blast分析发现，所有菌株序列结果一致，与*Enterobacter ludwigii*相似度分别为99%、99.7%和99.6%。基于以上基因序列区间建立系统发育树，结果表明分离的4个菌株CMTZ1-4均为*Enterobacter ludwigii*。

采用伤口接种法接种无毒草莓组培苗，吸取5 mL菌悬液（浓度：约10^9cfu/mL）接种至草莓幼苗水培液（80 mL无菌水）中，28 ℃光照16 h，黑暗8h培养箱内恒温培养，等量无菌水为空白对照。培养24 h后，接种植株明显萎蔫，48 h后接种植株根部开始腐烂变褐，72 h后取接种的草莓叶子进行重新分离，获得与原菌株相同病原菌株，对照植株叶片内未分离到病原菌株，完成柯赫氏法则验证。因此引起浙江省台州市草莓细菌性茎基部坏死病的病原为*Enterobacter ludwigii*。

关键词：阴沟肠杆菌；空洞病；草莓；短缩茎

* 第一作者：谢昀烨，博士，助理研究员，研究方向为经济作物病害综合治理及致病机理；E-mail：xieyuenqiao1124@126.com

** 通信作者：王汉荣，硕士，研究员，研究方向为经济作物病害综合治理及致病机理；E-mail：wanghrg@126.com

黄龙病菌靶向植物高尔基体的效应蛋白 SDE-G1 的柑橘靶标鉴定*

李甜雨**　宋　瑞　黄桂艳***

（赣南师范大学生命科学学院，中美柑橘黄龙病联合实验室，赣州　341000）

摘　要：柑橘黄龙病被称为柑橘的“癌症”，目前尚无抗病品种和有效的防治方法。柑橘黄龙病菌定殖于植物韧皮部，尚不能进行人工培养和遗传操作，严重制约了人们对其致病机理的研究。为制定有效的防治策略，迫切需要深入了解其致病机理。黄龙病菌分泌 Sec 依赖的效应蛋白（Sec-dependent effectors，SDEs）抑制植物免疫，然而人们对黄龙病菌 SDEs 的毒性功能及其与寄主靶标的互作机制的认识还十分有限。本研究前期通过转录组测序和基因定量表达分析，筛选到 27 个在黄龙病菌侵染柑橘过程中上调表达的 SDE 基因，亚细胞定位分析发现它们在植物细胞核、细胞质、内质网及细胞膜等结构中有不同分布。其中 SDE-G1（CLIBASIA_05480）与高尔基体标记物共定位于植物细胞的点状结构，并且蛋白转运抑制剂 BFA 处理使 SDE-G1 与高尔基体标记物都呈现内质网状的分布，说明 SDE-G1 定位于高尔基体。紧接着，笔者利用酵母双杂交技术对柑橘 cDNA 文库进行筛选，鉴定到 4 个柑橘蛋白与 SDE-G1 互作，并且双分子荧光互补实验表明互作均发生在囊泡状结构上；其中一个靶标与植物内吞作用、囊泡运输等细胞活动相关，暗示 SDE-G1 可能干扰高尔基体相关功能。对黄龙病菌 SDE-G1 毒性功能及其与靶标互作机理的研究将丰富笔者对黄龙病致病机理的认识，为开发新型黄龙病防治策略提供理论依据。

关键词：柑橘黄龙病；效应蛋白；靶标；高尔基体；致病机理

---

* 基金项目：江西省青年科学基金（20202BABL215006）；江西省教育厅科学技术研究项目（GJJ201432）

** 第一作者：李甜雨，硕士，研究方向为园艺学；E-mail：lty.98@qq.com

*** 通信作者：黄桂艳，博士，讲师，研究方向为植物与病原微生物互作；E-mail：huangguiyan@gnnu.edu.cn

贝莱斯芽孢杆菌 Arp 膜转运蛋白功能探究*

王　雨** 　沈钰莹　高　雪　刘文波　缪卫国　靳鹏飞***
（海南大学植物保护学院，热带农林生物灾害绿色防控教育部重点实验室，海口　570228）

摘　要：芽孢杆菌（*Bacillus*）是一类具有较强生防潜力的微生物，被广泛用于生物防治，前期实验室分离得到一株生防细菌 HN-1，为了深入探究贝莱斯芽孢杆菌这一类群生防菌的抑菌机理，通过构建 HN-1 菌株 TnYLB-1 转座子的突变体文库，定向筛选得到了突变体菌株 HN-1-Δ682 并对 TnYLB-1 插入位置的基因进行鉴定，暂时将该基因命名为 *Arp* 基因，蛋白质的结构与功能预测显示该基因编码的蛋白为转运蛋白。构建 HN-1 的定点敲除突变体 HN-1Δ*CmArp* 和 HN-1Δ*TnYLBArp*，并用正丁醇提取发酵液和菌体的脂肽类物质进行试验。结果表明：相同发酵条件下以及浓度下 HN-1Δ*CmArp* 和 HN-1Δ*TnYLBArp* 发酵上清液提取物的溶血活性、抑制真菌活性和抑制对细菌的活性均小于野生菌的发酵上清液提取物。同时，HN-1Δ*CmArp* 和 HN-1Δ*TnYLBArp* 菌体破碎后正丁醇提取物的溶血活性、抑制真菌活性和抑制对细菌的活性均高于野生菌菌体破碎后正丁醇提取物。综上所述：HN-1Δ*CmArp* 和 HN-1Δ*TnYLBArp* 由于敲除了 *Arp* 基因，使得细胞丧失了主动向细胞外运输脂肽类物质的能力，只进行主动扩散，芽孢杆菌菌体内和发酵液中的脂肽类为物质的浓度相当，而野生型菌株由于存在 *Arp* 基因，进行主动运输将低浓度的脂肽运输到胞外，这就使得胞外的脂肽类物质的浓度远远高于胞内，因此，该结果说明 *Arp* 基因参与了脂肽类物质的转运，其合成的蛋白具有帮助芽孢杆菌将产生的脂肽类物质转运到胞外的功能。

关键词：贝莱斯芽孢杆菌；TnYLB-1 转座子；突变体库；脂肽类物质；转运蛋白

* 基金项目：海南省青年科技英才创新计划（QCXM201903）；海南省基础与应用基础研究计划（自然科学领域）高层次人才项目（2019RC163）；国家自然基金地区科学基金项目（31960552）；海南大学校内科研启动经费［KYQD（ZR）1842］

** 第一作者：王雨，硕士研究生，研究方向为植物保护；E-mail：15383468897@163.com

*** 通信作者：靳鹏飞，讲师，研究方向为微生物生物防治；E-mail：jinpengfei@hainanu.edu.cn

贝莱斯芽孢杆菌 HN-2 及其活性物质抗烟草花叶病毒机理的研究*

沈钰莹**　王　雨　刘文波　缪卫国　靳鹏飞***

（海南大学植物保护学院，热带农林生物灾害绿色防控教育部重点实验室，海口　570228）

摘　要：烟草花叶病毒（*Tobacco mosaic virus*，TMV）是单链 RNA 病毒，寄主范围广，可侵染烟草、辣椒及其他茄科植物，TMV 是烟草的主要病害，可造成烟草产量和品质严重下降，目前的主要防治措施为喷施苯并噻二唑、毒氟林等化学药剂，但随着大量化学药剂的施用，前期开发的药剂的药效逐年降低，因此亟待筛选并开发新型高效、低毒的农用抗植物病毒抑制剂。芽孢杆菌（*Bacillus velezensis*）是一类已大规模应用的生防细菌，具有较好的生防前景。前期试验表明本实验室分离得到的贝莱斯芽孢杆菌 HN-2 对 TMV 具有一定抗病毒活性，因此笔者进一步对 HN-2 菌株抗病毒活性成分进行追踪和分组测试：一组先喷洒苯并噻二唑、毒氟林、HN-2 正丁醇粗提物和表面活性素处理 12 h 后再接 TMV，一组为先接 TMV 12 h 后再喷洒药剂处理。结果表明：先用药剂处理 12 h 后再接 TMV，各药剂对 TMV 的防效分别为 67.18%、73.42%、76.56%和 93.76%；而先接 TMV 12 h 后再用药剂防治的防效分别为 28.13%、12.47%、62.49%和 73.42%。综上所述：芽孢杆菌生防菌剂为新抗病毒药剂提供了一种新的可能，但目前各类化学药剂以及生防制剂的抗病毒机理均为诱导植物自身抗性为主，因此药剂防治多以预防为主，如能结合植物检疫和分子抗病毒育种，多重手段并施才能从根本上有效地防治植物病毒病害的发生与发展。

关键词：贝莱斯芽孢杆菌；TMV；抗病毒活性；诱导抗性；表面活性素

---

* 基金项目：海南省青年科技英才创新计划（QCXM201903）；海南省基础与应用基础研究计划（自然科学领域）高层次人才项目（2019RC163）；国家自然基金地区科学基金项目（31960552）；海南大学校内科研启动经费［KYQD（ZR）1842］

** 第一作者：沈钰莹，硕士研究生，研究方向为植物保护；E-mail：shenyuying19970407@163.com

*** 通信作者：靳鹏飞，讲师，研究方向为芽孢杆菌活性探究；E-mail：jinpengfei@hainu.edu.cn

贝莱斯芽孢杆菌 HN-2 次生代谢产物 surfactin 诱导黄单胞菌（*Xoo*）产生聚羟基脂肪酸酯（PHA）的机理研究*

高　雪** 　劳广术　刘文波　缪卫国　靳鹏飞***

（海南大学植物保护学院，热带农林生物灾害绿色防控教育部重点实验室，海口　570228）

摘　要： 黄单胞菌（*Xanthomonas oryzae* pv. *oryzae*，*Xoo*）能够引起的水稻白叶枯病，是水稻上的一类重要病害。前期研究发现贝莱斯芽孢杆菌 HN-2 菌株发酵液正丁醇提取物对 *Xoo* 具有很强的抑菌活性，通过分离纯化，得到了正丁醇提取物中的主要活性成分，并利用高效液相色谱-质谱/质谱联用（HPLC-MS/MS）技术对其结构进行了鉴定，结果表明 C_{15}surfactin A 对 *Xoo* 具有较强的抑制作用。聚羟基脂肪酸酯（polyhudroxyalkanoates，PHA）是微生物在碳、氮营养失衡的条件下合成的一类相当于碳源的聚酯，也是细菌为抵抗逆境合成的一种储存能量的物质。通过透射电镜发现，经 3.66 μg/mL 浓度的 HN-2 正丁醇提取物处理后，*Xoo* 细胞内开始积累聚羟基脂肪酸酯（PHA）。对 PHA 合成关键基因 *pha*C 进行敲除，得到了突变体菌株 $\Delta PXO99^A$，通过滤纸片扩散法测定 HN-2 正丁醇提取物对野生型菌株 $PXO99^A$ 和突变体菌株 $\Delta PXO99^A$ 的抑菌活性，抑菌圈直径分别为：（26.27±1.51）mm 和（32.61±0.52）mm，结果表明，在相同浓度下，突变体菌株 $\Delta PXO99^A$ 比野生型菌株 $PXO99^A$ 对药剂更敏感。另外，通过转录组数据分析发现，PHA 解聚酶相关基因显著下调表达，这表明 HN-2 发酵上清液的正丁醇提取物通过降低 *Xoo* 中 PHA 解聚酶的表达，影响 PHA 的分解代谢，从而使 PHA 在 *Xoo* 内过量积累。综上所述，贝莱斯芽孢杆菌 HN-2 次生代谢产物 surfactin 是 HN-2 的主要活性物质，其可以诱导黄单胞菌产生 PHA，PHA 的产生可能是病原细菌对抗杀菌剂的一种新的应对策略，这对进一步研究病原菌的耐药机理具有一定指导作用。

关键词： 黄单胞菌；抑菌机理；surfactin；PHA；耐药性

---

* 基金项目：海南省基础与应用基础研究计划（自然科学领域）高层次人才项目（2019RC163）；海南省青年科技英才创新计划（QCXM201903）；国家自然基金地区科学基金项目（31960552）；海南大学校内科研启动经费［KYQD（ZR）1842］

** 第一作者：高雪，硕士研究生，研究方向为植物保护；E-mail：19095132210042@hainanu.edu.cn

*** 通信作者：靳鹏飞，讲师，研究方向为微生物生物防治；E-mail：jinpengfei@hainanu.edu.cn

葡萄座腔菌型猕猴桃软腐病的环介导等温扩增快速检测技术

王大会[1*]　赵　蕊[1]　刘丹丹[1]　赵志博[1,2]　龙友华[1,2]　樊　荣[1,2**]
（1. 贵州大学农学院，贵阳　550025；2. 贵州大学猕猴桃工程研究中心，贵阳　550025）

摘　要：为明确贵州红阳猕猴桃软腐病的病原菌并实现该病害的快速检测，本研究采用形态学观察和多基因序列分析，鉴定了该病害致病菌葡萄座腔菌（*Botryosphaeria dothidea*）。比较基因组分析后，以 *B. dothidea* 特有的一个锌指蛋白基因为靶序列设计特异性引物，建立了基于环介导等温扩增（LAMP）技术的猕猴桃软腐病快速检测方法，并评估了该方法的特异性、灵敏度和实际应用效果。结果表明，该方法能特异性检测出 *B. dothidea*，而不能检测出引起果腐的其他常见病原真菌；且该方法的最低检测限为 100 ag/μL，是普通 PCR 检测限的 100 倍；采用该方法能准确检测出人工接种和实际发病猕猴桃果实中的 *B. dothidea*。综上，本研究建立的 LAMP 检测方法特异性强、灵敏度高，可用于葡萄座腔菌型猕猴桃软腐病田间快速、准确、可视化的诊断。

关键词：葡萄座腔菌；猕猴桃软腐病；环介导等温扩增；锌指蛋白基因

* 第一作者：王大会，硕士研究生
** 通信作者：樊荣，博士，讲师，研究方向为植物真菌病害发生机理与防治；E-mail：rfan@gzu.edu.cn

转 Bt 棉对棉花内种皮中细菌多样性的影响*

黄 薇** 许 冬 金利容 万 鹏***
（湖北省农业科学院植保土肥研究所，农业部华中作物有害生物综合治理重点实验室，农作物重大病虫草害防控湖北省重点实验室，武汉 430064）

摘 要：棉花是我国重要的经济作物之一，转 Bt 抗虫棉可有效降低田间棉铃虫的为害和造成的经济损失。随着我国转基因棉花商业化的推广和应用，近年来国内外学者越来越关注转基因作物的环境安全和风险评估。由于转基因作物外源蛋白可通过根系分泌物、花粉传播和秸秆还田等方式进入土壤，对土壤环境造成潜在影响，其产生的非预期性效应和对土壤微生物群落的影响目前尚无定论。Baumgarte 等发现，土壤微生物群落结构的变化主要受到各种环境因素的影响，受转基因作物自身的影响较小。内生菌作为生活在健康植物的组织和器官内的微生物群体在植物体内普遍存在，与植物互利共生，与植物本身的特性、营养供给和基因型有密切关系。本研究拟通过 16S 基因组测序的方法，对棉籽内种皮中内生菌进行物种注释和组分分析，鉴定内表皮中内生菌的种属和丰度，了解转 Bt 棉 Daiza23 和亲本 Daiza23C 是否会由于外源基因的插入对其中的内生菌产生显著性影响。通过高通量测序，在 Daiza23 和 Daiza23C 中分别得到了 35 445 条和 34 308 条样本序列，剔除掉较多的 OTUs 后，10 个样本共得到 18 组 feature，对不同 features 进行了物种注释，丰度最高的两组 feature 序列数占样本中所有序列数的 90%以上。表明在棉花种皮中的内生菌主要以变形菌门立克次氏体目细菌和蓝藻门链球菌属为主，其他的微生物种群较少。剔除丰度影响较大的 feature 序列后，对剩余 feature 组成进行比对，发现两组样本中有一个 feature 丰度差异显著，两组样本中均可找到唯一 OTU 将两者区分开来，但两个 OTU 注释到细菌蓝藻门叶绿体链球菌属不同基因。β 指数组间差异性分析发现，除了 Jaccard，其他方法均无法区分两组样本，获得的图示结果相似，表明两组样本的菌落进化关系一致。采用 Jaccard 距离矩阵可将两组样本进行有效聚类分组。在分类学层次上看，转基因品种 Daiza23 和亲本 Daiza23C 在内生菌的差异丰度检验上没有显著差异，表明外源基因的插入可能不会对棉花种皮内部的内生菌种类和丰度产生显著性影响。

关键词：转 Bt 棉；内生菌；丰度；物种注释

* 基金项目：湖北省农业科技创新中心（2016-620-000-001-016）
** 第一作者：黄薇，硕士，助研，研究方向为棉花病虫害致病机理；E-mail：sunning3589@163.com
*** 通信作者：万鹏，博士，研究员，研究方向为棉花病虫害防治及安全评价；E-mail：wanpenghb@126.com

耐盐芽孢杆菌 BW9 发酵条件的优化及可湿性粉剂的研发*

陈　晶　赵彦翔　鞠　超　黄金光
（青岛农业大学植物医学学院，青岛　266109）

摘　要：小麦土传病害包括纹枯病、根腐病、全蚀病等，目前生产上防治土传病害的主要方法是使用种衣剂等化学防治。与传统化学农药相比，微生物农药安全、无毒、不易产生抗药性，并日益成为植保界和农药界共同关注的热点。耐盐芽孢杆菌 BW9 是从小麦根围土壤分离得到的对多种植物病原菌有较强抑制作用的一株生防菌。作者以该菌株为材料优化其发酵培养基及发酵条件并研制可湿性粉剂，并进行可湿性粉剂的安全性评价与质量检测，为其在田间示范、生产上的应用奠定基础。作者采用单因素试验与正交试验设计相结合，优化耐盐芽孢杆菌 BW9 菌株的发酵培养基及发酵条件，确定其最佳发酵培养基为：果糖 0.50%，酵母膏 2.0%，NaCl 0.75%；最佳发酵条件为初始 pH 值为 7.0，接种种龄 24h，接种量 5%，发酵温度 32 ℃，摇床转速 150 r/min，发酵时间 24h。随后通过对耐盐芽孢杆菌 BW9 可湿性粉剂助剂的筛选，确定其配方为：载体为膨润土（87%），润湿剂为 PEG8000（3%），分散剂为吐温-60（7%），稳定剂为 CMC-Na（2%），紫外保护剂为糊精（0.1%）。质量检测表明该可湿性粉剂的芽孢含量为 9.8×10^9 cfu/g，杂菌率为 1%，pH 值为 7.55，细度为 99%，干燥减量为 0.19%，润湿时间为 16s，悬浮率为 78%，该可湿性粉剂符合国家标准值，且对小麦植株安全，可用于小麦土传病害的预防与控制。

关键词：耐盐芽孢杆菌；发酵条件优化；可湿性粉剂；小麦土传病害

* 资助基金：国家重点研发项目“黄淮海小麦化肥农药减施技术集成研究与示范”（2017YFD0201705）

Construction of *Bacillus subtilis* B2-GFP Engineering strain

LEI Jingjing [*] TANG Lingling KANG Yebin [**]

(*College of horticulture and plant protection*, *Henan University of Science and Technology*, *Luoyang* 471003, *China*)

Abstract: To construct engineering strain with good bioluminescence phenotype and significant antagonism to *Phytophthora parasitica*. Firstly, the wild *Bacillus subtilis* B2 strain, which antagonized *Phytophthora parasitica* was isolated from the tobacco rhizospheric soils; Secondly, the plasmid of B2 by sodium dodecyl sulfate (SDS) was digested. Then the green fluorescent protein GFP and the promoter of Bacillus cereus were constructed to express green fluorescent gene of pGFP4412 successfully, next introduced into *Escherichia coli* DH5α for propagation and culture. The engineering strain was obtained by chemical method, and the bioluminescence phenotype of it was detected by fluorescence microscope; Thirdly, the determination of antagonistic activity against *Phytophthora parasitica* by improved plate confrontation test; Eventually, the colonization dynamics in sterilized soil was determined by artificial inoculation. The results showed that the engineering strain labeled by GFP gene was obtained. The inhibition rates of the engineering strain against *Phytophthora parasitica* reached 48. 3%, and the wild B2 strain against *Phytophthora parasitica* reached 51. 0% for 4 d, therefore the engineering strain can maintain good antibacterial activity. The growth curve showed that the engineered strain entered the exponential growth phase 1 h earlier than the wild-type strain. The average number of colonies in air-dried sterilized soil was about 1.22×10^6 cfu/g, that the engineering strain could be stably colonized in soil. These results indicated that an engineering strain with good bioluminescence phenotype and antagonistic effect on *Phytophthora parasitica* was constructed successfully, which can colonize in the soil.

Key words: Tobacco; *Phytophthora parasitica*; *Bacillus subtilis*; Green fluorescent protein (GFP); Engineering strain

* First author: LEI Jingjing, master student, major in molecular plant pathology

** Corresponding author: KANG Yebin, Professor; doctoral supervisor; major in plant immunology; E-mail: kangyb999@ 163. com

柑橘黄龙病 PCR 检测引物比较研究*

黄霖霄[2**]　杨　毅[2***]　李丹阳[2,3]　姜　蕾[2]

（1. 贵州大学，贵阳　550025；2. 中国热带农业科学院环境与植物保护研究所，农业农村部热带作物有害生物综合治理重点实验室，海口　571101；3. 海南大学，海口　570228）

摘　要：柑橘黄龙病（huanglongbing，HLB）是由韧皮部杆菌暂定属细菌（*Candidatus* Liberibacter spp.）在柑橘上引起的一种全球性、检疫性、毁灭性病害，对全球柑橘产业造成了严重危害。黄龙病潜伏期长且尚无可用于大田治疗的药剂，因此准确、灵敏的黄龙病早期检测技术是控制病害传播的关键。为提高柑橘黄龙病 PCR 检测的准确性和检出率，本研究对检测引物 OI2c 进行了改进（命名为 OI2c-gj），并对常用的 8 对检测引物进行了特异性和灵敏度的比较。结果表明，黄龙病 PCR 检测引物中，特异性较好的引物为 OI1/OI2c-gj、Las606/LSS、P400F/P400R、A2/J5、16SF/16SR、primer1/primer2；灵敏度较高的引物从高到低依次为：OI1/OI2c-gj = Las606/LSS > P400F/P400R = A2/J5 > 16SF/16SR > primer1/primer2。进而，本研究采集广东、云南、贵州、江西、湖南、海南等黄龙病发生省市的不同柑橘品种样品验证了引物的检测效果。综合比较引物的特异性和灵敏度，本研究改进的引物 OI1/OI2c-gj 和 P400F/P400R 建议用于柑橘黄龙病的早期诊断检测。

关键词：柑橘黄龙病；PCR 检测；引物；特异性；灵敏度

* 基金项目：海南省科技项目（ZDYF2019211）；中国热带农业科学院基本科研业务费专项资金（1630042019002，1630042021004）资助

** 第一作者：黄霖霄，硕士研究生，研究方向为植物病理学；E-mail：2217555682@qq.com；

*** 通信作者：杨毅，副研究员，研究方向为植物病理学；E-mail：yiyang569@163.com

Guttation fluids containing *Pseudomonas amygdali* pv. *lachrymans* are a potential source of secondary infection in cucumber

MENG Xianglong ZHANG Shengping WANG Yanan WANG Shutong
(*College of Plant Protection*, *Hebei Agricultural University*, *Baoding* 071001, *China*)

Abstract: Guttation is a common feature of cucumber leaves under high relative humidity conditions; however, little is known about the role of guttation in the transmission of *Pseudomonas amygdali* pv. *lachrymans* (*Pal*), which is the pathogen of cucumber angular leaf spot (ALS) disease. In this study, experimental evidence for the transmission of *Pal* inside cucumber plants and through guttation was provided, and the results proved that *Pal* can be transmitted from the bottom leaf to the upper leaves inside the plant and excreted from the upper leaves through guttation. After that, the third leaf of cucumber was inoculated with *Pal* bacterial suspension, *Pal* was detected on the fifth leaf, the petiole, and the stem and in guttation drops. Healthy cucumber seedlings were infected by *Pal* in the guttation droplets, indicating that guttation fluids containing *Pal* could become a potential source of secondary infection. The results from this study verified the hypothesis that guttation is a potential route for *Pal* excretion from cucumber plants and may be a source of secondary transmission under high relative humidity conditions.

Key words: cucumber angular leaf spot, *Pal*, transmission, source of secondary infection, guttation

枯草芽孢杆菌 GLB191 中 c-di-GMP 代谢酶基因分析及报告系统构建*

赵 羽** 梁香柳 李 燕***
（中国农业大学植物保护学院，北京 100193）

摘 要：环二鸟苷酸（Cyclicdiguanosine monophosphate，c-di-GMP）是一类细菌内普遍存在的核苷类第二信使，广泛参与调控细菌多种生理活动如生物被膜形成、抗菌物质产生等。枯草芽孢杆菌 GLB191（*Bacillus subtilis* GLB191）是一株分离自野生葡萄叶片并对葡萄霜霉病具有良好防治效果的内生细菌，其在植物上的定殖影响其防病活性。由于生物膜影响生防细菌在植物上的定殖，为明确 c-di-GMP 是否影响 GLB191 的防病活性，本研究首先通过生物信息学方法系统分析 GLB191 基因组上 c-di-GMP 代谢酶相关基因，并构建 c-di-GMP 检测系统以深入研究 c-di-GMP 参与调控 GLB191 的生防性状的机制。通过第三代测序获得全长为 4.14Mb，GC 含量为 43.9%的 GLB191 完整基因组，共编码 4 288 个基因，其中包含 4 081 个CDS 序列。利用 Pfam 数据库对 4 081 个CDS 序列进行注释并筛选 c-di-GMP 酶基因发现，GLB191 基因组上具有编码所有已知的枯草芽孢杆菌中 c-di-GMP 合成酶编码基因（*dgcK*，*dgcP*，*dgcW*）和降解酶编码基因（*pdeH*），同时还具有 5 个含有 GGDEF_2（Pfam：PF17853）功能域蛋白的编码基因（*pucR*，*yukF*，*ytdP*，*ysfB*，*ycgP*）。为验证这些 GGDEF_2 功能域蛋白是否具有 c-di-GMP 合成酶功能，构建高效的 c-di-GMP 检测系统具有重要意义。目前常用于检测 c-di-GMP 浓度的液相串联质谱（LC-MS/MS）方法需要收集大量菌体，操作烦琐，误差大，急需高效实时的检测体系。本研究通过将已报道的地衣芽孢杆菌 *lchA* 操纵子 5′-UTR 中一段能感知 c-di-GMP 的 riboswitches 序列（转录抑制）整合到 pHY300PLK 质粒上，构建由组成性启动子、riboswiteches 和荧光蛋白组成的报告系统。将此报告系统转化至野生型 GLB191 和缺失 c-di-GMP 降解酶 PdeHEAL 功能域的突变体菌株（$pdeH^{\Delta EAL}$）中，利用激光共聚焦显微镜和酶标仪检测荧光强度。结果显示在 LB 培养基和 Msgg 培养基中 $pdeH^{\Delta EAL}$缺失突变体相较于野生菌株荧光密度均显著降低即 c-di-GMP 浓度升高，表明报告系统能正常工作。在 Msgg 培养基中培养的野生型菌株相较于 LB 培养基培养的野生菌株表达更高的 c-di-GMP 水平，推测 c-di-GMP 可能参与 GLB191 的生物被膜形成过程。本研究通过系统分析 GLB191 中 c-di-GMP 代谢酶基因与构建报告系统为后续 GGDEF_2 功能域蛋白的功能验证及明确 c-di-GMP 影响 GLB191 的防病活性提供了实用工具。

关键词：枯草芽孢杆菌；环二鸟苷酸；核糖体开关；合成酶

* 基金项目：国家自然科学基金（31972982）；中央高校基本科研业务费专项资金资助（2021TC073）

** 第一作者：赵羽，男，博士研究生；E-mail：zhao_sy@ cau. edu. cn
*** 通信作者：李燕，女，副教授；E-mail：liyancau@ cau. edu. cn

生防菌贝莱斯芽孢杆菌 YQ1 菌株次生代谢物合成相关基因分析*

田青霖** 姬梦琳 薛治峰 龚禹瑞 秦世雯***

(云南大学农学院/资源植物研究院，昆明 650500)

摘 要：贝莱斯芽孢杆菌（*Bacillus velezensis*）YQ1 菌株是从美人蕉根部分离的内生细菌，对香蕉枯萎病菌（*Fusarium oxysporum* f. sp. *cubense*）具有良好室内生防效果。为深入解析其抑菌物质合成途径及生防机制，本研究采用三代 PacBio 和二代 Illumina 测序平台结合对该菌株进行全基因组测序，共获得 10 个 Contigs，基因组总长度为 3 956 060 bp，GC 含量为 46.57%，包含 3 800 个编码基因，其中 99.95 %基因获得了注释。利用 antiAMASH 数据库对该基因组的次生代谢物合成基因簇进行分析，预测出 508 个基因与次生代谢物合成相关，分类到 12 个次生代谢物合成基因簇中，推测泛革素（Fengycin）、大环内酯 H（macrolactin H）、表面活性素（Surfactin）、地非西丁（difficidin）、抗霉枯草菌素（mycosubtilin）可能是贝莱斯芽孢杆菌 YQ1 菌株对香蕉枯萎病菌的抗菌次生代谢物。进一步通过 RNA-seq 测序技术发现，贝莱斯芽孢杆菌 YQ1 菌株与香蕉枯萎病菌在 PDA 平板上对峙 56 h 时，共得到 2 019 个基因差异表达。其中 1 335 个基因上调表达，684 个基因下调表达。通过 KEGG 富集分析发现，差异表达基因显著富集在抗生素合成（Biosynthesis of antibiotics），鞭毛装配（Flagellar assembly），丙酸代谢（Propanoate metabolism），精氨酸生物合成（Arginine biosynthesis），丙氨酸、天冬氨酸和谷氨酸代谢（Alanine，aspartate and glutamate metabolism），细菌趋药性（Bacterial chemotaxis），共 6 个通路。对次生代谢物合成相关基因的差异表达情况分析发现，抗霉枯草菌素合成基因（mycA、mycB 和 mycC）在 YQ1 菌株与香蕉枯萎病菌拮抗互作时显著上调，说明抗霉枯草菌素可能是贝莱斯芽孢杆菌 YQ1 菌株抑制香蕉枯萎病菌的关键抗菌次生代谢物，相关物质的提取和抑菌活性分析正进一步研究中。

关键词：贝莱斯芽孢杆菌；香蕉枯萎病；次生代谢物合成相关基因；抑菌活性

---

* 基金项目：云南省科技厅基础研究计划项目（No. 2019FD128），云南大学研究生科研创新基金项目（No. 2020326）

** 第一作者：田青霖，硕士研究生，研究方向为植物病害生物防治；E-mail：tql064897@163.com

*** 通信作者：秦世雯，博士，讲师，研究方向为植物病原物与寄主互作；E-mail：shiwenqin@ynu.edu.cn

第五部分　线　虫

我国河北地区首次发现菲利普孢囊线虫（*Heterodera filipjevi*）危害小麦*

任豪豪** 郑　潜　苏建华　康晓博　王润东　郑逢茹
王思佳　陈美玲　蒋士君***　崔江宽***
（河南农业大学植物保护学院，郑州　450002）

摘　要：危害我国小麦生产的作物孢囊线虫主要为禾谷孢囊线虫（*Heterodera avenae*）和菲利普孢囊线虫（*H. filipjevi*）。其中 *H. filipjevi* 自 2010 年在许昌首次发现以来，现已蔓延至河南、山东、安徽、新疆等省份，危害日趋严重。2019 年 6 月，从河北地区采集样品 72 份，37 份土样检测出孢囊，孢囊检出率高达 88%，每 100mL 土样中平均孢囊量为 6.4 个。通过对 J2s 和孢囊的形态特征分析，来自邯郸、邢台和石家庄的 5 份土样中的孢囊线虫与 *H. filipjevi* 的形态特征描述相吻合。采用 ITS 通用引物（TW81 和 AB28）和 *H. filipjevi* SCAR 标记对以上样品进行 PCR 扩增、测序和特异性检测。ITS 扩增片段长度为 1 054 bp，测定序列通过 Blast 比对发现和已报道的 *H. filipjevi* 具有超过 99%的相似性。SCAR 标记结果显示上述 5 份样品中的孢囊线虫分别扩增出来单一明亮的 646 bp 目的片段，且阴性对照无特异性条带。综上所述，通过形态学特征分析和分子生物学鉴定，采自河北邯郸、邢台和石家庄的孢囊线虫被鉴定为 *H. filipjevi*。

这是首次在我国河北省发现 *H. filipjevi* 危害小麦，由于 *H. filipjevi* 比 *H. avenae* 毒性更强、危害更大，因此迫切需要采取有效的防控措施，防治该病害的进一步蔓延，而此次发现对河北冬小麦产区的 *H. filipjevi* 的防治和进一步研究奠定了基础。

关键词：河北省；菲利普孢囊线虫；形态鉴定；分子鉴定

---

* 基金项目：国家自然科学基金（31801717）；河南省重点研发与推广专项（科技攻关）项目（212102110443）
** 作者简介：任豪豪，硕士研究生，研究方向为植物线虫学；E-mail：renhh3@163.com
*** 通信作者：蒋士君，教授，研究方向为烟草病理学；E-mail：Jiangsj001@163.com
崔江宽，副教授，研究方向为植物与线虫互作机制；E-mail：jk_cui@163.com

First report of *Heterodera filipjevi* on winter wheat from Hebei province in north China

REN Haohao KANG Xiaobo Su Jianhua ZHENG Fengru WANG Sijia
CHEN Meiling ZHENG Qian WANG Rundong CUI Jiangkuan
(*College of Plant Protection*, *Henan Agricultural University*, *Zhengzhou* 450002)

Abstract: *Heterodera avenae* and *H. filipjevi*, are the most economically important cyst nematodes that affect cultivated cereals in China. In June 2019, 72 samples were collected from various regions of Hebei Province. The cysts were extracted following Cobb's sieving gravity, and 37 soil samples were detected. The detection rate of cysts were as high as 88%, and the average cycts amount per 100 mL soil sample was 6. 4. By analyzing the morphological characteristics of J2s and cysts, the morphological characteristics of cyst nematodes in five soil samples from Handan, Xingtai and Shijiazhuang were consistent with those of *H. filipjevi*. ITS universal primers (TW81 and AB28) and *H. filipjevi* SCAR marker were used for PCR amplification, sequencing and specificity detection of the above samples. The length of ITS amplified fragment was 1 054 bp, and the measured sequence was found to have more than 99% similarity with the reported *H. filipjevi* by Blast alignment. The SCAR marker results showed that a single bright 646 bp target fragment was amplified from the above five samples, and there was no specific band in the negative control. In summary, cyst nematodes from Handan, Xingtai and Shijiazhuang were identified as *H. filipjevi* by morphological characteristics and molecular identification.

This is the first report of *H. filipjevi* in Hebei Province. Since *H. filipjevi* is more toxic and harmful than *H. avenae*, it is urgent to take effective prevention and control measures to prevent the further spread of the disease. This discovery plays a positive role in the prevention and control of *H. filipjevi* in winter wheat production areas in Hebei and in-depth research.

Key words: Hebei Province; *H. filipjevi*; Morphological identification; Molecular identification

细辛提取液对南方根结线虫的抑杀作用*

赵芷骄** 王媛媛 朱晓峰 范海燕 刘晓宇 陈立杰 段玉玺***
（沈阳农业大学北方线虫研究所，沈阳 100866）

摘 要：南方根结线虫（*Meloidogyne incognita*）是一类很重要的植物寄生线虫，其寄主植物范围很广泛，环境适应性强，可以危害上百种植物，造成严重的经济损失。细辛（*Asarum sieboldii*）为马兜铃科细辛属植物，根供药用，是我国重要的中草药。目前，化学防治仍是植物寄生线虫病害最主要的防治措施，但化学杀线剂存在强毒性、高残留、高成本、易污染环境等问题。为了找到更多的防治根结线虫的植物源农药，通过毒力测定，研究了细辛提取物对南方根结线虫的杀线活性和防治效果。结果表明：细辛根部无菌水提取液处理南方根结线虫，杀线虫活性较强。将细辛无菌水提取液稀释成 5 个浓度梯度：100 g/L、50 g/L、25 g/L、12.5 g/L 和 6.25 g/L，其中细辛根部无菌水提取液浓度为 100 g/L，处理 48 h 杀线虫活性最强，线虫校正死亡率达到 72%。研究其提取液对南方根结线虫的抑杀作用，为使用天然植物源农药防治南方根结线虫提供了理论和技术依据。

关键词：细辛；提取液；南方根结线虫；杀线虫活性

* 基金项目：国家自然科学基金（31471748）
** 第一作者：赵芷骄，硕士研究生，研究方向为植物病理学；E-mail：450874097@qq.com
*** 通信作者：段玉玺，教授，研究方向为植物寄生线虫学；E-mail：duanyx6407@163.com

灰皮支黑豆受线虫侵染后 Rhg 位点基因转录变化研究*

刘　婷** 杨若巍 范海燕 王媛媛 朱晓峰 陈立杰 段玉玺***
（沈阳农业大学北方线虫研究所，沈阳 100866）

摘　要： 灰皮支黑豆（ZDD2315）是我国重要的抗源品种，对于灰皮支抗线虫机理的研究将缓解目前大豆抗源匮乏，发掘出新的抗性机制，有重要的研究价值。设计在灰皮支黑豆根部接种线虫后 1~10 d 及 15 d 共 11 个时间点取样后，采用实时荧光定量 PCR 方法检测抗线虫位点 *rhg*1 和 *Rhg*4 中 5 个基因的表达，发现 *GmWI*12 基因在孢囊线虫侵染后 15 d 上调表达 27 倍。其原因据推测可能由于雌虫发育膨大，对大豆根系造成机械损伤，从而诱导表达。同时，传统的抗性位点 *Rhg*4 的 *GmSHMT*08*c* 基因在线虫侵染后 15 d 表达量仅为对照组的 5%，缺乏 *Rhg*4 后，Peking 型的抗性表型可能无法正常工作，这暗示了灰皮支黑豆可能具有复杂的抗性机制，仍待后续更深入的解释。利用转基因技术可以研究基因的功能，在实验验证的基础上，依靠杂交育种或者转基因技术可培育新的抗病品种。后续对于灰皮支黑豆抗病机理的持续挖掘将为大豆孢囊线虫病的防治工作提供重要的理论支撑。

关键词： 灰皮支黑豆；大豆孢囊线虫；抗病基因；表达分析

---

* 基金项目：现代农业产业技术体系岗位科学家专项（CARS-04-PS13）；国家自然科学基金重点项目（31330063）

** 第一作者：刘婷，本科生，研究方向为植物病理学；E-mail：2572920737@qq.com

*** 通信作者：段玉玺，教授，研究方向为植物寄生线虫学；E-mail：duanyx6407@163.com

简单芽孢杆菌 Sneb545 诱导大豆的 *GmSHMT* 抗 SCN 的机理研究*

杨晓文**　杨若巍　范海燕　王媛媛　朱晓峰　陈立杰　段玉玺***
（沈阳农业大学北方线虫研究所，沈阳　100866）

摘　要：大豆孢囊线虫会逐渐适应单一的寄主抗性，因此生物防治是理想的选择。生防菌包衣处理种子可改变植物代谢，影响抗性，具有重要的科学价值及应用潜力。种子免疫的分子机理尚不清楚，本研究对前期确定有诱抗效果的简单芽孢杆菌 Sneb545 进行验证，发现 Sneb545 可诱导大豆 William 82 对 SCN 抗性的提高。接种 SCN 二龄幼虫 5 d 和 10 d 后，包衣处理后的大豆根内的二龄幼虫和三龄幼虫数量显著减少，Sneb545 可能兼具抑制 SCN 侵入和发育的效果。荧光定量 PCR 检测发现，大豆 *Rhg*4 位点的抗性基因 *GmSHMT*08*c* 的表达上调，其相对表达量分别为对照组的 3.40 倍和 4.83 倍。在种子免疫的过程中，*GmSHMT*08*c* 在抑制线虫侵入和发育时期均起到很重要的作用，该研究结果为进一步探究种子免疫的诱抗机理奠定基础。同时，种子免疫技术进一步为 SCN 的绿色防治提供理论支持。

关键词：简单芽孢杆菌 Sneb545；大豆孢囊线虫；GmSHMT08c；诱抗机理

---

* 基金项目：现代农业产业技术体系岗位科学家专项（CARS-04-PS13）；国家自然科学基金（31171569）

** 第一作者：杨晓文，博士研究生，研究方向为植物病理学；E-mail：1933879761@qq.com

*** 通信作者：段玉玺，教授，研究方向为植物寄生线虫学；E-mail：duanyx6407@163.com

构建适用于毛状根系统筛选抗线虫表型的表达载体*

杨若巍** 杨晓文 朱晓峰 范海燕
王媛媛 刘晓宇 陈立杰 段玉玺***
（沈阳农业大学北方线虫研究所，沈阳 100866）

摘　要：大豆孢囊线虫寄生于大豆根部，发根农杆菌 *Agrobacterium rhizogenes* K599 可诱导大豆产生毛状根，利用此机制对目的基因进行过表达或 RNAi 后接种线虫验证表型，相较于大豆的遗传转化耗时更少。在表达载体中，通常使用除草剂作为标记基因，在毛状根诱导时具有改进空间。为更方便的筛选阳性毛状根，本研究构建了使用 *egfp* 作为标记基因的 pNIproto-β 质粒被构建出用于毛状根筛选。结果：构建的 pNIproto-β 包含两个表达盒，其一是由 CaMV 35S 启动子驱动 *egfp* 表达，其二是使用大豆 Gmubi 启动子，在 TSS 下游构建了编码 MVDLTS* 的 *navigator* 阅读框，经 *Nco* I 或者 *Spe* I 线性化后插入目的基因。构建的质粒导入农杆菌 K599 后侵染大豆下胚轴可获得经荧光标记的毛状根，后续可导入目的基因用于表达。筛选出的荧光毛状根在六周内均检测到荧光，在筛选后可使用水琼脂接种线虫，验证功能。结论：本研究是一种研究大豆与孢囊线虫的互作的方法，在实验中快速（约 7 周）的获取抗性表型数据。

关键词：大豆孢囊线虫；发根农杆菌；毛状根

---

* 基金项目：现代农业产业技术体系岗位科学家专项（CARS-04-PS13）；国家自然科学基金重点项目（31330063）

** 第一作者：杨若巍，博士研究生，研究方向为植物病理学；E-mail：yrw@ syau. edu. cn

*** 通信作者：段玉玺，教授，研究方向为植物寄生线虫学；E-mail：duanyx6407@ 163. com

The *Heterodera glycines* effector Hg16B09 suppresses plant innate immunity*

WANG Yu[1**]　YOU Jia[2,3]　CHEN Aoshuang[1], XU Lijian[1]　HU Yanfeng[2***]

(1. *College of Modern Agriculture and Ecological Environment*, *Heilongjiang University*, *Harbin*, 150080, *China*; 2. *Northeast Institute of Geography and Agroecology*, *Chinese Academy of Sciences*, *Harbin*, 150081, *China*; 3. *Institute of Prataculural Science*, *Heilongjiang Academy of Agricultural Science*, *Harbin* 150086, *China*)

Abstract: The soybean cyst nematode (SCN), *Heterodera glycines* is one of the most destructive pathogens of soybean production. SCN establish specific interactions with its hosts by using stylet to secrete effectors into host cells. When secreted by SCN, effectors perform their biological functions through manipulating important physiological metabolism pathways and defense responses in host plants. Studying each of these effectors to elucidate the underlying mechanistic data for SCN parasitism will aid developing novel strategies for SCN control. We previously provided evidences that the effector Hg16B09 plays an important role in the parasitic process of SCN. In this study, we use *Nicotiana benthamiana* to transiently express recombinant *Hg*16*B*09 plasmid, and immune elicitors which can trigger PTI and ETI defense responses. Then, the effects of Hg16B09 on PTI and ETI suppression were investigated by determining the ROS burst, hypersensitive response (HR), and the expression of defense marker genes. Transient expression of Hg16B09 in *N. benthamiana* leaves suppressed significantly the burst of hydrogen peroxide and the expression levels of defense-related genes (*PTI*5, *WRKY*22-*A*, *WRKY*22-*B*, and *ACRE*31) triggered by *flg*22. We also found that Hg16B09 could also inhibit HR induced by *Pseudomonas syringae* DC 3000 and an avirulent effector RBP1. qRT-PCR analysis further showed that Hg16B09 caused significant down-regulation of defense genes (*PR*1*a*, *PR*2, *PI*1, and *WRKY*51) in salicylic acid signaling during *Pst* DC 3000 infection. These results suggested that Hg16B09 acts as PTI and ETI suppressors during SCN-host interactions.

Key words: Soybean; Soybean cyst nematode; Effector; PAMP-triggered immunity (PTI); Effectors-triggered immunity (ETI)

* 基金项目：黑龙江省自然科学基金项目（YQ2019C026）；中国科学院青年创新促进会人才项目（2020234）

** 第一作者：王宇，在读硕士，研究方向为资源利用与植物保护；E-mail：1119372970@ qq. com

*** 通信作者：胡岩峰，博士，副研究员，研究方向为植物寄生线虫与寄主互作机理；E-mail：huyanfeng@ iga. ac. cn

我国河南地区首次发现玉米孢囊线虫和旱稻孢囊线虫*

周　博[1**]　焦永吉[2]　吕　岩[3]　卢俊锋[3]
陈昆圆[1]　任豪豪[1]　孟颢光[1]　蒋士君[1***]　崔江宽[1***]
（1. 河南农业大学植物保护学院，郑州　450002；
2. 河南省植物保护植物检疫站，郑州　450002；
3. 许昌市植物保护植物检疫站，许昌　461000）

摘　要：为明确河南省作物孢囊线虫种类及其发生分布范围，从 2017 年 11 月至 2020 年 9 月对河南地区主粮作物进行普查取样。通过简易漂浮法从许昌市玉米田和信阳市水稻田土壤样品分离获得大量孢囊。许昌和信阳土样分离的孢囊形态学鉴定结果显示，分别与玉米孢囊线虫（*Heterodera zeae*）和旱稻孢囊线虫（*H. elachista*）相似。采用通用引物 TW81/AB28 分别扩增孢囊线虫 rDNA-ITS 序列，经 NCBI BLAST 比对分析发现许昌禹州地区孢囊与玉米孢囊线虫群体（GU145613. 1、GU145615. 1 和 KU922122. 1）序列同源性达 99%以上；信阳潢川地区孢囊与旱稻孢囊线虫群体（MN720080. 1、JN864884. 1、JN202916. 1）序列同源性达 99%以上。形态学和分子生物学鉴定结果一致，表明河南禹州玉米田孢囊线虫群体为玉米孢囊线虫（*H. zeae*），潢川水稻田孢囊线虫群体为旱稻孢囊线虫（*H. elachista*）。这是我国首次在河南地区发现玉米孢囊线虫（*H. zeae*）和旱稻孢囊线虫（*H. elachista*）。该发现，对玉米孢囊线虫（*H. zeae*）和旱稻孢囊线虫（*H. elachista*）在中国的发生分布和防治研究具有重要意义。

关键词：玉米孢囊线虫；旱稻孢囊线虫；形态学鉴定；分子鉴定

---

* 基金项目：国家自然科学基金（31801717）；河南省重点研发与推广专项（科技攻关）项目（212102110443）

** 第一作者：周博，硕士研究生，研究方向为植物线虫学；E-mail：zhoubosjy@ 163. com

*** 通信作者：蒋士君，硕士，教授，研究方向为烟草病理学；E-mail：Jiangsj001@ 163. com
崔江宽，副教授，研究方向为植物与线虫互作机制；E-mail：jk_cui@ 163. com

First report of *Heterodera zeae* and *Heterodera elachista* in Henan Province of China

ZHOU Bo[1]　Jiao Yongji[2]　LV Yan[3]　LU Junfeng[3]　CHEN Kunyuan[1]
REN Haohao[1]　MENG Haoguang[1]　JIANG Shijun[1]　CUI Jiangkuan[1]
(1. *College of Plant Protection*, *Henan Agricultural University*, *Zhengzhou* 450002, *China*; 2. *Plant Protection and Plant Quarantine Station of Henan province*, *Zhengzhou* 450002, *China*; 3. *Xuchang Plant Protection and Plant Quarantine Station*, *Xuchang*, *Henan*, 461000, *China*)

Abstract: In order to define types and distribution of cyst nematodes in Henan Province, the staple crops were sampled from November 2017 to September 2020. Lots of cyst nematodes were isolated from soil samples of corn fields in Yuzhou City and Huangchuan County by simple floatation method. Morphological identification of cysts isolated from soil samples in Yuzhou and Huangchuan showed that they were similar to *Heterodera zeae* and *Heterodera elachista*, respectively. Using the primer TW81/AB28 to amplify cyst nematodesr DNA-ITS sequence, NCBI BLAST alignment analysis found that they had 99% sequence homology with *H. zeae* (GU145613. 1, GU145615. 1 and KU922122. 1) and *H. elachista* (MN720080. 1, JN864884. 1, JN202916. 1). The above results indicate that the population of cyst nematode in Yuzhou City, Henan Province is corn cyst nematode. This is the first discovery of *H. zeae* and *H. elachista* in Henan Province. It is of great significance to study the occurrence and distribution of *H. zeae* and *H. elachista* in China.

Key words: *Heterodera zeae*; *Heterodera elachista*; morphological identification; molecular identification

根结线虫和大豆孢囊线虫对氨基酸的趋化性比较研究*

姜　野[1,2**]　李春杰[1]　黄铭慧[1,2]　秦瑞峰[1,2]　常豆豆[1,2]　于瑾瑶[1]　王从丽[1***]
（1. 中国科学院东北地理与农业生态研究所，中国科学院大豆分子设计育种重点实验室，长春　130102；2. 中国科学院大学，北京　100049）

摘　要：根结线虫和孢囊线虫能够感知根部释放的化学信号梯度而定位寄主。基于根系分泌物的总量，氨基酸是除了糖之外最丰富的代谢产物，是重要的可溶性和小分子物质；其分泌的种类和数量受植物本身和环境条件影响。氨基酸能够抑制卵孵化、影响线虫致死率和线虫在植物上的繁殖，然而植物寄生线虫对氨基酸的趋化性报道非常少。因此该研究根据侧链基团 R 的特性（极性、非极性、酸性、碱性和中性）选择了 15 种氨基酸，利用 Pluronic 胶系统展开了对三种线虫（大豆孢囊线虫 *Heterodera glycines*、南方根结线虫 *Meloidogyne incognita* 和北方根结线虫 *M. hapla*）的趋化性及其行为学影响，并对相应浓度进行了 pH 值测定和致死率检测。结果表明携带负电荷的极性酸性的天冬氨酸和携带正电荷的极性碱性精氨酸不同浓度对三种线虫的吸引不同，大豆孢囊线虫和北方根结线虫被天冬氨酸吸引到化学适配器里的数量远远高于南方根结线虫，而根结线虫在适配器的开口端聚集成球状；精氨酸对三种线虫都吸引，但 *M. hapla* 吸引到化学适配器里的线虫数量高于其他两种线虫；两种氨基酸对线虫的吸引都有浓度效应；比较这三种线虫对酸碱反应的特征表明酸性 pH、碱性 pH 和氨基酸本身都参与了趋化性，而且线虫种类也影响其趋化性。另外 13 种氨基酸对 3 种线虫的吸引具有明显的差异，11、7 和 5 种氨基酸能够分别吸引 *H. glycines*、*M. incognita* 和 *M. hapla* 到化学适配器里面，而 4、12 和 1 种氨基酸分别吸引这 3 种线虫到适配器的外面或者开口端。其中谷氨酸都能够吸引 3 种线虫到化学适配器里面，半胱氨酸对三种线虫都不表现吸引，并且发现 27.5 mM 氨基酸对 *M. hapla* 的致死率达到 100%。吸引到化学适配器的线虫也表现为不同的形态：正常、弯曲、兴奋或者僵直。例如线虫被谷氨酸吸引后线虫变为僵直，然后用水稀释后，*M. hapla* 和 *H. glycines* 表现为极端兴奋，而在线虫神经系统中，谷氨酸内盐常被作为小分子神经递质和神经调质，而其受体均为 G 蛋白偶联受体，据此推测谷氨酸可能是线虫的兴奋性神经递质，并且神经元的 G 蛋白信号转导途径会调控线虫响应谷氨酸刺激。线虫对这些氨基酸化感信号物质相关的分子调控机制正在进行，期望通过对相关线虫识别信号物质的分子靶标研究而开发新型的杀线剂。

关键词：根结线虫；大豆孢囊线虫；趋向性研究

---

* 基金项目：中国科学院战略性先导科技专项项目（XDA24010307），国家自然科学基金（31772139）
** 第一作者：姜野，博士研究生，研究方向为线虫与植物互作；E-mail：jiangye@ iga. ac. cn
*** 通信作者：王从丽，博士，研究员，研究方向为线虫与植物互作；E-mail：wangcongli@ iga. ac. cn

亚热带地区主要作物的植物寄生线虫及地理分布*

李丙雪**　吴海燕***

（广西大学农学院，广西农业环境与农产品安全重点实验室，南宁　530004）

摘　要：植物寄生线虫（PPN）不仅能够侵染寄主影响植物的正常生长，有些种类还可以传播其他病原菌，发生严重时造成产量损失甚至绝收。本研究在 2016—2017 年调查了广西主要作物上植物寄生线虫的发生情况及地理分布，来自 14 个市 68 个县（区）的 425 根围土壤和根系样品，鉴定了水稻、玉米、甘蔗和大豆上主要植物寄生线虫，共 48 个属。在水稻上检出寄生线虫 32 个属，潜根属检出率最高，为 79.23%，其次是矮化属，检出率为 34.43%。在玉米土壤及根内共检测到 44 个属，优势种群为短体属和矮化属，检出率分别为 45.14% 和 32.64%。此外，在甘蔗中检测到 31 个植物寄生线虫属，其中矮化属和螺旋属的占比分别为 70.42% 和 39.44%。大豆中螺旋属和矮化属的检出率最大，分别为 33.33% 和 29.63%。桂东和桂南生态区检出率最高的为矮化属，桂西生态区短体属的检出率最高，桂北生态区潜根属和螺旋属的检出率最高，桂中生态区检出率最高的是短体属。黏土中潜根属检出率为 72.94%，壤土中矮化属占比为 54.17%。<50 m 海拔高度时，根结属和矮化属所占比例最大，分别为 19.15% 和 45.68%。在海拔 150~200 m 时，螺旋属和短体属检出率分别为 29.85% 和 34.33%。海拔>200m 时潜根属的检出率为 46.67%。该研究结果全面了解了广西地区植物寄生线虫的种类及其分布，为该地区植物寄生线虫的防治提供重要信息。

关键词：植物寄生线虫；水稻；玉米；甘蔗；大豆

* 基金项目：公益性行业（农业）科研专项（201503114）

** 第一作者：李丙雪，硕士研究生，研究方向为植物病害防治；E-mail：18437958381@163.com

*** 通信作者：吴海燕，博士，教授，研究方向为植物病害防治工作；E-mail：wuhy@gxu.edu.cn

玉米孢囊线虫生防真菌的分离鉴定*

莫意雪** 龙彦蓉 吴海燕***
(广西农业环境与农产品安全重点实验室，广西大学农学院，南宁 530004)

摘 要：我国是玉米种植大国，玉米孢囊线虫病是玉米新病害，对农业生产有较大的威胁。前期研究发现，感染玉米孢囊线虫地块中该线虫的数量有减少的趋势，推测有生防因子存在。因此，本研究从玉米孢囊线虫病发生严重的地块中采集病土，从土壤和孢囊中分离、纯化真菌，并回接到玉米孢囊上，得到35株对孢囊有寄生性的真菌，利用形态学和分子生物学相结合的方法对寄生真菌进行鉴定。结果表明，35株寄生真菌经鉴定隶属于8个属，14个种。其中分离频率最高的是篮状菌属 *Talaromyces*，分离频率为65.71%；曲霉属 *Aspergillus*、毛壳属 *cheatomium* 的分离频率均为8.57%；青霉属 *Penicillium* 的分离频率为5.71%；枝顶孢属 *Acremonium*、木霉属 *Trichoderma*、镰刀菌属 *Fusarium*、球托霉属 *Gongronella* 的分离频率较低，均为2.86%。其中烟曲霉和尖孢镰刀菌为玉米田常见真菌种类，*T. versatilis* 和 *P. Koreense* 属于稀有种。该研究结果丰富了孢囊线虫生防真菌的种类。

关键词：玉米孢囊线虫；生防真菌；鉴定

---

* 基金项目：公益性行业（农业）科研专项（201503114）

** 第一作者：莫意雪，硕士研究生，研究方向为植物线虫病害及其防治；E-mail：1574742733@ qq. com

*** 通信作者：吴海燕，教授，研究方向为植物线虫病害及其防治；E-mail：wuhy@ gxu. edu. cn

甘薯根结线虫的鉴定*

贾路明[1**] 郭小艳[2] 吴海燕[1***]
（1. 广西农业环境与农产品安全重点实验室，广西大学农学院，南宁 530004；
2. 广西田园生化股份有限公司，南宁 530004）

摘 要：南方甘薯产区线虫逐年加重，对甘薯线虫种群的准确鉴定及有效防治方案探索迫在眉睫。2021 年 4 月 19 日从广东省湛江市雷州市采集到甘薯［*Dioscorea esculenta* (Lour.) Burkill］根结线虫病样，利用形态学特征和分子生物学方法对该样本线虫鉴定。形态鉴定特征：雌虫虫体膨大呈球形或梨形，口针细长，基部球发达，中食道球大且瓣门发达，呈近圆形；会阴花纹呈圆形或者椭圆形，线纹细且平缓，背弓高，无明显侧线，阴肛区无线纹。二龄幼虫头区略缢缩，口针细长，口针基部球突出小而圆，排泄孔位于中食道球后，尾细长呈锥形，透明尾明显，尾尖钝圆。结合 28S、IGS、rRNA 及 rDNA 序列分析和系统发育树等分子生物学方法，引物 MF/MR 扩增 28S rRNA D2D3 区的片段为 491 bp，基因登录号为 MZ158698，与来自中国广东（JN005864）的 *Meloidogyne enterolobii* 群体有 100%的同源性；引物 Me-F/Me-R 扩增 rDNA-IGS2 区的片段为 248 bp，基因登录号为 MZ229299，与来自斯里兰卡（KY551570）的 *Meloidogyne enterolobii* 有 100%的同源性，证实该群体线虫为象耳豆根结线虫 *Meloidogyne enterolobii*。本研究群体中雌虫、二龄幼虫体长、体宽和口针长度均明显长于甘薯象耳豆根结线虫福建群体（章淑玲等，2021），推测线虫虫体的大小可能与甘薯品种、气候条件等有关。

关键词：象耳豆根结线虫；甘薯；形态鉴定；分子鉴定

* 基金项目：国家现代农业产业技术体系广西创新团队（nycytxgxcxtd－10－04），广西自然科学基金重点项目（2020GXNSFDA297003）

** 第一作者：贾路明，在读研究生，研究方向为植物线虫病害及其防治；E-mail：932497173@ qq. com
*** 通信作者：吴海燕，教授，研究方向为植物线虫病害及其防治；E-mail：wuhy@ gxu. edu. cn

拟禾本科根结线虫的接种数量对水稻生长的影响*

陈伯昌** 罗 嫚 吴海燕***

（广西农业环境与农产品安全重点实验室，广西大学农学院，南宁 530004）

摘 要：拟禾本科根结线虫（*Meloidogyne graminicola*）是水稻上主要的病原线虫，由于其具有寄主范围广，生命周期短等特点而难以控制，明确影响水稻生长的线虫群体数量阈值对防控拟禾本科根结线虫具有指导意义。本研究以感病品种野香优9号水稻为供试材料，研究了接种不同数量的 *M. graminicola* 二龄幼虫（J2）对水稻生长的影响。分别在每株水稻接种0（CK）条，250条，500条，750条，1 000条，1 500条，2 000条J2后30 d，60 d，90 d对水稻的形态学指标和生理指标进行了测定，结果表明：当线虫接种数量为750条/株时，抑制水稻植株增高；接种数量为250条/株时，水稻的抽穗率和平均穗长显著降低；水稻的叶绿素含量和二氧化碳分压在接种500条线虫30 d后均显著降低，其余测定的光合参数没有受到显著影响；当接种500条线虫60 d后，所测光合参数均显著降低。

关键词：拟禾本科根结线虫；水稻；接种数量

* 基金项目：广西自然科学基金重点项目（2020GXNSFDA297003），公益性行业（农业）科研专项（201503114）

** 第一作者：陈伯昌，硕士研究生，研究方向为植物线虫病害及其防治；E-mail：15677802394@163.com

*** 通信作者：吴海燕，教授，研究方向为植物线虫病害及其防治；E-mail：wuhy@gxu.edu.cn

番茄接种南方根结线虫后取样时间对卵孵化影响*

陈　倩**　靖宝兴　吴海燕***
（广西农业环境与农产品安全重点实验室 广西大学农学院，南宁　530004）

摘　要：根结线虫病严重影响作物产量并造成经济损失，为有效控制根结线虫病发生，研究人员以根结线虫为研究对象开展大量试验研究。为了方便试验过程中准确采集根结线虫并获孵化率最高孵化速度最快的最佳时间，收集大量卵并缩短孵化时间，加快试验进程，本试验研究比较了番茄接种南方根结线虫后不同的取样时间的线虫卵的孵化率，采用随机取样的方法分别采取收集接种 28 d、30 d、32 d、34 d、36 d、38 d、40 d、42 d、44 d 的卵检测其孵化率。试验结果表明，根结线虫接种卵 28~38 d 的 15 d 累积孵化率均在 60%以上，其中，32d 接种后累积孵化率最高，达到 79.13%，40~42 d 累积孵化率下降。结果表明，接种 28 d、30 d、32 d、34 d、36 d、38 d、40 d、42 d、44 d 孵二龄幼虫数最高分别出现在孵化后第 9 d、11 d、9 d、8 d、7 d、9 d、8 d、6 d、7 d。因此，接种 32 d 第 8 d 最适合收集二龄幼虫。该研究结果对南方根结线虫研究及时确定采样和收集线虫时间有重要意义。

关键词：南方根结线虫；接种后天数；取样时间；孵化率

* 基金项目：国家现代农业产业技术体系广西创新团队（nycytxgxcxtd－10－04）；广西自然科学基金重点项目（2020GXNSFDA297003）

** 第一作者：陈倩，硕士研究生，研究方向为植物线虫病害及其防治；E-mail：1451208773@ qq. com
*** 通信作者：吴海燕，教授，研究方向为植物线虫病害及其防治；E-mail：wuhy@ gxu. edu. cn

Transcriptomic analysis of high-throughput sequencing about circular RNA under *Meloidogyne incognita* stress in tomato*

YANG Fan[1**] FAN Haiyan[1] ZHAO Di[2] WANG Yuanyuan[3]
ZHU Xiaofeng[1] LIU Xiaoyu[4] DUAN Yuxi[1] CHEN Lijie[1***]

(1. *College of Plant Protection*, *Shenyang Agriculture University*, *Shenyang* 110866, *China*;
2. *Analysis and Testing Center*, *Shenyang Agriculture University*, *Shenyang* 110866, *China*;
3. *College of Biotechnology*, *Shenyang Agriculture University*, *Shenyang* 110866, *China*;
4. *College of Science*, *Shenyang Agriculture University*, *Shenyang* 110866, *China*)

Abstract: Circular RNA (circRNA) are newly discovered endogenous non-coding RNA (ncRNA) that play key roles in microRNA function and transcriptional regulation. Though some circRNAs have been identified in human and some animals, their function in the interaction between tomato plants and pathogen is unknown or uncommented. The root-knot nematode (RKN) severely affects plant growth and productivity, but the gene regulation of circRNA between tomato and RKN is unclear. In this study, high-throughput sequencing was carried out to investigate the differential expression of circRNA and their biological functions in tomato inoculated with *Meloidogyne incognita*, then confirmed the expression of randomly selected RNAs with PCR and sequencing. The regulation network of circRNA was contructed constructed to predict the functions of these RNAs. Compared with the control group, 18 circRNAs were upregulated and 11 circRNAs were downregulated in tomato inoculated with *M. incognita*. The regulation network indicated that 9 circRNAs were found to act as sponges of the corresponding miRNA family, and the expression of SlMiIcircRNA8 and SlMiIcircRNA10 were correlated with miR6022 and miR6024 family expression. Gene ontology (GO) and Kyoto Encyclopedia of Genes and Genomes (KEGG) pathway enrichment analysis were performed to ascertain the biological function of significantly dysregulated genes. The expression of those circRNAs was detected by quantitative real-time PCR to identify the differences in the expression of those circRNAs. Comprehensive analysis indicated that the dysregulated circRNAs may be participate in the genesis and progression of the resistance of plants against *M. incognita*. Our results may therefore be valuable in detecting novel transcripts, discovering new biomarkers for the resistance of plants against *M. incognita* and expounding the pathogenic mechanisms of RKN disease.

Keyword: circRNA; *M. incognita*; tomato; high-throughput sequencing; gene regulation

---

* 基金项目：国家科技基础资源调查专项（2018FY100300）；辽宁省教育厅青年科技人才“育苗”项目（LSNQN201902）；辽宁省博士科研启动基金计划项目（2019-BS-210）

** 第一作者：杨帆，博士研究生，研究方向为植物线虫生物防治；E-mail：yangjingdong2333@163.com

*** 通信作者：陈立杰，教授，博士生导师，研究方向为植物线虫生物防治；E-mail chenlj-0210@syau.edu.cn

象耳豆根结线虫和南方根结线虫在 *Mi* 抗性番茄中的发育比较研究[*]

孙燕芳[**]　冯推紫　陈　园　裴月令　龙海波[***]

（中国热带农业科学院环境与植物保护研究所，海口　571101）

摘　要：为比较分析象耳豆根结线虫和南方根结线虫在抗感番茄品种仙客 1 号和红贵人中的侵染和发育动态差异，为防治根结线虫提供理论依据。使用水琼脂介质和盆栽接种的研究方法，通过对比分析番茄抗感品种根尖附近聚集的二龄幼虫（J2）数量来揭示两种根结线虫对番茄抗感品种根尖的趋向性，并利用根染色方法检测侵入番茄根系的线虫数量，对其侵染能力和发育进行比较。J2 趋向性实验结果显示，在相同时间点，仙客 1 号和红贵人根尖处附近聚集的象耳豆根结线虫总是显著多于南方根结线虫的 J2 数量，根染色检测线虫侵染和发育结果显示，在相同时间点，象耳豆根结线虫侵入番茄根系的数量相对南方根结线虫的更多。接种 1 天后，象耳豆根结线虫在仙客 1 号和红贵人根系内的侵染率分别为 14.4%和 15.6%，南方根结线虫在仙客 1 号和红贵人根系内的侵染率分别为 4.6%和 5.1%，接种 35 天后分别统计根上根结指数和繁殖率，象耳豆根结线虫在仙客 1 号和红贵人根上形成的根结指数分别为 4.0 和 5.0；南方根结线虫在仙客 1 号和红贵人根上形成的根结指数分别为 3.5 和 3.8，同时象耳豆根结线虫在番茄根内的发育速度较南方根结线虫快。

关键词：象耳豆根结线虫；南方根结线虫；染色；侵染率；根结指数；繁殖率

* 基金项目：中国热带农业科学院基本业务费专项（No. 1640042017024），农业农村部部门预算项目“粮经轮作模式关键技术优化提升与集成示范”

** 作者简介：孙燕芳，助理研究员，研究方向为生物防治；E-mail：syf18289369980@163.com

*** 通信作者：龙海波，副研究员，研究方向为线虫分子生物学；E-mail：longhb@catas.cn

大蒜茎线虫的定量检测法的开发和要防除水准的设计

成泽珺[1]　丰田刚已[2]　山下一夫[3]　青山理绘[3]
（1. 河南科技大学；2. 东京农工大学；3. 日本青森产业技术中心）

摘　要：马铃薯腐烂线虫（*Ditylenchus destructor*）作为主要病害一直威胁着日本青森县大蒜的生产。本研究的目的是：①设计其利用 real-time PCR 法来定量土壤，蒜外皮，以及蒜根中的该线虫密度。②探讨土壤、蒜根、蒜外皮中 *D. destructor* 密度与大蒜贮藏期间腐烂的关系。③开发一种更简单和更便宜的方法用于定量土壤中植物寄生线虫的密度，并证实其有效性。笔者制作的定量曲线中，接种线虫数的对数转化数（*x*）与相应的 Ct 值（*y*）呈高度相关性（土壤：R^2 = 0.997 3；蒜外皮：R^2 = 0.988 3）。笔者利用开发的检测方法，首先在 2016 年，种植时的初期土壤和收获时大蒜外皮中，*D. destructor* 密度呈现高度正的相关性，但 2017 年却没有。其次，当收获时根中的 *D. destructor* 密度低于 80 条/0.05 g 时，其外皮中的 *D. destructor* 密度同样较低。最后，大蒜经过贮藏后，当外皮中的 *D. destructor* 密度低于 300 条/0.05 g 时，未观察到任何腐败症状。这些结果表明，根和外皮中的线虫密度可以作为预测贮藏后大蒜腐败的一个很好的指标。之后，笔者又开发了一种更加简便，成本更低的土壤线虫定量方法，笔者分别接种大豆孢囊线虫（*Heteroderaglycines*）、马铃薯腐烂线虫（*D. destructor*）和根结线虫（*Meloidogyne incognita*）的土壤进行球磨处理，然后用磷酸盐缓冲液提取 DNA，用 real-time PCR 对目标线虫进行定量检测。该简易法提取 6 个样品的 DNA 只需 1 h，总耗材约 4.8 美元；而用常规法提取 1 个样品 DNA 需 3 h，耗材约 2 美元/样品。这些结果表明，笔者可以结合该土壤线虫简易定量法，检测种植初期的土壤病害线虫的密度，用来预测收获时的作物病害程度。

关键词：大豆孢囊线虫；马铃薯腐烂线虫；根结线虫；定量检测

象耳豆根结线虫效应蛋白基因 *Me-cm-1* 的克隆及功能分析*

冯推紫** 龙海波*** 陈 园 裴月令 孙燕芳
（中国热带农业科学院环境与植物保护研究所，海口 571101）

摘　要：象耳豆根结线虫（*Meloidogyne enterolobii*）是近些年引起广泛关注和重视的一个热带根结线虫新种，在亚洲、非洲、欧洲以及北美热带和亚热带地区均有发生分布，该线虫也是为害我国华南热带作物的重要根结线虫种类。本研究对象耳豆根结线虫二龄幼虫转录组数据库进行生物信息学分析，在其基因组中成功克隆了 1 个分支酸变位酶（chorismate mutase）编码基因 *Me-cm-1*，cDNA 全长为 576bp，预测编码含 191 个氨基酸的蛋白质，分子量大小为 22.1 kDa。原位杂交显示 *Me-cm-1* 在 *M. enterolobii* 二龄幼虫的亚腹食道腺细胞特异表达，且 Me-CM-1 蛋白序列氨基端具有信号肽序列，表明 Me-CM-1 是一种典型的效应蛋白，能够在线虫寄生过程中通过口针分泌到寄主植物体内。利用 RT-PCR 分析 *Me-cm-1* 在 *M. enterolobii* 不同发育期的表达量，结果表明 *Me-cm-1* 基因在二龄幼虫时期的相对表达量最高，而三龄/四龄时期以及雌成虫期表达量呈下降趋势，卵期表达量最低，推测 Me-cm-1 主要在象耳豆根结线虫寄生早期阶段起作用。利用离体 RNAi 浸泡法和病毒介导的活体 RNAi 干扰技术，对象耳豆根结线虫的 *Me-cm-1* 基因进行了诱导沉默，与 *Me-cm-1* 基因正常表达的二龄幼虫相比，*Me-cm-1* 基因下调表达可使二龄幼虫对烟草侵染活力下降约 70%，同时接种后寄主植物形成的根结数量和产卵数量均有明显下降。根据以上研究结果，可以推测 Me-CM-1 蛋白在 *M. enterolobii* 的寄生过程中具有重要作用。

关键词：效应子；亚细胞定位；原位杂交；RNA 干扰

---

* 基金项目：海南省自然科学基金（319QN272）
** 第一作者：冯推紫，研究方向为植物寄生线虫学；E-mail：371112544@ qq. com
*** 通信作者：龙海波；E-mail：longhb@ catas. cn

河南开封水稻叶部一种植物线虫的种类鉴定*

夏艳辉** 胡瑶君 孙梦茹 郝鹏辉 毕亚宁 王 珂 李洪连 李 宇***

（河南农业大学植物保护学院，小麦玉米作物学国家重点实验室，郑州 450002）

摘　要：水稻干尖线虫是一种重要的植物病原线虫，世界范围内分布广泛且危害巨大，在我国多个省份的水稻种植区皆有发生。本文旨在明确河南省开封市祥符区部分水稻长势弱，叶尖表现灰白干枯、扭曲干尖等症状的病因，为进一步研究水稻上该病害的发生危害规律和防治提供科学依据。本研究通过改良贝尔曼漏斗法和直接浸泡法分离采集水稻地上部的线虫，挑取单条雌虫在胡萝卜愈伤组织上进行单雌扩繁，采用形态学和分子生物学相结合的方法对纯化培养的水稻线虫 KF-1 种群进行了种类鉴定。形态学结果表明待鉴定线虫与水稻干尖线虫（*Aphelenchoides besseyi* Christie，1942）的形态特征基本一致。rDNA 的 ITS 和 28S D2-D3 区序列比对结果表明，待鉴定线虫与 GenBank 中水稻干尖线虫序列具有高度相似性，最高分别达到 100%和 99%。基于 rDNA-ITS 和 28S D2-D3 区序列构建的系统进化树结果与已知鉴定结果相一致，待鉴定线虫与其他水稻干尖种群位于同一高度支持的分支。通过形态学和分子鉴定，确定了造成河南开封市祥符区部分水稻叶尖干枯的病原线虫种类为水稻干尖线虫，这是河南东部地区开封首次发现该线虫的发生为害，应采取相应措施避免该线虫病害的进一步扩散蔓延。

关键词：水稻；水稻干尖线虫；形态特征；分子鉴定；系统进化树

---

* 基金项目：河南省重点研发与推广专项（科技攻关）项目（202102110225）；河南省高等学校重点科研项目（21B210003）

** 第一作者：夏艳辉，硕士研究生，研究方向为植物病原线虫学；E-mail：xia15993240140@163.com

*** 通信作者：李宇，博士，副教授，研究方向为植物病原线虫学；E-mail：liyuzhibao@henau.edu.cn

湖南水稻种植区拟禾本科根结线虫寄主调查*

欧平武[1**]　吕　军[2]　邱立新[2]　李奔奔[2]　李新文[3]　叶　姗[1]　丁　中[1***]

（1. 湖南农业大学植物保护学院，长沙　410128；2. 湖南省平江县植保植检站，岳阳　414500；3. 湖南省植保植检站，长沙　410006）

摘　要：拟禾本科根结线虫（*Meloidogyne graminicola*）是一种严重为害水稻的植物病原线虫，可导致水稻根结线虫病。该线虫繁殖快、寄主广，受害水稻长势变弱且产量下降，严重时可使水稻减产高达80%。随着全球气候变化及水稻耕作制度的改变，该线虫病害在湖南稻区呈逐年扩展蔓延并加重的趋势。由于作物的轮作和布局与根结线虫的寄主范围密切相关，国外曾调查了拟禾本科根结线虫的寄主范围，发现该线虫寄主范围广，可侵染禾本科、十字花科、豆科、茄科等9个科19个属90多种植物。同时也发现该线虫在不同国家和地区的寄主范围有一定的差异。进一步明确侵染水稻的拟禾本科根结线虫的寄主范围，对于该病的综合治理具有重要的理论和实践意义。

本研究采用田间调查、室内盆栽接种，测定了拟禾本科根结线虫的寄主植物。田间调查结果表明，禾本科稗草（*Echinochloa crusgalli*）、狗尾草（*Setaria viridis*）、千金子（*Leptochloa chinensis*）、双穗雀稗（*Paspalum paspaloides*）、菵草（*Beckmannia syzigachne*），莎草科莎草（*Cyperus rotundus*）、飘拂草（*Fimbristylis dichotoma*），菊科石胡荽（*Centipedaminima*），玄参科母草（*Lindernia crustacea*），毛茛科石龙芮（*Ranunculus sceleratus*），柳叶菜科丁香蓼（*Ludwigia prostrata*），苋科莲子草（*Alternanthera sessillis*），大戟科叶下珠（*Phyllanthus urinaria*）等杂草是拟禾本科根结线虫的寄主。室内接种2龄幼虫测试了水稻根结线虫与26种经济作物的关系，结果表明，紫甘蓝（*Brassica oleracea*）、红菜苔（*Brassicarapa*）、茼蒿（*Chrysanthemum coronarium*）、韭菜（*Allium tuberosum*）、香菜（*Coriandrum sativum*）、空心菜（*Ipomoea aquatica*）、茄子（*Solanum melongena*）等7种作物为其寄主；小白菜（Brassica campestris）、大蒜（*Allium sativum*）、葱（*Allium fistulosum*）、胡萝卜（*Daucus carota*）、大豆（*Glycine max*）等6种作物为其弱寄主；而刀豆（*Canavalia gladiata*）、花生（*Arachis hypogaea*）、甘薯（*Dioscorea esculenta*）、番茄（*Lycopersicon esculentum*）、辣椒（*Capsicum annuum*）、丝瓜（*Luffa cylindrica*）等13种作物为其非寄主。

关键词：水稻；拟禾本科根结线虫；寄主范围；调查

---

* 基金项目：湖南省植保植检站植物防疫防控科研项目（HNZB202003）

** 第一作者：欧平武，硕士生，研究方向为植物线虫病害

*** 通信作者：丁中，博士，教授，研究方向为植物线虫学；E-mail：dingzh@hunau.net

贵州马铃薯孢囊线虫定殖真菌多样性*

张馨月[1**]　江兆春[2]　张　会[1]　白　青[1]　甘秀海[3]　杨再福[1***]

（1. 贵州大学农学院，贵阳　550025；2. 贵州省植保植检站，贵阳　550001；
3. 贵州大学精细化工研究开发中心，贵阳　550025）

摘　要：马铃薯孢囊线虫是马铃薯上重要的植物线虫，2018—2019 年在贵州赫章县和威宁县发现该线虫，筛选和利用线虫生防菌对防治该线虫具有重要的意义。项目组从贵州省威宁县和赫章县不同地点采集马铃薯根际土壤，通过简单漂浮法分离获得孢囊，经表面消毒后对定殖真菌进行分离和纯化，并对获得的菌株进行初步鉴定，同时统计分离率。本研究从 800 个孢囊中分离到定殖真菌共 397 株，基于形态学观察和 ITS 测序比对，归为 30 个属，其中镰刀菌属（*Fusarium*）245 株，分离率高达 61.71%；其次为青霉属（*Penicillium*）共计 86 株，分离率为 21.66%；其余分到多个菌株的分别归属于 *Edenia*、被孢霉属（*Mortierella*）、犁头霉属（*Absidia*）、木霉属（*Trichoderma*）、毛壳菌属（*Chaetomium*）和 *Paraphaeosphaeria*，剩余 22 个属均只获得 1~2 个菌株。研究结果表明，贵州马铃薯孢囊线虫定殖真菌种类繁多，具有较好的多样性，本研究丰富了我国孢囊线虫定殖真菌资源库，同时也为下一步该线虫的生物防治奠定基础。

关键词：马铃薯孢囊线虫；定殖真菌；多样性

---

* 基金项目：贵州省植保植检站农服项目；贵州省植物病理学科科技创新人才团队（黔科合平台人才〔2020〕5001）

** 第一作者：张馨月，硕士研究生，研究方向为植物病理学；E-mail：1213505975@ qq. com

*** 通信作者：杨再福，博士，研究方向为植物线虫检测与防控；E-mail：zfyang@ gzu. edu. cn

第六部分
抗病性

基于小豆转录组的 SSR 分子标记开发*

冷　森　张明媛　苑梦琦　滑艳敏　徐晓丹**　柯希望　殷丽华　左豫虎**
（黑龙江八一农垦大学，国家杂粮工程技术研究中心，黑龙江省作物-有害生物互作生物学及生态防控重点实验室，大庆　163319）

摘　要：小豆（*Vigna angularis*）是重要的杂粮作物，其分子标记辅助育种进展缓慢，主要原因是小豆的分子标记开发数量有限。本研究通过分析小豆转录组测序数据，开发并验证 SSR（Simple Sequence Repeat）分子标记。结果显示，共检测出 3 215 个 SSR 分子标记，分布在 2 785 个序列上，占测序序列总数的 10.4%。SSR 分子标记中，重复基序的主要类型为单核苷酸重复、二核苷酸重复和三核苷酸重复，分别占 SSR 分子标记总数的 41.8%、28.9%和 27.3%。预测的 SSR 分子标记中，1986 个标记可以定位在小豆染色体上，其中 1515 个标记可以成功设计引物。从小豆 11 条染色体上随机选取 132 个 SSR 分子标记，进行标记有效性验证，发现有效扩增标记为 119 个，有效率为 90.2%。选取 50 个 SSR 分子标记在 6 份具有表型差异的小豆品种上进行多态性筛选，获得 6 个多态性标记。采用这 6 个多态性标记对供试 36 份小豆种质进行遗传多样性分析，可以将小豆材料分为 4 个类群。研究开发的小豆 SSR 分子标记，将为小豆的种质资源鉴定、遗传多样性分析以及小豆优良性状基因定位提供依据。

关键词：小豆；转录组；SSR 分子标记；遗传多样性

* 基金项目：黑龙江省应用技术研究与开发计划（GA19B104）；黑龙江省“杂粮生产与加工”优势特色学科建设项目；黑龙江八一农垦大学校内培育资助计划（2031011068）

** 通信作者：徐晓丹，讲师，研究方向为植物抗病性遗传；E-mail：xxdalice@ 163. com
左豫虎，教授，研究方向为植物病理学；E-mail：zuoyhu@ 163. com

小豆 Dirigent 基因家族鉴定及其应答锈菌侵染的表达模式分析*

苑梦琦 冷 淼 滑艳敏 柯希望 徐晓丹 殷丽华 左豫虎**

（黑龙江八一农垦大学，国家杂粮工程技术研究中心，黑龙江省作物—有害生物互作生物学及生态防控重点实验室，大庆 163319）

摘 要：小豆（*Vigna angularis*）是我国重要的杂粮作物，因其耐瘠薄、耐旱和土壤固氮等特性，在农业种植业结构调整中占据重要地位。然而，由豇豆单胞锈菌（*Uromyces vignae*）引起的小豆锈病在我国各小豆种植区普遍发生，该病发生严重时会导致叶片提前脱落，植株早衰，甚至绝产。培育和利用抗病品种，是防治小豆锈病最为经济有效的措施。因此，挖掘小豆抗锈病基因，解析小豆抗锈病的分子机理，是当前小豆中亟须解决的关键问题。

Dirigent（DIR）基因家族是一类可被植物病原体诱导表达的蛋白，该家族成员含有典型的Dirigent 保守结构域，通过调控植物木质素和木脂素的合成在植物应对生物和非生物胁迫过程中发挥重要作用。课题组前期利用蛋白质组学技术分析发现，小豆高抗品种中多个 DIR 蛋白在接种后不同时间均显著上调，推测该蛋白在小豆抗锈病中发挥重要作用。为深入探索小豆中编码该蛋白的 DIR 基因在抗锈病中的功能，本研究采用生物信息学方法，从全基因组水平对小豆 DIR 基因家族（*VaDIRs*）进行鉴定，结果表明，小豆基因组中共有 *VaDIRs* 成员 33 个，其中 29 个成员分别定位在 8 条不同染色体上，依据染色体定位将 *VaDIRs* 分别命名为 *VaDIR*1～33。系统进化分析表明，*VaDIRs* 包括 DIR-a（$n=6$）、DIR-b/d（$n=17$）、DIR-e（$n=6$）和 DIR-f（$n=4$）4 个亚类，其中仅 *VaDIR*7 和 *VaDIR*19 具内含子。对 *VaDIRs* 成员启动子区顺式作用元件的分析发现，*VaDIRs* 启动子区均包含激素、病原体应答等元件，暗示 *VaDIRs* 可能在小豆应答生物胁迫过程中发挥作用。进一步以高抗和高感品种为材料，应用 qRT-PCR 技术分析了锈菌侵染对 *VaDIRs* 表达的影响，结果发现 23 个 *VaDIRs* 在病菌侵染过程中不同程度表达。其中 *VaDIR*6、*VaDIR*10、*VaDIR*16 和 *VaDIR*33 等基因在抗病品种中受锈菌侵染的诱导显著上调表达，且整体表达水平高于感病品种。此外，抗病品种中 *VaDIR*6 和 *VaDIR*10 于接种后 12 h、24 h、48 h 和 120 h 显著上调，*VaDIR*16 在接种后 12 h、24 h 和 192 h 表达量显著升高，*VaDIR*33 则在整个侵染过程中始终维持较高表达水平。上述结果表明，*VaDIRs* 成员受锈菌侵染被诱导表达，暗示该基因家族成员在小豆抗锈病中发挥重要作用，研究结果将为深入解析小豆抗锈病分子机理奠定基础。

关键词：小豆；豇豆单胞锈菌；基因家族；抗病机理

---

* 基金项目：黑龙江省应用技术研究与开发计划（GA19B104）；黑龙江省自然科学基金（YQ2020C034）；黑龙江省“杂粮生产与加工”优势特色学科建设项目

** 通信作者：左豫虎，教授，研究方向为植物病理学方向；E-mail：zuoyhu@163.com

1-氨基环丙烷羧酸诱导小豆抗锈病机理的初步研究*

滑艳敏 苑梦琦 张明媛 柯希望 徐晓丹 殷丽华 左豫虎**
（黑龙江八一农垦大学，国家杂粮工程技术研究中心，黑龙江省作物-有害生物互作生物学及生态防控重点实验室，大庆 163319）

摘 要：植物激素乙烯的生物合成前体1-氨基环丙烷羧酸（ACC）在植物抗逆中发挥重要作用，前期研究表明，外源ACC可显著提高小豆的抗锈性，但其诱导小豆抗锈病的机理仍不明确。因此，本研究以感病小豆品种“宝清红”（BQH）为材料，采用叶面喷施0.25 mg/mL ACC激发处理小豆真叶，处理后48 h对真叶挑战接种锈菌夏孢子，并于接种后不同时间取样，利用实时荧光定量PCR技术，分析ACC处理并接种锈菌后，乙烯信号通路相关基因（*EIN*2、*EIN*3、*ERF*2、*ERF*5）及防卫反应基因（*NPR*1、*PR*2、*PR*4）响应锈菌侵染的表达模式。结果表明，ACC激发处理可显著提高小豆对锈病的抗性，与无菌水处理相比，病情指数下降了45.06%。接种后24 h开始，乙烯信号通路核心正调节因子*EIN*2和*EIN*3的表达即被显著抑制，且在整个侵染过程中表达水平均显著低于水处理接种的对照。乙烯信号通路下游应答转录因子*ERF*2和*ERF*5的表达量也于接种锈菌后显著下调。表达分析表明，ACC处理显著诱导防卫反应相关基因*NPR*1、*PR*2和*PR*4的表达，其中*NPR*1和*PR*4自接种后24 h即显著上调，随后虽有所下降，但仍维持较高水平并显著高于水处理接种的对照，*PR*2则自接种后0 h（ACC激发处理后48 h）开始显著上调，至接种后24 h达到峰值，随后下降，但仍显著高于水处理接种的对照。

上述结果表明，外源ACC诱导的小豆抗锈性提高不依赖乙烯信号通路，但其诱导抗性与*NPR*1、*PR*2及*PR*4等防卫反应基因的激活密切相关，本研究为深入解析ACC诱导植物免疫的分子机制提供了重要参考。

关键词：小豆；乙烯；诱导抗性；病程相关蛋白

---

* 基金项目：黑龙江省普通本科高等学校青年创新人才培养计划（UNPYSCT-2016201、UNPYSCT-2017113）；黑龙江八一农垦大学自然科学人才支持计划（ZRCQC201901）；杂粮特色学科建设项目

** 通信作者：左豫虎，教授，研究方向为植物病理学方向；E-mail：zuoyhu@163.com

47个小麦品种抗叶锈性鉴定*

郝晓宇[1**]　房小力[1]　张文朝[1]　邢红霞[2]　王玉芹[3]
陈　琦[4]　陈先林[5]　闫红飞[1***]　刘大群[1***]

（1. 河北农业大学植物保护学院，国家北方山区农业工程技术研究中心，河北省农作物病虫害生物防治工程技术研究中心，保定　071000；2. 邯郸市永年区农业农村局种子，邯郸　056000；3. 河北科技报社，河北省科学技术传播中心，石家庄　050000；4. 河北省种子总站，石家庄　050000；5. 邢台市信都区国有长信林场，邢台　054000）

摘　要：小麦叶锈病是由小麦叶锈菌（*Puccinia triticina*）引起的真菌病害，是世界上分布范围最广的病害之一。且随着全球温度的变暖，合适的环境条件更利于叶锈病的发生与流行，选育和利用抗病品种是防治小麦叶锈病最经济、有效、环保的途径。本试验利用具有强致病性的3个小麦叶锈菌菌株PHTT、THTT、THTS对47个收集的小麦品种进行了苗期和成株期抗性鉴定。3个小麦叶锈菌菌株分别接种进行苗期鉴定，再利用3个小麦叶锈菌的混合菌种制作孢子悬浮液进行成株期接菌，待其充分发病后根据Roelfs的鉴定标准对供试品种进行抗性鉴定。结果发现，供试品种中，苗期抗性品种少，中麦4072对PHTT表现抗性，藁优2018对PHTT、THTT表现抗性，其余品种对3个小种均表现感病；在成株期，藁优2018表现近免疫，邢麦7号等9个品种表现高抗，石4366等两个品种表现中抗，其余35个品种均表现感病。以上结果表明，47个小麦品种中仅部分品种表现出较好的成株抗性，抗锈性水平较好的为藁优2018，该品种可能含有成株期抗叶锈基因。此外，该品种为优质麦品种，本研究结果为优质麦抗病育种提供新抗源。

关键词：小麦叶锈病；苗期抗性；成株期抗性

* 基金项目：河北省现代农业产业技术体系创新团队项目（HBCT 2018010204）

** 第一作者：郝晓宇，硕士研究生，研究方向为分子植物病理学相关；E-mail：1107506791@ qq. com

*** 通信作者：闫红飞，教授，硕士生导师，研究方向为植物病害防治与分子植物病理学；E-mail：hongfeiyan2006@ 163. com
刘大群，教授，博士生导师，研究方向为植物病害防治与分子植物病理学；E-mail：ldq@ hebau. edu. cn

58 个小麦品系抗叶锈基因鉴定及基因推导

王佳荣 张梦宇 高 璞 张培培 李在峰 刘大群
（河北农业大学植物保护学院植物病理学系小麦叶锈病研究中心，河北省农作物
病虫害生物防治技术创新中心，国家北方山区农业工程技术研究中心，保定 071000）

摘 要：小麦叶锈病是危害小麦产量的一种全球性病害，由小麦叶锈菌（*Puccinia triticina*）侵染引起，该病害可通过气流进行远距离传播。结合基因推导、分子标记检测和系谱分析对 58 份小麦材料进行抗叶锈病基因鉴定，在苗期对 36 个已知抗病基因载体品种和供试的 58 份小麦材料接种 17 个具有毒性差异的叶锈菌生理小种，通过对比供试小麦材料与已知单基因载体品种的侵染型，推导出供试小麦材料中可能携带的已知抗叶锈病基因。利用 12 个与已知抗病基因紧密连锁的引物对供试小麦材料进行分子标记检测，将得到的标记检测结果与基因推导结果相互验证。由苗期鉴定结果分析及分子鉴定结果得知，9 个供试小麦材料中含有 *Lr*1，9 个供试小麦材料中含有 *Lr*10，11 个供试小麦材料中可能含有 *Lr*11，3 个供试小麦材料中可能含有 *Lr*14*a*，4 个供试小麦材料中含有 *Lr*15，5 个供试小麦材料中含有 *Lr*26，10 个供试小麦材料中含有成株慢锈基因 *Lr*34，23 个供试小麦材料中含有成株抗性基因 *Lr*37，57 个供试小麦材料中含有成株慢锈基因 *Lr*46。

关键词：小麦叶锈病；基因推导；成株抗叶锈性；分子标记检测

番茄 CML30 负调控病毒和疫霉的侵染*

温玉霞[1**]　张　坚[1]　刘昌云[1]　汪代斌[2]　冉　茂[2]
陈海涛[2]　徐　宸[2]　樊光进[1]　孙现超[1***]
(1. 西南大学植物保护学院，重庆　400716；
2. 中国烟草公司重庆市公司烟草科学研究所，重庆　400716)

摘　要：番茄是世界上栽培广泛的蔬菜作物之一，被消费者广泛喜爱，但在生产上却容易遭受病毒病的侵染，严重影响了番茄的产量和品质。虽然在番茄种植中可以通过农业、物理和化学等方法来防治番茄病毒病的发生，但很难从根本上解决问题。因此，鉴定和克隆新的抗病基因，对番茄病毒病的防治具有重要意义。笔者用 NbCML30 的氨基酸序列在番茄全基因组中进行 Blastp 检索，鉴定到了一个 NbCML30 的同源基因，命名为 SlCML30。通过 qRT-PCR 发现 SlCML30 在番茄的根中表达量最高，之后依次为花、叶和茎，表达量最低的是番茄果实。并且外施 MeSA、MeJA 和 ETH 后均能在不同程度上抑制 SlCML30 的表达。并且融合了 SlCML30 的 eGFP 绿色荧光定位在质膜及细胞核上。利用 VIGS 技术进行番茄中 SlCML30 的系统沉默，发现沉默植株中病毒和辣椒疫霉的侵染更加严重，表明 SlCML30 在植物免疫中起负调控作用。

关键词：番茄；CML30；负调控；烟草花叶病毒；辣椒疫霉

---

* 基金项目：国家自然科学基金（31870147）；中国烟草公司重庆市公司科技项目（A20201NY02-1306，B20212NY2312，B20211-NY1315）

** 作者简介：温玉霞，硕士研究生，研究方向为植物病理学

*** 通信作者：孙现超，博士，教授，博士生导师，研究方向为植物病毒学及植物病害防控；E-mail：sunxianchao@163.com

转录组学分析锌诱导本氏烟对于烟草花叶病毒的抗性研究*

王　靖[1**]　邹艾洪[1]　向顺雨[1]　温玉霞[1]　汪代斌[2]
冉　茂[2]　陈海涛[2]　徐　宸[2]　孙现超[1***]
（1. 西南大学植物保护学院，重庆　400716；
2. 中国烟草公司重庆市公司烟草科学研究所，重庆　400716）

摘　要：锌作为参与植物生长发育过程中必不可少的元素参与多种植物生理生化过程，对植物补充适量的锌有助于促进植物生长及增强植株应对外界胁迫的能力。本研究发现在对本氏烟喷施乙酸锌后能够有效延缓 TMV 的侵染情况，因此选取了预处理了 44 μg/mL 乙酸锌溶液 3 d 和清水处理 3 d 的本氏烟各 3 个样本为研究对象，进行了 RNA-Seq 分析。GO 功能显著性富集分析发现差异表达基因主要与代谢过程，细胞过程，刺激响应，催化活性，绑定相关。KEGG 富集分析表明，差异表达基因主要富集于磷脂酰肌醇信号、磷酸肌醇代谢、RNA 降解、RNA 转运等信号途径。此外，通过分析植物激素信号转导通路、植物-病原互作通路发现，在预处理 3 d 乙酸锌后，在植物病原互作通路中与 PTI 相关的类钙调蛋白家族（CMLs）上调表达。在植物激素信号转导途径中生长素、乙烯、茉莉酸相关基因均差异表达，且在差异表达基因富集的三类激素中均有响应该通路的受体基因差异表达。本研究通过高通量测序技术，阐明了在适量锌离子存在的情况下本氏烟的转录水平差异，初步筛选了由锌介导的植物抗性的潜在靶点，为植物营养免疫调控提供理论依据。

关键词：锌；抗病毒活性；PTI；植物激素

---

* 基金项目：国家自然科学基金（31870147）；中国烟草公司重庆市公司科技项目（A20201NY02-1306，B20212NY2312，B20211-NY1315）

** 作者简介：王靖，硕士研究生，研究方向为植物病理学

*** 通信作者：孙现超，博士，教授，博士生导师，研究方向为植物病毒学及植物病害防控；E-mail：sunxianchao@163.com

基于转录组分析番茄 SYTA 可能参与的信号通路*

田绍锐[1**]　罗　可[1]　孙　偲[1]　樊光进[1]　汪代斌[2]
冉　茂[2]　陈海涛[2]　徐　宸[2]　孙现超[1***]
（1. 西南大学植物保护学院，重庆　400716；
2. 中国烟草公司重庆市公司烟草科学研究所，重庆　400716）

摘　要：Synaptotagmin 是一种膜转运蛋白，广泛存在于内分泌及神经细胞上。它是囊泡细胞融合过程中的 Ca^{2+} 感受器，在蛋白质及膜转运过程扮演着重要的作用，并且在植物拟南芥中发现了该家族的 6 种亚型，命名为 SYTA-F，同时有文献报道其在病毒侵入植物细胞的过程中扮演着重要角色。本实验室前期研究结果表明，通过酵母双杂交实验证明了 S.l SYTA 与 Fd I 以及 DCL 存在互作关系，同时在 S.l SYTA 异源过表达转基因本氏烟中，发现 S.l SYTA 与 Fd I 以及 DCL 在表达量上呈现一定的规律，本实验将继续围绕三者间蛋白的互作以及表达影响进行下一步探究实验。为探求 S.l SYTA 可能参与的植物防御信号途径，笔者对 S.l SYTA 转基因本氏烟进行了转录组测序，并进行了数据分析，分别从植物病原体互作通路以及植物 MAPK（Mitogen-activated protein kinase）信号通路途径中筛选到两个抗病的重要相关基因 WRKY 43 以及 TMV resistance N-like，认为其在病毒侵染植物的过程中具有潜在的重要作用，通过病毒介导的沉默载体 TRV：WRKY43 和 TRV：TMV resistance N-like 对本氏烟进行基因沉默，基因沉默后的本氏烟接种 TMV 后 3 d、5 d、7 d 用手持 UV 等观察荧光移动情况，观察结果显示，WRKY43 基因沉默植株相较于对照组，TMV-GFP 在 3 d 没有表现出明显差异，在 5 d 和 7 d，可以看到略快于对照组，表明 WRKY43 基因在抗病方面有一定的抑制作用，而 TMV resistance N-like 基因沉默植株相较于对照组在 3 d 没有明显差异，在 5 d 和 7 d 可以看出明显快于对照组，表明该基因在抗病方面的效果较为明显。

关键词：番茄；SYTA；信号通路；WRKY43；TMV resistance N-like

---

* 基金项目：国家自然科学基金（31870147）；中国烟草公司重庆市公司科技项目（A20201NY02-1306，B20212NY2312，B20211-NY1315）
** 作者简介：田绍锐，硕士研究生，研究方向为植物病理学
*** 通信作者：孙现超，博士，教授，博士生导师，研究方向为植物病毒学及植物病害防控；E-mail：sunxianchao@163. com

Antimicrobial mechanisms of g-C3N4 nanosheets against the oomycetes *Phytophthora capsici*: disrupting metabolism and membrane structures and inhibiting vegetative and reproductive growth*

CAI Lin[1**]　WEI Xuefeng[1]　FENG Hui[1]　FAN Guangjin[1]　GAO Changdan[1]
WANG Daibin[2]　RAN Mao[2]　XU Chen[2]　XU Xiaohong[2]　SUN Xianchao[1***]
(1. *College of Plant Protection*, *Southwest University*, *Chongqing* 400716, *China*;
2. *Chongqing Tobacco Science Research Institute*, *Chongqing*, 400716, *China*)

Abstract: To understand the potential of urea - synthesized g - C3N4 nanosheets (0.125 ~ 1 mg/mL) as antimicrobial agents against oomycetes, an investigation of the interaction mechanism between g-C3N4 nanosheets and *Phytophthora capsici* was conducted. Transcription analysis showed that after being exposed to g-C3N4 nanosheets for 1 h, *P. capsici* triggered a sharp upregulation of antioxidant activities and structural constituents and a downregulation of metabolic pathways, including ATP generation, autophagy disruption, membrane system disorders and other complex adaptive processes. All the life stages of *P. capsici*, including mycelial growth, sporangium formation, zoospore numbers and zoospore germination were remarkably inhibited and even injured. A mutual mechanism is proposed in this work: ROS stress upon exposure to visible irradiation and, combined with their sharp nanosheet structure, cause perturbations of the cell membrane and induce damage to the ultrastructure of mycelial growth, sporangium and zoospores. Given that the antimicrobial action of g - C3N4 nanosheets were derived from the damage throughout the duration of treatment and was not limited to a single target, these complex mechanisms could favor the avoidance of drug resistance and benefit other oomycetes management. More importantly, in addition to restraining *P. capsici* infection in host plants, g-C3N4 nanosheets promoted pepper plant growth. Hence, g-C3N4 nanosheets have potential as a new non-metal antimicrobial agent to control oomycotal disease in crops.

Key words: g-C3N4 nanosheets; Antimicrobial mechanisms; *Phytophthora capsici*; Transcription analysis

---

* 基金项目：国家自然科学基金（31870147）；中国烟草公司重庆市公司科技项目（A20201NY02-1306，B20212NY2312，B20211-NY1315）

** 作者简介：蔡璘，博士研究生，研究方向为植物病理学
*** 通信作者：孙现超，博士，教授，博士生导师，研究方向为植物病毒学及植物病害防控；E-mail：sunxianchao@163.com

Fe_3O_4 nanoparticles elicit athe defense response in *Nicotiana benthamiana* against TMV by activating salicylate-dependent signaling pathways*

CAI Lin[1**] LIU Changyun[1] GAO Changdan[1] FENG Hui[1] Fan Guangjin[1] WANG Daibin[2] RAN Mao[2] XU Chen[2] XU Xiaohong[2] SUN Xianchao[1***]

(1. *College of Plant Protection*, *Southwest University*, *Chongqing* 400716, *China*;

2. *Chongqing Tobacco Science Research Institute*, *Chongqing* 400716, *China*)

Abstract: Control of plant pathogens can be realized by improving plant systemic resistance or direct antimicrobial activity against the pathogen. The nanoparticles were employed as a new strategy to directly kill pathogens (bacteria and fungus) and to act as nanofertilizers to facilitate plant growth. However, the improving the capabilities of the plant defense by nanoparticles against viruses towards plants are poorly understood. Here, we developed nanoparticles as new plant immune inducer against virus in agriculture and systematically investigated the plant resistance to attack by tobacco mosaic virus (TMV) triggered by treating plants with Fe_3O_4 nanoparticles (Fe_3O_4NPs). Interestingly, the antiviral action of Fe_3O_4NPs is mainly due to the regulation of plant cell signaling pathways by the NPs. Specifically, by foliar spraying, Fe_3O_4NPs were able to enter the leaf cells, reaching inside or near chloroplasts and were transported and accumulated throughout the whole plant tissue. The Fe_3O_4NPs increased the plant dry weight and fresh weight, activated plant antioxidants, and upregulated SA synthesis and the expression of the SA-responsive PR genes (PR1 and PR2), which finally enhanced the plant disease-resistance ability against TMV. Meanwhile, the TMV particles were partly aggregated and fractured after pretreatment with the NPs in vitro for 2 h. However, there was no significant difference between the NPs and the control group in the ability of the virus to colonize in the plant at 7 dpi after inoculating the pretreated TMV mixtures onto tobacco leaves. These results suggest that the difference in the two outcomes was attributed to foliar spraying of Fe_3O_4NPs before TMV infection, which induced plant resistance. In contrast, TMV inactivation by NPs was insufficient to prevent viral replication and accumulation in the host plant. Altogether, Fe_3O_4NPs, are a novel, promising, efficient and candidate resistance inducer for plants, which broadens the avenues for researching and applying NPs in the fight against plant diseases.

Key words: Fe_3O_4NPs; Disease-resistance ability; TMV

---

* 基金项目：国家自然科学基金（31870147）；中国烟草公司重庆市公司科技项目（A20201NY02-1306，B20212NY2312，B20211-NY1315）

** 作者简介：蔡璘，博士研究生，研究方向为植物病理学

*** 通信作者：孙现超，博士，教授，博士生导师，研究方向为植物病毒学及植物病害防控；E-mail：sunxianchao@163.com

The photocatalytic antibacterial molecular mechanisms towards *Pseudomonas syringae* pv. *tabaci* by g-C3N4 nanosheets: Insights from the cytomembrane, biofilm and motility disrupting*

CAI Lin[1**] JIA Huanyu[1] HE Lanying[1] WEI Xuefeng[1] FENG Hui[1] FAN Guangjin[1] MA Xiaozhou[1] MA Guanhua[1] WANG Daibin[2] XU Chen[2] XU Xiaohong[2] RAN Mao[2] SUN Xianchao[1***]

(1. *College of Plant Protection*, *Southwest University*, *Chongqing* 400716, *China*;
2. *Chongqing Tobacco Science Research Institute*, *Chongqing*, 400716, *China*)

Abstract: Antibacterial photocatalytic therapy has been employed as a promising strategy to combat antibiotic - resistant bacteria in water disinfection field, especially some non - metal inorganic nanomaterials. However, their antibacterial activities on plant phytopathogens are poorly understood. Here, the photocatalytic antibacterial mechanism of the urea - synthesized g - C3N4 nanosheets against *Pseudomonas syringae* pv. tabaci was systematically investigated in vitro and in vivo. The g-C3N4 nanosheets exhibited remarkable concentration-dependent and irradiation-time-dependent antibacterial properties, and the 0.5 mg/mL concentration ameliorated tobacco wildfire disease in host plants. Specifically, under visible irradiation, g-C3N4 nanosheets produced numerous reactive oxygen species (ROS), supplementing the plentiful extracellular and intracellular ROS in bacteria. After exposing light-induced g-C3N4 nanosheets for 1 h, 500 genes were differentially expressed, according to transcriptome analyses. Notably, the expression of genes related "antioxidant activity" and "membrane transport" was sharply upregulated, and those related to "bacterial chemotaxis", "biofilm formation", "energy metabolism" and "cell motility" were down regulated. After exposing over 2 h, the longer-time pressure on the target bacteria cause the decreased biofilm formation and flagellum motility, further injured the cell membranes to lead to cytoplasm leakage and damaged DNA, eventually resulting in the bacterial death. Concomitantly, the attachment of g-C3N4 nanosheets was a synergistic physical antibacterial pathway. The infection capacity assessment also supported the above supposition. These results provide novel insights into the photocatalytic antibacterial mechanisms of g-C3N4 nanosheets at the transcriptome level, which are expected to be useful for dissecting the response pathways in the antibacterial activities and for improving g-C3N4-based photocatalysts practices in plant disease controlling.

Key words: g-C3N4 nanosheets; *Pseudomonas syringae* pv. tabaci; photocatalytic antibacterial mechanisms; transcriptome level; response pathways; tobacco wildfire disease

---

* 基金项目：国家自然科学基金（31870147）；中国烟草公司重庆市公司科技项目（A20201NY02-1306，B20212NY2312，B20211-NY1315）

** 作者简介：蔡璘，博士研究生，研究方向为植物病理学

*** 通信作者：孙现超，博士，教授，博士生导师，研究方向为植物病毒学及植物病害防控；E-mail：sunxianchao@163.com

剑麻抗斑马纹病转基因研究*

陈河龙[1]** 杨 峰[3] 高建明[2] 张世清[2] 郑金龙[1]
谭施北[1] 黄 兴[1] 习金根[1] 易克贤[1]***

（1. 中国热带农业科学院环境与植物保护研究所，海口 571101；2. 中国热带农业科学院热带生物技术研究所，海口 571101；3. 四川省农业科学院水稻高粱研究所，德阳 618000）

摘 要：剑麻是我国乃至世界热带地区最重要的麻类经济作物，用途广泛，综合利用价值高。而斑马纹病是剑麻生产上最为严重的病害之一，严重制约着剑麻产业的持续稳定发展。本研究通过农杆菌介导将抗病的 *Hevein* 基因导入，获得 37 株剑麻抗性植株，阳性率约为 24.7%。经 PCR 检测，证明外源基因 *Hevein* 已成功整合到该剑麻植株的基因组中。并通过体外抑菌和抗病性检测，说明转基因剑麻植株中表达出一定的活性，而且还提高了对剑麻斑马纹病的抗性。研究结果为培育抗病高产转基因剑麻新品种奠定了坚实基础。

关键词：剑麻；斑马纹病；转基因；*Hevein*；抗病

---

* 基金项目：国家麻类产业技术体系建设（CARS-16）；滇桂黔石漠化地区特色作物产业发展关键技术集成示范项目（No. SMH2019-2021）；国家自然科学基金（31771849）

** 陈河龙，博士，副研究员，研究方向为作物资源与栽培

*** 通信作者：易克贤；E-mail：yikexian@126.com

Agrobacterium tumefaciens–mediated transformation of hevein gene into asparagus and its molecular identification

CHEN Helong[1]　TAN Shibei[1]　GAO Jianming[2]　ZHANG Shiqing[2]
HUANG Xing[1]　ZHENG Jinlong[1]　XI Jingen[1]　YI Kexian[1 *]
(1. *Environment and Plant Protection Institute*, *Chinese Academy of Tropical Agricultural Sciences*, *Haikou*, *Hainan*, *China*; 2. *Institute of Tropical Bioscience and Biotechnology*, *Chinese Academy of Tropical Agricultural Sciences*, *Haikou*, *China*)

Abstract: Asparagus stem wilt, is a significant and devastating disease, typically leading to extensive economic losses in the asparagus industry. To obtain transgenic plants resistant to stem wilt, the hevein–like gene, providing broad spectrum bacterial resistance was inserted into the asparagus genome through *Agrobacterium tumefaciens*–mediated transformation. The optimal genetic transformation system for asparagus was as follows: pre–culture of embryos for 2 days, inoculation using a bacterial titre of OD600=0.6, infection time 10 min and co–culturing for 4 days using an Acetosyringone concentration of 200 μmol/L. Highest transformation frequencies reached 21% and ten transgenic asparagus seedlings carrying the hevein–like gene were identified by polymerase chain reaction. Moreover, integration of the hevein–like gene in the T1 generation of transgenic plants was confirmed by southern blot hybridization. Analysis showed that resistance to stem wilt was enhanced significantly in the transgenic plants, in comparison to non– transgenic plants. The results provide additional data for genetic improvement and are of importance for the development of new disease–resistant asparagus varieties.

Key words: asparagus; hevein–like gene; genetic transformation; *Agrobacterium tumefaciens*

* Correspondence: YI Kexian; E-mail: yikexian@126.com

植物扩展蛋白研究进展评述*

陈 道** 李 畅 王 颖 韩成贵***
(中国农业大学植物病理学系，农业农村部作物有害生物监测与绿色防控
重点实验室，北京 100193)

摘 要：植物扩展蛋白是位于植物细胞壁的疏松蛋白，是一类细胞壁蛋白，在植物生长发育中起重要作用，如根毛生长、种子大小、萌发、叶片生长和响应非生物胁迫等。成熟植物扩展蛋白的分子量在25~30 kDa，相当于250~300个氨基酸。植物扩展蛋白家族根据系统发育进化树分析分为EXPA、EXPB、EXLA和EXLB四个亚科，每个亚科成员基因结构、基序组成和顺式元件相似。植物扩展蛋白基因具有两个保守结构域：DBPP结构域和花粉过敏原结构域，两个结构域分别含有一些保守的极性残基和芳香氨基酸。到目前为止，扩展蛋白基因的全基因组分析已在多个物种中得到报道，如拟南芥含有31个，烟草有52个，二穗短柄草有38个，水稻有40个，玉米有88个，甘蔗有92个，大豆有75个，等等。在水稻之中，OsEXPB2参与水稻根系结构且促进根系生长。过表达BdEXPA27可提高拟南芥种子的发芽率、改变种子大小、增加根长和根毛数等。二穗短柄草之中扩展基因参与其生长发育和非生物胁迫响应。拟南芥中，AtEXPA2对盐和渗透胁迫有响应；过表达拟南芥AtEXLA2降低了下胚轴的细胞壁强度；AtEXPA7和AtEXPA18在根毛中特异表达，在根毛的伸长中发挥重要作用；过表达TaEXPA2可以提高转基因烟草耐盐能力和耐干旱能力，以及转基因拟南芥的抗氧化能力。大豆之中，大豆GmEXLB1的过表达改变大豆根系结构从而改善其对磷的吸收。通常植物体内扩展蛋白的表达有利于其抵抗非生物胁迫因子，对于扩展蛋白在响应生物胁迫的方面报道较少。研究发现在抗白叶枯病的水稻之中，扩展蛋白如EXPA1、EXPA5和EXPB7等表达水平极低，分析表明诱导扩展蛋白的表达，使水稻细胞壁更疏松，为病菌的侵入提供了有利条件，相反阻滞水稻之中扩展蛋白的表达，可加强细胞壁的堡垒作用，因此增加植物的抗病能力。扩展蛋白在响应生物胁迫的机制研究还有待深入研究。

关键词：植物扩展蛋白；扩展蛋白基因；细胞壁蛋白；蛋白功能

---

* 基金项目：转基因重大专项课题（2016ZX08002001）部分资助
** 第一作者：陈道，博士研究生，研究方向为植物病毒病害及抗病毒转基因作物；E-mail：1357062537@qq.com
*** 通信作者：韩成贵，教授，研究方向为植物病毒病害及抗病毒转基因作物；E-mail：hanchenggui@cau.edu.cn

转基因技术在中国主要粮食作物改良中的研究进展*

张慧颖**　王　颖　韩成贵***
（中国农业大学植物保护学院，北京　100193）

摘　要：在作物的生产过程中，为了提高作物的产量并改良其品质，研究人员可以通过传统的杂交育种方法培育作物新品种，但是传统的杂交育种技术随机性较高、效率较低、需要的时间成本较大，且有时研究人员无法在野生株系中找到所需要的目标基因。此时，转基因技术的出现弥补了传统杂交育种方法的不足，大大提高了遗传育种改良的效率和范围。

植物转基因技术，是指利用重组 DNA 和遗传转化技术将外源基因导入植物细胞或组织，使其产生定向稳定的重组遗传物质，改良植物性状，从而培育优质高产的作物新品种。与常规育种方法相比，通过转基因技术培育具有优良性状的作物新品种，它具有以下一些特点。首先，该技术摆脱了亲缘关系的限制条件，可实现动植物及微生物之间的遗传物质的交流，从而对自然界中存在的各种遗传资源加以充分利用；其次，该技术方便快捷地打破有利基因与不利基因之间的连锁关系，使对有利基因的利用得以充分实现；最后，该技术可以高效地加快育种研究进程，大大缩短育种所需年限。该技术突破了传统杂交技术的不稳定性并使研究人员可以根据人们的需求将性状优良的外源基因转入植株体内并使其稳定遗传，通过培育转基因植物，可以有效增加农作物的产量，改善农作物品质，有效提高作物的抗病性、抗逆性、抗虫性，降低生产成本，减少化学农药对环境的污染，增加农民的经济效益。ISAAA 的统计数据显示，转基因技术的应用有效推动了社会经济的发展，提高作物生产力，促进全球粮食、饲料和纤维安全，提高土地利用率，支持国家耕地的自给自足，有效保护生物多样性并能够缓解气候变化所带来的相关挑战，给农业生产带来了一场新的革命。

在主粮作物的生长发育过程中会受到多种病虫草害威胁，同时还会受到不良生长环境的影响，对其产量和品质产生不利影响。通过转基因技术培育主粮作物新品种，可以绿色高效防控病虫草害，同时提高作物抗逆性，有利于提高作物产量，改良作物品质，提高土地利用率。现对转基因技术在我国主粮作物改良上的研究与应用进行介绍，以期人们可以更好地了解转基因植物，以科学的态度对待转基因植物的应用和发展。

关键词：转基因技术；主粮作物；育种；抗病虫草；品质改良

---

* 基金项目：转基因生物新品种培育重大课题（2016ZX08002001）

** 第一作者：张慧颖，硕士研究生，研究方向为抗病转基因小麦的分子检测；E-mail：13231083180@163.com

*** 通信作者：韩成贵，教授，研究方向为植物病毒学及甜菜主要病害诊断与综合防控；E-mail：hanchenggui@cau.edu.com

转基因技术在抗病虫草甜菜培育中的应用与展望*

董刚刚** 王 颖 韩成贵***

（中国农业大学植物保护学院，农业农村部作物有害生物监测与绿色防控重点实验室，北京 100193）

摘 要：甜菜是我国第二大糖料作物，近年来已成为我国北方地区的主要经济作物，甜菜产业的高质量发展对于我国食糖有效供应和区域经济可持续发展具有重要的战略意义。甜菜病虫草是甜菜生产中的主要限制因子，虽然我国已初步建立了成熟的甜菜病虫草害综合防控体系，但防治效率低、抗药性发展快、杂草防控难度大和抗逆育种技术薄弱等诸多问题依然制约着我国甜菜产业的高质量发展。

随着现代生物技术的迅速发展，以转基因为代表的遗传修饰技术在优质作物选育和品质改良中成果丰硕，已成功商业化应用于大豆、玉米和棉花等作物。但对于转基因甜菜，目前只有耐除草剂转基因甜菜在美国和加拿大等国家商业化种植，2019 年全球转基因甜菜种植面积 47.3 万 hm^2，仅美国种植 45.41 万 hm^2，抗病虫转基因甜菜尚处于技术研究阶段。我国对转基因作物实行严格审批制度，明确规定，作为加工原料进口的农业转基因生物，不允许在国内种植。目前，我国只批准了抗虫转基因棉花和抗病毒病转基因番木瓜的商业化种植。根据农业转基因生物安全证书（进口）批准清单，截至 2020 年，我国只批准了（原）孟山都远东有限公司科沃施种子欧洲股份公司的抗除草剂甜菜 H7-1 进口生物安全证书。CRISPR/Cas 介导的精准基因编辑技术在作物基因组功能鉴定和开发中彰显出重大应用价值。目前，基因编辑技术还没有在甜菜上成功应用的报道，主要围绕线粒体基因组展开研究，重点通过 RNA 编辑，研究甜菜雄性不育细胞质线粒体（CMS）基因的突变。

以转基因和基因编辑为代表遗传修饰技术，代表现代生物学发展最前沿，也是推动现代农业科技迭代和现代农业变革的一项关键性技术。转基因作物商业化种植的 24 年以来，转基因技术为全世界创造了巨大财富，同时为许多人类棘手问题的解决提供全新的思考和路径。基因编辑技术作为近年来生命科学领域重大突破，已成为新的技术窗口。目前，我国糖料产业正处于高质量发展的关键时期，如何提升我国食糖产业综合竞争力，有效保障我国食糖有效供应和谋划“十四五”国家食糖产业规划。笔者应参与全球科技竞争，积极争取国家转基因生物新品种培育重大专项等科技攻关项目对甜菜品种选育和品质改良等方面的支持，加紧抗病虫和抗耐除草剂转基因甜菜新材料创制和新品种培育，特别注重基因编辑技术在甜菜基因组功能研究和创新新材料上的应用，为我国糖料产业可持续发展提供强有力的科技支撑。

本文在已有研究基础上，总结了以转基因为代表的遗传修饰技术在甜菜抗（耐）病虫草害方面的研究进展和应用情况，聚焦我国转基因和基因编辑领域政策法规，探讨了转基因和基因编辑技术在我国甜菜产业中的发展前景。

关键词：甜菜；病虫草害；转基因技术；基因编辑技术

---

* 基金项目：财政部和农业农村部国家现代农业产业技术体系（CARS-170304）；转基因生物新品种培育重大专项课题（2016ZX08002001）资助

** 第一作者：董刚刚，硕士研究生，研究方向为植物病害绿色防控；E-mail：1804899454@ qq. com

*** 通信作者：韩成贵，教授，研究方向为植物病毒学及甜菜病虫害综合防控；E-mail：hanhenggui@ cau. edu. cn

转芸薹黄化病毒基因组、P0和MP基因拟南芥的比较蛋白质组分析*

刘思源** 李源源 陈相儒 王 颖 李大伟 于嘉林 韩成贵***
（中国农业大学植物病理学系，农业农村部作物有害生物监测与绿色防控重点实验室，北京 100193）

摘 要：芸薹黄化病毒（*Brassica yellows virus*，BrYV），是本实验室在十字花科植物上分离得到的马铃薯卷叶病毒属（*Polerovirus*）的一种新病毒，在我国广泛分布，主要侵染十字花科作物，能够引起黄化和卷叶，对作物产量品质下降造成了严重的影响。

拟南芥作为模式植物研究具有生物学意义和参考价值，为了验证BrYV对十字花科作物的致病性，本实验室前期研究中将BrYV的全长cDNA整合进拟南芥Col-0生态型的基因组中，构建了携带BrYV全长cDNA的转基因拟南芥。通过观察发现转化BrYV全长cDNA的转基因拟南芥表现出一些与野生型拟南芥不同的发育表型，包括顶端优势缺失、矮化、果荚变短、腋生叶增多、种子萌发变缓和叶片变紫等症状。芸薹黄化病毒共编码7个ORFs。ORF0编码P0为基因沉默抑制子，前期研究表明，$P0^{Br}$蛋白具有局部抑制、系统抑制和致坏死能力，在前期研究中对$P0^{Br}$及其突变体基因的转化时采用了XVE诱导表达系统，最终成功获得了能够表达$P0^{Br}$且能够稳定遗传的转基因拟南芥。ORF4编码病毒的运动蛋白，是BrYV编码蛋白中导致植物叶片变紫的关键因子，因此前期也构建了能够表达MP^{Br}的双元载体，通过转化拟南芥获得了能够稳定遗传和表达MP^{Br}的转基因拟南芥。

植物—病毒相互作用是一个复杂的病理生理过程，触发数百个基因的表达，从而积累了大量的蛋白质。蛋白质是生理功能的具体执行者，对蛋白质的研究将直接阐明发病的生理和病理条件下的变化机制。为了更深入地了解这种植物病毒所引起的病理变化，笔者使用ITRAQ标记技术对野生型拟南芥及转化BrYV全长cDNA、$P0^{Br}$、MP^{Br}的拟南芥进行了蛋白质组测序，结果表明，转BrYV全长拟南芥与野生型相比，共检测到348个显著差异蛋白，功能分析表明这些蛋白主要与类黄酮生物合成过程、含花青素的复合生物合成过程、多肽代谢等过程相关。$P0^{Br}$转基因拟南芥与野生型相比，共检测到450个显著差异蛋白，功能分析表明这些蛋白主要与色素生物合成，类黄酮生物合成，叶绿素生物合成，含卟啉的化合物的生物合成等过程相关。MP^{Br}转基因拟南芥与野生型相比，共检测到475个显著差异蛋白，功能分析表明这些蛋白主要与类黄酮生物合成、含花青素的复合生物合成代谢、多肽代谢、毒素分解等过程相关。本研究为深入研究BrYV在寄主上的致病机理提供蛋白质组学方面的信息。

关键词：芸薹黄化病毒；蛋白质组；P0；MP；拟南芥

* 基金项目：国家自然科学基金项目部分资助（31972240和31671995）
** 第一作者：刘思源，植物病理学博士生，研究方向为植物病毒互作；E-mail：liusiyuan6992@126.com
*** 通信作者：韩成贵，教授，研究方向为植物病毒学与抗病毒基因工程；E-mail：hanchenggui@cau.edu.cn

22 份芥蓝品种资源对芥蓝霜霉病菌的抗性评价*

蓝国兵[1,2**]　何自福[1]　于　琳[1]　汤亚飞[1]　邓铭光[1]　李正刚[1]　佘小漫[1,2***]
(1. 广东省农业科学院植物保护研究所，广州　510640；
2. 广东省植物保护新技术重点实验室，广州　510640)

摘　要：霜霉病是广东及华南地区芥蓝冬春季节生产的最主要病害，每年均造成不同程度损失，筛选与种植抗病品种是防控该病害的重要措施之一。为获得具有抗芥蓝霜霉病的资源，本研究采用室内苗期人工喷雾接种的方法，进行了 22 份不同芥蓝种质资源对霜霉病的抗性鉴定。结果显示，供试的 22 份芥蓝种质资源对霜霉病的抗性表现差异明显，平均病情指数范围为 29.44~81.11，其中对霜霉病表现为抗病水平的芥蓝种质资源 1 份、中抗水平 4 份、感病水平 6 份、高感水平 11 份，分别占供试材料的 4.55%、18.18%、27.27%、50.00%。本研究结果表明芥蓝种质资源以对霜霉病高感和感病为主，抗病或中抗以上的种质资源较少，有待进一步收集更多的芥蓝种质资源进行抗性鉴定，为选育抗病优质的芥蓝品种提供亲本。

关键词：芥蓝；霜霉病；种质资源；抗性评价

---

* 资助项目：广东省重点领域研发计划项目（2018B020202010）；广东省科技创新战略专项资金（重点领域研发计划）(2018B020205003)

** 第一作者：蓝国兵，硕士，副研究员，植物病理学，研究方向为蔬菜病害；E-mail：languo020@163.com

*** 通信作者：佘小漫，博士，研究员；E-mail：lizer126@126.com

9种植物次生代谢物对离体灰葡萄孢的活性探究及其在3种寄主植物中分析方法的建立*

吴照晨** 王婷婷 王秀茹 毕 玥 滕李洁 刘鹏飞***
（中国农业大学植物病理学系，北京 100193）

摘 要：灰霉病是一种由灰葡萄孢（*Botrytis cinerea*）侵染引起的真菌性病害，为害包括茄科、十字花科等在内，如番茄、葡萄、草莓等具有经济价值的果蔬和花卉植物。病原菌侵染可引起植物体内苯酚类、聚乙炔类及萜类植保素等次生代谢产物的变化，这些次生代谢物对病原菌有一定的抑制作用，而有关灰葡萄孢和植物次生代谢物的互作机制尚不清楚。本研究中针对9种植物中的次生代谢物白藜芦醇、水杨酸、补骨脂素、喜树碱、利血平、丁香酚、查尔酮、茴香烯和黄烷酮进行了对灰葡萄孢的抑制活性测定，并建立了这9种化合物高效液相色谱检测方法，观察寄主植物在被侵染前后次生代谢物种类与含量的变化，以此探究番茄、葡萄和草莓等寄主植物中抵御灰霉病菌侵染的主要次生代谢物。研究结果表明，9种次生代谢产物在100 μg/L浓度下对灰葡萄孢标准菌株B05.10和敏感菌株223的离体抑制率为14%~85%，其中，白藜芦醇的抑制率分别为54%和14%。建立了同时检测9种次生代谢物的高效液相色谱分析方法，在1.0~100.0 μg/mL范围内线性良好；建立合适的样品前处理方法，在100 μg/g、500 μg/g、1 000 μg/g 3个添加水平下，番茄、葡萄和草莓叶片样品中9种次生代谢物的添加回收率分别在74.51%~107.38%、82.39%~107.48%以及77.85%~108.10%，检出下限是1 μg/mL，符合分析要求。在葡萄叶片样品中检测出了白藜芦醇，当葡萄叶片被侵染后，白藜芦醇的含量由152.2 μg/g增加为469.37 μg/g，而其他8种次生代谢产物未检出。分析认为，白藜芦醇与葡萄对灰霉病的抗性相关，该结果可为灰葡萄孢与次生代谢物互作机制研究及灰霉病防治药剂创制提供参考。

关键词：次生代谢物；灰葡萄孢；高效液相色谱法

---

* 基金项目：国家自然科学基金（31772192）

** 第一作者：吴照晨，在读博士研究生，研究方向为植物病理学；E-mail：15829709993@163.com

*** 通信作者：刘鹏飞，副教授，博士，研究方向为植物病理学；E-mail：pengfeiliu@cau.edu.cn

高效广适性水稻碱基编辑系统的开发及其应用*

任　斌　严　芳　闫大琦　旷永洁　柳　浪
徐子妍　王桂荣　周雪平　周焕斌**
（中国农业科学院植物保护研究所，植物病虫害生物学国家重点实验室，北京　100193）

摘　要：随着植物抗/感病基因的不断挖掘和抗病信号通路不断被解析，利用基因组编辑技术直接对作物品种中的感病基因进行敲除或对抗性相关的碱基变异直接进行碱基编辑，从而实现对植物抗病性的快速精准改良。由 CRISPR 系统（CRISPR1.0）与核苷酸脱氨酶为基本架构的植物碱基编辑器（CRISPR2.0）作为一种重要技术手段在植物学基础研究和作物品种改良中得到了广泛应用。然而，由于碱基编辑靶碱基位点的固定性、SpCas9 的 NGG 识别 PAM 和有效碱基编辑窗口等因素，使得碱基编辑的应用范围受到严重限制。此外，相对于高效的胞嘧啶碱基编辑器 CBE，腺嘌呤碱基编辑器 ABE 的编辑效率还不尽人意，不少基因组靶位点的编辑效率较低，甚至为零，严重限制了该技术的应用。

为了扩宽水稻单碱基编辑系统的识别 PAM 范围，笔者首先对 SpCas9 的两个新型突变体 SpG 和 SpRY 在水稻中编辑效果进行了详细分析，发现 SpG 偏好性地识别 NG PAM，其活性低于之前获得的 SpCas9-NG；SpRY 则进一步突破 NG 的限制，对 NRN 和 NYN 均有一定的编辑能力，其中对 G-PAM 和 A-PAM 具有偏好性；并基于 SpRYn 成功建立了水稻胞嘧啶碱基编辑器 rBE66 和腺嘌呤碱基编辑器 rBE62；此外还发现 SpRY 具有高频的自编辑事件，而在 SpRY 介导的碱基编辑中，自编辑频率较低。这表明 SpRY 可用于水稻单碱基编辑，并极大扩宽了水稻单碱基编辑的应用范围。

为了实现对现有植物腺嘌呤碱基编辑器的优化升级，笔者首先对腺嘌呤脱氨酶 TadA7.10 衍生版本 TadA8e、TadA8.17、TadA8.20 进行了评估，并在此基础之上开发出全新版本 TadA9，进一步采取 TadA 单体策略以及整合 SurroGate 系统，多个测试靶位点处的碱基编辑效率逐步提高至 90%以上，基本类似于 CRISPR 技术进行靶基因敲除的表现。在四种新 TadA 突变体中，TadA8e 的编辑能力明显高于 TadA8.17 和 TadA8.20，而 TadA9 的编辑能力与 TadA8e 相当甚至更高且扩大了编辑窗口范围。尤其是对于之前难以编辑的靶位点，TadA9 表现出强劲的编辑能力。笔者还证实了 TadA9 与 SpCas9n、SpCas9n-NG、SpRYn 和 ScCas9n 等 SpCas9 突变体和同源蛋白广泛兼容。

结合笔者前期开发的高效胞嘧啶脱氨酶 hAID * Δ，CRISPR/SpRY 和 TadA9 的应用，使得水稻碱基编辑技术进入了高效广适性时代，这对于水稻基因功能解析和现代分子育种研究具有重大推进作用，特别是对水稻品种的缺陷型抗病基因进行修饰矫正和利用碱基编辑介导的内源基因定向进化策略创制和挖掘新的抗病遗传种质资源，有利于加快水稻抗病育种进程以及延长现有品种使用周期。

关键词：CRISPR/Cas9；SpRY；识别 PAM；腺嘌呤脱氨酶 TadA9；抗病育种

---

* 基金项目：国家自然科学基金（31871948）；中央级公益性科研院所基本科研业务费专项（Y2020PT26）

** 通信作者：周焕斌，博士，研究员，研究方向为水稻分子植物病理学与植物基因组定点编辑技术开发；E-mail：hbzhou@ippcaas.cn

热带亚热带高产优质大豆种质资源抗炭疽病鉴定*

李　月[1**]　舒灿伟[1]　饶军华[2***]　周而勋[1***]

（1. 华南农业大学植物保护学院植物病理学系，广东省微生物信号与作物病害重点实验室，广州　510642；2. 广东科学院动物研究所，广州　510260）

摘　要： 大豆（*Glycine max*）在我国已有五千年的栽培历史，因此我国拥有十分丰富的大豆种质资源。大豆种质资源在大豆育成品种的生产实践中发挥着重要的作用。2019 年中央一号文件提出实施大豆振兴计划，多途径在我国本土扩种大豆。虽然我国大豆种植面积正在不断扩张，但是在大豆的栽培过程中，由于连作年限的增加和地力的损耗，导致了大豆病害的发生日益严重，成为制约大豆种植产量和品质的重要因素。平头炭疽菌（*Colletotrichu truncatum*）引起的大豆炭疽病是一种分布广、危害重、且难以防治的世界性土传病害，严重阻碍着大豆产业的发展。目前，选育和利用抗病品种是防治大豆炭疽病最经济有效的一种措施。但抗性品种通常连续种植 3~5 年后，抗性会丧失，引起病害暴发流行。为避免因主栽大豆品种的抗源遗传同质性过于集中，遗传变异过于狭窄，深入发掘、研究和利用优良种质资源选育高产、优质、抗病性强、适应性广的新品种（组合）是大豆育种的主要目标。近年来，华南农业大学农学院年海教授课题组育成了一批热带亚热带高产优质大豆品种。为了明确这些大豆品种对大豆炭疽病的抗性水平，帮助筛选优良的抗病种质资源，本研究以该校育成的 100 份热带亚热带高产优质大豆品种（系）为研究材料，在摸索出最佳的大豆抗炭疽病苗期鉴定条件的基础上，采用对大豆苗期叶片喷施特定浓度的孢子悬浮液接种的方法，鉴定这些大豆品种（系）对大豆炭疽病的抗病性，明确其抗病性，为华南地区大豆抗病品种的选育和生产利用提供参考依据。

关键词： 大豆；大豆炭疽病；平头炭疽菌；抗病性鉴定

---

* 基金项目：广东省重点领域研发计划项目（2020B020220008）

** 第一作者：李月，硕士生，研究方向为植物病理学；E-mail：1426162837@ qq. com

*** 通信作者：饶军华，副研究员，硕导，研究方向为微生物学；E-mail：junhuar919@ 163. com

周而勋，教授，博士生导师，研究方向为植物病理学、微生物学；E-mail：exzhou@ scau. edu. cn

Integrated metabolo-transcriptomics to reveal responses of wheat against *Puccinia striiformis* f. sp. *tritici*[*]

LIU Saifei XIE Liyang SU Jiaxuan TIAN Binnian FANG Anfei
YU Yang BI Chaowei YANG Yuheng[**]

(*College of Plant Protection*, *Southwest University*, *Chongqing*, 400715, *China*)

Abstract: Wheat stripe rust is a widespread and harmful wheat disease caused by *Puccinia striiformis* f. sp. *tritici* (*Pst*) world wide. The targeted metabolome analyses and transcriptomics analyses of CYR23 infected leaves were performed to identify the differential metabolites and differentially expressed genes related to wheat disease resistance. We observed up-regulation of 33 metabolites involved in the primary and secondary metabolism, especially for homogentisic acid, p-coumaroylagmatine and saccharopine. These three metabolites were mainly involved in the phenylpropanoid metabolic pathway, hydroxycinnamic acid amides pathway, and saccharopine pathway. Combined with transcriptome data on non-compatible interaction, the synthesis related genes of these three differential metabolites were all up-regulated significantly. The gene regulatory network involved in response to *Pst* infection was constructed, and revealed that several transcription factor families including WRKYs, MYBs, and bZIPs were identified as potentially hubs in wheat resistance response against *Pst*. In general, this research provides a novel and multi-faceted understanding for wheat disease resistance.

Key words: wheat; stripe rust; metabolomic; transcriptomic; gene regulatory network

* 基金项目：国家自然科学基金（31801719）；国家重点研发计划（2018YFD0200500）

** 通信作者：杨宇衡，研究方向为植物病理学；E-mail：yyh023@swu.edu.cn

A large fragment deletion in centromere compromises antiviral immunity in Arabidopsis

JIN Liying LIAN Qi CHEN Mengna SHEN Li GUO Zhongxin

(*Vector-borne Virus Research Center, State Key Laboratory for Ecological Pest Control of Fujian and Taiwan Crops, College of Plant Protection, Fujian Agriculture and Forestry University, Fuzhou* 350002, *China*)

Abstract: In our previous study, we developed a robust forward genetic screen to isolate *antiviral RNAi defective* (*avi*) mutant using CMV - Δ2b, a CMV mutant with the deletion of 2b. avi149 and avi049768 are two new mutants from Salk T-DNA mutant pool through the genetic screen. It was found that both mutants did not show defects in growth and development, but after CMV-Δ2b infection both exhibited severe disease symptoms compared to Wildtype Col-0. Surprisingly, the virus accumulation and viral siRNA accumulation were not changed in both mutants compared to WT Col-0. It suggested that another antiviral defense other than antiviral RNAi may be disrupted in both mutants, and the underlying antiviral defense could improve plant tolerance to keep plant healthy after viral infection.

We did whole-genome sequencing to find the mutation sites in both mutants, since both mutants were not genetically linked with Salk T-DNA insertion. It was found that an about 1Mbp fragment spanning centromere in chromosome 1 was deleted in avi149 and the same region was also deleted in avi049768. Further RNA-seq result showed that nearly all genes in that region were truly not expressed in either mutants. We then obtained F1 generation plants after crossing avi149 and avi049768, and found these F1 generation plants did not show any defects in growth and development, but after being infected with CMV - Δ2b, all F1 generation plants displayed severe disease symptoms just like avi149 or avi049768, indicating that the deletion of the large fragment in chromosome 1 indeed led to the compromised antiviral defense in avi149 and in avi049768.

Our research demonstrated that plant may also evolve distinct mechanism to provide plant tolerance to virus to keep plant healthy, and the genetic screen we previously developed with CMV-Δ2b also provides powerful tool to dissect the mechanism of plant tolerance to virus.

Key words: Cucumber Mosaic Virus; 2b; antiviral; tolerance; AVI

TaRIPK positively regulates the high-temperature seedling plant resistance to stripe rust in wheat

HU Yangshan[1] SU Chang[1] ZHANG Yue[1] LI Yuxiang[1] CHEN Xianming[2] SHANG Hongsheng[1] SHANG Wenjing[1] HU Xiaoping[1]

(1. *State Key Laboratory of Crop Stress Biology for Arid Areas and College of Plant Protection, Northwest A&F University, Yangling* 712100, *China*; 2. *Agricultural Research Service, United States Department of Agriculture and Department of Plant Pathology, Washington State University, Pullman, WA* 99164-6430, *USA*)

Abstract: Resistance to *Pseudomonas syringae* pv. *maculicola* (RPM1) -induced protein kinase (RIPK) in *Arabidopsis thaliana* belongs to the receptor-like cytoplasmic kinase family and plays an important role in the immunity. Here, we reported a "guard model" in wheat that is induced by a receptor-like cytoplasmic kinase TaRIPK alone with TaPCLP1 and TaRPM1 during the wheat-*Puccinia striiformis* f. sp. *tritici* (*Pst*) interaction. The transcriptional expression level of *TaRIPK* is upregulated in the period of the high - temperature seedling plant (HTSP) resistance in wheat cultivar Xiaoyan6 against *Pst*. Knocking down of *TaRIPK* reduced the expression level of *TaRPM*1, resulting in a decrease of the HTSP resistance. TaRIPK interacts with Papain - like cysteine protease 1 (TaPLCP1) *in planta*. Knocking down of *TaPLCP*1 also decreased the HTSP resistance. Interestingly, TaPLCP1 is targeted by a candidate effector protein 2 (PstCEP2), a secreted protein of *Pst*. Transient overexpression of PstCEP2 inhibits the basal immunity in tobacco and wheat. PstCEP2 as an effector protein was further supported by gene silencing and function identification. In summary, TaRIPK positively regulates the HTSP resistance in wheat through induction of TaRPM1 or interaction with TaPLCP1, which is also targeted by effector protein PstCEP2. TaPLCP1 may perform as a novel guardee in wheat, and act as the central hub of defense response to stripe rust. Activation of the guard model positively regulates the HTSP resistance. Furthermore, the high-temperature resistance appears to be an important strategy for wheat to resistant against *Pst* infection with global warming.

Key words: TaRIPK; wheat; immunity

2015—2020 年我国冬油菜新品种菌核病抗性动态分析

程晓晖 刘越英 黄军艳 刘立江 任 莉 刘胜毅*

（中国农业科学院油料作物研究所/农业农村部油料作物生物学与遗传育种重点实验室/湖北省武汉市国家农作物品种区域试验抗性鉴定试验站，武汉 430062）

摘　要：油菜是我国最重要的油料作物，播种面积和产量均居世界前列，每年可为我国提供大量优质的食用油和蛋白饲料，同时也是生物燃料、医药、化妆品、冶金等行业的重要工业原料。由核盘菌侵染引起的菌核病是当前我国油菜生产上的首要病害，在我国所有油菜产区均有发生，常年造成的经济损失在 30 亿元以上。近年来，受全球气候变暖、极端天气频发、耕作制度和栽培模式变革等诸多因素影响，该病的发生危害呈逐年加重趋势，已经成为我国油菜高产稳产的主要限制因子之一。种植抗病品种是目前生产上防治油菜菌核病最经济、有效和安全的措施，而科学、客观、准确地评价油菜新品种的菌核病抗性水平，不仅可以为后续油菜品种登记、管理和布局提供数据支撑，还能够通过设定科学合理的抗病水平门槛，从而达到促进抗病育种、防止感病品种流入市场、有效提高市场上油菜品种抗病水平的目的。2015—2020 年，采用病圃诱发鉴定的方法并结合田间自然发病的数据，对参加国家冬油菜新品种试验的 888 份品种（系、组合）进行了菌核病抗性鉴定。为了能有一个统一的标准来直观地比较不同来源材料的相对抗性，所有试验均使用了相同的抗病对照中油 821。鉴定结果显示，在参试的 888 份品种（系、组合）中，表现抗病的共有 212 份，占 23.87%；表现感病的共有 676 份，占 76.13%。其中，大多数为低感类别，占 53.04%；其次是低抗和中感类别，分别占 21.62% 和 17.79%；表现出较好抗性的较少，仅占 2.25%。2018—2019 年度参试品种的菌核病抗性为五年间最好，其抗病品种所占比例为 33.52%，感病品种所占比例为 66.48%；2015—2016 年度参试品种的菌核病抗性为五年间最差，其抗病品种所占比例为 17.34%，感病品种所占比例为 82.66%。五年间，参试品种的菌核病抗性水平总体呈小幅上升趋势，抗病品种所占的比例从 17.34% 上升到 18.89%。其中，长江上游和黄淮区冬油菜新品种的菌核病抗性水平总体均呈上升趋势；长江中游和早熟冬油菜新品种的菌核病抗性水平总体持平，但年度间存在波动；长江下游冬油菜新品种的菌核病抗性水平总体略有下降。上述研究结果将为分析我国油菜品种菌核病抗性水平提供基础性、长期性、系统性数据，对提高我国油菜抗病育种水平和菌核病防治水平具有重大意义。

关键词：冬油菜；菌核病；品种；病圃；抗性；动态

* 通信作者：刘胜毅，研究员，研究方向为抗病育种与病害综合防治；E-mail：liusy@oilcrops.cn

Detection of *Pseudomonas syringae* pv. *actinidiae* and resistance assessment of kiwifruit varieties to the pathogen*

QIANG Yao[1**] XIONG Guihong[1] LI Bangming[2] ZHANG Kaidong[1]
YU Fanshuang[1] YE Ying[1] YI Jian[1] ZHANG Xiaoyang[1]
HUO Da[1] JIANG Junxi[1***]
(1. *College of Agronomy*, *Jiangxi Agricultural University*, *Nanchang* 330045, *China*;
2. *Agricultural Bureau of Fengxin Country*, *Fengxin* 330700, *China*)

Abstract: Kiwifruit bacterial canker (kiwifruit canker for short) caused by *Pseudomonas syringae* pv. *actinidiae* (*Psa*) is one of the most difficult diseases to control in kiwifruit planting. The disease can lead to the destruction of orchards and seriously restrict the development of kiwifruit industry. At present, the detection of *Psa* is mostly by PCR, and the control measures are mainly chemical control combined with strengthening cultivation. This study attempted to establish a high accuracy, sensitive and simple detection system of Loop Mediated Isothermal Amplification (LAMP), so as to realize the rapid detection of *Psa*, and assessed the resistance of kiwifruit varieties to *Psa*. Specific primers for detecting *Psa* by LAMP were designed based on its sequence of 16S rDNA. The concentration of reagents, reaction time and temperature in the reaction system were optimized, and the optimal reaction system of LAMP included 12.5 μL of 2× reaction buffer (RM), 1.0 μL of each of 1 μmol/L outer primers (F3 and B3), 2.0 μL of each of 12 μmol/L inner primers (FIP and BIP), 1.0 μL of *Bst* DNA polymerase, 2.0 μL of DNA template, 1.0 μL of Calcein, and 2.5 μL of ddH_2O. The amplification reaction conditions were 63 ℃ for 1 h and 95 ℃ for 2 min. Resistance of 23 kiwifruit varieties to *Psa* was determined by inoculating their detached branches with bacterial suspension using wound inoculation method. Results showed that there were significant differences of resistance among 23 varieties. According to the order of disease resistance from strong to weak, the varieties were ranked as Maohua 1, Ruanzao 1, Donghong, Ruanzao 2, Maohua 3, Maohua 5, Xuxiang, Maohua 2, Cuiyu, Cuixiang, Qingpihongxiang, Guichang, Zaoxian, G3, Kuimi, G9, Maohua 4, Lushanxiang, 793, Wanhong, Fenghuang 1, Hongyang and Yunhai 1, of which, Yunhai 1 (YH) was the most susceptible variety with 26.33 mm of average lesion length, and Maohua 1 was the most resistant variety with 2.20 mm of average lesion length.

Key words: Kiwifuit bacterial canker; *Pseudomonas syringae* pv. *actinidiae* (*Psa*); Loop Mediated Isothermal Amplification (LAMP); Disease resistance assessment

* Funding: This study was supported by Jiangxi Provincial Science and Technology Plan Project (Grant No. 20181ACF60017) and the National Natural Science Foundation of China (Grant No. 31460452)

** First author: QIANG Yao; E-mail: qiangyao82@126.com

*** Corresponding author: JIANG Junxi, Professor; E-mail: jxau2011@126.com

Dissection of the BABA-induced priming defence through redox homeostasis and a subsequent shortcut interaction of TGA1 and MAPKK5 in postharvest peaches*

黎春红[1,2**] 汪开拓[1,2***] 雷长毅[1]
(1. 重庆三峡学院生物与食品工程学院，重庆 404000；
2. 南京农业大学食品科技学院，南京 210095)

Abstract: It is hypothesized that a priming defence in model plants undergoes an initial pre-infection priming phase and a second post-infection priming phase. However, explicit elucidation of the priming response in postharvest fruits has not been recorded. Herein, 50 mM BABA treatment could induce a two-phase priming mechanism linked with an augmented capacity for NPR1-related SAR defence, resulting in a significant inhibition of *Rhizopus* rot. The first pre-infection phase of the peaches was triggered after BABA elicitation alone, which enhanced the transcript abundance of SA synthesis-related and redox-regulated genes for elevating reducing potential for posttranslational modification of *PpTGA*1 and *PpNPR*1. The second post-infection priming phase was activated by attacking *Rhizopus stolonifer* and caused an H_2O_2 burst by upregulation of *PpRBOH* genes, resulting in a robust defence response. In particular, this H_2O_2 burst associated with pathogen recognition stimulated the MAPK cascade for greater signalling immunity. In the MAPK cascade, *PpMAPKK*5 was identified as a shortcut interacting protein of *PpTGA*1 and increased the DNA binding activity of *PpTGA*1 for the upregulation of SA-responsive *PR* genes. Overexpressing *PpMAPKK*5 in Arabidopsis caused the constitutive transcripts of SA-dependent *PR* genes and lowered the sensitivity to *R. stolonifer*. Hence, we suggest that BABA-induced priming defence in peaches is activated by two-phase redox homeostasis with initial elicitor-induced reductive signalling and a second pathogen-stimulated H_2O_2 burst accompanied by the possible phosphorylation of *PpTGA*1 by *PpMAPKK*5 for signal amplification.

Key words: β-aminobutyric acid; TGA1; MAPKK; priming resistance; redox; fungus *Rhizopus stolonifer*; peach fruit

---

* 基金项目：国家自然科学基金面上项目（31671913）
** 第一作者：黎春红，博士研究生，研究方向为采后生物学；E-mail：252605467@qq.com
*** 通信作者：汪开拓，博士，教授，研究方向为采后生物学；E-mail：wangkaituo83@gmail.com

Genes expression related to Salicylic Acid Signaling Pathway in Overexpression Plants with *MiPDCD6* in tomato*

DENG Xiaoda** LI Yuan WU Luping KANG Zhiqiang
YUAN Yongqiang WANG Xinrong***
(*Guangdong Province Key Laboratory of Microbial Signals and Disease Control*, *College of Plant Protection*, *South China Agricultural University*, 510642 *Guangzhou Guangdong*)

Abstract: Root-knot nematodes (RKN, *Meloidogyne* spp.) is one of the most destructive plant-parasitic nematodes. About 98 species of RKN have been reported, which can invade more than 4000 plant species and seriously threatens global agricultural production. During the process of parasitism, RKN secreted effectors into host plant root cells through the hollow stylet, suppress the host defense responses and induce the transformation of root cells into specialized hypertrophied and multinucleate feeding cells. *Mi*PDCD6, a programmed death protein 6 (PDCD6) of *Meloidogyne incognita*, is mainly secreted by the esophageal glands and interacts with R2R3-MYB transcription factor *Le*MYB330 intomatorootcells. Overexpression of *MiPDCD*6 gene in tomato could enhance plant susceptibility and promote RKN parasitism. However, silencing of *MiPDCD*6 gene by Virus-induced gene silencing (VIGS) method decreased the parasitic capacity of RKN and the number of root galls, the expression of *PR*1 gene was up-regulated, which is a marker gene of salicylic acid (SA) signal transduction pathway. *Le*MYB330 protein is involved in the regulation of plant resistance. Silencing of *LeMYB*330 gene enhanced the susceptibility of tomato, significantly increased the numbers of root galls, and suppressed *PR*1 gene expression. These results may suggest that the suppression of plant defense response by *Mi*PDCD6 is related to the SA signaling pathway. As SA signal pathway plays an important role in plant PTI immune response, we hypotheses that *Mi*PDCD6 may suppress tomato PTI through SA signaling pathway. Therefore, in our study we constructed overexpression plants with *Mi*PDCD6 in tomato and analyzed their transcriptomes. A total of 2366 differentially expressed genes (DEGs) were identified in *Mi*PDCD6 over-expression tomato plants, including 1354 up-regulated genes and 1012 down-regulated genes. The KEGG pathway related to plant immunity enriches a large amount of DEGs, including plant hormone signal transduction (sly04075), plant-pathogen interaction (sly04626), MAPK signaling pathway-plant (sly04016), and phenylpropanoid biosynthesis (sly00940), etc. Among these, two up-regulated genes and five down-regulated genes were found in SA synthesis pathway and SA signalingtransduction pathway. The up-regulated genes are NPR5-like (including BOP2 and BOP3). Down-regulated genes are PAL1, PAL-like, TGA9, TGA10-like and PR1a2, which participate in

* 基金项目：广东省自然科学基金（2019A1515012080）；国家自然科学基金（31171825）
** 第一作者：邓小大，硕士，研究方向为植物病理学；E-mail：2972397678@qq.com
*** 通信作者：王新荣，教授，研究方向为植物病原线虫学；E-mail：xinrongw@scau.edu.cn

SA synthesis pathway and SA signal transduction pathway. The expression level of all of above genes are verified by RT-PCR assay. This research may lay the foundation for further revealing the molecular mechanism that the *Mi*PDCD6 of root knot nematode inhibits plant PTI immunity through SA signaling pathway.

Key words: *Meloidogyne* spp. ; SA signaling pathway; PTI immunity

MeJA 诱导柑橘果实抗采后青霉病的效应与机理*

王印宝[1**]　吴　帆[1]　李树成[1]　肖刘华[1]　陈　明[1]　陈金印[1,2]　向妙莲[1***]

(1. 江西农业大学农学院，江西省果蔬采后处理关键技术与质量安全协同创新中心，江西省果蔬保鲜与无损检测重点实验室，南昌　330045；2. 萍乡学院，萍乡　337055)

摘　要：本试验分别用 25 μmol/L、50 μmol/L、100 μmol/L、500 μmol/L 和 1 000 μmol/L 茉莉酸甲酯（Methyl Jasmonate，MeJA）于接种前 12 h、24 h、36 h、48 h 熏蒸脐橙果实，处理后接种浓度为 1. 25×10^6 spores /mL 青霉病菌（*Penicillium italicum*）孢子悬浮液，探究 MeJA 诱导脐橙果实抗青霉病的效应与防御酶活性及基因表达的关系。结果表明：50 μmol/L MeJA 熏蒸处理 24 h 诱导脐橙果实抗青霉病效果最佳，其诱导效应为 27. 11%（$P<0.05$）。MeJA 处理能提高脐橙果实过氧化物酶（POD，Peroxidase）、多酚氧化酶（PPO，Polyphenol oxidase）、超氧化物歧化酶（SOD，Superoxide Dismutase）、抗坏血酸过氧化物酶（APX，Ascorbic acid peroxidase）、过氧化氢酶 CAT（Catalase）以及病程相关蛋白 β-1，3 葡聚糖酶（β-1，3-glucanase，GLU）和几丁质酶（Chitinase，CHI）的活性，降低丙二醛（Malondialdehyde，MDA）的含量。此外，脐橙果实经 MeJA 处理后相关酶的基因 *PpPOD*、*PpSOD*、*PpAPX*、*PpCHI* 和 *PpCLU* 基因出现上调表达。上述结果暗示 MeJA 抑制脐橙果实青霉病的发生可能与其提高防御酶活性、病程相关蛋白酶水平以及防御酶基因表达量有关。

关键词：MeJA；柑橘青霉病；酶活性；基因表达；诱导抗性

---

* 基金项目：江西省自然科学基金项目（20192BAB204018）；江西省果蔬采后处理关键技术及质量安全协同创新中心项目（JXGS-03）

** 第一作者：王印宝，硕士研究生，研究方向为采后病害；E-mail：yinbao1030@ 163. com

*** 通信作者：向妙莲，博士、副教授，研究方向为寄主-病原互作；E-mail：mlxiang@ jxau. edu. cn

microRNA PC-732 调控玉米抗弯孢菌分子机制研究*

刘　震[1,2**]　安馨媛[1,2]　王伟伟[1,2]　王　睿[1,2]　邢梦玉[1,2]　刘　铜[1,2***]

（1. 海南大学植物保护学院，热带农林生物灾害绿色防控教育部重点实验室，海口　570228；
2. 海南省绿色农用生物制剂创制工程研究中心，海口　570228）

摘　要： MicroRNA（miRNA）是一类结构相当保守的内源单链非编码寡核苷酸，在植物抗病反应中发挥重要作用。为了研究 miRNA 是否参与玉米抗弯孢菌过程，本课题组前期通过高通量测序技术鉴定出 5 个新的 miRNA；通过 miRNA 微阵列，分析了在玉米和弯孢菌互作不同时期（3 h，9 h，15 h）miRNA 的动态变化趋势，并比较抗病和感病组中的 miRNA 变化，筛选到 36 个与抗病反应相关的 miRNA，包括 zma - MIR397b - p5、bdi - miR5059 _ L - 3 _ 1ss15CA、osa - miR171b、PC-732、miR169b 等。为了进一步揭示 miRNA 的抗病分子机制，项目选用一个在玉米中新鉴定的、与抗性相关的 miRNA：PC-732 及其靶基因 ClMCA1（metacaspase）为研究对象，深入探讨 PC-732 和靶基因 ClMCA1 靶向关系及调控机理，解析靶基因 ClMCA1 在玉米抗弯孢叶斑病菌中的分子机制，将阐明玉米抗弯孢叶斑病菌的新机制，也将为快速培育玉米抗病品种提供理论依据和基因资源，同时为植物的抗病分子机理研究提供重要线索和理论基础。

关键词： 玉米弯孢叶斑病；microRNA；靶基因；抗病机制

---

* 基金项目：国家自然科学基金“PC732 与 ClCMA1 互作调控玉米抗弯孢叶斑病的分子机制研究”（31760510）

** 第一作者：刘震，博士研究生，研究方向为分子植物病理学；E-mail：liuzhenhenan@163.com

*** 通信作者：刘铜，教授，博士生导师，研究方向为植物病理学与生物防治；E-mail：liutongamy@sina.com

*NbNAC*1 transcription factor is essential for systemic resistance against tobacco mosaic virus by control of salicylic acid synthesis in *Nicotiana benthamiana* *

ZHANG Qiping ZHANG Qinqin CAO Mengyao ZHU Feng**

(*College of Horticulture and Plant Protection*, *Yangzhou University*, *Yangzhou*, *Jiangsu* 225009, *China*)

Abstract: Plant-specific NAC transcription factors (TFs) play importantroles in regulating plant developmental processes as well as biotic and abiotic stress responses. Salicylic acid (SA) plays a central role in plant innate immunity required for both local and systemic resistance. However, the molecular mechanism how NAC TFs regulate plant hormone signaling pathway in response to viral pathogens is unknown. Pathogen infection sinduce SA synthesis through up-regulating the expression of Isochorismate Synthase 1 (*ICS*1), which encodes a key enzyme in SA production. Here we report that NbNAC1 is a key regulator of systemic resistance against tobacco mosaic virus (TMV) infection in *Nicotiana benthamiana*. Silencing of *NbNAC*1 with TRV-based virus-induced gene silencing (VIGS) accelerated oxidativedamage, compromised local and systemic resistance, decreased SA levels and SA-mediated defense genes. However, overexpression of *NbNAC*1 prevented oxidativedamage, enhanced resistance to TMV, increased SA levels and SA-mediated defense genes. We found that NbNAC1 was nuclear-localized and possessed transcriptional regulation ability. Electrophoretic mobility shift assays showed that NbNAC1 can bind to the *NbICS*1 promoter. Luciferase reporter assays suggested that *NbNAC*1 activated *NbICS*1 gene expression. In conclusion, our results demonstrate a critical role for NbNAC1 in theactivation of SA production and downstream signaling pathwaysin plant systemic resistance against TMV.

Key words: NbNAC1; tobacco; *Nicotiana benthamiana*

---

* Funding: This work was supported by the National Natural Science Foundation of China (31500209) and Open Project Program of Joint International Research Laboratory of Agriculture and Agri-Product Safety, the Ministry of Education of China, Yangzhou University (JILAR-KF202006)

** Corresponding author: ZHU Feng; E-mail: zhufeng@ yzu. edu. cn

Secondary small RNAs contribute tohost-induced gene silencing in oomycete pathogens

HOU Yingnan[1,2*]　FENG Li[3]　CHEN Xuemei[4]

YE Wenwu[5]　ZHAI Jixian[3]　MA Wenbo[2]

(1. *School of Agriculture and Biology*, *Shanghai Jiao Tong University*, *China*;

2. *Department of Microbiology and Plant Pathology*, *University of California*, *Riverside*, *USA*;

3. *Department of Biology*, *Southern University of Science and Technology*, *Shenzhen*, *China*;

4. *Department of Botany and Plant Science*, *University of California*, *Riverside*, *USA*;

5. *Department of Plant Pathology*, *Nanjing Agricultural University*, *Nanjing*, *China*)

Abstract: Constantly facing challenges from potential pathogens in the environment, plants have evolved a myriad of defense mechanisms. Recently, increasing evidence has accumulated to suggest that small RNAs (sRNAs) areintegral components of plant immunity. Here we identified a specific sRNA pathway that was important for defense response in Arabidopsis against the fungi-like filamentous pathogen*Phytophthora capsici*. In particular, secondary small interfering RNAs (siRNAs) generated from a subset of transcripts from pentatricopeptide-repeat protein (PPR) -encoding genes function as antimicrobial agents and silence specific target genes in *P. capsici* during infection. To counteract this host-induced gene silencing, the *Phytophthora* effector *Phytophthora* suppressors of RNA silencing 2 (PSR2) targets Double-stranded RNA-binding protein 4 (DRB4) and specifically impairs the biogenesis of secondary siRNAs generated from miRNA-targeted transcripts. This study extended the concept that secondary siRNAs could be another arsenal for plant immunity through trans-species gene silencing and established a new paradigm of host-pathogen arms race.

Key words: small RNA; HIGS; plant immunity; oomycete

* First author: HOU Yingnan; E-mail: yingnanh@ sjtu. edu. cn

枇杷植株对木霉 P3.9 菌株及枇杷根腐病病菌的激素响应*

鲁海菊** 朱海燕 熊欣燕 冯 渝 赵梦娟

（红河学院生物科学与农学学院，蒙自 661199）

摘 要：为了弄清枇杷植株对有益菌及致病菌的激素响应差异，明确内生木霉 P3.9 菌株诱导枇杷植株抗根腐病病菌的信号转导途径。本文以枇杷内生木霉 P3.9 菌株及枇杷根腐病病菌 P3.1、P3.5 和 P3.6 菌株为研究对象，将其活体接种于 1 年苗龄枇杷根茎部，木霉接 20 g 菌剂，病菌各接 3 个直径 5 mm 菌丝块，设木霉 P3.9 菌株分别与 3 株病菌同时接种枇杷根系为阳性对照组，不接种任何菌体为阴性对照组，单独接种木霉 P3.9 菌剂为处理组。用高效液相色谱法，检测各处理及对照枇杷根、茎和叶中茉莉酸（JA）和水杨酸（SA）含量的变化情况。结果表明木霉 P3.9 菌株与枇杷互作，促使枇杷根茎部 JA、游离 SA 和结合 SA 含量增加；叶部 JA 含量不受影响，游离 SA 含量降低，结合 SA 含量增加。说明木霉 P3.9 菌株激活 JA 和 SA 共同启动枇杷植株防御系统。木霉 P3.9 菌株与枇杷根腐病病菌互作，促使枇杷茎部 JA、游离 SA 和结合 SA 含量增加，根部游离 SA 含量增加。说明枇杷植株被枇杷根腐病病菌攻击时，木霉 P3.9 菌株能维持枇杷茎部 JA 和 SA 较高含量，共同启动枇杷茎部防御系统，且对枇杷根部 SA 含量增加，具有协同增效作用，共同抵御枇杷根腐病病菌攻击。木霉 P3.9 菌株分别与病原菌 P3.1、P3.5 和 P3.6 互作，在根部 JA 含量变化不一致，前两者 JA 含量降低，后者 JA 含量不受影响。说明枇杷根系防御系统信号主要由 SA 途径转导。木霉 P3.9 菌株与病原菌 P3.5 互作，叶部 JA 含量不受影响。木霉 P3.9 菌株分别与病原菌 P3.1 和 P3.6 互作，叶部 JA 含量均增加。木霉 P3.9 菌株与病原菌 P3.5 互作，叶部游离 SA 含量不受影响。木霉 P3.9 菌株分别与病原菌 P3.1 和 P3.6 互作，叶部游离 SA 含量均增加，其中，与 P3.6 互作增幅最大，P3.1 其次。叶部结合 SA 与游离 SA 含量变化一致。JA 和 SA 含量增加幅度越大，枇杷根腐病病菌致病力越强。说明 3 株枇杷根腐病病菌致病性存在差异，其中根腐病菌 P3.6 致病性最强，P3.5 致病性最弱，P3.1 居中。

关键词：木霉；枇杷；根腐病；茉莉酸；水杨酸；高效液相色谱

---

* 基金项目：国家自然科学基金（31660147）；云南省应用基础研究计划（2016FB066）；红河学院应用型科学研究重点项目（XJY15Z06）

** 第一作者：鲁海菊，博士，教授；E-mail：luhaiju2011@126.com

Hormone responses of loquat plant to *Trichoderma* P3. 9 and pathogen of loquat Root Rot

LU Haiju ZHU Haiyan XIONG Xinyan FENG Yu ZHAO Mengjuan
(*Department of Life Science and Technology*, *Honghe College*, *Honghe* 661199, *China*)

Abstract: In order to find out the difference of hormone responses of loquat plant to the beneficial fungi and the pathogenic fungi, and to determine the signal transduction pathway of loquat plant induced by the endophytic *Trichoderma* P3. 9 to resist the pathogen of root rot. *T.* strain P3. 9 and the pathogen of loquat of root rot P3. 1, P3. 5 and P3. 6 strains were used as research objects. Taking the 1 year loquat seedlings of root innoculated by single *T.* P3. 9 as the treatment group, by mixture with the *T.* P3. 9 and the respective pathogen of loquat root rot P3. 1, P3. 5 and P3. 6 strains as the positive group, and without inoculation as the negative control group. The dosages are respective 20g *T.* P3. 9 biological agent and 3 mycelia pieces diameter 5mm each loquat plant. The changes of jasmonic acid, free salicylic acid and combinative salicylic acid in loquat roots, stems and leaves were tested by high performance liquid chromatography. The results showed that *T.* strain P3. 9 interacted with loquat plant, which increased the content of JA, free SA and bound SA in loquat roots and stems. The content of JA in leaves was not affected, but that of free SA was decreased, and the content of bound SA was increased. It indicates that *T.* strain P3. 9 activates both JA and SA signaling molecules to initiate the defense system of loquat plant. *T.* strain P3. 9 interacted with the pathogen of loquat root rot, which increased the contents of JA, free SA and bound SA in stems, and the content of free SA in roots. It indicates that when loquat plant was attacked by the pathogen of loquat root rot, *T.* strain P3. 9 can maintain high content of JA and SA in loquat stem, and activate the defense system of it, which had synergistic effect on the increase of SA content in loquat root, so as to resist the attack of the pathogen of loquat root rot. When *T.* P3. 9 respectively interacted with the pathogens P3. 1, P3. 5 and P3. 6, it was not consistent that the change of JA content in roots. The JA content of the former was decreased, but the latter was not affected. It indicates that the root defense system signal of loquat is mainly transferred from SA route. The change of JA content in leaves was different. When *T.* P3. 9 interacted with the P3. 5, the content of JA in leaves was not affected. When *T.* P3. 9 respectively interacted with the P3. 1 and P3. 6, the content of JA in leaves was increased. The change of free SA content in leaves was also different. When *T.* P3. 9 interacted with the P3. 5, the content of free SA in leaves was not affected. When *T.* P3. 9 respectively interacted with the P3. 1 and P3. 6, the content of free SA in leaves was increased, however, free SA content of the former was increased more than the latter. The change of bound SA content in leaves was consistent with free SA content. The higher the content of JA and SA, the stronger the pathogenicity of the pathogen of loquat root rot. It indicates that the pathogenicity of P3. 1, P3. 5 and P3. 6 strains are different, the pathogenicity of the P3. 6 strain is the strongest, the P3. 5 strain is the weakest, and the P3. 1 strain is in the middle.

Key words: *Trichoderma*; loquat; root rot; jasmonic acid; salicylic acid; high performance liquid chromatography

二穗短柄草 GATA 转录因子的全基因组鉴定和表达分析

彭伟业　李　魏　宋　娜　戴良英*　王　冰**

（湖南农业大学植物保护学院，长沙　410128）

摘　要：水稻是全球主要粮食作物，而稻瘟病是水稻生产中的三大病害之一，筛选抗稻瘟病相关基因对于揭示抗稻瘟病分子机理意义重大。GATA 转录因子广泛分布于真核生物中，能特异性识别保守的 DNA 基序（T/A）GATA（G/A），是植物抗病抗逆等生物进程的重要调控因子。本研究以禾本科模式植物二穗短柄草（*Brachypodium distachyon*）全基因组数据为参考，利用生物信息方法分析了二穗短柄草基因组中 GATA 转录因子的数量及其序列特征。研究结果表明，二穗短柄草 GATA 基因家族包含 28 个成员，根据 GATA 系统发育关系和保守结构域特征，可将 28 个成员分为 4 个亚族。GATA 家族基因随机分布在 5 条染色体上，并且在二穗短柄草进化过程中经历纯化选择。顺式调控元件和蛋白相互作用网络预测显示 BdGATA 成员与植物激素响应和防御反应有关。基因表达分析结果表明，*BdGATA* 基因在根、茎、叶和种子中有不同的表达；*BdGATA* 基因对茉莉酸甲酯和水杨酸处理敏感，其中 10 个基因对稻瘟病病原菌（*Magnaporthe oryzae*）的入侵有反应。*BdGATA* 基因的全基因组表征、进化和表达分析为揭示 GATA 基因家族在植物中的功能提供理论依据，进一步提高了植物防御中细胞信号转导的认识。

关键词：二穗短柄草；GATA 转录因子；全基因组特征；系统发育；表达分析

* 戴良英，博士，教授，研究方向为植物-微生物分子互作；E-mail：daily@ hunau. ne

** 通信作者：王冰，博士，副教授，研究方向为植物病理学；E-mail：zhufu@ hunau. edu. cn

箭筈豌豆炭疽病中植物应激挥发性化学成分研究*

任 婷** 李 帆 程方姝 郭钊玲 宋秋艳***
（兰州大学草地农业科技学院，草地农业生态系统国家重点实验室，农业农村部草地畜牧业创新重点实验室，兰州 730020）

摘 要：本文以箭筈豌豆的正常株和病株为实验材料，通过顶空吸附法和水蒸气蒸馏法两种方法，收集挥发油成分并利用 GC-MS 分析其化学成分。顶空吸附法下正常株与病株中共收集到 54 种挥发性次生代谢物，产生的差异挥发性代谢物有 25 种，化合物类型主要为苯的衍生物、单萜类、酮类、烷烃、烯烃等，其中正常株和病株中挥发性次生代谢物含量最高的化合物分别是四环［3.3.1.1（1，8）.0（2，4）］癸烷（tetracyclo［3.3.1.1（1，8）.0（2，4）］decane）和 β-甲基苯乙醇胺（β-methyl-benzeneethanamine）。水蒸气蒸馏法下正常株与病株中共收集到 105 种代谢产物，产生的差异挥发性代谢物有 48 种，化合物的主要类型为胺类、苯的衍生物、醇类、醚类、酸类等，其中正常株和病株中挥发性次生代谢物含量最高的化合物都是丁基羟基甲苯（butylated hydroxytoluene）。差异代谢产物可能是感染炭疽病的箭筈豌豆产生的应激次生代谢物，有作为生物防治箭筈豌豆炭疽病的潜能。

关键词：箭筈豌豆；菠菜炭疽菌；挥发油；应激物质

Study on volatile chemical constituents of *Vicia sativa* infected with *Colletotrichum spinaciae*

REN Ting LI Fan CHENG Fangshu GUO Zhaolin SONG Qiuyan
(*State Key Laboratory of Grassland Agro-ecosystems, Key Laboratory of Grassland Livestock Industry Innovation, Ministry of Agriculture and Rural Affairs, College of Pastoral Agriculture Science and Technology, Lanzhou University, Lanzhou* 730020, *China*)

Abstract: In this paper, the normal and diseased plants of *Vicia sativa* were used as experimental materials. The volatile oil was collected by headspace adsorption and steam distillation method, and the chemical constituents were analyzed by GC-MS. Fifty-four kinds of volatile secondary metabolites were collected from normal and diseased plants by headspace adsorption method, including benzene derivatives, monoterpenes, ketones, alkanes, alkenes, etc. Compared with normal *V. sativa*, there are 25 kinds of differential volatile metabolites produced by *V. sativa* infected with *C. spinaciae*. The compounds

* 基金项目：国家青年科学基金项目（31901388）；甘肃省青年科技基金计划（20JR5RA231）；甘肃省科技重大专项（18JR4RA003），中央高校基本科研业务费专项资金（lzujbky-2020-20）

** 第一作者：任婷，硕士研究生，研究方向为植物保护；E-mail：rent20@lzu.edu.cn
*** 通信作者：宋秋艳，副教授；E-mail：sqy@lzu.edu.cn

with the highest levels of volatile secondary metabolites in normal and diseased plants were tetracyclo [3.3.1.1 (1, 8). 0 (2, 4)] decane and β-methyl-benzeneethanamine, respectively. A total of 105 compounds were collected from two plants by steam distillation. There were 48 kinds of differential volatile metabolites produced. The main types of compounds are amines, benzene derivatives, alcohols, ethers, acids, etc. The highest content of volatile secondary metabolites in normal anddiseased plants werebutylated hydroxytoluene. These differential metabolites may be the stress secondary metabolites produced by *V. sativa* infected with anthracnose, which has the potential to be used as biological control of anthracnose of *V. sativa*.

Key words: *Vicia sativa*; *Colletotrichum spinaciae*; volatile oil; chemical constituents

箭筈豌豆（*Vicia sativa*）为豆科野豌豆属一年生草本植物，是我国重要的栽培牧草，有重要的经济、社会和生态价值。南志标自 1998 年起开始选育并于 2011 年通过审定得到适于高山种植的“兰箭 3 号”，具有早熟、高产等特性[1]。但在作物生产中，箭筈豌豆常因感染各类病害导致产量减少、品质下降，已经报道的有箭筈豌豆锈病、霜霉病、炭疽病、白粉病等多种真菌性病害[2]以及细菌、病毒、线虫引起的非真菌病害[3]。箭筈豌豆炭疽病首次被报道于 1926 年，由野豌豆刺盘孢（*Colletotrichum viciae*）引起[4]。2015 年 Xu[5]等于甘肃庆阳发现由小扁豆刺盘孢（*Colletotrichum lentis*）引起的箭筈豌豆炭疽病。2020 年王琼[6]等报道了在甘肃夏河发生的箭筈豌豆炭疽病，鉴定病原为 *Colletotrichum spinaciae*。

本文利用动态顶空法和水蒸气蒸馏采样法两种方法，对比正常株与病株中挥发油化学成分，以期从中找到应激挥发性化学成分，为箭筈豌豆炭疽病生物防治以及降低传统化学农药对环境和人类健康带来的毒副作用的研究提供一定的理论基础。

1 材料与方法

1.1 材料与仪器

2020 年 9 月在甘肃民乐采集箭筈豌豆的正常株和被炭疽病侵染的病株。气相色谱-质谱联用仪：岛津气质联用仪 GCMS-QP2010Plus；大气采样仪：QC-3；旋转蒸发仪：EYELA 东京理化旋转蒸发仪 N-1300S-W；水蒸气蒸馏装置：按蒸气发生瓶—样品瓶—冷凝管—接引管—接收瓶安装，采用电热套加热。

1.2 顶空吸附法

将正常株和病株分别用样品袋密封，利用大气采样仪收集 3 h，气流 200 mL/mim，用正已烷（色谱纯级）洗脱吸附材料收集产物，通风橱挥干后于-20 ℃下密闭保存，之后利用 GC-MS 进行分析鉴定。

1.3 水蒸气蒸馏法

将箭筈豌豆置于圆底烧瓶中，加入蒸馏水，利用蒸馏装置收集，用无水乙醚萃取收集到的馏分，放置在装有少量无水硫酸钠的棕色瓶中于-20 ℃ 下密闭保存，之后利用 GC-MS 进行分析鉴定。

2 结果与分析

2.1 气相质谱

2.1.1 顶空吸附法收集挥发油气质分析结果

采用顶空吸附法通过大气采样器对箭筈豌豆正常株和被炭疽病侵染的病株的挥发油进行采集，用 GC-MS 检测成分组成，共得到了 54 种代谢产物。正常株挥发油成分共鉴定出 29 种代谢产物，主要为苯的衍生物、单萜类、酮类、烷烃等（表 1），其中单萜类代谢产物占比最多，占 74.19%，烯烃类代谢产物占比最少，仅占 0.12%，见图 1（A）。病株挥发油成分共鉴定出 40 种代谢产物，主要为胺类、苯的衍生物、酮类等（表 2），其中苯的衍生物类代谢产物占比最多，占 58.26%，烯烃类代谢产物占比最少，仅占 0.05%，见图 1（B）。

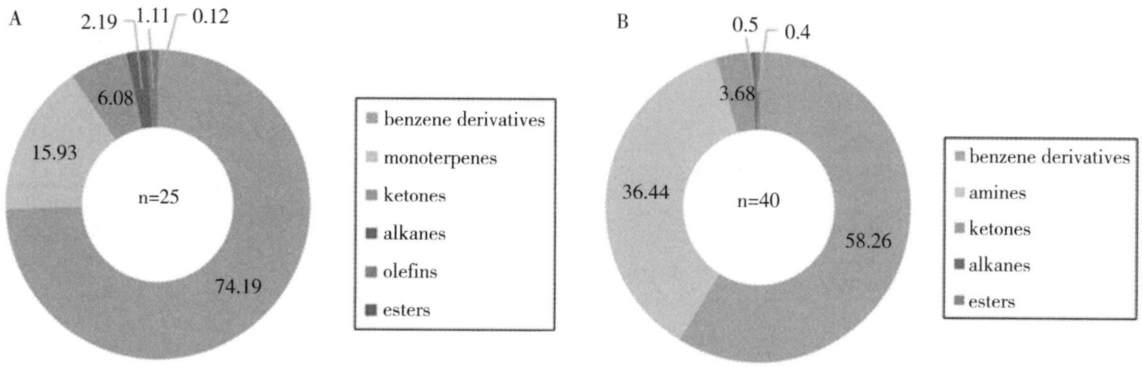

Fig. 1 The proportion of various compounds of volatile oils in normal plants（A）and diseased plants（B）by headspace adsorption

n：Total volatile metabolites

Table1 The top five compounds of volatile oilsfrom normal plants by headspace adsorption

Number	Compound	Retention indices	Type of compounds	Peak area of normal plants/%
1	Tetracyclo［3.3.1.1（1，8）.0（2，4）］decane	795	monoterpenes	74.19
2	Hexacosane	2 606	alkanes	8.92
3	Tetratetracontane	4 395	alkanes	5.14
4	1-（4-ethylphenyl）-Ethanone	1 242	ketones	2.19
5	Bis（2-ethylhexyl）phthalate	2 704	benzene derivatives	1.73

Table2 The top five compounds of volatile oils from diseased plants by headspace adsorption

Number	Compound	Retention indices	Type of compounds	Peak area of diseased plants/%
1	β-methyl-Benzeneethanamine	1 171	amines	36.44
2	N-Allylaniline	1 181	benzene derivatives	36.09
3	1，4-diethyl-Benzene	1 106	benzene derivatives	17.73
4	1-（4-ethylphenyl）-Ethanone	1 242	ketones	3.55
5	4-ethyl-1，2-dimethyl-Benzene	1 119	benzene derivatives	1.14

2.1.2 水蒸气蒸馏法收集挥发油气质分析结果

采用水蒸气蒸馏法收集箭筈豌豆正常株和被炭疽病侵染的病株的挥发油成分，通过 GC-MS 检测其成分组成，共得到了 105 种代谢产物。正常株挥发油成分共鉴定出 57 种代谢产物，主要为苯的衍生物、烷烃、烯烃、酯类化合物等（表 3），其中苯的衍生物类代谢产物占比最多，占 50.97%，酸类代谢产物占比最少，仅占 0.14%，见图 2（A）。病株挥发油成分共鉴定出 67 种代谢产物，主要为胺类、苯的衍生物、酮类、烷烃等（表 4），其中苯的衍生物类代谢产物占比最多，占 29.5%，烯烃类代谢产物占比最少，仅占 1.02%，见图 2（B）。

Table3 The top five compounds of volatile oils from normal plants by headspace adsorption

Number	Compounds	Retention indices	Type of compounds	Peak area of normal plants/%
1	Butylated hydroxytoluene	1 668	benzene derivatives	45. 6
2	n-Hexane	618	alkanes	7. 06
3	(E) -2-Hepten-1-ol	968	alkenes	3. 29
4	Benzeneacetaldehyde	1 081	benzene derivatives	3. 26
5	Dibutyl phthalate	2 037	esters	2. 86

Table4 The top five compounds of volatile oils from diseased plants by Steam distillation

Number	Compounds	Retention indices	Type of compounds	Peak area of diseased plants/%
1	Butylated hydroxytoluene	1 668	benzene derivatives	26. 69
2	(Z) -9-Octadecenamide	2 228	amines	7. 18
3	n-Hexane	618	alkanes	4. 41
4	2, 3-dimethyl-Pentane	589	alkanes	3. 63
5	6, 10, 14-trimethyl-2-Pentadecanone	1 754	ketones	3. 07

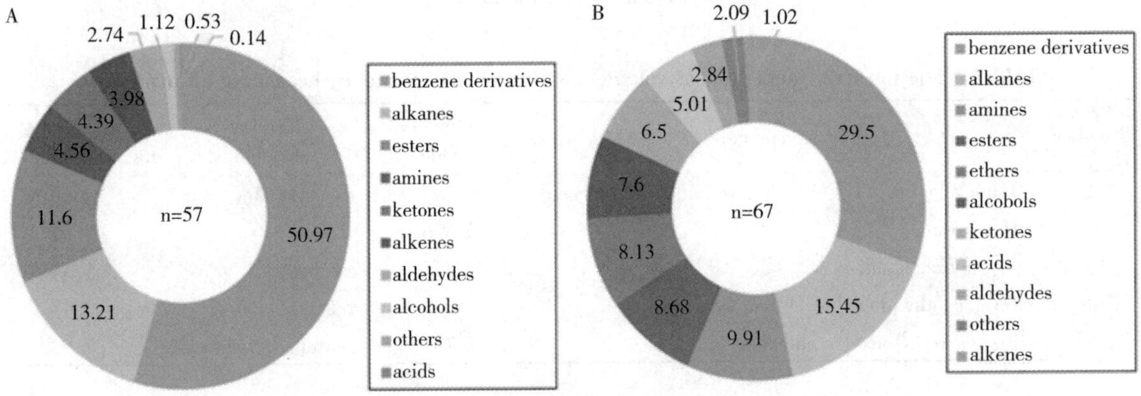

Fig. 2 The proportion of various compounds of volatile oils in normal plants (A) and diseased plants (B) by steam distillation

n: Total volatile metabolites

2.2 代谢产物差异分析

2.2.1 正常株在两种收集方式下差异挥发性次生代谢产物

采用顶空吸附法和水蒸气蒸馏法，对箭筈豌豆的正常株和病株中挥发性化学成分进行分析，由于其收集方式不同，收集到的代谢产物也有明显差异。通过顶空吸附法，正常株共收集到 29 种代谢产物，而通过水蒸气蒸馏法则有 57 种代谢产物。正常株通过这两种方法共收集到 2 种相同代谢产物，为二十六烷（hexacosane）和邻苯二甲酸二（2-乙基己基）酯（bis（2-ethylhexyl）phthalate）。二十六烷（hexacosane）占顶空吸附法收集到的 0.72%，占水蒸气蒸馏法收集到的 8.92%，含量明显上升，说明水蒸气蒸馏法更利于该物质的收集。邻苯二甲酸二（2-乙基己基）酯［bis（2-ethylhexyl）phthalate］占顶空吸附法收集到的 0.78%，占水蒸气蒸馏法收集到的 1.73%，含量明显上升，该代谢产物更适用于水蒸气蒸馏法进行收集。且正常株通过顶空吸附法收集到的主要为单萜类代谢产物，而水蒸气蒸馏法收集到的主要为苯的衍生物类代谢产物。

2.2.2 病株在两种收集方式下差异挥发性次生代谢产物

通过顶空吸附法，病株共收集到 40 种代谢产物，而通过水蒸气蒸馏法则有 67 种代谢产物。

病株通过这两种方法共收集到 3 种相同代谢产物，分别为丁基羟基甲苯（butylated hydroxytoluene）、己二酸二辛酯（hexanedioic acid，dioctyl ester）、邻苯二甲酸二（2-乙基己基）酯［bis（2-ethylhexyl）phthalate］。此外，水蒸气蒸馏法还收集到了醚类、醛类和酸类代谢产物。

2.2.3 顶空吸附法下正常株与病株中差异挥发性代谢产物

通过顶空吸附法，收集箭筈豌豆正常株和感染炭疽病的病株的挥发油，经 GC-MS 测定，正常株共收集到 29 种代谢产物，病株共收集到 40 种代谢产物。其中病株和正常株共有 15 种相同代谢产物，产生的差异代谢产物有 25 种。

2.2.4 水蒸气蒸馏法下正常株与病株中差异挥发性代谢产物

通过水蒸气蒸馏法收集箭筈豌豆正常株和感染炭疽病的病株的挥发油，经 GC-MS 分析测定，正常株共收集到 57 种代谢产物，病株共收集到 67 种代谢产物。其中病株和正常株共有 19 种相同代谢产物，病株与正常株相比产生的差异代谢产物有 48 种。

3 讨论

箭筈豌豆是一种具有高度经济价值和生态价值的畜牧用作物，而炭疽病害是其一种常见病害，通过研究其病株与正常株挥发油成分差异，有利于该病害的生物防治。本研究通过顶空吸附法和水蒸气蒸馏法收集分析感染炭疽病的箭筈豌豆的病株及未感染的正常株的挥发油成分，并经 GC-MS 检测鉴定其主要化合物成分。由于这两种方法收集方式所需温度不同，所以收集到的挥发油成分存在差异。

通过顶空吸附法，病株与正常株相比，产生的差异代谢产物有 25 种，主要为苯的衍生物类、胺类和酯类化合物，包括 β-甲基苯乙醇胺（β-methyl-benzeneethanamine）、n-烯丙基苯胺（N-allylaniline）、1,4-二乙基苯（1,4-diethyl-benzene）、1-乙基-4-甲基苯（1-ethyl-4-methyl-benzene）、1-甲基-4-（1-甲基丙基）-苯（1-methyl-4-（1-methylpropyl）-benzene）等化合物。通过水蒸气蒸馏法，病株与正常株相比，产生的差异代谢产物有 48 种，主要为烷烃类、醚类和醇类化合物，包括 2,3-二甲基戊烷（2,3-dimethyl-pentane）、2,2-二甲基氧杂环丁烷（2,2-dimethyl-oxetane）、3,3-二甲基丁烷-2-醇（3,3-dimethylbutane-2-ol）、(3-甲基丁基）-环氧乙烷（(3-methylbutyl）-oxirane）、4-甲基-3-庚酮（4-methyl-3-heptanone）等化合物。因此，病株与正常株相比产生的差异代谢物是箭筈豌豆感染炭疽病后为抵抗病害而产生的应激代谢物，这些化合物有作为生物防治箭筈豌豆炭疽病的潜能，并为箭筈豌豆炭疽病的生物防治提供了一定的理论基础。

参考文献

［1］ NAN Z B，WANG Y R，NIE B，*et al.* Breeding of Lanjian No. 3 common vetch and evaluation (in Chinese)［J］. Acta Prataculturae Sinica（草业学报），2021，30（4）：111-120.

［2］ XU S，LI Y Z. Research progress on fungal diseases of *Vicia sativa* (in Chinese)［J］. Acta Pratcultural Sinica（草业学报），2016，25（7）：203-214.

［3］ WANG Q，MA L X，DUAN T Y，*et al.* Research progress on non-fungal diseases of *Vicia sativa* (in Chinese)［J］. Pratcultural science（草业科学），2019，36（6）：1578-1590.

［4］ DEARNESS J. New and noteworthy fungi. IV. Mycologia，1926，18（5）：236-255.

［5］ XU S，LI Y Z. First Report of Common Vetch Anthracnose Caused by *Colletotrichum lentis* in China［J］. Plant Disease，2015，99（12）：1859.

［6］ WANG Q，DUAN T Y，NAN Z B. Isolation and identification of an anthracnose pathogen on *Vicia sativa* (in Chinese)［J］. Acta Pratcultural Sinica（草业学报），2020，29（6）：127-136.

黄瓜抗黑斑病基因 *CsPRp27* 克隆与生物信息学分析

萨日娜* 刘 东 陶 磊 潘梦佳 程旭楠 张艳菊**

（东北农业大学农学院，哈尔滨 150030）

摘 要：克隆黄瓜（*Cucumis sativus* L.）中抗黑斑病相关的病程相关蛋白基因 *CsPRp27*，分析其氨基酸序列、启动子序列及 *CsPRp27* 在黑斑病菌侵染不同时间点下不同抗性品种中的表达特性，为解析该基因的抗黑斑病功能奠定基础。基于前期转录组测序技术，获得一个病程相关蛋白基因 *PRp27*，根据黄瓜 *CsPRp27*（葫芦科作物基因组数据库登录号为 Csa7G072780）基因 CDS 序列设计引物，通过 PCR 扩增克隆该基因序列全长；使用 DNAMAN 软件对该基因的分子量、等电点等进行测序，并对其氨基酸序列进行分析；采用荧光定量 PCR 检测该基因在黑斑病菌侵染不同时间点下不同抗性品种中的表达特性；利用 PlantCARE 软件在线分析该基因启动子上的顺式作用元件。*CsPRp27* 的 CDS 序列为 783 bp，编码 260 个氨基酸，其蛋白分子量为 29.136 kDa，等电点为 8.91；成熟蛋白具有分泌蛋白（plant basic secretory，BPS）的保守结构域；荧光定量 PCR 结果显示，*CsPRp27* 基因能积极响应黑斑病菌侵染，抗病黄瓜 D1322 可快速响应黑斑病菌侵染，而感病黄瓜较迟缓的响应黑斑病菌侵染，其相对表达量显著低于抗病黄瓜；启动子分析显示 *CsPRp27* 启动子区域内含有多个抗性相关的作用元件，其中包括 MYB 结合位点、ABA 响应元件、厌氧响应元件、JA 响应元件和防御和逆境响应元件。*CsPRp27* 基因在黑斑病菌的抗性中发挥重要重用，生物和微生物胁迫均能诱导其表达。

关键词：黄瓜；病程相关蛋白基因；克隆；序列分析

---

* 第一作者：萨日娜，博士，研究方向为蔬菜病害综合防治

** 通信作者：张艳菊，教授，博士，博士生导师，研究方向为蔬菜病害综合防治；E-mail：zhangyanju1968@163.com

OsILR3 靶向新顺式作用元件调控水稻短肽 *Os2H16* 的表达和纹枯病抗性*

刘加宗[1**]　曹红祥[1]　李　宁[1]　储昭辉[2***]

（1. 作物生物学国家重点实验室，山东农业大学农学院，泰安　271018；
2. 杂交水稻国家重点实验室，武汉大学生命科学学院，武汉　430072）

摘　要：由立枯丝核菌（*Rhizoctonia solani*）引起的水稻纹枯病是影响粮食生产和安全的重要病害之一，克隆和解析抗病基因功能是遗传改良培育高抗品种的研究基础。此前，笔者鉴定到未知功能短肽编码基因 *Os2H16* 参与生物胁迫纹枯病、白叶枯病以及非生物胁迫干旱的抗性，并解析了转录因子 OsASR2 响应上述胁迫，靶向顺式作用元件 GT-1 调控 *Os2H16* 表达并抗逆的分子调控机制。研究中还发现在 GT-1 的上游存在另外未知的顺式元件协同参与纹枯病菌对 *Os2H16* 的诱导调控。为解析新响应纹枯病菌元件及其介导的转录调控机制，本研究通过构建 GT-1 缺失突变启动子以及系列截短载体，利用报告基因的筛选方法鉴定到了 *Os2H16* 启动子区域的一个新的响应纹枯病菌诱导的顺式作用元件 AATCA。通过 DNAPull-down 联合质谱分析技术，筛选到一个与 AATCA 元件互作的包含有 bHLH 结构域的 DNA 结合蛋白 OsILR3，完成了 EMSA、ChIP-qPCR 等与 DNA 结合的验证。在烟草中瞬时表达 OsILR3 可以激活下游驱动绿色荧光蛋白报告基因的表达，转录激活和亚细胞定位等实验证明了 OsILR3 是一个核定位且具备完整 DNA 结合和转录激活功能的转录因子。为了进一步探究 OsILR3 的功能，笔者通过农杆菌介导的粳稻遗传转化体系创制了 *OsILR3* 基因超量表达和基因编辑敲除株系，通过 qRT-PCR 技术验证了 *Os2H16* 表达量与 *OsILR3* 基因表达量之间的正相关，ChIP-qPCR 也证明了 OsILR3 靶定到 *Os2H16* 基因启动子的 AATCA 元件，促进 *Os2H16* 的转录。对转基因株系进行纹枯病菌离体接种，发现与野生型品种中花 11 相比，超量株系病斑面积更小而基因编辑敲除株系病斑面积更大，其病程相关基因 *OsPR1b* 和 *OsPR10* 的转录水平也与表型相一致，从而证明了 OsILR3 也参与水稻对纹枯病的抗性。综上所述，笔者鉴定了一个新的参与调控水稻对纹枯病抗性的转录表达调控模块——OsILR3-AATCA-Os2H6。

关键词：水稻；纹枯病；OsILR3；转录因子；顺式作用元件

---

* 基金项目：国家自然科学基金（31771748）；山东省优秀青年基金（ZR2020YQ24）
** 第一作者：刘加宗；E-mail：nli@ sdau. edu. cn
*** 通信作者：储昭辉；E-mail：zchu77@ whu. edu. cn

杧果钙调蛋白转录激活因子基因家族鉴定及分析*

刘志鑫[1,2]** 孙 宇[2] 叶 子[2] 罗睿雄[3] 李 忠[1]
刘晓妹[4] 蒲金基[2,5]** 张 贺[2]***

（1. 贵州大学农学院，贵阳 550025；2. 中国热带农业科学院环境与植物保护研究所/农业农村部热带作物有害生物综合治理重点实验室，海口 571101；3. 中国热带农业科学院热带作物品种资源研究所，海口 571101；4. 海南大学植物保护学院，海口 570228；5. 中国热带农业科学院热带生物技术研究所，海口 571101）

摘　要：鉴定杧果钙调蛋白转录激活因子（CAMTA）基因家族成员并对其进行生物信息学分析，探究杧果在抵抗病原菌侵染和响应水杨酸、茉莉酸抗病信号分子时的持续表达特性。利用生物信息学、qRT-PCR 实时荧光定量等方法在杧果全基因组中鉴定 *MiCAMTA* 转录因子基因，包括理化性质、保守基序、系统发育关系及其在不同病原菌侵染和抗病信号分子处理下的表达差异。分析结果表明，杧果中含有 8 个钙调蛋白转录激活因子（CAMTA），且均具有较高保守性，qRT-PCR 显示 *MiCAMTAs* 不同程度地参与了病原菌侵染和抗病信号分子的诱导。杧果中 8 个 *MiCAMTA* 家族成员具有典型 CaM 结合结构域，能不同程度地被病原菌和抗病信号分子激活，为研究其抗病机制奠定基础。

关键词：钙调蛋白；CAMTA 转录因子；杧果

---

* 基因项目：国家重点研发计划（2019YFD1000504）；农业农村部项目“滇桂黔石漠化地区特色作物产业发展关键技术集成示范”“杧果种质资源收集保存、鉴定评价与创新利用”“杧果果品质量评价技术”“杧果病虫害监测与防治项目”；中国热带农业科学院基本科研业务费专项资金（1630042017019）

** 作者简介：刘志鑫，硕士研究生，研究方向为植物保护学；E-mail：1406383753@ qq. com
蒲金基，博士，研究员，研究方向为植物保护学；E-mail：cataspjj@ 163. com

*** 通信作者：张贺，硕士，副研究员，研究方向为植物病理学；E-mail：atzzhef@ 163. com

水稻对小麦条锈菌非寄主抗性基因的筛选与鉴定

张　策　郭庆辰　赵　晶　康振生
（西北农林科技大学植物保护学院，旱区作物逆境生物学国家重点实验室，杨凌　712100）

摘　要：小麦条锈病严重威胁小麦的安全生产，且条锈菌的频繁变异常导致小麦抗病品种丧失抗性。由于植物非寄主抗性具有广谱持久的特性，非寄主抗性基因的克隆与鉴定被广泛关注。本研究围绕水稻与小麦条锈菌的非寄主互作，对条锈菌不同株系在水稻叶片上的萌发率、气孔下囊形成率以及侵染菌落面积进行了组织学观察，发现条锈菌不同株系对水稻的侵袭力存在显著差异，并筛选到对水稻侵袭力相对较高且稳定的株系。通过分析接种条锈菌后不同时间点水稻转录组的变化，对差异表达基因进行分析，表明蛋白激酶、氨基酸转运蛋白等基因的调控表达可能参与水稻对条锈菌的非寄主抗性；利用T-DNA插入突变体，对水稻与条锈菌互作过程中上调表达的7个差异基因进行了功能验证，发现编码肽转运蛋白PTR2和多效性耐药蛋白的两个基因在水稻对小麦条锈菌的非寄主抗性过程中发挥重要作用。本研究优化了水稻与条锈菌的非寄主互作研究体系，构建了水稻与条锈菌非寄主互作的基因表达调控网络，并鉴定到水稻中两个参与对条锈菌非寄主抗性的候选基因，为进一步揭示水稻对条锈菌非寄主抗性的分子机理奠定了基础。

关键词：非寄主抗性；小麦条锈菌；水稻；转录组测序；T-DNA插入突变体

木霉菌疏水蛋白 Hyd1 诱导玉米抗根腐病相关内生微生物组分析*

司高月** 陈 捷***
（上海交通大学农业与生物学院，上海 200240）

摘 要： 玉米根腐病是我国玉米生产中的重要植物病害，生物防治是有效控制玉米根腐病发生的重要途径。木霉菌可以通过抑制植物病原菌和诱导植物防御反应实现对玉米根腐病等土传病害的系统控制，但关于木霉菌通过诱导玉米植株的内生微生物组多样性变化，控制根腐病的发生尚缺少深入研究。本文重点研究哈茨木霉（*Trichoderma harzianum*）分泌的 MAMP 分子，即疏水蛋白 Hyd1 和玉米根系靶标类泛醌蛋白 UBQLN1-like 相互作用过程中玉米内生微生物组的多样性与寄主防御反应基因的响应关系，以揭示木霉菌诱导玉米对拟轮枝镰刀菌（*Fusarium verticillioides*）根腐病抗性的微生态学机理。本研究构建了木霉菌疏水蛋白 hdy1 突变株、过表达株及 Hyd1 与 UBQLN-like 单一及融合的玉米和拟南芥转化株，并利用高通量测序技术来测定玉米不同生育期和器官组织内生微生物组的结构和多样性变化。通过定量 PCR 方法测定玉米不同生育期和器官组织的防御信号 BR 和 JA/ET 等相关基因，同时利用 HPLC 技术分析木霉菌诱导的植物激素 ABA、IAA 等和镰孢菌毒素的变化。结果表明木霉菌 Hyd1 促进其在根系上的定殖，促进植株生长，并能够诱导玉米对根腐病的抗性。木霉菌疏水蛋白 Hyd1 处理增加了玉米根系内生真菌 OTUs 数量，尤其是子囊菌门真菌多样性最为明显；Hyd1 诱导根系和茎基部的内生细菌多样性也发生了变化，其中变形菌门丰度增加明显。木霉菌 Hyd1 诱导的根系抗根腐病相关的内生微生物组变化与根系防御反应基因表达间存在一定的关联性，为进一步揭示基于木霉菌 Hyd1 调控玉米抗根腐病的内生微生物组作用机制奠定了理论基础。

关键词： 哈茨木霉；疏水蛋白；类泛醌蛋白；诱导抗性；内生微生物组

---

* 基金项目：国家自然科学基金（31872015）
** 第一作者：司高月，博士生，研究方向为木霉菌与植物互作
*** 通信作者：陈捷，教授

Tal2b 靶向激活 $OsF3H_{03g}$ 的表达并协同 OsUGT74H4 负调控水稻免疫反应*

吴 涛[1] 储昭辉[2**] 丁新华[1**]
（1. 作物生物学国家重点实验室，山东农业大学，泰安 271018；
2. 杂交水稻国家重点实验室，武汉大学生命科学学院，武汉 430072）

摘 要：稻黄单胞菌水稻致病变种条斑病菌（*Xanthomonas oryzae* pv. *oryzicola*，*Xoc*）和白叶枯病菌（*Xanthomonas oryzae* pv. *oryzae*，*Xoo*）通过三型分泌系统分泌效应分子发挥致病作用，转录激活类（Transcription activator-like，TAL）效应因子是其中的主要类型之一，在 Xoo 与水稻的互作中得到重点的关注和功能解析。Xoc 中也包含数量众多的 TAL 效应因子，然而这些 TAL 效应因子在调控水稻免疫反应中的功能仍然知之甚少。本研究从湖北黄冈地区分离到一个 Xoc 菌株 HGA4，其致病力在 10 余种籼、粳水稻品种上比国内模式菌株 RS105 表现更强。基因组比较分析发现，HGA4 菌株比 RS105 包含更多的另外 4 个 TAL 效应因子，成为解析致病力增强的主要疑因。将其中之一 Tal2b 转入 RS105 后发现可以提高致病力，进一步的研究显示，Tal2b 直接靶定水稻中的 2 酮戊二酸依赖型氧化酶（2-oxoglutarate-dependent dioxygenase，2OGD）基因 $OsF3H_{03g}$ 并激活转录表达。在 ZH11 水稻中对 $OsF3H_{03g}$ 基因分别进行超量表达、抑制表达以及基因编辑操作，病原接种分析显示：与野生型水稻相比，$OsF3H_{03g}$ 超量表达水稻对条斑病更加感病，病斑变长；抑制表达和基因编辑水稻均对条斑病更加抗病，病斑变短。通过转录组测序和激素定量分析发现，$OsF3H_{03g}$ 超量表达水稻中的抗病基因下调表达，水杨酸（Salicylic acid，SA）含量显著降低；而基因编辑水稻中抗病基因上调表达，SA 含量增加，暗示 $OsF3H_{03g}$ 通过负向调控水稻中 SA 的含量来减弱免疫反应。研究还发现 $OsF3H_{03g}$ 与尿苷二磷酸葡萄糖基转移酶（uridine diphosphate-glycosyltransferase protein，UGT）OsUGT74H4 互作，其同样作为负调控因子影响水稻中的 SA 含量以及对条斑病的抗病性。综上所述，本研究揭示了条斑病菌中的 TAL 效应因子 Tal2b 直接靶定水稻中的 $OsF3H_{03g}$ 基因并上调表达，进而招募 OsUGT74H4 协同负向调控寄主 SA 含量从而减弱免疫反应的致病机理。

关键词：水稻条斑病；转录激活类效应因子；OsF3H；水杨酸；感病性

* 基金项目：国家自然科学基金（32072500，31872925）；山东省杰出青年基金（JQ201807）
** 通信作者：储昭辉；E-mail：zchu77@ whu. edu. cn
丁新华；E-mail：xhding@ sdau. edu. cn

一个水稻 miRNA 模块通过多个 *WRKYs* 调节水稻广谱抗性[*]

冯　琴[**]　贺小蓉　李婷婷　杨雪梅　樊　晶　李　燕　王文明[***]
（四川农业大学，西南作物基因资源发掘与利用国家重点实验室，成都　611130）

摘　要：水稻稻瘟病、白叶枯病和纹枯病是为害水稻生产的三大重要病害。寻找对水稻病害具有广谱调节作用的抗性调节因子是该领域的研究热点。microRNAs 是一类重要的基因表达调节因子，广泛参与调节植物的生长发育及抗性反应。前期研究筛选到一批响应稻瘟菌侵染的 miRNA，在水稻中过量表达其中一个 miRNA 可明显增强稻瘟病抗性。过量表达该 miRNA 也增强了水稻对白叶枯病、纹枯病的抗性。该 miRNA 靶向生长素响应因子（Auxin response factor）。通过对突变体 *arfx* 与对照材料 NPB 的转录组测序分析，发现 7 个 *WRKYs* 转录因子在 *arfx* 中表达上调，其中部分 *WRKYs* 已被报道正向调节水稻稻瘟病和白叶枯病抗性。进一步分析发现 ARFX 可以直接结合 *WRKYs* 启动子上的 *AuxRE*（TGTCXX）元件，影响 *WRKYs* 启动子活性，从而抑制 *WRKYs* 基因的表达。因此，该 miRNA 调控模块可通过多个 *WRKYs* 基因来协调水稻广谱抗性，值得深入研究。

关键词：水稻；miRNA；ARF；WRKY；稻瘟病；白叶枯病；纹枯病

---

* 基金项目：国家自然科学基金（U19A2033，31430072）

** 第一作者：冯琴，博士研究生，研究方向为水稻 microRNA 调控稻瘟病抗性的分子机制；E-mail：1247931645@ qq. com
*** 通信作者：王文明，教授，研究方向为植物-病原菌相互作用机制；E-mail：j316wenmingwang@ 163. com

FERONIA-like receptor 基因参与水稻-稻瘟病菌互作*

刘信娴** 林晓雨 谢 颖 朱 勇 王 贺 黄衍焱 王文明***
(四川农业大学，西南作物基因资源发掘与利用国家重点实验室，成都 611130)

摘　要：水稻稻瘟病是由 *Magnaporthe oryzae* 引起的一种真菌性病害，严重威胁着水稻的生长发育和产量。在水稻抗瘟研究中，100 多个抗瘟基因被定位。在克隆的 36 个抗瘟基因中，绝大部分编码含有 NB-LRR 结构域的抗性蛋白，仅有 *Pid2* 编码一个类受体激酶。因此，水稻在识别稻瘟菌和传导免疫信号方面的机制还有待深入研究。*CrRLK1L*（*Catharantus roseus RLK1-like kinases*）家族基因编码一类类受体激酶，通过其胞外结构域识别 *RALFs*（*RAPID ALKALINIZATION FACTOR*）家族基因编码的小肽，维持花粉管的完整性，精确调控花粉管的生长，在植物的双受精过程中起着重要的作用。另外，该家族蛋白还参与植物免疫，但其分子机制尚不明确。笔者通过 CRISPR/Cas9 基因编辑技术对水稻品种中花 11（ZH11）中的 16 个 *CrRLK1L* 同源基因 *FLRs*（*FERONIA-like receptor*）基因进行敲除，每个 *FLRs* 基因都得到了两个以上不同敲除类型的突变体。通过对这些突变体进行稻瘟病抗性鉴定，发现 *flr1* 和 *flr13* 突变体抑制了水稻对稻瘟病的抗性，同时防御相关基因下调，稻瘟菌侵染速度增强；而 *flr2* 和 *flr11* 突变体增强了水稻对稻瘟病的抗性，防御相关基因上调，抑制了稻瘟菌的侵染。以上结果表明在水稻中 4 个 *FLRs* 基因参与了水稻-稻瘟菌的互作，为深入解析 *FLRs* 基因参与稻瘟病抗性的分子机制奠定了基础，也为水稻抗性育种提供了抗性基因资源。

关键词：稻瘟病；FLRs 基因；水稻抗性

---

* 基金项目：国家自然科学基金（31901839）
** 第一作者：刘信娴，硕士研究生，研究方向为水稻—稻瘟病菌互作的分子机制；E-mail：793830580@qq.com
*** 通信作者：王文明，教授，研究方向为植物—病原菌相互作用机制；E-mail：j316wenmingwang@163.com

水稻 circRNA5g05160 通过抑制 miR168a 的功能调控稻瘟病抗性*

王　贺**　刘寿岚**　胡小红　樊　晶　李　燕　王文明***
（四川农业大学，西南作物基因资源发掘与利用国家重点实验室，成都　611130）

摘　要：水稻是最重要的粮食作物之一，全世界超过 50%的人口以水稻为食。然而，真菌病原物稻瘟菌可对水稻的产量和质量造成严重影响，病害发生严重时使水稻减产可达 20%~50%，对粮食安全构成严重威胁。circRNA 是由信使 RNA 转录本通过反向剪接形成，根据它们的基因来源，circRNA 主要划分为外显子、内含子、外显子-内含子和基因间的 circRNA。然而，circRNA 在稻瘟病抗性中的作用有待深入研究。笔者研究发现水稻中一系列 circRNA 的表达水平响应稻瘟菌侵染，其中 circR5g05160 在抗感水稻材料中差异表达。circR5g05160 过表达（circR5g05160OX）转基因材料对稻瘟病的抗性增强。生物信息学分析发现，circR5g05160 含有 miRNA168a 不完全匹配的靶位点序列。生化实验表明，circR5g05160 可能充当 miRNA168a 海绵，能够抑制 miR168a 对其靶基因 *AGO1a* 的切割。在 circR5g05160OX 材料中，miRNA168a 表达量降低，*AGO1a* 表达量升高，且植株表型类似于 miR168a 模拟靶标转基因水稻。综上，circR5g05160 可能通过抑制 miRNA168a 的功能来调控水稻对稻瘟病的抗性。

关键词：水稻；稻瘟病；circR5g05160；miRNA168a；AGO1a

---

* 基金项目：国家自然科学基金（U19A2033；31430072）

** 第一作者：王贺，博士
刘寿岚，硕士研究生，研究方向为水稻非编码 RNA 调控稻瘟病抗性的分子机制；E-mail：3323592439@qq.com
*** 通信作者：王文明，教授，研究方向为植物-病原菌相互作用机制；E-mail：j316wenmingwang@163.com

水稻 miRNA812g 负向调控稻瘟病抗性*

朱　勇**　刘信娴　王　贺　刘寿岚　樊　晶　李　燕　王文明***
（四川农业大学，西南作物基因资源发掘与利用国家重点实验室，成都　611130）

摘　要：在植物中，microRNAs（miRNAs）通过抑制靶基因的表达调控生长发育和抗性反应。实验室前期对感病水稻材料丽江新团黑谷（LTH）和含有单个抗性位点 Pikm 的抗性材料 IRBLkm-Ts 接种稻瘟病菌后建立的小 RNA 文库进行深度测序，筛选出响应稻瘟病菌侵染并在抗、感材料间差异表达的 miR812g。为进一步明确该 miRNA 对水稻稻瘟病抗性的影响，笔者构建了 miR812g 过表达转基因材料，以及抑制该 miRNA 功能的人工模拟靶标 MIM812 转基因材料，利用 PAMAs 分子 chitin 诱导发现，在过表达材料中防御相关基因相比于对照在 12 hpi 下调表达，而 MIM812 材料上调表达，表明该 miRNA 可能参与水稻 PTI 免疫过程。经接菌实验证明，该 miRNA 负调控稻瘟病抗性，表现为病菌侵染进程加快，防御相关基因下调。而抑制该 miRNA 的功能可增强稻瘟病抗性，表现为病菌侵染进程减缓，防御相关基因上调。该 miRNA 靶基因的突变体材料感病性增强，说明 miR812g 可能通过抑制靶基因的表达负调稻瘟病抗性。

关键词：miR812；靶基因；稻瘟病

---

* 基金项目：国家自然科学基金（U19A2033；31430072）

** 第一作者：朱勇，博士研究生，研究方向为水稻 microRNA 调控稻瘟病抗性的分子机制；E-mail：931117828@ qq. com

*** 通信作者：王文明，教授，研究方向为植物-病原菌相互作用机制；E-mail：j316wenmingwang@ 163. com

Ustilaginoidea virens manipulates a defensome complex in rice flowers to dampen host immunity*

LI Guobang** WU Jinlong HE Jiaxue LIU Jie HU Xiaohong
WANG He FAN Jing WANG Wenming***

(*State Key Laboratory of Crop Gene Exploration and Utilization in Southwest China, Sichuan Agricultural University, Chengdu* 611130, *China*)

Abstract: Rice (*Oryza sativa*) is one of the main food crops in the world. In recent years, rice is suffering from a serious floral disease, rice false smut. By infecting the developing spikelets of rice, the pathogen *Ustilaginoidea virens* develops false smut balls, of which the size is several times larger than rice grains. The formation of rice false smut balls not only leads to the increase of blighted grain rate in panicle and affects yield, but also produces a variety of mycotoxins, which affects quality and are poisonous to humans and animals. However, the understanding of the pathogenic mechanism of *U. virens* and its interaction with rice is very limited. Here, we report the secreted protein Uv5918as a virulence factor of *U. virens*, which can be translocated into rice cells and suppress host immune responses. Uv5918can interact with OsRACK1A *in vivo* and *invitro*, attenuating the interactions between OsRACK1A and rice defensome components, including OsRac1, OsSGT1, and OsRBOHB. Our data also show that the rice defensome complex is involved in rice flower immunity against *U. virens*. Whereas, Uv5918 can subverts this layer of plant immunity to promote infection.

Key words: *Ustilaginoidea virens*; secretory protein; Uv5918; rice immunity; OsRACK1A

---

* Funding: National Natural Science Foundation of China (31772241; 32072503)

** First author: LI Guobang, PhD student, specialized in molecular plant-pathogen interaction; E-mail: guobangli_power@163.com

*** Corresponding author: WANG WenMing, Professor, specialized in molecular plant - pathogen interaction; E-mail: j316wenmingwang@163.com

拟南芥 WRKY51 参与调控 RPW8.1 介导的基础防御反应[*]

杨雪梅[**]　赵志学　曹小龙　张继伟　黄衍焱　樊　晶　李　燕　王文明[***]
（四川农业大学西南作物基因资源发掘与利用国家重点实验室，成都　611130）

摘　要：RPW8.1 是拟南芥 MS-0 生态型中的一个对白粉病菌具有广谱抗性的基因，受白粉菌和霜霉菌的表达诱导，定位于叶肉细胞中的叶绿体周围。本实验室前期通过对 Col-0 生态型突变体材料（Col-*gl*）和 Col-*gl* 背景下的 *RPW*8.1 过表达材料（R1Y4）两个材料进行转录组测序，数据分析发现，12 个 WRKY 转录因子的基因表达水平在 Col-*gl* 和 R1Y4 间存在显著差异。笔者通过 qRT-PCR 检测了 Col-*gl* 和 R1Y4 中 12 个 WRKY 转录因子的表达量，与转录组测序结果一致。其中，*WRKY*51 表达量在 R1Y4 中上调最多，但其在拟南芥白粉菌抗性中的作用尚不明确。为了探究 WRKY51 的功能，利用 CRISPR/Cas9 技术，构建了在 Col-*gl* 和 R1Y4 背景下的 *WRKY*51 突变体材料（*wrky*51/Col-gl 和 *wrky*51/R1Y4）。通过 qRT-PCR 检测了两个背景下的纯合突变体材料中的 *WRKY*51 表达量降低，有趣的是，*wrky*51/R1Y4 突变体材料中的 *RPW*8.1 表达量也下调了，并且两个背景下的敲除材料表型都与 Col-*gl* 相似。通过分析发现 *RPW*8.1 的启动子上含有 3 个 TTGACC/T 的 W-box 序列，笔者通过 LUC 报告系统、酵母单杂交以及 EMSA 实验，验证了 WRKY51 绑定并抑制 *RPW*8.1 的启动子的活性来调控其表达。对两个背景下的突变体材料进行 flg22 和 chitin 诱导，发现 *wrky*51/Col-*gl* 和 wrky51/R1Y4 材料中的 ROS 含量均低于各自的背景材料。接种白粉菌后，两个背景下的突变体材料与对照相比更感病，防御相关基因表达下调，初步说明 WRKY51 参与调控 RPW8.1 介导的基础防御反应。

关键词：拟南芥；WRKR51；RPW8.1；白粉菌；防御反应

* 基金项目：国家自然科学基金（31430072；31471761）
** 第一作者：杨雪梅，博士研究生，研究方向为植物免疫调控机理；E-mail：1429730601@qq.com
*** 通信作者：王文明，教授，研究方向为植物-病原菌相互作用机制；E-mail：j316wenmingwang@163.com

水稻材料 Q455 抗稻瘟基因的鉴定与克隆*

林晓雨** 胡孜进 谢 颖 黄衍焱 李 燕 王文明***

（四川农业大学西南作物基因资源发掘与利用国家重点实验室，成都 611130）

摘　要：稻瘟病是一种世界性真菌病害，对水稻的产量及品质造成了严重为害。选育和合理种植抗病品种是控制稻瘟病流行发生最经济有效的途径，而抗瘟基因的挖掘与利用对抗病育种工作至关重要。目前已经有 100 多个抗病基因被定位到不同的染色体上，其中已克隆的 *R* 基因有 36 个。本文以水稻抗病材料 Q455 作为研究对象，通过划伤接种来自四川盆地不同病圃分离的菌株 160 株，其抗病频率为 85%，选取其中对 Q455 不致病菌株 6 株用于混合喷雾接种，进一步对 Q455 中已克隆抗病基因进行表达分析，发现 Q455 中 *Pib*、*Pid3*、*Pish*、*Pita*、*Pid2* 表达量较对照材料高感品种 LTH 有上调，其中 *Pid2* 上调最为显著；同时，构建 Q455/LTH F2 代分离群体，利用通过划伤接种筛选到对 Q455 不致病的菌株 CRB20，对 Q455/LTH F2 代分离群体喷雾接种，F2 代抗感比为 1∶3。通过图位克隆初步将 Q455 潜在抗病基因定位于第 2 染色体末端 32~ 35 Mb，BSA-seq 测序结果进一步肯定了这一结果。笔者将进一步分析该基因的多态性和表达量与 Q455 抗性的关系，为解析水稻材料 Q455 的抗病机制奠定基础。

关键词：Q455；图位克隆；BSA-seq；稻瘟病；抗性

---

* 基金项目：国家自然科学基金（U19A2033；31430072）

** 第一作者：林晓雨，硕士研究生，研究方向为水稻—稻瘟病菌互作的分子机制；E-mail：1006715240@ qq. com

*** 通信作者：王文明，教授，研究方向为植物—病原菌相互作用机制；E-mail：j316wenmingwang@ 163. com

抑制 miR168 改良水稻产量、抗性和生育期的初步研究*

王　贺**　朱　勇　张凌荔　鲁均华　李　燕　王文明***
（四川农业大学西南作物基因资源发掘与利用国家重点实验室，成都　611130）

摘　要：作物产量、生育期和抗性是生产中的3个关键因素。提高抗性往往影响产量，而高产往往伴随更长的生育期。发掘能协调这3个因素的基因，对作物高产抗病研究和育种具有重大意义。笔者利用遗传、生化和植物病理学等技术手段，对水稻 miR168 调控水稻产量、生育期和抗性的功能和相关机制进行了初步分析。结果发现，过表达 miR168 导致稻瘟病抗性降低、植株变高、分蘖减少、开花延迟、产量降低；而表达 miR168 的模拟靶标从而抑制 miR168 的功能后，导致稻瘟病抗性增强、植株变矮、分蘖增多、花期提前、产量增加。由于 miR168 靶向 AGO1，miR168 的变化，会导致多个 miRNA 的改变，包括 miR535，miR164 和 miR1320 等。其中 miR1320 正向调控稻瘟病抗性 miR535 平衡分蘖、穗子大小和稻瘟病抗性，miR164 控制开花时间和稻瘟病抗性。因此，可以通过 miR168 协同改良水稻产量、生育期和抗病性。

关键词：miR168；AGO1；稻瘟病抗性；产量；生育期

---

* 基金项目：国家自然科学基金（U19A2033，31430072）

** 第一作者：王贺，博士研究生，研究方向为水稻 microRNA 调控稻瘟病抗性的分子机制；E-mail：297959083@ qq. com

*** 通信作者：王文明，教授，研究方向为植物—病原菌相互作用机制；E-mail：j316wenmingwang@ 163. com

蛋白酶体成熟因子 OsUMP1 调控水稻多病害抗性*

胡小红** 吴金龙 申 帅 王 贺 樊 晶 王文明***
（四川农业大学西南作物基因挖掘与利用国家重点实验室，成都 611130）

摘 要：水稻在生长过程中常常遭受真菌、细菌、病毒等多种微生物的侵害而产生多种病害，每年给粮食生产造成了严重的产量损失。种植抗病品种是防治水稻病害最经济有效且环保的方法，而鉴定多病害抗性基因位点和解析多病害抗病机制是抗病育种的基础。本研究通过比较转录组测序筛选鉴定到雅恢 2115 中一个新的 *OsUMP*1 等位基因。*OsUMP*1 编码一个蛋白酶体成熟因子，调控水稻 26S 蛋白酶体含量与活性。过表达 *OsUMP*1 增强水稻对多个稻瘟菌小种的抗性。蛋白质组学分析发现，过表达 *OsUMP*1 导致了水稻蛋白质组的变化，特别是 H_2O_2 降解酶含量的减少。在 *OsUMP*1 过表达水稻中，过氧化氢酶 CAT 和过氧化物酶 POD 酶活降低，H_2O_2 大量积累，抗瘟性增强；而在功能缺失突变体中则相反。此外，*OsUMP*1 过表达能增强水稻对稻曲病菌、纹枯病菌和白叶枯病菌的抗性，且 *OsUMP*1 过表达对水稻产量性状没有明显的影响。这些结果表明，*OsUMP*1 介导的多病害抗性可能与蛋白酶体功能及活性氧平衡相关联，*OsUMP*1 可作为水稻广谱抗病育种的候选基因资源。

关键词：水稻；UMP1；多病害抗性；蛋白酶体；活性氧

---

* 基金项目：国家自然科学基金（U19A2033；31772241）

** 第一作者：胡小红，博士后，研究方向为水稻抗病基因挖掘和抗病分子机制；E-mail：xiaohonghu1229@163.com

*** 通信作者：王文明，教授，研究方向为植物-病原菌相互作用机制；E-mail：j316wenmingwang@163.com

水稻 miR530 通过不同靶基因协调稻瘟病抗性和生长发育*

贺小蓉** SADAM Hussain 冯 琴 朱 勇 王 贺 赵志学 李 燕 王文明***
（四川农业大学西南作物基因资源发掘与利用国家重点实验室，成都 611130）

摘　要：稻瘟病是由稻瘟病菌（*Magnaporthe oryzae*）引起的世界范围内最具破坏性的水稻真菌病害之一。MicroRNAs（miRNAs）是一类由 20~24 个核苷酸组成的非编码单链 RNA 分子，在植物发育和多种胁迫反应中发挥重要的调控作用。实验室前期通过转录组测序对比分析感病材料 LTH 和抗病材料 IRBLkm-Ts 在接种稻瘟菌前后 miRNAs 表达量的变化，发现一批 miRNA 响应稻瘟菌侵染。构建其中一个 miRNA、即 miR530 的过表达转基因水稻材料和模拟靶标进行分析，发现过表达材料对稻瘟菌更敏感，开花时间推迟，同时产量降低。相反，模拟靶标转基因材料表现对稻瘟病的抗性增强，开花时间提前，同时产量增加。此外，鉴定到 3 个靶基因，发现这些靶基因均参与对抗性和农艺性状的调控，但不同靶基因对抗病性和农艺性状的调控作用存在差异。其中，两个靶基因正向调控稻瘟病抗性，过表达导致花期和生育期均提前，但产量有所降低。一个靶基因对抗性作用不明显，但过表达导致花期和生育期提前，产量增加。

关键词：miR530；靶基因；稻瘟病抗性；生育期；产量性状

* 基金项目：国家自然科学基金（U19A2033，31430072）
** 第一作者：贺小蓉，硕士研究生，研究方向为水稻 microRNA 调控稻瘟病抗性的分子机制；E-mail：599879434@ qq. com
*** 通信作者：王文明，教授，研究方向为植物—病原菌相互作用机制；E-mail：j316wenmingwang@ 163. com

Dual roles of a pathogen protein in powdery mildew pathogenesis and RPW8. 2 expression

ZHAO Jinghao[1 *] HUANG Yanyan[2] FAN Jing[1,2] LI Yan[1,2] PU Mei[2]
ZHOU Shixin[2] ZHANG Jiwei[2] ZHAO Zhixue[2] JI Yunpeng[2]
HU Xiaohong[2] WU Xianjun[1,2] XIAO Shunyuan[3] WANG Wenming[1,2**]

(1. *Rice Research Institute & Key Laboratory for Major Crop Diseases*, *Sichuan Agricultural University*, *Chengdu* 611130, *China*; 2. *State Key Laboratory of Exploration and Utilization of Crop Gene Resources in Southwest China*, *Sichuan Agricultural University*, *Chengdu*, 611131, *China*; 3. *Institute for Bioscience and Biotechnology Research*, *University of Maryland*, *College Park*, *MD* 20850, *USA*)

Abstract: Powdery mildew (PM) fungi have to overcome plant defense responses to complete their life cycle. The PM haustorium is a fungal structure that resides inside plant cells. Resistance to powdery mildew 8. 2 (RPW8. 2) is the first protein described to localize to the extra-haustorial membrane encasing the haustorium, conferring broad-spectrum disease resistance. However, little is known on the interaction mechanism between RPW8. 2 and PM. Here, we describe the functions of RPW8. 2-interacting protein 1 of *Golovinomyces cichoracearum* (GcR8IP1) in powdery mildew pathogenesis and RPW8. 2 expression. Ectopic expression of the *GcR8IP*1 in Arabidopsis resulted in suppression of immune responses, including callose deposition, production of reactive oxygen species and cell death, promoting leaf colonization of PM. In contrast, down-regulation of GcR8IP1 by host induced gene silence (HIGS) in *pad*4-1 *sid*2-1 plants compromised the infection of PM leading to less fungal growth. Moreover, we found that the RING finger domain of GcR8IP1 associates with RPW8. 2. Transient expression assays showed that GcR8IP1 promotes RPW8. 2 protein accumulation and affects RPW8. 2 protein nucleocytoplasmic partitioning. Our results suggest that activated RPW8. 2-mediated immunity is GcR8IP1-associated. Balanced nucleocytoplasmic partitioning of RPW8. 2 seems to be a prerequisite for PM resistance.

Key words: Arabidopsis; Powdery mildew; RPW8. 2; nucleocytoplasmic partitioning; broad-spectrum resistance

* First author: ZHAO Jinghao, Postdoctoral Fellow, specialized in molecular plant-pathogen interaction; E-mail: jinghao_zhao@sicau. edu. cn

** Corresponding author: WANG Wenming, Professor, specialized in molecular plant - pathogen interaction; E-mail: j316wenmingwang@163. com

杧果转录因子 *BES1s* 基因鉴定及生物信息学分析*

夏煜琪[1,2**]　孙　宇[1,2]　刘志鑫[2]　孙瑞青[1,2]
杨　楠[1,2]　蒲金基[2,3***]　张　贺[1,2,3***]
（1. 海南大学植物保护学院，热带作物学院，海口　570228；2. 中国热带农业科学院环境与植物保护研究所，农业农村部热带作物有害生物综合治理重点实验室，海口　571101；3. 中国热带农业科学院热带生物技术研究所，海口　571101）

摘　要：BES1 是油菜素内酯信号转导途径的唯一转录因子，为探讨其在杧果抗病抗逆反应中的作用，通过生物信息学和 qRT-PCR 方法预测分析杧果 BES1s 成员的理化性质、蛋白质结构和不同处理条件下基因表达。生信预测结果表明成员间理化性质相差较大；所有成员均具有 BES1_N 结构域；蛋白质结构和系统进化分析可将成员分成三组，组间成员差异较大；基因表达量测定表明，胶孢炭疽菌侵染过程中 *MiBES*1. 1 和 *MiBES*1. 5 持续上调表达，*MiBES*1. 12 和 *MiBES*1. 13 持续下调表达；细菌性黑斑病菌侵染过程中，12 h 时除 *MiBES*1. 7 和 *MiBES*1. 9，其他成员上调表达，3h 时 *MiBES*1. 1 ~ *MiBES*1. 5 和 *MiBES*1. 11 下调表达；茉莉酸甲酯处理过程中，*MiBES*1. 7、*MiBES*1. 9 和 *MiBES*1. 2 持续下调表达，48 h 时，除 *MiBES*1. 5 和 *MiBES*1. 11 ~ *MiBES*1. 13，其他成员下调表达。推测不同成员在抗病抗逆中发挥不同作用。

关键词：BES1；转录因子；杧果；生物信息学

---

* 基金项目：国家重点研发专项（2019YFD1000504）；中国热带农业科学院基本科研业务费专项资金（1630042017019）；农业农村部项目“滇桂黔石漠化地区特色作物产业发展关键技术集成示范”“杧果病虫害监测与防治项目”

** 作者简介：夏煜琪，硕士研究生，研究方向为植物保护；E-mail：xiayuqi16@ 163. com
*** 通信作者：蒲金基，研究员，研究方向为植物病理学；E-mail：cataspjj@ 163. com
张贺，副研究员，研究方向为植物病理学；E-mail：atzzhef@ 163. com

大豆抗病基因 *GmRpsYu* 的功能与作用机制研究

郑 向 李 魏 刘世名* 戴良英*
（湖南农业大学植物保护学院，长沙 410128）

摘 要：根腐病是最为常见、危害最严重的大豆病害，在各国的大豆产区均有发生。利用抗病品种防治大豆疫霉根腐病是最经济、环保且有效的方法。挖掘和利用广谱抗病 *R* 基因是当今作物抗性品种开发的主要方向。大豆品种豫豆 29 高抗大豆疫霉根腐病，为克隆该品种中的抗病基因，本团队利用大豆根腐病抗病品种与感病品种的杂交群体，通过图位克隆、精细定位和测序得到转录因子 *GmRpsYu* 基因，是大豆中的一种新型 *R* 基因。进一步研究发现，*GmRpsYu* 定位于植物细胞核中，主要在大豆的根和叶片中大量表达。该基因可被病原物相关分子模式几丁质和鞭毛蛋白诱导表达，也可被大豆根腐病病原物疫霉菌和大豆叶斑病病原物丁香假单胞杆菌诱导表达。为深入分析 *GmRpsYu* 基因的抗病功能，本研究构建了 *GmRpsYu* 的过表达转基因大豆株系。接种实验显示，*GmRpsYu* 基因既显著正调控大豆对大豆疫霉根腐病的抗性，也正调控大豆对丁香假单胞杆菌引起的叶斑病的抗性。*GmRpsYu* 在大豆抗病过程中影响大豆叶片长度和宽度、株高以及叶绿素含量等生理指标。本研究还发现 *GmRpsYu* 正调控大豆体内的病原物相关分子模式诱导的免疫反应（PTI）。此外，*GmRpsYu* 还正调控大豆体内的过氧化物途径，有意思的是，作为转录因子，GmRpsYu 蛋白可结合到大豆过氧化物途径中的多个调控基因上。本研究结果克隆了大豆抗根腐病的新型 *R* 基因 *GmRpsYu*，并且该基因调控大豆对叶斑病的抗性以及大豆 PTI 反应和生长发育，并初步明确了该基因通过过氧化物信号途径调控大豆的抗病性，丰富了大豆 *R* 基因的研究，为大豆抗病育种提供了重要的基因资源与种质资源。

关键词：*R* 基因；*GmRpsYu*；疫霉菌；抗病育种

* 通信作者：刘世名，博士，教授，研究方向为植物病理学；E-mail：smliuhn@163.com
戴良英，博士，教授，研究方向为植物-微生物分子互作；E-mail：daily@hunau.net

杧果 *Whirly* 基因鉴定及其在病菌侵染过程中的表达分析*

孙　宇[1,2**]　刘志鑫[2]　叶　子[1,2]　罗睿雄[3]　蒲金基[2]　张　贺[2***]

（1. 海南大学 植物保护学院，海口　570228；2. 中国热带农业科学院环境与植物保护研究所/农业农村部热带作物有害生物综合治理重点实验室，海口　571101；
3. 中国热带农业科学院热带作物品种资源研究所，海口　571101）

摘　要：本研究以杧果全基因组数据为基础，采用生物信息学的方法对杧果 *Whirly* 家族基因进行序列分析，并通过 qRT-PCR 技术研究杧果胶孢炭疽菌（*Colletotrichum gloeosporioides*，Cg）和细菌性黑斑病菌（*Xanthomonas campestris* pv. *mangiferaeindicae*，Xcm）侵染过程中杧果 *Whirly* 家族基因的相对表达量。结果表明：①从杧果基因组中鉴定了 3 个 *Whirly* 基因家族成员，分别命名为 *MiWHY*1、*MiWHY*2 和 *MiWHY*3。②杧果 *Whirly* 蛋白均为不稳定亲水碱性蛋白；系统发育树显示，杧果 *Whirly* 基因与木薯、毛果杨、番茄 *Whirly* 基因亲缘关系最近，杧果与木薯、毛果杨、番茄 *Whirly* 家族共有 1 个高度保守的基序 Motif1；杧果 Whirly 家族均含有 Whirly 超家族保守域，主要结构元件为无规则卷曲和 α-螺旋；保守结构域的四聚体结构与马铃薯 *Whirly* 蛋白四聚体结构具有高度相似性。③qRT-PCR 结果显示，Cg 侵染过程中，杧果 *Whirly* 基因的相对表达量均显著上调；Xcm 侵染过程 12 h 时，*MiWHY*1 与 *MiWHY*3 相对表达量显著上调，初步确定杧果 *Whirly* 基因表达响应胶孢炭疽菌和细菌性黑斑病菌的侵染。研究认为，杧果中有 3 个 *Whirly* 基因家族成员，病菌侵染过程中可激发其表达活性，为后续研究杧果 *Whirly* 基因家族成员的功能和机制奠定基础。

关键词：杧果；*Whirly* 基因家族；全基因组鉴定；表达分析

---

* 基金项目：国家重点研发专项（2019YFD1000504）；中国热带农业科学院基本科研业务费专项资金（1630042017019）

** 第一作者：孙宇，硕士研究生，研究方向为植物保护；E-mail：sunyuqp@ qq. com

*** 通信作者：张贺，副研究员，研究方向为植物病理学；E-mail：atzzhef@ 163. com

杧果 GeBP 转录因子家族基因的鉴定及表达分析*

孙瑞青[1,2]** 杨 楠[1,2] 刘志鑫[2] 夏煜琪[1,2]
孙 宇[1,2] 高庆远[1,2] 蒲金基[1,2,3]*** 党志国[4] 张 贺[1,2,3]***
（1. 海南大学热带作物学院，海口 570228；2. 中国热带农业科学院环境与植物保护研究所/农业农村部热带作物有害生物综合治理重点实验室，海口 571101；3. 中国热带农业科学院热带生物技术研究所，海口 571101；4. 中国热带农业科学院热带作物品种资源研究所，海口 571101）

摘 要：为了探究杧果（*Mangifera indica*）GeBP 基因家族成员的分子特征和表达模式。通过生物信息的方法，对杧果 GeBP 家族成员的理化性质、蛋白质二级结构、保守结构域，三级结构以及与拟南芥（*Arabidopsis thaliana*）、番茄（*Lycopersicon esculentum*）和水稻（*Oryza sativa*）的系统进化关系进行分析，并通过 qRT-PCR，检测杧果 GeBP 家族成员在不同时期的叶、盛花、果的相对表达量，以及杧果叶片被细菌性黑斑病菌（*Xanthomonas campestris* pv. *mangiferaeindicae*）和胶孢炭疽菌（*Colletotrichum gloeosporioides*）侵染时 GeBP 家族成员的转录水平；在杧果基因组中鉴定出 10 个杧果 GeBP 家族成员 MiGeBP1～MiGeBP10，发现杧果 GeBP 家族蛋白均为不稳定亲水蛋白；蛋白质二级结构中，无规则卷曲和 α-螺旋是主要元件；通过构建系统进化树可知，4 个物种的 57 个氨基酸序列分为 5 个分支，其中杧果 GeBP 家族的 10 个基因成员属于 4 个分支，MiGeBP3 和 MiGeBP4、MiGeBP8 和 MiGeBP9 亲缘关系最近；通过 qRT-PCR 进行组织特异性表达分析可知，杧果 GeBP 家族成员在不同组织中存在差异性表达；杧果叶片在被细菌性黑斑病和胶孢炭疽菌侵染时，MiGeBPs 不同程度地响应病原菌的侵染，不同的家族成员对病原细菌、病原真菌的响应程度有所区别。在杧果中鉴定到 MiGeBPs 转录因子家族的 10 个成员，与双子叶植物的亲源关系较近，且受病原菌侵染时有响应，推测杧果 GeBP 基因家族参与了植物免疫反应。

关键词：杧果；GeBP 基因家族；分子特征；表达分析

---

* 基金项目：国家重点研发专项（2019YFD1001103；2019YFD1000504）；中国热带农业科学院基本科研业务费专项资金（1630042017019）

** 第一作者：孙瑞青，在读研究生；E-mail：sunrq130@163.com
*** 通信作者：蒲金基，研究员，硕士生导师；E-mail：cataspjj@163.com
张贺，副研究员，硕士生导师；E-mail：atzzhef@163.com

小麦纹枯病抗性品种筛选及其根际微生物种群特征研究*

肖　茜[1a,1c**]　孙丹丹[1a,1c]　白晶晶[1a,1c]　齐永志[1a,1c***]　甄文超[1b,1c,2]

（1. 河北农业大学 a. 植物保护学院；b. 农学院；c. 省部共建华北作物改良与调控国家重点实验室，保定　071000；2. 河北省作物生长调控重点实验室，保定　071000）

摘　要：小麦纹枯病是一种世界性真菌土传病害，严重影响了小麦生长状况和产量。本文通过室内盆栽和田间小区试验，测定了 350 个小麦品种对纹枯病的抗性水平，通过 Biolog-ECO 微平板法及高通量测序测定了抗、感纹枯病小麦品种功能多样性及根际微生物种群特征。结果表明，中抗纹枯病品种有 43 个，占供试材料的 12.22%，代表品种分别为石优 20、藁城 8901、矮抗 58 等。宁晋试验田越冬期和返青期抗病品种根际微生物的 AWCD 值高于感病品种。宁晋试验田感病品种周麦 18 根际土壤真菌的 Simpson 指数显著高于抗病品种石优 20，提高 36.36%；抗病品种藁城 8901 根际土壤真菌的 Shannon 指数显著高于周麦 18，提高 5.68%。返青期，宁晋试验田抗病品种石优 20 根际土壤真菌的 Simpson 指数显著高于感病品种衡观 35，增幅高达 75.1%；但抗病品种根际土壤真菌的 Shannon 指数显著低于衡观 35，降幅在 15.33%~16.34%。宁晋试验田抗病品种藁城 8901 根际土壤中青霉菌属（*Penicillium*）相对丰度显著高于感病品种衡观 35，前者比后者高 63.33%；感病品种衡观 35 根际土壤中裂壳菌属（*Schizothecium*）和镰刀菌属（*Fusarium*）相对丰度显著高于抗病品种藁城 8901，前者比后者分别高 63.16%和 26.16%。望都抗病品种石优 20 根际土壤中毛壳菌属（*Chaetomium*）相对丰度显著高于感病品种，前者比后者高 62.61%；感病品种衡观 35 根际土壤中青霉菌属（*Penicillium*）相对丰度显著高于抗病品种，前者比后者高 61.52%。毛壳菌属和青霉属均可对部分土传病害表现出潜在抑制作用，进而可能会降低对土传病害的发生与危害。上述研究结果为抗性品种的推广应用与揭示小麦纹枯病重发机制提供了部分参考依据。

关键词：小麦纹枯病；抗性品种；根际微生物；相对丰度

---

* 基金项目：“十三五”国家重点研发计划（2018YFD0300502、2017YFD0300906）；河北省教育厅项目（ZD2016162）

** 第一作者：肖茜，硕士研究生，研究方向为植物土传病害发生生态机制与综合防控；E-mail：xiaoxi961016@163.com

*** 通信作者：齐永志，博士，副教授，硕士生导师，研究方向为植物土传病害发生生态机制与综合防控；E-mail：qiyongzhi1981@163.com

Effect of exogenous NO treatment on disease resistance of grapewith *Botrytis cinerea*-infection

SHI Jinxin[1,2] HUANG Dandan[1] DU Yejuan[2] ZHU Shuhua[1]

(1. *College of Chemistry and Material Science*, *Shandong Agricultural University*, *Taian* 271018, *China*; 2. *College of Agronomy*, *Shihezi University*, *Shihezi* 832003, *China*)

Abstract: Grape is perishable during storage and transportation, and the main cause of grape rot is the infection of *Botrytis cinerea*. Grape inoculated with *Botrytis cinerea* was used to simulate the possible decay during storage. The effects of exogenous nitric oxide (SNP, exogenous NO donor) treatment on thedisease resistance related-enzymes and related metabolites to inhibit the infection of *Botrytis cinerea* were studied. The grapes were soaked in water, 5 μmol/L C-PTIO (carboxy-ptio, NO scavenger), and 10 mmol/L sodium nitroprusside solution, and then inoculated with the suspension of *Botrytis cinerea* after air-drying. The relevant physiological indexes were determined during storage at room temperature. The results of apparent physiological indexes (fruit firmness, weight loss rate, soluble solids, respiration rate, and relative conductivity) of the grape fruit treated with NO were better than those of grape with water treatment and C-PTIO treatment. NO treatment significantly increased the activities of peroxidase and polyphenol oxidase and inhibited the browning and the increase of peroxide content in grape. NO treatment also significantly improved the activities ofenzymes (phenylalanine ammonia-lyase, cinnamic acid 4-hydroxylase, 4-coumaric acid coenzyme A ligase) andrelevant metabolites (lignin, total phenols, and flavonoids) in phenylpropanoid metabolism.

Key words: Nitric oxide; *Botrytis cinerea*; Grape; Resistance; Phenylpropanoidmetabolism

Phosphorylation of ATG18a by BAK1 suppresses autophagy and attenuates plant resistance against necrotrophic*

ZHANG Bao[1] SHAO Lu[1] WANG Jiali[1] ZHANG Yan[2] GUO Shuangxiao[1]
PENG Yujiao[1] CAO Yangrong[3] LAI Zhibing[1**]
(1. *National Key Laboratory of Crop Genetic Improvement*, *Huazhong Agricultural University*, *Wuhan*, *China*; 2. *Ecology College*, *Lishui University*, *Lishui*, *China*; 3. *State Key Laboratory of Agricultural Microbiology*, *Huazhong Agricultural University*, *Wuhan*, *China*)

Abstract: Autophagy is critical for plant defense against necrotrophic pathogens, which causes serious yield loss on crops. However, the post-translational regulatory mechanisms of autophagy pathway in plant resistance against necrotrophs remain poorly understood. In this study, we report that phosphorylation modification on ATG18a, a key regulator of autophagosome formation in *Arabidopsis thaliana*, constitutes a post-translation regulation of autophagy, which attenuates plant resistance against necrotrophic pathogens. We found that phosphorylation of ATG18a suppresses autophagosome formation and its subsequent delivery into the vacuole, which results in reduced autophagy activity and compromised plant resistance against *Botrytis cinerea*. In contrast, overexpression of ATG18a dephosphorylation-mimic form increases the accumulation of autophagosomes and complements the plant resistance of *atg*18*a* mutant against *B. cinerea*. Moreover, BAK1, a key regulator in plant resistance, was identified to physically interact with and phosphorylate ATG18a. Mutation of *BAK*1 blocks ATG18a phosphorylation at four of the five detected phosphorylation sites after *B. cinerea* infection and strongly activates autophagy, leading to enhanced resistance against *B. cinerea*. Collectively, the identification of functional phosphorylation sites on ATG18a and the corresponding kinase BAK1 unveiled how plant regulates autophagy during resistance against necrotrophic pathogens.

Key words: ATG18a; *A. thaliana*; autophagy; BAK1; *B. cinerea*; resistance

* Funding: This work was supported by a Thousand Talents Plan of China-Young Professionals Grant (to LAI Zhibing), the Fundamental Research Funds for the Central Universities Grant [2662014PY054] and [2662015PY185], University Student Research Fund [2016090] and Innovation Training Plan of University Student Fund [201510504023]

** Corresponding author: Dr. LAI Zhibing, Research area: Plant-Pathogen Interactions; E-mail: zhibing@ mail. hzau. edu. cn

甘蔗常用育种亲本宿根矮化病菌和抗褐锈病基因 *Bru*1 的分子检测*

张荣跃** 李 婕 李文凤 李银煳 单红丽 王晓燕 黄应昆***
（云南省农业科学院甘蔗研究所，云南省甘蔗遗传改良重点实验室，开远 661699）

摘 要：为明确当前中国甘蔗常用育种亲本宿根矮化病发生情况及抗甘蔗褐锈病主效基因 *Bru*1 分布情况，以期为甘蔗抗 RSD 和抗褐锈病育种亲本的选择提供参考依据。本研究于 2019—2020 年，对中国国家甘蔗种质资源圃保存的 255 份甘蔗常用育种亲本分别进行了 RSD 及 *Bru*1 分子检测。RSD 检测结果表明，255 份供试亲本材料中，175 份亲本材料检测出 RSD 病菌，检出率为 68.6%，表明中国甘蔗常用育种亲本 RSD 感病严重。不同系列亲本的 RSD 检出率不同，其中 vmc 系列亲本的 RSD 检出率最低（40.0%）；桂糖系列亲本的 RSD 检出率最高（84.6%）。*Bru*1 基因检测结果显示，87 份亲本含有抗褐锈病基因 *Bru*1，频率为 34.1%，其中 ROC 系列亲本 *Bru*1 基因检出率最高 71.4%，由此可见，*Bru*1 基因是我国常用甘蔗育种亲本抗褐锈病的优势来源，对甘蔗抗褐锈病育种具有重要意义。本研究筛选到 vmc 系列亲本和 CP 系列亲本 RSD 自然抗性相对较强，ROC 系列亲本抗褐锈病基因 *Bru*1 基因频率最高，研究结果可为抗 RSD 和抗褐锈病育种亲本的选择提供重要参考依据，为有效防控 RSD 和褐锈病具有重要指导意义。

关键词：甘蔗；常用育种亲本；宿根矮化病；抗褐锈病基因 *Bru*1；分子检测

---

* 基金项目：财政部和农业农村部国家现代农业产业技术体系专项资金资助（CARS-170303）；云岭产业技术领军人才培养项目“甘蔗有害生物防控”（2018LJRC56）；云南省现代农业产业技术体系建设专项资金

** 第一作者：张荣跃，硕士，副研究员，研究方向为甘蔗病害；E-mail：rongyuezhang@ hotmail. com

*** 通信作者：黄应昆，研究员，研究方向为甘蔗病害防控；E-mail：huangyk64@ 163. com

拟南芥 *BHR* 基因家族参与植物抗病的功能研究

张雨竹*　郝风声　穆会琦　陈东钦**
（中国农业大学植物保护学院，北京　100193）

摘　要：病原微生物和植物协同进化的过程中，植物通过免疫防御系统 PTI（PAMP-triggered immunity）和 ETI（Effector-triggered immunity）来抵抗病原菌的入侵。在 PTI 免疫信号转导中，植物免疫受体特异性识别激发子（PAMPs）后激活下游的免疫反应。拟南芥 *BHR* 基因家族是一类具有 7 个跨膜结构域的类受体，其抗病功能一直未被阐明。本研究分别用 flg22、chitin 和 ATP 三种 PAMP/DAMP 处理拟南芥 *bhr* 单和双突变体，结果发现 *bhr*1 和 *bhr*1/3 双突变体的活性氧暴发和钙离子内流与野生型 Col-0 相比显著性降低，说明 *BHR* 基因参与植物 PTI 信号转导；研究还发现，flg22 诱导 MAPK 磷酸化水平在 *bhr*3 和 *bhr*1/3 突变体中显著性低于 Col-0；将 *Pseudomonas syringae* pv. *tomato* DC3000 以喷接和注射两种方式分别接种拟南芥 *bhr* 突变体叶片，3 d 后观察发现 *bhr*1/3 双突变体的菌生长量明显高于 Col-0；同时，被 *Pst.* DC3000 侵染后会诱导 Col-0 的气孔关闭，*bhr*1 和 *bhr*3 单突变体气孔与 Col-0 一样会关闭，但 *bhr*1/3 双突变体的气孔未发生明显变化，表明 *BHR*1 和 *BHR*3 基因功能冗余且在一定程度上与受体功能相似。本研究通过探究 *BHR* 基因在抗病过程中的功能，为阐明病原菌与植物互作机理和抗病育种提供了理论基础。

关键词：植物抗病；钙离子内流；活性氧暴发；气孔开闭；MAPK 活性

* 第一作者：张雨竹，博士研究生，研究方向为植物天然免疫；E-mail：zyz123@ cau. edu. cn
** 通信作者：陈东钦，教授，研究方向为植物天然免疫与抗病；E-mail：chendq@ cau. edu. cn

Loss-of-susceptibility enables rice resistance to bacterial leaf blight and bacterial Leaf Streak

XU Xiameng* XU Zhengyin LI Ziyang MA Wenxiu ZOU Lifang CHEN Gongyou
(*School of Agriculture and Biology/State Key Laboratory of Microbial Metabolism, Shanghai Jiao Tong University, Shanghai* 200240, *China*)

Abstract: Rice (*Oryza sativa* L.) is a major cereal crop consumed by over 3.5 billion people and is vital for global food security. Bacterial leaf blight (BLB) and bacterial leaf streak (BLS), caused by *Xanthomonas oryzae* pv. *oryzae* (*Xoo*) and *X. oryzae* pv. *oryzicola* (*Xoc*), respectively, are devastating rice diseases causing significant yield reduction. Transcription activator-like effectors (TALEs), utilized by *Xoo* and *Xoc* as virulenceor avirulence factors, bind to effector-binding elements (EBEs) of host target gene promoters via a TALE-encoded central repeat region (CRR) and interact with the rice transcription factor *OsTFIIAγ*1 or *OsTFIIAγ*5 (*Xa*5) to transcriptionally activate expression of target resistance (*R*) and/or susceptibility (*S*) genes. And the atypical TALE variants, known as interfering TALEs (iTALEs) interact with *OsTFIIAγ*1 or *OsTFIIAγ*5 in plant nuclei likewise. Two strategies causingloss-of-susceptibility were applied to confer BLB or BLS resistance in rice; these are editing *OsTFIIAγ* to reduce the expression of *S* genes and disrupting the EBEs of TALE-targeted *S* genes using CRISPR/Cas9 technology. *OsTFIIAγ*1 was edited in IRBB5 rice containing *xa*5, and *OsTFIIAγ*1-inactive rice plants are more resistant to BLB. Furthermore, we generated mutations in the EBE of *OsSULTR*3; 6 promoter that is bound by Tal2g and Tal5d of *Xoc* strain BLS256 and RS105, respectively. And the new germplasm showed resistance to *Xoc* strains containing virulence factors either Tal2g or Tal5d. However, it is worth noting that TALE-triggered and iTALE-suppressed *Xa*1-mediated resistance to BLB and BLSis independent of *OsTFIIAγ* in rice, suggesting that the modifications of *OsTFIIAγ* do not affect the resistance mediated by *Xa*1-like NLR-type genes. In conclusion, loss-of-susceptibility confers BLB and BLS resistance in rice, and the genome-edited mutations in rice general transcription factor *OsTFIIAγ* and modifications of EBEs of TALE-targeted *S* genes of rice exhibit great potential in breeding with broad-spectrum resistance to BLB and BLS.

Key words: bacterial leaf blight; bacterial leaf streak; *OsTFIIAγ*; *OsSULRT*3; 6; rice; TALE

* Corresponding author: XU Xiameng; E-mail: xvxiameng@126.com

我国玉米品种对玉米南方锈菌的抗性评价研究*

黄莉群** 张克瑜 李磊福 孙秋玉 高建孟 董佳玉 孙志强 马占鸿***
（中国农业大学植物病理学系，北京　100193）

摘　要：玉米南方锈病（Southern Corn Rust）由多堆柄锈菌（*Puccinia polysora* Underw.）引起，属于气传真菌性病害，大发生时可引起严重的产量损失。病原菌多堆柄锈菌首次于1891从采集的鸭茅状摩擦禾（*Tripsacum dactyloides*）样品上发现，于1972年传入中国海南省，从此开始向北蔓延，目前已到达东北地区，对我国多地的玉米生产带来严重影响。为了解我国各地区玉米对玉米南方锈菌的抗锈性水平，笔者于2019年和2020年分别对国内28个和85个主栽玉米品种采用来自不同地区的玉米南方锈菌菌株人工接种进行了田间抗锈性比较试验。两年的抗性鉴定实验结果如下：2019年供试品种中，表现为高抗、中间型和高感的品种数比例分别为14.29%、64.29%和21.43%；2020年表现为高抗、中间型和高感的品种数比例分别为10.59%、70.59%和18.82%，从上述结果可以看出，我国玉米品种总体上对玉米南方锈病的抗性较差，且一些来自新疆、西藏等从未发生玉米南方锈病地区的玉米品种抗锈性也较差，由此推断，玉米南方锈病将来有可能会进一步在我国蔓延、扩散，须引起高度重视。此外，研究还发现，同一个品种对不同地区来源菌株的抗病性水平也表现出明显差异，说明不同地区来源菌株存在致病性分化，有可能属于不同生理小种，这有待进一步研究证实。上述研究对玉米南方锈病抗病品种的选育、推广和科学合理布局有指导意义。

关键词：玉米南方锈病；抗性鉴定；玉米

---

* 基金项目：国家自然科学基金（31972211，31772101）

** 第一作者：黄莉群，在读研究生；E-mail：15736266575@163.com

*** 通信作者：马占鸿，教授，研究方向为植物病害流行与宏观植物病理学教学科研工作；E-mail：mazh@cau.edu.cn

拮抗细菌对棉花的促生效应及系统抗性诱导*

李雪艳[1,2,3**]　党文芳[1,2,3]　杨红梅[1,2,3,4]　楚　敏[1,2,3,4]　高　雁[1,2]　曾　军[1,2]
霍向东[1,2]　张　涛[1,2]　林　青[1,2]　欧提库尔[1,2]
李玉国[1,2]　娄　恺[1,2]　史应武[1,2,3,4***]
（1. 新疆农业科学院微生物应用研究所，乌鲁木齐　830091；2. 新疆特殊环境微生物实验室，乌鲁木齐　830091；3. 新疆大学生命科学与技术学院，乌鲁木齐　830052；4. 农业农村部西北绿洲农业环境重点实验室，乌鲁木齐　830091）

摘　要：本文研究了生防细菌 *Bacillus vanillea*SMT－24，*Bacillus velezensis*BHZ－29，*Bacillus subtilis* SHT－15，*Bacillus atrophaeus*SHZ－24 对棉花生物量及体内防御酶活性的影响，探讨其诱导棉花抗病性机理。以定殖数量反映拮抗菌土壤环境适应性，以株高、根长、根毛数、叶片数为指标反映促生作用，以过氧化氢酶（CAT）、超氧化物歧化酶（SOD）、苯丙氨酸解氨酶（PAL）、多酚氧化酶（PPO）、过氧化物酶（POD）和丙二醛（MDA）含量作为棉花防御反应的指标并调查植株病情指数。结果表明，SMT－24，BHZ－29，SHT－15，SHZ－24 均能在土壤良好定殖，SMT-24，BHZ-29，SHZ-24 比 SHT-15 定殖能力强，4 株拮抗菌均能促进棉株生长。接种后 4 株拮抗菌均能不同程度降低病情指数，整个测定时期处理组 CAT 酶活均比对照组高，处理组 SOD、PAL、POD 酶活接种 7d 后比对照组高，PPO 酶活和 MDA 含量和对照组无明显变化，说明 CAT、SOD、PAL、POD 酶活性的提高与病情指数的降低有关。

关键词：生防细菌；棉株；促生；诱导抗性

* 基金项目：国家自然科学基金面上项目（41471220，31860024）；国家重点研发计划（2017YFD0200600）；新疆维吾尔自治区自然科学基金面上项目（2018D01A44）中国博士后科学基金项目（2016M602953XB）；新疆维吾尔自治区优秀青年科技人才培养项目（qn2015yx023）

** 第一作者：李雪艳，硕士研究生，研究方向为食品生物技术；E-mail：1098995477@ qq. com
*** 通信作者：史应武，硕士生导师，研究方向为农业有害生物控制；E-mail：syw1973@ 126. com

谷子中 *bHLH*19 基因的分子特征与表达分析*

邹晓悦[1,2**] 李志勇[1] 王永芳[1] 马继芳[1] 刘 磊[1] 白 辉[1,3***] 董志平***

（1. 河北省农林科学院谷子研究所，国家谷子改良中心，河北省杂粮重点实验室，石家庄 050035；2. 河北师范大学生命科学学院，石家庄 050024；3. 河北省植物生理与分子病理学重点实验室，保定 071000）

摘 要：bHLH（basic helix-loop-helix）转录因子家族在植物的生长发育、调控及应对逆境胁迫中起到了重要作用。为了解谷子中 *SibHLH*19 基因的功能，利用生物信息学软件分析了其生物学特征，采用 Real-time PCR 技术检测了 *SibHLH*19 转录因子在谷子不同组织部位和抗谷锈病过程中的表达丰度变化。结果表明，*SibHLH*19 转录因子 CDS 序列全长为 843bp，共编码 280 个氨基酸，含有一个 bHLH 保守结构域，属于不稳定亲水性蛋白质。该蛋白质二级结构的最大元件是无规则卷曲，最小元件为 β-转角。进化分析表明，*SibHLH*19 与禾本科植物糜子（RLM85279. 1）、哈氏黍（XP_025804315. 1）和柳枝稷（XP_039835205. 1）氨基酸序列的同源性较高，与小麦（KAF7059972. 1）、节节麦（XP_040244423. 1）同源性最低。组织表达分析表明，*SibHLH*19 基因主要在谷子幼苗期表达，其中幼苗期地上部分表达量最高；孕穗期的根、茎、叶和穗部几乎无表达，说明该基因的表达与谷子的生长发育时期密切相关。在谷子响应锈菌胁迫反应的 24h 内，较对照和感病反应相比，*SibHLH*19 基因在抗病反应的 8 h、16 h 呈现高水平表达，推测 *SibHLH*19 在谷子抗锈病反应中起正调控作用。本研究明确了谷子中 *SibHLH*19 转录因子的保守结构域、理化性质、二、三级结构、系统进化关系、组织表达特性以及在生物胁迫条件下的表达规律，为进一步阐明该基因在谷子生长发育和抗锈病反应中的功能及其机制奠定了理论基础。

关键词：谷子；谷锈病；bHLH 转录因子；基因表达；抗病反应

---

* 基金项目：国家自然科学基金（31872880）；河北省农林科学院创新工程（2019-4-2-3）；国家现代农业产业技术体系（CARS-07-13. 5-A8）；河北省植物生理与分子病理学重点实验室（PPMP2018KF03）

** 第一作者：邹晓悦，硕士生，研究方向为谷子抗病分子生物学；E-mail：18332112608@163. com

*** 通信作者：白辉，博士，研究员，研究方向为谷子抗病分子生物学；E-mail：baihui_mbb@126. com

董志平，硕士，研究员，研究方向为农作物病虫害；E-mail：dzping001@163. com

谷子中 *SiPOP4* 基因的分子特征与表达分析*

李阳天[1,2**] 邹晓悦[1,3**] 马继芳[1] 王永芳[1] 全建章[1]
张梦雅[1] 刘 磊[1] 白 辉[1***] 李志勇[1***]

(1. 河北省农林科学院谷子研究所，国家谷子改良中心，河北省杂粮重点实验室，石家庄 050035；2. 河北北方学院农林科技学院，张家口 075000；3. 河北师范大学生命科学学院，石家庄 050024)

摘 要：水杨酸在植物调控抗病和防卫信号传导网络中扮演了重要角色。前期鉴定到一个参与 SA 代谢路径的脯氨酰寡肽酶家族基因 *SiPOP4*，为研究该基因在谷子中的功能，采用生物信息学软件分析了其生物学特征，结果表明，*SiPOP4* 基因开放阅读框全长 780 bp，编码 259 个氨基酸，包含一个 244 aa 的水解酶超家族保守结构域。该蛋白质二级结构的最大元件为 α-螺旋，最小元件为 β-转角。进化分析显示，*SiPOP4* 与狗尾草（*Setaria viridis*，XP_034593493. 1）的氨基酸序列同源性最高。组织表达分析表明，*SiPOP4* 基因主要在谷子根部表达，且孕穗期根部表达量是苗期的 8 倍，说明该基因可能参与了谷子根部的发育。在谷子抗、感锈病反应 24 h 内的表达丰度差异分析表明，*SiPOP4* 基因在抗病反应的 8~16 h 受锈菌侵染特异性地诱导表达，感病反应的 8~24h 下调表达，说明该基因的表达与谷子抗锈病相关。上述试验结果表明 *SiPOP4* 在谷子生长发育和抗病过程中都发挥一定的功能。

关键词：谷子；脯氨酰寡肽酶；谷锈病；基因表达；抗病反应

* 基金项目：河北省农林科学院创新工程（2019-4-2-3）；国家自然科学基金（31872880）；国家现代农业产业技术体系（CARS-07-13. 5-A8）

** 第一作者：李阳天，本科生，研究方向为谷子抗病分子生物学；E-mail：3313044798@ qq. com
邹晓悦，硕士生，研究方向为谷子抗病分子生物学；E-mail：18332112608@ 163. com

*** 通信作者：白辉，博士，研究员，研究方向为谷子抗病分子生物学；E-mail：baihui_mbb@ 126. com
李志勇，博士，研究员，研究方向为谷子病虫害；E-mail：lizhiyongds@ 126. com

谷子抗病相关基因 *SiNAC*18 的鉴定与表达*

邹晓悦[1,2**]　李志勇[1**]　张梦雅[1]　马继芳[1]　全建章[1]　白　辉[1,3***]　董志平[1***]

（1. 河北省农林科学院谷子研究所，国家谷子改良中心，河北省杂粮重点实验室，石家庄　050035；2. 河北师范大学生命科学学院，石家庄　050024；3. 河北省植物生理与分子病理学重点实验室，保定　071000）

摘　要：NAC（NAM、ATF1/2 和 CUC2）是植物特异性转录因子家族之一，在植物响应生物胁迫和非生物胁迫中具有重要作用。为了解谷子中 *SiNAC*18 的功能，利用生物信息学软件分析了其生物学特征，采用 Real-time PCR 技术检测了 *SiNAC*18 转录因子在谷子不同组织部位和抗谷锈病过程中的表达丰度变化。结果表明，*SiNAC*18 转录因子 CDS 序列全长为 1035bp，共编码 344 个氨基酸，编码蛋白质包含一个 NAC 保守结构域，属于不稳定亲水性蛋白质。该蛋白质二级结构的最大元件是无规则卷曲，最小元件为 β-转角。进化分析表明，SiNAC18 蛋白质与狗尾草（*Setaria viridis*，XP_034574918. 1）同源性最高，与小麦（*Triticum aestivum*，KAF7067936. 1）同源性最低。组织表达分析表明，*SiNAC*18 基因主要在谷子根部表达，且孕穗期根部表达量是苗期的 5. 5 倍，说明该基因属于根部特异表达基因，推测其参与谷子根部的发育过程。生物胁迫分析表明，*SiNAC*18 基因在谷子抗锈病反应的 8～24 h 持续上调表达，而感病反应中仅在 24h 表现上调，说明该基因在谷子抗锈病反应中发挥了正调控作用。上述试验结果为深入研究 *SiNAC*18 基因功能与抗病机制奠定了理论基础。

关键词：谷子；谷锈病；NAC 转录因子；基因表达；抗病反应

---

* 基金项目：国家自然科学基金（31872880）；河北省农林科学院创新工程（2019-4-2-3）；国家现代农业产业技术体系（CARS-07-13. 5-A8）；河北省植物生理与分子病理学重点实验室（PPMP2018KF03）

** 第一作者：邹晓悦，硕士生，研究方向为谷子抗病分子生物学；E-mail：18332112608@ 163. com
李志勇，博士，研究员，研究方向为谷子病虫害；E-mail：lizhiyongds@ 126. com

*** 通信作者：白辉，博士，研究员，研究方向为谷子抗病分子生物学；E-mail：baihui_mbb@ 126. com
董志平，硕士，研究员，研究方向为农作物病虫害；E-mail：dzping001@ 163. com

小麦广谱抗病遗传改良：以大麦系统获得抗性关键转录因子 *HvbZIP*10 为例*

苏　君** 李欢鹏 赵淑清 赵姣洁 李梦雨 王道冬***
（河北农业大学植物保护学院，保定　071000）

摘　要：普通小麦（*Triticum aestivum*）作为重要粮食作物，其稳产增产对我国粮食安全和农业发展具有重要意义。然而，小麦在整个生长期受到各种病原菌的侵染，严重影响小麦的产量和品质。因此，挖掘抗病关键基因，研究小麦抗病分子机制，具有重要科学意义与潜在应用价值。本课题组前期利用RNA-seq技术，初步构建了由抗病关键转录调控因子*NPR*1基因介导的麦类作物系统获得抗性（SAR）转录调控网络，从全基因组水平挖掘得到了一批关键转录调控因子，制备得到的小麦转基因材料表现出对小麦条锈病、叶锈病和白粉病的广谱抗病水平提高。本研究发现，大麦转录因子*HvbZIP*10基因在*NPR*1-*Kd*大麦转基因材料中，受病原菌诱导表达显著上调，推测其为麦类作物抗病反应重要调控因子。进一步制备得到的异源表达*HvbZIP*10基因的小麦转基因材料，表现出对小麦条锈病和叶锈病的抗性水平显著提高。利用模式病原细菌丁香假单胞菌DC3000诱导植株产生SAR反应，发现小麦转基因材料*HvbZIP*10-*OE*的SAR水平和*PR*基因表达量均显著提高。进一步利用RNA-seq，预测了*HvbZIP*10在小麦异源体系中的转录调控网络。利用农杆菌介导的基因瞬时表达技术，明确了HvbZIP10的植物细胞核定位特征，并验证了其核定位序列。利用酵母双杂交和双分子荧光技术，发现HvbZIP10与TaNPR1蛋白存在直接蛋白互作。综上所述，本研究报道了大麦转录因子HvbZIP10通过与TaNPR1蛋白互作，介导小麦抗病反应。制备得到的小麦转基因材料，未来有望作为创新性种质资源用于小麦广谱抗病遗传改良。

关键词：小麦；系统获得抗性；bZIP转录因子；NPR1蛋白；广谱抗病

---

* 基金项目：国家自然科学基金青年基金（31701776）；河北省优秀青年科学基金（C2018204091）

** 第一作者：苏君，硕士，研究方向为植物病理学；E-mail：1297178001@ qq. com

*** 通信作者：王道冬，博士，副教授，研究方向为植物病理学；E-mail：zhbwxd@ hebau. edu. cn

小麦抗根腐叶斑病种质资源挖掘与全基因组关联分析*

苏　君[1**]　赵淑清[1]　赵姣洁[1]　李梦雨[1]　庞书勇[1,3]　张培培[1]
吴建辉[2]　曾庆东[2]　李在峰[1]　康振生[2]　韩德俊[2]　陈时盛[3]　王逍冬[1***]
（1. 河北农业大学，保定　071000；2. 西北农林科技大学，杨凌　712100；
3. 北京大学现代农业研究院，潍坊　261000）

摘　要：普通小麦（*Triticum aestivum*）是全球范围内的重要粮食作物之一。随着全球气候变暖、秸秆还田，以及轮作制度和土壤微环境的变化，由麦根腐平脐蠕孢（*Bipolaris sorokiniana*）引起的小麦根腐叶斑病危害呈逐年加重趋势，严重威胁华北地区小麦产量和品质。然而，受较为复杂的数量遗传位点（QTL）控制，小麦抗根腐叶斑病抗病遗传学研究仍相对滞后，抗病种质资源同样亟待挖掘。本研究拟针对课题组前期搜集的 1 800 余份全球普通小麦种质资源，开展抗根腐叶斑病表型鉴定。进一步结合上述材料已有的 660K 高密度 SNP 基因芯片数据，进行抗病遗传位点全基因组关联分析。初步研究结果表明，仅有“济南 2 号”“福豫 3 号”等约 6%的小麦材料对根腐叶斑病具有中等以上抗性水平，全球普通小麦抗根腐叶斑病种质资源相对匮乏。关联分析结果表明，在小麦 1BL、1DS、2AL、2DS、3AL 等染色体存在多个抗根腐叶斑病 QTL 位点，与已报道的抗病位点比较，推测部分 QTL 位点为新位点，极具研究价值和应用潜力。综上所述，本研究将深入挖掘普通小麦抗根腐叶斑病病害优异种质资源，探索抗病位点，预测抗病候选基因，为后续抗病基因图位克隆与小麦抗根腐叶斑病遗传改良提供重要基础。

关键词：小麦；根腐叶斑病；抗性位点；全基因组关联分析；遗传改良

* 基金项目：河北省自然科学基金面上项目（C2021204008）
** 第一作者：苏君，硕士，研究方向为植物病理学；E-mail：1297178001@ qq. com
*** 通信作者：王逍冬，博士，教授，研究方向为植物病理学；E-mail：zhbwxd@ hebau. edu. cn

小麦抗纹枯病种质资源挖掘与全基因组关联分析*

李梦雨[1]**　苏　君[1]　赵淑清[1]　赵姣洁[1]　张培培[1]　吴建辉[2]
曾庆东[2]　李在峰[1]　康振生[2]　韩德俊[2]　甄文超[1]　王道冬[1]***
（1. 河北农业大学，保定　071000；2. 西北农林科技大学，杨凌　712100）

摘　要：普通小麦（*Triticum aestivum*）是我国重要农作物之一。由于气候变暖、施氮量增加、秸秆还田，以及耕作制度改变等原因，由禾谷丝核菌（*Rhizoctonia cerealis*）引起的小麦纹枯病，在我国北方麦区普遍发生、危害严重，导致产量严重降低和籽粒品质严重下降。为了筛选出抗小麦纹枯病的优质种质资源、挖掘和利用抗病遗传位点，本研究结合课题组前期搜集的1 800余份普通小麦种质资源，开展抗纹枯病表型鉴定。初步鉴定结果表明，仅有西农528、赛德麦601、郑麦136等约8%的小麦材料表现出中等以上抗性水平。进一步利用上述小麦材料已有660K SNP芯片数据进行全基因组关联分析，发现在小麦2AL、4AS、4DL、6AL、7AS等染色体存在多个抗纹枯病QTL位点。与已报道的抗病位点比较，推测部分QTL位点为新位点，极具研究价值和应用潜力。综上所述，本研究评估了全球普通小麦种质资源的抗纹枯病抗性水平，挖掘得到一批抗病遗传位点，为小麦抗纹枯病遗传改良提供了重要基础。

关键词：小麦；纹枯病；抗病材料；全基因组关联分析；QTL

---

* 基金项目：河北省自然科学基金面上项目（C2021204008）

** 第一作者：李梦雨，硕士，研究方向为植物病理学；E-mail：alimengyuuuu@163.com
*** 通信作者：王道冬，博士，教授，研究方向为植物病理学；E-mail：zhbwxd@hebau.edu.cn

小麦病程相关蛋白 TaPR1a 与 TaPR14_LTP3 协同抗病的分子机制研究*

赵姣洁**　毕伟帅**　赵淑清　苏　君　李梦雨　马利松***　王逍冬***
（河北农业大学，保定　071000）

摘　要：小麦（*Triticum aestivum*）作为全球范围内最重要的粮食作物之一，其整个生长周期均受到各类植株病原菌的严重威胁。植物病程相关 *PR* 基因广泛参与作物抗病反应，在作物抗病遗传改良方面极具应用价值。本课题组基于前期研究，推测小麦病程相关蛋白 TaPR1a 和磷脂转移蛋白 TaPR14_LTP3 可能存在协同抗病功能。本研究利用酵母双杂交 Y2H、双分子荧光互补 BiFC 和免疫共沉淀 Co-IP 技术，发现并验证了上述 PR 蛋白在质外体的直接互作。利用荧光实时定量 qRT-PCR 技术，验证了 *TaPR1a* 与 *TaPR14_LTP3* 基因在小麦抗叶锈病过程中的协同诱导模式。进一步制备了过表达 *TaPR1a* 与 *TaPR14_LTP3* 基因的小麦转基因材料，发现转基因材料的抗叶锈病水平和抗病活性氧积累均有显著提高。利用 qRT-PCR 和 RNA-seq 技术，明确了 *TaPR1a* 与 *TaPR14_LTP3* 基因介导的转录调控网络，发现上述 *PR* 基因在水杨酸 SA 抗病途径中共同行使功能。本研究首次明确了小麦 TaPR1a 与 TaPR14_LTP3 蛋白在植物质外体的协同抗病的分子机制。制备得到的小麦转基因材料，未来有望作为创新性种质资源用于小麦抗病遗传改良。

关键词：小麦；病程相关蛋白；脂质转运蛋白；质外体；抗病

---

* 基金项目：国家自然科学基金青年基金（31701776）；河北省优秀青年科学基金（C2018204091）
** 第一作者：赵姣洁，硕士，研究方向为植物病理学；E-mail：1021482554@ qq. com
毕伟帅，博士，研究方向为植物病理学；E-mail：bws4747@ 163. com
*** 通信作者：王逍冬，博士，副教授，研究方向为植物病理学；E-mail：zhbwxd@ hebau. edu. cn
马利松，博士，教授，研究方向为植物病理学；E-mail：lisong. ma@ anu. edu. au

Csa-miR482 在响应黄瓜绿斑驳花叶病毒侵染中的功能分析

刘 文[1*] 梁超琼[2] 齐晓帆[1] 苗 朔[1] 李健强[1] 罗来鑫[1**]

（1. 中国农业大植物病理学系，种子病害检验与防控北京市重点实验室，北京 100193；
2. 陕西省林业科学院森林保护研究所，西安 710082）

摘 要： 黄瓜绿斑驳花叶病毒（*Cucumber green mottle mosaic virus*，CGMMV）是我国检疫性有害生物，属烟草花叶病毒属（*Tobamovirus*），可以引起葫芦科作物的叶片褪绿黄化、斑驳，果实畸形等症状，严重影响瓜类作物的产量及品质。

微小 RNA（microRNA）在植物生长发育、营养平衡、胁迫应答，以及与特定的靶 mRNA 互作响应病原菌的侵染等方面发挥着重要的作用。前期研究发现，csa-miR482 在黄瓜响应 CGMMV 侵染中发挥重要调控作用。本研究采用 TRV 诱导的基因沉默方法对 csa-miR482 进行瞬时沉默，结果显示，与对照组相比，沉默 csa-miR482 后，黄瓜植株中 CGMMV 的积累量显著下降；而在黄瓜原生质体中过量表达 csa-miR482 后，CGMMV 的积累量呈上升趋势。此外，生物信息学分析结果显示，csa-miR482 的靶基因（CsaV3_5G012440、CsaV3_4G003500 和 CsaV3_3G015800）可能参与 RNA 转运或降解、光合作用、植物激素信号转导、植物抗病相关途径或植物与病原物相互作用途径。综合分析认为，csa-miR482 可能通过其靶基因，在黄瓜响应 CGMMV 侵染过程中起负调控作用，即 csa-miR482 负调控黄瓜对 CGMMV 的抗性。进一步揭示 csa-miR482 在黄瓜与 CGMMV 互作中的作用，为综合防控黄瓜绿斑驳花叶病毒病，保护黄瓜健康生产提供理论依据。

关键词： 黄瓜绿斑驳花叶病毒病；黄瓜；csa-miR482；靶基因；功能验证

* 第一作者：刘文，硕士研究生；E-mail：373491891@ qq. com
** 通信作者：罗来鑫，副教授，研究方向为种子病理学；E-mail：luolaixin@ cau. edu. cn

基于蛋白质组学分析黑龙江省马铃薯主要品种对干腐病抗性机制的研究*

王文重**　郭　梅***　杨　帅　胡林双　魏　琪　闵凡祥　董学志　毛彦芝
（黑龙江省农业科学院马铃薯研究所，哈尔滨　150086）

摘　要：由镰孢菌（*Fusarium* spp.）引起的马铃薯干腐病已成为马铃薯土传和收获后为害最严重的病害之一，在马铃薯生产过程中造成巨大经济损失。马铃薯干腐病在我国各马铃薯种植区发生普遍，生产上最有效防治手段是种植抗病品种和化学防治。由于匮乏抗病品种资源，以及化学药剂成本过高，且长期施用易产生抗药性，环境污染等一系列问题导致马铃薯干腐病防控压力逐渐增大。本研究首先在室内条件下利用块茎接种法对黑龙江省主要种植的21份马铃薯品种进行抗干腐病鉴定，然后将抗、感性品种分别接种镰孢菌后利用蛋白组学，从差异表达蛋白质层面分析了镰孢菌胁迫下马铃薯块茎的响应情况，最终为马铃薯抗干腐病机制研究提供理论基础。所获得的主要研究结果如下：

（1）茄病镰孢菌蓝色变种（*F. solani* var. *coeruleum*）接种黑龙江省21个主栽马铃薯品种，利用病级分类和系统聚类分析方法进行抗病性评价，结果表明，有6个品种表现为高抗、5个表现为中抗，10个表现为易感，未见对干腐病呈现免疫的品种。

（2）对上述21个马铃薯品种进行定量接种，测定抗病相关的防御酶过氧化物酶（POD），超氧化物歧化酶（SOD）和丙二醛（MDA）活性的变化，结果显示克新13号抗性最强，克新23号最易感病。

（3）选取茄病镰孢菌蓝色变种侵染马铃薯克新13号和克新23号块茎，分别在0和5d取样作为研究对象，进行TMT蛋白组定量分析。结果表明，共鉴定到5 674个蛋白，其中4 978个可定量，克新13号差异表达蛋白1 118个，其中上调表达684个，下调表达434个；克新23号差异表达蛋白1 157个，其中上调表达667个，下调表达480个。对核糖体，丙酮代谢、萜类化合物生物合成、抗氧化系统、苯丙烷类代谢，激素等途径共有差异表达蛋白分析，首先谷胱甘肽转移酶（GST）活性相关的差异蛋白最多、差异最显著。其次过氧化物酶（POD）、谷胱甘肽过氧化物酶（GPX）、超氧化物歧化酶（SOD）、过氧化氢酶（CAT）等富集也比较显著。本研究将不同比较组中筛选得到的差异蛋白数据库编号或蛋白序列，通过与STRING（v. 10.5）蛋白网络互作数据库比对后，核糖体结合蛋白、ERF结合蛋白、WD转录因子等是重要节点蛋白。

关键词：马铃薯；干腐病；镰孢菌；抗性机制；蛋白质组

---

* 基金项目：国家重点研发计划（2017YFE0115700）
** 第一作者：王文重，博士，副研究员，研究方向为马铃薯真菌病害；E-mail：wenwen0331@163.com
*** 通信作者：郭梅，硕士，研究员，研究方向为马铃薯真菌病害；E-mail：guo_plum@126.com

TaTLP1 在小麦叶锈菌中互作靶标的筛选与验证

王　菲　申松松　孟麟硕　崔钟池　王海燕
（河北农业大学 植物保护学院/河北省农作物病虫害生物防治技术创新中心，保定　071000）

摘　要：植物类甜蛋白（Thaumatin-like proteins，TLPs）是一类参与抗病防御反应的蛋白，在植物抗病性和系统获得抗性（systemic acquired resistance，SAR）中发挥着重要作用。本课题组前期明确了 TaTLP1 受小麦叶锈菌的调控，参与小麦抗叶锈病防御反应，并成功构建了接叶锈菌 PHNT 的中国春小麦酵母双杂交（Yeast two-hybrid，Y2H）感病文库。本研究以 TaTLP1 为诱饵蛋白，利用酵母双杂交技术共筛选到 10 个候选靶标，其中靶标 Pt_21 符合效应蛋白的特征。利用 Y2H、共定位（Co-localization）以及免疫共沉淀（Co-immunoprecipitation，Co-IP）技术证明了 Pt_21 与 TaTLP1 互作。利用实时荧光定量技术（Quantitative Real-time PCR，qPCR）检测了 Pt_21 在叶锈菌诱导后不同时间点的表达量。结果表明，*Pt_21* 在叶锈菌侵染 24 hpi（Hours post inoculation，hpi）达到表达高峰，表达量为 0 hpi 的 280 倍，说明其受小麦叶锈菌诱导表达。烟草 BAX 坏死抑制实验表明 Pt_21 能够抑制 BAX 诱导的细胞坏死，说明 *Pt_21* 是潜在的毒性基因。本研究对揭示 TaTLP1 介导的小麦抗叶锈病防御机制及叶锈菌对小麦的致病机理具有重要的意义，为保持抗叶锈病品种的持久抗病性提供重要的理论依据和技术支撑。

关键词：类甜蛋白；叶锈菌；酵母双杂交；共定位；免疫共沉淀

多顺反子人工 microRNA 增强黄瓜对绿斑驳花叶病毒的抗性

苗　朔[*]　刘　文　齐晓帆　罗来鑫　李健强[**]
（中国农业大学植物病理学系，种子病害检验与防控北京市重点实验室，北京　100193）

摘　要： 人工 microRNA（artificial microRNA，amiRNA）是利用植物内源 miRNA 的前体作为骨架，替换成熟 miRNA 序列以获得具有新的靶向能力的一段人工合成的 RNA 序列。目前已发现在自然界中单个转录本可以产生多个 miRNA（即多顺反子结构），将多顺反子 amiRNA 转入寄主植物小麦获得了对条纹花叶病毒（*Wheat streak mosaic virus*，WSMV）和矮缩病毒（*Wheat dwarf virus*，WDV）的抗性，并具有良好的抗病毒应用前景。

近年来，全球植物繁殖材料和种子贸易的日益频繁往来加剧了种传病毒在世界范围内的传播和蔓延。黄瓜绿斑驳花叶病毒（*Cucumber green mottle mosaic virus*，CGMMV）作为检疫性有害生物，由其引起的绿斑驳花叶病毒病已成为黄瓜、西瓜和甜瓜等葫芦科作物产量和品质的主要制约因素之一。目前仍无有效的针对该病毒病的田间防治方法和抗病品种。因此，培育抗病性强且抗性稳定的品种是防治黄瓜绿斑驳花叶病毒病的根本措施，而利用分子生物学技术获得抗性品种已成为稳定、长期且经济有效的策略。

本研究通过将 3 个分别靶向 CGMMV 外壳蛋白、运动蛋白和复制酶基因保守区域的 amiRNA 前体序列串联构入双元表达载体 pEarleyGate100 中，利用农杆菌介导的遗传转化方法浸润 5~6 周本生烟植株，浸润浓度为 $OD_{600}=0.3$，浸润 3 d 后在浸润叶片机械摩擦接种 CGMMV 病毒。结果表明，黄瓜顶端叶片在接种病毒 20 d 后未发现花叶斑驳症状，利用 ELISA 方法检测呈 CGMMV 阴性。同时，基于种传病毒的传播方式，利用真空负压方法制备携带 CGMMV 的黄瓜种子，将含有多顺反子 amiRNA 结构的载体质粒转染入由带毒种子制备的黄瓜原生质体中，共孵育 24 h 后用免疫印迹杂交检测病毒蛋白表达量，相对于对照组，病毒蛋白积累量下降了 50%，具有显著性差异。

综上所述，多顺反子 amiRNA 结构可为受 CGMMV 侵染的黄瓜提供显著的抗病毒效果，可为转基因黄瓜抗病毒的研究提供技术支持。

关键词： 黄瓜绿斑驳花叶病毒；多顺反子；人工 microRNA；抗病毒

* 第一作者：苗朔，博士研究生，研究方向为种子病理学和 miRNA 功能；E-mail：ms_0825@163.com
** 通信作者：李健强，博士，博士生导师，研究方向为种子病理学和种传病害绿色防控；E-mail：lijq231@cau.edu.cn

PqbZIP1 transcription factor mediates jasmonic acid signaling pathway that modulates root rot disease resistance in American ginseng

YANG Shanshan[1] ZHANG Xiaoxiao[2] ZHANG Ximei[1]
BI Yanmeng[1] LI Junfei[1] SHAO Huihui[1] GAO Weiwei[1]
(1. *Institute of Medicinal Plant Development*, *Chinese Academy of Medical Sciences and Peking Union Medical College*, *Beijing* 100193, *China*;
2. *Institute of Food Science and Technology*, *Chinese Academy of Agricultural Sciences*, *Beijing*, 100193, *China*)

Abstract: American ginseng (*Panax quinquefolius* L.) is a perennial medicinal plant that has a-long usage history in China. However, root rot that is mainly caused by *Fusarium solani* can severely reduce the yield and quality of American ginseng, but no disease-resistant variety of American ginseng exists, and the resistance against the diseaseis not yet well understood. Thus, it is very urgent to analyze the interaction mechanism between American ginseng and *F. solani* to mine disease resistance genes. Through transcriptome data and quantitative polymerase chain reaction (qPCR), we screened the transcription factor PqbZIP1 in response to induction by chitin. Yeast self-activation and subcellular localization experiments proved that PqbZIP1 showed transcriptional activity and was localized in the plant nucleus. In addition, qPCR showed that the highest relative expression level was in the roots, where in chitin and *F. solani* inhibited and activated the expression of *PqbZIP1*, respectively, in American ginseng. Additionally, PqbZIP1 could significantly inhibit the growth ability of D36E in *Nicotiana benthamiana*, where expressing *PqbZIP1* in *N. benthamiana* increased the jasmonic acid content. Furthermore, *PqbZIP1* expression and jasmonic acid content were continually increased when inoculated with *F. solani*. Hence, this study revealed that the PqbZIP1 transcription factor might mediate jasmonic acid signaling pathway to modulate root rot disease resistance in American ginseng, which would provide important information to breed disease-resistant American ginseng.

Key words: American ginseng; *Panax quinquefolius* L.; PqbZIP1; root rot disease; *Fusarium solani*; jasm onic acid signaling; disease resistance genes

可可毛色二孢菌侵染响应基因 *VvWRKY53* 的分子特性与表达分析*

吴佳鸿　邢启凯　李兴红　燕继晔**
（北京市农林科学院植物保护环境保护研究所，北京　100097）

摘　要： 葡萄溃疡病是在葡萄产区普遍发生的枝干病害，严重危害葡萄产业的健康发展。在我国葡萄产区，可可毛色二孢菌（*Lasiodiplodia theobromae*）是引发葡萄溃疡病的主要致病菌。对葡萄溃疡病免疫相关基因的挖掘与功能研究，有助于解析葡萄抗溃疡病的分子机理，同时为葡萄的抗病分子辅助育种提供理论基础。WRKY 转录因子在植物生长发育、逆境胁迫以及病原菌侵染等过程中起着重要的调控作用。然而 WRKY 在葡萄对可可毛色二孢菌的免疫调控方面还鲜有报道。本研究以可可毛色二孢侵染的“无核白”葡萄叶片为试验材料，克隆得到转录因子 VvWRKY53，测序证实该基因 CDS 全长 453bp，编码 151 个氨基酸，预测其编码蛋白的相对分子量为 17.7 kDa，理论等电点（pI）为 9.67。系统发育进化树分析证实其与拟南芥 AtWRKY45 蛋白亲缘关系最近，同源性为 99%。VvWRKY53 具有 WRKY 转录因子家族典型的保守结构域，属于 WRKY 蛋白家族第Ⅱ亚组。VvWRKY53 定位于细胞核，具有转录激活活性。表达方面，茉莉酸甲酯和水杨酸处理后 VvWRKY53 表达水平先上升后下降；脱落酸处理后其表达量逐渐上升；氨基环丙烷羧酸处理后其表达量先下降后上升；不同激发子 chitin 处理、flg22 处理后，基因信号响应快速明显但无规律的变化特征；接种可可毛色二孢菌后，VvWRKY53 的表达水平持续上调。以上结果为揭示 VvWRKY53 在可可毛色二孢菌侵染过程中的分子机制研究奠定基础。

关键词： 葡萄溃疡病；可可毛色二孢；WRKY 转录因子；表达分析

---

* 基金项目：北京市农林科学院科技创新能力建设专项（KJCX20190406）；国家自然科学基金（31801686）；国家现代农业产业技术体系（CARS-29）

** 通信作者：燕继晔；E-mail：jiyeyan@ vip. 163. com

Knockout of *SlMAPK6* gene improved tomato resistance to tomato yellow leaf curl virus (TYLCV)*

YUE Ningbo　ZHANG Long　LI Yunzhou**

(*Department of Plant Pathology, College of Agriculture, Guizhou University, Guiyang* 550025, *Guizhou of China*)

Abstract: *Tomato yellow leaf curl virus* (TYLCV) belongsto a Begomovirus complex in family *Geminiviridae*, which is transmitted by *Bemicia tabaci*. In last two decades, TYLCV is a major pathogen in tomato production all of the world, including in China. There several methods to control the TYLCV in tomato production. Firstly, to control the vector of whiteflies is one of methods to reduce transmission of TYLCV by the application of pesticides, but this method not only will lead to environmental pollution but also pesticides resistance to whitefly. The most effective way is breeding via the penetration of resistance or tolerance genes or markers into cultivated tomato, and this method cost more time. Induced Resistance is a broad resistance triggering by a chemical substance or physical triggering, leading to a enhancement resistant to pathogen or other abiotic stress. Mitogen Activated Protein Kinases (MAPK) is a very important signaling pathway in induced plant resistance. MAPK signaling as a three-tier system results in a more than 1 000-fold increase in specific activity so that amplification signal transmission. Previous researchhas demonstrated that tomato MAPK1/2 (SlMAPK1/2) and MAPK3 (SlMAPK3) participated in regulation of plant immunity via triggering the signaling of salicylic acid (SA) and jasmonic acid (JA). However, tomato MAPK6 (SlMAPK6), as a member of tomato MAPK, its function is still unclear. The purpose of this study is to explore the function and role of SlMAPK6 in tomato plant resistance to pathogen, especially in TYLCV. The *SlMAPK*6-knockout line, *CRISPR*-3 and *CRISPR*-7, have been abstained via CRISPR/cas9 system in our lab. In this study, *CRISPR*-3 and *CRISPR*-7 and wild type (WT) were inoculated with TYLCV infection cloning via Agrobacterium-mediated method. After 14 day after inoculation (dpi), the disease index, virus level and were conducted through phenotypic observation and quantitative PCR. The results showed that the relative content of TYLCV was significantly lower in the *SlMAPK*6-knockout lines, *CRISPR*-3 and *CRISPR*-7, compared with WT. indicating that *SlMAPK*6-knockout lines had higher resistance to TYLCV than WT. In addition, it was determined about plant defense enzymes, such as SOD, POD, CAT and APX and reactive oxygen content ROS such as superoxide anion (O^{2-}.) and hydrogen peroxide (H_2O_2). The results shown that the content of SOD, POD, CAT and APX was relatively higher in the *SlMAPK*6-knockout lines, *CRISPR*-3 and *CRISPR*-7, compared with WT, and the content of O^{2-}. and H_2O_2 were relative lower in the lines of *CRISPR*-3 and *CRISPR*-7 compared with WT. Lastly, SA and JA signaling-related gene (*SlPR*1, *SlPR*2, *SlPI-I*, and *SlP-II*) were determined by RT-qPCR, the result shown that the relative expression of *SlPR*1,

* This research is supported with National Natural Science Foundation of China (No. 32060679) and Cultivation project of Guizhou University (Guidapeiyu 〔2019〕 52)

** Corresponding Author: Yunzhou Li, Male, Doctor, Master supervisor, Mainly engaged in the research of vegetable resistance to disease and stress; E-mail: liyunzhou2007@ 126. com

*SlPR*2, *SlPI-I*, and *SlP-II* were relatively higher in the lines of *CRISPR*-3 and *CRISPR*-7 compared with WT. This study suggested that SlMAPK6 play a negative regulation to antiviral immunity to TYLCV in tomato.

Key words: Tomato; MAPK6; *Tomatoyellow leafcurlvirus*; salicylic acid (SA); jasmine acid (JA)

番茄双链 RNA 绑定蛋白（*SlDRB*）基因家族鉴定及抗 TYLCV 防御反应分析*

黄　鑫[1**]　方远鹏[1]　王　琪[2]　李云洲[1***]
（1. 贵州大学农学院植物病理教研室，贵阳　550025；2. 贵州大学农学院蔬菜教研室）

摘　要：番茄是现代蔬菜的主导产业，因其经济价值高，更是乡村振兴的优势产业。在过去的二十多年，无论是露天还是温室种植，番茄生产都面临番茄黄化曲叶病毒（TYLCV）和其他病毒的严重威胁。RNA 干扰（RNAi）是植物中重要的抗病毒机制。最近研究发现双链 RNA 结合蛋白（dsRNA-binding proteins，DRB）在植物 RNAi 通路中发挥重要作用，然而目前关于番茄 *DRB*（*SlDRB*）基因的鉴定、染色体分布、系统进化、组织特异表达以及抗 TYLCV 防御反应，仍未报道。本研究以"矮番茄"为材料，TYLCV 侵染性克隆为病原，筛选 *DRB* 基因家族参与番茄抗 TYLCV 的防御相关基因，为番茄抗病毒研究奠定基础。首先，通过生物信息学方法鉴定并分析番茄 *DRB* 基因的基本特性，包括 *DRB* 基因家族进化树、基因结构和基因定位、保守基序、组织特异性表达等。另外利用实时荧光定量 PCR（Quantitative Real-time PCR，qRT-PCR）技术检测 *SlDRB* 基因家族对 TYLCV 的防御反应。结果表明番茄含有 8 个 *SlDRB* 基因家族成员，分布于 6 条染色体上，其中 3 个 *SlDRB* 基因处于 1 号染色体。番茄 DRB 家族可分出 3 个亚族，即 DRB2/3、DRB6/7、DRB1/4/5/8，不同的亚族内含子数量和蛋白结构分布有所差异。亚细胞定位结果表明 SlDRB1、SlDRB5、SlDRB6、SlDRB7 和 SlDRB8 定位于胞外，SlDRB2 和 SlDRB3 定位于细胞质，SlDRB4 定位于细胞核。更重要的是，不同 *SlDRB* 基因的组织特异性表达差异明显，但是在叶片组织中大多数 *SlDRB* 基因表达相对适中，而在根、花、果组织中多数基因表达水平相对较高。所有 *SlDRB* 基因在番茄受 TYLCV 侵染后表达水平均有升高，根据表达趋势可分为四类：第一类基因 *SlDRB7*、*SlDRB8*，表达水平持续上调；第二类基因 *SlDRB2*、*SlDRB3*，在病毒接种 7 d 后表达上调，而在病毒接种 14 d 下调；第三类基因 *SlDRB1*、*SlDRB4*，仅在病毒侵染中期（7 d）表达上调；第四类基因 *SlDRB5*、*SlDRB6* 仅在病毒侵染后期（14 d）表达上调。本研究首先在番茄上鉴定 8 个 *SlDRB* 基因，并且明确其参与植株抗病毒防御反应，为研究 SlDRB 在番茄 RNAi 抗病毒中的功能与作用奠定基础。

关键词：番茄；抗病毒；*DRB*；生物信息学；表达分析

---

* 基金项目：国家自然科学基金（32060679）；贵州大学培育项目（贵大培育〔2019〕52 号）；贵州大学培育项目（黔科合平台人才〔2017〕5788-28）；贵州大学人才引进科研项目（贵大人基合字〔2017〕50 号）

** 第一作者：黄鑫，硕士在读，研究方向为植物病理学；E-mail：806176441@qq.com

*** 通信作者：李云洲，博士，硕士生导师，研究方向为植物抗病抗逆；E-mail：liyunzhou2007@126.com

Proteomics reveals differences in wheat defense and TaGST/TaCBS enhances resistance to powdery mildew

WANG Qiao GUO Jia JIN Pengfei LI Ying GUO Jun LI Qiang* WANG Baotong**

(*Key Laboratory of Crop Stress Biology for Arid Areas*, *College of Plant Protection*, *Northwest A&F University*, *Yangling* 712100, *China*)

Abstract: Wheat stripe rust and powdery mildew are important diseases of wheat (*Triticum aestivum*) worldwide. To explore the molecular mechanism of the wheat defense against *Puccinia striiformis* f. sp. *tritici* (*Pst*) and *Blumeria graminis* f. sp. *tritici* (*Bgt*), quantitative proteomic analysis of Xingmin318 (XM318), a wheat cultivar resistant to both wheat stripe rust and powdery mildew that interacts with *Pst* and *Bgt*, was performed using tandem mass tags technology. A total of 741 proteins were identified as differentially accumulated proteins (DAPs). Bioinformatics analysis indicated that some functional categories such as antioxidant activity showed obvious differences between *Pst* and *Bgt* infections. Intriguingly, only 42 DAPs responded to both *Pst* and *Bgt* infections. Twelve DAPs were randomly selected for qRT-PCR analysis, and the mRNA expression levels of eleven were consistent with protein expression models. Furthermore, gene silencing using the virus-induced gene silencing system indicated that glutathione S-transferase (TaGST) plays an important role in *Bgt* resistance but has no function in *Pst* resistance. *TaGST* was shown to target the cystathionine beta-synthase (CBS) domain-containing protein (TaCBS) and knockdown of *TaCBS* expression contributed to *Bgt* infection. In addition, *TaGST* overexpression in Arabidopsis (*Arabidopsis thaliana*) promoted plant resistance to *Pst* DC300. Altogether, our data suggest that wheat has different response mechanisms to *Pst* and *Bgt* stress. Moreover, TaGST associated with TaCBS enhances the resistance of wheat to powdery mildew.

Key words: wheat; powdery mildew; molecular mechanism

---

* First author: WANG Baotong; E-mail: wangbt@ nwsuaf. edu. cn

** Corresponding author: LI Qiang; E-mail: qiangli@ nwsuaf. edu. cn

Active compound identification by screening 33 essential oil monomers against *Botryosphaeria dothidea* from postharvest kiwifruit and its potential action mode

LI Jie[1] YANG Shuzhen[1] FU Su[2] LI Dongmei[1] PENG Litao[1*] PAN Siyi[1]

(1. *Key Laboratory of Environment Correlative Dietology*, *Ministry of Education*, *College of Food Science and Technology*, *Huazhong Agricultural University*, *Wuhan* 430070, *P. R. of China*;

2. *Department of Microbiology/ Immunology*, *Georgetown University Medical Center*, *Washington DC*, 20057, *USA*)

Abstract: The antifungal activity against *Botryosphaeria dothidea* from postharvest kiwifruits were screened from 33 essential oil monomers and the action mode of active compound were further evaluated. The results showed antifungal activity of 33 tested essential oil monomers were greatly affected by their chemical structures and carvacrol was the strongest one with EC_{50} of 12.58 μL/L and EC_{90} of 22.08 μL/L. Furthermore, carvacrol exhibited significantly inhibitory effects on the kiwifruit pathogen in vivo and in vitro. Carvacrol could evidently alter the hyphal morphology of *B. dothidea* and severely damaged cell membrane with the reduction of its lipid components. Cell membrane permeability were increased and intracellular homeostasis including ion and biomacromolecules were destroyed by carvacrol. Carvacrol significantly inhibited the mitochondrial activity and the respiration rates were decreased, which induced the cell death of *B. dothidea*. The results from the research suggest that carvacrol had great potential for controlling postharvest rot soft of kiwifruit.

Key words: Essential oil; carvacrol; antifungal activity; *Botryosphaeria dothidea*; kiwifruit

* Correspouding author: PENG Litao, Doctor, Professor, Research Interests: Postharvest disease and its control of fruits and vegetables; E-mail: yszhen@mail.hzau.edu.cn

杧果 CPP 转录因子家族基因的鉴定及表达分析*

杨 楠[1,2**] 孙瑞青[1,2] 孙 宇[1,2] 夏煜琪[1,2] 刘志鑫[2]
高庆远[1,2] 蒲金基[1,2,3***] 党志国[4] 张 贺[1,2,3***]
（1. 海南大学热带作物学院，海口 570228；
2. 中国热带农业科学院环境与植物保护研究所，农业农村部热带作物有害生物综合治理重点实验室，海口 571101；
3. 中国热带农业科学院热带生物技术研究所，海口 571101；
4. 中国热带农业科学院热带作物品种资源研究所，海口 571101）

摘 要：为了探索杧果（*Mangifera indica*）CPP（cystein-rich polycomb-like protein）基因家族的序列特征与表达特征，通过生物信息学的方法对杧果 CPP 基因家族进行序列分析，并通过 qRT-PCR 技术研究杧果细菌性黑斑病菌（*Xanthomonas campestris* pv. *mangiferaeindicae*，Xcm）和胶孢炭疽菌（*Colletotrichum gloeosporioides*，Cg）侵染过程中杧果 CPP 家族基因的转录水平。结果表明，从杧果基因组中鉴定了 10 个 CPP 基因家族成员，均含有保守的 CRC 结构域，均为不稳定疏水的酸性蛋白，qRT-PCR 分析表明，在杧果细菌性黑斑病菌（XCM）侵染过程中，MiCPP1 和 MiCPP2 在侵染 3 h、6 h、12 h 后上调表达；杧果胶孢炭疽菌（Cg）侵染的 0~72 h 时，MiCPP8 呈上调表达，而 MiCPP9 则为下调表达。qRT-PCR 分析表明，在特异性表达实验过程中，MiCPP8 在古铜叶、盛花芽的相对表达量都很高而 MiCPP7 在古铜叶、盛花芽的相对表达很小。说明杧果 MiCPPs 基因家族成员可能在不同组织中特异性表达。

关键词：杧果；CPP 转录因子；杧果细菌性黑斑病菌；杧果胶孢炭疽菌；qRT-PCR

---

* 基金项目：国家重点研发专项（2019YFD1001103；2019YFD1000504）；中国热带农业科学院基本科研业务费专项资金（1630042017019）；农业农村部项目“滇桂黔石漠化地区特色作物产业发展关键技术集成示范”“杧果病虫害监测与防治项目”

** 作者简介：杨楠，硕士研究生，研究方向为农艺与种业；E-mail：15533603305@163.com
*** 通信作者：张贺，副研究员，研究方向为植物病理学；E-mail：atzzhef@163.com
蒲金基，研究员，研究方向为植物病理学；E-mail：cataspjj@163.com

棘孢木霉 DQ-1 *Tri-milR535* 靶向番茄 *Chit-4* 逃避宿主免疫反应研究*

薛　鸣**　王　睿　战　鑫　侯巨梅　刘　铜***

（海南大学植物保护学院，热带农林生物灾害绿色防控教育部重点实验室，海口　570228）

摘　要：本研究通过高通量测序技术构建了棘孢木霉 DQ-1 与番茄不同互作时期的棘孢木霉 milRNA 文库，通过生物信息学预测获得 126 个已知棘孢木霉 milRNA 和 21 个新的 milRNA，通过 qPCR 技术发现其中一个 milRNA（命名：*Tri-milR*535）与番茄根部互作 24hpi 显著上调表达，暗示 *Tri-milR*535 可能在木霉菌与番茄根部互作过程中起重要作用。经生物信息学预测分析，发现 *Tri-milR*535 只存在于木霉菌基因组中，并未在番茄基因组发现该 milRNA，通过靶基因预测发现它可以靶向番茄抗病相关的 Chitinase（Chit-4）蛋白。因此推测 *Tri-milR*535 可能跨界靶向番茄 Chitinase（Chit-4）蛋白，逃避了宿主的免疫反应。试验进一步利用烟草共表达以及 5′-RACE 技术明确了两者互作关系，构建了番茄 Chit-4 敲除突变体、Chit-4 过表达突变体和 *Tri-milR*535 在番茄中过表达突变体以及木霉菌 *Tri-milR*535 过表达和 STTM 抑制 *Tri-milR*535 表达的突变体，利用荧光显微等技术分析 *Tri-milR*535 在木霉菌与番茄根互作中逃避宿主免疫反应的分子机制。

关键词：木霉菌；*Tri-milR*535；番茄；烟草共表达；逃避

---

* 基金项目：国家自然科学基金"木霉菌 *Tri-milR*535 跨界靶向番茄 Chit-4 逃避寄主免疫性反应的分子机理研究"（C140108）

** 第一作者：薛鸣，硕士，研究方向为生物防治；E-mail：18090401210007@ hainanu. edu. cn

*** 通信作者：刘铜，教授，博士生导师，研究方向为植物病理学和生物防治；E-mail：liutongamy@ sina. com

过表达细胞色素 P450 蛋白 CYP716A16 提高水稻的免疫反应

王爱军　马　丽　舒新月　蒋钰琪　郑爱萍
（四川农业大学农学院，成都　611130）

摘　要：水稻是我国主要的粮食作物之一，在实际生产中受到多种病害的威胁。挖掘潜在的抗病基因，并利用其培育抗病品种是防控水稻病害的有效手段。本实验室前期通过对 259 份水稻材料抗纹枯病的全基因组关联分析（genome wide association analysis，GWAS），结合纹枯病中抗材料特青和感病材料 Lemont 接种纹枯病菌后不同时间点的转录组数据分析，获得 653 个与纹枯病抗性显著相关的候选基因。通过 RT-PCR 对其中的细胞色素 P450 蛋白编码基因 CYP716A16 的表达模式进行了分析，进一步构建了 CYP716A16 的过表达材料，对其进行纹枯病菌和白叶枯病菌抗性分析。结果表明，CYP716A16 在纹枯病中抗材料特青中高表达，而在感病材料 Lemont 中表达水平较低。野生型和 CYP716A16 过表达材料抗病性分析发现，过表达 CYP716A16 显著提高了水稻对纹枯病和白叶枯病的抗性；且过表达 CYP716A16 可激活水稻病程相关基因和茉莉酸（jasmonic acid，JA）合成相关基因的上调表达。此外，对纹枯病菌侵染 12 h 的野生型和 CYP716A16 过表达材料转录组分析发现，CYP716A16 过表达材料中的差异基因数明显多于野生型材料；差异基因 KEGG 富集分析发现类黄酮生物合成途径在 CYP716A16 过表达材料中显著富集。上述结果表明，CYP716A16 可能通过激活类黄酮生物合成途径来正调控水稻的免疫反应。

关键词：水稻；抗病基因；细胞色素 P450；类黄酮生物合成

水稻 Os-miR6225y 调控核盘菌靶基因 ssv263 参与非寄主抗性的分子机制

陈燕桂* 冬梦荃 廖洪梅 孟欣然 赵斯琪 吴朝晖
杨 楠 丁一娟** 钱 伟**
（西南大学农学与生物科技学院，重庆 400715）

摘 要： 由真菌核盘菌［*Sclerotinia sclerotiorum*（Lib.）de Bary］引起的菌核病严重影响油菜（*Brassica napus* L.）生产，造成其产量品质下降。由于缺乏抗源，目前油菜菌核病抗性改良陷入瓶颈，利用非寄主抗性是改良油菜的新思路。水稻（*Oryza sativa* L.）是核盘菌的非寄主植物之一，而在植物-病原菌相互作用过程中，sRNAs 具有潜在双向的、跨物种转移的特性。本研究旨在鉴定并研究水稻 miRNAs 与核盘菌的相互作用，将为揭示水稻非寄主抗性机制奠定基础。前期对水稻与油菜进行接种核盘菌前后的小 RNA 测序（sRNA-Seq）及转录组测序（RNA-Seq）联合分析，发现水稻中特异存在的 Os-miR6225y 受核盘菌诱导上调表达，预测发现该小 RNA 靶向核盘菌分泌蛋白 ssv263。qRT-PCR 验证发现 Os-miR6225y 仅在水稻中表达，而在甘蓝型油菜，拟南芥等十字花科植物中不存在。在拟南芥、烟草、油菜等寄主植物上体外涂抹 Os-miR6225y 的合成物（mimics_osmiR6225）后，菌核病抗性显著增强。双荧光素酶报告系统证实 miR6225y 与 ssv263 基因存在靶向关系，在本氏烟草中瞬时表达 *ssv*263 基因的 siRNA 可显著减小发病面积，而瞬时表达 *ssv*263 基因则增强了烟草的感病性。随后笔者在拟南芥中过表达 Os-miR6225y，发现转基因株系的菌核病抗性显著增强，且侵染过程中核盘菌 *ssv*263 基因表达显著低于侵染野生型。在核盘菌中过表达 Os-miR6225y 后，转化子致病性及 *ssv*263 基因的表达均显著降低，而在核盘菌中敲除 *ssv*263 后，转化子的致病性也显著降低。根据这些结果，笔者推测水稻 Os-miR6225y 通过靶向沉默核盘菌致病分泌蛋白基因 *ssv*263 的表达，参与对核盘菌的非寄主抗性。

关键词： 核盘菌；非寄主抗性；水稻 miRNA；Os-miR6225y；*ssv*263

* 第一作者：陈燕桂，在读博士研究生，研究方向为甘蓝型油菜抗性改良；E-mail：chenyangui1993@163.com
** 通信作者：丁一娟；E-mail：dding1989@163.com
钱伟；E-mail：qianwei666@hotmail.com

水稻细胞壁来源的寡糖激活水稻免疫反应的研究

杨　超　刘　芮　刘　俊
（中国农业大学植物保护学院，北京　100193）

摘　要： 水稻是我国重要的粮食作物，但水稻在生长过程中容易遭受各种病虫害的侵害，其中由稻瘟菌（*Magnaporthe oryzae*）引起的稻瘟病是水稻严重的真菌病害，对稻米产量和品质都造成严重影响。细胞壁是植物细胞的主要保护屏障，病原菌侵染植物过程中会分泌大量的细胞壁降解酶（Cell wall-degrading enzymes，CWDEs）降解水稻细胞壁，释放降解物质，这些物质也可以作为伤害模式分子（damage-associated molecular patterns，DAMPs）激活植物的免疫反应。纤维素和半纤维素是组成植物细胞壁的主要成分，也是稻瘟菌细胞壁降解酶的主要靶标，但是来源于它们的寡糖在植物免疫中的作用一直存在争议。

笔者首先利用转录组测序，分析了稻瘟菌侵染水稻过程中分泌蛋白的表达情况，发现了稻瘟菌 GH12（Glycosyl hydrolase 12）家族基因 *MoCel12A/B* 在侵染水稻时上调表达，其编码的蛋白可以被分泌至水稻质外体。MoCel12A/B 负调控了稻瘟菌的致病性。在水稻中异源表达 MoCel12A 会引起水稻的自免疫反应。MoCel12A/B 具有内切葡聚糖活性，特异地水解 β-1，3-1，4 骨架的葡聚糖。质谱分析证明 MoCel12A/B 可以降解水稻细胞壁产生特异葡聚三糖（G4G3G）和四糖（G4G4G3G）。这些寡糖可以激发水稻的免疫反应，如 ROS 迸发、MAPK 途径激活和抗性基因的诱导表达等，表明这些寡糖是一类 DAMPs。值得注意的是该研究发现的这些寡糖都具有 β-1,3-1,4-葡萄糖骨架，这一特异的骨架结构主要存在于禾本科植物的半纤维素中。进一步研究发现这些寡糖激活的免疫反应依赖于水稻 LysM 受体类激酶 OsCERK1。在 *oscerk1* 的突变体中，这些特异性寡糖不能激活免疫响应。体外结合实验表明 OsCERK1 胞外域可以与这些寡糖结合，并诱导 OsCERK1 和几丁质结合蛋白 OsCEBiP 形成受体复合物并激活下游的免疫响应。该研究结果显示水稻细胞壁释放的特异的寡糖分子可能是 OsCERK1 的配体。

综上所述，这项研究首次明确了来源于单子叶植物特有的半纤维素的寡糖作为 DAMPs 参与植物免疫反应的作用机制，同时也证明了 OsCERK1 可能是水稻细胞壁半纤维素释放的寡糖在水稻中的受体。

关键词： 水稻；寡糖；免疫反应

A pathogenesis-related protein PR-NP24 promotes disease resistance in tomato fruits*

WANG Zehao** TONG Zhipeng DING Chengsong SUN Huiying LIANG Yue***

(*Collage of Plant Protection*, *Shenyang Agricultural University*, *Shenyang* 110866, *China*)

Abstract: Pathogenesis-related (PR) proteins play a crucial role in plant responses to pathogen infection and environmental stresses. PR-5 proteinis a thaumatin-like protein (TLP) that can improve plant resistance to pathogens. In this study, a TLP protein named PR-NP24 was identified as a member of the PR-5 family. The expression of PR-NP24 in tomato fruits showed tissue-specific and was significantly abundant in the fruit exocarp. Phylogenetic analysis of PR-NP24 or TLPs was performed to investigate potential allergenic agents in fruits in certain Solanaceae species. To better understand the regulation in tomato responses to abiotic and biotic stresses, the differential expression patterns of the PR-NP24 protein in the exocarp were investigated under different environmental conditions (e. g., NaCl treatments, wound types and storage periods). Relative expression of PR-NP24 was analyzed after the fruits were inoculated with *Sclerotinia sclerotiorum* and *Botrytis cinerea*, which was further validated by virus induced gene silencing (VIGS) assay. Consequently, resistance of tomato fruits to pathogen infection was elevated by inducing the expression of PR-NP24 with the salt treatments. Our study provided new insights on postharvest resistance of tomato fruits regulated by PR-NP24. The molecular mechanism of such regulation is yet to be elucidated by the functional analysis in future.

Key words: *Botrytis cinerea*; *Sclerotinia sclerotiorum*; PR protein; thaumatin - like protein; tomato

---

* 基金项目：辽宁省“兴辽英才计划”项目（XLYC1807242）；辽宁省科学研究经费项目（LSNJC201914）；沈阳农业大学引进人才科研启动费项目（20153040）；辽宁省科学技术计划项目（2019JH2/10200012）

** 第一作者：王泽昊，博士研究生；研究方向为分子植物病理学；E-mail：zhwang9415@ 163. com

*** 通信作者：梁月，教授，博士生导师；研究方向为真菌学与植物病理学；E-mail：yliang@ syau. edu. cn

RNAi 抑制 α-葡萄糖苷酶基因后降低番茄褪绿病毒传播

卢丁伊慧[1,2]　张德咏[2]　史晓斌[1,2]　刘　勇[2]
（1. 湖南大学研究生院隆平分院，长沙　410125；
2. 湖南省农业科学院植物保护研究所，长沙　410125）

摘　要：番茄褪绿病毒（*Tomato chlorosis virus*，ToCV）隶属于长线形病毒科（*Closteroviridae*）毛形病毒属（*Crinivirus*），感染 ToCV 的番茄植物将出现“黄叶病”综合征。该病毒首次在美国佛罗里达州被发现，此后在世界范围内广泛传播。在我国，ToCV 首先在台湾报道，随后在我国山东、山西、江苏和北京等多地发现。在我国，番茄褪绿病毒主要以烟粉虱（*Bemisia tabaci*）为传播媒介，通过烟粉虱传播能大大降低番茄等蔬菜的产量。目前，ToCV 的主要防治措施是通过使用杀虫剂减少粉虱种群以控制 ToCV 的传播。转录组测序结果表明烟粉虱体内 α-葡萄糖苷酶（AGLU）中的 *Bta*11975 基因，在烟粉虱 MED 获取番茄褪绿病毒期间高表达。因此，为了研究 *Bta*11975 基因在烟粉虱 MED 传播番茄褪绿病毒中的作用，笔者使用 RNA 干扰（RNAi）技术来降低 *Bta*11975 基因的表达。笔者发现 *Bta*11975 基因的相对表达量与带毒烟粉虱体内 ToCV 含量正相关。在烟粉虱唾液腺、肠道和卵巢中 *Bta*11975 基因具有较高表达量。并且 ToCV 在烟粉虱的唾液腺中高表达。沉默 *Bta*11975 基因后，烟粉虱 *Bta*11975 基因表达量降低，死亡率增加。此外，健康烟粉虱在取食带毒番茄植株 48 h 和 72 h 后，获毒率减少。使用 25 头或 50 头带毒烟粉虱进行传毒，传毒率显著降低。这些结果表明，通过 RNA 干扰抑制烟粉虱 MED 中 *Bta*11975 基因的表达量可以减少烟粉虱 MED 对 ToCV 的获取和传播。

关键词：番茄褪绿病毒；烟粉虱；*Bta*11975 基因；RNAi

Integration of rootstock genotype and Brassicaceous seed meal amendment for enhanced orchard system resilience

WANG Likun[1,2*]

(1. *Hebei Key Laboratory of Soil Ecology*, *Key Laboratory of Agricultural Water Resources*, *Centre for Agricultural Resources Research*, *Institute of Genetics and Developmental Biology*, *Chinese Academy of Sciences*, *Shijiazhuang* 050021, *China*;
2. *Washington State University*, *Department of Plant Pathology*, *Pullman*, *WA* 99164, *USA*)

Abstract: Apple replant disease has long been known as a major limitation to the establishment of new orchards on old orchard sites due to the long-term survival of soil-borne plant pathogens. Although abiotic factors may exacerbate overall symptoms, a pathogen complex including necrotrophic fungi, oomycetes, and the root lesion nematode functions as the primary cause of the disease in world wide. Pre-plant soil fumigation continues to be the most common method employed by growers to control replant disease; however, problems arise as pathogen inoculum densities rebound quickly post-fumigation and the non-selective activity of fumigants may negatively affect the functional soil microbial community. Brassicaceous seed meal (SM) amendments have been used as fertility inputs as well as a means to control soil-borne plant pathogens; however, significant material costs have hindered the adoption of this tactic to manage apple replant disease in commercial orchards. Using a reduced rate of SM for replant disease management might offer a durable and cost-effective benefit to tree performance. Additionally, plants can recruit unique microbial communities to the rhizosphere, and these microorganisms might compete with soil-borne pathogens for nutrients and space. A strategy of integrating rootstock genotype choice and Brassicaceous SM amendment was conducted to provide effective disease control and enhanced orchard system resilience in the present study.

Key words: apple replant disease; Brassicaceous seed meal; rootstock genotype; microbiome; integrated control

* Correspondence author: WANG Likun; E-mail: lkwang@ sjziam. ac. cn; likun. wang@ wsu. edu

植物对寄生线虫的超亲遗传抗性研究*

黄铭慧[1,2]**　李春杰[1]　姜　野[1,2]　秦瑞峰[1,2]　常豆豆[1,2]
于瑾瑶[1]　田中艳[3]　陈庆山[4]　Philip A. Roberts[5]　王从丽[1]***
（1. 中国科学院东北地理与农业生态研究所，中国科学院大豆分子设计育种重点实验室，长春　130102；2. 中国科学院大学，北京　100049；3. 黑龙江省农业科学院大庆分院，大庆　163316；4. 东北农业大学农学院，哈尔滨　150030；5. University Avenue，Riverside，CA 92521，USA）

摘　要：超亲分离是指在杂交后代中出现超出亲本范围的极端表型现象，是培育新品种、提高和改良作物农艺性状的重要途径之一，然而对植物病害超亲遗传抗性机制的研究报道不多。该报告以异源四倍体棉花-根结线虫（*Meloidogyne incognita*）和二倍体大豆-大豆孢囊线虫（*Heterodera glycines*）为模式系统论述植物对寄生线虫的不同超亲遗传抗性机制。南方根结线虫是棉花上重要的病害之一，通过形成不同的自交、回交和测交等分离群体进行遗传和表型分析发现：其后代分离不符合传统的孟德尔遗传规律，超亲遗传现象非常普遍，种间和种内不同品种之间的杂交都会产生超抗和超感后代，甚至两个感病的基因组之间进行杂交其后代也会出现超抗个体；遗传分析定位这个超亲抗性因子是在 11 号染色体（Chr11）和抗性基因 *rkn*1 在同一区域，两者结合产生超级抗性基因型，而且发现抗性区域不是由单一基因控制，而是由抗性基因簇调控，仅仅从表型结果不能分离出这些基因；同时发现和 Chr11 高度同源的 Chr21 却没有抗性。进一步从基因组上揭示其超亲遗传抗性机理，利用抗性品种构建了细菌染色体文库，通过筛选 Chr11 和 Chr21 两条染色体上和抗性基因簇相连或者同源的分子标记确定 BAC 克隆并对其进行测序和基因功能注释。结果表明分子标记发生移位，Chr11 的序列中包含比 Chr21 更多的抗性（R）蛋白拷贝数及其抗性基因附近具有更多的转座子，由于转座子在作物基因重组中起到重要作用，该研究说明转座子很可能是导致超亲遗传抗性的重要因素；此外，抗性基因的 NB-ARC 区域鉴定的独特片段序列的缺失以及不同拷贝数的 LRR 结构域揭示了这些 *R* 基因序列的差异也可能是导致基因复杂的重组而产生超亲抗性的重要原因之一。大豆孢囊线虫病是制约大豆生产的全球性病害之一，大豆孢囊线虫的抗性是由多基因和数量性状控制，报道的 QTL 虽然达到 300 多个，分布到所有 20 条染色体，而克隆的只有两个主效基因 *rhg*1 和 *Rhg*4，说明大多数是微效基因。染色体代换系（CSSLs）群体是通过供体亲本多次反复与轮回亲本回交，然后经基因组标记辅助选择后自交获得的群体，已被证明可以用来有效标记微效基因的群体。因此该研究首次利用大豆 CSSLs 群体（轮回亲本绥农 14 与供体亲本野生大豆 ZYD00006）展开了对大豆孢囊线虫超亲遗传抗性的研究。虽然两个亲本都是感病基因型，通过对 162 个代换系群体进行表型筛选发现大豆孢囊线虫雌虫指数 FI 和每克根的孢囊数 CGR 分布范围很广，有超亲后代，和绥农 14 相比，FI 最大降低 62.3%，CGR 最大降低 85.5%。通过高通量重测序和 MapQTL5 标记方法，总共得到了 38 个 QTLs，其分布覆盖了大豆的 20 条染色体，对 FI 和 CGR 的表型贡献率大豆 5.6%~36.2%，这些

* 基金项目：中国科学院战略性先导科技专项项目（XDA24010307）；国家自然科学基金（31772139）
** 第一作者：黄铭慧，博士研究生，研究方向为植物病害抗性遗传；E-mail：huangminghui@ iga. ac. cn
*** 通信作者：王从丽，博士，研究员，研究方向为线虫与植物互作；E-mail：wangcongli@ iga. ac. cn

QTLs 具有很强的加性效应，其中有 25 个 QTLs 抗性来自 ZYD00006，13 个 QTLs 来自绥农 14，表明感病的双亲对于超亲遗传都有贡献，同时间接解释了 SCN 抗性的复杂性及其与目前已经报道分布于所有染色体数量多于 300 个 QTLs 的原因。利用其他不同 F_2分离群体表型和遗传标记也验证了这种超亲遗传现象，但不同遗传背景其超亲抗性不同。这两个系统的研究表明超亲遗传抗性非常普遍，从感病植物中挖掘抗性资源为抗病育种提供了一条新思路。

关键词：寄生线虫；超亲遗传；抗性

甘蔗新品种（系）对黑穗病的抗性鉴定评价*

王晓燕**　李文凤　李　婕　李银煳　单红丽　张荣跃　黄应昆***
（云南省农业科学院甘蔗研究所，云南省甘蔗遗传改良重点实验室，开远　661699）

摘　要：甘蔗黑穗病是严重影响中国甘蔗产业发展的系统性真菌病害，不同的甘蔗品种对甘蔗黑穗病的抗性不一，筛选和种植抗病品种是防治甘蔗黑穗病最经济有效的措施。为明确近年中国育成的优良品种（系）对甘蔗黑穗病的抗性，筛选抗黑穗病优良品种供生产上推广应用，本研究选择云南元江甘蔗黑穗病高发区，采用人工接种浸渍法，对中国的100个优良品种（系）进行抗性鉴定评价。结果表明，100个优良品种（系）中56个表现高抗到中抗，占56%，44个表现为中感到高感，占44%。研究结果显示目前大面积种植和主推的闽糖69-421、新台糖22号、柳城03-182、柳城03-1137、桂糖42号、粤甘26号、桂糖02-351、云蔗09-1601等品种（系）高度感病，而近年选育的福农15号、福农36号、福农1110、福农07-3206、福农11-2907、闽糖11-610、粤甘39号、粤甘43号、粤甘48号、粤甘49号、粤甘50号、粤糖00-236、赣蔗02-70、云蔗99-596、云蔗03-258、云蔗04-241、云蔗06-80、云蔗07-2800、云蔗08-2060、云蔗10-2698、云蔗13-1139、云瑞10-701、德蔗09-84、德蔗12-88、桂糖08-1589、中蔗1号等26个优良品种（系）高度抗病。建议低海拔河谷甘蔗黑穗病高发区，应加大淘汰感病主栽品种和推广应用抗病优良品种力度，以达到品种合理布局，控制甘蔗黑穗病大发生流行，为甘蔗产业高质量发展提供保障。

关键词：甘蔗；优良品种（系）；黑穗病；人工接种；抗性

---

* 基金项目：财政部和农业农村部国家现代农业产业技术体系专项资金资助（CARS-170303）；云岭产业技术领军人才培养项目“甘蔗有害生物防控”（2018LJRC56）；云南省现代农业产业技术体系建设专项资金

** 第一作者：王晓燕，硕士，副研究员，研究方向为甘蔗病害；E-mail：xiaoyanwang402@ sina. com
*** 通信作者：黄应昆，研究员，研究方向为甘蔗病害防控；E-mail：huangyk64@ 163. com

番茄抗病毒基因 *DCL2* 的自我循环调控

王正明
（华中农业大学园艺林学学院，武汉　430070）

摘　要：番茄中 *DCL2* 基因对于抗 RNA 病毒发挥着重要作用，相比野生型，*dcl2* 突变体在遭受烟草花叶病毒和马铃薯病毒 X 等侵染后表型更加严重。*DCL2* 负责一个 22nt 的 miRNA-miR6026 的生物合成，miR6026 能靶向 *DCL2* 的 mRNA，从而实现了 *DCL2* 基因的自我循环调控。通过 STTM 方法抑制 miR6026 的功能，能够打破自我调控环，使 *DCL2* 基因表达上调，增强番茄对于病毒的抗性。本研究发现了番茄 *DCL2* 的自我调控模式以及在抗病毒中的生物学功能，并根据这些发现，人为调节 *DCL2* 的基因表达，从而改变番茄对于病毒的抗性。

关键词：番茄；抗病毒基因；循环调控

番茄响应南方根结线虫侵染相关转录因子的挖掘*

陆秀红** 黄金玲 周 焰 李红芳 刘志明***
(广西壮族自治区农业科学院植物保护研究所，
广西作物病虫害生物学重点实验室，南宁 53000)

摘　要：转录因子通过与基因上游启动区域的作用元件结合，参与调控植物的生理进程及对生物及非生物胁迫的响应。为了探索番茄接种南方根结线虫后转录因子表达的变化，挖掘番茄响应南方根结线虫侵染的关键转录因子。采用高通量测序技术，提取未接种及接种南方根结线虫二龄幼虫 6 h、12 h、24 h 和 48 h 的番茄根 RNA 进行转录组测序。在对差异表达基因进行 GO 和 KEGG 分析的基础上，对参与其中的转录因子进行挖掘，采用 qRT-PCR 方法对测序结果进行验证。结果表明，接种南方根结线虫后 6 h、12 h、24 h 和 48 h 分别有 11 个、11 个、19 个、50 个转录因子差异表达。这些转录因子属于 15 个家族，其中数量最多的为 MYB 家族和 bHLH 家族均为 20 个，其次是 ERF 家族 19 个，WRKY 家族 15 个，bZIP 家族 9 个。进一步研究发现，南方根结线虫侵染过程差异表达最明显的主要为 ERF、WRKY、MYB 和 bHLH 家族转录因子，接种后 48 h 分别检测到 6 个、6 个、5 个和 4 个转录因子上调表达，其中 ERF1B、WRKY45、ERF098 显著上调 $\log_2$FC 分别为 9.16、6.49、6.33，说明 ERF1B、WRKY45、ERF098 可能参与番茄与南方根结线虫互作，在番茄响应南方根结线虫侵染反应中发挥着重要的调控作用。选取 10 个转录因子进行 qRT-PCR 分析，其基因表达趋势与测序结果一致。本研究结果为番茄响应南方根结线虫侵染机制研究提供基础。

关键词：番茄；转录因子；南方根结线虫；转录组

* 基金项目：国家自然科学基金（31860492）；广西自然科学基金（2020GXNSFAA297076）；广西农业科学院科技发展基金（31860492，2021YT062）

** 第一作者：陆秀红，博士，副研究员，研究方向为植物线虫病研究；E-mail：lu8348@126.com
*** 通信作者：刘志明，研究员，研究方向为植物线虫病；E-mail：liu0172@126.com

萝卜根肿病抗感品种间侵染过程及生理生化差异分析

孙胜男　刘　凡　杨慧慧　陈　旺　燕瑞斌　曾令益　任　莉　徐　理　方小平
（中国农业科学院油料作物研究所，农业农村部油料
作物生物学与遗传育种重点实验室，武汉　430062）

摘　要：根肿病是十字花科作物的重要病害之一，严重影响十字花科作物（油菜、白菜和萝卜等）的产量和品质。探究根肿病的抗病机理，能够为防治十字花科根肿病提供理论依据。本研究以两个具有抗感差异的萝卜品种为试验材料，观察了根肿菌侵染的差异，利用 qPCR 技术测定了不同时间点根内根肿菌含量，并采用紫外分光光度法测定了其接种根肿菌后根部防御酶活性和可溶性糖含量。结果表明，根肿菌在两萝卜品种中均发生根毛（初级）侵染，但是仅能在感病萝卜根中完成侵染循环，抗病萝卜没有观察到皮层侵染，推测次级游动孢子不能发展分化成休眠孢子囊是抗病萝卜抗病的主要原因。在接种后第 25～45 d，感病萝卜根内的菌含量显著增加而抗病萝卜则相反，提示这段时间可能是根肿菌在感病萝卜体内快速繁殖的重要时期。同时，接菌后抗病萝卜根部 SOD 活性、POD 活性和可溶性糖含量高于感病品种，而 CAT 活性低于感病萝卜，表明较高的 SOD、POD 活性和可溶性糖含量以及较低的 CAT 活性对于萝卜的根肿病抗性具有重要的作用，本研究不仅对油菜等十字花科作物根肿病田间早期的诊断预报具有一定的指导意义，并且也为后续根肿病的抗性机制研究提供了基础。

关键词：萝卜根肿病；抗性机制；种间侵染；生理生化

马铃薯栽培种‘合作 88’抗晚疫病基因组成分析与未知抗病基因初步定位*

白继鹏** 　张引弟　 王　波　 王洪洋***

（云南省马铃薯生物学重点实验室，云南师范大学，昆明　650500）

摘　要：由疫霉属致病疫霉菌（*Phytophthora infestans*）引起的晚疫病是马铃薯极具毁灭性的病害。我国西南地区马铃薯主要栽培品种‘合作 88’具有中高抗晚疫病特点，基于晚疫病菌 RxLR 效应子组学策略分析其抗晚疫病基因组成并挖掘新抗病基因，对马铃薯抗晚疫病育种具有重要意义。选取 18 个具有无毒功能的效应子分别构建到 PVX 病毒植物表达载体 pGR106，采用农杆菌穿刺法在‘合作 88’叶片进行效应子基因瞬时表达，结果显示已知抗病基因的无毒效应子 *PITG*_23008、*PexRD*39 和未知抗病基因的 *PexRD*3、*PITG*_07555 能诱导出现过敏发应（Hypersensitive response，HR），证实其含有抗病基因 *Rpi-R*2，*Rpi-blb*2，同时也含有其他未知的抗病基因。基于此结果，在孤雌生殖诱导降倍‘合作 88’双单倍体构建的 F2 群体中进行 *PexRD*3、*PITG*_07555 穿刺，筛选抗病、感病分离群体，利用重测序和集群分离分析法比较分析抗病和感病池的 SNPs 差异，初步定位未知抗病基因 QTL。

关键词：合作 88；晚疫病；效应子组学；抗病基因定位

---

* 基金项目：国家自然科学基金（31800134，32060499）；云南省基础研究计划资助项目（2019FB023）

** 第一作者：白继鹏，硕士研究生，研究方向为马铃薯与致病疫霉菌互作；E-mail：syszyzbay@163.com

*** 通信作者：王洪洋，博士，副教授，研究方向为马铃薯抗病分子遗传育种；E-mail：hongyang8318@ynnu.edu.cn

草莓杂交 F_1 代抗连作障碍株系选育初报*

白晶晶[1a,1c**]　孙丹丹[1a,1c]　肖　茜[1a,1c]　齐永志[1a,1c***]　甄文超[1b,1c,2]

(1. 河北农业大学 a. 植物保护学院；b. 农学院；
c. 省部共建华北作物改良与调控国家重点实验室，保定　071000；
2. 河北省作物生长调控重点实验室，保定　071000)

摘　要：草莓作为重要的浆果类作物之一，其栽培面积和产量均居世界小浆果生产的首位。连作障碍已成为制约草莓产业可持续发展的瓶颈，因此克服连作障碍是草莓产业健康发展的关键，而选育抗病品种是解决连作障碍最经济有效的途径之一。本试验以感连作障碍品种‘红颜’与抗连作障碍品种‘法兰地’为试材，利用常规杂交技术获得杂交 F_1 代株系；进一步用对羟基苯甲酸与尖孢镰刀菌为选择压力筛选抗连作障碍 F_1 代株系。结果表明：‘红颜’×‘法兰地’杂交获得1 100颗种子，发芽率为41.8%，出苗率仅为3.1%；‘法兰地’×‘红颜’杂交获得590颗种子，发芽率为62.5%，出苗率为40.1%。以对羟基苯甲酸与尖孢镰刀菌孢子悬浮液混合液为选择压力筛选草莓抗连作障碍 F_1 代优势株系过程中，用对羟基苯甲酸与尖孢镰刀菌孢子悬浮液混合液处理 F_1 代10 d后，与亲本草莓对照相比，不同杂交 F_1 代品种的锯齿数、叶柄粗明显降低。两者协同处理 F_1 代15 d后，‘红颜’×‘法兰地’ F_1 代叶片长、叶片宽、株高等生长状况明显优于‘法兰地’×‘红颜’ F_1 代。综上所述，‘法兰地’×‘红颜’为草莓杂交 F_1 代抗连作障碍优势株系。该研究旨在为获得抗连作障碍草莓株系，也为其他作物抗连作障碍种质资源的创新提供了新的思路和方法。

关键词：草莓；连作障碍；对羟基苯甲酸；杂交

---

* 基金项目：保定市满城区草莓优势特色产业项目（20200830）

** 作者简介：白晶晶，硕士研究生，研究方向为植物土传病害发生生态机制与综合防控；E-mail：b15076079659@163.com

*** 通信作者：齐永志，博士，副教授，硕士生导师，研究方向为植物土传病害发生生态机制与综合防控；E-mail：qiyongzhi1981@163.com

分子设计 ROS 清除系统增强拟南芥菌核病抗性

赵斯琪　闫宝琴　丁一娟　杨　楠　吴朝晖　钱　伟
（西南大学农学与生物科技学院，重庆　400715）

摘　要：菌核病是我国油菜等农作物生产上常见的一种真菌病害，严重为害油菜的产量。ROS 在植物与核盘菌互作过程中起着重要作用，过量的 ROS 对植物细胞和核盘菌均具有毒害作用。铜锌超氧化物歧化酶铜伴侣基因（*CCS*）转运铜离子激活 Cu/Zn SOD 活性，清除过量的 ROS，减少 ROS 对细胞的毒害。本研究拟针对 Cu/Zn SOD 及其铜离子分子伴侣基因 *CCS* 对 ROS 清除系统进行分子设计，探究其在植物抗菌核病育种中的应用潜力。构建核盘菌 *SsSOD* 和 *SsCCS* 基因的单基因寄主诱导的基因沉默（HIGS）（HIGS-*SsSOD*，HIGS-*SsCCS*）和双基因 *HIGS*（HIGS-Ss）载体，及拟南芥 *AtSOD* 和 *AtCCS* 基因的单基因超表达（OE）（OE-*AtSOD*，OE-*AtCCS*）和双基因 *OE*（OE-At）载体，转化拟南芥获得阳性转基因株系。接种核盘菌，统计接种 24 h 后转基因拟南芥的菌斑面积，并进行目的基因表达分析，利用 DAB 染色分析转基因拟南芥 ROS 积累情况。分别克隆了核盘菌 *SsSOD* 特异基因特异序列 364 bp 片段及核盘菌 *SsCCS* 基因特异序列 315 bp 片段用于构建 HIGS 载体。HIGS 系列转基因拟南芥在接种核盘菌后，菌斑面积与 WT 相比减少 37.5%~70.1%，抗性提高；*SsSOD* 和 *SsCCS* 基因的表达量降低；H_2O_2 的积累量少于对照中 H_2O_2 的积累。OE 系列转基因拟南芥在接种核盘菌后，菌斑面积与 WT 相比减少 28.2%~54.1%，抗性增强；转基因株系中 *AtSOD* 和 *AtCCS* 基因的表达量显著提高；拟南芥 *AtSOD* 和 *AtCCS* 的 T-DNA 突变体中，H_2O_2 的积累量增多，拟南芥突变体的菌斑面积显著大于对照，抗性减弱。核盘菌 HIGS 与拟南芥 OE 串联的株系在接种核盘菌后，菌斑面积减小 50%~63%，抗性提高；转基因株系中 *SsSOD* 和 *SsCCS* 基因的相对表达量低于对照；*AtSOD* 和 *AtCCS* 基因的相对表达量高于对照。转基因拟南芥中增强 ROS 清除系统活性，同时利用 HIGS 抑制核盘菌中 ROS 清除系统活性，可增强寄主的菌核病抗性。

关键词：ROS；菌核病；SOD；抗病性

哈茨木霉纤维素酶基因系统诱导玉米抗叶斑病机制*

郎　博** 陈　捷***

（上海交通大学，上海　200040）

摘　要： 玉米大斑病（*Exserohilum turcicum*）、小斑病（*Bipolaris maydis*）和弯孢叶斑病（*Curvularia lunata*）是影响玉米安全生产的重要病害。将生防木霉菌以生物种衣剂或土壤处理剂的形式诱导玉米潜在防御反应基因的系统表达，以防御叶斑病菌的侵染，是实现玉米病害绿色防控的重要途径。木霉菌与玉米根系互作过程中能分泌多种激发子蛋白，系统诱导玉米抗病性。前期研究发现哈茨木霉（*Trichoderma harzianum*）T30 的纤维素酶基因 *thph*2 与诱导玉米抗弯孢叶斑病有关。为了验证 Thph2 蛋白在诱导玉米抗病性途径中发挥的作用，本研究采用 *thph*2 敲除株和野生株以及 Thph2 蛋白处理水培的玉米幼苗根系以及叶片，通过检测活性氧的暴发、JA/ET 信号途径防御相关基因的表达以及叶片病斑变化等，初步确定了 Thph2 蛋白在诱导玉米抗小斑病中的作用。结果表明，木霉野生株和 *thph*2 敲除株处理玉米四叶期幼苗根系后，敲除株处理玉米的叶片病斑的面积均大于野生株处理，叶片的 *Opr*7、*Pr*4、*Erf*1、*Aoc*1 基因的表达水平也明显低于木霉野生株处理，说明木霉 *thph*2 基因参与激活玉米叶片 JA/ET 相关基因表达，在木霉诱导玉米抗小斑病中发挥了作用。此外，用 Thph2 蛋白处理玉米根系后，能够诱导玉米对弯孢叶斑病的系统抗性；qRT-PCR 测定表明玉米防御相关基因 *Opr*7、*Erf*1 表达上调，防御过程中，蛋白处理后的玉米活性氧暴发强度也高于对照组。综上，*thph*2 基因对木霉菌系统诱导玉米抗叶斑病性有明显影响。将进一步鉴定哈茨木霉 Thph2 作用玉米根系的靶标。

关键词： 哈茨木霉；激发子；纤维素酶；玉米；系统诱导抗病性

---

* 基金项目：国家自然科学基金（31672072）

** 第一作者：郎博，博士生，研究方向为木霉与植物互作研究

*** 通信作者：陈捷，教授

转录组分析硼元素调控本生烟抗 CGMMV 侵染的机制研究*

郭慧妍**　毕馨月　董浩楠　安梦楠　王志平　夏子豪　吴元华***
（沈阳农业大学植物保护学院，沈阳　110866）

摘　要：黄瓜绿斑驳花叶病毒（*Cucumber green mottle mosaic virus*，CGMMV）属于烟草花叶病毒属（*Tobamovirus*），自1935年首次在英国报道发现后，随着经济全球化和港口贸易开放，至今已在世界范围内暴发。CGMMV是我国重点检疫对象，严重危害葫芦科作物的品质与产量。笔者前期的试验表明硼元素与西瓜抗CGMMV侵染相关。由于本生烟作为模式作物有较为成熟的基因沉默技术（TRV沉默载体）和转基因技术，有利于基因功能验证。本研究以本生烟作为供试植物，设计喷硼并接种CGMMV和仅接种CGMMV两个处理，利用转录组测序技术，旨在分析本生烟响应硼元素抗CGMMV侵染的分子机制。本研究共鉴定出1254个差异表达基因（DEGs），以GO数据库分类，DEGs显著富集在生物过程中的细胞杀伤（cell killing）和多细胞生物过程（multi-organism process），细胞组分中的共质体（symplast）、胞外区（extracellular region）和分子功能中的核苷酸结合转录因子活性（nucleic acid binding transcription factor activity）；以KEGG数据库进行功能注释分析，这些DEGs主要与植物-病原互作（Plant-pathogen interaction），植物激素信号转导（Plant hormone signal transduction），谷胱甘肽代谢（glutathione metabolism），淀粉与蔗糖代谢（Starch and sucrose metabolism）等通路相关，这些途径主要与本生烟的生长发育调控，免疫信号转导，无机离子转运及活性氧代谢密切相关。在硼元素的调控下，植物内源激素及其关键转录因子，脂质代谢，氮磷元素代谢，植物免疫应答相关的CAM/CML调控信号，及一些抗病相关的小热激蛋白和蛋白激酶等相关基因差异表达显著。为验证转录组数据的可靠性，在植物与病原物互作、脂质代谢、植物激素信号转导、活性氧代谢、无机离子转运等方面选取15个DEGs，通过qRT-PCR进行表达分析，结果表明其表达模式与qRT-PCR结果一致。本实验室已有试验证明西瓜在CGMMV侵染下，硼元素可调控植物激素和免疫信号转导、细胞壁、细胞膜的合成和降解、能量代谢和次生代谢等途径，与本试验中的本生烟结论基本一致。然而，在本生烟中，DEGs主要富集在活性氧代谢和脂质代谢等途径，西瓜中的DEGs主要富集在细胞壁、细胞膜的合成和降解，这可能与CGMMV侵染西瓜引发的倒瓤症状有关。本研究通过分析硼元素在本生烟和西瓜中抗CGMMV的DEGs变化，从而比较西瓜和本生烟中与硼元素相关的关键抗病基因，为解析硼元素抗CGMMV的机制奠定基础。

关键词：硼元素；CGMMV；西瓜；本生烟；抗病

---

* 基金项目：辽宁省自然科学基金联合基金
** 第一作者：郭慧妍，硕士研究生，研究方向为植物病毒学；E-mail：ghy1185@163.com
*** 通信作者：吴元华，博士，教授，研究方向为植物病毒学和生物农药方向；E-mail：wuyh09@syau.edu.cn

Role of the tomato fruit ripening regulator RIN in resistance to *Botrytis cinerea* infection

ZHENG Hui[1 *] JIN Rong[2] LIU Zimeng[1] SUN Cui[1] SHI Yanna[1,3]
Donald Grierson[1,4] ZHU Changqing[1,3] LI Shan[1,3] IAN Ferguson[5] CHEN Kunsong[1,3]

(1. *College of Agriculture & Biotechnology*, *Zhejiang University*, *Zijinggang Campus*, *Hangzhou* 310058, *China*;
2. *Zhejiang Provincial Key Laboratory of Integrative Biology of Horticultural Plants*, *Department of Horticulture and Agricultural Experiment Station*, *Zhejiang University*, *Hangzhou* 310058, *China*;
3. *Zhejiang Provincial Key Laboratory of Horticultural Plant Integrative Biology*, *Zhejiang University*, *Zijinggang Campus*, *Hangzhou* 310058, *China*;
4. *Plant and Crop Sciences Division*, *School of Biosciences*, *University of Nottingham*, *Sutton Bonington Campus*, *Loughborough*, *LE*12 *5RD*, *UK*;
5. *Zhejiang University* (*Visiting Scientist*), *Zijinggang Campus*, *Hangzhou* 310058, *China*)

Abstract: Tomato MADS-RIN (RIN) transcription factor hasbeen shown to be a master activator regulating fruit ripening. Recent studies have revealed it represses expression of *XTH*5, responsible for excess flesh softening and cell wall degradation, which might indicate it has a potential role in pathogen resistance of ripening fruit. In this study, both wild type (WT) and *RIN-knockout* (*RIN-KO*) mutant tomato fruit were infected with *Botrytis cinerea* (*B. cinerea*), to investigate the function of RIN in ripening-related pathogen resistance. The results showed that *RIN-KO* fruit were much more sensitive to *B. cinerea*infection with larger lesion sizes. Phenylalanine ammonialyase (PAL) and chitinase (CHI) in *RIN-KO* fruit were affected by reduced transcripts of *PALs*, *CHIs* and decreased corresponding enzyme activities. Transcripts of genes including pathogenesis-related proteins (*PRs*) and *APETALA2/Ethylene Response Factor* (*AP2/ERF*) genes were reducedin *RIN-KO* fruit comparing to WT fruit. Moreover, RIN also repressed the expression of *XTH*5 that has been reported to be correlated with over-softening. These results supported the conclusion that RIN activates ripening-related resistance to grey mould infection through activating pathogen-resistance genes and defense enzyme activies as well as inhibiting over-softening.

Key words: *Botrytis cinerea*; chitinase; ERF; over-softening; phenylalanine ammonialyase; pathogen resistance; RIN; tomato fruit

* These authors contributed equally to this work

Postharvest biological control of *Fusarium* rot and the mechanisms involved in induced disease resistance of asparagus by *Yarrowia lipolytica*

Esa Abiso Godana[1] ZHANG Xiaoyun[1] HU Wanying[1]
ZHAO Lina[1] GU Xiangyu[2] ZHANG Hongyin[1]
(1. *School of Food and Biological Engineering*, *Jiangsu University*, 301 *Xuefu Road*, *Zhenjiang* 212013, *China*;
2. *School of Grain Science and Technology*, *Jiangsu University of Science and Technology*, 2*Mengxi Road*, *Zhenjiang* 212003, *China*)

Abstract: The biocontrol efficacy of *Yarrowia lipolytica* against natural decay caused by *Fusarium* rot of asparagus, and the mechanism of *Y. lipolytica* inducing resistance of asparagus were studied by the activities of defense-related enzymes and transcriptome analysis. Results indicated that *Y. lipolytica* had significant biocontrol efficacy against *Fusarium* rot of asparagus by elevating activities of defense-related enzymes including polyphenol oxidase (PPO), peroxidase (POD), phenylalanine ammonia lyase (PAL), catalase (CAT), glutathione reductase (GR) and superoxide dismutase (SOD). Meanwhile, the transcriptome analysis revealed that signal transduction pathways of jasmonate (JA) and salicylic acid (SA) were triggered in asparagus by *Y. lipolytica*. Ca^{2+} signaling was activated (*CML*19), and reactive oxygen burst (*RBOHE*、*RBOHF*) was induced. These changes further mediated the expression of downstream defense-related genes including PR1 genes, *PGIP*2, *PLP*2 and *FMO*1. Furthermore, *GST* and genes related to antioxidation (PER genes, *PNC*1, *Sb*03*g*046810) and secondary metabolites (*CCR*, *CAD*, *DIR*21, *PAL*, PER genes, *CYP*75*B*2, *CYP*73*A*13, *UGT*92*A*1, *UGT*73*C*6, *F*3*H*-1, *CCoAMT*5, *ALDH*2*C*4 and *BGLU*12) were induced, leading to the accumulation of flavonoids and lignin. Lastly, genes involved in EMP - TCA pathway (*FRK*2, *PFK*3 and *MSTRG*. 32630) and related to cell wall and membrane (*SBH*1, *SBH*2, *LRX* and *PERK*) were induced. In conclusion, the present study contributes to the understanding of mechanisms behind the induced resistance of asparagus by antagonistic yeast, and would help to develop new disease control strategiesfor post-harvest fruits.

Key words: asparagus; Fusarium rot; disease resistance

马铃薯抗晚疫病基因克隆策略研究进展*

韦 吉** 王荟洁 王洪洋***
(云南省马铃薯生物学重点实验室，云南师范大学，昆明 650500)

摘 要：晚疫病是限制马铃薯生产的主要病害之一。不断从野生种资源中分离和克隆抗晚疫病基因，并通过分子生物学技术培育马铃薯抗病新品是防控晚疫病最经济有效的方法。自 2003 年克隆第一个抗晚疫病基因 *Rpi-blb*1 以来，研究人员陆续利用不同基因克隆策略克隆到 23 个抗晚疫病基因。主要概述了当前 7 种主要抗晚疫病基因克隆策略即图位克隆、图位克隆+比较基因组学、等位基因挖掘、效应子组学+等位基因挖掘、基因组重测序+集群分离分析法、Renseq (Resistance gene enrichment sequencing) +混池 BSA、及 NBS 捕捉策略的原理。重点介绍利用不同克隆策略分离抗晚疫病基因的最新研究进展，同时对未来值得关注的基因克隆方法进行了探讨。

关键词：马铃薯；晚疫病；抗病基因；克隆策略

* 基金项目：国家自然科学基金（31800134，32060499）；云南省基础研究计划资助项目（2019FB023）
** 第一作者：韦吉，硕士研究生，研究方向为马铃薯与致病疫霉菌互作；E-mail：2311502928@ qq. com
*** 通信作者：王洪洋，博士，副教授，研究方向为马铃薯抗病分子遗传育种；E-mail：hongyang8318@ ynnu. edu. cn

杧果 E2F/DP 转录因子家族生物信息学分析及鉴定*

高庆远[1,2]** 孙 宇[2] 刘志鑫[2] 蒲金基[2] 杨石有[1]*** 张 贺[2]***
（1. 海南大学林学院，海口 570228；2. 中国热带农业科学院环境与植物保护研究所，
农业农村部热带作物有害生物综合治理重点实验室，海口 571101）

摘 要：E2F/DP 转录因子是真核生物中细胞周期进程的关键调节因子，与植物激素共同发挥着重要的调控作用。以杧果全基因组为供试参考基因组，鉴定到 8 个 E2F/DP 转录因子。本研究预测发现所鉴定的基因都具有相应分组的保守结构域，且蛋白质二级结构相似。分析保守基序，发现杧果有 1 个高度保守的基序 Motif1。基于杧果和大豆、烟草、毛果杨、拟南芥、阿月浑子、葡萄的 E2F/DP 基因蛋白质序列构建系统发育树，发现杧果 E2F/DP 基因与阿月浑子、葡萄亲缘关系接近；杧果细菌性黑斑病菌（*Xanthomonas campestris* pv. *mangiferaeindicae*，Xcm）和胶孢炭疽菌（*Colletotrichum gloeosporioides*，Cg）侵染过程中，MiE2F4、MiE2F5、MiE2F6 的表达量显著上调。茉莉酸甲酯（methyl jasmonate，MeJA）胁迫处理下，MiE2F7 表达量显著上调，其余基因均下调，水杨酸（salicylic acid，SA）胁迫处理下，从 6h 开始，各个基因的表达量都在逐步上调。以上研究结果，可为探究杧果 E2F/DP 基因参与的植物防御反应机制奠定基础。

关键词：杧果；E2F/DP 转录因子；生物信息学

* 基金项目：国家重点研发专项（2019YFD1001103；2019YFD1000504），优质晚熟杧果新品种选育及其配套技术研究与应用，黔科合支撑〔2018〕2284，中国热带农业科学院基本科研业务费专项资金（1630042017019）；“杧果病虫害监测与防治项目”

** 第一作者：高庆远，硕士研究生

*** 通信作者：张贺，副研究员；E-mail：atzzhef@163.com
杨石有，讲师；E-mail：rndyangshiyou@163.com

小豆锈病菌侵染对防御酶活性及防卫反应基因表达的影响*

孙伟娜　殷丽华　徐晓丹　柯希望　左豫虎**
（黑龙江八一农垦大学，国家杂粮工程技术研究中心，
黑龙江省作物-有害生物互作生物学及生态防控重点实验室，大庆　163319）

摘　要：由豇豆单胞锈菌（*Uromyces vignae*）引起的小豆锈病在我国小豆种植区内普遍发生，且危害严重。但目前，小豆-豇豆单胞锈菌互作的研究主要集中于病原菌鉴定、抗病品种鉴选及病害防治等方面，对小豆抗锈病机理的研究鲜有报道。因此，揭示小豆抗锈病的生理及分子机理，可为合理利用品种抗性实现小豆锈病绿色防控提供重要参考。

本研究分析了锈菌侵染对抗、感不同小豆品种相关酶活性及基因表达的影响。结果表明，抗病品种接种锈菌后，过氧化氢酶（catalase，CAT）、超氧化物歧化酶（superoxide dismutase，SOD）、过氧化物酶（peroxidase，POD）和多酚氧化酶（polyphenol oxidase，PPO）活性比感病品种都显著提高。抗病品种中CAT和SOD在接种后192 h活性最高，分别提高了496%和90%，感病品种中CAT和SOD分别在接种后192 h和120 h活性最高，但提高幅度小于抗病品种，分别为256%和56%；POD活性在接种后12 h达到峰值，抗病品种POD酶活提高340%，感病品种则仅提高94%；PPO活性在接种后192 h最高，抗病品种中提高了52%，感病品种仅提高了40%。几丁质酶基因（*VaCHI*）和β-1,3-葡聚糖酶基因（*VaGLU*）表达分析表明，锈菌侵染后抗病品种*VaCHI*和*VaGLU*基因相对表达量均高于感病品种，接种后48 h抗病品种*VaCHI*基因表达量达到峰值，是感病品种的11.2倍。抗病品种*VaGLU*于接种后120 h达到峰值，是感病品种的1.4倍。

上述结果表明CAT、SOD、POD、PPO活性变化及*VaCHI*、*VaGLU*基因的表达与品种抗锈性密切相关。本研究结果将为深入揭示小豆抗锈病机理奠定基础，为小豆锈病的可持续控制提供理论依据。

关键词：小豆；小豆锈病；抗病机理

---

* 基金项目：黑龙江省青年创新人才项目（UNPYSCT-2016201，UNPYSCT-2017113）；黑龙江省应用技术研究与开发计划（GA19B104）；黑龙江省“杂粮生产与加工”优势特色学科建设项目

** 通信作者：左豫虎，教授，研究方向为植物病理学；E-mail：zuoyhu@163.com

Suppression of clubroot by *Bacillus velezensis* Pla6 via antibiosis and promoting growth of cabbages

JIA Ruimin[1*]　WANG Hua[1]　XIAO Keyu[1]　CHEN Jing[1]
ZHANG Jing[2]　ZONG Zhaofeng[1]　WANG Yang[1**]

(1. *College of Plant Protection, Northwest Agriculture & Forestry University, Yangling, Shaanxi* 712100, *China*;
2. *Department of Agri-Food Sciences and Technologies, School of Agriculture, University of Bologna, Bologna, Italy*)

Abstract: Clubroot is a serious threat to cabbage production in China, while beneficial rhizosphere bacteria were considered excellent candidates as biocontrol agents. In this study, the cabbage rhizosphere bacterium Pla6 was evaluated for the potential of cabbage pathogens inhibition and growth-promotion. Strain Pla6 protected cabbage from clubroot under greenhouse and field conditions, with a biocontrol efficacy of 74.07% and 62.25%, respectively, and it showed pronounced inhibition on the germination and survival of *P. brassicae* resting spores (RS). The biosynthesis gene clusters in Pla6 indicated that it is capable of producing bacillibactin, bacilysin, macrolactin and bacillaene. Further, the macrolide antibiotic macrolactin A was obtained by the targeted isolation, purification and identification of the active ingredients, which was able to inhibit the activity of RS and cause spores deformity. Additionally, the plant biomass were enhanced for greenhouse-grown cabbages with Pla6, and inoculation with Pla6 increased the plant photosynthetic efficiency without Pla6 as well as *P. brassicae* infected plants. It exhibited several growth-promoting related features including phosphate solubilization, siderophore production and improvement in cabbage leaves quality. These findings suggested that Pla6 could be a potential biocontrol agent for the management of clubroot and a source of antimicrobial.

Key words: *Plasmodiophora brassicae*; Biological control; Rhizosphere bacteria; MacrolactinA

* 第一作者：贾瑞敏，博士研究生，研究方向为植物病害生物防治；E-mail：jiaruimin2020@nwafu.edu.cn
** 通信作者：王阳，博士，博士生导师，研究员，研究方向为植物病害生物防治；E-mail：wangyang2006@nwafu.edu.cn

拟南芥 *AtTrx5* 在抗病分子育种中的应用

闫宝琴[*]　冬梦荃　赵斯琪　钱　伟[**]

（西南大学农学与生物科技学院，重庆　400715）

摘　要：由核盘真菌侵染引起的菌核病可危害包括油菜、大豆、向日葵等在内的400多种农作物，造成产量损失10%~80%。核盘菌在侵染植物的过程中，分泌草酸降解寄主细胞壁，并刺激植物产生大量的ROS，诱发植物组织的程序性细胞死亡（PCD），促进核盘菌的侵染。硫氧还蛋白（Trx）是一种抗氧化剂，可直接清除过量的活性氧，使植物的ROS水平维持平衡。研究Trx在植物与核盘菌互作中的功能，将为植物抗菌核病育种提供基因资源。本研究以模式植物拟南芥为寄主材料，以拟南芥硫氧还蛋白（*Trx*）基因为靶标，通过构建拟南芥基因 *AtTrx5* 超表达载体转化拟南芥，获得 *AtTrx5* 的超表达转基因植株：OE-AtTrx5。取4周龄的转基因拟南芥叶片、拟南芥T-DNA突变体叶片，接种核盘菌1980，于接种24 h后统计病斑面积，通过qRT-PCR分析核盘菌侵染转基因拟南芥及拟南芥T-DNA突变体在0 h、6 h、12 h、24 h时 *AtTrx* 的表达水平；并在接种0 h、6 h、12 h、24 h后利用DAB染色检测转基因植株与核盘菌互作过程中 H_2O_2 的积累情况。结果显示拟南芥中编码Trx的基因有5个，转录组分析发现，拟南芥接种核盘菌后，其中 *AtTrx5* 受核盘菌诱导显著上调表达。接种核盘菌野生型菌株1980后，与拟南芥野生型Col-0相比，*AtTrx5* 超表达植株的菌斑面积明显减小，而 *AtTrx5* 基因的T-DNA突变体的菌斑面积明显大于野生型拟南芥。DAB染色结果表明，在侵染过程中，拟南芥T-DNA突变体中 H_2O_2 的积累明显高于Col-0，超表达转基因拟南芥中 H_2O_2 的积累明显少于Col-0。qRT-PCR分析发现超表达转基因拟南芥中 *AtTrx5* 的表达量在侵染过程中均高于Col-0，而T-DNA突变体中 *AtTrx5* 的表达量在侵染过程中均低于Col-0。结果表明 *AtTrx5* 通过增强寄主ROS的清除来提高植物的菌核病抗性，进一步说明ROS在植物与病原菌互作中具有重要作用。

关键词：Trx；菌核病；ROS；抗性

* 第一作者：闫宝琴，硕士，研究方向为作物遗传育种；E-mail：18919879325@163.com

** 通信作者：钱伟，博士，教授，研究方向为油菜抗病分子育种；E-mail：qianwei666@hotmail.com

不同育苗方式对烟苗抗病抗逆性的影响*

陈昆圆[1**]　李朋雨[1**]　孟颢光[1]　常富杰[1]　王颢杰[1]　牛萌康[2]　李荣超[1]
郭少依[1]　常　栋[3]　王晓强[3]　许跃奇[3]　蒋士君[1***]　崔江宽[1***]
（1. 河南农业大学植物保护学院，郑州　450002；2. 河南农业大学烟草学院，郑州　450002；
3. 河南省烟草公司平顶山市公司，平顶山　467000）

摘　要：烟草漂浮育苗技术虽然具有占地面积少、方便管理、利于培育壮苗以及成苗率高等特点，但也面临着烟苗根系活力差，干旱胁迫适应性差（北方旱作烟区），田间移栽后缓苗期长等问题，若移栽根系不健康或发病的烟苗则会造成大田根茎类病害发生严重，从而影响烟草生长。为改善烟草育苗方式，解决烟草育苗过程中出现烟苗长势弱、缓苗慢、易感病等问题。以中烟 100 品种为材料开展育苗试验，研究湿润育苗、浅水育苗、干湿交替育苗、无纺布育苗和常规漂浮育苗 5 种不同育苗方式对烟苗抗病抗逆性的影响。研究结果表明，与常规育苗相比，无纺布处理育苗方式具有较高的 CAT 活性和 POD 活性，显著增加了幼苗的鲜重、根长、侧根数，增幅达到 39.44%、7.52%和 30.29%；干湿交替育苗方式提高了幼苗根活力，具有较高的 CAT 活性、POD 活性和 SOD 活性；不同育苗方式间烟草叶片 SPAD 值和氮含量差异并不显著；湿润育苗的根活力显著高于常规漂浮育苗；浅水育苗的幼苗鲜重、根长、侧根数均高于常规漂浮育苗。综上所述，无纺布处理育苗和干湿交替育苗方式有利于提升烟苗的抗病抗逆性和促进烟苗生长。

关键词：育苗方式；烟草；抗病；抗逆性

---

* 基金项目：河南省重点研发与推广专项（科技攻关）项目（212102110443）；河南省烟草公司平顶山市公司科技项目（PYKJ202102）；河南省烟草公司许昌市公司科技项目（2020411000240074）

** 第一作者：陈昆圆，硕士研究生，研究方向为植物线虫学；E-mail：chen_kunyuan@ 163. com
李朋雨，本科生，研究方向为植物病理学；E-mail：pyli12138@ 163. com

*** 通信作者：崔江宽，副教授，研究方向为植物与线虫互作机制；E-mail：jk_cui@ 163. com
蒋士君，硕士，教授，研究方向为烟草病理学；E-mail：Jiangsj001@ 163. com

Exogenous melatonin enhances rice plant resistance against *Xanthomonas oryzae* pv. *oryzae*[*]

CHEN Xian[1**] LIU Fengquan[***]

(*Institute of Plant Protection*, *Jiangsu Academy of Agricultural Sciences*, *Nanjing*, 210014, *China*)

Abstract: Rice bacterial blight (BB), caused by *Xanthomonas oryzae* pv. *oryzae* (*Xoo*), is one of the most serious diseases of rice. In this work, we found that exogenous melatonin can enhance rice resistance to BB. Treatment of rice plants with exogenous melatonin (20 μg/mL) increased nitrate reductase (NR), nitric oxide synthase (NOS) and peroxidase (POD) activity, enabling high intracellular concentrations of melatonin, nitric oxide (NO) and H_2O_2. The expression of *NPR*1, a key regulator in the salicylic acid (SA) signalling pathway, was over 10-fold upregulated when the plants were challenged with melatonin. Similarly, the mRNA level of *PDF*1.2, a jasmonic acid (JA) -induced defense marker, was 15 times higher in the treated plants in comparison to that in the control plants. Moreover, 3 pathogenesis-related proteins, including *PR*1*b*, *PR*8*a* and *PR*9, were 20-fold upregulated in the presence of melatonin. The application of melatonin (100 μg/mL) in soil-grown rice reduced the incidence of bacterial blight (BB) by 86.21%. Taken together, these results not only provide a better understanding of melatonin-mediated innate immunity to *Xoo* in rice but also represent a promising cultivation strategy to protect rice against *Xoo* infection.

Key words: Melatonin; Bacterial blight; Rice resistance; *Xanthomonas oryzae* pv. *oryzae*

---

* Funding: the Natural Science Foundation of Jiangsu Province of China (BK20170606)

** First author: CHEN Xian, Assistant Researcher; E-mail: cxbmh@126.com

*** Corresponding author: LIU Fengquan, Researcher; E-mail: fqliu20011@sina.com

2个春小麦种质资源成株期抗条锈病基因遗传解析

方世玉　赵　珂　侯　璐
（青海大学农林科学院，青海省农林科学院，
青海省农业有害生物综合治理重点实验室，西宁　810016）

摘　要：春小麦品系‘MY002894’和‘YJ006793’对小麦条锈病具有成株期抗性。本研究分析了这2个品系成株期抗条锈病基因遗传规律，以便开发其分子标记，促进其有效利用。通过‘MY002894’与‘Taichung 29’（T29）抗-感杂交和‘MY002894’与‘YJ006793’抗-抗杂交构建$F_{2:3}$代分离群体，在青海省农林科学院植物保护研究所小麦条锈病自然病圃进行了两年的抗病表型鉴定。遗传分析结果显示，‘MY002894’与‘T29’$F_{2:3}$杂交群体卡方测验符合7R：9S的抗感分离比，表明‘MY002894’中含有2对独立作用的隐性成株期抗条锈病基因；‘MY002894’与‘YJ006793’$F_{2:3}$群体卡方测验符合55R：9S的抗感分离比，表明‘MY002894’与‘YJ006793’杂交$F_{2:3}$杂交群体对条锈病的抗性由1对显性基因2对隐性基因独立控制。由于‘MY002894’中有2对独立作用的隐性成株期抗条锈病基因，推测‘YJ006793’中可能含有1对显性成株期抗条锈病基因。

关键词：春小麦；条锈病；成株期；抗性遗传分析

全国地区水稻抗纹枯病资源筛选*

项宗敬** 王海宁 王 妍 魏松红***

（沈阳农业大学植物保护学院，沈阳 110866）

摘　要：水稻是当今世界许多国家不可或缺的粮食作物，其病虫害的发生严重影响水稻的产量和品质，而水稻纹枯病又是三大水稻主要病害之一。近年来由于气候条件、水稻品种等因素的变化，东北稻区纹枯病有逐渐加重的趋势。由于水稻纹枯病菌（*R. solani*）的广寄主性和半腐生性，生产中很难找到对该病菌表现抗病的抗源，目前研究中的抗性材料多为中抗材料，尚无免疫材料。

为了评价筛选出对纹枯病的抗性较好的水稻品种，笔者收集全国256份水稻品种，利用强致病力菌株进行水稻苗期接种、分蘖期捆扎法接种及分蘖期离体叶片接种，鉴定供试水稻材料对纹枯病的抗性。结果表明，分蘖期离体叶片接种试验中，有48份材料表现良好抗性。其中新粳2号、新粳4号、宁粳47、辽优65、辽优66、丹粳17、通育268、铁粳1712、北粳2号、华航香丝苗共10个材料在接种96 h病情表现为1级，2级，其他材料皆表现为4级，5级。在苗期接种试验256份水稻材料中，有27份表现抗性良好，其中北粳1604在接种7 d后5个处理3株表现为1级，两株为3级，而其他材料则都为3级。分蘖期大田接种试验中，有41份材料表现出良好的抗性，综合水稻苗期，大田分蘖期，离体叶片3个抗病鉴定试验，新粳2号、北粳2号、宁粳47、辽优65、丹粳17、深两优1173、辽优68、铁粳1712、北粳R11共9个品种抗性表现较好。

关键词：水稻纹枯病；抗病性鉴定；抗病品种

---

* 基金项目：现代农业产业技术体系建设专项资金（CARS-01）

** 第一作者：项宗敬，硕士研究生，植物病理学专业；E-mail：yangxiaohe_2000@163.com

*** 通信作者：魏松红，教授，研究方向为植物病原真菌学及水稻病害；E-mail：songhongw125@163.com

橡胶树 *HbRPW8* 基因的克隆与抗病功能初探*

李晓莉** 徐鑫泽 刘梦瑶 施泽坤 陈代朋 林春花 刘文波 缪卫国***
（海南大学热带农林学院，热带农林生物灾害绿色防控教育部重点实验室，海口 570228）

摘　要：橡胶树白粉菌（*Erysiphe quercicola*）是活体营养型专性寄生真菌，主要危害橡胶树（*Hevea brasiliensis*）的嫩叶、嫩梢和花序，严重时影响橡胶树产胶。目前关于橡胶树抗白粉病基因的研究较少。研究表明，拟南芥中的广谱抗性基因 *RPW*8.1 和 *RPW*8.2 对白粉菌具有抗性，为了探究橡胶树中 *RPW*8 基因的抗病功能，本研究首先克隆出橡胶树 *RPW*8 同源基因 *HbRPW*8。*HbRPW*8 基因编码了包含 189 个氨基酸残基的蛋白，利用 SMART 预测含有一个保守的 RPW8 结构域，系统进化分析表明，拟南芥 RPW8 与 HbRPW8 属于同一分枝说明二者为同源蛋白；通过实时定量 PCR 分析了白粉菌侵染不同时间点（0h、4h、8h、13h、24h、48h）*HbRPW*8 的表达情况，该基因在橡胶树白粉菌接种后表达量持续升高，且在 24 h 后显著提高，这与橡胶树白粉菌吸器形成时间一致，研究表明橡胶树白粉菌吸器能够分泌效应蛋白，说明 *HbRPW*8 可能受到橡胶树白粉菌效应蛋白特异诱导上调表达；为了探究 HbRPW8 的表达是否引起植物防卫反应，本研究在本氏烟叶片中和橡胶树叶片原生质体中分别瞬时表达了 HbRPW8，结果表明在几丁质 $(GlcNAc)_7$的诱导下，瞬时表达 HbRPW8 会明显引起烟草叶片活性氧的积累和胼胝质的沉积等植物防御反应，在橡胶树原生质体中瞬时表达 HbRPW8，经 $(GlcNAc)_7$的处理后，也会诱导活性氧在细胞内的积累；研究表明植物激素在植物抗病中发挥重要作用，为了研究植物激素对 HbRPW8 的调控关系，外源施加植物激素后，*HbRPW*8 的表达量受乙烯、茉莉酸甲酯正调控，受脱落酸、赤霉素负调控。本研究首次对橡胶树 *HbRPW*8 基因的抗病功能进行初步研究，结果表明 HbRPW8 受到橡胶树白粉菌诱导上调表达，分别在本氏烟和橡胶树叶片原生质体中瞬时表达 HbRPW8 都能诱导植物的防卫反应，且植物激素对 *HbRPW*8 的表达具有调控作用，说明 *HbRPW*8 是一个潜在的抗白粉病基因。继续研究其抗病作用机理，有望为橡胶树抗病分子机制和橡胶树抗白粉病的遗传育种提供基础。

关键词：巴西橡胶树；白粉病；抗病基因

---

* 基金项目：海南省院士创新平台科研专项（YSPTZX202018）；海南省自然科学基金项目（320RC498）；国家自然科学基金（31960518）
** 第一作者：李晓莉，博士，研究方向为植物抗病；E-mail：19071005110002@ hainanu. edu. cn
*** 通信作者：缪卫国，教授，博士生导师，研究方向为植物病理学；E-mail：weiguomiao1105@ 126. com

橡胶白粉菌（*Erysiphe quercicola*）候选效应蛋白 EqCSEP04187 激发植物免疫的研究[*]

刘梦瑶[**]　李　潇　刘玉涵　李晓莉　林春花　刘文波　缪卫国[***]
（海南大学热带农林学院，热带农林生物灾害绿色防控教育部重点实验室，海口　570228）

摘　要：巴西橡胶树生产的天然橡胶是国家重要的工业原料和战略资源。专性活体寄生的橡胶树白粉菌（*Erysiphe quercicola*）引起橡胶树白粉病，每年造成天然橡胶严重减产，然而对该菌的致病和寄生的机制仍不了解。本课题组前期已完成对橡胶树白粉菌基因组测序工作，筛选并鉴定出 133 个候选效应蛋白（Candidate effector protein）。本研究中对其中一个效应蛋白 EqCSEP04187 进行研究。EqCSEP04187 仅在另一白粉菌中有同源蛋白。EqCSEP04187 在侵染前期表达量极低。EqCSEP04187 的表达能在模式植物本氏烟和拟南芥 Col-0 激发防卫反应，包括活性氧迸发和胼胝质的沉积，而且能在橡胶树叶原生质体中激发活性氧积累。对白粉菌未有可靠的转化方法，因此选择替代方法研究 EqCSEP04187 在病菌-橡胶树互作中的影响。利用橡胶树胶孢炭疽菌表达 EqCSEP04187，导致炭疽菌在橡胶树叶的侵染水平下降，在侵染部位形成了大量的活性氧积累和胼胝质沉积。橡胶树白粉菌可在拟南芥 Col-0 eds1 突变体上侵染和繁殖，而在表达 EqCSEP04187 的 eds1 突变体上侵染水平下降，并激发强烈的防卫反应。上述结果表明，EqCSEP04187 可作为一种激发子，引起非寄主和寄主植物的防卫反应。该研究使对橡胶树白粉菌-巴西橡胶树互作有了进一步的了解且能为病害防控提供理论基础。

关键词：效应蛋白；白粉菌；橡胶树；植物免疫

* 基金项目：海南省院士创新平台科研专项（YSPTZX202018）；海南省自然科学基金项目（320RC498）；国家自然科学基金（31960518）

** 第一作者：刘梦瑶，硕士；研究方向为植物病理学；E-mail：lmy18834408683@163.com

*** 通信作者：缪卫国，教授，博士生导师，研究方向为植物病理学；E-mail：weiguomiao1105@126.com

A *Puccinia striiformis* effector inhibits wheat cysteine protease activity to suppress Host Immunity

FAN Xin LIU Feiyang HE Mengying HU Zeyu ZHANG Shan
CHENG Jiaxin WANG Ning WANG Jianfeng TANG Chunlei
KANG Zhensheng* WANG Xiaojie*

(*Address*: *State Key Laboratory of Crop Stress Biology for Arid Areas*, *College of Plant Protection*, *Northwest A&F University*, *Yangling*, *Shaanxi* 712100, *China*)

Abstract: The plant apoplast is a harsh environment in which hydrolytic enzymes, especially proteases, are accumulating during pathogen infection. However, the defense functions of most apoplastic proteases remain largely elusive. Papain-like cysteine proteases (PLCPs) are a class of proteolytic enzymes which regulate plant defence to drive cell death and protect against pathogens. Here, we obtained a cysteine protease gene of wheat (TaCP) through mass spectrometry, which is highly induced in wheat challenged by the avirulent race of *Puccinia striiformis* f. sp. *Tritici* (*Pst*). Overexpression transgenetic lines of TaCP conferred resistance to the *Pst* compare with wild type. The *Pst* effector Pst5, which is highly induced at the early stages *Pst* infection, also can interacted with TaCP and suppressed TaCP protease activity. Besides, Pst5, suppresses Bax-induced cell death in plants and silencing *Pst5* impairs the pathogenicity of *Pst*. This study characterized a wheat PLCP that Pst5 interfere the activity of TaCP, which represents an effective mechanism in wheat by which effector proteins suppress plant apoplastic immunity.

Key words: Puccinia striiformis; Host Immunity; TaCP

* Corresponding authors: KANG Zhensheng; E-mail: kangzs@nwsuaf.edu.cn
WANG Xiaojie; E-mail: wangxiaojie@nwsuaf.edu.cn

Roles of *Brachypodium distachyon* WRKY67 transcription factor in plant responses to *Brachypodium* rustF-co

HE Mengying WANG Ning FAN Xin ZHANG Shan
HU Zeyu WANG Jianfeng TANG Chunlei KANG Zhensheng*
WANG Xiaojie*

(*Coresponding address*: *State Key Laboratory Crop Stress Biology for Arid Area/College of Plant Protection*, *Northwest A&F University*, *Yangling* 712100, *China*)

Abstract: WRKY protein is a pivotal type of transcription factor involved in plant growth and development, biotic and abiotic stress, and plant defense responses. *Brachypodium distachyon*with its short life cycle, small genome and close evolutionary relationship of wheat is an ideal model plant for studying the interaction of plant pathogens and wheat. Based on *Brachypodium* genomic analysis and gene expression microarray, the *BdWRKY*67 gene, which is closely related to wheat evolution and induced by rust fungus, was selected for an in-depth study. Using qRT-PCR, we confirmed that *BdWRKY*67 gene was highly induced at 48 h post *Brachypodium* rust F-co infection. Through phenotypic identification and histological observation of *BdWRKY*67 RNAi plants, *BdWRKY*67 RNAi plants confered resistant to *Brachypodium* rust compared with wild-type plants. These results preliminarily indicate that the *BdWRKY*67 transcription factor participate in negative regulation during the interaction between *Brachypodium brachypodium* and *Brachypodium* rust. Our study preliminarily clarified the function of *BdWRKY*67, and provided a theoretical basis for further revealing the interaction mechanism between wheat WRKY transcription factor homologous to *Brachypodium* and stripe rust fungus. Utilizing the *Brachypodium distachyon*-brachypodium rust interaction system can accelerate the research on the molecular mechanism of rust disease, and provide convenience for the in-depth and rapid revealing of the interaction mechanism between wheat and rust fungus.

Key words: *Brachypodium distachyon*; WRKY transcription factor; *Brachypodium* rust; RNAi

* Corresponding authors: KANG Zhensheng; E-mail: kangzs@ nwsuaf. edu. cn
WANG Xiaojie; E-mail: wangxiaojie@ nwsuaf. edu. cn

Regulation mechanism of transcription factor TaCBF1 in the interaction of wheat and stripe rust fungus

HU Zeyu WANG Ning ZHANG Shan LIU Feiyang
FAN Xin CHENG Jiaxin WANG Jianfeng TANG Chunlei WANG Xiaojie*
KANG Zhensheng*

(*Address*: *State Key Laboratory of Crop Stress Biology for Arid Areas*, *College of Plant Protection*, *Northwest A&F University*, *Yangling*, *Shaanxi* 712100, *China*)

Abstract: Strip rust is a destructive threat to wheat production. Here, we identified a novel transcription factor, CCAAT-binding factor 1 (CBF1), which plays an important role in plants against biotic and abiotic stress. Expression profile analysis reveals *TaCBF*1 is up-regulated by the avirulent race of *Pst*. Transiently silencing of *TaCBF*1 in wheat decreases resistance of wheat against *Pst* fungus. These results indicate that the *TaCBF*1 is involved in wheat resistance. Transgenic expression of TaCBF1 overexpression constructs in wheat show broad spectrum resistance to predominant races, while which RNAi lines significantly reduced resistance to avirulent race of *Pst*. ChIP-Seq analysis found TaCBF1 may regulate the expression of many resistance-related genes, such as *RPM*1, *VPE*4, *RGA*5, *Lr*10. This workreveals the resistance function of TaCBF1 against of *Pst* fungus, which is laying the foundation on understanding wheat resistance mechanism and breeding durable resistance in wheat.

Key words: Strip rast; TaCBF1; Transgenic expression

* Corresponding authors: WANG Xiaojie; E-mail: wangxiaojie@nwsuaf.edu.cn
KANG Zhensheng; E-mail: kangzs@nwsuaf.edu.cn

Regulation mechanism of TaSERK1 during the interaction between wheat and stripe rust fungus

WANG Ning ZHANG Shan FAN Xin HE Mengying HU Zeyu LIU Feiyang
CHENG Jiaxin WANG Jianfeng TANG Chunlei
KANG Zhensheng* WANG Xiaojie*

(*Address*: *State Key Laboratory of Crop Stress Biology for Arid Areas*, *College of Plant Protection*, *Northwest A&F University*, *Yangling*, *Shaanxi* 712100, *China*)

Abstract: Wheat stripe rust occurs frequently and results in significant yield loss worldwide. The sessile plants have evolved a large number of receptor-like kinases (RLKs) and receptor-like cytoplasmic kinases (RLCKs) to modulate plant innate immunity. Here we report the isolation of TaSERK1 (wheat somatic embryogenesis receptor kinase 1) and demonstrate that TaSERK1 positively regulates immunity. Wheat plants silenced for TaSerk1 display reduced resistance to *Pst* while TaSERK1 overexpression plants display enhancedresistance to *Pst*. Furthermore, the receptor-like cytoplasmic kinase TaRLCK2159 functions downstreamof TaSERK1 in the interaction of wheat and stripe rust fungus. We found that TaRLCK2159 interacts with the intracellular domains of TaSERK1 in kinase-dependent manner. TaSERK1 directly phosphorylates RLCK2159 and positively regulates plant immunity by stimulating production of reactive oxygen species (ROS). Taken together, our findings suggest that the mechanism of TaSERK1-meditated regulation of wheat resistance, thus providing new insight to defense mechanism and breeding of wheat.

Key words: TaSERK1; Wheat stripe rust; ROS; Wheat resistance

* Correspondence author: WANG Xiaojie; E-mail: wangxiaojie@ nwsuaf. edu. cn
KANG Zhensheng; E-mail: kangzs@ nwsuaf. edu. cn

类甜蛋白 TaTLP1 在小麦—叶锈菌互作过程中的功能分析

崔钟池
（河北大学植物保护学院，保定　071000）

摘　要：类甜蛋白（Thaumatin-like protein，TLP）是一类具有抗真菌功能的病程相关蛋白（Pathogenesis-related proteins，PRPs）。本课题组前期在抗叶锈病小麦品种中克隆出 1 个类甜蛋白基因 *TaTLP*1。利用农杆菌介导法获得转 *TaTLP*1 基因小麦，通过繁代结合 PCR 技术筛选出转基因阳性纯合株系。对转基因纯合株系进行抗叶锈性评价，结果表明，*TaTLP*1 可以调节葡聚糖酶、过氧化物酶等抗病相关酶以及过氧化氢酶、超氧化物歧化酶等 ROS 产生相关酶的活性，从而提高小麦对叶锈病和根腐病的抗性。为了探究与 TaTLP1 相互作用的因子，利用 Pull-down 技术从小麦中筛选出 1 个抗病相关基因 *TaPR*1。通过共沉默以及孢子萌发抑制试验，明确了 TaTLP1 与 TaPR1 的协同作用，增强了小麦对叶锈病的抗性。利用 Y2H 技术从小麦—叶锈菌亲和互作基因文库中钓取到一个靶标 TaTLP1 的叶锈菌基因 *Pt*_21，qPCR 表明 *Pt*_21 与叶锈菌侵染相关，借助烟草异源表达系统，明确了 *Pt*_21 可抑制由 BAX 引起的 HR 反应，初步表明该基因具有毒性功能。本研究为明确 *TaTLP*1 在小麦—叶锈菌互作过程中的功能提供理论依据。

关键词：类甜蛋白；小麦—叶锈菌；根腐病；协同作用

BTH 处理马铃薯块茎愈伤早期植物激素和活性氧水平的变化*

赵诗佳[1**]　郑晓渊[1]　柴秀伟[1]　贾菊艳[1]
余丽蓉[1]　张雪姣[1]　PRUSKY Dov[2]　毕　阳[***]
(1. 甘肃农业大学食品科学与工程学院，兰州　730070；
2. *Institute of Postharvest and Food Sciences*, *Agricultural Research Organization*, *Volcani Center*, *Rishon LeZion*, *Israel* 50250)

摘　要：研究苯丙噻二唑［Benzo（1，2，3）-thiadiazole-7-carbothioic acid，BTH］处理对马铃薯块茎愈伤早期植物激素和活性氧产生的影响。用 100 mg/L BTH 浸泡处理人工模拟损伤后的“大西洋”块茎 3 min，测定处理后 5 d 内块茎伤口处组织 5 种激素（ABA、SA、JA、NO 和 GA_3）和 3 种活性氧（Ca^{2+}、H_2O_2 和 $O_2\cdot^-$）水平，分析 NO 和活性氧相关合成关键酶活性。结果表明，BTH 处理块茎伤口处 ABA 含量先迅速升高，后降低并趋于平稳，4h 时达到峰值；SA 先迅速升高后趋于平稳；JA 先升高后降低，4 h 时达到峰值；NO 在 4 h 达到峰值后下降，并趋于平稳；GA_3前期积累较缓慢，5 d 时达到峰值。BTH 处理还激活了块茎伤口处的硝酸还原酶和一氧化氮合酶，促进了 NO 生成。此外，BTH 处理马铃薯块茎伤口处的 Ca^{2+}浓度先迅速升高，4 h 达到峰值后下降；$O_2\cdot^-$含量迅速升高后下降，再逐渐上升，4 h 时达到峰值；H_2O_2 含量呈双峰型变化，分别在 8 h 和 3 d 达到峰值。此外，BTH 处理还激活了块茎伤口处的钙依赖蛋白激酶、NOX 和 SOD 活性。综上，BTH 处理可促进马铃薯块茎伤口处多种植物激素及活性氧的产生，这些信号分子共同参与调控了愈伤早期防卫反应。

关键词：马铃薯块茎；苯丙噻二唑；植物激素；活性氧；愈伤早期

---

* 基金项目：国家自然科学基金中以国际合作与交流项目（31861143046）
** 第一作者：赵诗佳，硕士在读，研究方向为果蔬采后生物学与技术；E-mail：zhaoshijia_123@ 163. com
*** 通信作者：毕阳，教授，博士，研究方向为果蔬采后生物学与技术；E-mail：biyang@ gsau. edu. cn

第七部分
病害防治

一株空间诱变的香蕉内生生防菌的防病促生作用分析*

谷亚南** 　李敏慧　李华平***
（华南农业大学植物保护学院，广州　510642）

摘　要：镰刀菌是引致众多植物病害的一类重要病原菌，其中由尖孢镰刀菌引致的香蕉枯萎病是当前香蕉产业中最重要的一种病害，严重阻碍了香蕉产业健康和可持续发展。生物防治作为植物病害防治中一个重要的防控措施，成了当今枯萎病防控研究中重要的一环。笔者通过常规分离方法从香蕉种植园土壤和香蕉植株体内获得了大量细菌分离物，通过抑菌试验，笔者发现从香蕉植株根部分离获得的一株芽孢杆菌 BS 菌株，对包括尖孢镰刀菌、炭疽菌和纹枯病菌在内的多种植物病原真菌具有显著的抑菌作用，且对香蕉具有促生作用。通过常规生物学、生理生化和分子生物学等方法，笔者鉴定该 BS 菌株为贝莱斯芽孢杆菌（*Bacillus velezensis*）。为了进一步提高该菌株的防病促生作用，2020 年 5 月，笔者将该菌株搭载于我国新一代载人飞船（长征 5 号）上进行航空辐射诱变。首先通过稀释分离法，笔者构建了含有 960 株单菌落的 BS 空间诱变突变体文库；其次通过比较原始菌株与诱变菌株在形态、繁殖率和抑菌效果等方面的差异，笔者已筛选出生长速率明显快于野生型菌株的变异菌株 78 株。对其抑菌效果的平板测试结果发现其中一株空间诱变突变株的抑菌效果明显高于原始菌株抑菌效果的 13.41%。更进一步的菌株筛选、生物学特性比较、抑菌效果和抑菌机制的研究正在进行中。

关键词：贝莱斯芽孢杆菌；香蕉枯萎病；空间诱变；生物防治

* 基金项目：财政部和农业农村部国家现代农业产业技术体系建设专项（CARS-31-09）

** 第一作者：谷亚南，硕士研究生，研究方向为植物病理学；E-mail：ytyeyh@163.com
*** 通信作者：李华平，教授；E-mail：huaping@scau.edu.cn

一株生防假单胞菌新种的鉴定和其拮抗物质相关功能基因的分析

杨瑞环　李生樟　黄梦桑　李逸朗　闫依超　林双君　邹丽芳　陈功友
（上海交通大学农业与生物学院，上海　200240）

摘　要：为了获得对水稻条斑病（*Xanthomonas. oryzae* pv. *oryzicola*，*Xoc*）和白叶枯病（*X. oryzae* pv. *oryzae*，*Xoo*）具有生防作用的微生物，笔者从小白菜根际土壤中分离筛选获得了一株假单胞菌菌株1257，对稻黄单胞菌2个致病变种均具有显著的拮抗作用。田间试验结果显示，1257菌株能显著抑制水稻条斑病病斑的扩展，防治效果达50%以上。16S rRNA基因系统发育分析显示，菌株1257与*Pseudomonas entomophila* L48和*P. mosselii* DSM17497的相似度均为99.4%。形态学和生理生化特征比较分析，发现菌株1257在碳源同化和利用上不同于L48和DSM17497菌株。全基因组测序和平均核苷酸多态性（Average nucleotide identity，ANI）分析发现，菌株1257与L48间的ANIb为86.55%，与DSM17497间为86.72%。比较基因组结果显示，菌株1257与L48和DSM17497间存在高度差异的基因组区域。基于以上结果，菌株1257鉴定为假单胞菌一个新种（*Pseudomonas oryziphila* sp. nov. 1257）。借助antiSMASH软件，对以上3个菌株的次生代谢产物生物合成基因簇进行了比较，发现它们的NRPS-like基因簇显著差异。利用Tn5转座子构建了1257菌株的突变体库，发现32个突变体丧失或部分丧失对稻黄单胞菌的拮抗活性。进一步分析发现，*lgrD*、*carA*、*carB*、*purF*和*serC*基因突变，导致1257菌株丧失对稻黄单胞菌的拮抗活性，推测1257菌株的拮抗物质不能有效产生。这些研究结果为后续挖掘拮抗物质的代谢途径和应用于水稻细菌病害的生物防治，提供了科学线索和实践依据。

关键词：稻黄单胞菌；*Pseudomonas oryziphila* sp. nov. 1257；拮抗物质；Tn5突变体库；生物防治

氯吲哚酰肼的抗病毒及其增效机制*

裴悦宏[1**] 吕 星[1] 袁梦婷[1] 温玉霞[1] 汪代斌[2] 冉 茂[2]
陈海涛[2] 徐 宸[2] 吴 磊[3] 成道泉[3] 孙现超[1***]
(1. 西南大学植物保护学院，重庆 400716；
2. 中国烟草公司重庆市公司烟草科学研究所，重庆 400716；
3. 京博农化科技有限公司，滨州 256500)

摘 要：烟草花叶病毒（*Tobacco mosaic virus*，TMV）侵染寄主范围广，给农业生产造成严重损失。但现有的 TMV 防治药剂存在效率较低、作用时间短等问题，使开发更为新型高效的抗 TMV 药剂成为现阶段的研究热点。氯吲哚酰肼（chloroinconazide，CHI）是一种以天然产物骆驼蓬碱为先导物合成的小分子化合物，研究结果表明 CHI 兼具保护及治疗双重抗病毒功能，通过直接作用病毒，使病毒粒子聚集及降低病毒 CP 稳定性来降低病毒的侵染力及致病性，同时激活植物病原互作通路、MAPK 信号途径、激素途径及光合途径来综合实现诱导植物抗性、促进植物生长的目的。进一步将 CHI 包裹在海藻酸钠凝胶网络中设计合成增效纳米凝胶颗粒 CHI@ALGNP。CHI@ ALGNP 具有更强的叶面黏附力，并通过凝胶网络的释放作用持续 7 d 释放药物，展示出更持久的抗病毒效果，主要表现为持续激活活性氧及抗氧化酶活性上升，诱导水杨酸相关基因 *PR*2 的上升及水杨酸含量的增加。同时，CHI@ ALGNP 缓释过程中释放的 Ca^{2+} 和 Mg^{2+}，展示出更强的促生效果。本研究为新型抗病毒药剂的研发提供理论依据，并进一步实现小分子药物纳米化，首次将纳米凝胶应用于叶面病害防治，延长药物作用时间，提高药物作用效率，为新型农药制剂的开发和多功能农药的应用提供了新的策略。

关键词：烟草花叶病毒；抗病毒功能；促生作用；诱抗；增效效果

---

* 基金项目：国家自然科学基金（31870147）；中国烟草公司重庆市公司科技项目（A20201NY02-1306，B20212NY2312，B20211-NY1315）

** 第一作者：裴悦宏，硕士研究生，研究方向为植物病理学

*** 通信作者：孙现超，博士，教授，博士生导师，研究方向为植物病毒学及植物病害防控；E-mail：sunxianchao@ 163. com

水淹处理对甜瓜枯萎病发生及根际酚酸物质影响研究*

任雪莲** 马周杰 杨 拓 赵 爽 黄宇飞 姚 远 高增贵***

(沈阳农业大学植物保护学院，沈阳 110866)

摘 要：我国近些年来，甜瓜连作障碍的发生越来越严重，引起甜瓜连作障碍的因素有很多。连作会导致甜瓜土传病害甜瓜枯萎病发生严重。酚酸物质的积累会导致甜瓜连作障碍加重，影响植物生长发育并发生病害。本研究通过连续种植甜瓜模拟甜瓜连作土壤，并对其土壤进行30 d、90 d、150 d 的水淹处理，对甜瓜枯萎病发生情况进行调查并采用高效液相色谱技术(HPLC)，对甜瓜连作根际土壤的酚酸物质种类进行分离鉴定，确定水淹前后根际土壤中酚酸类物质种类及含量变化。结果表明：连作会导致甜瓜枯萎病发病率升高，第三茬发病率达到了55.17%，病情指数为29.75。水淹土壤后水淹30 d、90 d、150 d 后甜瓜枯萎病发病率分别为41.94%、32.42%、14.71%。甜瓜连作根际土壤中鉴定出阿魏酸、苯甲酸、对羟基苯甲酸、丁香酸、邻苯二甲酸、龙胆酸、没食子酸和原儿奈酸8种酚酸物质。随着连作茬数的增加，根际土壤中酚酸含量也随之增加，只有苯甲酸有先升高后降低的趋势。甜瓜连作土壤水淹处理的检测结果表明，水淹处理甜瓜连作根际土壤酚酸物质含量全部降低，水淹30 d、90 d、150 d后酚酸物质总量分别降低了31.12%，35.36%，33.08%，无明显差异，说明水淹处理甜瓜连作土壤30 d后就对降低土壤中酚酸物质的含量有较好的效果。由此可知，连作导致酚酸物质的积累对甜瓜造成自毒作用，导致枯萎病发生严重，通过水淹处理降低了酚酸物质的含量与甜瓜枯萎病的发生率。

关键词：甜瓜；连作障碍；水淹；枯萎病；酚酸类物质

---

* 基金项目：公益性行业（农业）科研专项经费资助项目（201503110-04）

** 第一作者：任雪莲，硕士研究生，研究方向为甜瓜病害

*** 通信作者：高增贵，研究员，博士生导师；E-mail：gaozenggui@ syau. edu. cn

辽宁省玉米品种对瘤黑粉病的抗性评价*

刘小迪** 　马周杰　孙艳秋　姚　远　车广宇　王禹博　高增贵***
（沈阳农业大学植物保护学院，沈阳　110866）

摘　要： 近年来，由于玉米新品种的不断推广种植和连作年限的增加，使得玉米瘤黑粉病在我国玉米主要种植区广泛发生，给玉米生产带来严重影响。不同的玉米品种对瘤黑粉病的抗性不同，筛选和种植抗病品种是玉米瘤黑粉病的众多防治措施中最高效最方便的方法。本试验将不同交配型供试菌液通过注射法进行接种，于 2018 年对辽宁省玉米品种进行玉米瘤黑粉病抗性鉴定，分析玉米主栽品种对瘤黑粉病的抗性水平，通过苗期接种试验选育高抗品种，为预防玉米瘤黑粉病提供理论依据。依据玉米瘤黑粉病自身的发病程度和特征，再结合玉米其他病害的分级标准，将玉米瘤黑粉病发病等级分为 4 级，对不同级别的玉米株数进行统计。2018 年辽宁省部分玉米主栽品种抗病鉴定的供试玉米品种中对瘤黑粉病表现高抗、抗、中抗、感病的比例为 7%、23%、50%、20%，总体表现抗性较低，对瘤黑粉病表现高抗的品种仅有 7 个，而有 50%的品种对瘤黑粉病表现中抗，四分之一的品种对瘤黑粉病表现感病。由此可见，辽宁省玉米品种对瘤黑粉病的抗病育种进程尚未进入规模化。而种植高抗品种是防治玉米瘤黑粉病最经济有效的手段。因此，对玉米品种抗瘤黑粉病的试验鉴定至关重要。瘤黑粉病的发生受多种条件影响，在对玉米抗性评价试验过程中，玉米的抗性表现会因为气候条件、供试病菌和接种方法的不同而有所差异，因此在玉米抗瘤黑粉病鉴定试验中应要做到尽量创造适合病原菌侵染的环境条件，接近自然条件中瘤黑粉病菌侵染过程。

关键词： 玉米品种；瘤黑粉病；抗性

---

* 基金项目：国家重点研发计划（2017YFD0300704，2016YFD0300704）
** 第一作者：刘小迪，博士研究生，研究方向为玉米病害
*** 通信作者：高增贵，研究员，博士生导师；E-mail：gaozenggui@ syau. edu. cn

解淀粉芽孢杆菌 EA19 与多菌灵协同增效防治小麦赤霉病研究*

曾凡松 刘 悦 龚双军 袁 斌 向礼波 阙亚伟
史文琦 薛敏峰 刘美玲 喻大昭 杨立军**
(农业部华中作物有害生物综合治理重点实验室,
农作物重大病虫草害防控湖北省重点实验室,
湖北省农业科学院植保土肥研究所，武汉 430064)

摘 要：为筛选能与解淀粉芽孢杆菌 EA19 复配的化学药剂及最佳比例，通过室内生物测定和田间试验，明确复配药剂对小麦赤霉病的防效。采用菌丝生长速率法测定 EA19 菌株与戊唑醇、咪鲜胺和多菌灵 3 种杀菌剂的复配药剂对小麦赤霉病菌的毒力，用平板菌落计数法测定杀菌剂与 EA19 菌株的生物相容性，用 Horsfall 法评价复配组合的增效作用，用离体麦穗生测法和田间小区试验对防效进行评价。结果表明，EA19 菌株与多菌灵的生物相容性最好，按质量比 4 : 6 复配药剂对禾谷镰孢菌（*Fusarium graminearum*）的抑制活性最高，菌丝生长抑制率为 57.4%，在离体麦穗上的病小穗率防效为 67.5%，在湖北钟祥和鄂州试验地小区的病指防效分别为 78.4%和 78.7%。与单独施用多菌灵相比，4 : 6 复配药剂对病菌的联合毒力表现出增效作用，离体麦穗上和田间小区试验的防效，以及小麦理论产量均无显著差异。用 EA19 生防菌与多菌灵复配药剂防治小麦赤霉病可起到减药增效的作用。

关键词：小麦赤霉病；EA19 菌株；多菌灵；复配；防效

---

* 基金项目：国家小麦产业技术体系专项（CARS-03-01A）

** 通信作者：杨立军；E-mail：Yanglijun1993@ 163. com

甘薯病毒病发生关键因素研究

赵付枚 王 爽 田雨婷 乔 奇 王永江 张德胜 张振臣
（1. 河南省农业科学院植物保护研究所，郑州 450002；
2. 河南省农作物病虫害防治重点实验室，郑州 450002；
3. 农业农村部华北南部作物有害生物综合治理重点实验室，郑州 450002）

摘要：病毒病是甘薯上的一类重要病害，可引起甘薯产量降低，品质变劣和种性退化，是制约甘薯生产的主要限制因素之一。本文旨在研究影响甘薯病毒病发生的关键因素。利用 PCR/RT-PCR 方法对随机采集的不同来源的种薯进行我国 8 类常见甘薯病毒的检测，并对检测的种薯进行育苗及苗期病毒病发病情况调查，分析种薯带毒种类与苗期病毒病严重度之间的关系，结果发现，当种薯携带 SPCSV 时，苗期病毒病症状显著加重，特别是当种薯同时携带 SPCSV 与 *Potyvirus* 属病毒时，薯苗显症率为 100.0%，症状主要为 3～9 级，说明种薯携带 SPCSV 是苗期病毒病严重发生的关键因素。2018 年和 2019 年分别在不同地区设置试验点，种植背景相同的商薯 19 种苗，在甘薯生长期，采用黄板诱虫法调查各试验点烟粉虱发生量并采集烟粉虱活体，检测烟粉虱 SPCSV 带毒率。种薯收获后，随机取样对种薯 SPCSV 带毒率进行检测，分析甘薯田烟粉虱发生量和带毒率与种薯带毒率之间的关系，结果表明，甘薯田烟粉虱发生量和带毒率与种薯带毒率密切相关，回归方程为：$Y=9.628X_1+0.008X_2+6.537$，$R^2=0.914$，其中，$Y$ 为种薯 SPCSV 的带毒率，X_1为烟粉虱带毒率，X_2为烟粉虱发生量，说明烟粉虱是影响种薯携带 SPCSV 的关键因素。

关键词：甘薯病毒病；种薯；烟粉虱；SPCSV

放线菌天然产物农药代谢机制认知、合成生物学元件发掘及工程菌开发

李珊珊[1*]　王为善[2]　张艳艳[1]　王相晶[3]　向文胜[1,3**]

（1. 中国农业科学院植物保护研究所，植物病虫害生物学国家重点实验室，北京　100193；2. 中国科学院微生物研究所，微生物资源前期开发国家重点实验室，北京　100101；3. 东北农业大学生命科学学院，哈尔滨　150030）

摘　要：放线菌以能够产生丰富的活性天然产物而著称，包括若干在农业领域广泛应用的天然产物药物，如阿维菌素、多杀菌素、井岗霉素、春雷霉素等。这些天然产物农药因生物活性高、环境相容性好等优点，在协助植物抵御病虫危害、保障粮食安全的过程中发挥着举足轻重的作用。然而，放线菌天然产物作为次级代谢物，其在野生菌株中的产量往往很低，难以满足农业需求。这也是影响优质天然产物新农药创制及其在农业领域广泛应用的瓶颈因素。为了突破这一瓶颈，笔者采取“格物致知，建物致用”的研究思路，以重要的天然产物农药及其生产菌为研究对象，首先解析了影响放线菌聚酮类天然产物代谢的共性关键代谢机制，为菌株改造提供了理论指导；进一步发掘了可用于工程菌构建的高效合成生物学元件，为菌株改造提供了必要元件；最终，在代谢机制认知和高效元件支撑的基础上，建立了目标天然产物代谢途径的适配优化策略，并在阿维菌素、米尔贝霉素等天然产物农药工业生产菌中实现了产量的提高。这些研究将为构建其他放线菌农用天然产物工程菌提供可用工具与方法，实现不断降低优质天然产物农药使用成本、助力植物病虫害防治的目标。

关键词：放线菌；农药；工程菌

---

* 第一作者：李珊珊，副研究员。研究方向为放线菌农用天然产物代谢认知及工程菌改造

** 通信作者：向文胜，教授，博士生导师，国家杰出青年科学基金获得者，研究方向为重要功能农业微生物资源研究及产业化应用

Biocontrol efficacy of *Bacillus velezensis* HC-8 against powdery mildew of honeysuckle caused by *Microsphaera lonicerae*[*]

CUI Wenyan[**]　HE Pengjie[***]

(*College of Basic Medicine*, *Guizhou University of Traditional Chinese Medicine*, *Guiyang* 550025, *China*)

Abstract: Powdery mildew caused by *Microsphaera lonicerae* is a serious disease that causes significant loss to honeysuckle production in China. This disease is difficult to control using chemical fungicides, and biological control agents may therefore constitute a powerful alternative. To develop an environmentally friendly microbial agent for biocontrol of powdery mildew, we screened strains of *Bacillus* spp. bacteria for biocontrol potential. One of the 102 isolates, strain HC-8, demonstrated high antifungal activity against three phytopathogenic fungi and efficiently suppressed the conidia germination of *M. lonicerae* under *in vitro* conditions. This isolate, which offered significant biocontrol of powdery mildew disease in honeysuckle, was identified as belonging to *Bacillus velezensis*. After challenge inoculation with *M. lonicerae*, honeysuckle plants treated with a concentration of 1×10^8 CFU/mL showed the highest protection value (PV). Biocontrol efficacy was highest when strain HC-8 was applied prior to pathogen inoculation, and the minimum PV was recorded when HC-8 was used one day after pathogen inoculation. Populations of the GFP-tagged strain HC-8-*gfp* persisted on honeysuckle leaves up to 25 days after spraying. In addition, we found that *B. velezensis* HC-8 induced defense-related enzyme activities in the leaves of honeysuckle. Thus, the present study provides a potential high-efficiency strategy for the biological control of powdery mildew disease and shows that *B. velezensis* HC-8 has significant potential as a biocontrol agent for honeysuckle production.

Key words: *Bacillus velezensis*; Biological control; Powdery mildew; Colonization; Induced systematic resistance

---

* 基金项目：贵州省科技支撑计划（黔科合支撑〔2020〕4Y099）；贵州省基础研究计划项目（黔科合基础 ZK〔2021〕一般 146）

** 第一作者：崔文艳，博士，研究方向为农作物和中药材病害生物防治；E-mail：2276612334@ qq. com

*** 通信作者：何朋杰，博士，研究方向为植物病害生物防治；E-mail：gzhepj2006@ 163. com

芽孢杆菌 HC-5 菌株对多种植物病原真菌和细菌的抑制作用*

何朋杰** 崔文艳***

（贵州中医药大学基础医学院，贵阳 550025）

摘 要：芽孢杆菌 HC-5 是本实验室从生姜根际土壤中分离得到的一株具有较强抑菌效果的优良菌株，盆栽条件下对生姜青枯病有着良好的防控效果。为进一步明确其抑菌谱，本研究通过平板对峙和牛津杯法测定了 HC-5 菌株及其发酵液对 15 种常见植物病原真菌和 7 种病原细菌的抑菌效果。结果表明：HC-5 菌株具有广谱抑菌效果，其中对 14 种病原真菌和 4 种病原细菌均有显著抑制作用。因此，芽孢杆菌 HC-5 菌株具有潜在的良好应用前景，可用于多种病害的生物防治，且其主要抗生物质主要存在于发酵液中。

关键词：生姜青枯病；芽孢杆菌；生物防治；抑菌作用

---

* 基金项目：贵州省科技支撑计划（黔科合支撑〔2020〕4Y109）；贵州省基础研究计划项目（黔科合基础 ZK〔2021〕一般 147）

** 第一作者：何朋杰，博士，研究方向为农作物和中药材病害生物防治；E-mail：gzhepj2006@163.com

*** 通信作者：崔文艳，博士，研究方向为农作物和中药材病害生物防治；E-mail：2276612334@qq.com

胡椒碱及其类似物对多药抗性灰葡萄孢的抑制活性研究*

李雪明[1**]　滕李洁[1]　王婷婷[1]　李慧琳[2]　段红霞[2]　刘鹏飞[1***]
(1. 中国农业大学植物保护学院，北京　100193；2. 中国农业大学理学院，北京　100193)

摘　要：灰葡萄孢（*Botrytis cinerea*）可侵染茄科、十字花科等多种蔬菜及花卉植物导致灰霉病的发生，从而引起大量减产，造成极大的经济损失。多年以来，灰霉病的防治方法主要是化学药剂防治，由于灰霉病病菌在遗传上存在异核现象，种群中存在多样性，在药剂自然选择的作用下，已经产生了对多种类型作用机制的杀菌剂均具有抗性的多药抗性群体，其多药抗性现象在灰霉病防治中的频繁发生对农业生产危害严重。胡椒碱作为一种从植物中提取的天然物质，具有一定的抑菌活性。本研究通过生长速率法对胡椒碱及其 14 种胡椒碱类似物对灰葡萄孢的抑菌活性进行探究，旨在通过对先导化合物胡椒碱进行改造从而寻找到一种防治灰霉病的新型药剂。

胡椒碱及其 14 种胡椒碱类似物对灰葡萄孢的抑菌活性结果显示胡椒碱类似物中 5Aa、5Ac、5Ba、5Bb、5Ca 和 5Cd 六种化合物对灰葡萄孢标准菌株 B05. 10、抗性菌株 S91、309 和 242 的抑制率较低，在 80 μg/mL 浓度下对上述菌株的抑制率仍在 20%以内，对于这种结构改造过的胡椒碱类似物并不适合作为新的药剂。I-11、I-16、I-21、I-23、I-24、I-25、I-26、I-27 八种化合物对灰葡萄孢标准菌株 B05. 10、抗性菌株 242、309、S91 具有一定的抑菌活性，在 10 μg/mL 浓度下对上述菌株的抑制率在 12%~66%，其中 I-16 抑菌效果最为明显，在 10 μg/mL 浓度下对标准菌株 B05. 10 和抗性菌株 242、309、S91 的抑制率分别为 64. 96%、45. 16%、59. 23%、66. 94%，在 40 μg/mL 浓度下对抗性菌株 242、309、S91 的抑制率分别为 50%、63. 85%、66. 67%，浓度提高但抑制率几乎不变，表明其具有作为防治灰葡萄孢菌药剂的潜力，但仍需要进一步对其进行结构优化。胡椒碱作为一种植物源化合物加上其自身的抑菌活性特征，具有很高的结构改造优化价值，可作为先导化合物去开发新的防治灰霉药剂，但其具体结构优化方式仍需进一步探究。

关键词：灰葡萄孢；胡椒碱；多药抗性

---

* 基金项目：国家自然科学基金（31772192）

** 第一作者：李雪明，硕士研究生，研究方向为植物病理学；E-mail：lixm6464@ 163. com

*** 通信作者：刘鹏飞，副教授，博士，研究方向为植物病理学；E-mail：pengfeiliu@ cau. edu. cn

一种种子丸粒化粉对7种蔬菜种子安全性影响

滕李洁* 满雪晶 李雪明 程星凯 王婷婷 吴照晨 刘鹏飞**
（中国农业大学植物病理学系，北京 100193）

摘 要：种子丸粒化技术是一项通过制丸机将惰性粉料、助剂、活性物质等加入使其黏附于种子表面的高新技术。通常，蔬菜种子粒径较小、形状不规则等因素，影响其药剂包衣与机械播种。根据研究目的选用特定的丸粒化材料通过种子丸粒化加工设备对蔬菜种子进行加工，可以改善种子的原有形状、增大物理机械特性，实现形状不规则和小粒种子的机械化播种，并且可以增加药剂载药量，有利于防治蔬菜苗期病害。

本研究根据实验室前期构建的丸粒化配方，研究该配方在典型蔬菜种子的适应性。本实验共选取7种蔬菜种子分别为油菜、大葱、韭菜、茼蒿、莴笋、萝卜、番茄，将它们分别进行2倍、4倍、6倍、8倍丸粒化包衣，并对其发芽率、根长、株高、鲜重、干重进行了测定。在2倍丸粒化下研究结果表明，韭菜种子的发芽率与裸种子相比提高了5.2%，大葱、茼蒿种子的发芽率与裸种子相比分别下降了11.1%和27.4%，其他蔬菜种子的发芽率与裸种子相比减少了2.0%~7.0%；2倍丸粒化后的油菜、茼蒿、莴苣的根长影响明显，较于裸种相比根长分别增加50.0%、40.7%、49.3%；除莴苣种子外其他6种蔬菜种子在该丸粒化倍数下株高均有增加，与裸种相比增长0.04%~22.4%；除对萝卜和韭菜种子的鲜重无显著影响外，其余5种蔬菜种子鲜重与裸种鲜重相较增重21.5%~56.3%，烘干称重后结果显示，丸粒化大葱种子的干重与裸种相比降低63.2%，其余5种蔬菜种子丸粒化后干重相较与裸种增重6.1%~52.2%。此外，在4个丸粒化倍数下，韭菜、番茄种子的株高，茼蒿种子的根长，大葱、韭菜和番茄种子的鲜重以及茼蒿、番茄的干重均有一定程度的增加。本实验后续仍需重复。本研究表明，前期构建的丸粒化配方对提高种子发芽率影响不大，但可以适当提高蔬菜种子的秧苗素质。

关键词：蔬菜种子；丸粒化；发芽率；秧苗素质

* 第一作者：滕李洁，硕士研究生，研究方向为植物病理学；E-mail：tenglijie@126.com
** 通信作者：刘鹏飞，副教授，博士，研究方向为植物病理学；E-mail：pengfeiliu@cau.edu.cn

胡萝卜种子丸粒化配方筛选

满雪晶*　滕李洁　李雪明　程星凯　王婷婷　吴照晨　刘鹏飞**
（中国农业大学植物病理学系，北京　100193）

摘　要：种子丸粒化技术是将小粒种子（通常指千粒重在10g以下的种子）或表面不规则（如扁平、有芒、带刺等）的种子，通过制丸机将助剂与粉状惰性物质附着在种子表面，在不改变原种子的生物学特性的基础上形成具有一定大小、强度、表面光滑的球形颗粒。其可以改善种子原有形状，增大物理机械特性；实现形状不规则和小粒种子机械化播种；增加载药量防治作物苗期病害；节约种子和农药用量，减少环境污染。胡萝卜种子较轻，舟形，种子的背面具四列刺毛，机械播种较为困难。本研究采用旋转造粒法制得丸粒化种子。通过测定胡萝卜种子发芽率筛选最佳助剂用量，以确定胡萝卜种子丸粒化配方。研究结果表明胡萝卜种子发芽率随润湿剂含量的增大而增大。润湿剂含量在0~6%时胡萝卜种子发芽率在27%~51.33%逐渐增大，当润湿剂含量为1%时丸粒化种子的发芽率为46.33%与裸种发芽率51.33%无显著性差别。胡萝卜种子的发芽率随着黏结剂含量的增大而减小。黏结剂含量在0~8%时胡萝卜种子发芽率在50.67%~25%逐渐减小。当黏结剂含量为2%时丸粒化种子的发芽率为47.67%与裸种52.67%无显著性差别。但黏结剂量过低会降低丸粒化种子的抗压强度，因此选择2%为粘结剂的最优剂量。进一步筛选惰性填料，本研究的惰性填料由两种物质复配而成，以惰性填料1为基准。胡萝卜种子发芽率随着惰性填料1含量的增大而增大。填料1含量在15%~70%时胡萝卜种子发芽率在4.33%~42.67%逐渐增大。当惰性填料1的含量为70%时胡萝卜种子的发芽率为42.67%与裸种48%无显著性差别。本研究筛选了胡萝卜种子丸粒化的最佳助剂用量，分别为惰性填料1：67.9%、惰性填料2：29.1%、润湿剂1%、黏结剂2%。研究结果可为生产实践中胡萝卜种子丸粒化助剂的筛选提供理论参考，为胡萝卜种子丸粒化配方开发提供依据。

关键词：胡萝卜；种子丸粒化；发芽率

* 第一作者：满雪晶，在读硕士研究生；E-mail：18845725618@163.com
** 通信作者：刘鹏飞，副教授，博士；E-mail：pengfeiliu@cau.edu.cn

马来酸二乙酯对杀菌剂抑制多药抗性 *Rhizoctonia solani* 增效性的研究*

程星凯** 王婷婷 滕李洁 吴照晨 李雪明 满雪晶 刘鹏飞***

（中国农业大学植物病理学系，北京 100193）

摘 要：由立枯丝核菌（*Rhizoctonia solani*）侵染导致的水稻纹枯病是一种在全世界发生普遍和危害严重的病害，严重时导致水稻减产可达50%以上。使用杀菌剂对纹枯病进行防治仍然是目前最有效的措施，但是杀菌剂的长期大量使用很容易导致病原菌抗药性的发生，甚至引发多药抗性（multidrug resistance，MDR），从而对粮食安全、环境安全以及生态安全构成巨大的损害。实验室前期研究发现，由解偶联剂双苯菌胺诱导产生的 *R. solani* 抗性突变体产生了多药抗性现象，预示着该类药剂的田间使用存在着导致多药抗性的风险，杀菌剂协同增效剂的开发对抗性治理具有重要意义。

马来酸二乙酯是一种高分子化合物单体，是农药、医药、香料、水质稳定剂的中间体，对环境友好。本文对马来酸二乙酯在水稻纹枯病防治中作为杀菌增效剂的应用进行了探索。研究发现，马来酸二乙酯对不同作用方式的杀菌剂均具有增效作用，其与杀菌剂混合使用可以有效提高杀菌剂的离体毒力，恢复多抗菌株对杀菌剂的敏感性，并能够有效减少杀菌剂的使用剂量。其中，当马来酸二乙酯分别与双苯菌胺和氟啶胺以80：1的比例复配时，增效倍数分别为68.17和40.48；当马来酸二乙酯分别与嘧菌酯和苯醚甲环唑以20：1的比例复配时，增效倍数分别为11.22和14.39；当马来酸二乙酯与百菌清以40：1的比例复配时，增效倍数为47.85。本研究提供了马来酸二乙酯的新用途，其开发和应用将为有效降低 *R. solani* 多药抗性群体的危害提供新的途径和科学参考，但具体的增效机制需要进一步探索。

关键词：立枯丝核菌；多药抗性；马来酸二乙酯；增效性

---

* 基金项目：国家自然科学基金（31772192）

** 第一作者：程星凯，在读博士研究生，研究方向为植物病理学；E-mail：xingkai210@ 126. com

*** 通信作者：刘鹏飞，副教授，博士，研究方向为植物病理学；E-mail：pengfeiliu@ cau. edu. cn

硼元素调控西瓜抗 CGMMV 侵染的分子机制研究*

毕馨月** 郭慧妍 董浩楠 安梦楠 王志平 夏子豪 吴元华***
(沈阳农业大学植物保护学院，沈阳 110866)

摘 要：黄瓜绿斑驳花叶病毒（*Cucumber green mottle mosaic virus*，CGMMV）属于烟草病毒属（*Tobamovirus*），是引起西瓜血瓤病的重大检疫性有害生物。CGMMV 侵染西瓜，引起果实酸化、深红色、海绵状腐烂症状，可造成严重的减产和巨大的经济损失。前期研究转录组数据表明，西瓜果实中的多种代谢途径，如碳水化合物代谢（carbohydrate metabolism）、光合作用（photosynthesis）、激素生物合成和信号转导（hormone biosynthesis and signal transduction）、次生代谢物生物合成（secondary metabolite biosynthesis）、植物与病原互作（plant pathogen interaction）等对 CGMMV 的侵染产生不同程度应激反应。硼元素是植物生长发育所必需的微量营养素，尤其对瓜类作物，适量施硼元素可以提高田间作物产量和品质。硼元素参与植物体中多胺积累（accumulation of polyamines）、植物激素代谢和转运（plant hormone metabolism and transduction）、胁迫反应（stress response），维持细胞壁和细胞膜功能（maintain the function of cell wall and cell membrane）、氮代谢（nitrogen metabolism）、糖转运（sugar transport）、碳水化合物代谢（carbohydrate metabolism）、核酸合成（nucleic acid synthesis）等生物过程。CGMMV 侵染导致植物生理和生化反应与硼调控植物产生的生理和代谢的变化有大量交叉和相同的方面，因此，硼元素可能参与了 CGMMV 侵染引起西瓜血瓤病的调控过程。本研究通过对西瓜进行接种 CGMMV 病毒与叶面喷施硼酸溶液处理，发现在西瓜叶片喷施适量硼酸可有效抑制 CGMMV 侵染引起西瓜“血瓤”症状的发生。通过 RNA-seq 和基因共表达网络分析（WGCNA），研究了西瓜 CGMMV 侵染与硼调控之间复杂的生理生化关系。笔者发现，在 CGMMV 侵染的胁迫下，硼元素处理可调控多胺的合成（synthesis of polyamines）、植物激素的合成和转导（synthesis and transduction of plant hormones）免疫信号转导（immune signal transduction）、细胞壁的合成和降解（synthesis and degradation of cell wall）、能量代谢（energy metabolism）和次生代谢（secondary metabolism）等途径的变化，并且发现参与这些途径的差异表达基因大部分在喷施硼酸接 CGMMV 的处理中显著上调表达。为验证转录组数据的准确性，笔者选出 20 个差异基因进行 qRT-PCR 验证，结果表明差异基因在各处理中 qRT-PCR 结果与转录组数据一致。笔者通过基因沉默技术，对筛选出的多胺合成相关基因、钙调蛋白基因、细胞骨架蛋白基因、细胞壁修饰相关基因进行基因功能验证，以确定这些硼元素调控的基因在抗 CGMMV 侵染西瓜过程中发挥的作用，为 CGMMV 元素抗病、绿色防控和创制持久抗病的西瓜提供理论依据。

关键词：硼元素；CGMMV；西瓜血瓤病；抗病；基因沉默

---

* 基金项目：辽宁省自然科学基金联合基金

** 第一作者：毕馨月，博士研究生，研究方向为植物病毒学；E-mail：mj_bxy@ 163. com

*** 通信作者：吴元华，博士，教授，研究方向为植物病毒学和生物农药；E-mail：wuyh09@ syau. edu. cn

A novel salt-tolerant strain *Trichoderma atroviride* HN082102. 1 isolated from marine habitat alleviates salt stress and diminishes cucumber root rotcaused by *Fusarium oxysporum* *

YIN Yaping** WANG Weiwei ZHANG Fengtao LIU Zhen HOU Jumei LIU Tong***
(*College of plant protection*, *Hainan University*, *Haikou*, 570228)

Abstract: Twenty-seven *Trichoderma* isolates were isolated from samples of sea muds and algae collected from the South Sea of China. Among these, the isolate HN082102. 1 showed the most excellent salt tolerance and antagonistic activity against *F. oxysporum* causing root rot in cucumber, and was identified as *T. atroviride*. Its antagonism ability may due to mycoparasitism and inhibition effect of volatile substances. The application of *Trichoderma* mitigated the adverse effects of salt stress and promotedthe growth of cucumber under 100 mmol/L and 200 mmol/L NaCl, especially for the root. When *T. atroviride* HN082102. 1 was applied, root fresh weights increased by 92. 55% and 84. 86%, respectively, and root dry weights increased by 75. 71% and 53. 31%, respectively. Meanwhile, the application of HN082102. 1 reduced the disease index of cucumber root rot by 63. 64% and 71. 01% under 100 and 0 mmol/L saline conditions, respectively, indicating that this isolate could inhibit cucumber root rot. These results provide evidence for the novel strain *T. atroviride* HN082102. 1in alleviating salt stress and diminishing cucumber root rot, and this strain can be used as biological control agent in saline alkali land.

Key words: *Trichoderma atroviride*; salt tolerance; growth promotion; cucumber root rot; biological control

* 基金项目：海南省科技厅重点研发项目（ZDYF2019064）
** 第一作者：尹雅萍，博士研究生，研究方向为生物防治；E-mail：1151652370@ qq. com
*** 通信作者：刘铜，教授，博士生导师，研究方向为植物病理学与生物防治；E-mail：liutongamy@ sina. com

Bacterial strain TF78 from banana rhizosphere and the antagonistic effect of its volatile organic compounds on *Fusarium oxysporum* f. sp. *cubense* tropical race 4*

HUANG Suiping** LI Qili TANG Lihua GUO Tangxun MO Jianyou***

(*Institute of Plant Protection*, *Guangxi Academy of Agricultural Sciences/Guangxi Key Laboratory of Biology for Crop Diseases and Insect Pests*, *Nanning* 530007, *China*)

Abstract: Banana Fusarium wilt (BFW) caused by *Fusarium oxysporum* f. sp. *cubense* tropical race 4 (FocTR4) is a devastating soil-borne disease affecting banana production. In the absence of effective chemicals and commercially resistant varieties, effective management of BFW has become a major global challenge. Biological control is a promising strategy for the management of FocTR4. This study isolated a bacterial strain TF78 from the rhizosphere of healthy banana plants in an orchard infected by FocTR4 in Guangxi, southern China. The TF78 strain was identified as *Streptomyces misionensis* by using combined analyses of cultural and morphological characteristics, physiological and biochemical tests, and 16S rRNA gene sequencing. Test results both *in vitro* and *in vivo* revealed that strain TF78 acted as a strong antifungal agent against FocTR4. Specifically, volatile organic compounds (VOCs) produced from strain TF78 had strong inhibitory effects (94.44%) against the mycelial growth of FocTR4 in co-cultures. Gas chromatography and mass spectrometry (GC-MS) analysis detected three ingredients of the VOCs and 1,4-dichlorobenzene (1,4-DCB) was the most abundant which inhibited mycelial growth and conidial germination on agar plates, indicating antagonistic effects on FocTR4. Our *in vivo* greenhouse studies showed that 1,4-DCB not only inhibited mycelium growth, but also significantly reduced the development of BFW caused by FocTR4 in Cavendish bananas treated by fumigation at 2 mg/g. As a consequence, this bacterial strain TF78 by producing volatile antimicrobial substances could effectively reduce the development of BFW, and this could provide effective biocontrol resources for the biological control of BFW.

Key words: *Fusarium oxysporum* f. sp. *cubense* tropical race 4; *Streptomyces misionensis*; banana fusarium wilt; 1,4-dichlorobenzene; antimicrobial activity; headspace solid phase microextraction

* 基金项目：广西科技重大专项（桂科 AA18118028）；广西自然科学基金青年科学基金项目（2018GXNSFBA281077）；广西作物病虫害生物学重点实验室基金项目（2019-ST-05）

** 第一作者：黄穗萍，博士，研究方向为植物病原真菌防治技术；E-mail：361566787@qq.com

*** 通信作者：莫贱友，学士，研究方向为植物病原真菌学；E-mail：0771-3244445，mojianyou@gxaas.net

Biological characteristics of *Corynespora cassiicola*, variety resistance and fungicide screening to the pathgon*

ZHANG Kaidong[1**] LIU Bing[1] LI Bangming[2] QIANG Yao[1] YE Ying[1]
YU Fanshuang[1] YI Jian[1] HUO Da[1] ZHANG Xiaoyang[1] JIANG Junxi[***]
(1. *College of Agronomy*, *Jiangxi Agricultural University*, *Nanchang* 330045, *China*;
2. *Agricultural Bureau of Fengxin Country*, *Fengxin* 330700, *China*)

Abstract: Kiwifruit leaf spot caused by *Corynespora cassiicola* is an important disease in Fengxin County of Jiangxi Province, China. From 2019 to 2020, we conducted studies on the biological characteristics, variety resistance and fungicide screening to the pathogen. The results showed that the optimum temperature for mycelial growth and spore germination of the pathogen were both 30 ℃. For the mycelial growth, the optimum medium, pH, illumination, carbon and nitrogen sources were PDA, 6, 24-hour light per day, mannitol and potassium nitrate, respectively. Resistance of 15 kiwifruit varieties to *C. cassiicola* were assessed by inoculating the spore suspension to their leaves. It was showed that two varieties were highly susceptible, one susceptible, four resistant, two highly resistant and six immune. Results of indoor toxicity test of 17 fungicides to *C. cassiicola* showed that 50% Prochloraz Manganese chloride complex WP, 50% Difenoconazole Propiconazole EC, 40% Flusilazole EC and 50% Fluazinam SC had strong toxicity, and the EC_{50} values were 0.157, 0.574, 0.740 and 0.783 μg/mL respectively. Fungicides with medium toxicity were 75% Trifloxystrobin Tebuconazole WG, 75% Tebuconazole Azoxystrobin WG, 19% Picoxystrobin Propiconazole SC, 43% Tebuconazole SC, 12% Zhongshengmycin WP and 60% Pyraclostrobin Metiram WG, and their EC_{50} values were in the range of 1~10 μg/mL. The toxicity of 50% Iprodione SC, 40% Pyrimidine SC, 80% Ethylicin WP and 80% Thiram WG were all weak, and their EC_{50} values were all greater than 28 μg/mL.

Key words: kiwifruit leaf spot; *Corynespora cassiicola*; biological characteristics; identification of variety resistance; toxicity test of fungicides

---

* Funding: This study was supported by Jiangxi Provincial Science and Technology Plan Project (Grant No. 20181ACF60017) and the National Natural Science Foundation of China (Grant No. 31460452)

** First author: ZHANG Kaidong, M. S candidate; E-mail: 2534524603@ qq. com

*** Corresponding author: JIANG Junxi, Professor; E-mail: jxau2011@ 126. com

Biological characteristics, host range and indoor toxicity measurement of *Rhizoctonia solani* from pear fruit

WU Yushuo* ZHANG Xinnan GE Yonghong** JIA Xiaohui**

(College of Food Science and Engineering, Bohai University, Jinzhou 121013 China; Institute of Pomology, Chinese Academy of Agricultural Sciences, Xingcheng 125100 China)

Abstract: In order to further clarify the biological characteristics and host range of *Rhizoctonia solani*which was newly discovered in pears for the past few years, and to screen the effective agents for pre-harvest control the pathogen, the diameter of the lesion diameter in the fruit of 10 cultivars were measured by inoculation method. The effects of different media, temperature, pH, light, carbon and nitrogen sources on the mycelia growth were determined by the growth rate method. The virulence of 13 fungicides against the fruit rot of *R. solani* was also determined. The results showed that the pathogen could grow in all the six media tested, and the best medium for mycelia growth of the pathogen was Czapek-Dox medium. The hyphae not only grew fast but was very dense at 25 ℃. The pathogens could grow under the condition of pH 4.0~10.0, and the optimum pH was 5.0~6.0. The pathogen could grow under completely light, dark and alternation of light and dark, and the mycelium grew fastest under completely light. Maltose was the most suitable carbon source, and yeast powder was the most suitable nitrogen source for its growth. Host range determination results showed that the *R. solani* has different infection ability in various species, in addition to infect pear fruit, it can alsoinfect apples, bananas, peaches, plums and jujubes, but do not infect blueberries, grapes, oranges and kiwi fruit. The infection ability on banana fruit is weak, but different in various of pears and apples. Indoor toxicity measurement showed that the best insecticide for inhibiting *R. solani* hyphae was myclobutani (EC_{50} = 0.002 μg/mL), followed by thiofuramide (EC_{50} = 0.007 μg/mL).

Key words: *Rhizoctonia solani*; biological characteristic; host range; toxicity test

* 第一作者：吴屿硕，硕士研究生，研究方向为食品加工与安全；E-mail：wys18641842240@163.com

** 通信作者：葛永红，博士，教授，研究方向为果蔬采后生物学与技术；E-mail：geyh1979@163.com

贾晓辉，博士，副研究员，研究方向为果品采后生理与贮藏保鲜技术；E-mail：jiaxiaohui@caas.cn

油菜开花前菌核病发生规律研究

任　莉[*]　刘　凡　徐　理　黄军艳　刘越英　程晓晖　方小平　刘胜毅[**]

（中国农业科学院油料作物研究所，农业农村部油料作物生物学与
遗传育种重点实验室，武汉 430062）

摘　要：油菜是我国种植面积最大的油料作物，双低菜籽油是我国国产植物食用油的第一大来源。然而，我国每年因菌核病防控而造成经济损失 60 亿元以上，长期以来菌核病已是我国油菜生产的主要限制因素之一，严重威胁油菜可持续发展。近百年来，我国油菜菌核病主要为单循环病害，初侵染发生在油菜花期，由菌核萌发形成的子囊盘释放子囊孢子侵染花瓣引起，花瓣掉落到茎秆、叶片等部位继续侵染，并在茎秆内或表面形成菌核，成为下一年度的初侵染源。然而近年来，油菜苗期和蕾薹期感染菌核病的范围快速扩大，在部分年份危害严重。这种开花前菌核病可在发病部位形成新的菌核，在开花前完成一个侵染循环。开花前菌核病来自土壤中的菌核萌发，且持续时间长，病害扩展速度快，化学防治很难实施，因此病株极易死亡，一旦大面积发生，引起的产量损失更甚于开花后菌核病。为探究油菜开花前菌核病的流行规律，全面防治油菜菌核病，以花前花后形成的菌核为主要研究对象开展调查研究。结果表明：①开花前后菌核形成部位和大小不同：花前多在茎秆表面形成较大菌核（可能与花前田间湿度大有关），单菌核平均重量 0.19 g；开花后菌核多在茎秆内形成，单菌核平均重量 0.07 g。②温湿度合适时，田间子囊盘发生期可提前至油菜苗期。在冬油菜区，播种当年 11 月中下旬可观察到子囊盘。③开花前菌核病主要由菌核直接萌发成菌丝侵染基部茎叶引起，偶有薹茎中上部有小病斑且未发现病部与相邻病株接触。室内人工接种发现开花前侵染的核盘菌菌株，其子囊孢子可直接侵染健康油菜叶片，但成功率低，病斑扩展慢，形成的病斑显著小于通过伤口和花瓣侵染形成的病斑。据此推测，开花前菌核病也可能通过菌核萌发成子囊孢子侵染。④来源于同一个地方的开花前和花期形成的菌核，在高温（25~30 ℃）条件下，前者形成的子囊盘数量显著高于后者；在低温条件下，前者的致病因子草酸和蛋白酶产量显著高于后者。清理开花前感染菌核病的病株和菌核后，可减轻成熟期菌核病的发生。据此推测，开花前形成的菌核存在花期继续萌发并进行再侵染的可能性。研究结果为油菜菌核病预测预警和综合防治方案的制定提供理论基础，对有效的全面防控病害具有重大意义。

关键词：开花前菌核病；油菜；再侵染；子囊孢子

---

* 第一作者：任莉，博士，副研究员，研究方向为病害流行与防控；E-mail：lr409@126.com

** 通信作者：刘胜毅，研究员，研究方向为抗病育种与病害综合防治；E-mail：liusy@oilcrops.cn

芸薹根肿菌侵染生物学研究

刘立江* 张 益 吴钰坡 张 恂 张 雄 黄军艳 程晓晖 刘胜毅**
(中国农业科学院油料作物研究所，农业农村部油料作物生物学与
遗传育种重点实验室，武汉 430062)

摘　要：芸薹科根肿病是世界范围内的土传性病害，主要危害芸薹科作物，造成根部肿大、腐烂，最终引起植株死亡。近年来，芸薹根肿病在我国油菜主产区快速蔓延，造成油菜大面积死亡，给油菜籽生产造成重大损失，严重威胁着我国油菜产业的发展和我国的粮油安全。芸薹根肿病的病原芸薹根肿菌是低等的原生生物，在分类上属于有孔虫界（Rhizaria）根肿菌纲根肿菌科。根肿菌是典型的细胞内寄生的专性活体营养型病原物，这一寄生特性给根肿菌的侵染生物学相关研究带来了很多困难，导致根肿菌在寄主上的侵染循环过程至今尚不清楚。

本研究在感病寄主拟南芥上，利用多种特异性的荧光染料对不同侵染阶段的根肿菌进行活体标记，详细研究了根肿菌在根部表皮和皮层组织的侵染过程及相关的多种不同的生命形态，从而揭示了根肿菌在寄主上的侵染循环过程。值得注意的是，本研究首次揭示了根肿菌在植物根表皮细胞中进行配对融合的有性生殖过程，因此，根肿菌在随后的根部皮层侵染阶段很可能以二倍体的形态存在，直到单倍体休眠孢子的产生。在此基础上，通过系统比较研究根肿菌在抗、感寄主作物油菜、白菜以及非寄主作物小麦、大麦的侵染过程，明确了根肿菌寄主抗性作用于根肿菌的皮层侵染时期，而非寄主抗性作用于根肿菌的表皮侵染时期。这些研究为解析植物抗根肿病机制，人工设计药物靶点和绿色高效防控芸薹科根肿病奠定了理论基础。

关键词：芸薹根肿病；根肿菌；侵染循环；寄主抗性；非寄主抗性

* 第一作者：刘立江，博士，副研究员，研究方向为植物抗病性；E-mail：liulijiang@ caas. cn
** 通信作者：刘胜毅，研究员，研究方向为抗病育种与病害综合防治；E-mail：liusy@ oilcrops. cn

基于构建油菜花瓣生物反应器阻断菌核病循环的病害防控新策略研究

黄军艳* 程晓晖 白泽涛 任 莉 陈 旺 刘立江 刘越英 刘胜毅**

（中国农业科学院油料作物研究所，农业农村部油料作物生物学与遗传育种重点实验室，武汉 430062）

摘 要：菌核病是危害油菜等作物的主要病害之一，是非专性寄生性病害的代表，该病害的防控主要依赖品种抗性。至今在所有的寄主植物中尚未发现免疫材料，因此抗病育种难度大，进展缓慢，品种抗病水平远不能满足生产需要。因此，迫切需要进一步加强品种抗性或开辟新的病害防控途径。本研究基于油菜菌核病侵染危害主要是通过花瓣介导的特点，提出了阻断油菜花瓣对核盘菌的扩繁传播能力的病害防控新思路，即利用花瓣作为生物反应器或植物底盘，在其中特异、高量、持续、稳定地表达抑菌物质（例如抗菌肽），并就地“杀死”病菌，达到阻断病害循环、防治病害的目的。为了实现上述研究目标，本研究需要自主开发或利用植物合成生物学元件并进行组装：①对油菜不同组织进行了转录组测序，筛选获得了多个花瓣特异、持续和高量表达启动子，其中启动子 P76247 驱动 *GUS* 基因在根、茎、叶和角果中都没有表达，而在花瓣以及凋谢后两天的花瓣中高量表达。②通过生物信息学的手段在全基因组范围内进行抗菌肽基因的预测和分析，在植物中首次获得了一个 proline-rich 类抗菌肽 BnPRP1，活性检测表明 BnPRP1 对核盘菌的抑菌率达到 90%。③进一步利用上述具有自主知识产权的启动子 P76247 和对核盘菌有高效抑菌活性的抗菌肽新基因 *BnPRP1*，细胞间隙定位信号肽 αAmy3-SP，可剪切连接肽 LP4 等元件构建了多拷贝 *BnPRP1* 串联表达载体并转化拟南芥；抑菌实验表明，转基因拟南芥花瓣的粗蛋白提取物能够有效地抑制核盘菌菌丝的扩展。研究结果为最终构建油菜花瓣特异高效表达抗菌肽生物反应器，抑制核盘菌生长，从而阻断病害循环的油菜菌核病防控新策略研究提供了坚实的工作基础。

关键词：菌核病；油菜；花瓣生物反应器；病害循环

* 第一作者：黄军艳，博士，研究方向为抗病性与病害防控；E-mail：huangjy@ oilcrops. cn

** 通信作者：刘胜毅，研究员，研究方向为抗病性与病害综合防治；E-mail：liusy@ oilcrops. cn

Effect of biochar on wheat growth and disease control*

LI Shen[1]　XIA Yanfei[2**]　ZHANG Chao[3**]　XU Jianqiang[1**]

(1. *College of Horticulture and Plant Protection*, *Henan University of Science and Technology*, *Luoyang* 471003, *Henan Province*, *China*; 2. *Department of Forensic Medicine*, *Affiliated Hospital of Guilin Medical University*, 15 *Lequn Road*, *Guilin* 541001, *Guangxi*, *China*; 3. *Luoning Huinong soil conservation research and development Co.*, *Ltd.*, *Luoyang* 471003, *China*)

Abstract: In order to explore the effects of different biochar materials and application rates on the growth and development of wheat, four biochar materials (cow manure biochar, sheep manure biochar, straw biochar, cow and sheep manure mixed biochar) were used to determine the effects of different biochar on the germination rate of wheat seeds and the growth of roots and stems. The results showed that, compared with the control, the four biochar had no significant effect on the germination rate of wheat seeds, but had a certain effect on the growth of roots and stems: with the increase of biochar application rate, the root and stem length of wheat seeds showed a trend of low application rate promotion and high application rate inhibition. The control effects of four different biochars on wheat crown and wheat sharp eyespot were tested by pot experiment in greenhouse. The results showed that compared with the control, the disease of wheat crown rot and wheat sharp eyespot was milder in the treatment with mixed biochar, and the disease was the most serious in the treatment with straw biochar. The results showed that the addition of biochar not only promoted the growth of wheat, but also inhibited the occurrence of wheat diseases.

Key words: biochar; wheat; growth promotion; wheat crown rot; wheat sharp eyespot

---

* Funding: Henan Province Science and technology key issues (202102110071)

** Corresponding authors: XIA Yanfei; E-mail: xyfyanfei@163.com
ZHANG Chao; E-mail: 413385642@qq.com
XU Jianqiang; E-mail: xujqhust@126.com

Identification of *Bacillus velezensis* ZHX−7 and its effects on peanut growth promotion and disease control*

ZHANG Xia** XU Manlin GUO Zhiqing YU Jing
LI Ying SONG Xinying HE Kang CHI Yucheng***
(*Shandong Peanut Research Institute*, *Qingdao* 266100, *China*)

Abstract: A biocontrol strain ZHX−7 with good inhibitory effect on the growth of *Aspergillus niger*, the causal agent of peanut crown rot, was isolated in the soil sample from Laixi, Shandong Province by confront culture method. The strain ZHX−7 was identified as *Bacillus velezensis* based on morphological characteristics, 16S rDNA and *gyrB* sequence analysis. The bacterial suspension, volatile gas and fermentation broth of ZHX−7 could effectively inhibit the growth of *Aspergillus niger*, *Alternaria alternata*, and *Phoma arachidicola*. At the same time, the strain ZHX−7 could promote peanut growth. In addition, ZHX−7 promoted peanut growth and exhibited obvious resistance to crown rot, with the control effect reaching 81.97%.

Key words: peanut crown rot; *bacillus velezensis*; growth promoting effect; biological control

* Funding: The National Natural Science Foundation of China (31901940); Graduate Research and InnovationProjects of Jiangsu Province (CN) (2019JZZY010702)

** First author: ZHANG Xia, zhangxia2259@126.com

*** Corresponding author: CHI Yucheng, 87626681@163.com

In vitro inhibitory effect of phenyllactic acid on *Alternaria alternata* and the possible mechanisms involved in its action

LIU Jiaxin*　HUANG Rui　LI Canying　GE Yonghong**

(*College of Food Science and Engineering*, *Bohai University*, *Jinzhou* 121013 *China*)

Abstract: This study was carried out to investigate the in vitro inhibitory effect of phenyllactic acid on *Alternaria alternata* and the possible mechanism involved. The effects of different concentrations of PLA on the mycelial growth and spore germination rate of *A. alternata* were used to screen the minimum inhibitory concentration and determine the contents of extracellular malondialdehyde, protein and nucleic acid. The effects of PLA on the production of *A. alternata* active oxygen production systems and the antioxidant systems (AsA-GSH cycle) related enzyme activities in vitro. The results showed that different concentrations of phenyllactic acid inhibited the mycelia growth and spore germination of *A. alternata*, and 1.0 mg/mL was the effective concentration to suppress *A. alternata* growth. Moreover, phenyllactic acid significantly reduced the intracellular conductivity and increased the contents of malondialdehyde, soluble protein and nucleic acid. In addition, phenyllactic acid decreased the content of H_2O_2, inhibited the activities of catalase, superoxide dismutase and ascorbate peroxidase. All these findings suggest that the possible mechanisms involved in the inhibitory effect of phenyllactic acid on *A. alternata* included damaging cell membrane and reactive oxygen species.

Key words: phenyllactic acid; *Alternaria alternata*; spore germination; reactive oxygen species

* 第一作者：刘佳欣，硕士研究生，研究方向为食品加工与安全；E-mail：a1715912441@163.com

** 通信作者：葛永红，博士，教授，研究方向为果蔬采后生物学与技术；E-mail：geyh1979@163.com

Isolation and identification of antagonistic actinomycetes CA-6against *Fusarium oxsysporium* f. sp. *cucumerinum*

LI Peiqian YAO Zhen FENG Baozhen

(*Department of Life Science*, *Yuncheng University*, *Yuncheng* 044000, *China*)

Abstract: This study explored the antibacterial activities of actinomycete CA-6 from Cucumber rhizosphere against *Fusarium oxsysporium* f. sp. *cucumerinum* and identified its classification to provide evidence for its development and utilization. In this paper, actinomycetes were isolated from rhizosphere soil of cucumber by spread plate method. The pathogen of *F. oxsysporium* f. sp. *cucumerinum* was considered as the target fungus and an actinomycete isolate CA-6 with strong antifungal activity was obtained by confrontation culture method. According to cultural characteristics, physiological and biochemical propertiesand 16S rDNA analysis, the strain CA - 6 was identified as *Streptomyces kanamyceticus*. The second screening results showed that the fermentation liquid of CA-6 could inhibit the spore germination and mycelium growth of *F. oxsysporium* f. sp. *cucumerinum* obviously. Both conidium germination and mycelia growth could be inhibited by 100 times fermentation broth of CA-6, and the inhibiting rate were still more than 50%, respectively. Furthermore, the inhibited colony grew slowly, with sparse and thin aerial hypha. Inoculation effect test results demonstrated that control efficiency of CA-6 fermentation liquid on *F. oxsysporium* f. sp. *cucumerinum* could be up to 68. 28%. CA-6 showed excellent biological activity and this study provided a theoretical basis for the development and further utilization of biological control resources for plant Fusarium wilt.

Key words: *Fusarium oxsysporium* f. sp. *cucumerinum*; *Streptomyces*; inhibitory activity; bio-control

Insights into the broad-host range plant pathogen *Pythium myriotylum* (Oomycota) and biocontrol of soft-rot disease of ginger*

PAUL Daly[1**]　ZHOU Dongmei[1]　SHEN Danyu[2]　ZHANG Qimeng[3]　CHEN Siqiao[1,3]
XUE Taiqiang[1]　CHEN Yifan[1,4]　Jamie McGowan[5]　David Fitzpatrick[5]
DENG Sheng[1]　LI Jingjing[1]　Irina DRUZHININA[3]　WEI Lihui[1,2,4***]

(1. *Key Lab of Food Quality and Safety of Jiangsu Province-State Key Laboratory Breeding Base, Institute of Plant Protection, Jiangsu Academy of Agricultural Sciences, Nanjing, China*; 2. *College of Plant Protection, Nanjing Agricultural University, Nanjing, China*; 3. *Jiangsu Provincial Key Lab of Organic Solid Waste Utilization, Fungal Genomics Group, Nanjing Agricultural University, Nanjing, China*; 4. *School of Environment and Safety Engineering, Jiangsu University, Zhenjiang, China*; 5. *Genome Evolution Laboratory, Maynooth University, Co. Kildare, Ireland*)

Abstrct: *Pythium myriotylum* is a major pathogen infecting ginger (*Zingiber officinale*) rhizomes in China with symptoms of Pythium soft rot (PSR) disease. Ginger is an important crop with global production estimated at approximately three million metric tonnes with about 20% of this production in China.

The genome of a relatively highly virulent *P. myriotylum* strain isolated from an infected ginger rhizome was sequenced. The genome encodes one of the largest repertoires of pathogenesis-related genesamongst *Pythium* species, and the expansion in these genes appears to be due to tandem duplications. Of the putative effectors, a subset of the NEP1-like toxin protein (NLP) effectors was highly upregulated during the infection of ginger leaves, and can induce necrosis in *N. benthamiana* leaves.

The oomycete biocontrol agent *Pythium oligandrum* as well as *Trichoderma* spp. can control PSR of ginger caused by *P. myriotylum*. Dual-transcriptomic analysis of the interaction between *P. myriotylum* and *P. oligandrum* highlighted potential defensive responses of *P. myriotylum* such as the upregulation of protease inhibitors and cellulases.

The genome highlights the potential of the large repertoire of pathogenesis-related genes to contribute to the broad host range of *P. myriotylum*, and biocontrol by *P. oligandrum* of PSR of ginger is a promising strategy.

Key words: PSR; Pythium myriotylum; Pythium oligandrum; Genome

---

* Funding: National Natural Science Foundation of China (32050410305), China Agriculture Research System (CARS-24-C-01), andJiangsu Agricultural Science and Technology Innovation Fund (CX (18) 2005)

** First author: Paul Daly, mainly engaged in the study of oomycete plant pathogens and the control of diseases caused by these pathogens; E-mail: paul.daly@jaas.ac.cn

*** Corresponding author: WEI Lihui, engaged in the study of a broad range of plant pathogens and the control of diseases caused by these pathogens; E-mail: weilihui@jaas.ac.cn

Screening of fungicides for controlling *Paeonia suffruticosa* and establishment of rapid detection method*

CHAI Qiuyuan XIN Wenjing XU Daochao MA Shichuang
HUANG Yulong XU Jianqiang**

(*College of Horticulture and Plant Protection, Henan University of Science and Technology, Luoyang* 471003, *China*)

Abstract: With the continuous development of ornamental, medicinal and edible value of peony, its cultivation and planting area is expanding. *Cladosporium paeoniae* is a serious disease on tree peony. In order to screen out chemical fungicides for controlling leaf mold, the toxicity of 4 fungicides of 3 kinds were tested in laboratory and the inoculation experiment of peony leaves in vitro was carried out. The results showed that pyraclostrobin had the best inhibitory effect on the *C. paeoniae*, followed by pyraclostrobin, while Flutolaniland Boscalidhad weak inhibitory effect; In vitro experiment, Boscalid was the best. In order to implement the policy of "prevention first, comprehensive control", it is necessary to establish the early diagnosis of field diseases. Loop-mediated isothermal amplification (LAMP) technology has the characteristics of strong specificity, high sensitivity and simple operation, which has been successfully applied to the detection of plant diseases. In order to establish a sensitive and rapid lamp method for the detection of *C. paeoniae*, four specific primers were designed based on its sequence of *C. paeoniae*, and the reaction system and reaction conditions were optimized. After that, the optimized lamp system was used to detect the specificity and sensitivity, and to detect the diseased leaves in the field.

Key words: *Cladosporium paeoniae*; pyraclostrobin; LAMP

---

* Funding: Key scientific research projects of colleges and universities of Henan Provincial Department of Education (19A210010)

** Corresponding author: XU jianqiang, research direction: comprehensive prevention and control of wheat soil borne diseases; E-mail: xujqhust@ 126. com

The combined application of a biocontrol agent *Trichoderma asperellum* SC012 and Hymexazol reduced the fungicide dose to control *Fusarium* wilt in cowpea*

RAJA ASAD ALI KHAN** WANG Weiwei ZHANG Fengtao LIU Zhen LIU Tong***

(*College of Plant Protection, Hainan University, Haikou*, 570228)

Abstract: Fungicides use needs to be gradually reduced because of its adverse effect on human health and the environment. Therefore, an integrated approach combining fungicides with biological control agents (BCAs) is put forward to reduce the fungicide doses, there by minimizing the risks associated with chemical fungicides. In this study, the combined application of a BCA *Trichoderma* and a fungicide hymexazol was used to manage the cowpea wilt disease caused by *Fusarium oxysporum*. The *Trichoderma* strain SC012, which is resistant to hymexazol, was screened out and identified as *T. asperellum*. *T. asperellum* SC012 showed hyperparasitism to *F. oxysporum* and could penetrate and encircle the hyphae of pathogen on a medium amended with hymexazol or not. When combined with hymexazol, the population density in the rhizosphere soil of cowpea showed no significant difference compared with the treatment *Trichoderma* used alone. When the concentration of *T. asperellum* SC012 or hymexazol was halved, their combined application could control cowpea wilt disease more effectively than their individual use. This study showed that the combination of *Trichoderma* and chemical fungicide could reduce the use of chemical, which is eco-friendly and may be an important part of integrated control of *F. oxysporum* in cowpea.

Key words: *Trichoderma asperellum*; hymexazol; *Fusarium* wilt; cowpea

* 基金项目：海南大学高层次人才引进科研启动基金“木霉菌的开发与应用”

** 第一作者：RAJA ASAD ALI KHAN，博士后，研究方向为木霉菌；E-mail：asadraja@ aup. edu. pk

*** 通信作者：刘铜，教授，博士生导师，研究方向为植物病理学与生物防治；E-mail：liutongamy@ sina. com

The draft genome sequence and characterization of *Exserohilum rostratum*, a new causal agent of maize leaf spot disease in Chinese mainland*

MA Qingzhou CHENG Chongyang GENG Yuehua ZANG Rui
GUO Yashuang XU Chao ZHANG Meng**
(*Department of Plant Pathology*, *Henan Agricultural University*, *Zhengzhou* 450002, *China*)

Abstract: Corn is one of the most important crops globally, and the first largest food crop in China. A new maize leaf spot disease (*Exserohilum* leaf spot) caused by *Exserohilum rostratum* has been found frequently in Henan Province of China during the surveys of fungal diseases of maize from 2017 to 2020. A total of four *Exserohilum* isolates were obtained from the typical disease spots of corn leaves, all of which were identified as theauthentic pathogen by inoculation tests based on Koch's postulates. They can produce three distinctive types of conidia (A, B and C) when cultured in dark on the water agar medium with corn leaves for seven days. Based on their morphological characters and the sequence analysis of ITS, LSU, gapdh, tef1 and rpb2 gene regions, all these isolates undoubtedly belong to the species *E. rostratum*. To our knowledge, this is the first report of maize leaf spot caused by *E. rostratum* in Chinese mainland. Studies on the biological properties of *E. rostratum* showed that PDA medium, 25~30 ℃, pH 6~9, and continuous light are the optimal conditions for its mycelial growth. The best carbon and nitrogen sources were starch and yeast extract, respectively. Here, we also presented the genomic assembly of *E. rostratumwith* a genome size of 34.66Mb, which is the first genome sequence of *E.rostratum* obtained from plant. All the above research results would provide a theoretical basis for the comprehensive control of *Exserohilum* leaf spot disease of corn.

Key words: *Exserohilum rostratum*; Morphological sharacters; Sequences; First genome sequence

* This study was financially supported by Program for Innovative Research Team (in Science and Technology) in University of Henan Province (18IRTSTHN021), the NSFC (No. 31171804) and Natural Science Foundation of Henan Province (162300410149)
** Corresponding author: ZHANG Meng; E-mail: zm2006@126.com

两株拮抗烟草黑胫病菌的暹罗芽孢杆菌分离与鉴定*

周志成[1**]　莫维弟[1]　胡　珊[2]　陈明珠[2]　彭丽娟[2]　丁海霞[1,3***]

（1. 贵州大学农学院，贵阳　550025；2. 贵州大学烟草学院，贵阳　550025；
3. 贵州省农业科学院，贵阳　550006）

摘　要：由寄生疫霉烟草致病变种［*Phytophthora parasitica* var. *nicotianae*（BredadeHean）Tucker］引起的烟草黑胫病是贵州烤烟生产中最具破坏性的土传病害，其主要危害烤烟的根茎部，从而严重降低烤烟的产量和品质。目前生产上主要采用58%甲霜灵·锰锌可湿性粉剂等化学药剂进行防治，虽然仍具有一定的防治效果，但由于长期使用，病原菌抗药性逐年增加、农药残留、病害再猖獗及环境污染等负面效应也逐年增长。因此，对环境友好的植物病害生物防治措施日益受到关注和重视。

乌蒙大草原位于贵州省盘州市（104°37′29″E，26°07′18″N），海拔 2 000~2 857 m，是西南地区海拔最高、面积最大的喀斯特高原草场之一，具有独特的生境，其微生物资源研究具有广阔的探索和发展前景。芽孢杆菌是目前微生物资源利用中应用较广的一类微生物资源，因其能产生抗逆的芽孢而具有非常强的生存适应能力，广泛应用于农业、畜牧业、工业、医学等领域；芽孢杆菌也是理想的生防菌筛选对象，具有作用机制多样，不易产生抗药性，生产成本低，易储运，对人畜安全以及防治效果稳定等优点，是生物菌肥和生物农药研发和应用的重要原料。

本研究采用梯度稀释法从贵州省乌蒙大草原灌木腐殖质土壤样品中分离纯化得到42株芽孢杆菌（*Bacillus* sp.），采用平板对峙法获得2株具有较强拮抗烟草黑胫病菌（*Phytophthora nicotianae*）的芽孢杆菌，菌株WM13-1和WM35-1对烟草黑胫病菌的抑菌率分别为75.0%和66.8%。经形态学、生理生化特征及16*S rRNA*、*gyrA*基因序列分析鉴定，2株菌均为暹罗芽孢杆菌（*Bacillus siamensis*）。2株菌均能较快地生长，均能形成复杂的生物膜结构，均具有运动能力，均能产生蛋白酶、纤维素酶、磷酸酯酶和嗜铁素等生防相关酶类。此外，2株菌对玉米大斑病菌（*Exserohilumt urcicum*）、烟草枯萎病菌（*Fusarium redolens*）、石榴干腐病菌（*Phomopsis* sp.）、油菜菌核病菌（*Sclerotinia sclerotiorum*）和烟草赤星病菌（*Alternaria alternata*）5种重要植物病原真菌具有良好的抑菌效果。*B. siamensis* WM13-1和WM35-1具有较好的生物防治潜力，为喀斯特高原地区适应性芽孢杆菌资源研究及高原环境适应性生防菌株的开发和应用提供了资源。

关键词：生物防治；暹罗芽孢杆菌；烟草黑胫病菌；拮抗作用

---

* 基金项目：中国烟草总公司广西壮族自治区公司科技计划项目（202145000024006）；中国博士后科学基金面上项目（2020M683658XB）；贵州省教育厅青年科技人才成长项目（黔教合KY字〔2018〕101）

** 第一作者：周志成，硕士研究生，研究方向为烟草病害生物防治；E-mail：1416555802@qq.com

*** 通信作者：丁海霞，博士，讲师，研究方向为植物病理学和植物病害生物防治；E-mail：hxding@gzu.edu.cn

防病枯草芽孢杆菌 GLB191 中 c-di-GMP 对生物膜的影响*

杨攀雷** 段雍明 龚慧玲 赵羽 王琦 李燕***
（中国农业大学植物保护学院，北京 100193）

摘　要：环二鸟苷单磷酸（cyclic diguanylate，c-di-GMP）是细菌中普遍存在的第二信使信号分子，参与调控细菌运动性、生物膜形成等多种生理功能。细菌中 c-di-GMP 浓度是由含有 GGDEF 结构域的合成酶（DGC）及具有 EAL 或 HD-GYP 结构域的降解酶（PDE）调控，c-di-GMP 分子与特异性受体结合调控特异的生物学功能。枯草芽孢杆菌（*Bacillus subtilis*）中含有 3 个 DGC（DgcK/DgcP/DgcW）和 1 个 PDE（PdeH），以及 3 个 c-di-GMP 受体（YdaK/YkuI/DgrA），已经明确 c-di-GMP 调控细菌的运动性和菌落型生物膜。然而，单独敲除或过表达 c-di-GMP 的合成酶或降解酶编码基因均不影响薄皮型和 colony 生物被膜的形成；只有过表达 DgcW-ΔEAL 结构域或在过表达 *ydaK-N* 操纵子的背景下敲除 DGC 编码基因才能引起生物膜的改变。为明确枯草芽孢杆菌的不同菌株是否存在差异，本研究以对葡萄霜霉病具有良好防效的防病枯草芽孢杆菌 GLB191 为材料，探究 c-di-GMP 与生物膜形成的关系。研究结果显示，单敲除 DGC 或 PDE 编码基因均不影响 colony 生物膜的形成，与已经报道的结果一致；但在野生菌株背景下分别过表达 3 个 DGC 编码基因 *dgcK*、*dgcP*、*dgcW*、*dgcW*-ΔEAL 和 *dgcW*-ΔGGDEF，菌株的生物膜形成能力较野生菌株均显著增强，这与已经报道的结果差异较大。上述结果表明：c-di-GMP 促进 GLB191 的生物膜形成能力，但 c-di-GMP 影响生物膜的功能受到胞内 c-di-GMP 阈值的调节，枯草芽孢杆菌不同菌株可能存在差异。该结果将为明确 c-di-GMP 调控枯草芽孢杆菌生物膜形成机制以及防病机理奠定基础。

关键词：防病枯草芽孢杆菌 GLB191；c-di-GMP；生物膜

---

* 基金项目：国家自然科学基金面上项目（31972982）

** 第一作者：杨攀雷，博士研究生，研究方向植物病理学；E-mail：yangpanlei1993@163.com

*** 通信作者：李燕，博士，副教授，研究方向为植物病害生物防治与微生态学；E-mail：liyancau@cau.edu.cn

猕猴桃果实黑斑病的发病规律及防治措施*

付 博** 任 平 王家哲 常 青 李英梅 张 锋***
（陕西省生物农业研究所，有害生物监测与防控研究中心，西安 710043）

摘 要：猕猴桃果实黑斑病（俗称“黑头病”）是陕西近年来暴发的新型真菌性病害，平均病园率高达85.8%、病果率为48.5%以上，患病果实表皮分布大量黑色病斑、不耐贮存、易腐烂，果实商品价值减半，严重影响了猕猴桃产业的健康发展。由于缺乏对该病害的认识，加之生产上无针对性的盲目用药，为有效防治造成困难。本研究首次筛选并鉴定了猕猴桃果实黑斑病病原菌，确定其为间座壳属真菌 *Diaporthe eres*；明确了病原菌的生物学特性和发病规律，高温、高湿、果园通风差、过量使用果实膨大剂是该病害发生的主要病因。该病原菌对不同品种猕猴桃致病性具有显著差异，研究发现猕猴桃果实表皮微生物结构和丰度差异与病原菌侵染和寄主抗病性之间具有相关性。通过进一步试验，筛选出最佳防治药剂苯醚甲环唑(7 000倍稀释液)、吡唑醚菌酯（1500倍稀释液）和腈菌唑(8 000倍稀释液)，田间相对防效分别为91.65%、88.35%和85.4%。相关研究结果对明确病原特征、阐明病害发生规律、制定有针对性的防控措施提供了理论基础和科学依据。

关键词：猕猴桃果实黑斑病；间座壳属真菌；病原菌特性；发病规律；药剂筛选

* 基金项目：陕西省重点研发计划项目（2021NY-060）；陕西省科学院一所一品研究专项（2018k-3〔2021〕）
** 第一作者：付博，博士，助理研究员，研究方向为植物病理学及生物防治；E-mail：lisa_265@163.com
*** 通信作者：张锋，博士，研究员，研究方向为果树和蔬菜病虫害防治技术；E-mail：545141529@qq.com

多效唑对杨梅土壤微生物及内生群落结构的影响*

任海英[1**]　周慧敏[1,3]　戚行江[1]　郑锡良[1]　俞浙萍[1]　张淑文[1]　王震铄[2***]

（1. 浙江省农业科学院园艺研究所，杭州　310021；2. 中国农业大学植物保护学院，北京　100193；3. 长江大学园艺园林学院，荆州　434023）

摘　要：多效唑常用在杨梅上用来催化花芽分化，过量施用会使树势衰弱、叶片卷曲皱缩。研究多效唑过量对杨梅根围土和根表土的土壤酶活性以及杨梅树体的微生物群落结构的影响，将为合理使用多效唑提供理论指导。1 年生‘东魁’杨梅嫁接苗种植在经 150 mg/kg、300 mg/kg、600 mg/kg 多效唑处理的酸性红壤内，不施用多效唑为对照。检测根围土、根表土、根、枝和叶中多效唑的积累量，测定土壤酶活性，利用 Illumina MiSeq 高通量测序研究多效唑对根围土、根表土、根、枝和叶中微生物群落结构的影响。杨梅叶片积累多效唑量最多，过氧化氢酶和磷酸酶活性显著降低，蔗糖酶活性显著提高。高浓度多效唑处理下，根围土的细菌多样性和丰富度明显降低，真菌多样性和丰富度明显升高，而根表土内的细菌多样性和丰富度明显升高、真菌多样性和丰富度明显降低，根内细菌、枝内真菌的多样性和丰富度均明显降低。在细菌群落结构组成分析中，施用多效唑处理后，明显降低杨梅根以及根围、根表土壤中酸杆菌门、放线菌门、厚壁菌门、绿弯菌门以及重要的生防类菌芽孢杆菌纲的相对丰度，增加根围土壤和枝条样品中伯克霍尔德菌属的相对丰度；而在真菌群落结构组成分析中，施用多效唑处理后，明显提高根围土壤和根表土壤的子囊菌门以及枝条叶片中担子菌纲的相对丰度，明显降低根围土壤、根表土壤和根中担子菌门、伞菌纲以及枝条和叶片中青霉属的相对丰度。土壤施用多效唑的杨梅树体叶片残留量最多，土壤过氧化氢酶、磷酸酶、蔗糖酶活性显著变化，根围土、根表土、根、枝和叶中细菌、真菌丰富度和多样性发生显著变化。本研究结果将为合理施用多效唑和评价多效唑对果园土壤和杨梅树体生态系统的影响提供科学依据，有利于指导多效唑的科学施用。

关键词：杨梅；多效唑；土壤酶活性；微生物群落

杨梅（*Myrica rubra* Sieb Zucc.）果实甜酸适口，风味独特，营养价值高，全国栽培面积约 33.4 万 hm^2，年产量约 95 万 t，经济效益显著[1,2]。‘东魁’品种果个大，商品性好，栽培面积占到 70%以上，但是该品种生长旺盛、花芽分化困难，梅农常施用多效唑控梢促花芽，产业上常常出现多效唑施用过量导致杨梅叶间缩短、叶片卷曲、树体衰弱，甚至引起树体早衰死亡[3,4]。开发出有效恢复早衰杨梅树势的技术，成为产业的迫切需求。多效唑［Paclobutrazol，(2RS，3RS) -1-（4-氯苯基）-4，4-二甲基-2-（1H-1，2，4-三唑-1-基）戊烷-3-醇］在农业生产中发挥着重要的作用，常用于促进开花和坐果、调节植物生长，如矮化芍药[5]和小麦[6]，提高玉米[7]、茶树种子和油料产量[8]，降低番茄株高、提高光合速率、缩短果实的成熟时间[9,10]，也常用于杨梅的促花[11]。多效唑在土壤残留期较长，残留的多效唑会影响土壤生态系统的平衡[12-13]，对杨梅的根际菌根有伤害作用，降低菌丝的侵染能力[14]，使用过量使杨梅叶

* 项目基金：浙江省科技厅重点研发计划项目（2019C02038）；浙江省重点研发计划项目（2020C02001）

** 第一作者：任海英，博士，副研究员，研究方向为杨梅病害防控和杨梅育种栽培；E-mail：renhy@ zaas. ac. cn

*** 通信作者：王震铄，博士，研究方向为植物病害生物防治；E-mail：zhenswang@ 163. com

片细胞紧缩、变小，叶片皱缩，秋梢抽发减少，极易出现早衰现象[3]。微生物是土壤的重要组分，其结构和多样性影响着土壤肥力、植物生长发育[15,16]、有机物分解和污染物降解等[17]，重构土壤菌群结构是提高土壤肥力的重要措施[18,19]。内生菌是广泛存在于植物的各组织器官中以宿主植物代谢物为营养物质的一类微生物[20,21]，促进植物吸收养分、生长加快、增强抗性[22-24]，重金属污染和病原菌侵染等均可以改变内生菌群的群落结构[25,26]。但是多效唑对杨梅树体内生菌群和土壤微生物群落结构的作用未见报道。

多效唑的推荐喷施浓度为300~750 mg/L，适宜喷施时期为7月上旬至9月下旬[11]，但是在产业上农民往往土壤施用，而且是多次施用，连续土壤施用300~400 mg/kg的PP333会导致杨梅叶片和土壤中PP333的残留和积累，导致杨梅叶片畸形、树体早衰及死亡。明确多效唑对杨梅根围和根表土壤以及根、枝和叶的微生物群落的影响将有助于开发恢复杨梅树势的技术措施。本研究中以‘东魁’杨梅为试材，进行不同浓度多效唑处理，对多效唑在杨梅树体的根、枝、叶和土壤内的残留、土壤酶活性以及施用多效唑前后杨梅土壤及树体微生物多样性和群落结构的变化情况进行研究，为开发恢复早衰杨梅树势的技术，指导多效唑科学施用提供理论指导。

1　材料与方法

试验于浙江省农业科学院园艺温室内进行。

1.1　试验材料

试验所用的杨梅苗于2018年4月种植在玻璃温室内。选择体积为30 cm×30 cm的无纺布袋装满黄泥土（取自仙居荒山，未种植过杨梅，未使用过任何农业投入品），根据杨梅出现叶片卷缩、叶间缩短的树体根围土壤多效唑残留量检测[4]以及土壤施用多效唑引起杨梅树体危害的剂量报道[3]，配置多效唑浓度为0 mg/kg（P0）、150 mg/kg（P150）、300 mg/kg（P300）、600（P600）mg/kg的黄泥土，选择长势一致的1年生‘东魁’杨梅嫁接苗小心种植入袋内，每个处理梯度种植15棵苗，置入玻璃温室内，平均温度25 ℃，无多效唑的黄泥土种植的杨梅为对照，按常规方式管理，不施用其他肥料和农药。

1.2　取样方法

种植6个月后，最高浓度处理P600的叶片出现皱缩现象，采集距离主茎10 cm位置的土壤用于多效唑残留和土壤酶活性测定，采集根围土、根表土及叶片、枝条、树根等样品，迅速放入液氮中冷冻后置于-80 ℃冰箱备用。距离顶端3片嫩叶以下的成熟叶片和对应位置的枝干用来检测多效唑的积累量。每3个叶片、3根枝条或者树根为1次重复，每个处理均设6次重复。

在树冠滴水线位置0~20 cm土层内挖取直径0.5~1.0 cm的细根，用手轻轻抖动收集的样品即为根围土壤，把须根放入50 mL PBS中150 rpm/min摇床摇30 min，然后1 000 rpm/min离心5 min，收集土壤沉淀，晾干过40目筛网即为根表土[27]，每盆土算1个重复，每个处理均设6次重复。

1.3　多效唑残留量检测

对采集的杨梅枝条、叶片、根、根围土和根表土中的多效唑残留提取和检测参照赵锋等[28]的方法。

根围和根表土壤的多效唑提取方法：准确称取10.0 g土壤样品，加入5 mL去离子水和20 mL乙腈，涡旋1 min，超声提取20 min，4 500 r/min离心3 min，将上清液转入盛有5 g NaCl的具塞量筒中，余下的土样按上述提取方法第2次提取。将2次提取液合并转入盛有5 g NaCl的具塞量筒中，涡旋2 min，静置30 min，用移液管抽取上清液20 mL转入圆底烧瓶，旋转蒸发浓缩至干，用2.5 mL正己烷定容，0.45 μm有机膜过滤于进样小瓶中保存，待测。

杨梅根、枝、叶多效唑提取方法：准确称取5.0 g已磨碎的匀质样品，加入乙腈溶液10 mL，涡旋，加入NaCl 1.50 g静置10 min涡旋后8 000 r/min，10 min离心，取上清液备用。然后用5 mL甲醇和5 mL水预处理固相萃取柱，取上清液过柱，再用5 mL水和5 mL 5 %甲醇淋洗萃取柱，弃去淋洗液，抽干小柱，5 mL甲醇洗脱小柱，收集洗脱液，过0.22 μm滤膜，待测。

多效唑含量采用气相色谱-三重四级杆串联质谱仪（GC - MS - MS）测定。

标准溶液：精确称取多效唑标准品质量0.005 0 g（精确至0.000 1 g），甲醇溶液溶解定容稀释至浓度为0.20 μg/mL、0.50 μg/mL、1.00 μg/mL、2.00 μg/mL、5.00 μg/mL、10.00 μg/mL，过0.22 μm滤膜，待用。称取多效唑标准品，少量甲醇溶液溶解，用水稀释到50 μg/mL、100 μg/mL、150 μg/mL、200 μg/mL、250 μg/mL、300 μg/mL，每个浓度的溶液200 mL。色谱条件：流速是1 mL/min；温度为40 ℃；波长是220 nm；进样量为20 μL；色谱柱为XBridge C18色谱柱；流动相是乙腈：水=1：1（体积比）。

1.4 土壤酶活性检测

土壤过氧化氢酶活性采用微量滴定法测定[29]，土壤磷酸酶采用磷酸苯二钠比色法测定[30]，土壤蔗糖酶采用铜试剂定量法[31]，纤维素酶活性测定用3,5-二硝基水杨酸比色法[32]。每个样品技术重复6次，取平均值。

1.5 土壤基因组测序

P0和P600处理的根围土壤（bulk soil，BS0，BSP）、根表（root surface soil，SF0，SFP）和根（root，R0，RP）、枝（twig，T0，TP）、叶（Leaf，L0，LP）样品的基因组测序委托上海欧易生物医学科技有限公司执行。采用DNA抽提试剂盒（DNeasy PowerSoil Kit、QIAamp 96 PowerFecal QIAcube HT kit）提取样本基因组DNA，以稀释后的基因组DNA为模板，使用TksGflex DNA Polymerase高保真酶（Takara，大连）进行PCR，使用带条形码（Barcode）的特异引物343F-5′-TACGGRAGGCAGCAG-3′和798R-5′-AGGGTATCTAATCCT-3′PCR扩增细菌多样性对应区域16S rRNA V3-V4区[33]，ITS1F-5′-CTTGGTCATTTAGAGGAAGTAA-3′和ITS2-5′-GCTGCGTTCTTCATCGATGC-3′扩增真菌ITS多样性对应区域ITS1和ITS2[34]，使用Qubit dsDNA Assay Kit定量后，PCR产物等量混样，利用Illumina MiSeqPE300平台对PCR产物进行测序。采用Illumina Miseq对微生物多样性测序分析，使用Vsearch软件按照97%的相似度进行OTU分类，采用RDP Classifier Naive Bayesian对代表序列与数据库进行物种注释。

1.6 数据处理

本研究中Alpha多样性指数采用Mothur软件进行计算，包括Chao1指数和Shannon指数。Chao1指数反应群落的丰富度，而Shannon指数反应群落的多样性。Beta多样性分析利用R3.5.1语言进行，即主成分析（Principal Component Analysis，PCA）。微生物群落结构柱形图使用QIIME软件绘制，用以呈现不同分类水平土壤微生物的群落结构组成和丰度分布[35]。采用Excel 2010作数据初步处理，用SPSS17.0软件进行显著性检验，采用Duncan's新复极差法（α = 0.05）。

2 结果

2.1 多效唑在土壤及杨梅树体内的积累

P600处理的叶片内积累的多效唑量最大，达到7.83 mg/kg。P300处理的叶片以及P600和P300处理的枝条内含量次之，且三者没有显著性差异，含量在2.59~3.97 mg/kg，P150处理的叶片和枝条以及所有处理的根和土壤内积累量很少，与对照没有显著性差异（表1）。说明杨梅树体中叶片最容易积累多效唑，枝条次之，根最少。

Table 1 The residues of paclobutrazol with different dosage in soil and bayberry

Sample	Treatment	Residues (mg/kg)	Sample	Treatment	Residues (mg/kg)
Soil	P0	0 c	Branch	P0	0 c
	P150	0. 39±0. 11 c		P150	0. 01±0. 00 c
	P300	0. 48±0. 14 c		P300	2. 59±1. 59 b
	P600	0. 93±0. 47 c		P600	3. 97±0. 57 b
Root	P0	0 c	Leaf	P0	0 c
	P150	0. 17±0. 07 c		P150	0. 39±0. 33 c
	P300	0. 60±0. 15 c		P300	3. 17±2. 31 b
	P600	0. 93±0. 21 c		P600	7. 83±2. 65 a

The different lowercase letters in the colum show significant difference at the level of 0. 05, the same as below.

2. 2 土壤酶活性

过氧化氢酶广泛存在于土壤和生物体内，能有效地防止土壤代谢过程中产生的过氧化氢对生物体造成的毒害。P150 处理的土壤过氧化氢酶活性相比对照没有显著性差异，但是 P300 和 P600 的过氧化氢酶活性显著降低，分别降低 8. 89%和 14. 44%（表 2）。这说明高浓度多效唑处理后杨梅树体受到的过氧化氢毒害可能加重。

Table 2 The soil enzymes activity of bayberry after the application of paclobutrazol

Treatment	Catalase (mL/g)	Phosphatase (mg/g · d)	Sucrase (mg/g · d)	Cellulase (mg/g)
P0	0. 90±0. 08ab	7. 53±0. 19a	0. 87±0. 09b	0. 41±0. 04b
P150	1. 11±0. 07a	6. 16±0. 23a	1. 57±0. 09a	0. 26±0. 03c
P300	0. 82±0. 08b	1. 74±0. 74b	1. 41±0. 11a	0. 52±0. 02a
P600	0. 77±0. 05b	2. 78±0. 75b	1. 39±0. 24a	0. 21±0. 03c

土壤中磷酸酶可参与土壤有机磷转化为无机磷，积累的磷酸酶对土壤磷素的有效性具有重要作用。P150 处理的土壤磷酸酶活性相比对照没有显著性差异，但是 P300 和 P600 的磷酸酶活性显著降低，分别降低 76. 89%和 63. 08%（表 2）。这说明高浓度多效唑可能抑制杨梅对磷肥的吸收。

蔗糖酶是一种可以把土壤中高分子量蔗糖分子分解成能够被植物和土壤微生物吸收利用的葡萄糖和果糖的水解酶，为土壤生物体提供充分能源，其活性反映了土壤有机碳累积与分解转化的规律。P300 和 P600 处理的土壤蔗糖酶活性相比对照显著升高，升高幅度在 59. 80%～80. 50%。这说明多效唑浓度大时增强了杨梅对有机碳的分解转化的能力。

纤维素酶催化土壤中的短物残体水解成纤维二糖，纤维二糖再分解成葡萄糖，是碳循环中的一个重要酶。施用多效唑土壤的纤维素酶活性相比对照出现显著差异，P300 处理的酶活性相比对照显著升高 26. 8%，而 P150 和 P600 处理的土壤酶活性相比对照显著降低，分别降低了 36. 6%和 48. 8%（表 2）。这说明多效唑浓度对纤维素酶活性影响没有明显的规律。

2. 3 Alpha 多样性分析

其丰富度指数 Chao1 以及群落多样性指数 Shannon 数值越高，表明丰富度及多样性越高。多效唑施用后根围土和根内的细菌 Chao1、Shannon 指数均明显下降，但是根表土的 Chao1 指数、Shannon 指数却是明显升高的。而枝条和叶片内的 Chao1 指数、Shannon 指数均较小，而且施用前后没有明显性差异或者差异较小（表3）。根围土和叶片内的真菌 Chao1 指数以及根围土和根内的真菌 Shannon 指数明显升高，而根表土、根、枝的真菌 Chao1 指数以及根表土、枝的真菌 Shannon 指数明显降低（表3）。这说明杨梅施用多效唑后，根围土的细菌多样性和丰富度明显降低、真菌多样性和丰富度明显升高，而根表土内的细菌多样性和丰富度明显升高、真菌多样性和丰富度明显降低，根内的细菌多样性和丰富度以及枝内的真菌多样性和丰富度均明显降低，枝条和叶片内细菌相对数量较少。

Table 3 Alpha diversity index of bacteria and fungi

Samples	Bacteria		Fungi	
	Chao1	Shannon	Chao1	Shannon
SF0	901.79	7.44	232.11	3.68
SFP	918.46	8.28*	99.90#	1.02#
BS0	986.33	7.86	23.10	0.21
BSP	784.70#	7.25	200.39*	3.95*
R0	904.40	5.94	80.70	2.22
RP	615.38#	3.66#	63.03#	2.62*
T0	14.40	0.50	205.29	4.00
TP	7.80#	0.68*	93.47#	1.74#
L0	5.00	0.30	151.61	3.03
LP	5.00	0.39*	179.78*	3.00

BS0 and BSP were bulk soil treated by 0mg/L (P0) and 600 mg/L (P600) paclobutrazol respectively. SF0 and SFP were root surface soil treated by 0 mg/L (P0) and 600 mg/L (P600) paclobutrazol respectively. R0 and RP were bayberry roots treated by 0 mg/L (P0) and 600 mg/L (P600) paclobutrazol respectively. T0 and TP were bayberry branches treated by 0 mg/L (P0) and 600 mg/L (P600) paclobutrazol respectively. L0 and LP were leaves treated by 0 mg/L (P0) and 600 mg/L (P600) paclobutrazol respectively. # and * respectively indicated that the Chao1 and Shannon in paclobutrazol treated trees was significantly decreased or significantly increased compared with control trees ($P<0.05$). The same below.

2.4 Bata 多样性分析

通过分析不同样品的 OTU 组成可以反映样品间的差异和距离，如样品群落结构越相似，反映在 PCA 图中的距离越近（图 1）。由图 1-A 可知，多效唑处理过的根围土（BSP）、根表土（SFP）、根（RP）与对照根围土（BS0）、根表土（SF0）、根（R0）之间距离较远，而多效唑处理过的枝（TP）和叶（LP）与对照的枝（T0）叶（L0）之间距离较近，细菌提取的 2 个主成分的贡献率分别为 34.36%、24.47%，杨梅根（R0 和 RP）主成分 1 轴的负轴、正轴均有分布，根表土（SF0 和 SFP）及根围土（BS0 和 BSP）均分布在主成分 1 轴的负轴。这表明在施用多效唑处理后，根围土、根表土以及根中的细菌群落结构发生较大改变，而枝和叶中细菌群落结构相似。

由图 1-B 可知，多效唑处理过的根围土（BSP）、根表土（SFP）、枝（TP）、与对照根围土（BS0）、根表土（SF0）、枝（T0）之间距离较远，显示明显的离分，而多效唑处理过的根（RP）和叶（LP）与对照根（R0）、叶（L0）之间距离较近；真菌提取的 2 个主成分的贡献率分别为 25.81%、22.86%，根围土（BS0 和 RP）及根表土（SF0 和 SFP）均分布在主成分 1 轴的正轴，叶片（L0 和 LP）及枝条（T0 和 TP）均分布在主成分 1 轴的负轴。可见多效唑处理后，根围土、根表土及杨梅树体枝条的真菌群落结构发生较大改变。

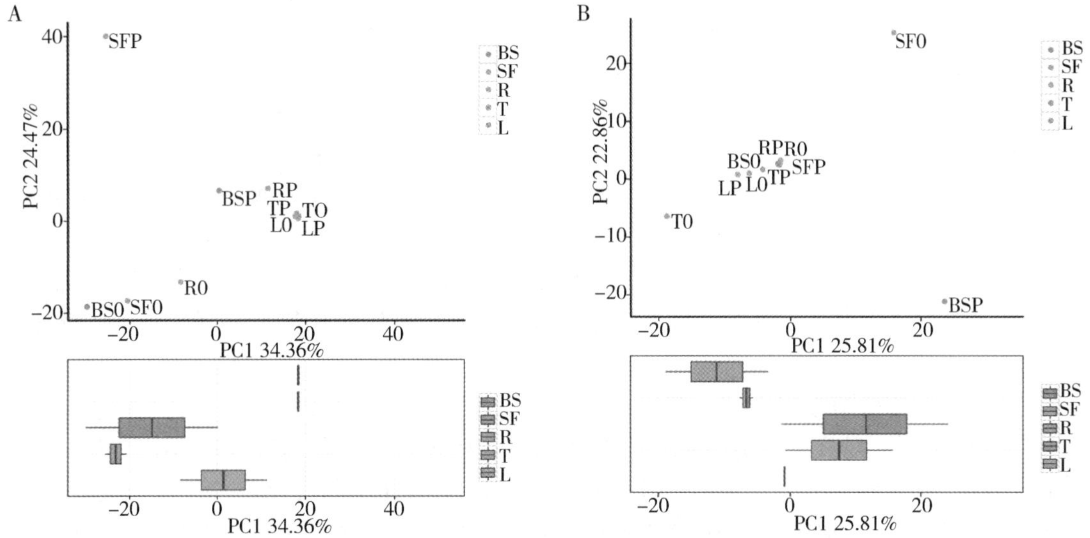

Fig. 1　PCA analysis of bacterial（A）and fungal（B）community structure. BS，bulk soil；SF，root surface soil；R，root；T，twig；L，leaves.

BS0 and BSP were bulk soil treated by 0mg/L（P0）and 600 mg/L（P600）paclobutrazol respectively. SF0 and SFP were root surface soil treated by 0 mg/L（P0）and 600 mg/L（P600）paclobutrazol respectively. R0 and RP were bayberry roots treated by 0 mg/L（P0）and 600 mg/L（P600）paclobutrazol respectively. T0 and TP were bayberry branches treated by 0 mg/L（P0）and 600 mg/L（P600）paclobutrazol respectively. L0 and LP were leaves treated by 0 mg/L（P0）and 600 mg/L（P600）paclobutrazol respectively.

2.5　细菌群落结构组成分析

2.5.1　门水平群落结构分析

细菌门分类水平群落结构组成如图 2-A 所示，在杨梅根以及根表、根围土壤中，优势菌门（相对丰度>2%）主要有变形菌门（Proteobacteria）、酸杆菌门（Acidobacteria）、放线菌门（Actinobacteria）、厚壁菌门（Firmicutes）、绿弯菌门（Chloroflexi）。与对照相比，施用多效唑处理后，杨梅根以及根表、根围土壤变形菌门的相对丰度都分别提高了 1.69 倍、57.55%、50.16%；酸杆菌门、放线菌门、厚壁菌门、绿弯菌门的相对丰度都有所降低，降低了 8.76%～99.32%，其中根、根表土中的厚壁菌门显著降低了 99.32%、89.08%；而拟杆菌门在杨梅根中的相对丰度降低了 9.54%，在根围、根表土壤中分别提高了 1.45 倍、3.96 倍。可见多效唑的施用明显提高了杨梅根以及根围、根表土壤中变形菌门的相对丰度，而酸杆菌门、放线菌门、厚壁菌门、绿弯菌门的相对丰度都明显降低；在根围、根表土壤中拟杆菌门的相对丰度有明显升高，而在杨梅根中与之相反。

叶片和枝条中由于细菌数量很少，而枝条中优势菌门（相对丰度>2%）有变形菌门、酸杆菌门、放线菌门，施用多效唑处理后枝条中变形菌门相对丰度降低了 77.78%、酸杆菌门未检测到，而放线菌门的相对丰度提高了 1.22%。可知多效唑处理后，枝条中变形菌门的相对丰度有明显降低。

2.5.2　纲水平群落结构分析

细菌纲分类水平群落结构组成如图 2-B 所示，在杨梅根以及根围、根表土壤中，优势菌纲（相对丰度 > 2%）主要有 α - 变形菌纲（Alphaproteobacteria）、γ - 变形菌纲

(Gammaproteobacteria)、酸杆菌纲（Acidobacteriia）、放线菌纲（Actinobacteria）、芽孢杆菌纲(Bacilli)、Bacteroidia和纤线杆菌纲（Ktedonobacteria）。与对照相比，施用多效唑处理后，杨梅根以及根表、根围土壤中α-变形菌纲和γ-变形菌纲提高了19.25%至2.59倍，其中γ-变形菌纲增加最多；酸杆菌纲、放线菌纲、芽孢杆菌纲、纤线杆菌纲降低了4.66%~99.44%，其中芽孢杆菌纲降低最多；而Bacteroidia纲在根表、根围土壤中分别增加了1.4倍和4.55倍，在根中降低了15.74%。总的来说，施用多效唑后明显提高了杨梅根以及根表、根围土壤中α-变形菌纲和γ-变形菌纲的相对丰度，而重要的生防类菌芽孢杆菌纲在根中显著减少。

枝条中优势菌纲（相对丰度>2%）有α-变形菌纲、γ-变形菌纲、酸杆菌纲和放线菌纲。未施用多效唑处理时，枝条中α-变形菌纲、酸杆菌纲的相对丰度分别为3.33%、3.33%，施用多效唑处理后，枝条中α-变形菌纲、酸杆菌纲都未检测到，而γ-变形菌纲的相对丰度明显降低了72.22%，放线菌纲增加了3.70%。说明施用多效唑可以明显降低枝条中α-变形菌纲、酸杆菌纲和γ-变形菌纲的相对丰度。

2.5.3　属水平群落结构分析

细菌属分类水平群落结构组成如图2-C所示，在杨梅根中，优势菌属（相对丰度>2%）主要为乳球菌属（*Lactococcus*）、节杆菌属（*Arthrobacter*）、柄杆菌属（*Caulobacter*）。与对照相比，施用多效唑处理后，在根表土壤中优势菌属（相对丰度>2%）主要为乳球菌属、*Acidibacter*，与对照相比，施用多效唑处理后根表土壤中乳球菌属和*Acidibacter*属的相对丰度都分别降低了89.18%、37.71%。在根围土壤中，优势菌属（相对丰度>2%）主要为乳球菌属和伯克霍尔德菌属（*Burkholderia*），与对照相比，施用多效唑处理后根围土壤中伯克霍尔德菌属的相对丰度明显增加了2.99倍，而乳球菌属降低了72.32%，其相对丰度得到明显降低；杨梅根中乳球菌属、节杆菌属、柄杆菌属的相对丰度分别降低了99.96%、99.97%、99.05%。枝条中优势菌属（相对丰度>2%）为伯克霍尔德菌属和诺卡氏菌属（*Nocardia*），与对照相比，施用多效唑处理后，伯克霍尔德菌属的相对丰度增加了11.11%，而诺卡氏菌属未检测到。由此可知，施用多效唑后在根围土壤和枝条样品中可以明显增加伯克霍尔德菌属的相对丰度，乳球菌属和诺卡氏菌的相对丰度分别在根围土壤和枝条样品中明显降低。

2.6　真菌群落结构分析

2.6.1　门水平群落结构分析

在真菌门分类水平中（图3-A），优势菌门（相对丰度>2%）仅有子囊菌门（Ascomycota）、担子菌门（Basidiomycota）。与对照相比，施用多效唑处理后，根表、根围土壤中的子囊菌门的相对丰度分别提高了26.74%、6.64倍，可见根围土子囊菌门的相对丰度有明显的提高；而根表、根围土壤中的担子菌门分别降低了83.55%、63.73%，根中子囊菌门、担子菌门的相对丰度分别降低了8.09%、97.78%。叶片和枝条中子囊菌门的相对丰度分别降低了7.74%、63.74%，担子菌门分别提高了9.67%和16倍。这说明多效唑施用后根围土壤和根表土壤的子囊菌门相对含量是升高的，但是根、枝和叶相对含量是降低的；根围土壤、根表土壤和根内担子菌门的相对含量显著降低，而枝和叶的担子菌门相对含量是显著升高的。

2.6.2　纲水平群落结构分析

在真菌纲分类水平中（图3-B），在根围土中优势菌纲（相对丰度>2%）仅有伞菌纲(Agaricomycetes)，与对照相比多效唑处理后其相对丰度明显降低了68.17%。在根表土中优势菌纲（相对丰度>2%）有粪壳菌纲（Sordariomycetes）、伞菌纲（Agaricomycetes）、散囊菌纲（Eurotiomycetes）、锤舌菌纲（Leotiomycetes），与对照相比，多效唑处理后粪壳菌纲的相对丰度提高了96.28%，而伞菌纲、散囊菌纲、锤舌菌纲的相对丰度都分别降低了81.56%、97.93%、96.19%。在杨梅根中，优势菌纲（相对丰度>2%）有粪壳菌纲、伞菌纲，与对照相比多效唑处

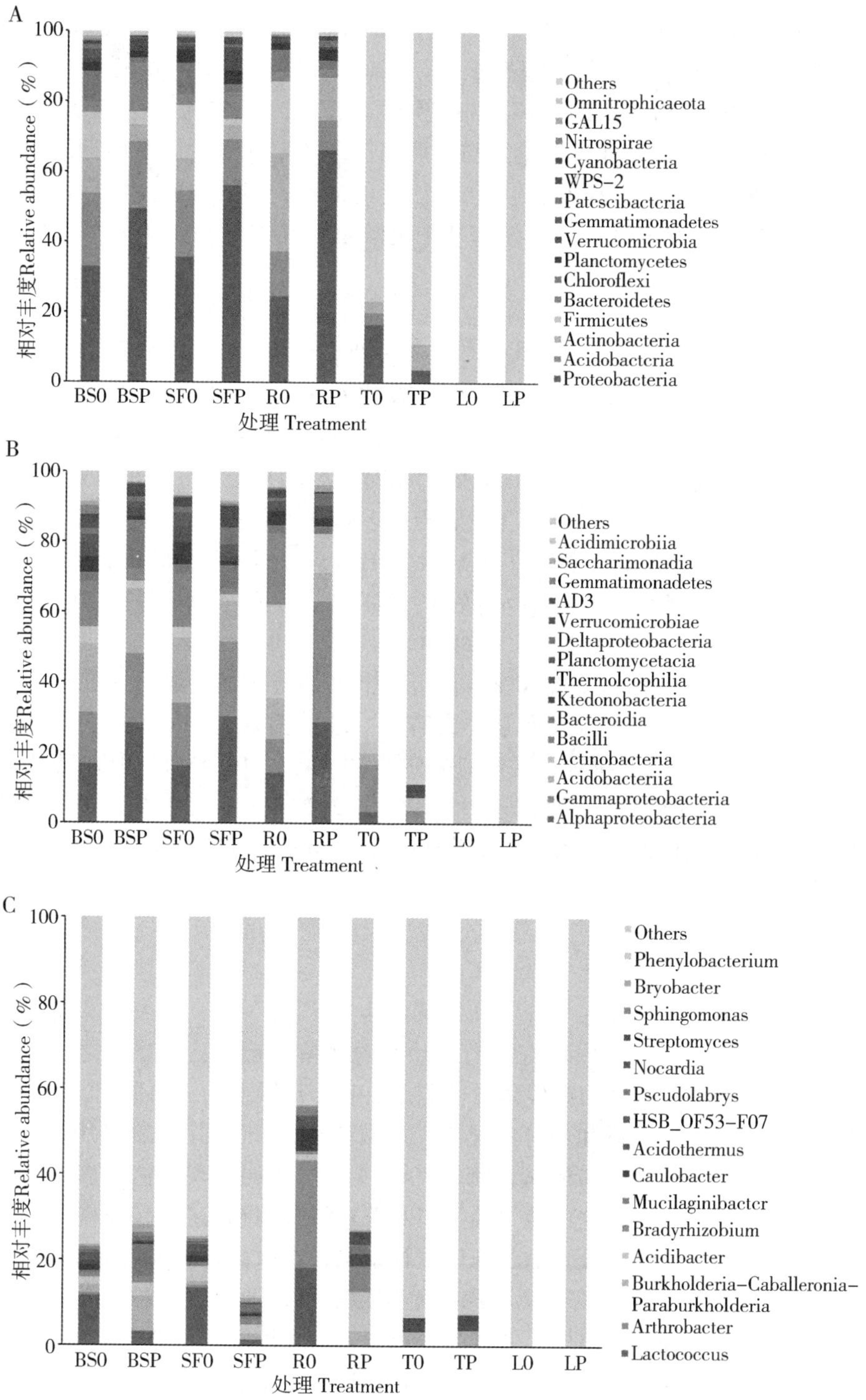

Fig. 2　The relative abundance distribution of bacterialatthe phylum（A）, class（B）, genus（C）level.

BS0 and BSP were bulk soil treated by 0mg/L（P0）and 600 mg/L（P600）paclobutrazol respectively. SF0 and SFP were root surface soil treated by 0 mg/L（P0）and 600 mg/L（P600）paclobutrazol respectively. R0 and RP were bayberry roots treated by 0 mg/L（P0）and 600 mg/L（P600）paclobutrazol respectively. T0 and TP were bayberry branches treated by 0 mg/L（P0）and 600 mg/L（P600）paclobutrazol respectively. L0 and LP were leaves treated by 0 mg/L（P0）and 600 mg/L（P600）paclobutrazol respectively.

理后杨梅根中粪壳菌纲、伞菌纲的相对丰度分别降低了16.49%、98.74%。在枝条中，优势菌纲（相对丰度>2%）有粪壳菌纲、座囊菌纲（Dothideomycetes）、担子菌亚纲（Exobasidiomycetes）、散囊菌纲，与对照相比多效唑处理后粪壳菌纲、座囊菌纲、散囊菌纲的相对丰度都分别降低了99.60%、8.37%、99.54%，担子菌纲的相对丰度明显提高了24.33倍。在叶片中，优势菌纲（相对丰度>2%）有座囊菌纲、担子菌亚纲，与对照相比多效唑处理后座囊菌纲的相对丰度降低了0.98%，而担子菌纲的相对丰度提高了10.08%。总的来说，多效唑的施用后根围土、根表土和根中的伞菌纲相对含量均明显降低，而枝和叶中座囊菌纲相对含量显著降低，担子菌纲显著升高。

2.6.3　属水平群落结构分析

在真菌属分类水平中（图3-C），在根围土中优势菌属（相对丰度>2%）有蛙粪霉属（*Basidiobolus*）、裸脚伞属（*Gymnopus*），与对照相比多效唑处理后蛙粪霉属、裸脚伞属的相对丰度都分别从0明显提高了36.49%、29.62%。在根表土中，优势菌属（相对丰度>2%）有*Thozetella*，与对照相比多效唑处理后*Thozetella*属的相对丰度明显提高了176.85倍。在杨梅根中优势菌属（相对丰度>2%）有*Thozetella*，与对照相比多效唑处理后*Thozetella*属的相对丰度降低了63.57%。在枝条中，优势菌属（相对丰度>2%）有*Acaromyces*、平脐疣孢属（*Zasmidium*）、青霉属（*Penicillium*）、球腔菌属（*Mycosphaerella*）、*Cladosporium*，与对照相比多效唑处理后*Acaromyces*、平脐疣孢属的相对丰度分别提高了24.46倍、51.11%，青霉属、球腔菌属、*Cladosporium*分别降低了99.53%、78.22%、99.30%，其相对丰度都有明显的降低。在叶片中优势菌属（相对丰度>2%）有*Acaromyces*、平脐疣孢属、青霉属、球腔菌属、*Tilletiopsis*，与对照相比多效唑处理后*Acaromyces*、球腔菌属的相对丰度分别提高了20.04%、13.46%，平脐疣孢属、青霉属、*Tilletiopsis*的相对丰度都分别降低了17.05%、90.19%、42.07%。由此可知，多效唑的施用根围土、根表土和根内的属变化趋势不一致，而枝条和叶片*Acaromyces*的相对含量显著升高，青霉属的相对含量显著降低。

3　讨论

多效唑抑制杨梅的营养生长，这与抑制马铃薯的生长[36]相一致。本文结果显示多效唑在杨梅根围土、根表土以及根、枝、叶内均有残留，叶片内残留量最大，枝条次之，根内积累量较少，与土壤内的残留量相当，叶片内高残留量可能是引起叶片皱缩的主要原因。

土壤酶活性可以反映土壤质量和养分状况[37]。前人研究发现施用生物型肥料、微生物菌剂可显著提高土壤中脲酶、蔗糖酶和磷酸酶的酶活性[38,39]。本研究发现高浓度多效唑处理下土壤的磷酸酶活性相比对照显著降低，这可能是因为多效唑对磷酸酶相关合成菌株具有抑制作用，说明多效唑可能抑制杨梅对磷肥的吸收，这与施用生物型肥料、微生物菌剂可显著提高土壤中磷酸酶的酶活性结果相反[38,39]，施用生物型肥料和微生物菌剂可以改良多效唑施用过多的土壤。多效唑处理后的土壤蔗糖酶活性相比对照显著升高，说明多效唑浓度大时增强了杨梅对有机碳的分解转化能力，这与施用生物型肥料、微生物菌剂可显著提高土壤中蔗糖酶活性相一致[38.39]。

多效唑使用浓度的不同影响土壤菌群结构的α多样性指数[40]。本研究结果表明，施用多效唑后杨梅根围土的细菌多样性和丰富度明显降低、真菌多样性和丰富度明显升高，而根表土内的细菌多样性和丰富度明显升高、真菌多样性和丰富度明显降低，这可能是多效唑的施用影响了土壤中的菌群结构，这与前人的研究结果相似。

植物的生长环境和细菌群落结构相互影响，生物有机肥料施用后细菌群落结构的优势菌群大多都为变形菌门、放线菌门、酸杆菌门等[18,41,42]。在细菌群落结构组成分析中发现，优势菌门有变形菌门、酸杆菌门、放线菌门等，这与前人研究结果一致。杨梅根围、根表土壤和根中的变

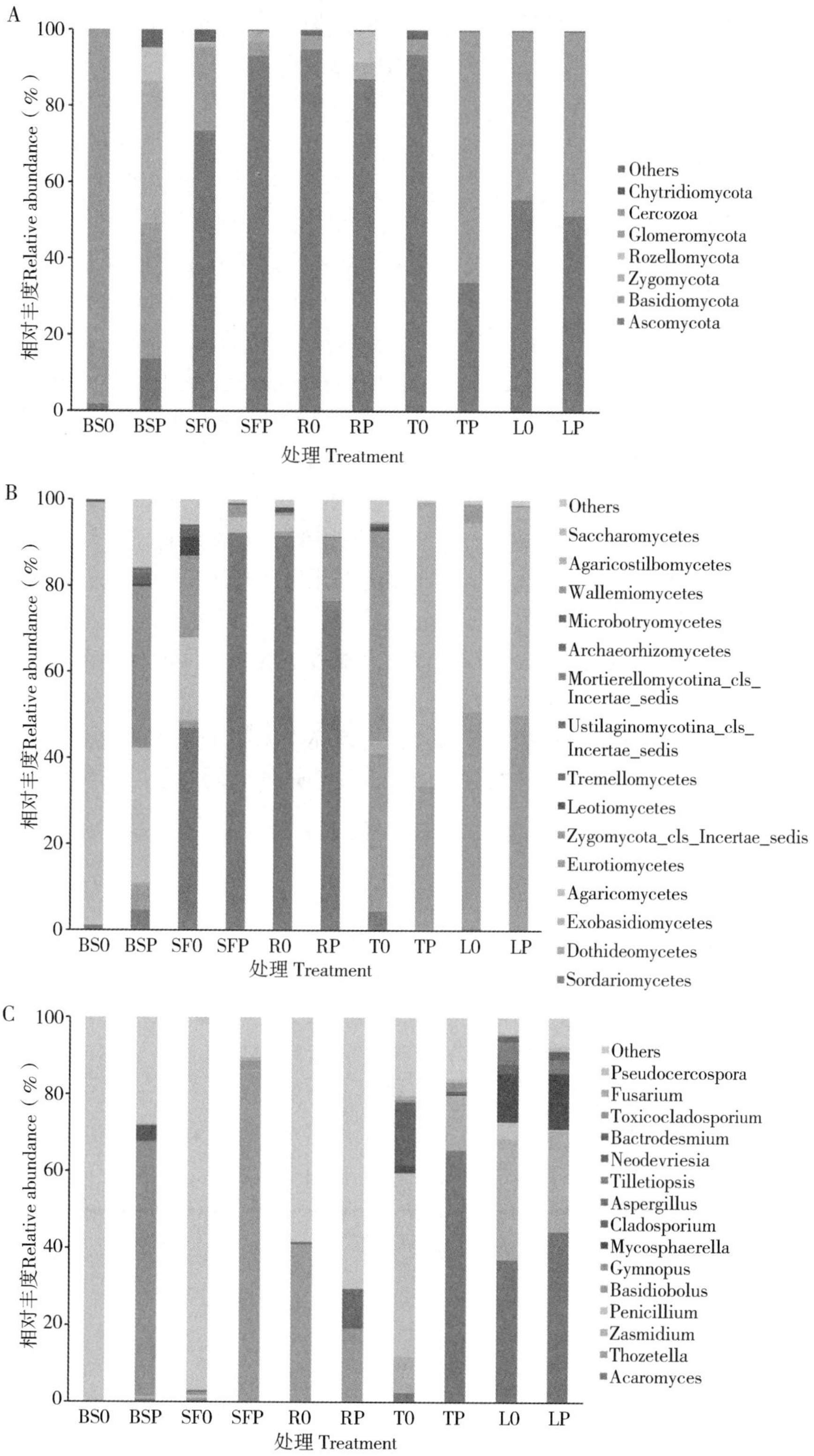

Fig. 3　The relative abundance distribution of bacterialatthe phylum（A）, class（B）, genus（C）level

形菌门相对丰度最高，且都在施用多效唑处理后有不同程度的增加。变形菌大多为革兰氏阴性菌，其中许多细菌负责固氮，可增加土壤中的氮素营养，所以变形菌的增加可能促进植物生长[43]。而在杨梅叶片和枝条中，放线菌门的相对丰度明显降低。放线菌可以抑制植物病害的发生，放线菌含量的降低可能会导致病原菌更容易侵染植物[12]，这可能是杨梅施用多效唑后抗病性降低的原因之一。杨梅根以及根表、根围土壤中的优势菌纲主要有 α-变形菌纲、γ-变形菌纲、酸杆菌纲，这与朱英波等[44]研究黑龙江大豆田土壤细菌中的优势类群有 α-变形菌纲、γ-变形菌纲及酸杆菌群等结果相一致。α-变形菌纲属于变形菌门的一个纲，是陆地土壤中的优势菌群[45]，γ-变形菌包括很多动植物病原菌，同时也存在很多抑制植物致病菌的有益菌[44]。本研究中施用多效唑后明显提高了杨梅根中 γ-变形菌纲的相对丰度，杨梅根中的 γ-变形菌纲很可能是有害菌，需要进一步研究其生物学功能。很多芽孢杆菌属、假单胞菌属能抑制土传病害、促进植物生长，多效唑施用导致根围、根表土的芽孢杆菌属、假单胞菌属等种类显著减少，这可能造成土壤中有害菌大量繁殖，对杨梅的生长不利，降低树体抗病性，与前人研究结果一致[46]。

植物生长环境和真菌群落结构相互影响，子囊菌和担子菌是土壤中重要的分解者，子囊菌门真菌大多数为腐生菌，多进行腐生或寄生，也包括多种病原菌和有害菌属[47,48]。本研究中，多效唑处理明显提高了根围和根表土壤中子囊菌门的相对丰度，可能会引起杨梅病害的发生。优势菌纲主要有粪壳菌纲、伞菌纲、散囊菌纲、座囊菌纲等，这与木瓜、马蔺、葡萄、大豆、玉米[49]和黄土高原不同种植类型梯田之间[50]土壤真菌纲相似。多效唑的施用使根围和根表土壤及杨梅根、枝、叶的真菌菌群结构和数量发生了明显的变化，明显降低了叶片及枝条中青霉属的相对丰度，有研究表明，青霉菌包含的菌株多数为致病菌[51]，所以多效唑的施用可能会减少由青霉菌引起的杨梅病害。多效唑的施用改变杨梅根围、根表土壤及树体的核心菌群，其对杨梅的生长以及抗病功能的影响需要进一步深入研究。

综上所述，本研究将为评价多效唑对土壤及杨梅树体微生物生态系统的影响有重要的指导意义，有利于指导科学施用多效唑，为开发有效恢复多效唑过量施用引起的杨梅树势早衰的技术提供菌株基础和理论基础。

4 结论

本研究表明施用多效唑处理后，梅叶片中积累多效唑含量最大，显著降低土壤中过氧化氢酶、磷酸酶的酶活性，提高蔗糖酶的酶活性；以及提高根表土的细菌多样性，降低根围土和根的细菌多样性，而根围土真菌多样性和丰富度明显升高，根表土内真菌多样性和丰富度明显降低，根内生细菌多样性和丰富度和枝内生真菌多样性和丰富度均明显降低。在细菌群落结构中，施用多效唑后，提高了杨梅根以及根围、根表土壤中变形菌门的相对丰度，而放线菌门、厚壁菌门都明显降低，枝条与叶片与之相反；明显提高了杨梅根内生 γ-变形菌纲的相对丰度以及根围土壤中伯克霍尔德菌属的相对丰度；在真菌群落结构中，施用多效唑后，根围土中子囊菌门、枝条中担子菌门、根表土中粪壳菌纲、枝条中担子菌亚纲、根表土中 *Thozetella* 的相对丰度都有明显的提高，而根中的粪壳菌纲、根围土中的伞菌纲、枝条中青霉属以及 *Cladosporium* 都出现明显降低。

参考文献：

[1] REN H Y，YU H Y，ZHANG S W，*et al.* Genome sequencing provides insights into the evolution and antioxidant activity of Chinese bayberry［J］. BMC Genomics，2019，20（1）：458.

[2] YU J Z，CHEN L Z，HOU J Y，*et al.* Residue and dissipation dynamics of pyraclostrobin in waxberry（*Myrica rubra*）and soil［J］. Chinese Journal of Pesticide Science（农药学学报），2020，22（5）：857-863.

[3] CHEN F Y，NI H Z，WANG Y，*et al.* Effect of Paclobutrazol（PP_{333}）on growth and fruiting of Dongkuibay-

berry（*Myrica rubra*）. Asian Journal of Ecotoxicology（生态毒理学报），2011，6（6）：661-666.

[4] HE G E，XU C Y，HE F J. Effect of paclobutrazol on premature senescence of bayberry［J］. Zhejiang Citrus（浙江柑橘），2014，31（2）：33-35.

[5] DONG Z J，ZHANG J J，FAN Y M，*et al.* Dwarfing effects of paclobutrazol，unicnazleand chlormequat on potted *Paeonia lactiflora*［J］. Journal of Northeast Forestry University（东北林业大学学报），2020，48（9）：62-66.

[6] KONG D Z，NIE Y B，SANG W，*et al.* Paclobutrazol and Chlormequat：The dwarfing effect on hybrid wheat and its parents［J］. Chinese Agricultural Science Bulletin（中国农学通报），2018，34（35）：1-6.

[7] KAMRAN M，SU W N，AHMAD I，*et al.* Application of paclobutrazol affect maize grain yield by regulating root morphological and physiological characteristics under a semi-arid region［J］. Scientific Reports，2018，8（1）：4818.

[8] KUMAR S，GHATTY S，SATYANARAYANA J，*et al.* Paclobutrazol treatment as a potential strategy for higher seed and oil yield in field-grown *Camelina sativa* L.［J］. Crantz. BMC Research Notes，2012，5：137.

[9] PAL S，ZHAO J，KHAN A，*et al.* Paclobutrazol induces tolerance in tomato to deficit irrigation through diversified effects on plant morphology，physiology and metabolism［J］. Science Reports，2016，6：39321.

[10] CHEN S，WANG X J，TAN G F，*et al.* Gibberellin and the plant growth retardant paclobutrazol altered fruit shape and ripening in tomato［J］. Protoplasma，2020，257（3）：853-861.

[11] BAO Y L，SHANG W M，SHEN Q S，*et al.* Effect of paclobutrazole on the growth and results of young bayberry trees［J］. China Fruits（中国果树），1994，2：20-21.

[12] JIN X T，ZHOU Y Y，XIA Y R C，*et al.* Effects of paclobutrazol on soil bacterial diversity in mango orchard and PICRUSt-based predicted metagenomic analysis［J］. Chinese Journal of Tropical Crops（热带作物学报），2019，40（4）：807-814.

[13] KUO J，WANG Y W，CHEN M，*et al.* The effect of paclobutrazol on soil bacterial composition across three consecutive flowering stages of mung bean［J］. Folia Microbiologica，2019，64（2）：197-205.

[14] REN H Y，FANG L，LI G，*et al.* Effects of paclobutrazol，borax and 10 kinds of pesticides on the infection ability of glomus mycorrhiza［J］. Zhe Jiang Agricultural Sciences（浙江农业科学），2011，6：1345-1347.

[15] XIONG M Z，CHAO Y P，ZHAO P，*et al.* Comparison of bacterial diversity in rhizosphere soil of potato in different ecological regions［J］. Acta MicrobiologicaSinica（微生物学报），2020，60（11）：2434-2449.

[16] YUAN R W，LIU L，ZHANG R，*et al.* The interaction mechanism between plant rhizosphere secretion and soil microbe：A Review［J］. Chinese Agricultural Science Bulletin（中国农学通报），2020，36（2）：26-35.

[17] GONÇALVES I C R，ARAÚJO A S F，Carvalho E M S，*et al.* Effect of paclobutrazol on microbial biomass，respiration and cellulose decomposition in soil［J］. European Journal of Soil Biology，2009，45（3）：235-238.

[18] BAO M，HE H X，MA X L，*et al.* Effects of chemical nitrogen fertilizer and green manure on diversity and functions of soil bacteria in wheat field［J］. Acta Pedologica Sinica（土壤学报），2018，55（3）：734-743.

[19] LV N，SHI L，L H Y，*et al.* Effects of biological agent dripping on cotton *Verticillium* wilt and rhizosphere soil microorganism［J］. Chinese Journal of Applied Ecology（应用生态学报），2019，30（2）：602-614.

[20] GAO H，SHENG J，BAI X，*et al.* Composition and function of endophytic bacteria residing the root tissue of *Astragalus mongholicus* in Hunyuan［J］. Acta Microbiologica Sinica（微生物学报），2020，60（8）：1638-1647.

[21] ZHANG A M，GUO B M，HAN X Y，*et al.* Diversity of endophytic bacteria in seeds of *Hippophaerhamnoides* subsp. *sinensis* in two different habitats［J］. Acta Ecologica Sinica（生态学报），2020，40（15）：5247-5257.

[22] XING Y, ZHANG S, HAO Z P, *et al.* Biodiversity of endophytes in tobacco plants and their potential applicationa mini review [J]. Microbiology China（微生物学通报）, 2015, 42 (2): 411-419.

[23] LOPES R, TSUI S, GONçALVES P J R O, *et al.* A look into a multifunctional toolbox: endophytic *Bacillus* species provide broad and underexploited benefits for plants [J]. World Journal of Microbiology & Biotechnology, 2018, 34 (7): 94.

[24] SUN W H, XIONG Z, CHU L, *et al.* Bacterial communities of three plant species from Pb-Zn contaminated sites and plant-growth promotional benefits of endophytic *Microbacterium* sp. (strain BXGe71) [J]. Journal Of Hazardous Materials, 2019, 370: 225-231.

[25] PIETRO-SOUZA W, MELLO I S, VENDRUSCULLO S J, *et al.* Endophytic fungal communities of *Polygonum acuminatum* and *Aeschynomenef luminensis* are influenced by soil mercury contamination [J]. PLoS One, 2017, 12 (7): e0182017.

[26] TAN Y, CUI Y, LI H, *et al.* Diversity and composition of rhizospheric soil and root endogenous bacteria in *Panax notoginseng* during continuous cropping practices [J]. Journal of Basic Microbiology, 2017, 57 (4): 337-344.

[27] DUAN C M, XUE Q H, HU S B, *et al.* Microbial ecology of *Fusarium wilt* infected and healthy cucumber plant in root zone of continuous cropping soil [J]. Journal of Northwest A & F University (Natural Science Edition)（西北农林科技大学学报（自然科学版））, 2010, 38 (4): 143-150.

[28] ZHAO F, LI G Y, HUANG L L, *et al.* Residues and degradation dynamics of paclobutrazol in peanut and soil [J]. Journal of Southern Agriculture（南方农业学报）, 2017, 48 (8): 1421-1426.

[29] XU Z S, LIU J H, LU X P, *et al.* The application of organic fertilizer improves the activity of the soil enzyme, increases the number and the species variety of bacteria in black soil [J]. Soil and Fertilizer Sciences in China（中国土壤与肥料）, 2020, 4: 50-55.

[30] WU J N, WANG L L, WANG W S, *et al.* Effect of combined application of urea and paclobutrazol on soil enzyme activity under tribenuronmethyl stress [J]. Science of Soil and Water Conservation（中国水土保持科学）, 2011, 9 (4): 110-116.

[31] HUANG D F, HUAN H F, LIU G D, *et al.* The influence of aluminum and cadmium pollution on soil enzyme activities in a Latosol [J]. Chinese Journal of Tropical Crops（热带作物学报）, 2013, 34 (12): 2413-2418.

[32] SUN F, ZHAO C C, LI J T, *et al.* Response of soil enzyme activities in soil carbon and nitrogen cycles to the application of nitrogen and phosphate fertilizer [J]. Acta Scientiae Circumstantiae（环境科学学报）, 2014, 34 (4): 1016-1023.

[33] NOSSA C W, OBERDORF W E, YANG LY, *et al.* Design of 16S rRNA gene primers for 454 pyrosequencing of the human foregut microbiome [J]. World Journal of Gastroenterology, 2010, 16 (33): 4135-4144.

[34] MUKHERJEE P K., CHANDRA J, RETUERTO M, *et al.* Oral mycobiome analysis of HIV-infected patients: identification of *Pichia* as an antagonist of opportunistic fungi [J]. PLoS Pathogens, 2014, 10 (3): e1003996.

[35] ZHAO Z, CHU C B, ZHOU D P, *et al.* Effects of waste grape enzyme fertilizer on soil bacterial diversity in vineyards [J]. Journal of Fruit Science（果树学报）, 2020, 37 (8): 1207-1217.

[36] JIANG X, WANG Y, XIE H, *et al.* Environmental behavior of paclobutrazol in soil and its toxicity on potato and taro plants [J]. Environmental Science And Pollution Research, 2019, 26 (26): 27385-27395.

[37] DU L S, TANG M L, ZHU Z K, *et al.* Effects of long-term fertilization on enzyme activities in profile of daddy soil profiles [J]. Huan Jing KeXue, 2018, 39 (8): 3901-3909.

[38] LI J, WANG W L, ZHAO X. Effects of biological fertilizers on *Angelica sinensis* growth and soil enzyme activity and microbial diversity [J]. Guangdong Agricultural Sciences（广东农业科学）, 2020, 47 (6): 39-46.

[39] YU H L, XU G Y, LU X Q, *et al.* Effects of microbial agents on soil microenvironment and fruit quality of watermelon under continuous cropping [J]. Journal of Fruit Science (果树学报), 2020, 37 (7): 1025-1035.

[40] YUAN Z H, CHENG B, CHANG Y H, *et al.* Influence of paclobutrazol on microbial miversity in soil [J]. Journal of Agro-Environment Science (农业环境科学学报), 2008, 5: 1848-1852.

[41] MENG H S, HONG J P, YANG Y, *et al.* Effect of applying phosphorus bacteria fertilizer on bacterial diversity and phosphorus availability in reclaimed soil [J]. Chinese Journal of Applied Ecology (应用生态学报), 2016, 27 (9): 3016-3022.

[42] YUAN H C, WU H, GE T D, *et al.* Effects of long-term fertilization on bacterial and archaeal diversity and community structure within subtropical red paddy soils [J]. Chinese Journal of Applied Ecology (应用生态学报), 2015, 26 (6): 1807-1813.

[43] SONG Y, WANG P, WEI Y P. Effects of different co-cultivation patterns of rice field on soil bacterial communities structure [J]. Acta Agriculturae Boreali-occidentalis Sinica (西北农业学报), 2020, 29 (2): 216-223.

[44] ZHU Y B, SHI F Y, ZHANG R J, *et al.* Comparison of bacterial diversity in rotational and continuous soybean cropping soils in Heilongjiang [J]. Journal of Plant Protection (植物保护学报), 2014, 41 (4): 403-409.

[45] ZHU L, ZENG C L, LI Y Q, *et al.* The characteristic of bacterial community diversity in soybean field with continuous cropping based on the high-throughput sequencing [J]. Soybean Science (大豆科学), 2017, 36 (3): 419-424.

[46] GE Y L, SUN T. Soil microbial community structure and diversity of potato in rhizosphere and non-rhizosphere soil [J]. Ecology and Environmental Sciences (生态环境学报), 2020, 29 (1): 141-148.

[47] XIE Y Q, MAO J, WANG W, *et al.* Structures and biodiversity of fungal communities in rhizosphere soil of root rot diseased garlic [J]. Chinese Agricultural Science Bulletin (中国农学通报), 2020, 36 (13): 145-153.

[48] SU X H, BAI Y C, SHE W, *et al.* Microbial community structures and diversities in different ramie varieties rhizosphere soils [J]. Plant Fiber Sciences in China (中国麻业科学), 2019, 41 (3): 114-121.

[49] YAN H M, ZHANG X Y, TAN W J, *et al.* Biodiversity and composition of rhizosphere fungal communities associated with five plant species [J]. Chinese Journal of Applied and Environmental Biology (应用与环境生物学报), 2020, 26 (2): 364-369.

[50] XIAO L, HUANG Y M, Zhao J F, *et al.* High-throughput sequencing sevealed soil fungal communities under three terrace agrotypes on the loess plateau [J]. Chinese Environmental Science (中国环境科学), 2017, 37 (8): 3151-3158.

[51] LI J J, XU Y B. Effects of continuous cropping years of lily on soil microbial diversities under greenhouse cultivation [J]. Chinese Journal of Soil Science (土壤通报), 2020, 51 (2): 343-351.

青海省蚕豆田主要病害发生情况调查分析

喻敏博　张　贵　侯　璐　刘玉皎
（青海大学农林科学院，青海省农林科学院，青海省农业有害生物
综合治理重点实验室，西宁　810016）

摘　要： 蚕豆（*Vicia faba* L.），属豌豆族野豌豆属草本植物，是青海省特色农业经济作物和唯一的出口农产品，是农户的重要经济来源。随着蚕豆种植面积不断扩大，病害逐年加重，对蚕豆的安全生产与保存产生影响，严重影响蚕豆种植业的健康发展。为系统了解青海省蚕豆病害发生情况，本研究连续3年对青海省11个区县的40个乡镇不同海拔蚕豆种植地病害发生情况进行了调查分析。结果表明：蚕豆赤斑病、轮纹病及锈病在低、中、高海拔生态区均有发生，其中蚕豆赤斑病危害范围最广，危害程度最严重，病田率在74.54%~80.34%，平均发病率在30.73%~53.96%，病情指数在10.5%~15.80%。轮纹病、病毒病、落叶病、褐斑病、锈病及链格孢叶斑病危害范围较大，锈病未来有潜在暴发能力，白粉病于2015年零星发生。新发现一种蚕豆病害，在叶背面有光滑红色斑状出现，暂将其称为叶背面光滑红斑，病害范围较小、危害程度较轻，后续应持续观测。本研究为青海省蚕豆田病害防治提供前期理论基础。

关键词： 青海省；蚕豆病害；病害流行

ε-聚赖氨酸（ε-PL）抑制灰霉菌及核盘菌的作用机制研究

黄元敏* 周　涛　梁　月　吴元华　安梦楠**

（沈阳农业大学植物保护学院，沈阳　110866）

摘　要：ε-聚赖氨酸（ε-PL）是由白色链霉菌发酵产生的次生代谢产物，是一种由25~35个赖氨酸α-羧基和ε-氨基之间的肽键连接组成的重要的聚阳离子肽。ε-PL具有良好的抑菌活性，和较广的抑菌谱以及较高的稳定性，对绝大多数革兰氏阴性菌、阳性菌、真菌以及植物病毒都有很好的抑菌活性。目前ε-PL主要是围绕食品防腐以及对人体致病菌为中心开展研究，针对农业生产上的植物病害防治方面的文章却少有报道。本研究以灰霉菌（*Botrytis cinerea*）和核盘菌（*Sclerotinia sclerotiorum*）为研究对象，通过体内和体外抑菌实验解析ε-PL对上述病原菌的作用效果。结果表明：ε-PL可以有效抑制两种真菌在培养皿以及离体果实和叶片上的生长，室内毒力测定结果表明在ε-PL处理下灰霉菌 EC_{50} = 562 mg/L；核盘菌 EC_{50} = 566 mg/L。接下来利用转录组测序技术比较了经ε-PL处理后的菌株与正常菌株中的基因表达变化。结果表明ε-PL处理后可显著调控真菌甘氨酸，丝氨酸，色氨酸代谢、缬氨酸，亮氨酸，异亮氨酸降解以及核糖体合成通路相关基因表达，此外核糖体合成途径中以U3小核仁RNA相关蛋白基因的差异表达最为显著。菌体内解毒基因细胞色素P450（CYP）家族以及ABC转运体家族显著上调。揭示了ε-PL主要是影响真菌的合成代谢来影响了真菌的生长发育，同时ε-PL可诱导真菌解毒相关基因上调表达对外界刺激做出防御反应。本研究初步揭示了ε-PL抗真菌病害的作用机制，为ε-PL在农业生产上的应用提供了科学依据，并为其将来作为一种绿色农药商品化生产提供了理论基础。

关键词：ε-聚赖氨酸；植物病原真菌；抑菌机理；转录组测序

* 第一作者：黄元敏，研究方向为植物病理学；E-mail：huangyuanmin0615@163.com

** 通信作者：安梦楠，副教授，研究方向为植物病理学；E-mail：anmengnan1984@163.com

两种药剂防控番茄黄化曲叶病毒病初步研究*

郰　秦[1]　刘思佳[1]　臧连毅[2]　范在丰[1]　周　涛**
（1. 中国农业大学植物病理学系，北京　100193；2. 山东农业大学植保学院，泰安　271018）

摘　要：番茄（*Solanum lycopersicum*）是一种具有高营养价值的经济作物，在世界范围内广泛种植。病毒病是番茄生产中的常见病害，严重降低番茄产量和品质。其中番茄黄化曲叶病毒病（Tomato yellow leaf curl virus disease，TYLCVD）是影响许多国家番茄生产的主要病害之一。番茄黄化曲叶病毒病主要由番茄黄化曲叶病毒（*Tomato yellow leaf curl virus*，TYLCV）引起，并由烟粉虱以持久循回方式传播，已有研究证明 TYLCV 可在烟粉虱体内复制并通过番茄种子传播，这可能是其在全球快速流行扩散的重要原因。该病在番茄生长各阶段均可发生。苗期发病，植株严重矮缩，不能开花结果，造成绝收；植株生长后期发病，上部叶片和新芽表现典型黄化卷曲症状，坐果急剧减少，果小且畸形，严重影响产量和品质。

目前，主要通过抗性品种和利用化学药剂防治传毒媒介烟粉虱来防治该病害，然而由于病毒复合侵染导致抗性丧失、烟粉虱抗药性急剧增加等，使得防控效果不好。为研究通过抑制病毒复制增殖达到控制病毒病的目的，本研究选用一种在抑制植物病毒复制方面有一定作用的低分子量化合物及 TYLCV 侵染调控的一种植物激素开展实验。本研究通过在番茄接种 TYLCV 前 24 h 分别喷施 5 μmol/L、20 μmol/L、40 μmol/L 低分子量化合物或 1 μmol/L 植物激素，发现其对于 TYLCV 的积累有一定的抑制作用，且植株矮缩、叶片畸形的症状有一定缓解作用。初步说明低分子量化合物和该植物激素对于 TYLCV 的发生和增殖具有一定的抑制作用。后续研究将优化喷施的时间及浓度，探究最佳的条件，为有效防治番茄黄化曲叶病毒病提供参考。

关键词：番茄黄化曲叶病毒病；防控；复制；抑制

---

* 基金项目：现代农业产业技术体系北京市果类蔬菜创新团队（BCIA01-2020，2021）
** 通信作者：周涛，教授，研究方向为植物病毒学；E-mail：taozhoucau@ cau. edu. cn

16 种杀菌剂对草茎点霉菌的室内毒力测定*

何宝霞[1,2**]　陆　英[1]　林培群[1]　贺春萍[1]　吴伟怀[1]　梁艳琼[1]　易克贤[1***]

（1. 中国热带农业科学院环境与植物保护研究所/农业农村部热带农林有害生物入侵检测与控制重点开放实验室/海南省热带农业有害生物检测监控重点实验室，海口　571101；2. 南京农业大学植物保护学院，南京　210000）

摘　要：由草茎点霉（*Phoma herbarum*）引起的王草叶斑病，在热带地区普遍发生，导致王草的生长量减少、产量降低、经济效益降低。为筛选对王草叶斑病病原菌高效低毒杀菌剂，采用菌丝生长速率法测定 16 种杀菌剂对草茎点霉菌的毒力。结果表明：25%吡唑醚菌酯 EC_{50}值最小，仅为 0. 137 9 mg/L，对王草草茎点霉的毒力最强；10%苯醚甲环唑 WGD 、325 g/L 苯甲 · 嘧菌酯 SC 、125 g/L 氟环唑 SC 、22. 5%啶氧菌酯 SC 、50%咪鲜胺锰盐 WP 、400 g/L 嘧霉胺 SC 、430 g/L 戊唑醇 SC 的 EC_{50} 值均小于 1 mg/L，分别为：0. 306 4 mg/L、0. 326 0 mg/L、0. 354 8 mg/L、0. 465 7 mg/L、0. 527 2 mg/L、0. 674 3 mg/L、0. 997 4 mg/L，对王草草茎点霉的毒力较强；24%腈苯唑 SC 、25%丙环唑 EC 、50%多菌灵 WP 、50%嘧菌酯 WGD 、80%代森锰锌 WP、50%异菌脲 WP 的 EC_{50}值介于 1 ~ 10mg/L，分别为：1. 093 9 mg/L、1. 440 5 mg/L、1. 665 9 mg/L、1. 902 3 mg/L、7. 181 1 mg/L、9. 476 4 mg/L，对王草草茎点霉的毒力相对较强；而 70%甲基硫菌灵 WP 的 EC_{50}值为 72. 4466 mg/L，对王草草茎点霉的毒力较弱。75%百菌清 WP 的 EC_{50}值高达 985. 315 3 mg/L，对草茎点霉的菌丝生长几乎没有抑制作用。该研究结果为王草叶斑病进一步的田间防治提供依据。

关键词：王草叶斑病；草茎点霉；杀菌剂；室内毒力测定

---

* 基金项目：中国热带农业科学院基本科研业务费专项资金（项目编号 1630042021001）“CATAS-CIAT 王草-茎点霉互作机理及化防药剂筛选合作研究”

** 第一作者：何宝霞，在读硕士，研究方向为植物病理学；E-mail：2365556229@ qq. com

*** 通信作者：易克贤，博士，研究员，博士生导师，研究方向为抗性育种；E-mail：yikexian@ 126. com

信息技术在日光温室黄瓜病害综合治理中的应用

李　明　陈晓晖　丁智欢　刘凯歌　张春昊　陈思铭

（北京农业信息技术研究中心，北京　100097；国家农业信息化工程技术研究中心/

农产品质量安全追溯技术及应用国家工程实验室/

中国气象局-农业农村部都市农业气象服务中心，北京　100097）

摘　要：目前随着社会对食品安全的需求日渐提高、生态环境安全成为经济社会持续健康发展的重要保障，如何准确及早地预测农作物病害发生，从而减少化学农药的使用成了如今的研究热点。传统的病虫害测报主要依照观察以及经验来进行人工测报，耗时耗力效率较低且准确率不高，本文以日光温室黄瓜霜霉病为例，介绍了利用信息技术构建日光温室黄瓜病害综合治理系统，可更高效准确地进行病害测报，达到绿色防治的要求。①采用深度学习方法和物联网技术建立日光温室条件下黄瓜病菌自动监测方法，明确初侵染病菌来源；②综合叶绿素荧光成像、热红外成像等方法，建立日光温室黄瓜病害早期检测系统；③人工气候室和田间试验相结合，采用计算流体力学方法研究日光温室黄瓜病害时空分布规律，揭示其与室外气象条件、室内小气候环境、黄瓜叶片带菌率的关系，建立生态控制模型，为日光温室气象服务和智能控制提供科学依据；④将病菌实时数据、室内外气象、作物、栽培等多信息融合，采用贝叶斯方法建立病菌初侵染发生前、初侵染发生及严重度等预测模型，并在决策支持系统中进行验证；⑤将上述模型和算法集成，开发了日光温室黄瓜病害预测系统，并在北京多个温室进行了应用示范。用户可通过网页、手机 App 等多终端方式获取最全面最及时的预报信息，对日光温室中的黄瓜病害进行远程监测诊断，做好预判与决策，从而减少化学农药的使用，实现绿色防治。

关键词：黄瓜霜霉病；预测模型；传感器；红外热成像；叶绿素荧光成像

克里布所类芽孢杆菌 YY-1 的鉴定及生防潜力研究*

伍维兰 赵 行 张美鑫 翟立峰**
（长江师范学院现代农业与生物工程学院，重庆 408000）

摘 要：菌株 YY-1 是从健康鸡冠花叶片中分离的一株内生菌，该菌株在 PDA 培养基上为光滑、边缘规则、中间呈球状突出的乳白色菌落，在 LB 固体培养基上则为光滑、边缘锯齿状、扁平的白色菌落。YY-1 的菌体呈杆状和椭圆形，具有芽孢，培养初期菌体呈长杆状，随着培养时间的延长，菌体逐渐转变为椭圆状，革兰氏染色可变。为探讨其抑菌活性及生防潜力，以葡萄座腔菌（*Botryosphaeria dothidea*）JNT1111 为靶标菌株，采用平板对峙法测定菌株 YY-1 对菌株 JNT1111 的生长抑制活性，结果表明菌株 YY-1 对菌株 JNT1111 菌丝生长抑制明显，处理组菌丝增粗、细胞壁加厚、菌丝弯曲变形、节间缩短、分支数明显增多，而对照组菌丝生长正常。当 PDA 平板中含有 5%的 YY-1 发酵液时，对菌株 JNT1111 的抑菌率达到 97%，对孢子萌发抑制率达到 100%。菌株 YY-1 可利用葡萄糖、麦芽糖、乳糖、木糖、甘露糖等多种碳源，不能利用琥珀酸和柠檬酸盐。不能利用的氮源有牛肉膏、尿素、NH_4Cl、$(NH_4)_2SO_4$，可利用酵母粉。淀粉水解反应、明胶液化反应、硝酸盐还原反应、甲基红反应、V-P 反应、卵黄分解反应均呈阳性。尿素水解反应、吐温-80 水解反应、吲哚试验、木聚糖活性测定均呈阴性。pH 耐受偏酸性，NaCl 耐受上限为 5%，这些理化特征和类芽孢杆菌属细菌类似。YY-1 的 16S rDNA 片段长度约为 1 500 bp，在 NCBI 网站上比对发现，该菌与克里布所类芽孢杆菌（*Paenibacillus kribbensis*）的序列相似性最高，达到 99%，因此，将其确定为克里布所类芽孢杆菌。此外，菌株 YY-1 对多种葡萄座腔菌属（*Botryosphaeria*）、刺盘孢属（*Colletotrichum*）和茎点霉属（*Phoma*）真菌表现出抑菌活性，表明其在生化防治中具有潜在的广谱利用价值。

关键词：克里布所类芽孢杆菌；葡萄座腔菌；生防潜力

---

* 基金项目：国家自然科学基金（32072476）；重庆市自然科学基金（cstc2019jcyj-msxm1560）

** 通信作者：翟立峰，副教授，研究方向为果树病害及其防治；E-mail：zhailf@ yeah. net

嗜线虫致病杆菌几丁质酶的抑菌活性研究*

刘　佳[1**]　李志勇[1]　白　辉[1]　马继芳[1]　王永芳[1]
张梦雅[1]　全建章[1]　王勤英[2]　董志平[***]
（1. 河北省农林科学院谷子研究所，石家庄　050035；2. 河北农业大学，保定　071000）

摘　要：几丁质酶是一类具有生物催化活性的水解酶，普遍存在于细菌、真菌、昆虫、植物和动物体内。几丁质酶不仅能降解昆虫围食膜、体壁以及真菌细胞壁中的几丁质，抑制真菌生长，加速害虫罹病进程。因此，几丁质酶作为毒力因子广泛应用于农业害虫和植物病原菌的防治中。嗜线虫致病杆菌（*Xenorhabdus nematophila*）属于肠杆菌科（Enterobacteriaceae），是一类与小卷蛾斯氏线虫（*Steinernema carpocapsae*）互惠共生的革兰氏阴性细菌。为了明确嗜线虫致病杆菌几丁质酶的抑菌活性，本研究从该菌株中克隆表达了两个几丁质酶基因 *chi*60 和 *chi*70，通过菌丝生长法和孢子萌发法测定了纯化后的几丁质酶 Chi60 和 Chi70 对葡萄白腐病菌（*Coniothyrium diplodiella*）和棉花枯萎病菌（*Fusarium oxysporum*）的抑制作用。最后，在光学显微镜下观察了几丁质酶处理前后两种病原真菌的菌丝形态。结果表明，两种几丁质酶对葡萄白腐病菌和棉花枯萎病菌均有不同程度的抑制作用。Chi60 和 Chi70 对葡萄白腐病菌孢子萌发的抑制作用高于棉花枯萎病菌，抑制率分别为 43.57%和 56.63%。几丁质酶 Chi60 和 Chi70 对棉花枯萎病菌菌丝生长的抑制作用高于葡萄白腐病菌，抑制率分别为 39.95%和 49.78%。与对照菌丝相比，几丁质酶处理后的病原真菌菌丝出现加粗、中空或不规则肿胀等现象。本研究为更好的开发利用几丁质酶奠定了基础。

关键词：嗜线虫致病杆菌；几丁质酶；抑菌活性；菌丝生长法；孢子萌发法

* 基金项目：河北省农林科学院基本业务费（2018030202）；财政部和农业农村部国家现代农业产业技术体系（CARS-07-13.5-A8）；河北省农林科学院创新工程（2019-4-02-03）
** 第一作者：刘佳，助理研究员，研究方向为谷子病虫害；E-mail：15031210252@126.com
*** 通信作者：董志平，研究员，研究方向为谷子病害；E-mail：dzping001@163.com

环境友好型化学药剂对柑橘黑点病的治理效果

刘翔宇 C. Hingchai Chaisiri 阴伟晓 罗朝喜
(华中农业大学植物科学技术学院，武汉 430070)

摘 要：柑橘黑点病是一种常见的真菌性病害，在我国柑橘主产区均有分布。随着柑橘产业的蓬勃发展，柑橘黑点病已成为国内柑橘主要病害之一。柑橘间座壳（*Diaporth citri*）为该病害的主要病原菌，病害的严重程度与树势的强弱，果园的管理有着密不可分的关系。在生产上，主要以保护性杀菌剂代森锰锌防治柑橘黑点病，对于通过药剂复配防治柑橘黑点病的研究相对较少。高脂膜是一种由多种高级脂肪酸组成的成膜物，是一种物理保护型杀菌剂，喷洒在植物表面之后，通过隔绝病原菌与植物的接触起到保护植物的作用。在实验室，通过分生孢子萌发抑制法，对醚菌脂、嘧菌酯、肟菌酯、咪鲜胺、三唑酮、戊唑醇、咯菌腈、菌核净、异菌脲、啶酰菌胺、代森锰锌进行筛选，其中醚菌脂、肟菌酯在0.1 μg/mL时抑制率达到了100%。随后将醚菌脂、高脂膜与代森锰锌混用，在江西省抚州市南丰县针对柑橘黑点病进行田间药效试验，并于采收期调查果实病害等级，计算防治效果。结果表明，普通防治方案300倍液代森锰锌防效达到了74.58%；800倍液代森锰锌防效为53.68%；5 000倍液醚菌脂、800倍液代森锰锌复配防效为51.30%；500倍液高脂膜、800倍液代森锰锌复配防效为59.23%；500倍液高脂膜、800倍液代森锰锌、5 000倍液醚菌脂复配的防效达到75.35%。代森锰锌与醚菌脂、高脂膜的复配防效与单独施用代森锰锌的防效相当，同时减少62.5%代森锰锌的施用量，减轻了代森锰锌对于自然环境的压力。

关键词：柑橘黑点病；杀菌剂；高脂膜；复配；防效

生防细菌 SYL-3 调控叶际微生物群落防治烟草病害研究

刘　鹤[*]　陈建光　姜　军　李鑫淳　吴元华[**]
（沈阳农业大学植物保护学院，沈阳　110866）

摘　要：近年来，随着对植物微生态环境的不断深入研究，植物病害的发生被广泛认为与植物微生态环境失衡密不可分。因此调节叶际微生物群落组成、增加有益微生物丰度被认为是生物防治叶部病害的一个新的重要手段。本研究从丹东凤城烟草叶片上分离得到了一株对烟草赤星病菌（*Alternaria alternata*）、烟草角斑病菌（*Pseudomonas syringae* pv. *tabaci*）、烟草靶斑病菌（*Rhizoctonia solani* Kühn）和烟草花叶病毒（*Tobacco mosaic virus*）具有拮抗能力的广谱生防细菌，经形态学、生理生化及分子鉴定为贝莱斯芽孢杆菌（*Bacillus velez*），将其命名为 SYL-3。SYL-3 菌悬液试验浓度为 1×10^7 CFU/mL，在大田小区试验中连续施用于烟草叶面，调查叶部病害发生病情指数并在最后一次喷施处理 7d 后取样，进行 Illumina Hiseq 2500 测序来综合分析微生物群落结构的变化。试验结果表明，SYL-3 处理区域烟草赤星病、角斑病、靶斑病和花叶病毒病的病情指数均显著低于空白对照组。并且处理 28d 后对烟草角斑病及烟草花叶病毒病的防效仍然达到 75%以上，对靶斑病防效为 71%，对赤星病的防效也在 62%以上，显著高于菌核净处理组防效。微生物组高通量测序结果表明，SYL-3 处理组与对照组相比 *Pseudomonas*、*Sphingomonas* 和 *Massilia* 的丰度提高，增量分别为 19.00%、9.49%和 3.34%且成为处理组细菌群落的主要菌属；处理组 *Pantoea* 的相对丰度较对照组下降了 4.99%；真菌的群落结构在 SYL-3 处理下变化不十分显著，仅 *Cladosporium* 的丰度水平较对照组显著增加 12.29%。并且通过 Shannon 指数和主坐标分析（PCoA）表明 SYL-3 处理后烟草叶际微生物多样性也有所提高。烟草叶际微生物种群结构与赤星病、角斑病和烟草花叶病毒病发病相关性分析结果表明，SYL-3 处理后优势菌属的相对丰度与病情指数呈显著负相关，且通过叶际微生物相关性群落网络分析也可发现，SYL-3 处理后的优势菌群 *Pseudomonas* 和 *Sphingomonas* 的相对丰度与 *Stenotrophomonas* 和 *Methylobacterium* 等有益菌呈正相关，进一步验证处理组会通过影响种群结构的改变来影响植物病害的发生。综上所述，本试验在大田环境下，探究了微生物菌剂对烟草常见叶部病害的防控作用。并在此基础上，利用分子生物学技术，研究了烟草叶际微生物的群落、多样性变化及其与病害发病情况之间的联系，以期为防控烟草病害的研究提供支撑。

关键词：贝莱斯芽孢杆菌 SYL-3；烟草叶部病害；叶际微生物群落；微生物多样性；相关性分析

* 第一作者：刘鹤，博士研究生，研究方向为植物病理学；E-mail：2363598334@ qq. com
** 通信作者：吴元华，教授，研究方向为植物病理学；E-mail：wuyh09@ syau. edu. cn

烟草根腐病、黑胫病生防菌筛选及活性物质初步研究*

单宇航[1**]　周　涛[1]　张　崇[1]　李　斌[2]　刘东阳[2]　张宗锦[2]
徐传涛[2]　杨懿德[2]　顾会战[2]　吴元华[1***]
（1. 沈阳农业大学植物保护学院，沈阳　110866；
2. 中国烟草总公司四川省公司，成都　610000）

摘　要：本实验室经筛选得到一株对烟草根腐病菌（*Fusarium oxysporum*）、黑胫病菌（*Phytophthora parasitica*）抑制作用明显的生防菌株 SN53，结合生理生化检测、形态学观察及 16S rDNA 鉴定，将其鉴定为淀粉酶产色链霉菌（*Streptomyces diastatochromogene*）。该菌株在麸皮固体培养基（每升含有麸皮 10 g，淀粉 13.3 g，葡萄糖 6.7 g，NaCl 0.5 g，硫酸镁 0.5 g，磷酸氢二钠 0.5 g，硫酸亚铁 0.005 g，硝酸钾 1 g，琼脂 25 g，pH 7.0~7.2）上生长良好。发酵液优化培养基配方为可溶性淀粉 4.7%、花生饼粉 2.2%、酵母粉 0.3%、硫酸铵 0.27%、碳酸钙 0.27%、氯化钠 0.27%。SN53 发酵液抑菌谱较广，除了对烟草根腐病菌、黑胫病菌抑制作用明显，对烟草赤星病菌（*Ahernaria alternata*）、烟草靶斑病菌（*Rhizoctonia solani*）、番茄灰霉病菌（*Botrytis cinerea*）、辣椒根腐病菌（*Fusarium solani*）、辣椒炭疽病菌（*Colletotrichum capsici*）、马铃薯早疫病菌（*Alternaria solani*）、水稻恶苗病菌（*Gibberella fujikuroi*）、小麦赤霉病菌（*Fusarium graminearum*）、玉米小斑病菌（*Bipolaris maydis*）等病原菌均有抑制作用。以烟草根腐病菌为指示菌，在不同条件下对 SN53 菌株发酵液进行了稳定性测定，结果表明，发酵液对温度、光照、耐储藏性等方面表现稳定，在 90 ℃处理 30 min、pH 值在 4~8 内、自然光照 12 h、紫外光照 1 h，分别在 −20 ℃、4 ℃、25 ℃放置 1 个月后，发酵液抑菌效果变化不大。对 SN53 菌株发酵液中活性物质进行分离纯化，发酵液经离心，滤膜过滤，去除培养基成分及大量菌丝体，获得澄清发酵液后，采用 XAD-16 大孔吸附树脂吸附活性物质，对树脂进行甲醇浸泡、二氯甲烷萃取后，得到深棕色的粗提物浸膏。笔者正在对粗提物活性组分进行进一步的分离纯化。

关键词：烟草根腐病；烟草黑胫病；生防菌；分离纯化

---

* 基金项目：中国烟草总公司四川省公司科技项目（重点）（SCYC202113）
** 第一作者：单宇航，硕士研究生，研究方向为生物防治；E-mail：2578765539@ qq. com
*** 通信作者：吴元华，教授，研究方向为植物病毒学和生物农药；E-mail：wuyh7799@ 163. com

抑菌、抗病毒生防链霉菌 SN40 的鉴定及其抑制植物病毒机制初步研究*

周　涛[1**]　单宇航[1]　岳　研[1]　刘　鹤[1]　安梦楠[1]　李　斌[2]　江连强[2]
谢　强[2]　闫芳芳[2]　杨　洋[2]　何佶弦[2]　吴元华[1***]
（1. 沈阳农业大学植物保护学院，沈阳　110866；
2. 中国烟草总公司四川省公司，成都　610000）

摘　要：化学农药易使病原菌产生抗药性且农药残留污染环境，而生物防治具有对环境无污染，无残留，易降解，对人畜安全等优点，越来越受到人们的重视，其中利用微生物次生代谢产物来防治植物病害是生物防治研究中的一条重要途径。本文通过形态学观察，分子生物学鉴定，抑菌活性测定及抑制马铃薯 Y 病毒属病毒作用等方面，从土壤中分离筛选得到一株高效链霉菌 SN40。根据该菌株在培养基上的形态观察、扫描电镜观察、生理生化测定以及 16SrRNA 测序得到序列进行系统进化分析，初步判定该菌株为链霉菌属中的白色链霉菌（*Streptomyces albus*）。采用菌丝生长速率法测定 SN40 菌株抑制植物病原真菌的活性，结果表明该菌株对马铃薯早疫病菌（*Alternaria solani*）、烟草赤星病菌（*Alternaria alternate*）、玉米小斑病菌（*Bipolaria maydis*）、烟草靶斑病菌（*Rhizoctonia solani*）、水稻纹枯病菌（*Rhizoctonia solani*）、小麦赤霉病菌（*Fusarium graminearum*）、辣椒茎基腐病菌（*Rhizoctonia solani*）、水稻恶苗病菌（*Fusarium fujikuroi*）等植物病原真菌可起到不同程度的抑制作用，其中对马铃薯早疫病病菌的抑菌活性最强，抑制率高达 64.95%，其他的抑制率在 21.05%~62.14%。采用汁液摩擦接种法，于系统侵染寄主普通烟和枯斑寄主心叶烟上接种马铃薯 Y 病毒和烟草花叶病毒，接种 5 d 后用 SN40 菌液和离心后发酵液分别处理普通烟及心叶烟，利用 RT-qPCR 技术检测普通烟的差异表达基因并对其进行分析，结果表明防卫反应、应激反应、植物激素合成或响应相关基因等显著变化。心叶烟则计算枯斑抑制率，结果显示 SN40 菌液处理下的枯斑抑制率为 81.25%，离心后发酵液处理下的枯斑抑制率为 86.47%。本研究初步明确白色链霉菌 SN40 菌株抗病毒作用，该菌株次生代谢产物分离纯化与结构解析正在进一步研究，可为新农药创制的先导化合物提供理论依据。

关键词：白色链霉菌；分类鉴定；抑菌谱；抗病毒

---

* 基金项目：中国烟草总公司四川省公司科技项目（重点）（SCYC202113）

** 第一作者：周涛，硕士研究生，研究方向为有害生物与环境安全；E-mail：zt13332465967@163.com

*** 通信作者：吴元华，教授，研究方向为病毒学；E-mail：wuyh7799@163.com

品种混种对玉米南方锈病发病情况的影响*

高建孟　黄莉群　董佳玉　孙秋玉　马占鸿**
（中国农业大学植物病理学系，北京　100193，
农业农村部作物有害生物监测与绿色防控重点实验室，北京　100193）

摘　要：玉米南方锈病在我国发生较为普遍，对玉米产量影响较大，传统药剂防治导致农药残留多、环境污染严重，种植抗病品种是最为绿色环保且有效的防治方式，但抗性品种大规模推广后，会对病原物产生定向选择，种植数年后病原物将克服寄主的抗性，从而导致抗病品种的抗性丧失。品种混种被认为是一种可以有效抑制病害发病、延缓寄主抗性丧失的有效手段。为了研究品种混种对玉米南方锈病发病情况的影响，选用 A（郑单 958）、B（浚单 20）、C（登海 605）和 D（裕丰 303）4 种玉米品种作为试验材料，采用单种和混种方式共设置了 8 种品种组合（A、B、C、D、AD、ABD、ACD 和 ABCD）的处理，每种处理设置 3 个小区作为重复。2020 年 7 月 22 日采用喷洒夏孢子悬浮液的方式进行全田接种，并于 8 月 6 日、8 月 11 日、8 月 16 日、8 月 21 日和 8 月 26 日进行 5 次病情指数调查，每个小区的病情指数采用五点取样法获取。不同调查时期的病情指数对比结果表明 8 种处理的病情指数总体呈现出随着时间而逐渐增大的趋势，这与玉米南方锈病在田间侵染和逐步扩散的规律相一致。对于单种处理，A、B、C、D 4 个品种最终病情（8 月 26 日病情指数）分别为 82.96、63.01、34.27 和 31.56，4 个品种各自的病情平均值（5 次调查病情指数的平均值）分别为 40.50、28.58、12.51 和 13.72，表明 4 个品种的抗病性不同，A 品种和 B 品种的抗病性较差，C 和 D 品种的抗病性较强。对不同单种处理最终病情指数进行配对样本 t 检验，结果表明 A 品种和 B 品种与自身以外的其他品种差异性均达到显著水平（$P<0.05$），C 品种与 D 品种的差异性不显著（$P=0.535$），结合病情指数的大小，可以得出 A 品种为高感品种、B 品种为中感品种，C 品种和 D 品种为中抗品种。对于混种处理，AD、ABD、ACD 和 ABCD 4 个处理的最终病情分别为 48.30、57.68、50.91 和 34.91，4 个处理各自的病情平均值分别为 25.14、30.01、23.56 和 18.44，最终病情和病情平均值两个指标均表明混种处理的病情指数介于中感品种（B）和中抗品种（C 和 D）单种时的病情指数之间，4 种混种组合中 ABCD 处理的最终病情和病情平均值均最低，且已接近抗性品种（C 和 D）单种时的病情指数。对比 AD、ABD 和 ACD 各自的病情平均值，发现发病最轻的为 ACD，其次为 AD，发病最重的为 ABD，这主要是抗性品种所占的比例不同所致，ACD、AD 和 ABD 处理中抗性品种所占的比例分别为 67%、50%和 33%，表明抗性品种的比例对发病情况具有一定的影响。此外，值得注意的是 ABCD 处理中抗性品种比例为 50%，而发病情况却轻于抗性占比 67%的 ACD 处理，表明发病情况还与不同抗性的玉米品种数量有关。综上，合理的混种方案可以实现与种植抗性品种相同的病害防控效果，初步的混种策略为抗性品种占比 50%左右，在此基础上尽可能多地混合感病程度不同的其他品种。

关键词：玉米南方锈病；品种混种；病情指数

---

* 基金项目：国家自然科学基金（31972211，31772101）

** 通信作者：马占鸿，教授，研究方向为植物病害流行与宏观植物病理学教学科研工作；E-mail：mazh@ cau. edu. cn

嘧啶胍类新化合物GLY-15对烟草花叶病毒的抗病毒机制研究*

于 森** 刘 鹤 郭龙玉 李兴海 安梦楠 吴元华***
（沈阳农业大学 植物保护学院，沈阳 110866）

摘 要：近年来，我国在原创性分子靶标与绿色农药分子设计方面取得重要进展。宋宝安院士团队创制出针对具有免疫激活功能的新型抗植物病毒剂毒氟磷，此外，丁香菌酯、氰烯菌酯、丁吡吗啉等都是新创制出的具有自主知识产权的绿色新农药杀菌抗病毒剂。但现有的抗病毒剂数量和作用有限，远不能满足农业生产所需，亟须基于分子作用靶标设计合成新型绿色农药。据报道，嘧啶杂环在分子结构设计、化学合成和应用方面是医药和农药领域的研究热点，常被用作抗肿瘤、杀菌和抗病毒剂等；以含胍基为代表的盐酸吗啉胍为广谱抗病毒药，在医药上可作用于流感病毒和副流感病毒等RNA型病毒和DNA型的某些腺病毒，在农药上也广泛用于蔬菜、瓜果病毒病的防治。因此，嘧啶杂环和胍基结构有望在新型抗植物病毒剂的创制研发上取得突破。本研究室基于嘧啶杂环和胍基结构，设计合成了一系列结构新颖的嘧啶胍类化合物。该类化合物的合成以异丙醇为溶剂，以含不同取代基的苯乙酮为原料，分别与三氟乙酸乙酯和二氟乙酸乙酯在甲醇钠的催化作用下进行克莱森酯缩合反应，得到37个1,3-二酮类中间体，中间体的两个羰基与盐酸吗啉胍中的两个氨基进行脱水缩合成环，构建了嘧啶杂环，并引入了吗啉基、胍基和含氟基团，最终合成了37个目标化合物。其中，新化合物GLY-15对TMV具有较好的抑制效果。本文通过本生烟农杆菌浸润以及烟草原生质体的PEG接种体系，采用Northern印迹杂交（Northern blot）和实时荧光定量PCR（RT-qPCR）等方法进一步阐明其抗病毒作用机制。结果表明，GLY-15可以有效延缓TMV对植物体的侵染，并显著抑制TMV RNA在烟草原生质体中的积累；GLY-15可诱导植物活性氧（ROS）产生，显著提高氧化物酶（POD）、超氧化物歧化酶（SOD）和苯丙氨酸解氨酶（PAL）活性；GLY-15能诱导自噬相关基因（*ATG*8与*ATG*12）和应激反应相关基因（*HSP*70与*HSP*90）以及植物激素合成或响应相关基因（*WRKY*40、*SAUR*71和*ERF*109）的显著变化。本研究结果为GLY-15的抗病毒作用机制提供了有价值的见解，有望在未来的植物病毒综合防治中应用。

关键词：嘧啶胍类化合物；烟草花叶病毒；抗病毒机制

* 基金项目：国家自然科学基金（32072391）
** 第一作者：于森，硕士研究生，研究方向为植物病毒学；E-mail：932280266@qq.com
*** 通信作者：吴元华，教授，研究方向为植物病毒学；E-mail：wuyh09@syau.edu.cn

外源褪黑素促进 *Trichoderma breve* FJ069 对白绢病菌拮抗作用研究*

徐　宁** 　刘　震　邢梦玉　刘　铜***
（海南大学植物保护学院，热带农林生物灾害绿色防控教育部重点实验室，海口　570228）

摘　要：木霉菌（*Trichoderma* spp.）是一类应用广泛的生防真菌，对于众多植物病原真菌具有较强的拮抗作用。褪黑素（melatonin）是一种几乎存在于所有生物体的小分子，具有抗氧化、抗逆、调节生长发育等作用。在前期 *Trichoderma breve* FJ069 与白绢病菌（*Sclerotium rolfsii*）对峙培养时，将 melatonin 添加于培养基中，发现 *T. breve* FJ069 对白绢病菌的拮抗作用增强；然而 melatonin 单独处理 *T. breve* FJ069 和白绢病菌后，其菌丝生长速度和形态与对照相比均无明显差异，暗示 melatonin 促进了 *T. breve* FJ069 对白绢病菌拮抗作用。为了深入揭示 melatonin 促进 *T. breve* FJ069 对白绢病菌的拮抗机制，利用高通量测序技术鉴定不同处理样本（melatonin 处理和未处理）之间差异表达的基因，共获得 40 个差异表达的基因，经功能分析发现这些基因与活性氧代谢，菌丝生长发育，转录因子等有关，其中 Nascent polypeptide-associated complex（*NAC*）基因呈现显著上调表达，推测 melatonin 可能作用 *NAC* 基因促进 *T. breve* FJ069 拮抗白绢病菌，目前关于 melatonin 调控 *NAC* 基因的机制正在开展，这将有利于揭示 melatonin 调节木霉菌 *NAC* 基因表达，从而增强木霉菌对白绢病菌的拮抗作用。

关键词：木霉；白绢病菌；褪黑素；*NAC* 基因

---

* 基金项目：海南省科技厅重点研发项目（ZDYF2019064）
** 第一作者：徐宁，硕士研究生，研究方向为分子植物病理学；E-mail：ningxu1998@163.com
*** 通信作者：刘铜，教授，博士生导师，研究方向为植物病理学与生物防治；E-mail：liutongamy@sina.com

10^5 亿 CFU/g 多粘菌·枯草菌可湿性粉剂对烟草赤星病防效及叶际微生物群落多样性的影响*

姜　军[1**]　刘　鹤[1]　陈建光[2]　李鑫淳[1]　张　崇[1]
李继博[3]　彭　超[3]　寇宝实[3]　王圣淳[3]　吴元华[1***]
（1. 沈阳农业大学植物保护学院，沈阳　110866；2. 安阳工学院生物与食品工程学院，安阳　455000；3. 中国烟草总公司辽宁省公司，沈阳　110000）

摘　要：烟草是我国重要的经济作物，施用生物药剂是减少烟草病害发生的重要措施之一。本文采用生物农药 10^5 亿 CFU/g 多粘·枯草菌可湿性粉剂作为试验药剂，针对烟草赤星病开展了深入研究。在辽宁省凤城市试验烟田进行药剂试验，每次施药后间隔 7 d 并参照国家标准 GB/T 23222—2008 调查每个处理病情指数，统计防治效果，共调查 3 次。调查结果显示，10^5 亿 CFU/g 多粘·枯草菌可湿性粉剂稀释 500 倍液对烟草赤星病的防治效果最显著，平均防治效果超过 78.6%，药效比较稳定。

施用制剂后，采用基于 16SrRNA/ITS 基因的 Illumina Hiseq 2500 测序技术对烟草叶际细菌和真菌进行测序，分析 10^5 亿 CFU/g 多粘·枯草菌可湿性粉剂对烟草叶际微生物群落结构组成和生物多样性的影响。在属水平上对对照组和处理组进行分析，结果显示处理组叶际微生物群落结构和组成都产生了明显的变化，群落多样性显著提高。药剂处理后，细菌群落的主要组成均为假单胞菌属（*Pseudomonas*）、鞘脂单胞菌属（*Sphingomonas*）和肠杆菌属（*Enterobacter*），但不同属所占比例发生显著变化，其中假单胞菌属（*Pseudomonas*）和肠杆菌属（*Enterobacter*）相比对照下降到 1/4 和 1/5，其丰度与病情指数呈显著负相关，另鞘脂单胞菌属（*Sphingomonas*）相比对照增加 4 倍。综上所述，施用 10^5 亿 CFU/g 多粘·枯草菌可湿性粉剂显著影响叶际微生物群落的组成和多样性，10^5 亿 CFU/g 多粘·枯草菌可湿性粉剂对烟草赤星病具有较好的防治效果，可在生产上进行推广应用。

关键词：10^5 亿/g 多粘菌·枯草菌 WP；烟草赤星病；防效；微生物群落

---

* 基金项目：基于提质增效的烤烟绿色防控关键技术集成与应用项目（2021210000200014）
** 第一作者：姜军，硕士研究生，研究方向为植物病原真菌学；E-mail：ht_727@126.com
*** 通信作者：吴元华，教授，研究方向为病毒学；E-mail：wuyh09@syau.edu.cn

新疆番茄黑斑病链格孢属病原菌的生防菌株初筛*

姜蕴芸[1**]　钱　岑[1]　郝志刚[1]　范盈盈[2]　王　成[2]　罗来鑫[1]　李健强[1]　蒋　娜[1***]
（1. 中国农业大学植物病理学系，种子病害检验与防控北京市重点实验室，
北京　100193；2. 新疆农业科学院，乌鲁木齐　830091）

摘　要：新疆是我国最大的加工番茄生产地，由链格孢属真菌引起的番茄黑斑病是加工番茄成熟过程中最严重的病害之一，利用生防菌对病害进行防控是一种绿色、经济、有效的手段。本研究以分离自新疆番茄的链格孢菌（*Alternaria alternata*，菌株编号 Vtm4）和细极链格孢菌（*Alternaria tenuissima*，菌株编号 SP-07）为靶标，采用平板对峙培养法或发酵液培养法测定了 5 株芽孢杆菌（*Bacillus* sp.）、2 株解淀粉芽孢杆菌（*B. amyloliquefaliens*）、1 株枯草芽孢杆菌（*B. subtilis*）、1 株贝莱斯芽孢杆菌（*B. velezensis*）、1 株荧光假单胞菌（*Pseudomonas fluorescens*）和 1 株拟康氏木霉（*Trichoderma pseadokoningi*）对 2 株靶标菌的生防效果。除了芽孢杆菌 B0024、B0026、B0103、B0302，其他菌株对靶标病原菌均有一定的抑制效果，其中解淀粉芽孢杆菌 141-1B 对 Vtm4 的抑制率可达 61.2%，荧光假单胞菌 2P24 对 SP-07 的抑制率可达 61.9%。随后尝试将两种生防菌复配，但未得到高于生防菌单剂的抑制效果。室内生测结果证明，解淀粉芽孢杆菌 141-1B 和荧光假单胞菌 2P24 对引起番茄黑斑病的链格孢菌有较好的抑制效果，后续可在温室及大田试验中继续探索其应用价值。

关键词：番茄黑斑病；链格孢菌；生物防治

---

* 基金项目：新疆特色瓜果中真菌毒素污染筛查评估及生物防控技术研究（项目编号 XJZDY-001）
** 第一作者：姜蕴芸，硕士研究生，研究方向为种子病理学和病原物效应蛋白；E-mail：yunyj_0310@163.com
*** 通信作者：蒋娜，博士，高级实验师，研究方向为种子病理及杀菌剂药理学；E-mail：jn2009@139.com

一种玉米南方锈病生防真菌的开发研究

孙志强* 董佳玉 马占鸿**

（中国农业大学植物保护学院植物病理学系，北京 100193）

摘 要：玉米是我国重要的粮饲作物，玉米的安全生产关乎我国粮食安全生产。玉米南方锈病是由多堆柄锈菌（*Puccinia polysora* Underw.）侵染引起的一种气传性病害，近年来，随着全球气候变化和品种抗病性的丧失，该病害在我国热带、亚热带和黄淮海玉米产区均有广泛的分布，对玉米产量造成严重影响，一般减产 60%左右，严重时造成绝收。传统的防治方法以种植抗病品种为主，化学农药防治为辅，但是玉米南方锈菌的变异可以导致抗病品种抗性“丧失”，化学农药的使用又会造成药剂残留、环境污染等问题，因此，研究开发玉米南方锈病生物防治方法是保障玉米生产安全的重要选择。本研究获得了一株对玉米南方锈病具有一定拮抗作用的真菌。在孢子萌发实验中，发现该真菌代谢物对玉米南方锈菌的孢子萌发有较为明显的抑制作用，抑制率达到了 90%以上，但是对于该真菌最佳的发酵工艺及玉米田中的施用方式和防治效果仍需要进一步研究。

关键词：玉米南方锈病；生物防治；生物测定

* 孙志强，在读研究生；E-mail：lymyszq@ 163. com

** 通信作者：马占鸿；E-mail：mazh@ cau. edu. cn

小麦根部病害药剂与生防菌筛选*

孙 华** 张立荣*** 杨文香***
(河北农业大学植物保护学院，保定 071001；
河北省农作物病虫害生物防治技术创新中心，保定 071001)

摘 要： 近年来，小麦根部病害逐渐加重，在种植小麦地区不断传播蔓延，控制困难，造成严重的经济损失。因此，筛选有效防治药剂和防治方法对于控制该病害尤为重要。本研究通过对小麦根部病害进行化学药剂防治的盆栽试验和田间防效试验，以期获得高效安全的化学药剂，另外对小麦茎基腐病、小麦根腐病、小麦赤霉病进行了拮抗菌株筛选。本研究通过室内毒力测定，比较了 10 种杀菌剂对小麦根腐病病原菌的抑制作用。室内毒力测定结果表明，氟环唑、苯醚甲环唑·嘧菌酯和腈菌唑对小麦根腐病的抑制作用较好，其 EC_{50}分别为 0.005 mg/L、0.061 mg/L 和 0.462mg/L，EC_{90}分别为 0.349 mg/L、8.520 mg/L 和 7.782mg/L。在田间试验中所使用 8 种药剂 25%咯菌腈、27%酷拉斯、1%申嗪霉素、丙环唑、氟环唑、45%戊唑醇、苯醚甲环唑·丙环唑、苯甲嘧菌酯中，对小麦根部病害防效好的药剂是酷拉斯、申嗪霉素、氟环唑、苯甲·嘧菌酯。另外，本研究采用两点平板对峙法和拌土法对小麦主要根部病害与赤霉病进行拮抗菌的筛选和室内生防效果测定。通过抑菌试验筛选出 11 株拮抗效果好的菌株，分别命名为 C1、C2、C3、C4、C5、C6、G2、G3、G5、G6、G7，采用平板对峙法测定了抑菌活性，对根腐病原菌、赤霉病原菌、茎基腐病原菌 C1 抑菌率分别达到 76%、60%，59%，C2 抑菌率分别达到 78%、60%、52%，C3 抑菌率分别达到 77%、56%、60%，C4 抑菌率分别达到 75%、58%、58%，C5 抑菌率分别达到 75%、60%、56%，G7 抑菌率分别达到 77%、60%、55%。其中从茎基腐病发病的小麦根际土壤中筛选出来 C1 和 G7 抑菌效果最好。对这 3 种病害抑制率较高的生防菌株 C1、G7，制成浓度为 1.15×10^{8} cfu/mL 的菌悬液进行盆栽试验，G7 对根腐病防治效果最好达到 90%。C1 对小麦茎基腐病和小麦赤霉病的防效最好，平均防效达到 80%与 84%。通过形态特征、生理生化和分子鉴定，鉴定为枯草芽孢杆菌。该结果为今后生防制剂的研发与小麦根部病害和赤霉病的生物防治以及农业可持续发展奠定了基础。

关键词： 小麦根腐病；杀菌剂；抑制作用；小麦根部病害

* 基金项目：小麦病虫害绿色防控与质量检测（HBCT2018010204）
** 作者简介：孙华，在读硕士研究生，研究方向为植物病害生物防治与分子植物病理学；E-mail：1550416593@ qq. com
*** 通信作者：张立荣，副教授，博士，研究方向为植物病害生物防治与分子植物病理学；E-mail：Zlr139@ 126. com
杨文香，教授，博士，研究方向为小麦叶锈菌致病机制；E-mail：wenxiangyang2003@ 163. com

黄淮海地区小麦病害绿色防控技术集成与应用*

于思勤[1**]　马浏扬[2]　孙炳剑[3]

（1. 河南省植保植检站，郑州　450002；2. 河南省科技发展中心，郑州　450002；
3. 河南农业大学植物保护学院，郑州　450002）

摘　要：全球报道的小麦病害有200多种，我国小麦病害有80多种，常见病害有20多种，其中锈病、赤霉病、白粉病、纹枯病、茎基腐病、全蚀病等发生严重，每年均造成相当大的损失，加强小麦病害绿色防控技术研究与应用，是促进小麦绿色高质高效发展的重要措施。

1　播种期

主要预防小麦种传和土传病害。使用检疫合格的小麦种子；种植抗纹枯病、白粉病、锈病、赤霉病的品种；增施有机肥，控制氮肥使用量，合理使用磷钾肥，促进小麦健壮生长；实行深耕或深松，破除土壤板结，促进小麦根系发育，减轻土传病害和地下害虫发生。前茬作物秸秆要充分粉碎还田，深翻掩埋，加速秸秆腐熟，提高土壤有机质含量。播种前，清除田边、地头、沟边的杂草和自生麦苗，减少秋季小麦锈病、白粉病的初侵染来源和传播桥梁；推广宽窄行种植模式，充分利用边行优势，实现农机农艺相融合；选用5%井冈霉素水剂100 mL或1%申嗪霉素悬浮剂10~15 mL+5%阿维菌素悬浮种衣剂30 mL或60%吡虫啉悬浮种衣剂30 mL拌10 kg麦种，预防小麦苗期纹枯病、茎基腐病、孢囊线虫病及地下害虫等；使用5%氨基寡糖素水剂100 mL拌种10 kg，增强小麦免疫力，提高抗病性。

2　返青拔节期

主要防治小麦纹枯病、茎基腐病、根腐病、全蚀病等。每亩用5%井冈霉素水溶性粉剂100~150 g，或4%井冈·蜡芽菌可湿性粉剂40 g、6%井冈·枯草芽孢杆菌可湿性粉剂100 g，兑水50 kg，对准小麦茎基部喷淋。在纹枯病、茎基腐病、全蚀病重发区，每亩用12.5%烯唑醇可湿性粉剂30~50 g，或20%三唑酮乳油60~80 mL、43%戊唑醇可湿性粉剂20 g，兑水40~50 kg对准小麦茎基部进行喷雾。每次喷药时，加入5%氨基寡糖素水剂100 mL或0.01%芸薹素内酯可溶液剂10 mL，促进小麦健壮生长。

3　抽穗扬花期

主要防治小麦赤霉病，兼治锈病、白粉病、叶枯病等。在小麦齐穗至扬花初期，每亩用25%氰烯菌酯悬乳剂100~150 mL、或43%戊唑醇可湿性粉剂20~30 g、30%丙硫菌唑可分散油悬浮剂40~45 mL，兑水40~50 kg均匀喷雾；在优质专用小麦生产基地，每亩使用4%井冈·蜡芽菌可湿性粉剂50 g、0.3%四霉素水剂50~70 mL，兑水50 kg均匀喷雾。

---

* 基金项目：河南省小麦产业技术体系（S2015-01-G08）

** 于思勤；E-mail：siqin606@sohu.com

4　灌浆期

重点防治锈病、白粉病、叶枯病、黑胚病等，同时注意预防小麦后期早衰和干热风危害。在防控药剂选择上，重点推广生物农药和高效低毒的化学农药，相同品种药剂重点推广高含量产品和悬浮剂、水乳剂等环保剂型。

提倡选用2%多抗霉素可湿性粉剂500倍液、0.3%四霉素水剂500~800倍液、1 000亿枯草芽孢杆菌可湿性粉剂2 000~3 000倍液，连续使用2次，间隔7 d左右；后期小麦叶部病害发生严重时，每亩选用12.5%烯唑醇40~50 g、25%戊唑醇可湿性粉剂30~40 g、12.5%氟环唑悬浮剂45~60 mL，兑水均匀喷雾。

灌浆期是是多种病虫害混合发生，危害严重的时期，要加强病虫害监测预警工作，及时发布防治警报。充分发挥专业化服务组织和高效新型植保机械的作用，组织开展大面积的统防统治，有效控制病虫危害。根据病虫害发生种类和危害情况，优先推广使用生物防治措施；在病虫害发生严重的情况下，科学配伍药剂，提倡综合用药，一喷多防，尽量减少化学农药的使用量。每次喷雾时每亩加入98%磷酸二氢钾150~200 g和0.01%芸薹素内酯可溶液剂10 mL，提高灌浆速度，延长叶片的功能期，提高小麦的千粒重和品质，防止小麦叶片早衰，预防后期干热风。后期喷施叶面肥尽量不要使用尿素等氮肥，以免加重小麦黑胚病的发生。

关键词：小麦病害；农机农艺；药剂防治；绿色防控

小麦白粉菌对 DMIs 杀菌剂的敏感性和 *BgtCYP*51 序列分析*

王柳青** 房 悦 刘 伟 周益林 范洁茹***
（中国农业科学院植物保护研究所，植物病虫害生物学国家重点实验室，北京 100193）

摘 要：小麦白粉病是由专性寄生真菌禾布氏白粉菌小麦专化型（*Blumeria graminis* f. sp. *tritici*）引起的气传性多循环病害，化学防治是防治小麦白粉病的主要防治方法，但小麦白粉菌在长期的药剂选择压下其靶标基因发生变化，对 DMIs 杀菌剂产生抗药性。为明确小麦白粉菌对 DMIs 杀菌剂的抗药性现状及其 *BgtCYP*51 基因的变异，本研究采用离体叶段法测定了 122 个小麦白粉菌菌株（其中 2000 年以前采集的菌株 22 株和 2019 年采集的菌株 100 株）对 DMIs 杀菌剂戊唑醇和丙硫菌唑的敏感性，并对所有菌株的 *BgtCYP*51 基因进行测序和分析。研究结果表明，2000 年以前采集的小麦白粉菌对戊唑醇 EC_{50}范围为 0.055～2.170 μg/mL，平均值为 1.113±1.446 μg/mL，2019 年菌株 EC_{50}范围为 0.053～2.944 μg/mL，平均值为 1.499±1.446 μg/mL。2000 年以前采集的小麦白粉菌菌株对丙硫菌唑 EC_{50}范围为 1.423～44.579 μg/mL，平均值为 23.001±21.578 μg/mL，2019 年菌株的 EC_{50}范围为 3.999～69.412 μg/mL，平均值为 36.706±32.707 μg/mL。小麦白粉菌对戊唑醇与丙硫菌唑的交互抗药性分析结果表明，相关系数 r 值为 0.143，p 为 0.115，小麦白粉菌对 2 种药剂之间不存在交互抗药性。对 *BgtCYP*51 基因进行测序分析，共得到 10 种基因型（A–J），其中有三种主要基因型，基因型 A 为野生型基因型，占 12.93%，对戊唑醇的平均 EC_{50}为 0.665 ± 0.593 μg/mL，对丙硫菌唑的平均 EC_{50}为 32.292 ± 24.860 μg/mL；基因型 B 为 Y136F 套峰基因型，占 39.66%，对戊唑醇的平均 EC_{50} 1.332 ± 1.084 μg/mL，对丙硫菌唑的平均 EC_{50}为 28.581 ± 24.268 μg/mL，利用非参数置换检验对不同基因型的敏感性 EC_{50}进行显著性差异分析，相比野生型基因型 A，基因型 B 群体对戊唑醇的敏感性显著下降，但是对丙硫菌唑的敏感性无显著性差异；基因型 C 为 S79T/Y136F/K175N 连锁突变基因型，占 34.48%，对戊唑醇的平均 EC_{50}为 1.519 ± 1.425 μg/mL，对丙硫菌唑的平均 EC_{50}为 35.200 ± 31.201 μg/mL，相比野生型基因型 A，基因型 C 群体对戊唑醇和丙硫菌唑的敏感性均显著下降，与 Y136F 套峰的 B 基因型相比，对戊唑醇的敏感性无显著性差异，但是对丙硫菌唑的敏感性显著下降。其他基因型每个群体仅含有 1～5 个菌株，不适宜进行显著性分析。综上所述，小麦白粉菌群体已经产生对戊唑醇和丙硫菌唑敏感性下降的群体，但是对 2 种药剂之间不存在交互抗药性。Y136F 套峰基因型 B 仅与戊唑醇敏感性下降显著相关，而 S79T/Y136F/K175N 连锁突变基因型 C 则与戊唑醇和丙硫菌唑的敏感性下降均相关。该研究结果为小麦白粉菌的田间防治提供指导，也为小麦白粉菌 *BgtCYP*51 基因在药剂选择压下的进化研究提供依据。

关键词：小麦白粉菌；戊唑醇；丙硫菌唑；抗药性；基因型

---

* 基金项目：国家自然科学基金（31972226）“小麦白粉病菌耐高温遗传特性及分子机制研究”
** 第一作者：王柳青，硕士研究生，研究方向为资源利用与植物保护；E-mail：18238509522@163.com
*** 通信作者：范洁茹，助理研究员，研究方向为麦类真菌病害；E-mail：jrfan@ippcaas.cn

冬季气象因子对稻瘟病流行的影响以及稻瘟病模型的建立

尤凤至*　郭芳芳　王嘉豪　吴波明**
（中国农业大学植物保护学院植物病理系，北京　100193）

摘　要：为准确预测病害的流行和及时指导实施有效的稻瘟病防治策略，本研究分析影响稻瘟病流行的冬季气象因子，并结合生长期气象因子建立稻瘟病预测模型。以来自全国农业技术推广服务中心稻瘟观测点2000—2017年的稻瘟病历史测报资料和来自中国气象数据网的气候条件为基本数据。利用反距离权重插值获得稻瘟观测点的气象数据，并根据稻瘟病侵染环节对环境条件的需求创建了大量衍生变量。将气象数据与稻瘟数据关联，在SAS中利用方差分析、变量聚类、LASSO和Group LASSO等方法进行变量筛选，建立了回归模型和逻辑斯蒂模型，并对模型进行验证。结果表明生长期雨日土壤温度、气温以及附着胞形成最适温度偏移量是重要的预测因子，在稻瘟病的预测模型中有关键作用。在越冬气象条件中，1—2月的日最高气温是关键气象变量，可用于预测来年的稻瘟病流行程度。

关键词：稻瘟病；气象因子；模型

* 第一作者：尤凤至，研究生，研究方向为植物病害流行学
** 通信作者：吴波明，教授，主要研究方向为植物病害流行；E-mail：bmwu：cau. edu. cn

烤烟漂浮育苗苗盘有害藻类防治药剂筛选*

康晓博[1**] 赵一鸣[1] 常 栋[2] 李建华[3] 万笑迎[1] 黄微微[1] 郑 潜[1] 王天姿[1]
王晓强[2] 闫海涛[2] 王雪芬[3] 许跃奇[2] 何晓冰[2] 蒋士君[1] 孟颢光[1***] 崔江宽[1***]
（1. 河南农业大学植物保护学院，郑州 450002；2. 河南省烟草公司平顶山市公司，平顶山 467000；3. 河南省烟草公司许昌市公司，许昌 461000）

摘 要：为筛选出能够防治烟草漂浮育苗苗盘有害藻类的有效药剂，根据前期预实验结果，在室内测定了12种药剂：扑草净、烯酰锰锌、代森锰锌、腐霉福美霜、甲基硫菌灵、除藻去苔剂、高锰酸钾、硫酸铜、三氯化铁、硫酸亚铁、氯溴异氰尿酸、2-甲基乙酰乙酸乙酯对苗床小球藻和颤藻的防治效果。结果表明，硫酸铜，高锰酸钾、甲基硫菌灵和硫酸亚铁对小球藻有良好的抑制效果，其中硫酸铜（5 g/L）防效最好，抑制率达92.35%；对颤藻的抑制效果表明，高锰酸钾（0.8 g/L）防效最好，达90%以上，氯溴异氰尿酸（80 mg/L）和2-甲基乙酰乙酸乙酯（0.5 g/L）防效在80%以上，硫酸亚铁（0.5 g/L）抑制率最低，为68.89%。研究结果为烤烟漂浮育苗苗床小球藻和颤藻的防治提供了重要的数据支撑，为漂浮育苗的有害藻类防控奠定了理论基础。

关键词：漂浮育苗；小球藻；氯溴异氰尿酸；硫酸铜；高锰酸钾

---

* 基金项目：河南省重点研发与推广专项（科技攻关）项目（212102110443）；河南省高等学校大学生创新训练计划项目（S202010466040）；河南省烟草公司平顶山市公司科技项目（PYKJ202102）；河南省烟草公司许昌市公司科技项目（2020411000240074）

** 第一作者：康晓博，本科生，研究方向为植物病理学；E-mail：xiaobo199200@163.com

*** 通信作者：崔江宽，副教授，研究方向为植物与线虫互作机制；E-mail：jk_cui@163.com；
孟颢光，讲师，研究方向为烟草病害生态防治；E-mail：menghaoguang@henau.edu.cn

Inhibitory effects of one volatile organic compound emitted from *Bacillus subtilis* ZD01 against potato early blight

ZHANG Dai[1]　QIANG Ran[1]　ZHAO Jing[1]　CHENG Jianing[2]　FAN Yaning[1]
ZHAO Dongmei[1]　YANG Pan[1]　WANG Jinhui[1]　LI Qian[1]　YANG Zhihui[1 *]
ZHU Jiehua[1 ***], LIU Huajiao[1]
(1. *College of Plant Protection, Hebei Agricultural University, Baoding, China*;
2. *Agricultural Business Training and Entrepreneurship Center, Hebei Agricultural University, Baoding, China*)

Abstract: *Bacillus* is one of the most studied and applicated biological control agent. Mixed volatile organic compounds (VOCs) produced by *Bacillus* strains have recently been proved to have strong inhibiting activities against plant fungal pathogens. However, their mechanisms of action especially one specific VOC produced by *Bacillus* against plant fungal pathogens still remains poorly studied. Moreover, little is known about the function of *Alternaria solani* pathogenic relative genes. In this study, 6-methyl-2-heptanone accounted relatively high content in VOCs from *B. subtilis* ZD01 and inhibited *A. solani* mycelia growth significantly *in vitro* with its EC_{50} value against *A. solani* was 0.19 mg/cm^3 headspace. Scanning and transmission electron microscopy analyses revealed distorted hephae and a wide range of abnormalities in *A. solani* cells when exposed to 6-methyl-2-heptanone. Furthermore, there were some cells fluoresced green captured exposed to 6-methyl-2-heptanone and the extracellular ATP contents of *A. solani* increased dramatically in treated groups, which indicated that 6-methyl-2-heptanone increased membrane permeability of *A. solani* hyphae. The qRT-PCR results showed that transcriptional expressions of *slt*2 and *wetA* gene were down-regulated exposure to 6-methyl-2-heptanone. Moreover, *wetA* in *A. solani* was identified as the condia-associated gene, which plays a role in regulating sporulation yield and conidia maturity. These findings provide further insight into the mechanism of VOCs secreted by *Bacillus* against *A. solani*, further enrich our understanding of bacteria-fungi interactions (BFIs) mediated by VOCs in natural environment, and offer a new and safer strategy for plant disease control.

Key words: *Alternaria solani*, *Bacillus subtilis*, 6-methyl-2-heptanone, antifungal, cell integrity, membrane permeability

* Correspondence: YANG Zhihui; E-mail: 13933291416@163.com
ZHU Jiehua; E-mail: zhujiehua356@126.com

气象因子对梓潼地区小麦条锈病发生规律的影响探究*

张　洪**　王福楷　Kalhoro M T　Kalhoro G M　陈天虹
（西南科技大学生命科学与工程学院，绵阳　621000）

摘　要：条锈病（病原菌：*Puccinia striiformis* f. sp. *tritici*）是在全世界造成小麦减产的重要因素。梓潼是四川小麦条锈病发病最早最重的地区之一，其小麦条锈病的发生发展情况对小麦条锈病的发生规律研究具有一定指导意义。笔者根据梓潼 2016—2019 年小麦条锈病田间调查资料和气象数据，运用 Logistic 曲线拟合以及结合惊蛰和清明节气划分 3 个病害流行阶段，以调查前 10 d、20 d、30 d、10~20 d 和 20~30 d 与田间发病面积进行 Pearson 相关性分析，探究当地小麦条锈病发生规律及气象因子对小麦条锈病流行的影响。研究发现：外来菌源可能是梓潼小麦条锈病多个流行高峰出现的主要原因；利用 Logistic 曲线可以较好模拟当地小麦条锈病发病面积扩展过程；初发期多个时段的气象因子（温度、日照时数、降水量）与发病面积呈显著或极显著正相关；盛发期的气象因子与条锈病发病面积无显著相关性；衰退期的气象因子（日均最低温度、降水量）与发病面积呈显著负相关；“毛毛雨”可能在条锈菌夏孢子的沉降和帮助侵染中起着重要作用。

关键词：小麦条锈病；气象因子；发生规律；流行高峰；孢子沉降

---

* 基金项目：国家自然科学基金（31601582）；国家重点研发计划（2018YFD0200500）

** 第一作者：张洪，讲师，研究方向为作物病害防控；E-mail：179332210@ qq. com

拮抗黄瓜根腐病的木霉菌筛选与生防效果评价*

张漫漫** 任　森 李清耀 薛　鸣 王　睿 王伟伟 刘　铜***
（海南大学植物保护学院，热带农林生物灾害绿色防控教育部重点实验室，海口　570228）

摘　要：本研究从四川黄瓜连作地发病植株上分离获得引起黄瓜根腐病的病原菌，通过柯氏法则鉴定引起该病害的病原菌为尖孢镰刀菌（*Fusarium oxysporum*）。通过原生质遗传转化成功获得该菌株的gfp标记转化株，利用荧光显微镜观察了病原菌在活体上的侵染过程，其分生孢子首先附着在黄瓜根部，然后分生孢子两端膨大萌发形成芽管，后开始侵入黄瓜根内，沿细胞间隙生长，进入黄瓜维管束内发育增殖，最后由中心向外部扩散，最终导致黄瓜根部及茎基部腐烂，整株呈现缺水状枯死。为了筛选防治该病的生防木霉菌，试验进一步从黄瓜根际土分离获得26株木霉菌，利用平板对峙培养、非挥发性和挥发性物质筛选获得一株拮抗效果较好的棘孢木霉FJ035（*Trichoderma asperellum*），通过室内防效测定，其对黄瓜根腐病防治效果达96.30%，目前田间试验正在进行中，该研究将为生物防治黄瓜根腐病提供技术支持。

关键词：黄瓜根腐病；尖孢镰刀菌；木霉菌；生防

---

* 基金项目：海南大学高层次人才引进科研启动基金“木霉菌的开发与应用”
** 第一作者：张漫漫，硕士，研究方向为生物防治；E-mail：17862886841@163.com
*** 通信作者：刘铜，教授，博士生导师，研究方向为植物病理学和生物防治；E-mail：liutongamy@sina.com

基于跨界RNAi防治水稻纹枯病的研究*

颜　沁**　兰　驰　牛冬冬***

（南京农业大学植物病理系，南京　210095）

摘　要：水稻纹枯病是水稻生产上的重要病害之一，由立枯丝核菌侵染引起，该病害主要发生在水稻的叶鞘和叶片。近年来，水稻纹枯病在我国主要稻区危害日趋严重。基于跨界RNAi通过体外合成靶向病原菌致病基因的双链RNA（double-stranded RNA，dsRNA），将其喷洒在植物表面，能够阻碍病害发生，即喷雾诱导的基因沉默（SIGS，spray-induced gene silencing），是植物病害绿色防控的新策略。本课题组通过检测多种致病和非致病真菌以及卵菌病原体的dsRNA吸收效率，发现立枯丝核菌、核盘菌和灰葡萄孢菌等病原菌对dsRNA能够有效吸收，而炭疽病菌不吸收，有益真菌绿色木霉对dsRNA的吸收能力较弱；对于致病疫霉—卵菌属植物病原体，dsRNA的吸收较低，并且在不同的细胞类型和发育阶段都有所不同；通过跨界RNAi防病效果的实验，发现SIGS对吸收dsRNA效率高的病原菌具有较好的防治效果，而在具有低dsRNA吸收效率的病原菌中施用并不抑制侵染。研究结果表明不同的真核微生物物种和细胞类型，它们对于dsRNA的吸收效率也各不相同，SIGS的防治效果依赖于病原菌对dsRNA的吸收效率，所以RNAi防治水稻纹枯病等病害具有很好的应用前景。因此，为了提高dsRNA的吸收效率及dsRNA在自然环境中的稳定性，笔者筛选了壳聚糖、鱼精蛋白、碳量子点等纳米材料对dsRNA的稳定性及吸收效率的影响，通过静电作用将纳米材料与dsRNA负载结合，发现壳聚糖、聚乙烯亚胺等纳米材料对dsRNA的负载量较高，壳聚糖复合物等纳米材料可以提高纹枯病菌对dsRNA的吸收效率，研究结果为后续利用纳米材料在RNAi防治水稻纹枯病上的应用奠定了基础，有利于进一步建立和完善绿色水稻纹枯病的防控技术体系。

关键词：水稻纹枯病菌；SIGS；双链RNA；纳米材料；病害防治

---

* 基金项目：国家自然科学基金面上项目（32072404）；江苏省自主创新项目（CX（19）3103）

** 第一作者：颜沁，在读硕士研究生，研究方向为纳米材料结合dsRNA防治水稻纹枯病害的应用；E-mail：2020802189@stu. njau. edu. cn

*** 通信作者：牛冬冬，博士，副教授，研究方向为水稻与纹枯病菌的互作机制及病害绿色防控；E-mail：ddniu@njau. edu. cn

纳米银对多种植物病原菌的抑菌效果初步研究

李 尧[1*] 齐晓帆[1] 王旭东[1] 李健强[1] 罗来鑫[1] 曹永松[2**]
（1. 中国农业大学植物病理学系，种子病害检验与防控北京市重点实验室，北京 100193；
2. 中国农业大学植物生物安全系，北京 100193）

摘 要：近年来，将纳米技术应用于农药制剂中成了新型绿色农药研制的重要方向。纳米银是利用一定的技术手段将金属银制成纳米级的银单质。它具有比表面积较大、氧化性和稳定性较强、广谱性好、对多种病原菌具有较强的杀灭效果等优势，且不易导致病原菌的耐药性。

本研究对制备得到的纳米银颗粒使用紫外分光光度计（UV－Vis）、透射电子显微镜（TEM）、能量色谱（EDS）、X射线衍射（XRD）和动态光散射（DLS）进行了表征验证，结果显示所制得的纳米银呈现规则的球型颗粒，粒径大小主要分布在10~30 nm，平均粒径为16 nm；同时，其粒径分布较为均匀且在水溶液中分散性良好。体外抑菌实验结果显示，供试纳米银对苹果腐烂病菌、水稻纹枯病菌、番茄灰霉病菌、水稻恶苗病菌、小麦赤霉病菌、玉米大斑病菌、柑橘青霉病菌和稻瘟病菌等共8种病原真菌均具有较好的抑菌效果，其最低抑菌浓度MIC分别为：9.49 μg/mL、7.66 μg/mL、7.86 μg/mL、21.37 μg/mL、16.72 μg/mL、16.44 μg/mL、4.28 μg/mL和12.79 μg/mL；对番茄溃疡病菌、马铃薯青枯病菌、十字花科黑腐病菌、番茄疮痂病菌、丁香假单胞菌以及瓜类果斑病菌共6种植物病原细菌也具有一定的抑制效果，MIC分别为：18.37 μg/mL、16.18 μg/mL、11.37 μg/mL、9.69 μg/mL、13.36 μg/mL和15.87 μg/mL。

以上结果为纳米银用于植物病害的绿色防控提供了数据支持。

关键词：纳米银；表征；抑菌效果；MIC

* 第一作者：李尧，博士在读，研究方向为种子病理学及农药及农产品安全方面；E-mail：lycau1994@126.com
** 通信作者：曹永松，教授，研究方向为植物病害绿色防控；E-mail：ysongcao@163.com

我国甜菜主产区种子携带病原物的分离与鉴定

蔡铭铭[*]　苗　朔　罗来鑫　李健强[**]
（中国农业大学植物病理学系，种子病害检测与防控北京市重点实验室，北京　100193）

摘　要： 甜菜属于二年生草本植物，是我国第二大制糖原料作物和制糖工业的重要支撑。目前我国甜菜常年栽培面积稳定在300万亩左右，种植区域以新疆、内蒙古、黑龙江为主。

在甜菜的生产系统中，因真菌、细菌以及病毒等引起的各类病害危害甜菜的叶片和根茎，严重制约着甜菜的产量和含糖量。其中，由甜菜尾孢菌（*Cercospora beticola*）所引起的甜菜褐斑病、链格孢菌（*Alternaria* spp.）所引起的甜菜叶斑病以及由丁香假单胞杆菌（*Pseudomonas syringae*）引起的甜菜细菌性斑枯病都可以随种子传播，导致田间病害的发生。因此，明确甜菜种子上所携带的病原物种类，可以为甜菜种子消毒处理和病害防治提供理论基础。

本研究对2020年采集自新疆和黑龙江的14批甜菜种子样品进行了携带病原菌的检测。通过分离培养和纯化，共得到58株真菌分离物和196株细菌分离物。经过形态学和多基因序列测定相结合的方法，对甜菜种子所携带的优势菌群进行了鉴定，其中的优势真菌为链格孢菌（*Alternaria*），分离频率占分离物总数的27.60%；优势细菌为芽孢杆菌（*Bacillus*）和假单胞杆菌（*Pseudomonas*），二者共占分离物总数的53.56%。经柯赫氏法则验证，甜菜上的致病真菌有细极链格孢（*Alternaria tenuissima*）、互隔链格孢（*Alternaria alternata*）、平头刺盘孢（*Colletotrichum truncatum*）和变红镰刀菌（*Fusarium incarnatum*）等种类。

关键词： 甜菜；种子带菌检测；种传病害；鉴定

---

* 第一作者：蔡铭铭，硕士研究生，研究方向为甜菜病害；E-mail：17720815932@163.com
** 通信作者：李健强，教授，研究方向为种子病理学；E-mail：lijq231@cau.edu.cn

放线菌与化学药剂的复配防治辣椒疫病

龙梅梅　马冠华
（西南大学植物保护学院，重庆）

摘　要：辣椒疫病是由辣椒疫霉（*Phytophthora capsici*）引起的一种毁灭性土传病害，是生产上较难防治的病害之一。结合辣椒疫病的发病特点，综合目前化学防治与生物防治的优缺点，本研究从化学防治与生物防治相结合开展防治辣椒疫病。首先从辣椒疫病发生较少的地里采土，分离筛选辣椒疫霉的拮抗放线菌，通过平板对峙法、放线菌发酵滤液对辣椒疫霉菌丝生长、孢子囊形成及游动孢子释放的抑制筛选出了2株具有较强抑制作用的放线菌ZAM4-4和XJC2-1。同时筛选出对辣椒疫霉具有有效抑制的化学药剂烯酰吗啉，氟吡菌胺，甲霜灵；在此基础上，将对辣椒疫霉具有较强抑制作用的放线菌ZAM4-4和XJC2-1在含烯酰吗啉，氟吡菌胺，甲霜灵的平板，培养液振荡培养5 d后涂布培养，结果表明放线菌ZAM4-4和XJC2-1皆对烯酰吗啉，氟吡菌胺，甲霜灵不敏感且能够正常生长，进一步通过平板对峙法验证了在含药培养液振荡培养后的ZAM4-4和XJC2-1对辣椒疫霉仍具有很强抑制作用。在含较低浓度化学药剂的培养液中加入放线菌ZAM4-4和XJC2-1菌饼，后加8mm辣椒疫霉菌饼，振荡培养5 d后，称量辣椒疫霉菌丝干重。结果表明：低浓度化学药剂与放线菌混配中的辣椒疫霉菌丝干重小于单独加入放线菌小于单独加入化学药剂小于对照。放线菌与化学药剂混配对辣椒疫霉的抑制效果大于单独施用化学药剂与放线菌。

关键词：辣椒疫霉；生防放线菌；化学药剂；混配

辣椒根际土壤微生物与土传病害响应洪水水淹后的变化规律初探*

张学江　喻大昭**　汪　华**
（1. 湖北省农业科学院植保土肥研究所；2. 农业农村部华中作物有害生物综合治理重点实验室；3. 农作物重大病虫草害防控湖北省重点实验室，武汉）

摘　要： 辣椒是我国重要的经济作物，连作易导致土传病害危害加剧。气候变化如洪水水淹容易引发辣椒涝害，加重土传病害的发生，而研究辣椒遭受洪水水淹后根际土壤微生物的变化规律，对开发辣椒土传病害防控管理措施具有重要的意义。本研究以辣椒处理组［水泥池土壤中均匀撒播带有镰刀菌（*Fusarium* spp.）和丝核菌（*Rhizoctonia* spp.）的病麦粒］和对照组根际土壤为研究对象，待辣椒生长 20 d 时、水泥池被洪水水淹，立即取样对照组和处理组辣椒根际土壤，水退去一周后，再次取样辣椒根际土壤。通过细菌 16S 和真菌 ITS 测序发现：真菌有 12 个门，占比最大的是子囊菌门（Ascomycota）；细菌有 20 个门，占比最大的是变形杆菌门（Proteobacteria）；Beta 多样性 NMDS 聚类分析表明，细菌和真菌在不同时期明显分开；venn 图及 Shannon 多样性指数分析表明，第一时期的真菌种类显著高于第二时期，但共有的真菌种类较少；第二时期的细菌种类显著高于第一时期，但共有的细菌种类更多。所有样品中均可检测到 *Fusarium* spp.、*Penicillium* spp.、*Alternaria* spp. 几个土传病害真菌，其中对照组中 *Fusarium* spp. 丰度最高，而处理组中其丰度最低。结果表明，洪水水淹后，辣椒根际土壤真菌多样性降低，细菌多样性升高，其响应洪水水淹后真菌、细菌变化趋势分歧明显。

关键词： 洪水水淹；辣椒根际土壤微生物；土传病害

---

* 基金项目：国家重点研发计划（2017YFD0200605，2017YFD0201600）

** 通信作者：汪华；E-mail：wanghua4@163.com
喻大昭；E-mail：dazhaoyu195611@sina.com.cn

昆虫肠道木霉菌分离鉴定及对杧果炭疽病菌拮抗作用*

任　森**　胡伊慧　张漫漫　侯巨梅　刘　铜***

（海南大学植物保护学院，热带农林生物灾害绿色防控教育部重点实验室，海口　570228）

摘　要：为获得优良生防木霉菌株，扩大和丰富木霉菌种质资源库，本研究以昆虫肠道为样本，从中分离鉴定木霉菌，并以杧果炭疽菌为靶标菌，通过对峙培养、挥发性物质和非挥发性物质筛选拮抗效果最优的木霉菌株，测定其孢子悬浮液对杧果炭疽病的室内防效研究。结果显示，从 105 份昆虫肠道中共分离获得 10 株木霉菌，通过形态学特征和 Tef1-Rpb2 双基因联合建树，鉴定出长枝木霉、哈茨木霉和棘孢木霉各 3 株，加纳木霉 1 株；通过平板对峙培养显示加纳木霉 HNDF-T-6 对杧果炭疽病菌抑菌效果最好，其抑菌率为 85.64%；其挥发性物质和非挥发性物质对菌丝生长抑制率分别为 38.42%和 44.01%。通过室内防效测定，经加纳木霉 HNDF-T-6 孢子悬浮液处理后的叶片病斑直径减少 46.04%，表明该菌株对杧果炭疽病具有较好的生防潜力。

关键词：昆虫肠道；木霉菌；杧果炭疽病；加纳木霉；防效

---

* 基金项目：中国热带科学院香饮所省部重点实验室及工程技术研究中心开放课题（2019xys001）；国家自然科学基金（31760510）

** 第一作者：任森，硕士，研究方向为生物防治；E-mail：1837664456@ qq. com

*** 通信作者：刘铜，教授，博士生导师，研究方向为植物病理学和生物防治；E-mail：liutongamy@ sina. com

柠檬形克勒克酵母对苹果采后青霉病的控制*

朱亚同** 宗元元[1] 梁 伟[1] 张学梅[1] 龚 迪[2] 余丽蓉[1] 毕 阳[1]*** DovPrusky[2]
(1. 甘肃农业大学食品科学与工程学院，兰州 730070；2. Institute of Postharvest and Food Sciences，Agricultural Research Organization，Volcani Center，Rishon LeZion，Israel 50250)

摘 要：柠檬形克勒克酵母（*Kloeckera apiculata*）是一株具有良好生防效果的酵母，能够有效控制多种果实采后病害，但其对苹果果实采后青霉病的控制及相关机理尚未见报道。本研究发现，体外条件下，不同浓度 *K. apiculata* 均能显著抑制 *Penicillium expansum* 的菌落直径和菌丝生长量，当酵母浓度为 1×10^8 cell/mL 时，菌落直径和菌丝生长量仅为对照的 36.05% 和 30.12%；同时，比较不同酵母细胞培养液（原液、滤液和失活液）对病原菌菌落直径的影响发现，原液抑制效果最好（仅为对照的 17.3%），其次为滤液（低于对照 19%），而失活液无明显抑制作用；扫描电镜观察结果显示，*K. apiculata* 在 *P. expansum* 菌丝表面具有寄生能力，且具有浓度效应。体内条件下，*K. apiculata* 可迅速定殖在苹果果实伤口处，延缓果实发病（3 d 时仅为对照的 50%），降低果实病斑直径（第 7 天时低于对照 43.67%）；*K. apiculata* 显著提高了果实伤口处超氧化物歧化酶、过氧化氢酶、过氧化物酶和多酚氧化酶的活性，激活了果实苯丙氨酸解氨酶活性，促进了总酚、类黄酮和木质素的积累。综上，*K. apiculata* 可通过营养和空间竞争、重寄生作用以及诱导果实抗性相关酶活性提高和抗菌物质积累的方式，有效控制由 *P. expansum* 引起的苹果采后青霉病。

关键词：*Kloeckera apiculata*；*Penicillium expansum*；苹果；生物防治

---

* 基金项目：国家自然科学基金中以国际合作与交流项目（31861143046）
** 第一作者简介：朱亚同，硕士在读，研究方向为果蔬采后生物学与技术；E-mail：zhuyatong_vip@163.com
*** 通信作者：毕阳，教授，博士，研究方向为果蔬采后生物学与技术；E-mail：biyang@gsau.edu.cn

一株防治柑橘溃疡病的 *Paenibacillus peoriae* 的研究

黄艺燕* 　万艳芳** 　卢　杰　徐　杰　朱英芝**
（广西民族大学海洋与生物技术学院，南宁　530006）

摘　要： 柑橘溃疡病是由柑橘黄单胞杆菌柑橘致病变种（*Xanthomonas citri* subsp. *citri*，Xcc）侵染柑橘引起的，在亚洲、美洲和非洲普遍存在。Xcc 在柑橘新梢期和幼果期侵染柑橘，导致受害部位出现木栓化病斑，严重时可导致落叶、落果；极大影响柑橘的产量和果品的质量。沃柑具有果型漂亮、口感优良等特点，是我国目前种植面积最大的晚熟柑橘品种。自 2012 年引种到广西南宁后，由于其各方面的优异表现，在广西种植面积迅速扩增，2018 年底，广西沃柑种植面积接近 10 万 hm^2，约占全国面积的一半。沃柑已成为广西柑橘的重要名片之一，在广西的地区经济发展及全区的脱贫致富方面起着重要的作用。但沃柑对 Xcc 非常敏感，柑橘溃疡病已经成为沃柑产区最主要的病害，是制约沃柑产业发展的瓶颈。因此，研究可有效防治柑橘溃疡病的防治方法已迫在眉睫。

本研究从广西弄岗国家自然保护区根际土壤分离获得 37 株菌株，通过牛津杯法筛选出了多株对溃疡病有防治作用的生防菌，其中 1 株抑菌圈直径达到 19.22mm，测定该菌株的 16S rDNA 序列，在 NCBI 数据库中进行比对，该菌株与 *Paenibacilluspeoriae* strain RP62 相似度最高，高达 100.00%，鉴定该生防菌为皮尔瑞俄芽孢杆菌（*Paenibacillus peoriae*），命名为 *Paenibacillus peoriae* GXMD-hs-28，菌株保藏于广东省微生物保藏中心，菌株编号为 GDMCC NO：61542。设计 3 种处理离体沃柑叶片：Ⅰ 先接种拮抗菌再接种 Xcc；Ⅱ 拮抗菌和 Xcc 同时接种；Ⅲ 先接种 Xcc 后接种拮抗菌，离体实验结果表明，先接种拮抗菌两天再接种 Xcc 的处理方式中，拮抗效果最好，达到 100%。在 anti-SMASH 网站中分析 GXMD-hs-28 可能存在的拮抗基因，分析获得四种抑菌次生代谢产物基因簇，分别为 fusaricidin B、paenilan、tridecaptin、polymyxin，分别对预测所得的四种代谢产物基因簇中共 29 个基因设计引物，扩增后共获得 25 个目的基因片段。这些基因为后期研究 *Paenibacillus peoriae*GXMD-hs-28 抑制柑橘溃疡病的拮抗机制提供了研究入口。

关键词： 柑橘溃疡病；防治；拮抗

* 第一作者：黄艺燕、万艳芳，本科生
** 通信作者：朱英芝，副教授，研究方向为植物病害生物防治

A predatory soil bacterium reprograms a quorum sensing signal system to regulate antifungal weapon production in a cyclic-di-GMP-independent manner*

LI Kaihuai[1**] XU Gaoge[2] WANG Bo[1] WU Guichun[2]
HOU Rongxian[1,2] LIU Fengquan[1,2***]
(1. *College of Plant Protection*, *Nanjing Agricultural University*, *Nanjing* 210095, *China*;
2. *Institute of Plant Protection*, *Jiangsu Academy of Agricultural Sciences*, *Nanjing* 210014, *China*)

Abstract: Soil bacteria often provide multiple weapons to use against eukaryotes or prokaryotes prey. Diffusible signal factors (DSFs) represent a unique group of quorumsensing (QS) chemicals that modulate interspecies competition inbacteriathat do not produce antibiotic-like molecules. However, themolecular mechanism by which DSF-mediated QS systems regulate weapons production for interspecies competition remains largely unknown in soil biocontrol bacteria. In this study, we found that the necessary QS system component protein RpfG from *Lysobacter*, in addition to being a cyclic dimeric GMP (c-di-GMP) phosphodiesterase (PDE), regulates the biosynthesis of an antifungal weapon (heat-stable antifungal factor, HSAF), which does not appear to depend on the enzymatic activity. Interestingly, we showed for the first time that RpfG interacts with three hybrid two-component system (HyTCS) proteins, HtsH1, HtsH2, and HtsH3, to regulate HSAF production in *Lysobacter*. In vitro studies showed that each of these proteins interacted with RpfG, which reduced the PDE activity of RpfG. Finally, we showed that the cytoplasmic proportions of these proteins depended on their phosphorylation activity andbinding tothe promoter controlling the genes implicated in HSAF synthesis. These findings reveal apreviously uncharacterized mechanism of DSF signalling in antifungal weapon production in soilbacteria.

Key words: DSFs; PDE; HyTCS; Quorum sensing signal system

---

* 基金项目：国家自然科学基金（31872018）；江苏省自然科学基金（BK20190266）和财政部和农业农村部国家现代农业产业技术体系资助（CARS-28）

** 第一作者：李开怀，博士研究生，研究方向为植物病原细菌致病性及植物病原生防细菌次级代谢产物合成调控相关；E-mail:likaihuai615@163.com

*** 通信作者：刘凤权，研究员，研究方向为植物细菌病害与防控相关；E-mail:fqliu20011@sina.com

谷瘟病菌生防菌分离鉴定及生防作用研究*

李志勇[1**] 张梦雅[1] 刘 佳[1] 邹晓悦[2] 王永芳[1] 全建章[1] 白 辉[***] 董志平[1 ***]
（1. 河北省农林科学院谷子研究所，石家庄 050035；
2. 河北师范大学生命科学学院，石家庄 050024）

摘 要：谷瘟病（*Magnaporthe oryzae*）是由灰梨孢菌引起的的一种谷子暴发流行性真菌病害，特别是后期的穗瘟对产量影响较大，严重发生可导致绝产。谷瘟病菌存在多个生理小种，并且生理小种容易发生变异，导致谷子抗病性丧失，生产中育成品种普遍缺乏抗病性。而化学农药对谷子的喷施，容易造成环境污染和农药残留，不利于谷子的绿色生产。因此基于当前农药减量使用，发展绿色农业的需求，采用科学、高效和无公害方法防治谷子病害的为害非常必要。本研究通过对峙培养法从谷子根部、叶部及穗部筛选出对谷瘟病菌有生防作用的内生细菌，一共分离鉴定到64株生防内生菌。对菌株16S rDNA、*gyrB* 序列 PCR 扩增、克隆测序，将测得序列在 GenBank 数据库中进行 Blastn 相似性比对，并采用 MAGE 5.0 软件进行多序列同源性分析，确定菌株的分类地位。经鉴定这些生防菌株分别为枯草芽孢杆菌（*Bacillus subtilis*）、解淀粉芽孢杆菌（*Bacillus amyloliquefaciens*）和多粘类芽孢杆菌（*Paenibacillus polymyxa*）。其中 BK-5、BK-11 等 13 株生防菌抑菌效果较好，抑菌圈直径达到 24.26mm 以上，对菌丝生长的抑制率均大于 65%，发酵液主要抑制谷瘟病菌分生孢子的萌发。通过平板对峙培养发现这些生防菌也对谷子常见的叶部病害如粟胡麻斑病菌（*Bipolaris setariae*）、粟弯孢霉病菌（*Curvularia lunata*）和根部病害如谷子纹枯病菌（*Rhizoctonia solani*）、禾谷镰刀菌（*Fusarium graminearum*）、木贼镰刀菌（*Fusarium equiseti*）等均有较好的抑制作用，本研究为进一步通过生物防治控制谷子病害提供了参考依据。

关键词：谷子；谷瘟；生防菌；分离鉴定

---

* 基金项目：河北省农林科学院基本业务费（2018030202）；财政部和农业农村部：国家现代农业产业技术体系（CARS-07-13.5-A8）；河北省农林科学院创新工程（2019-4-02-03）

** 第一作者：李志勇，研究员，研究方向为谷子病害；E-mail：lizhiyongds@126.com
*** 通信作者：白辉，研究员，研究方向为谷子病害；E-mail：baihui_mbb@126.com
董志平，研究员，研究方向为谷子病害；E-mail：dzping001@163.com

昆虫病原线虫共生菌对根结线虫病的防治作用*

李春杰[1**] 王从丽[1] 黄铭慧[1,2] 姜 野[1,2] 秦瑞峰[1,2]
常豆豆[1,2] 于瑾瑶[1] 王鑫鹏[1,2]
（1. 中国科学院东北地理与农业生态研究所，中国科学院大豆分子设计育种重点实验室，
哈尔滨 150081；2. 中国科学院大学，北京 100049）

摘 要：根结线虫（*Meloidogyne* spp.）病是限制蔬菜生产的一种重要病害，也是毁灭性病害。昆虫病原线虫及其共生菌这一共生体作为一种新型生防制剂能有效地防治多种地下害虫已被广泛关注，但是昆虫病原线虫共生菌对根结线虫病的防治作用报道甚少。该研究利用从寒区黑土中分离的昆虫病原线虫体内获得共生细菌，开展了对南方根结线虫（*M. incognita*）和北方根结线虫（*M. hapla*）的温室盆栽防治效果和室内对线虫卵孵化及对二龄幼虫（J2）活性的影响研究。温室盆栽试验结果表明：昆虫病原线虫 Sf-IGA 共生细菌 48 h 培养液的 10 倍稀释液对接种不同线虫剂量的番茄（中蔬 4 号）40 d 的防治效果均与常规药剂（阿维菌素）的防效差异不显著，当每株番茄根部接种 1 000 个、2 000 个和 5 000 个 *M. incognita* 卵时防效分别为 70.9%、69.4%和 59.7%；当接种 2 000个 *M. hapla* 卵 42 d 的防效为 74.5%。室内生测结果显示：6 d 时共生菌 10 倍液对 *M. incognita* 卵孵化抑制率可达 70.6%，20 倍液和 50 倍液的抑制率逐渐下降，对 *M. hapla* 的卵孵化抑制效果与 *M. incognita* 效果趋势相同；对 *M. incognita* 的 J2 致死率为 61.1%，对 *M. hapla* 的 J2 致死率为 69.1%；共生菌代谢产物不同稀释液对 *M. incognita* 和 *M. hapla* 卵孵化均有明显的抑制作用，对 J2 均有一定的致死作用。可见昆虫病原线虫共生菌及其代谢产物对根结线虫是非常有潜力的生防资源。

关键词：黑土区；昆虫病原线虫；共生菌；根结线虫病；防治

---

* 基金项目：国家自然科学基金（31601688）；黑龙江省自然科学基金（C2017072）

** 第一作者和通信作者：李春杰，博士，副研究员，研究方向为生物防治机理和应用；E-mail：lichunjie@ iga. ac. cn

桃树主要病害的生防菌筛选*

宋新争　郭雅双　耿月华　臧　睿　徐　超　张　猛**
（河南农业大学植物保护学院，郑州）

摘　要：桃树作为我国最古老的果树之一，2019 年河南省桃树的栽培面积就已经达到 90 340 hm^2，为河南省创造了巨大的收益。近几年来，桃褐腐病、桃流胶病、桃细菌性穿孔病等桃树病害频发，严重阻碍了河南桃产业的发展，给我国及世界桃产业造成严重危害。从桃树中分离出用于桃树病害防治的内生细菌，为桃树病害生物防治提供新的菌种资源。进一步筛选对桃流胶病、桃褐腐病、桃细菌性穿孔病等桃树病害具有良好防治效果的候选生防菌是对桃树病害进行生物防治的基础。本文通过对桃树和其他植物健康的叶片、枝条进行组织分离，从中分离出 38 株可以用于防治桃细菌性穿孔病、桃褐腐病、桃流胶病病害的具有生防潜力的内生细菌，将分离并纯化得到的 38 株具有生防潜力的内生细菌与实验室已保存的 19 株内生细菌用葡萄座腔菌 *Botryosphaeria dothidea*、美澳型核果链核盘菌 *Monilinia fructicola*、树生黄单胞杆菌 *Xanthomonas arboricola* 作为病原靶标做拮抗实验，通过比较菌落生长抑制率，从而筛选出对葡萄座腔菌（180587）抑制较好的生防菌有 84、XSF5909、89、60、X1、XSF5919、XSF5915，它们的菌落生长抑制率分别为 77.22%、72.99%、72.04%、69.62%、62.85%、71.96%、71.76%；对美澳型核果链核盘菌（180460）抑制较好的生防菌有 100 、X1 、60、XSF5919、XSF5909、X5，它们的菌落生长抑制率分别为 88.66%、76.42%、74.53%、69.57%、67.64%、66.80%。对树生黄单胞杆菌（106）抑制较好的生防菌有 X1、60、X6、XSF5903、XSF5909、XSF5919，它们的抑菌直径分别为 25.67mm、18.47mm、25.00 mm、23.33 mm、21.33 mm、25.67 mm。实验结果说明桃内生菌中有对桃流胶病、桃褐腐病、桃细菌性穿孔病具有明显的抑制作用。其中 XSF5919、XSF5919、60、X1 对三种病原菌都有较好的抑制作用，初步鉴定 4 种菌都为芽孢杆菌，并测定了 XSF5919、XSF5919、60、X1 对 10 种植物病原菌生长的抑制作用。

关键词：内生细菌；组织分离；拮抗；生防菌

---

* 基金项目：国家重点研发计划项目“梨树和桃树化肥农药减施技术集成研究与示范”（2018YFD0201400）
** 通信作者：张猛；E-mail：zm2006@ 126. com

植物乳杆菌 CY1-2 对粉红单端孢体外和番茄体内的抑菌活性及可能机制

张晨阳* 侯佳宝 程 园 李灿婴 葛永红**
（渤海大学食品科学与工程学院，锦州 121013）

摘要：研究了不同浓度（0，10^1 CFU/mL、10^2 CFU/mL、10^3 CFU/mL、10^4 CFU/mL、10^5 CFU/mL、10^6 CFU/mL 和 10^7 CFU/mL）植物乳杆菌 CY1－2（*Lactobacillus plantarum* CY1-2）对 *Trichothecium roseum* 菌丝生长、孢子萌发以及损伤接种番茄果实腐烂的影响。结果表明，不同浓度的 *L. plantarum* CY1-2 均能显著抑制 *T. roseum* 菌丝生长和孢子萌发，抑制接种 *T. roseum* 番茄果实病斑扩展。体外实验表明，浓度为 10^5 CFU/mL 的 *L. plantarum* CY1-2 提高了 *T. roseum* 培养液中相对电导率、丙二醛、可溶性糖和可溶性蛋白含量。由此表明，*L. plantarum* CY1-2 抑制 *T. roseum* 生长的机制可能与破坏其细胞膜有关。

关键词：粉红单端孢；乳酸菌；番茄；孢子萌发；细胞膜

* 第一作者：张晨阳，硕士研究生，研究方向为食品加工与安全；E-mail：zhangchenyang0727@ qq. com
** 通信作者：葛永红，博士，教授，研究方向为果蔬采后生物学与技术；E-mail：geyh1979@ 163. com

植物微生态制剂对人参锈腐病的田间防治效果*

杨 芳[1**] 徐怀友[2***] 张 伟[1] 马友德[2] 宋明海[2] 丁海霞[3] 候万鹏[2]

（1. 中农绿康（北京）生物技术有限公司，北京 102101；2. 吉林参王植保有限责任公司，白山 134500；3. 贵州大学农学院，贵州 550025）

摘 要：人参（*Panax ginseng* C. A. Meyer）是我国传统珍贵中药材，具有重要的药用和经济价值。人参锈腐病（ginseng rust root）是人参主要的土传病害，严重降低人参的产量和品质。植物病害生物防治措施由于对环境友好、减少化学农药使用、避免中药材农药残留、减少病原菌抗药性等优势日益受到关注和重视。植物微生态制剂绿康威是中农绿康（北京）生物技术有限公司根据植物微生态理论，选用有益内生芽孢杆菌（有效活菌数≥200 亿/g），采用现代微生物发酵工艺加工制备成的生防制剂，具有防治土传病害、增强作物抗病和抗逆、促生和改善品质的效果。本研究采用植物微生态制剂绿康威田间防治人参锈腐病，通过在吉林省白山市抚松县北岗镇、万良镇 2 年的田间试验，研究结果表明：采用微生态制剂绿康威对人参种子进行拌种处理，药种比 1∶250 时处理种子出苗率显著增加，处理和 CK 的出苗率分别为 97. 1%和 66. 3%；采用微生态制剂绿康威灌根处理进行田间防病试验，以化学药剂 58%甲霜灵可湿性粉剂和清水处理作为对照，结果表明微生态制剂绿康威处理比化学药剂处理的单产增幅 5. 2%，微生态制剂绿康威和化学药剂对人参锈腐病的防效分别为 55. 1%和 44. 9%，微生态制剂绿康威处理的防病效果更好。本研究对东北地区人参锈腐病的防治提供了良好的生防药剂。

关键词：生物防治；植物微生态制剂；人参锈腐病；田间防效

* 基金项目：贵州省教育厅青年科技人才成长项目（黔教合 KY 字〔2018〕101）

** 作者简介：杨芳，硕士，中级农艺师，研究方向为微生物菌剂研发及推广；E-mail：yangfang20061224@ 163. com

*** 通信作者：徐怀友，高级农艺师，研究方向为人参绿色种植、产业链建设及发展；E-mail：cbsswzb@ 126. com

枯草芽孢杆菌 NCD-2 挥发物对大丽轮枝菌的影响*

董丽红** 郭庆港 梁 芸 王培培 徐青玲 马 平***
(河北省农林科学院植物保护研究所/河北省农业有害生物综合防治工程技术研究中心/
农业农村部华北北部作物有害生物综合治理重点实验室，保定 071000)

摘 要：由大丽轮枝菌（*Verticillium dahliae*）引起的棉花黄萎病是棉花上主要的土传病害，在我国普遍发生，对棉花产业造成严重的经济损失。目前化学药剂对其难以防治，国内外研究证明微生物农药是有效防治作物土传病害的措施之一。本实验室筛选到的生防菌株枯草芽孢杆菌（*Bacillus subtilis*）NCD-2 对大丽轮枝菌 WX-1 菌株有较强的抑制生长作用。本研究发现 NCD-2 菌株所产生的挥发性物质对大丽轮枝菌 WX-1 菌株菌丝生长和孢子萌发均有明显的抑制作用。通过气体收集装置，收集到 NCD-2 菌株的挥发性气体，经顶空-固相微萃取-气相色谱-质谱联用（HS-SPME-GC-MS）对挥发性物质进行鉴定分析鉴定到 18 种气体物质，主要的挥发性物质为异戊酸、2-乙基己醇、6-十一碳二烯-10-酮、6-甲基-5-庚烯-2-酮、对异丙基苯甲醇、2,4-二甲基苯乙酮、对乙基苯乙酮和 3-Ethoxy-3,7-dimethyl-1,6-octadiene 等。购买以上标准品检测其对大丽轮枝菌 WX-1 菌株菌丝生长、孢子萌发形成，结果表明，异戊酸与 2-乙基己醇为 NCD-2 菌株产出的主要抑菌类挥发物。为了进一步明确异戊酸与 2-乙基己醇对 WX-1 抑制作用的临界浓度，将异戊酸设定浓度梯度 0.25 mg/kg、0.5 mg/kg、1 mg/kg、2 mg/kg、4 mg/kg，而 2-乙基己醇设定浓度梯度 0.25 mg/kg、0.5 mg/kg、2 mg/kg、4 mg/kg 分别测定其对大丽轮枝菌菌丝生长的影响作用。结果表明，异戊酸在 2 mg/kg 以上可以起到明显的抑制生长作用，2-乙基己醇则在 0.25 mg/kg 即可起到完全抑制生长作用。本研究进一步测定了异戊酸与 2-乙基己醇对大丽轮枝菌孢子萌发的影响。结果表明，2-乙基己醇在 0.5 mg/kg 时完全抑制孢子萌发，而异戊酸在 20 mg/kg 时完全抑制孢子萌发。

关键词：枯草芽孢杆菌 NCD-2；大丽轮枝菌；异戊酸；2-乙基己醇；菌丝生长；孢子萌发

---

* 基金项目：河北省财政专项（C21R1001）
** 第一作者：董丽红，博士，研究方向为植物病害生物防治；E-mail：xingzhe56@126.com
*** 通信作者：马平，博士，研究员，研究方向为植物病害生物防治；E-mail：pingma88@126.com

食用百合球茎腐烂病病原及药剂苯醚·咯·噻虫对其发生的影响*

赖家豪** 宋水林 刘 冰***

（江西农业大学农学院，南昌 330045）

摘 要：食用百合具有较高的经济价值，而根腐病成为制约食用百合生产的重要因素之一，了解腐烂病病原并研究防治该病的药剂对食用百合的生产具有重大意义。实验对龙牙百合球茎腐烂部位病原菌进行了分离、鉴定和致病性测定，进一步检测药剂苯醚·咯·噻虫（燕化安保）对百合球茎发生腐烂病的影响。结果表明，百合球茎腐烂主要由多种镰刀菌（*Fusarium* spp.）引起，主要包括茄病镰孢（*Fusarium solani*）、尖孢镰孢（*Fusarium oxysporum*）和腐皮镰孢（*Fusarium solanum*）等；20种植物接种试验结果表明，分离到的镰刀菌对百合均有专化性，因此鉴定其均为百合专化型；药剂苯醚·咯·噻虫（燕化安保）对这些镰刀菌引起的百合球茎腐烂有较好的抑制延缓作用。研究结果可为食用百合球茎腐烂病的防治提供参考。

关键词：食用百合；根腐病；镰刀菌；药剂防治

---

* 基金项目：国家自然科学基金（31460139）；江西省自然科学基金（20161BAB204184）；江西省科技支撑计划项目（20121BBF60024）

** 作者简介：赖家豪，硕士生，研究方向为植物病理学；E-mail：ljhgdd0907@163.com

*** 通信作者：刘冰，博士，副教授，研究方向为植物病害生物防治方面；E-mail：lbzjm0418@126.com

Application of *Bacillus subtilis* NCD-2 can suppress verticillium wilt of cotton and its effect on rare and abundant microbial taxa in soil*

ZHAO Weisong** GUO Qinggang LI Shezeng LU Xiuyun
WANG Peipei DONG Lihong SU Zhenhe MA Ping***

(*Institute of Plant Protection, Hebei Academy of Agricultural and Forestry Sciences; Integrated Pest Management Center of Hebei Province; Key Laboratory of IPM on Crops in Northern Region of North China, Ministry of Agriculture and Rural Affairs, Baoding, 071000, China*)

Abstract: Verticillium wilt disease in cotton is widespread, responsible for serious economic losses. Application of beneficial microbial agents represents a promising plant disease control strategy. However, the mechanisms underlying disease suppression remain elusive. Therefore, field experiments were performed to investigate the effects of treatment with *Bacillus subtilis* NCD-2 (BS) on suppressing verticillium wilt and microbial community structure in rhizosphere. Field experiments demonstrated that BS successfully suppressed *Verticillium* wilt, achieving control effects of 61. 60%, and cotton yield was 6. 07% higher under BS than under the blank treatment. Moreover, application of BS resulted in 28. 17%, 18. 63%, and 5. 08% increase in plant fresh weight, dry weights, and number of branch, respectively, compared to control. However, the BS treatment did not decrease the population of *V. dahliae* in rhizosphere. Illumina MiSeq analysis showed that soil bacterial and fungal diversity in rhizosphere were increased under application of strain NCD-2. Principal component analyses showed that BS exerted a significant effect on the microbial community structure, including rare and abundant taxa. Compared to the control, higher abundances of Acidobacteria, Chloroflexi and Planctomycetes among abundant bacterial taxa were observed in BS treated. Furthermore, the abundances of *Arenimonas* and *Hydrogenophaga* among rare taxa were significantly higher. Meanwhile, the abundances of *Chaetomium*, *Aspergillus*, *Nectria*, *Psathyrella*, *Conocybe*, *and Chrysosporium among* abundant and rare taxa were higher. Redundancy analysis (RDA) showed that the microbial community structure of BS treatment was positively correlated with pH, IP, and NH_4^+-N, while that negatively with NO_3^--N, AK and OM, respectively. In conclusion, the most effective treatment was application of NCD-2, which minimized the incidence of wilt disease, maximized biomass production, and altered microbial community structure. The research may provide a theoretical basis for understanding the mechanism of the ecological control of cotton verticillium wilt by application of microbial agent NCD-2.

Key words: cotton verticillium wilt; *Bacillus subtilis*; rare and abundant taxa; soil nutrients

---

* 基金项目：国家自然科学基金（31801786）；财政部和农业农村部国家现代农业产业技术体系资助（CARS-15-18）
** 作者简介：赵卫松，博士，副研究员，研究方向为根际微生态调控机制；E-mail：zhaoweisong1985@ 163. com
*** 通信作者，马平，博士，研究员，研究方向为生物防治；E-mail：pingma88@ 126. com

河南省夏玉米病害绿色防控技术

于思贤[1]　徐永伟[2]　于思勤[2*]
（1. 河南艾科丰农业科技有限公司；2. 河南省植保植检站，郑州　450002）

摘　要：河南省是我国夏玉米主要种植区之一，常年种植面积在5 000万亩以上。玉米生长期正值高温多雨季节，病虫草害发生种类多、危害较重，发生严重的病害有褐斑病、弯孢叶斑病、小斑病、瘤黑粉病、茎腐病、穗腐病等，近年来南方锈病流行频率加大，加强病害绿色防控技术研究与推广应用是实现夏玉米高产优质的重要措施。

1　播种期

重点防治种传病害和苗期病害。①秸秆还田。小麦收获时留茬高度10 cm左右，秸秆粉碎后均匀抛撒，有条件的地方，实行旋耕灭茬或机械深松。②清除杂草。播种前清除田间、地头及沟边的杂草，减少灰飞虱、蚜虫等传毒媒介的数量。③种植抗病品种。根据病害发生实际，选择种植郑单958、伟科702、登海605、中地88、裕丰303、迪卡653、浚单20等丰产性及抗病性好的品种。④种子处理。使用木霉菌、四霉素或噻虫·咯·霜灵、戊唑·吡虫啉悬浮种衣剂与阿泰灵混合拌种或包衣，预防种传病害和苗期病害，保障一播全苗。⑤科学施肥。使用缓控释专用配方肥，使用种肥同播机械进行播种，氮肥一半基施，一半在大喇叭口期追施，促进玉米壮苗早发，提高抗病能力。

2　苗期

玉米出苗至喇叭口期，重点预防粗缩病、苗枯病、褐斑病等。在使用足量杀菌剂进行种子处理的田块，玉米苗期不需要喷施杀菌剂。早播玉米田灰飞虱发生严重时，使用吡虫啉、噻虫嗪、高效氯氰菊酯进行喷雾防治，预防粗缩病发生；在粗缩病发病初期，使用低聚糖素进行喷雾防治，可以结合喷施除草剂一起施药。

3　花粒期

玉米大喇叭口至抽雄期，重点做好褐斑病、弯孢叶斑病、小斑病、瘤黑粉病等病害的防治。在病害发生初期，使用枯草芽孢杆菌、井冈霉素、丙环·嘧菌酯、或肟菌·戊唑醇、吡唑醚菌酯与杀虫剂、植物生长调节剂、微肥等混合喷雾，做到"压前控后"，综合防治中期病虫害，减轻后期病虫害发生危害程度，促进植株健壮生长。推广使用自走式喷杆喷雾机、电动喷雾器施药，注意喷匀喷透，保障防治效果。

4　灌浆期

玉米授粉至成熟期，重点防治玉米叶斑病、南方锈病、茎腐病、穗腐病等，加强灌浆初期病虫害发生情况调查，及时发布病虫情报，根据病虫害的发生种类及危害程度，开展针对性的综合防控。使用吡唑醚菌酯、苯醚甲环唑、丙环·嘧菌酯等防治叶斑病、穗腐病、南方锈病等病害；

* 通信作者：于思勤，研究员；E-mail：siqin606@ sohu. com

使用磷酸二氢钾、氨基酸液肥等叶面追肥，提高玉米灌浆速度，增加千粒重。在具体防治工作中，可以根据病虫害发生情况，有选择地将杀虫剂、杀菌剂、微肥等混合使用，达到一次施药，综合防控多种病虫害。由于玉米生长后期植株高大，人工施药困难，大型机械不方便进地作业，应当选用植保无人机、风送式远程喷雾机进行施药，加大喷液量，提高施药质量，保证防控效果。

5 收获期

玉米籽粒乳线完全消失后收获，及时晾晒或烘干籽粒，清除霉变籽粒，减轻穗（粒）腐病进一步发展，降低玉米毒素含量。

关键词：玉米病害；秸秆还田；清除杂草；抗病品种；绿色防控

海南省屯昌县槟榔黄化病流行规律及其与气象条件的关系*

余凤玉** 唐庆华 杨德洁 王慧卿 孟秀利 林兆威
于少帅 宋薇薇 牛晓庆 覃伟权***
(中国热带农业科学院椰子研究所/院士团队创新中心
(槟榔黄化病综合防控)，文昌 571339)

摘　要：对海南省屯昌县槟榔黄化病的发病规律和影响因素进行分析，为海南省屯昌县槟榔黄化病预报预警、综合防治提供科学依据。基于海南省屯昌县2019—2020年槟榔黄化病调查资料和温度、降水等气象要素资料，采用相关分析法，分析槟榔黄化病发生流行监测指标与气象因子的关系，筛选关键时段和气象因子；采用直线回归、逐步回归分析方法，研究海南省屯昌县槟榔黄化病发生流行规律，建立槟榔黄化病发生流行监测指标与气象因子的养分模型。结果表明：屯昌县槟榔黄化病的病情指数基本上在2—5月呈上升趋势，6—8月逐渐降低，到9月后又逐渐上升，病情指数具有逐年上升的趋势。槟榔黄化病的病情指数和气温、降水量相关性不强，但与30 d内降水天数线性相关，回归方程为$y=64.9957-2.8703x$，相关系数0.8637，相关性极显著。

关键词：槟榔黄化病；发生流行规律；气象条件；海南屯昌县

* 基金项目：海南省重大科技计划项目（ZDKJ201817）
** 第一作者：余凤玉，副研究员，研究方向为棕榈植物病害；E-mail：yufengyu17@163.com
*** 通信作者：覃伟权，研究员，研究方向为棕榈植物病虫害；E-mail：QWQ268@163.com

淡紫褐链霉菌 NBF715 防控黄瓜猝倒病和调控根际细菌群落研究*

黄大野** 杨 丹 郑娇莉 王蓓蓓 李 飞 姚经武 曹春霞***
（湖北省生物农药工程研究中心，武汉 430064）

摘 要：由卵菌纲瓜果腐霉（*Pythium aphanidermatum*）引起的猝倒病是黄瓜苗期的主要病害，该病害在苗床育苗和移栽期间均能发生，可侵染种子、根或下胚轴引起种子或者幼苗死亡。生产上主要依靠化学杀菌剂进行防治，然而杀菌剂的频繁使用引起抗药性并造成农药残留，生产上需要更为安全有效的防治方法。淡紫褐链霉菌 NBF715 是由湖北省生物农药工程研究中心分离和筛选的一株链霉菌，通过形态学、生理生化特征和 16S rRNA 鉴定为淡紫褐链霉菌（*Streptomyces enissocaesilis*），菌株专利保藏号（CCTCC NO：M2017414）。NBF715 菌剂稀释 100 倍和 200 倍喷淋苗床对黄瓜猝倒病田间防效分别为 100%和 72.67%，对照药剂普力克有效成分稀释为 1 000 μg/mL 防效为 74.33%。利用 Illumina-MiSeq 高通量测序技术测定并分析施用 NBF715 菌剂和对照根际细菌群落结构，结果表明，施用菌剂后黄瓜根际细菌丰富度（Chao1 指数）、多样性（Shannon 指数和 Simpson 指数）和可观测的物种数（Observed species）全部增加，主坐标分析结果表明 NBF715 菌剂处理和对照的根际细菌群落结构明显不同。在群落组成属水平，主要由 *Saccharimonadales*、*Pseudolabrys*、*Rhodanobacter*、*Noviherbaspirillum*、*Devosia*、*Chloroplast*、*Bryobacter*、*Gemmatimonas* 和 *Sphingomonas* 等组成。其中 *Saccharimonadales*、*Pseudolabrys*、*Bryobacter*、*Gemmatimonas* 和 *Sphingomonas* 与抑制作物病害发生和抗逆性相关的属丰度增加。上述研究为 NBF715 菌剂在防控黄瓜猝倒病的田间应用和推广奠定理论基础。

关键词：淡紫褐链霉菌；黄瓜猝倒病；防效；根际细菌

---

* 基金项目：湖北省自然科学基金重点类项目（2019CFA031）；农业部重点实验室建设项目（2018ZTSJJ4）；湖北省农业科技创新中心创新团队项目（2016-620-000-001-038）

** 作者简介：黄大野，博士，副研究员，研究方向为微生物杀菌剂；E-mail：xiaohuangdaye@ 126. com

*** 通信作者：曹春霞，硕士，研究员，研究方向为农药剂型；E-mail；Caochunxia@ 163. com

烟草青枯病菌对双苯菌胺的抗性风险评估*

牟文君**　马晓静　胡利伟　奚家勤　薛超群　宋纪真
（中国烟草总公司郑州烟草研究院，烟草行业生态环境与烟叶质量重点实验室，郑州　45001）

摘　要：烟草青枯病是烟叶生产中的毁灭性土传维管束病害，目前用于烟草青枯病防治的农药品种十分有限，因此深度挖掘作用机制独特、防治效果优异的化学药剂，对烟草青枯病的防治和抗性治理尤为重要。双苯菌胺（SYP－14288）是我国沈阳化工研究院自主研发的二芳胺类化合物，具有高效、低毒、广谱的特点。已有研究表明双苯菌胺对稻瘟病、小麦颖枯病、玉米黑粉病、草莓炭疽病等真菌病害具有较好防效，但尚未应用于细菌病害防治。本研究采用生长曲线测定仪法测定了烟草青枯病菌对双苯菌胺的敏感性；以药剂驯化筛选获得抗性突变体，研究其生物学性状；利用 Wadley 方法评价了双苯菌胺与纳米硫、纳米铜、纳米银、噻霉酮、春雷霉素的联合毒力。结果表明，烟草青枯病菌对双苯菌胺平均 EC_{50} 值分别为 0.037 8 μg/mL，其敏感基线呈单峰曲线，可用于田间抗性菌株监测。获得了 16 株对双苯菌胺抗性水平在 21.73～71.47 倍的突变体，25 ℃为菌株生长最适温度，抗性突变体生长速率与敏感菌株无显著差异。评价了双苯菌胺与 5 种药剂的联合毒力，双苯菌胺与纳米硫按照体积比 1∶20～1∶80 复配时，增效作用明显，与纳米铜、纳米银、噻霉酮和春雷霉素在不同比例复配时具有相加或拮抗作用。本研究首次将解偶联抑制剂双苯菌胺应用于细菌病害，为烟草青枯病防治提供了更多备选药剂，对科学、有效地制定青枯病的病害管理方案和抗性治理策略具有重要指导意义。

关键词：敏感基线；青枯病菌；抗性风险；双苯菌胺；联合毒力

---

* 基金项目：国家自然科学基金青年科学基金项目“青枯病菌对氟啶胺的抗性机制研究”（31801770）

** 作者简介：牟文君，博士，工程师，研究方向为烟草病害防治及病原菌抗药性；E-mail：muwenjun@126.com

土壤生物熏蒸结合砧木基因型综合防控苹果再植病

王丽琨[1,2*]

（1. 中国科学院遗传与发育生物学研究所农业资源研究中心，
河北省土壤生态重点实验室，河北省水资源重点实验室，河北省 050021；
2. 华盛顿州立大学植物病理学系，普尔曼，华盛顿州 99164）

摘　要：苹果树再植病是在全球范围内广泛分布的一种土传病害，给果园管理和重建带来了非常大的挑战。尽管非生物因素可以加速病症的发展，但由真菌、卵菌和根腐线虫组成的病原复合物目前被公认为是引起苹果再植病的最主要因素。由于土壤化学熏蒸剂溴甲烷在全球范围内被全面禁用，土壤“生物熏蒸”作为一种经济、安全、有效的替代技术越来越多地受到学术界的关注。以十字花科菜籽粕（Seed Meal，SM）为代表材料的土壤生物熏蒸技术是一种有效的土传病害控制技术。生物熏蒸过程中释放的异硫氰酸酯（ITC）是主要的抑菌物质。但是，生物熏蒸材料的成本问题仍然是阻碍这种方法在商业果园大范围推广的原因。不同基因型的植物可以向其根际招募特异的微生物类群，这些微生物会与土壤病原菌争夺养分和生存空间。因此，使用减量的生物熏蒸剂结合种植合适的苹果砧木，不但可以增强抗病效果，还能恢复健康的土壤微生物环境。通过温室和大田试验，笔者发现：①高（6.6 t/hm^2）、中（4.4 t/hm^2）、低（2.2 t/hm^2）三种菜籽粕施用量不同程度地改变了土壤微生物群落结构；②耐病和感病苹果砧木根际微生物群落结构具有显著差异；③配合种植耐病的苹果砧木 G.41，施用减量的菜籽粕可以长期有效地控制再植病害的发展。通过对生物熏蒸土壤中苹果树基因调控的研究，笔者发现 SM 可以通过多种方式影响植物的健康状况：对病原菌的直接抑制、SM 诱导的植物防御反应，以及根际微生物的预警性变化。

关键词：苹果再植病；十字花科菜粕；砧木基因型；微生物组；综合防治

* 通信作者：王丽琨，助理研究员；E-mail：lkwang@ sjziam. ac. cn

生姜腐烂病生防菌筛选

张文朝[1]　郝晓宇[1]　房小力[1]　王玉芹[2]　陈　琦[3]　陈先林[4]　闫红飞[1]　刘大群[1]
（1. 河北农业大学植物保护学院，国家北方山区农业工程技术研究中心，
河北省农作物病虫害生物防治工程技术研究中心，保定　071000；
2. 河北科技报社，河北省科学技术传播中心，石家庄　050000；3. 河北省种子总站，
石家庄　050000；4. 邢台市信都区国有长信林场，邢台　054000）

摘　要：生姜腐烂病是由阴沟肠杆菌（*Enterobacter cloacae*）、弗氏柠檬酸杆菌（*Citrobacter freundii*）、阿氏肠杆菌（*Enterobacter asburiae*）引起的细菌性病害。该病可造成生姜根茎腐烂，叶片枯萎，最后全株死亡，造成的产量及经济损失严重。因此探索该病害有效的防治方法尤为重要。生物防治绿色环保，应用前景广阔。本研究应用河北农业大学分子植物病理实验室保存的28株生防细菌菌株，采用平板对峙法筛选对姜腐烂病的3种病原菌有效的生防菌株。结果表明：17种菌株对阴沟肠杆菌均有一定抑制效果，其中X-2的防效最高，抑制率达67.16%，该菌株对弗氏柠檬酸杆菌的抑菌效果较差，抑菌率仅为29.85%，并与其他生防菌相比差异显著；8个菌株对弗氏柠檬酸杆菌具有一定抑菌效果，但效果较差，其中V-10的抑制率最高仅为35.82%；所有供试生防细菌菌株对阿氏肠杆菌均无抑菌效果。姜腐烂病在田间尚无有效防治方法，本试验筛选到的生防菌株仅为室内试验结果，获得生防菌株少，有待进一步筛选和挖掘田间有效生防菌株。

关键词：生姜腐烂病；肠杆菌；生物防治；生防菌

生防枯草芽孢杆菌 26553 对马铃薯黑痣病菌生防机理研究*

吕晓旭** 王培培 李扬凡 郭庆港 董丽红 李社增 史翠月 马 平***
（河北省农林科学院植物保护研究所，农业农村部华北北部作物有害生物综合治理重点实验室，河北省农业有害生物综合防治工程技术中心，保定 071000）

摘 要：枯草芽孢杆菌 26553 是一株对马铃薯黑痣病菌有很好抑菌作用的生防细菌，为探究该菌株的生防作用机理，首先从该菌株发酵液中提取脂肽粗提物，测定其对马铃薯黑痣病菌的抑菌效果，结果表明，其脂肽提取物有较强的抑菌作用，进一步通过高效液相色谱（HPLC）对脂肽提取物进行分析，发现脂肽提取物中有 3 组物质产生（组分Ⅰ，Ⅱ，Ⅲ），利用 UPLC-Triple TOF-MS/MS 技术分别对 3 组物质进行鉴定，结果表明，组分Ⅰ为未知产物，组分Ⅱ推断为 fengycin，组分Ⅲ推断为 surfactin。利用平板对峙法，分别测定三种组分对马铃薯黑痣病菌的抑菌效果，结果表明，组分Ⅱ具有较强的抑菌能力，表明菌株 26553 主要通过产生脂肽类抗生素 fengcyin 抑制马铃薯黑痣病菌的生长。此外，菌株 26553 具有很强的产胞外蛋白酶、胞外纤维素酶、生物膜形成能力和解磷能力。

关键词：枯草芽孢杆菌；脂肽类抗生素；fengycin；马铃薯黑痣病

---

* 基金项目：河北省农林科学院现代农业科技创新工程课题资助（2019-1-1-7）；国家自然科学基金（31601680）；财政部和农业农村部：国家现代农业产业技术体系资助（CARS-15-18）

** 第一作者：吕晓旭，学士，研究方向为土壤有害生物分子检测；E-mail：13643230654@ 139. com

*** 通信作者：马平，博士，博士生导师，研究员，研究方向为植物病害生物防治；E-mail：pingma88@ 126. com

Botrytis cinerea type Ⅱ IAP BcBIR1 improves the biocontrol capacity of *Coniothyrium minitans**

WU Jianing[1,2**] ZHANG Hongxiang[1,2] JIANG Daohong[1,2] FU Yanping[2]
XIE Jiatao[1,2] CHENG Jiasen[2] LIN Yang[2***]
(1. *State Key Laboratory of Agricultural Microbiology*, *Huazhong Agricultural University*, *Wuhan*, 430070, *China*; 2 *The Provincial Key Lab of Plant Pathology of Hubei Province*, *College of Plant Science and Technology*, *Huazhong Agricultural University*, *Wuhan*, 430070, *China*)

Abstract: Apoptosis - like programmed cell death (A - PCD) is associated with fungal development, aging, pathogenicity, and stress responses. Here, to determine whether the *Botrytis cinerea* type Ⅱ inhibitor of apoptosis (IAP), BcBIR1, could improve *Coniothyrium minitans* biocontrol capability, *BcBIR*1 gene was expressed in *C. minitans* strain ZS-1. BcBIR1-expressed strains Bcbir1-12 and Bcbir1 - 17 were randomly selected to determine the transcriptional profiles of *BcBIR*1 and its *C. minitans* homolog, *CmBIR*1, during the conidial germination, hyphal growth, and pycnidial formation stages. *BcBIR*1 expression did not significantly impact *CmBIR*1 expression in strains Bcbir1-12 and Bcbir1-17, which exhibited higher rates of conidiation, mycelial growth, and biomass growth than their parent strain ZS-1. Under diverse abiotic stresses, such as nutrient deficiency and exogenous H_2O_2 treatment, the growth-inhibiting rate of transgenic strains was significantly lower than that of the wild-type strain. The conidial survival rate of strains Bcbir1 - 12 and Bcbir1 - 17 treated with ultraviolet (UV) irradiation was also higher than that of strain ZS-1. In a confrontation experiment, *BcBIR*1 expression enhanced *C. minitans* mycoparasitism toward *Sclerotinia sclerotiorum* hyphae. Taken together, the results suggest that BcBIR1 positively regulates the vegetative growth, conidiation, resistance to abiotic stress, and parasitic ability of *C. minitans*. Therefore, as a potential synergistic gene, *BcBIR*1 may improve *C. minitans* control capacity against *S. sclerotiorum*.

Key words: *BcBIR*1; Type Ⅱ IAP; *Coniothyrium minitans*; Biocontrol

---

* Funding: the National Key R&D Program of China (2017YFD0200400) and the earmarked fund for China Agriculture Research System (CARS-13)

** First author: WU Jianing, Ph. D student, Major in Plant pathology; E-mail: 1575760078@qq.com

*** Corresponding author: Dr. Lin Yang, Assistant Professor; E-mail: yanglin@mail.hzau.edu.cn

米修链霉菌 TF78 产生的挥发性物质对杧果蒂腐病和香蕉炭疽病的防治*

黄穗萍** 唐利华 李其利 莫贱友 郭堂勋***

（广西农业科学院植物保护研究所/广西作物病虫害生物学重点实验室，南宁 530007）

摘　要：为了评价米修链霉菌 TF78 产生的挥发性物质在防治植物病害方面的潜力。本研究通过熏蒸试验，探究米修链霉菌 TF78 产生的挥发性物质对采后杧果蒂腐病和香蕉炭疽病的防治效果；同时采用培养皿对扣的方法，研究链霉菌 TF78 产生的挥发性物质及其主要的化学成分 1,4-二氯苯对 11 种植物病原菌生长的影响。结果发现，链霉菌 TF78 产生的挥发性物质对杧果蒂腐病和香蕉炭疽病的盆栽防治效果分别为 90.92%和 52.13%；链霉菌 TF78 产生的挥发性物质对 *Phomopsis* sp.、*Pestalotiopsis* sp.、*Pyricularia oryzae*、*Sclerotium rolfsii*、*Botrytis cinerea* 的菌丝生长抑制率为 100%，对 *Botryodiplodia* sp.、*Fusarium solani*、*Colletotrichum* sp.、*Fusarium oxysporum* f. sp. *cucumerinum* 和 *Fusarium oxysporum* f. sp. *niveum* 的菌丝生长的抑制率在 60%以上；链霉菌 TF78 产生挥发性物质的主要成分 1,4-二氯苯（3.56 g/L）对 11 种植物病原菌菌丝生长均有抑制作用，其中对 *Botryodiplodia* sp. 和 *Sclerotium rolfsii* 的菌丝生长抑制率为 100%，对 *Phomopsis* sp.、*Fusarium solani*、*Pyricularia oryzae* 和 *Botrytis cinerea* 的抑制率>90%，对 *Colletotrichum* sp.、*Pestalotiopsis* sp. 和 *Fusarium proliferatum* 的抑制率>70%。研究结果表明，米修链霉菌 TF78 产生的挥发性物质显著降低了采后杧果蒂腐病和香蕉炭疽病的发生，能抑制 11 种植物病原菌菌丝的生长，对 *Botryodiplodia* sp. 和 *Sclerotium rolfsii* 的抑制效果最好。链霉菌 TF78 具有开发成生物熏蒸剂来防治植物病害的潜力。

关键词：米修链霉菌；采后病害；1,4-二氯苯；抑制作用

---

* 基金项目：广西科技重大专项（No. 桂科 AA18118028）；广西自然科学基金青年科学基金项目（No. 2018GXNSFBA281077）；广西作物病虫害生物学重点实验室基金项目（No. 2019-ST-05）

** 作者简介：黄穗萍，博士，研究方向为植物病原真菌防治技术；E-mail：361566787@ qq. com

*** 通信作者：郭堂勋，硕士，研究方向为植物病原真菌学；E-mail：gtx6530@ 163. com

Resistance risk assessment of *Puccinia striiformis* f. sp. *tritici* to triadimefon in China

JI Fan LIU Yue ZHOU Aihong XIA Minghao ZHAO Jun
ZHAN Gangming KANG Zhensheng
(*College of plant protection, Northwest A & F University, State Key Laboratory of Crop Stress Biology for Arid Areas, Shana Xi Yang Ling* 712100, *China*)

Abstract: Wheat stripe rust, caused by *Puccinia striiformis* f. sp. *tritici* (*Pst*), is a destructive biological disaster on wheat and seriously threatens production safety in wheat producing areas which has been largely controlled using triadimefon in China. Although high levels of fungicide resistance in other pathogens have been reported, seldom field failure of *Pst* to any fungicides have been described and few fungicides sensitivity of *Pst* has been evaluated in China. The resistance distribution and mechanism of *Pst* to triadimefon were investigated in the present study, providing important data for establishment of high throughput molecular detective methods, fungicide resistance risk management and the development of new target fungicide. The baseline sensitivity of 446 *Pst* isolates across the country to triadimefon was determined by detached leaf method, and the concentration for 50% of maximal effect (EC_{50}) distribution showed a unimodal curve, with mean value of 0. 19 μg/mL. The results showed that the sensitivity range of *Pst* to triadimefon was wide, with more insensitive isolates collecting from winter-increasing area and northwest over-summering area and more sensitive isolates collecting from southwest over-summering area and two independent epidemic areas of Xinjiang and Tibet. Only 6. 79% of the tested *Pst* isolates had developed vary degrees of resistance to triadimefon, and most of isolates were sensitive to triadimefon. For characterization of parasitic fitness, the triadimefon-resistant exhibited strong adaptive traits in urediniospore germination rate, latent period, sporulation intensity and lesion expansion speed. Positive cross-resistance was observed between triadimefon and tebuconazole or hexaconazole, but not between pyraclostrobin or flubeneteram. The point mutation Y134F in 14α-demethylase enzyme (*Cyp*51) was found in triadimefon - resistant isolates. And a molecular detective method (Kompetitive Allele Specific PCR) was used for the rapid detection of the Y134F point mutation. The resistance risk of *Pst* to triadimefon could be low to moderate. This is the first report to evaluate the sensitivity level and sensitivity distribution of *Pst* in China and provide evidence for regional selection to reduce the efficacy of this fungicide. The observation of reduced sensitivity to triadimefon in northwestern China emphasizes the importance of fungicides rotation to maintain the effectiveness of triadimefon in wheat production in China.

Key words: Puccinia striiformis f. sp. tritici; wheat, stripe rust; resistance risk

药用植物对烟草根腐病菌的抑制作用研究

谌潇雄[1]　谭智勇[2]　刘　杰[3]　李　强[4]　吴文良[2]
（1. 贵州财经大学，贵阳　550000；2. 铜仁学院，铜仁　554300；
3 贵州省烟草公司铜仁市公司，铜仁　554300；
4. 湖南农业大学 农学院，长沙　410128）

摘　要：测定了 6 种药用植物乙醇提取物的抑制活性，为烟草根腐病的生物防治提供依据。采用超声波提取法提取药用植物，采用生长速率抑制法测定药用植物乙醇提物对 2 种烟草根腐病优势病原菌-尖孢镰刀菌（*Fusarium oxysporum*）和茄病镰刀菌（*F. solani*）的抑菌活性。结果表明：当归的乙醇提取物对 2 种烟草根腐病菌菌丝的生长抑制作用显著，抑制效果随处理浓度的增大而增强；当归乙醇提取物对尖孢镰刀菌的抑菌中浓度（EC_{50}）为：6. 26mg/mL，当归乙醇提取物对茄病镰刀菌的抑菌中浓度（EC_{50}）为：5. 56mg/mL；在处理浓度高于 10mg/mL 时，当归乙醇提取物对 2 种烟草根腐病菌的抑制率均在 50%以上。当归有很好的抑制烟草镰刀菌根腐病的潜力和价值。

关键词：当归；乙醇提取物；尖孢镰刀菌；茄病镰刀菌；抑菌活性

莓茶病虫害的鉴定及药剂筛选*

王逸才[1**]　袁思琦[1]　洪艳云[1]　邓武成[2]　胡维军[2]　李春萍[2]　陈建芝[3]　易图永[1***]
（1. 湖南农业大学植物保护学院，长沙　412000；2. 张家界莓茶发展服务中心，张家界　427000；3. 衡阳市农业综合行政执法支队，衡阳　421000）

摘　要：莓茶学名为显齿蛇葡萄（*Ampelopsis grossedentata*），是葡萄科蛇葡萄属的藤本植物，为药食两用植物，有着较高的经济价值，是张家界市的特色产业之一。为明确张家界莓茶病虫害的种类，2019—2021 年，本实验室对莓茶病虫害的发生情况进行了系统研究。通过分离纯化得到两种莓茶病原菌 MC1 和 YB，柯赫氏法则验证，形态学观察结合 rDNA-ITS、β-Tublin 测序对菌株 MC1 和 YB 进行病原菌鉴定，并且对两种病原菌进行了室内毒力测定；对捕捉的莓茶同翅目、类似鳞翅目夜蛾科、鳞翅目害虫进行形态结构结合分子生物学鉴定。结果鉴定 MC1 菌株为葡萄拟茎点霉（*Phomopsis* sp.），YB 菌株为小孢拟盘多毛孢（*Pestalotiopsis microspora*），莓茶同翅目害虫为黑尾大叶蝉（*Bothrogonia ferruginea*），类似鳞翅目夜蛾科害虫为斜纹夜蛾（*Spodoptera litura*），鳞翅目害虫为葡萄切叶野螟（*Herpetogramma luctuosale*）。5 种杀菌剂对葡萄拟茎点霉的室内毒力测定结果表明：抑制作用较强的处理是 0.3%四霉素 AS+农用橄榄油增效剂、0.3%四霉素 AS 和 80%代森锰锌 WP，EC_{50}分别为 0.074mg/L、0.094mg/L、0.240mg/L。9 种杀菌剂对小孢拟盘多毛孢室内毒力测定试验结果表明：抑制作用较强的是 10%苯醚甲环唑 WG、70%甲基硫菌灵 WP、2%苦参碱 AS、0.3%四霉素 AS，EC_{50}分别为 0.060mg/L、0.489mg/L、0.684mg/L、0.757mg/L。上述研究结果为张家界莓茶病虫害的发生情况提供了重要的数据资料，对张家界莓茶病虫害防治具有一定的参考价值。

关键词：莓茶病原鉴定；莓茶害虫鉴定；毒力测定

---

* 基金项目：莓茶病虫害种类鉴定及绿色防控技术攻关

** 作者简介：王逸才，硕士生，研究方向为植物病理学；E-mail：984839460@qq.com

*** 通信作者：易图永，教授、博士生导师，研究方向为植物病理学的教学和科研工作；E-mail：yituyong@hunau.net

辣椒溶杆菌 *Lysobacter capsici* NF87-2 防治西瓜蔓枯病的研究

左 杨[1] 张心宁[2] 乔俊卿[1] 余文杰[1] 刘永锋[1] 刘邮洲[1]

（1. 江苏省农业科学院植物保护研究所，南京 210014；
2. 江苏省睢宁县农业农村局，睢宁 221225）

摘 要：由亚隔孢壳属瓜类黑腐球壳菌（*Didymella bryoniae*）引起的西瓜蔓枯病是一种重要真菌土传病害，西瓜整个生育期均可发病，主要危害瓜蔓、叶片和果实，引起叶、蔓枯死和果实腐烂，潮湿环境下该病菌能够迅速侵染寄主组织并大量繁殖，可在短时间内导致大量藤蔓枯死，造成严重的经济损失。国内有关西瓜蔓枯病的防治研究起步较晚，目前并无良好的高抗品种。生产上采取的防治方法主要是化学防治，但其弊端明显：药效不佳，增加农产品有毒化学物质残留，造成生态环境严重污染，易使病原菌产生抗药性等。生物防治对人畜安全、环境兼容性好、病菌不易产生抗药性，越来越受到人们的重视，并初见成效。目前国内外应用较多的生防细菌主要有芽孢杆菌属（*Bacillus*）和假单胞菌属（*Pseudomonas*）等。

本研究以西瓜蔓枯病菌 DB-20 为靶标菌，从实验室前期分离获得的拮抗细菌中筛选出理想的拮抗细菌有效防治西瓜蔓枯病。采用平板对峙培养法进行初筛后，用凹玻片法、滤纸法、浸胚根法测定了拮抗细菌对西瓜蔓枯病菌孢子萌发的抑制效果、对西瓜种子发芽和幼苗生长的影响。在此基础上，采用盆栽试验研究拮抗细菌对西瓜蔓枯病的防治效果。结果表明：辣椒溶杆菌（*Lysobacter capsici* NF87-2）（菌含量为 10^8 CFU/mL）对西瓜蔓枯病菌的室内菌丝生长抑制率为 81.61%，菌株 NF87-2 及其次生代谢物对西瓜蔓枯病菌孢子萌发的抑制率分别为 61.19% 和 68.53%。空白培养基处理 1 d 后西瓜种子发芽率为 80.27%，西瓜蔓枯病菌 DB-20（浓度为 10^4 孢子/mL）处理 1 d 后西瓜种子发芽率仅为 49.47%，菌株 NF87-2（菌含量为 10^6 CFU/mL）+ DB-20（浓度为 10^4 孢子/mL）处理 1 d 后种子发芽率为 82.82%。西瓜种子出芽后，空白培养基处理 30 min 后西瓜出苗率为 89.29%，西瓜蔓枯病菌 DB-20（浓度为 10^4 孢子/mL）处理 30 min 后西瓜出苗率仅为 38.10%，菌株 NF87-2（菌含量为 10^6 CFU/mL）+ DB-20（浓度为 10^4 孢子/mL）处理 30 min 后西瓜出苗率达到 82.14%。在温室盆栽试验中，菌株 NF87-2 发酵液（菌含量为 10^8 CFU/mL）和 100 倍稀释液处理后对西瓜蔓枯病菌的防治效果分别为 79.73% 和 58.42%。试验结果初步表明：辣椒溶杆菌 NF87-2 对西瓜蔓枯病有较好的室内外防治效果，有望开发成防治西瓜蔓枯病的生物农药。

关键词：西瓜蔓枯病；辣椒溶杆菌；防治效果

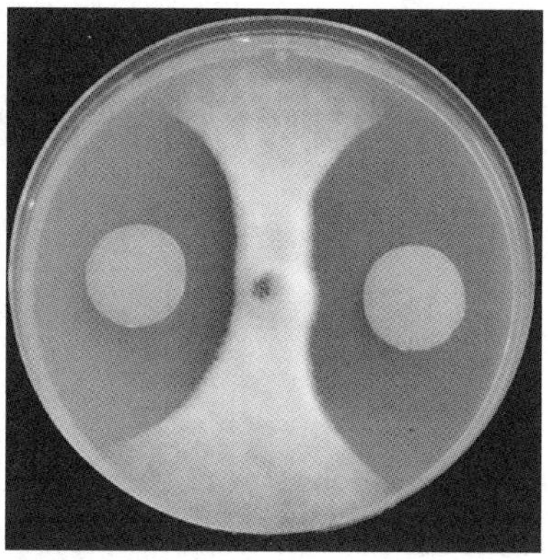

Fig. 1　Inhibition efficiency of *Lysobacter capsici* NF87-2 against the growth of *Didymella bryoniae* DB-20

a：CK（water）；b：DB-20；c：NF87-2100 times dilution；d：NF87-2 liquid culture

Fig. 2　Control effect of *Lysobacter capsici* NF87-2 on gummy stem blight in pot experiment

黑皮鸡枞蛛网病病原生物学特性及室内药剂筛选*

袁潇潇[1,2**]　彭科琴[1,2]　赵志博[1]　王　勇[1]　田风华[1,2***]
（1. 贵州大学农学院，贵阳　550025；2. 贵州大学食用菌研究所，贵阳　550025）

摘　要：黑皮鸡枞（*Hymenopellis raphanipes*），又名长根菇，味道鲜美，富含生物碱、多糖及小奥德蘑酮等多种活性成分，是贵州省重要栽培品种。随着该产业规模的迅速扩大，出现了多年连续栽培单一品种的现象，导致黑皮鸡枞病害问题越发突出，蛛网病为其中一个重要病害。经调查发现其发病率达10%，发病严重时可达50%，成为影响其产量和品质的重要因素。本研究分别从贵州省水城县和贞丰县采集典型发病样品，并对其致病菌进行分离。随后，通过致病性测定、形态学观察、序列分析（ITS、*EF*1-α、*RPB*1、*RPB*2）及生物学特性等方面进行研究，并使用10种化学药剂以及12种生物源药剂对病原菌防治效果进行测定。结果显示：分离到的菌株2020010406-2为*Cladobotryum*属真菌，通过科赫氏法则验证其为黑皮鸡枞蛛网病的病原菌。该病原菌丝体最适生长条件为：温度30 ℃、pH值=6，可溶性淀粉和酵母粉为最适碳、氮源。在供试化学药剂中，丙环唑、咪鲜胺锰盐、三唑酮及异菌脲的抑菌效果较好，EC_{50}分别为0. 816 4 μg/mL、3. 974 1 μg/mL、4. 603 5 μg/mL、9. 441 0 μg/mL，均小于10 μg/mL；在供试12种生物源药剂中，丁子香酚及蛇床子素的抑菌效果最为突出，EC_{50}分别仅为0. 000 2 μg/mL、0. 006 4 μg/mL。综上，生物源药剂丁子香酚和蛇床子素在黑皮鸡枞蛛网病防治中防效好、毒性低，具有较好的应用潜力，该研究为黑皮鸡枞的提质增效和建立绿色综合防控技术体系提供了基础。

关键词：黑皮鸡枞；蛛网病；化学药剂；生物源药剂；EC_{50}

---

* 基金项目：贵州省教育厅2020年度自然科学研究项目（黔科合KY字〔2021〕054）；贵州大学自然科学专项（特岗）科研基金［贵州大学特岗合字（2019）13号］；贵州大学横向项目［K20-0102-026］；优质高效环保菌棒的配方优化与生产关键技术研究及应用（黔科合重大专项字〔2019〕3005）

** 第一作者：袁潇潇，硕士研究生，研究方向为植物病理学；E-mail：xxyuan1531@163. com

*** 通信作者：田风华，博士，副教授，研究方向为食用菌病虫害的绿色防控及食药用菌种质资源的收集与评价；E-mail：mimitianfenghua@163. com

褪黑素处理对梨果实采后黑斑病及贮藏品质的影响*

吴　帆[1**]　李树成[1]　王印宝[1]　肖刘华[1]　陈　明[1]　陈金印[1,2]　向妙莲[1***]
（1. 江西农业大学农学院，江西省果蔬采后处理关键技术与质量安全协同创新中心，
江西省果蔬保鲜与无损检测重点实验室，南昌　330045；2. 萍乡学院，萍乡　337055）

摘　要： 为探究褪黑素（Melatonine，MT）处理对梨果实采后黑斑病及贮藏品质的影响，本试验以‘翠冠’梨为材料，测定0.1 mmol/L MT诱导梨果实抗黑斑病的效应及抗病相关基因和贮藏品质的变化。结果表明，接种后3 d、5 d和7 d，MT对梨果实抗黑斑病的诱导效应分别为29.16%、45.03%和23.26%，梨果实*PpCAT*、*PpPOD*、*PpPPO*、*Cu-ZnSOD*、*PpCHI*和*PpGLU*相对表达量在接种后第4~7天均显著高于对照，最大值分别为对照的1.35倍、2.08倍、2.28倍、2.02倍、2.89倍和3.45倍；此外，MT处理可以显著抑制低温贮藏期间果实呼吸强度，延缓果实衰老，维持可溶性固形物在较高水平，延缓可滴定酸和维生素C降解；同时促进果实总酚含量积累，增强果实抗氧化能力，抑制MDA含量积累，减轻细胞膜脂过氧化伤害，提高果实品质。0.1 mmol/L MT处理诱导了梨果实对采后黑斑病的抗性，激发了果实防御酶和病程相关蛋白基因的表达，提高了梨果实贮藏品质。

关键词： 褪黑素；梨果实；黑斑病；诱导抗病；贮藏品质

---

* 基金项目：江西省自然科学基金（20192BAB204018）；江西省果蔬采后处理关键技术及质量安全协同创新中心项目（JXGS-03）

** 第一作者：吴帆，硕士研究生，研究方向为采后病害；E-mail：fanwu2019@126.com

*** 通信作者：向妙莲，博士、副教授，研究方向为寄主-病原互作；E-mail：mlxiang@jxau.edu.cn

黄连炭疽病病原鉴定及其对杀菌剂敏感性测定*

莫维弟[1**] 程欢欢[1] 周志成[1] 方 茜[1] 丁海霞[1,2***]
（1. 贵州大学农学院，贵阳 550025；2. 贵州省农业科学院，贵阳 550006）

摘 要：黄连（*Coptis chinensis*）又名味连，为毛茛科黄连属多年生草本植物，以干燥的根茎入药，具有清热燥湿，泻火解毒之功效，是我国常见的中药材。黄连在我国的栽培历史悠久，重庆市石柱县是其主产区之一，年产量约为我国总产量的60%。近年来随着该地黄连种植年限的增加，黄连病害发生渐趋加重，影响黄连的质量和产量。前期调查发现重庆市石柱县黄连炭疽病病害发病严重，但目前没有报道该病的病原菌种类，因此为了明确该病的病原菌种类，进而筛选合适的化学农药进行病害防治，本研究采集相关病样分离鉴定病原菌，通过室内药剂筛选效果明显的药剂，为黄连炭疽病的防治提供理论依据。

为明确黄连炭疽病致病病原，本研究通过田间采样、病原菌分离，得到5株纯培养物，通过致病性测定，只有HL8菌株具有致病性，将HL8回接至病叶发病，从发病部位再分离，仍得到原分离菌。该菌在PDA培养基上的菌落呈灰白色，气生菌丝为毛毡状，菌丝平伏、边缘整齐，呈圆形。之后结合ITS、GADPH、CHS-1和ACT多基因序列分析，结果表明该菌株与 *Colletotrichum boninense* 单独聚集成一支，且支持率达100%，并且能与其他种明显区分开。以上的结果表明引起该病害的病原菌为博宁炭疽菌（*Colletotrichum boninense*）。该病原菌的寄主范围较为广泛，在春兰、辣椒、橡胶、大叶桉、油茶上均能引起炭疽病，但危害黄连还是首次报道。杀菌剂敏感性测定结果表明：75%百菌清可湿性粉剂、68%精甲霜·锰锌水分散粒剂、60%吡唑嘧菌酯·代森联水分散粒剂、50%多菌灵可湿性粉剂和40%异菌·氟啶胺悬浮剂等5种杀菌剂对病原菌均有抑制作用，其中40%异菌·氟啶胺悬浮剂和50%多菌灵可湿性粉剂抑制效果最好，EC_{50}值分别为0.30 μg/mL和0.46 μg/mL；75%百菌清可湿性粉剂与70%精甲霜·锰锌水分散粒剂次之，其EC_{50}值分别为13.27 μg/mL和37.89 μg/mL；60%嘧菌·代森联水分散粒剂抑制效果较差，其EC_{50}值为84.66 μg/mL。因此田间施用药剂推荐为20%异菌·氟啶胺悬浮剂，为黄连炭疽病防治提供了理论依据。

关键词：黄连炭疽病；*Colletotrichum boninense*；药剂防治

* 基金项目：中国博士后科学基金面上项目（2020M683658XB）；贵州省教育厅青年科技人才成长项目（黔教合KY字〔2018〕101）

** 第一作者：莫维弟，硕士研究生；E-mail：508892765@qq.com

*** 通信作者：丁海霞，博士，讲师，研究方向为植物病理学和植物病害生物防治；E-mail：hxding@gzu.edu.cn

贵州马缨杜鹃病害病原鉴定及生防菌的筛选*

胡　珊[1**]　王灵军[2]　杨钰灏[2]　杨　婷[3]　彭丽娟[1]　丁海霞[3,4***]

（1. 贵州大学烟草学院，贵阳　550025；2. 贵州百里杜鹃科研所，毕节　551614；
3. 贵州大学农学院，贵阳　550025；4. 贵州省农业科学院，贵阳　550006）

摘　要：杜鹃（*Rhododendron simsii* Planch.）为杜鹃花科、杜鹃属多年生木本植物，我国十大名花之一，具有很高的观赏价值。百里杜鹃自然保护区（27°10′～27°20′N，105°04′～106°04′E）位于贵州省西北部，毕节市中部，是地球同纬度范围内迄今发现的中低海拔区面积最大的天然杜鹃林，面积为125.8 km^2。其中马缨杜鹃（*Rhododendron delavayi* Franch）为当地优势种和建群种，面积约25.16 km^2，占百里杜鹃林区总面积的20%，是主要的旅游观赏物种。但近年来由于旅游产业的发展，杜鹃林规模的扩大，以及贵州降水频繁等原因，导致马缨杜鹃叶部病害发生严重，使其观赏价值和经济价值受到一定程度的影响。因此为了明确引起相关病害的病原菌，为今后的病害防治提供理论依据，于2018年在保护区戛木景区采集发病植株的典型病害部位，采用单孢分离法对病原菌进行分离、纯化，得到18株疑似病原真菌，经柯赫氏法则回接验证后，得到12株具有致病能力的真菌，并在回接病斑上又分离到相同的病原菌。根据其形态特征结合ITS基因序列比对分析，结果显示12株病原真菌中，9株与拟盘多毛孢属（*Pestalotiopsis* sp.）真菌的同源性达100%，2株与拟茎点霉属（*Phomopsis* sp.）同源性达100%，1株与炭疽菌属（*Colletotrichum* sp.）同源性达100%。分离出的18株候选真菌，菌株MYDJ12具有强致病性，根据其形态特征结合ITS、GADPH、CHS-1和ACT和TUB2多基因序列分析，将该菌鉴定为松针炭疽（*Colletotrichum fioriniae*）。收集健康植株的叶片，采用梯度稀释法对叶片上的细菌进行分离和纯化。共分离出42株叶部细菌，采用平板对峙法筛选，共得到14株对炭疽菌属（*Colletotrichum* sp.）病原菌拮抗效果明显的菌株，通过形态学、生理生化特性和分子生物学鉴定，14株菌株均为芽孢杆菌属（*Bacillus* sp.）细菌。

关键词：马缨杜鹃；叶部病害；松针炭疽；生防菌

---

* 基金项目：中国博士后科学基金面上项目（2020M683658XB）；贵州省教育厅青年科技人才成长项目（黔教合KY字〔2018〕101）

** 第一作者：胡珊，硕士研究生；E-mail：3068312191@qq.com

*** 通信作者：丁海霞，博士，讲师，研究方向为植物病理学和植物病害生物防治；E-mail：hxding@gzu.edu.cn

亚麻酸处理通过激活苯丙烷代谢而促进了苹果果实愈伤

贾菊艳* 李宝军 王 斌 赵诗佳 余丽蓉 张雪姣 毕 阳**
（甘肃农业大学食品科学与工程学院，兰州 730070）

摘 要： 研究亚麻酸（Linolenic acid，LA）对苹果果实采后愈伤的影响，探讨相关生化机理。以‘富士’苹果果实为试材，人工模拟损伤后用 1 mmol/L LA 浸泡 10 min，于常温黑暗条件下进行愈伤。测定愈伤期间损伤果实的失重率以及损伤接种 *Penicillium expansum* 果实的病情指数，分析伤口处苯丙烷代谢关键酶和过氧化物酶活性，以及苯丙烷代谢产物和 H_2O_2 含量。LA 处理显著降低了愈伤期间损伤果实的失重率和损伤接种果实的病情指数，愈伤 3 d 时，处理果实的失重率和病情指数分别低于对照 32.48%和 39.58%。LA 处理激活了伤口处苯丙氨酸解氨酶、肉桂酸-4-羟化酶、4-香豆酰辅酶 A 连接酶和肉桂醇脱氢酶，提高了芥子酸、阿魏酸、肉桂酸、咖啡酸、总酚和类黄酮，以及松柏醇、肉桂醇、芥子醇和木质素的含量。此外，LA 处理还提高了果实伤口处 H_2O_2 含量和过氧化物酶活性。LA 激活了苹果果实伤口处的苯丙烷代谢，提高了过氧化物酶活性和 H_2O_2 含量，促进苹果果实的愈伤。

关键词： 苹果；亚麻酸；愈伤；苯丙烷代谢

* 第一作者：贾菊艳，硕士，研究方向为果蔬采后生物学与技术；E-mail：lzjjy21@163.com
** 通信作者：毕阳，教授，博士，研究方向为果蔬采后生物学与技术；E-mail：biyang@gsau.edu.cn

The biocontrol and plant growth-promoting properties of *Streptomyces alfalfa* XN-04 revealed by functional and genomic analysis

CHEN Jing* HU Lifang CHEN Na JIA Ruimin WANG Yang**
(*College of Plant Protection*, *Northwest A & F University*, *Yangling* 712100, *China*)

Abstract: Fusarium wilt of cotton, caused by the pathogenic fungal *Fusarium oxysporum* f. sp. *vasinfectum* (*Fov*), is a devastating disease of cotton, which dramatically affects cotton production and its quality. With the increase of pathogen resistance, controlling Fusarium wilt disease has been a significant challenge. Biocontrol agent (BCA) can be used as an additional solution to traditional crop breeding and chemical control. In this study, an actinomycete with high inhibitory activity against *Fov* was isolated from rhizosphere soil and identified as *Streptomyces alfalfa* based on phylogenetic analyses. Next, an integrative approach combining genome mining and metabolites detection was applied to decipher the significant biocontrol and plant growth-promoting properties of XN-04. Bioinformatic analysis and bioassays revealed that the antagonistic activity of XN-04 against *Fov* was associated with the production of various extracellular hydrolytic enzymes and diffusible antifungal metabolites. Genome analysis revealed that XN-04 harbor 34 secondary metabolite biosynthesis gene clusters (BGCs). The ability of XN-04to promote plant growth was correlated with an extensive set of genes involved in indoleacetic acid (IAA) biosynthesis, 1-aminocyclopropane-1-carboxylic acid (ACC) deaminase activity, phosphate solubilization, and iron metabolism. Colonization experiments indicated that EGFP-labeled XN-04 had accumulated on the maturation zones of cotton roots. These results suggest that *S. alfalfa* XN-04 could be a multifunctional BCA and biofertilizer used in agriculture.

Key words: *Fusarium oxysporum* f. sp. *vasinfectum* (*Fov*); *Streptomyces alfalfae*; antifungal; plant growth-promoting; genome

* 第一作者：陈婧，博士研究生，研究方向为植物病害生物防治；E-mail：chenjing2019@ nwafu. edu. cn
** 通信作者：王阳，博士，博士生导师，研究员，研究方向为植物病害生物防治；E-mail：wangyang2006@ nwafu. edu. cn

芽孢杆菌防治草莓灰霉病的防效测定及机制初探*

李　巍**　梁正雅　晋玉洁　李　燕***
（中国农业大学植物保护学院，北京　100193）

摘　要：灰霉病是草莓上重要的果实病害，是造成草莓烂果的主要原因，严重时可减产50%以上，其病原菌为灰葡萄孢（*Botrytis cinerea*），是十大重要真菌病原物之一。传统的灰霉病防治主要依赖于化学药剂，而生物防治由于对环境和人类健康更安全、更友好越来越受到人们的关注。目前已登记的防治草莓灰霉病的生防产品仅有7个，其中芽孢杆菌有5个，且均为枯草芽孢杆菌，产品种类和数量比较少，不能满足生产的需要，急需开发新的生防产品。芽孢杆菌因其分布广泛、抗逆性强、作用机制多样而成为国际上产业化最多的一类生防资源，因此，本研究以实验室前期保存的生防菌株 *Bacillus velezensis* ZN1、*B. velezensis* ZN2、*B. velezensis* ZN3、*B. velezensis* 908、*B. subtilis* 191、*B. subtilis* 9407 为材料，检测其对草莓灰霉病的防治效果，并初步探索其防病机制。

将培养 48 h 的生防菌培养液处理已表面消毒的离体草莓叶片/果实上，以 PDB 处理为对照，培养 24 h 后，叶片无伤接种培养 7 d 的灰葡萄孢菌饼，果实刺伤接种孢子悬浮液，继续培养并持续观察发病情况，统计病斑直径并计算防治效果。研究结果显示：在草莓叶片上，菌株 908、ZN1、ZN2 处理后的平均病斑直径与对照有显著性差异，防效分别为 57.5%、56.1%和 54.5%；而 ZN3、191、9407 处理后的平均病斑直径与对照无显著性差异。将叶片上防效好的菌株进行草莓果实上的生测实验，结果显示 908、ZN1、ZN2 处理后的平均病斑直径与对照均有显著性差异，防效分别为 66.9%、26.7%和 95.9%，其中 ZN2 的防效最为突出。上述结果表明，908、ZN1、ZN2 在草莓果实与叶片上均有防效，其中 908、ZN2 的防效均高达 50%以上。

为明确上述菌株的防病机制，首先通过平板拮抗实验检测其抗生作用。结果显示，菌株 908、ZN1、ZN2 均对灰霉病菌存在拮抗作用，抑菌率分别为 48.5%、52.4%和 52.7%，菌株之间的拮抗效果无明显差异。据报道，芽孢杆菌能产生具有抗真菌活性的挥发性物质。因此，本研究探究待测生防菌是否通过挥发性物质发挥抗生作用。实验结果显示，接种 908、ZN1、ZN2 三株生防菌的格皿中灰霉病菌的菌落直径与不接种生防菌的对照相比无显著性差异。由于待测六株生防菌均属于枯草组芽孢杆菌，所以也检测了 191、9407、ZN3 三株菌的抗生作用。结果显示菌株 191、9407、ZN3 均对灰霉病菌存在拮抗作用，抑菌率分别为 52.0%、52.2%和 53.3%，但在接种这几株菌的格皿中灰霉病菌的菌落直径与对照相比无显著性差异。上述结果表明六株菌对于灰葡萄孢均存在抗生作用，但并非通过细菌挥发性物质发挥作用。

以上结果表明，菌株 908、ZN1、ZN2 对草莓灰霉病生防效果显著，对灰葡萄孢均有拮抗活性，是否具有其他作用机制有待进一步研究。研究结果将为草莓灰霉病生防菌的开发提供菌株资源，为该菌株的科学使用及产业化提供依据。

关键词：芽孢杆菌；草莓灰霉病；防效测定；平板拮抗；挥发性物质

---

* 基金项目：中央高校基本科研业务费专项资金资助（2021TC073）
** 第一作者：李巍，硕士研究生，研究方向为植物病理学；E-mail：liweiv8696@163.com
*** 通信作者：李燕，博士，副教授，研究方向为植物病害生物防治与微生态学研究；E-mail：liyancau@cau.edu.cn

贝莱斯芽孢杆菌 YQ1 菌株对香蕉枯萎病的生防效果研究*

姬梦琳**　田青霖　薛治峰　龚禹瑞　秦世雯***
（云南大学农学院/资源植物研究院，昆明　650500）

摘　要：香蕉枯萎病是香蕉重要的土传性真菌病害。目前抗枯萎病香蕉品种较少，并且化学和农业防治措施都难以将香蕉枯萎病菌（*Fusarium oxysporum* f. sp. *cubense*，Foc）从土壤中彻底铲除，导致该病的防控成为全球香蕉产业难题。本研究从观赏性美人蕉（*Canna indica*）根部内生菌中，筛选出一株能有效防治香蕉枯萎病的内生细菌 YQ1，经 16S rRNA 扩增子测序和 Biolog 分析鉴定为贝莱斯芽孢杆菌（*Bacillus velezensis*）。通过平板对峙法、带毒平板法和液体培养法测定发现，贝莱斯芽孢杆菌 YQ1 菌株对香蕉枯萎病菌 4 号小种（Foc4）的菌丝生长抑制率为 48.33%，菌体生长抑制率为 86.33%，孢子萌发抑制率为 85.67%。通过光学显微镜观察发现，该菌株抑制 Foc4 分生孢子萌发，造成病原菌菌丝异常膨大。通过以上方法测定还发现，该菌株对番茄枯萎病菌、茄子枯萎病菌、苦瓜枯萎病菌和黄瓜枯萎病菌均具有较强抑菌效果。通过巴西蕉苗期防效试验发现，先接种 1.0×10^{8} cfu/mL 的 YQ1 菌株后接种 1.0×10^{6}个/mL 的 Foc4，该菌株对 Foc4 的预防效果为 84.67%；先接种 1.0×10^{6} 个/mL 的 Foc4 后接种 1.0×10^{8} cfu/mL 的 YQ1 菌株，该菌株对 Foc4 的治疗效果为 63.33%；仅接种 1.0×10^{8} cfu/mL 的 YQ1 菌株的巴西蕉株高，假茎围和干重均显著高于清水对照，说明该菌株对巴西蕉还具有一定促生效果。进一步采用平板检测法和 Salkowski 比色法检测发现，该菌株可以产生铁载体和 IAA，且具有固氮能力，但不具有解磷和解钾能力。综上所述，贝莱斯芽孢杆菌 YQ1 菌株对香蕉枯萎病具有良好的生防潜力，其生防机制和发酵条件优化正在进一步研究中。

关键词：香蕉枯萎病；拮抗作用；贝莱斯芽孢杆菌；生物防治

---

* 基金项目：云南省科技厅基础研究计划项目（No. 2019FD128）；云南大学研究生科研创新基金项目（No. 2020326）
** 第一作者：姬梦琳，硕士研究生，研究方向为植物病害生物防治；E-mail：jml15010917935@163.com
*** 通信作者：秦世雯，博士，讲师，研究方向为植物病原物与寄主互作；E-mail：shiwenqin@ynu.edu.cn

野生稻内生细菌的分离鉴定和生防功能初析*

龚禹瑞** 薛治峰 姬梦琳 田青霖 秦世雯***
（云南大学农学院/资源植物研究院，昆明 650500）

摘 要：植物内生细菌是植物病害生物防治的重要微生物资源，通过定殖于植物不同组织和器官内，帮助植物抵御生物和非生物胁迫，保障寄主健康。野生稻具有良好的抗逆性和适应性，探究其内生细菌在水稻病害生物防治和品质改良中的可行性，可为水稻产业绿色可持续发展提供新思路。本研究从长雄野生稻（*Oryza longistaminata*）、普通野生稻（*Oryza rufipogon*）、药用野生稻（*Oryza officinalis*）和小粒野生稻（*Oryza minuta*）的根、茎、叶中共分离和纯化出463株内生细菌，其中4种野生稻不同组织分离内生细菌数量呈现以下趋势：根> 茎> 叶。采用平板对峙法和抑菌圈法，筛选出3个菌株对稻瘟病菌（*Magnaporthe oryzae*）具有显著拮抗效果（抑菌率达58%以上），4个菌株对水稻白叶枯病菌（*Xanthomonas oryzae* pv. *oryzae*，*Xoo*）具有显著拮抗效果（抑菌圈大小达1.32±0.041 cm以上）。采用平板检测法和Salkowski比色法检测发现，10个菌株具有固氮功能，18个菌株具有溶解无机磷功能，21个菌株具有溶解有机磷功能，23个菌株能够产生铁载体，6个菌株能够产生IAA。通过16S rDNA扩增子测序分析，以上菌株鉴定为短小芽孢杆菌（*Bacillus pumilus*）、居泉沙雷氏菌（*Serratia fonticola*）、米氏假单胞菌（*Pseudomonas migulae*）、霍氏假单胞菌（*Pseudomonas rhodesiae* ）、促根生科萨克氏菌（*Kosakonia radicincitans*）、肠杆菌（*Enterobacter*）、荧光假单胞菌（*Pseudomonas fluorescens*）、高山芽孢杆菌（*Bacillus altitudinis*）、枯草芽孢杆菌（*Bacillus subtilis*）等。以上结果表明，野生稻内生细菌具有丰富的生防微生物和生物菌肥资源，相关功能菌株的室内病害防效和水稻促生效果研究正在进行中。

关键词：野生稻；内生细菌；生物防治

---

* 基金项目：云南省科技厅基础研究计划项目（No. 2019FD128，202101AT070021）
** 第一作者：龚禹瑞，硕士研究生，研究方向为植物病害生物防治；E-mail：gongyurui@ mail. ynu. edu. cn
*** 通信作者：秦世雯，博士，讲师，研究方向为植物病原物与寄主互作；E-mail：shiwenqin@ ynu. edu. cn

壳聚糖的跨膜转运及胞内壳聚糖在其抑菌过程中的作用分析*

孙业梅 尚林林 夏小双 孟 迪 任 云 赵鲁宁 周兴华 王 云**
(江苏大学食品与生物工程学院，镇江 212013)

摘 要：壳聚糖可以抑制植物病原微生物、诱导宿主植物产生抗性，在农业病害防治领域表现出良好的应用前景。但对壳聚糖抑菌作用的分子机制的认识仍停留在破坏细胞膜结构、造成胞内物质外泄、导致生理代谢紊乱等方面，对壳聚糖能否进入胞内及胞内壳聚糖是否参与了抑菌过程尚不明了。本研究以扩展青霉（*Penicillium expansum*）为实验对象，在分子细胞水平研究了壳聚糖对细胞活性与结构、基因表达谱的影响，并在此基础上分析壳聚糖可能进入胞内的途径。结果表明：壳聚糖显著抑制扩展青霉孢子萌发、菌丝生长和细胞活性，显微观察显示壳聚糖处理破坏了真菌细胞壁（膜）结构、细胞内含物固缩；FITC 标记的壳聚糖处理扩展青霉孢子，在细胞内观察到荧光信号，表明壳聚糖可以进入细胞内，且这种转运是一种能量依赖过程；对壳聚糖处理后的扩展青霉进行转录组高通量测序结合 KEGG 聚类分析，发现网格蛋白依赖的内吞通路（clathrin-dependent endocytosis）明显上调表达，选择该通路中关键基因网格蛋白接头蛋白 μ 亚基（*PeCAM*）编码基因，通过同源重组、PEG 介导的原生质体转化，构建 *PeCAM*（Δ*PeCAM*）突变体；与野生型相比，突变株的孢子、菌丝及菌落形态发生变化，进一步的 FITC 标记壳聚糖吸收转运分析发现，*PeCAM* 的缺失阻断了壳聚糖向胞内的跨膜转运；在壳聚糖存在的条件下，Δ*PeCAM* 的孢子萌发率、菌落径向生长速度均比野生型高，表明 Δ*PeCAM* 突变株对壳聚糖的敏感性降低。本研究结果表明壳聚糖是通过网格蛋白依赖的内吞途径跨膜转运到胞内的，且胞内壳聚糖在其抑菌过程中扮演着重要角色。

关键词：壳聚糖；扩展青霉；内吞作用；抑菌机制

* 基金项目：国家自然科学基金（32072639）
** 通信作者：王云；E-mail：wangy1974@ ujs. edu. cn

苯醚甲环唑敏感性对马铃薯早疫病菌的适合度影响*

张　玥** 　钟林宇　 刘迅达　 陈凤平***
（福建农林大学植物病毒研究所，福建省植物病毒学重点实验室，福州　350002）

摘　要：抗药性是农药使用中重要的三大问题之一，抗药性病原群体能否在田间流行取决于其适合度高低。本研究通过测定马铃薯早疫病菌对苯醚甲环唑的敏感性，选择敏感性不同菌株，测定其菌丝生长速率、分生孢子产量、分生孢子萌发率以及致病力等生物学性状，分析药剂敏感性与生物学性状的相关性，从而了解马铃薯早疫病菌对苯醚甲环唑产生适应性的适合度变化。研究结果表明随着菌株对苯醚甲环唑的相对生长率提高，其分生孢子产量（$r=-0.662$，$P=0.052$；$r=-0.667$，$P=0.050$）和孢子萌发率（$r=-0.853$，$P=0.004$；$r=-0.916$，$P=0.001$）显著降低；高敏感性、中等敏感性和低敏感性菌株的平均分生孢子产量分别为 26.66×10^4 个/cm^2、18.64×10^4个/cm^2及 0，平均分生孢子萌发率分别为 84.2%、75.3%和 0。菌株对苯醚甲环唑敏感性与菌丝生长速率及致病力不存在显著相关性（$P>0.05$），但敏感性越低生长速率越慢。综合以上研究结果，表明马铃薯早疫病菌在适应苯醚甲环唑过程中付出了一定代价。

关键词：马铃薯早疫病菌；苯醚甲环唑；敏感性；适合度代价

The effect of difenconazole sensitivity on fitness of *Alternaria* sect. from potato

ZHANG Yue　ZHONG Linyu　LIU Xunda　CHEN Fengping
(*Fujian Key Laboratory of Plant Virology*, *Institute of Plant Virology*, *Fujian Agriculture and Forestry University*, *Fuzhou* 350002, *China*)

Abstract: Pesticide resistance is one of three most important issues during fungicide application. Whether the pathogen population resistant to fungicide could be spread in the field depends on their fitness. In this study, the sensitivity of *Alternaria* sect. isolates to difenoconazole was determined, and isolates with differentiate sensitivity were chose for biological characteristics investigation including mycelium growth rate, sporulation, conidia germination, and aggressiveness to understand the fitness change of the pathogen to adapt to difenconazole. The results showed that the sporulation ($r=-0.662$, $P=0.052$; $r=-0.667$, $P=0.050$) and conidia germination ($r=-0.853$, $P=0.004$; $r=-0.916$, $P=0.001$) of isolates were significantly decreased when their relative growth were higher; the average sporulation for high sensitive (HS), medium sensitive (MS) and low sensitive (LS) isolates were

* 基金项目：福建农林大学科技创新专项项目（CXZX2020022A）
** 第一作者：张玥，硕士生，研究方向为病原菌抗药性；E-mail：1045665245@ qq. com
*** 通信作者：陈凤平，博士，副研究员，研究方向为病原菌抗药性；E-mail：chenfengping1207@ 126. com

26.66 × 10^4 spores/cm^2, 18.64 × 10^4 spores/cm^2 and 0, respectively, and the average conidia germination rate were 84.2%, 75.3% and 0, respectively. Mycelia growth rate and aggressiveness were not significantly related to the difenoconazole sensitivity ($P>0.05$), but the smaller mycelia growth rate was observed, when the sensitivity was higher. All the above results indicated that fitness cost occurred when the early blight pathogen adapted to difenoconazole.

Key words: Potato early blight; Difenoconazole; Sensitivity; Fitness

马铃薯是世界上仅次于小麦、水稻、玉米的第四大粮食作物。我国目前的马铃薯种植面积和产量均居世界第一位，占世界马铃薯种植面积的1/4，总产量的1/5。由于马铃薯具有适应性广、丰产性好、营养丰富、经济效益高等特点，马铃薯被认为是21世纪中国最有发展前景的高产经济作物之一，对解决农村就业、促进农民增收、加快农村经济发展、保障国家粮食安全起到了非常重要的作用。然而马铃薯生产中常常遭遇各种病虫害的威胁[1-2]，其中病害是影响马铃薯健康生长的重要限制因素之一。而马铃薯早疫病是马铃薯生产上的一种常见病害，该病害可在马铃薯的每个生长季节发生，具有潜育期短、再侵染频繁、流行性强等特点，对马铃薯产量有着极为严重的影响。

马铃薯早疫病是由链格孢属（*Alternaria*）真菌引起的重要病害，一般认为引起早疫病的病原是*Alternaria solani*[3]，但近年来，很多报道认为链格孢属下多种病原菌均可引起与马铃薯早疫病症状相似的叶部病害，如欧洲被报道的病菌经形态学及内部转录间隔区（ITS）、甘油醛-3-磷酸脱氢酶（*GPDH*）、翻译延伸因子（*EF-α*）、链格孢主要过敏原（*Alt-a*1）、RNA聚合酶Ⅱ第二大亚基（*RPB*2）和钙调蛋白（Calmodulin）6个序列进行系统发育分析鉴定有*A. alternata*、*A. arborescens*、*A. protenta*和*A. grandis*[4]；美国的病原菌经*GPDH*和OPA1-3及形态学鉴定为*A. arborescens*、*A. alternata*和*A. arbusti*[5]等。由于链格孢种鉴定的复杂性，及根据形态学分类鉴定的链格孢种与遗传树的聚类分离经常不一致，因此，近年来，研究人员建议使用系统发育树的多基因分析方法对该属进行亚属分类[6-9]，如Lawrence等[6]研究人员对原有链格孢属的131种进行分析，结果建议将这些病原分成8个亚属。

目前，生产上大部分马铃薯品种对早疫病不具备抗性，因此，化学药剂的使用在防治马铃薯早疫病中仍占主导地位[10]。苯醚甲环唑是一种内吸广谱性杀菌剂，是14α-脱甲基酶抑制剂（DMIs）的代表性品种，对多种真菌病害具有较好的保护和治疗效果。该类药剂是20世纪70~80年代开发的，具有广谱性、活性高、内吸性强等特点，其通过杂环上的氮原子与羊毛甾醇14α脱甲基酶的血红素-铁活性中心结合，抑制14α脱甲基酶的活性，从而阻碍麦角甾醇的合成[11]。此外，DMIs还具有较低的固有抗性风险，FRAC将其列为中等抗药性风险药剂。尽管如此，随着药剂的使用，田间抗DMIs的病原群体也不断出现。

抗药性病原群体能否在田间广泛发生、流行，与其适合度高低具有不可分割的关系。只有当抗药性病原亚群体的适合度与敏感亚群体相当或更高时，抗药亚群体才能在无靶标药剂存在的情况下逐渐提高抗性频率，从而造成危害。因此，本研究通过研究不同苯醚甲环唑敏感性的马铃薯早疫病菌的生物学性状差异，了解苯醚甲环唑敏感性对马铃薯早疫病菌适合度的影响，从而为减缓马铃薯早疫病菌对苯醚甲环唑产生抗药性提供理论基础。

1 材料与方法

1.1 供试材料

1.1.1 供试菌株

本研究室分离保存的早疫病菌20株，采用Lawrence等[6]鉴定方法，鉴定其均为*Alternaria*

sect. 亚属。

1.1.2 供试药剂

96%苯醚甲环唑（Difenoconazole，山东潍坊双星农药有限公司），用甲醇配制成 1.0×10^4 μg/mL 的母液于 4 ℃冰箱保存，备用。

1.1.3 供试培养基

PDA 培养基：去皮马铃薯 200 g、葡萄糖 20 g 及琼脂粉 18 g，水煮 20 min 后过滤，收集滤液用蒸馏水定容至 1 000 mL。水琼脂培养基（WA）：琼脂粉 20 g，加水定容至 1 000 mL，加热至琼脂完全溶解后分装，高压灭菌备用。

1.2 试验方法

1.2.1 菌株对苯醚甲环唑的敏感性测定

本研究采用相对生长率法测定菌株对药剂的敏感性。首先将苯醚甲环唑母液用甲醇稀释成 2.5×10^3 μg/mL 和 1×10^4 μg/mL，按照 0.1%比例分别取上述浓度的苯醚甲环唑溶液加入已融化并冷却至 50 ℃左右的 PDA 培养基中，充分混匀后配成终浓度为 2.5 μg/mL 和 10.0 μg/mL 的带药平板，并以含等量甲醇的平板为对照。然后在直径约 6 cm 的菌落边缘打取菌饼，并将菌丝面朝下接种于平板中心，于 22 ℃黑暗条件下培养 6 d。采用十字交叉法测量菌落直径，计算各菌株在 2.5 μg/mL 和 10 μg/mL 苯醚甲环唑下的相对生长率。根据公式（1）计算相对生长率。

$$\text{相对生长率（\%）}=\frac{\text{处理菌落直径}-\text{菌饼直径}}{\text{对照菌落直径}-\text{菌饼直径}}\times100 \tag{1}$$

按照相对生长率的大小不同，选择 9 株不同敏感性菌株进行进一步研究。

1.2.2 菌丝生长速率

将菌株接种于 PDA 培养基中央，置于恒温生化培养箱中 22 ℃黑暗培养 7 d。采用十字交叉法测量菌落直径，并计算菌株的生长速率，利用皮尔森相关性法分析药剂敏感性和菌丝生长速率是否存在相关性。

1.2.3 分生孢子产量

将菌株接种于 PDA 培养基中央，置于恒温生化培养箱中 22 ℃黑暗培养 7 d，以接菌处为中心，向外辐射状打取菌饼至菌落边缘，记录每株菌株所打取的菌饼数量，将同一菌株的所有菌饼放入离心管中，每离心管内加入 5 mL 无菌水，并加入 5~8 粒无菌玻璃珠振荡 3 min[11]。采用血球计数板计算每平方厘米的分生孢子数，利用皮尔森相关性法分析药剂敏感性和分生孢子产量之间是否存在相关性。

1.2.4 分生孢子萌发率

将菌株接种于 PDA 培养基中央，置于恒温生化培养箱中 22 ℃黑暗培养 7 d，收集分生孢子配置成分生孢子悬浮液，并均匀地涂布于水琼脂培养基上，置于恒温生化培养箱中 22 ℃黑暗培养 12 h 后，于 10×10 倍显微镜下检测分生孢子萌发数，每处理 3 次重复，每次重复统计 50 个分生孢子中萌发的数量，根据公式（2）计算分生孢子的萌发率，并利用皮尔森相关性法分析药剂敏感性和分生孢子萌发率是否存在相关性。

$$\text{分生孢子萌发率（\%）}=\frac{\text{分生孢子萌发数量}}{\text{总分生孢子数量}}\times100 \tag{2}$$

1.2.5 致病力

从田间采取健康、生理状态一致的马铃薯叶片，分别用无菌水清洗并晾干。从预先培养好的菌株边缘打取菌饼，接种于牙签创伤处理后的叶片，每菌株接种 12 片叶片，并以无接菌但创伤叶片为对照。将叶片置于气候箱中于 23 ℃、12 h/12 h（光照/黑暗）及相对湿度 100%条件下培养。培养 5 d 后拍照，并利用 Assess 软件计算病斑面积，计算每株菌株的平均致病力。利用皮尔森相关性法分析药剂敏感性和致病力之间是否存在相关性。

2 结果与分析

2.1 菌株对苯醚甲环唑的敏感性

马铃薯早疫病菌对苯醚甲环唑的敏感性测定结果表明在同一浓度药剂处理下，不同菌株的相对生长量存在差异。当药剂浓度为 2.5 μg/mL 时，20 株菌株的相对生长量分布范围为 0~37.2%，其中 4 株菌株完全不生长；当药剂浓度为 10.0 μg/mL 时，20 株菌株的相对生长量分布范围为 0~17.0%，其中 9 株菌株完全不生长，其他菌株生长量均小于 2.5 μg/mL 的处理（图 1）。结合两组结果，选择 9 株菌株包括两种浓度下均不生长的菌株代表高敏感性菌株（HS）、2.5 μg/mL 可生长但是 10.0 μg/mL 不生长或近乎不生长（相对生长率低于 3.0%）的菌株代表中等敏感性菌株（MS），以及两种浓度下均能生长的菌株代表低敏感性菌株（LS）等三类进行进一步研究。

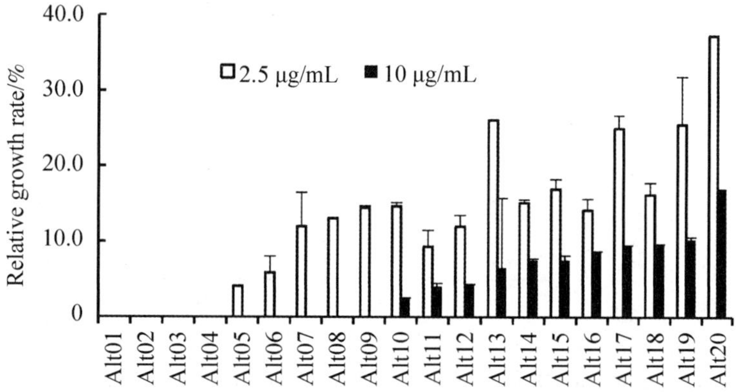

Fig. 1 The relative growth of *Alternaria* sect. isolates at two doses of difenoconazole

2.2 不同敏感性菌株的生长速率

不同敏感性菌株的生长速率范围为 0.31~1.05 cm/d，其中 HS、MS 和 LS 菌株的平均生长速率为 0.56 cm/d，0.92 cm/d 和 1.03 cm/d（表 1）。进一步分析菌株对苯醚甲环唑的敏感性及其生长速率的相关性，结果表明敏感性降低的菌株生长速率有提高的趋势，但两者不存在显著相关性（图 2A，$r=0.618$，$P=0.075$；图 2B，$r=0.541$，$P=0.133$）。

Table 1 The fitness components of *Alternaria* sect. isolates with different sensitivity to difenoconazole

Isolate/Group	Phenotype	Growth rate /(cm/d)	Sporulation /(10^4 spores/cm^2)	Germination rate/%
Alt01	HS	0.31	29.7	80.0
Alt02	HS	0.39	38.2	80.7
Alt03	HS	0.99	12.0	92.0
Alt05	MS	0.93	23.4	49.3
Alt08	MS	0.95	0.7	82.7
Alt10	MS	0.88	31.8	94.0
Alt17	LS	1.05	0.0	0.0
Alt18	LS	1.01	0.0	0.0
Alt19	LS	1.04	0.0	0.0
HS		0.56	26.7	84.2
MS		0.92	18.6	75.3
LS		1.03	0.0	0.0

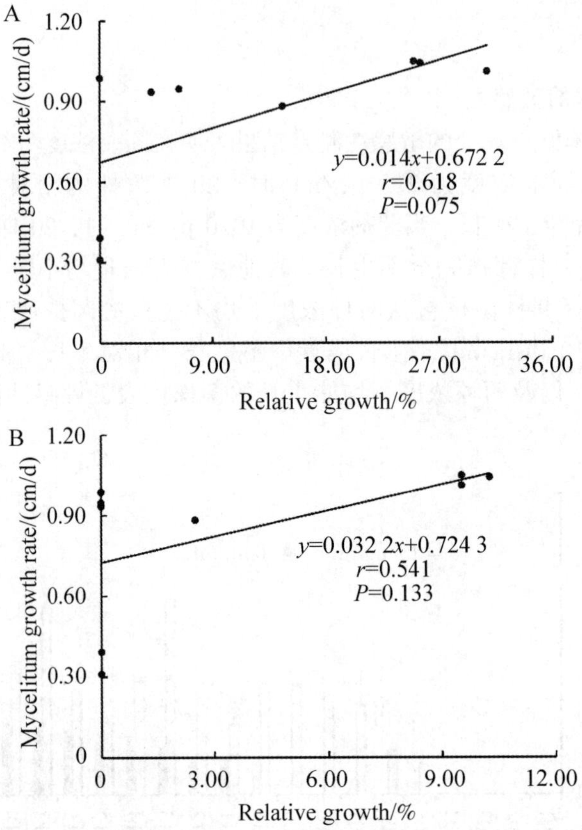

Fig. 2 The association of mycelium growth rate with difenoconazole sensitivity in *Alternaria* sect. isolates indicating by relative growth at 2.5 μg/mL (A) and 10 μg/mL (B) doses of difenoconazole

2.3 不同敏感性菌株的分生孢子产量

不同敏感性菌株的分生孢子产量范围为 0~38.22×10^4个/cm^2，其中 HS 和 MS 菌株的平均产孢量分别为 26.66×10^4个/cm^2和 18.64×10^4个/cm^2，而 LS 菌株在本研究条件下未检测到分生孢子（表 1）。进一步分析菌株对苯醚甲环唑的敏感性及其分生孢子产量的相关性，结果表明两种浓度下，分生孢子产量均随着菌株相对生长量提高而减少，两者呈现显著的负相关性（图 3A，$r=-0.662$，$P=0.052$；图 3B，$r=-0.667$，$P=0.050$）。

2.4 不同敏感性菌株的分生孢子萌发率

不同敏感性菌株的分生孢子萌发率范围为 0~94.0%，其中 HS 和 MS 菌株的平均分生孢子萌发率分别为 84.2%和 75.3%，而 LS 菌株在本研究条件下未检测到分生孢子所以分生孢子的萌发率为 0（表 1）。进一步分析菌株对苯醚甲环唑的敏感性及其分生孢子萌发率的相关性，结果表明两种浓度下，分生孢子萌发率均随着菌株相对生长量提高而减少，二者呈现显著的负相关性（图 4A，$r=-0.853$，$P=0.004$；图 4B，$r=-0.916$，$P=0.001$）。

2.5 不同敏感性菌株的致病力

致病力结果表明叶片接种部位可以观察到明显的病理变化，产生褐色病斑同时周围伴有黄色晕圈。计算褐色病斑面积，发现不同菌株病斑面积有所差异，其大小分布范围为 0.31~1.22 cm^2，但菌株敏感性和致病力的关系无显著相关性（图 5，$P>0.05$）。

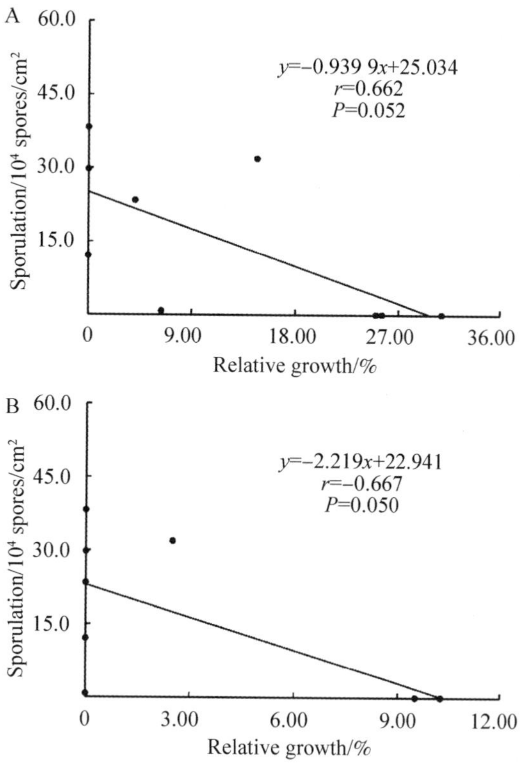

Fig. 3 The association of sporulation with difenoconazole sensitivity in *Alternaria* sect. isolates indicating by relative growth at 2. 5 μg/mL (A) and 10 μg/mL (B) doses of difenoconazole

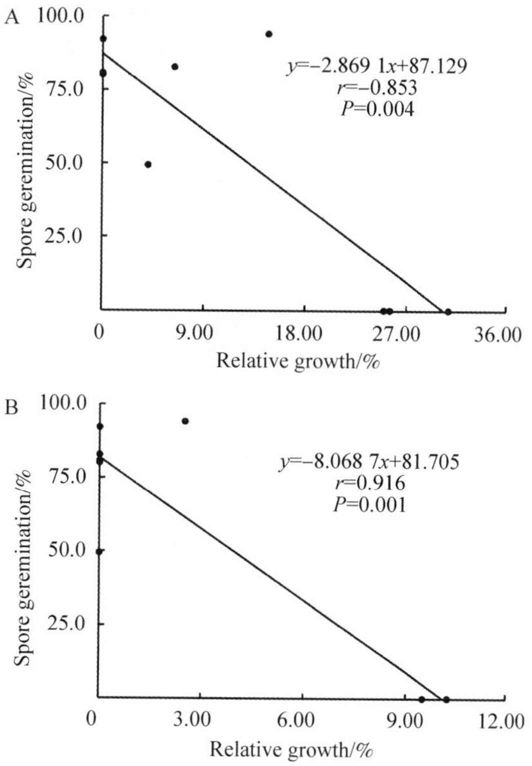

Fig. 4 The association of conidium germination rate with difenoconazole sensitivity in *Alternaria* sect. isolates indicating by relative growth at 2. 5 μg/mL (A) and 10 μg/mL (B) doses of difenoconazole

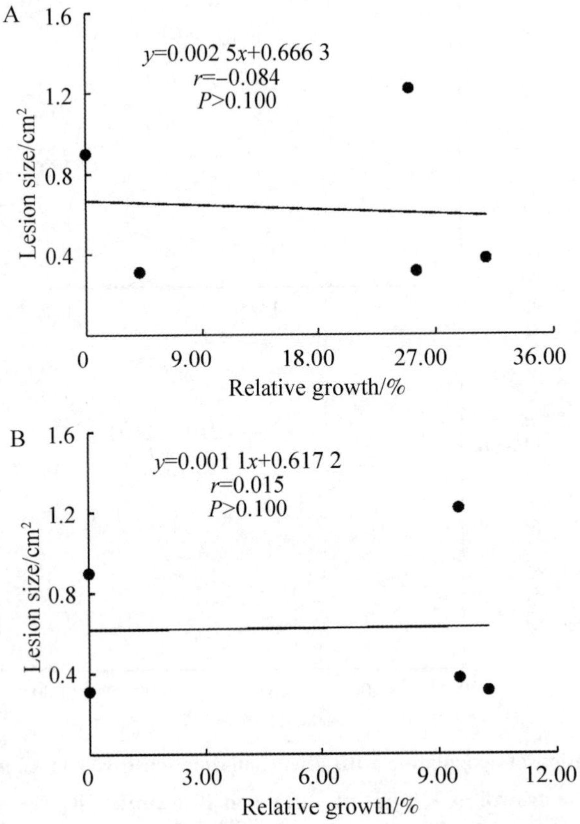

Fig. 5　The association of aggressiveness with difenoconazole sensitivity in *Alternaria* sect. isolates indicating by relative growth at 2.5 μg/mL（A） and 10 μg/mL（B） doses of difenoconazole

3　结论与讨论

病原菌对药剂的适应能力主要表现为无药剂选择压下，其生存适合度依旧没有降低。病原菌生存适合度高低可以通过研究病原菌不同生活史阶段的生物学性状进行判断。马铃薯早疫病菌是由链格孢属病原引起的真菌病害，隶属于丝孢纲丝孢目病原，在生产中主要以无性阶段繁殖体进行危害，即通过分生孢子进行再侵染。因此，本研究测定了该病原菌的生长速率、分生孢子产量、分生孢子萌发率及致病力，探究苯醚甲环唑敏感性对病菌生存适合度的影响。研究结果表明苯醚甲环唑敏感性对菌丝生长速率和致病力没有显著影响；但是敏感性越低的菌株，其分生孢子产量和萌发率也越低，推测随着病原菌对药剂逐渐产生适应性，在田间会产生一定的适合度代价。

已有研究表明植物病原菌对 DMIs 药剂产生抗性后，其适合度会降低，但不同病原-药剂组合表现不同，如 Wang 等研究发现葡萄炭疽病菌对苯醚甲环唑产生抗性后，其生长速率降低[12]；稻田藤仓镰孢霉对咪鲜胺的研究结果表明抗性菌株的产孢能力和孢子萌发能力均弱于敏感菌株，但菌丝生长速率和致病性则无显著差异[13]；桃褐腐病菌对啶菌噁唑的室内抗药突变体，其生长速率、产孢量、致病力等均低于敏感菌株[14]。本研究的结果表明产孢量和孢子萌发能力随着对药剂敏感性增强而增加，说明抗性菌株在田间的生存适合度将有所降低，这也许是田间马铃薯早疫病菌对 DMI 类药剂较少抗性报道的原因之一。

植物病原菌对 DMI 药剂产生抗性的主要机制包括靶标蛋白 CYP51 的氨基酸点突变、靶标基因的过量表达及运输体基因的过量表达等三种原因[12]，而引起靶标基因过量表达的原因比较多样，如 Luo 等[15]对桃褐腐病菌的研究，发现其对丙环唑产生抗性是由 *CYP51* 基因的启动子数量增加引起；指状青霉对 DMIs 的抗性则是转录增强子引起的[16]。本研究对于早疫病菌对苯醚甲环唑敏感性降低的原因未开展相关研究，但前期笔者研究结果表明马铃薯早疫病菌对 DMIs 产生抗性与靶标基因 *CYP*51 的过量表达有关[17]，*CYP*51 的过量表达由什么原因引起尚不清楚，未来笔者将对此进行进一步的研究。

参考文献

[1] HUANG C，LIU W C. Occurrence characteristics and the monitoring methods of major diseases and insect pests of potato in China in recent years（in Chinese）[J]. China Plant Protection（中国植保导刊），2016，36（6）：48-52.

[2] XU J，ZHU J H，YANG Y L，*et al.* Status of major diseases and insect pests of potato and pesticide usage in China（in Chinese）[J]. Scientia Agricultura Sinica（中国农业科学），2019，52（16）：2800-2808.

[3] JONES L R，GROUT A J. Notes on two species of *Alternaria* [J]. Bulletin of the Torrey Botanical Society，1897，24（5）：254-258.

[4] SOFIE L，MICHIEL V，BERNARD D B，*et al.* Identification of *A. arborescens*，*A. grandis*，and *A. protenta* as new members of the European *Alternaria* population on potato [J]. Fungal Biology，2017，121（2）：172-188.

[5] LYDIA S T，TOBIN L P，DENNIS A. Identification and enumeration of small-spored *Alternaria* species associated with potato in the US Northwest [J]. Plant Disease，2016，100（2）：465-472.

[6] LAWRENCE D P，GANNIBAL P B，PEEVER T L，*et al.* The sections of *Alternaria*：formalizing species-group concepts [J]. Mycologia，2013，105（3）：530-546.

[7] LAWRENCE D P，ROTONDO F，GANNIBAL P B. Biodiversity and taxonomy of the pleomorphic genus *Alternaria* [J]. Mycological Progress，2016，15（1）.

[8] WOUDENBERG J H C，GROENEWALD J Z，BINDER M，*et al.* *Alternaria* redefined [J]. Studies in Mycology，2013（75）：171-212.

[9] WOUDENBERG J H C，SEIDL M F，GROENEWALD J Z，*et al.* *Alternaria* section *Alternaria*：Species，*formae* speciales or pathotypes？[J]. Studies in Mycology，2015（82）：1-21.

[10] YELLAREDDYGARI S K R，TAYLOR R J X，PASCHE J S，*et al.* Quantifying control efficacy of fungicides commonly applied for potato early blight management [J]. Plant Disease，2019，103（11）：2821-2824.

[11] SIEGEL M R. Sterol-inhibiting fungicides：effects on sterol biosynthesis and sites of action [J]. Plant Disease，1981，65（12）：986-989.

[12] WANG J，SHI D Y，WEI L L，*et al.* Mutations at sterol 14 alpha-demethylases（*CYP*51*A&B*）confer the DMI resistance in *Colletotrichum gloeosporioides* from grape [J]. Pest Management Science，2020，76（12）：4093-4103.

[13] MAO C X，LU Q，ZHOU X J，*et al.* Sensitives，fitness and cross-resistance of *Fusarium fujikuroi* resistant to prochloraz from rice fields in Zhejiang Province（in Chinese）[J]. Chinese Journal of Pesticide Science（农药学学报），2020，22（3）：432-438.

[14] CHEN F P，FAN J R，ZHOU T，*et al.* Baseline sensitivity of *Monilinia fructicola* from China to the DMI fungicide SYP-Z048 and analysis of mutants [J]. Plant Disease，2012，96（3）：416-422.

[15] LUO C X，SCHNABEL G. The cytochrome P450 lanosterol 14α-demethylase gene is a demethylation inhibitor fungicide resistance determinant in *Monilinia fructicola* field isolates from Georgia [J]. Applied and Environmental Microbiology，2008，74（2）：359-366.

[16] HAMAMOTO H，HASEGAWA K，NAKAUNE R，*et al.* Tandem repeat of a transcriptional enhancer upstream of the sterol 14 alpha-demethylase gene（*CYP*51）in *Penicillium digitatum* [J]. Applied and Environmental Microbiology，2000，66（8）：3421-3426.

[17] ZHANG Y，ZHOU Q，TIAN P Y，*et al.* Induced expression of *CYP*51 associated with difenoconazole resistance in the pathogenic *Alternaria* sect. on potato in China [J]. Pest Management Science，2020，76（5）：1751-1760.

麦芽酚衍生物 YPL-10 对辣椒疫霉菌的抑制作用研究*

田月娥** 贺家璇 郭晓波 刘艺博 车志平***
（河南科技大学园艺与植物保护学院，洛阳 471000）

摘　要：由植物病原卵菌辣椒疫霉（*Phytophthora capsici*）侵染引起的辣椒疫病，发病速度快，流行性强、毁灭性大，严重威胁辣椒等蔬菜作物的安全生产。开发对环境友好的植物源农药是保障现代农业安全生产的途径之一。与有机合成农药相比，植物源农药具有选择性高、低毒、易降解、病原物不易产生抗性等优点，代表着现代农药发展的方向和趋势。从有害生物与植物的关系出发，研究和利用植物次生代谢物质将是研制新农药的主要途径之一。植物源农药将会越来越多地为新农药研制提供新的活性先导化合物，对其进一步修饰合成有望发现结构新颖、机理独特、安全高效的农药新品种。

麦芽酚（Maltol）为含羟基类化合物，具有广泛的药理作用。然而，以麦芽酚为先导制备系列磺酰氧基类衍生物，并测定其抗植物病原卵菌活性的研究未见报道。鉴于此，本研究在利用麦芽酚为先导化合物，在制备了系列磺酰氧基类衍生物的基础上，测定了其抑菌活性，并从中筛选出具有良好抑菌活性的化合物 YPL-10，以期为创制新型抗植物病原卵菌类杀菌剂奠定基础。本研究采用菌丝生长速率法测定了麦芽酚衍生物 YPL-10 对辣椒疫霉菌菌丝生长的作用；通过液培法测定了其对辣椒疫霉菌菌丝生物量累积的影响；通过扫描电镜观察了其对辣椒疫霉菌菌丝形态的影响；通过紫外分光光度法进一步验证了其对辣椒疫霉菌细胞膜完整性的影响；通过含药平板法测定了其对辣椒疫霉菌卵孢子形成的影响。

研究结果发现：麦芽酚衍生物 YPL-10 对辣椒疫霉菌 LT263 菌丝生长具有明显的抑制作用。扫描电镜观察显示，用麦芽酚衍生物 YPL-10 处理辣椒疫霉菌后，菌丝体呈现畸形、破裂、干瘪、失水萎蔫，内容物外泄等现象。电导率测定结果显示，用麦芽酚衍生物 YPL-10 处理后，辣椒疫霉菌培养液的电导率增大，表明麦芽酚衍生物 YPL-10 作用于辣椒疫霉菌后可破坏细胞膜的结构、使细胞膜透性增加，导致细胞内容物外泄。与 CK 相比，辣椒疫霉菌在含有麦芽酚衍生物 YPL-10 的平板上产生的卵孢子数量明显减少，表明麦芽酚衍生物 YPL-10 对辣椒疫霉菌的有性生殖具有抑制作用。以上研究结果表明，麦芽酚衍生物 YPL-10 对辣椒疫霉菌的生长发育具有抑制作用，该研究结果为以麦芽酚为先导化合物的生物源杀菌剂的开发提供了理论依据。

关键词：麦芽酚；辣椒疫霉菌；生长发育；抑制作用；生物源杀菌剂

---

* 基金项目：国家自然科学基金（U1604105；31901863）

** 第一作者：田月娥，副教授，研究方向为植物土传病害生物防治和植物病原卵菌群体遗传学；E-mail：tianyuee1985@163. com

*** 通信作者：车志平，副教授，研究方向为植物源农用活性化合物结构优化、构效关系及作用机理；E-mail：zhipingche@163. com

昆虫病原线虫 HbSD 品系对草地贪夜蛾的室内防效研究*

陈　园　孙燕芳　裴月令　冯推紫　龙海波
（中国热带农业科学院环境与植物保护研究所，海口　571101）

摘　要：草地贪夜蛾（*Spodoptera frugiperda*）是一种重要的入侵害虫，起源于美洲热带和亚热带地区，并已在全球 100 多个国家迅速蔓延。草地贪夜蛾自 2019 年 1 月在我国云南省首次发现后，迅速传播至 26 个省份，严重威胁农产品生产安全。昆虫病原线虫是昆虫专化性寄生天敌线虫，具有寄主范围广、主动搜寻寄主、对人畜和环境安全等优点，具有极大的害虫生物防治潜力。为挖掘防控草地贪夜蛾的新型昆虫病原线虫资源，本研究利用前期自行筛选的昆虫病原线虫异小杆线虫（*Heterorhabditis bacteriophora*）HbSD 品系分别对草地贪夜蛾 3 龄、5 龄幼虫进行室内毒力测定。将 20 头 3 龄、5 龄幼虫分别置于含有人工饲料的培养皿中培养，分别加入不同浓度的 HbSD 线虫混悬液，使 HbSD 线虫与草地贪夜蛾数量比分别达到 25：1、50：1、100：1、250：1，并于接种 24 h、36 h 后观察虫体状态并计算平均死亡率，以清水作为空白对照，每处理重复 5 次。结果表明，室内条件下昆虫病原线虫 HbSD 对草地贪夜蛾表现出显著的毒杀效果，且与线虫侵染时间与数量密切相关。HbSD 线虫与草地贪夜蛾数量比为 25：1 时防效最低，24 h 后草地贪夜蛾 3 龄与 5 龄幼虫的死亡率分别为 60%、53%，36 h 后可达到 90%、93%；HbSD 线虫与草地贪夜蛾数量比为 100：1 时，侵染 36h 后 3 龄、5 龄幼虫的虫体死亡率均可达到 100%；HbSD 线虫与草地贪夜蛾数量比为 250：1 时，侵染 24 h 后 3 龄、5 龄幼虫的虫体死亡率即可达到 100%。因此，昆虫病原线虫 HbSD 品系对草地贪夜蛾表现出良好的杀虫活性，具有防治草地贪夜蛾的应用潜力。

关键词：昆虫病原线虫；草地贪夜蛾；生物防治；室内防效

* 基金项目：中国热带农业科学院基本科研业务费专项资金（1630042019035）

三株青霉菌对植物线虫的生防潜力评价*

张馨月[1**]　张　会[1]　白　青[1]　吴诗诗[1]　甘秀海[2]　杨再福[1***]
（1. 贵州大学农学院，贵阳　550025；2. 贵州大学精细化工研究开发中心，贵阳　550025）

摘　要：植物线虫（plant nematode）是引起植物病害的主要病原之一，每年给全球带来的经济损失已超过上百亿美元，筛选和利用食线虫真菌对植物线虫的生物防治具有重要的意义。本研究从贵州省威宁县和赫章县不同马铃薯种植区土壤中分离获得孢囊线虫的孢囊，经表面消毒后对孢囊上真菌进行分离和纯化，同时对获得的菌株进行液体培养，并测试其发酵液对水稻干尖线虫（*Aphelenchoides besseyi*）、松材线虫（*Bursaphelenchus xylophilus*）、腐烂茎线虫（*Ditylenchus destructor*）三种植物线虫的活性，进而评价其对植物线虫的生防潜力。本研究筛选获得3株有效抑杀这三种植物线虫的真菌，其编号分别为P14、P18-49-1、P18Ab5-2，基于形态特征观察、结合ITS序列与NCBI数据库比对分析结果，发现这三株真菌归属于青霉属（*Penicillium*）。进一步实验表明，该三株真菌发酵液原液处理水稻干尖线虫、松材线虫、腐烂茎线虫72h后，菌株P18-49-1、P18Ab5-2对这三种植物线虫的致死率高达100%；菌株P14对这三种植物线虫致死率分别为66.36%、60.28%和86.72%。本研究结果表明，威宁和赫章马铃薯种植区土壤中的孢囊上具有抑杀植物线虫的真菌，且杀线活性较高，具有一定的生防潜力。本研究丰富了植物线虫生防真菌资源库，对植物线虫病害的绿色防控具有重要的意义。

关键词：植物线虫；生物防治；青霉属

* 基金项目：贵州省烟草公司科技项目（中烟黔科〔2016-6号〕201618）；贵州省烟草公司毕节市分公司科技项（201652050024142）；贵州省植物病理学科科技创新人才团队（黔科合平台人才〔2020〕5001）
** 第一作者：张馨月，硕士研究生，研究方向为植物病理学；E-mail：1213505975@qq.com
*** 通信作者：杨再福，博士，研究方向为植物线虫检测与防控；E-mail：zfyang@gzu.edu.cn

印度梨形孢（*Piriformospora indica*）对提高油菜核盘菌（*Sclerotinia sclerotiorum*）抗性的机制研究

冬梦荃* 陈松余 万华方 钱 伟**

（西南大学农学与生物科技学院，重庆 400715）

摘 要：印度梨形孢（*Piriformospora indica*）是一种根部内生真菌，能够促进许多植物的生长，提高作物的产量，而且还能诱导植物产生对生物或非生物胁迫的抗性。核盘菌（*Sclerotinia sclerotiorum*）是一种重要的植物病原真菌，可侵染450多种植物，造成油菜产量及品质显著下降。通过使用PDA培养基进行印度梨形孢和核盘菌的平板对峙实验，以未放置印度梨形孢的平板为对照，对比核盘菌菌落的生长以及菌核的形成情况，同时利用荧光显微镜观察两种真菌在对峙过程中的菌丝形态。通过油菜与印度梨形孢的共培养，利用台盼蓝染色进行定殖镜检，筛选定殖成功的印度梨形孢-油菜共生体。核盘菌集中共生体油菜叶片，48 h后，测定菌斑的长径（*a* cm）及短径（*b* cm），按公式 $S=\pi\times a\times b/4$ 计算菌斑面积。同时利用RT-PCR检测核盘菌抗性相关基因的表达。对峙培养36 h后，对峙组与对照组核盘菌菌落生长半径出现显著差异（$P=2.4e-05$），对峙组的核盘菌生长直径2.8 cm，和对照组的核盘菌生长直径3.5 cm。印度梨形孢对核盘菌的抑制效果于72 h达到最大值54%。菌丝形态观察发现，相比对照组，在对峙组的两种菌株接触部位，核盘菌的菌丝生长异常，其菌丝分支较多且较短，呈现弯曲生长，且GFP信号较弱。通过定殖检测，共筛选到15株印度梨形孢-油菜共生苗。研究结果表明，印度梨形孢对核盘菌的生长具有抑制作用，笔者推测印度梨形孢是油菜菌核病生物防治的潜在资源。

关键词：印度梨形孢；核盘菌；菌核病抗性；生物防治

* 第一作者：冬梦荃，硕士，研究方向为农艺与种业；E-mail：Dongmengquan1212@163.com

** 通信作者：钱伟，博士，教授，研究方向为油菜抗病分子育种；E-mail：qianwei666@hotmail.com

基于细胞 pH 稳态的 VMAH 抑制对柑橘绿霉病的控制作用研究

李 杰[*] 彭丽桃，范 明 杨书珍[**] 赵莹莹
（华中农业大学食品科技学院，武汉 430070）

摘 要： 柑橘果实在采后贮运过程中极易遭受指状青霉侵染而腐烂变质，采后损失巨大，亟须研发适合柑橘采后病害控制的新型、安全高效的杀菌剂。VMAH（vacuolar membrane H+-ATPase subunit H）是调控真菌细胞 pH 稳态的关键酶 V-H^+-ATP 酶的 H 亚基蛋白。本文旨在通过生物信息学分析和基因干扰技术研究抑制指状青霉 VMAH 编码基因 *vmah* 表达对柑橘绿霉病的控制作用。对 VMAH 的结构域、同源性和系统进化分析发现指状青霉 VMAH 具有 N 端结构域和 C 端结构域两个非常保守的结构域，真菌物种中氨基酸的相似度达 79%；与青霉属、曲霉属、大观贝氏菌等真菌的 VMAH 具有相同结构域和高度同源性，而与其他植物细胞和哺乳类动物细胞同源性较低。RT-qPCR 分析发现 *vmah* 基因在指状青霉的生长和侵染寄主过程中一直保持较高的表达水平，同时对不同胁迫条件响应明显。进一步研究发现，*vmah* 沉默导致指状青霉孢子萌发时间显著延迟，菌丝生长速率及其产孢量下降，对柑橘果实的侵染力降低；有效提高指状青霉对酸性、碱性、离子等胁迫环境的敏感性；降低质子泵抑制剂类杀菌剂的最低抑菌浓度和耐药性。进一步对指状青霉 *vmah* 基因沉默株和野生株的转录组分析和生理、生化分析发现，*vmah* 沉默通过抑制 V-ATP 酶相关基因的表达，使指状青霉 pH 稳态系统遭到破坏，液泡 pH 上升；细胞膜和细胞壁组分及其相关基因表达发生改变，活性氧代谢水平及其相关基因表达量增高，细胞凋亡相关基因上调表达，最终导致指状青霉生长势和致病性的降低，因此，VMAH 具有真菌特异性，在指状青霉生长和侵染寄主过程中发挥重要作用，作为抑制柑橘绿霉病的药物靶点值得进一步深入研究。

关键词： 柑橘绿霉病；控制；药物

---

* 第一作者：李杰，硕士研究生，研究方向为果实采后病害及其控制
** 通信作者：杨书珍，博士，副教授，研究方向为果实采后病害及其控制

板栗采后病原菌的分离及其控制研究

李 萌* 彭丽桃 张曦晨 杨书珍** 王 玉
（华中农业大学食品科技学院，武汉 430070）

摘 要：笔者从不同来源的贮藏板栗中分离出 21 种病原真菌，并依据传统真菌形态学观察法和 rDNA-GITS 序列分析技术鉴定出 7 种优势致病菌。对 7 种优势致病菌的发病规律进行研究，发现致病菌对板栗果肉和果壳均能致病；并且病原真菌可以通过果实顶部的果壳侵染至果肉，引起板栗内腐病。进一步采用辐照处理、热处理、等离子体、壳聚糖处理、植物精油、杨树芽提取物、碳酸氢钠、咪鲜胺等杀菌措施处理采后板栗果实，发现杨树芽提取物结合香芹酚熏蒸处理可以显著抑制板栗采后优势致病菌的生长，并有效降低板栗采后腐烂的发生，处理果实的腐烂率仅为对照果实腐烂率的 50%，其控制效果与化学商用杀菌剂咪鲜胺相似，并对板栗果实品质无不良影响。因此，作为安全、高效、绿色的复合杀菌剂，杨树芽结合香芹酚处理在控制板栗采后腐烂上具有潜在的应用前景。

关键词：板栗；病原菌；分离

* 第一作者：李萌，硕士研究生，研究方向为果实采后病害及其控制
** 通信作者：杨书珍，博士，副教授，研究方向为果实采后病害及其控制

第八部分　其　他

Application of acibenzolar-S-methyl after harvest delays senescence of pears by mediating ascorbate-glutathione cycle

HUANG Rui * CHENG Yuan LI Canying GE Yonghong**

(*College of Food Science and Engineering*, *Bohai University*, *Jinzhou* 121013, *China*)

Abstract: This study was carried out to investigate the effect of acibenzolar-S-methyl (ASM) dipping on the changes of quality parameters and ascorbate-glutathione (AsA-GSH) cycle in 'Docteur Jules Guyot' pears. Results demonstrated that ASM had no significant effect on weight loss, but delayed the yellowing and flesh firmness decline, decreased the ethylene release and titratable acidity, increased soluble solid content in pears. Moreover, ASM enhanced the hydrogen peroxide, glutathione, and ascorbic acid contents, increased the activities of glutathione reductase, ascorbate peroxidase, monodehydroascorbate reductase and dehydroascorbate reductase in the exocarp and mesocarp of pears. However, the enzyme activity and hydrogen peroxide content in the exocarp was higher than that in the mesocarp after application of ASM. These results suggest that application of ASM postharvest could modulate AsA-GSH cycle to delay senescence of pears.

Key words: *Pyrus communis*; acibenzolar-S-methyl; ethylene; ascorbate-glutathione cycle

* 第一作者：黄蕊，硕士研究生，研究方向为农产品加工及贮藏工程；E-mail：xhr2799@163.com

** 通信作者：葛永红，博士，教授，研究方向为果蔬采后生物学与技术；E-mail：geyh1979@163.com

Effect of exogenous application of trehalose on the fruit softening and starch metabolism of *Malus domestica* during room temperature storage

SUN Lei* ZHU Jie FAN Yiting JI Xiaonan LI Canying GE Yonghong**

(*College of Food Science and Technology*, *Bohai University*, *Jinzhou* 121013, *China*)

Abstract: Starch in the fruit can hydrolyze into simple sugars that provides the substrate for respiration after harvest. The most direct manifestation of the decline quality is the hardness reduce, the activity of cell wall degrading enzymes is one of the factors affecting hardness in postharvest apples. This study was carried out to investigate the effect of postharvest trehalose treatment on the enzyme activity related to cell wall degradation and starch metabolism in apples during room temperature storage. The results showed that application of trehalose after harvest effectively suppressed the activity and genes expression of pectin methylesterase and polygalacturonase, which could reduce the production of water-soluble pectin and maintain the content of water-insoluble pectin in the fruit. In addition, trehalose treatment enhanced the activity of α-amylase and β-amylase in apples. These findings suggest that postharvest trehalose treatment could enhance starch metabolism-related enzymes activities and decreased cell wall degradation metabolism-related enzymes activities and genes expression to maintain the quality of apples during storage.

Key words: *Malus domestica*; trehalose; starch metabolism; cell wall degradation

---

* 第一作者：孙磊，硕士研究生，研究方向为农产品加工及贮藏工程；E-mail：sl1244853438@163.com

** 通信作者：葛永红，教授，博士，研究方向为果蔬采后生物学与技术；E-mail：geyh1979@163.com

Effect of exogenous GABA treatment on mitochondrial energy metabolism and organic acid metabolism of apples

ZHU Jie*　LI Canying　SUN Lei　GE Yonghong**

(*College of Food Science and Engineering*, *Bohai University*, *Jinzhou* 121013, *China*)

Abstract: Apples (cv. Golden delicious) were treated with γ-aminobutyric acid (GABA) to investigate its effect on mitochondrial energy metabolism and organic acid metabolism during room temperature storage. The results showed that 1.0 mmol/L GABA treatment significantly enhanced the contents of malic acid, tartaric acid, citric acid and succinic acid in the fruit. Moreover, GABA treatment maintained higher levels of adenosine triphosphate content and energy charge, enhanced enzymes activities in mitochondrial energy metabolism including succinic dehydrogenase (SDH), cytochrome C oxidase (CCO), H^+-adenosine triphosphatase (H^+-ATPase), and Ca^{2+}-adenosine triphosphatase (Ca^{2+}-ATPase). Meanwhile, GABA also up-regulated *MdSDH*, *MdCCO*, *MdH⁺-ATPase* and *MdCa²⁺-ATPase* expressions in apple fruit. Taken all together, exogenous GABA could maintain higher level of organic acid and energy status to delay fruit senescence during storage at room temperature.

Key words: *Malus domestica*; γ-aminobutyric acid; energy metabolism; organic acid

---

* 第一作者：朱洁，硕士研究生，研究方向为农产品加工及贮藏工程；E-mail：15294154206@163.com

** 通信作者：葛永红，教授，博士，研究方向为果蔬采后生物学与技术；E-mail：geyh1979@163.com

Exogenous application of melatonin maintains the quality of apples by mediating sucrose metabolism

FAN Yiting* LI Yihan CHENG Yuan LI Canying GE Yonghong**

(*College of Food Science and Engineering*, *Bohai University*, *Jinzhou* 121013, *China*)

Abstract: Senescence is a pivotal factor that causes quality breakdown and economic loss of fruit after harvest. Golden delicious apples were used as the materials to investigate melatonin dipping on quality parameters and sucrose metabolism during room temperature storage. Results demonstrated that postharvest melatonin treatment inhibited respiratory intensity and ethylene release, increased the flesh hardness, the soluble sugar and soluble solid contents, and ascorbic acid content, and titratable acid in apples. Furthermore, melatonin treatment increased the activities of sucrose phosphate synthase and sucrose synthase synthesis, inhibited the activities of acid invertase, neutral invertase, sorbitol dehydrogenase, sorbitol oxidase and sucrose synthase cleavage in the fruit. All these findings suggest that postharvest melatonin treatment could maintain fruit quality of Golden delicious apples by regulating the enzyme activity in the sucrose metabolism.

Key words: melatonin; respiratory rate; ethylene release; quality; apple

* 第一作者：范翌婷，硕士研究生，研究方向为食品加工与安全；E-mail：FYT970720@163.com

** 通信作者：葛永红，博士，教授，研究方向为果蔬采后生物学与技术；E-mail：geyh1979@163.com

Detection of phytoplasma associated with arecanut (*Areca cathecu* L.) yellow leaf in Hainan island of China by LAMP method*

YU Shaoshuai[1**] CHE Haiyan[2] WANG Shengjie[3] LIN Caili[4]
LIN Mingxing[1] SONG Weiwei[1] TANG Qinghua[1] YAN Wei[1] QIN Weiquan[1***]

(1. *Coconut Research Institute of Chinese Academy of Tropical Agricultural Sciences*, *Hainan Innovation Center of Academician Team*, *Wenchang* 571339, *China*;
2. *Environment and Plant Protection Institute*, *Chinese Academy of Tropical Agricultural Sciences*, *Haikou* 571101, *China*;
3. *Research Institute of Tropical Forestry*, *Chinese Academy of Forestry*, *Guangzhou* 510520, *China*;
4. *Research Institute of Forest Ecology*, *Environment and Protection*, *Chinese Academy of Forestry*, *Beijing* 100091, *China*)

Abstract: Arecanut (*Areca cathecu* L.) yellow disease is a destructive disease caused by the phytoplasma, a serious threat to the healthy development of arecanut industry in Hainan Province for a long time. The 16S rRNA gene sequence was employed as the target to establish a rapid and efficient detection system for arecanut yellow leaf phytoplasma belonging to 16SrI group in China by loop mediated isothermal amplification (LAMP) in the study, with testing the specificity, sensitivity and stability of the detection system. LAMP technology aiming to 16SrI group arecanut yellow leaf phytoplasma in China was used to detect the samples of the arecanut yellow leaf disease from different areas of Hainan province. The results showed that two sets of LAMP detection primers, 16SrDNA-2 and 16SrDNA-3 were obtained for the 16SrI group arecanut yellow leaf phytoplasma in China based on the 16S rRNA gene sequence, both with good specificity and stability; The lowest detection limit of sensitivity of the two sets of LAMP detection systems was the same, 200 ag/μL; Phytoplasmas were all detected in arecanut yellow leaf disease samples from Baoting, Tunchang, Wanning in Hainan province of China by using the two sets of LAMP primers 16SrDNA-2 and 16SrDNA-3, and no phytoplasma was detected in the negative control. LAMP detection technology is fast, efficient, easily operate and the results are visual, suitable for application and research in the rapid diagnosis of arecanut yellow disease in the field, the detection of seedlings with pathogen and the breeding of resistant arecanut varieties. It is of great significance for the detection and identification of the arecanut yellow disease pathogen, the spread and scientific control of the disease.

Key words: phytoplasma; arecanut yellow leaf disease; LAMP; 16S rDNA; Rapid detection

---

* Funding: This research was supported by the Fundamental Research Funds for the Central Non-profit Research Institute of Chinese Academy of Tropical Agricultural Sciences (Grant No. 1630152021005), Hainan Provincial Natural Science Foundation of China (Grant No. 320RC743) and Hainan Major Research Project for Science and Technology, China (Grant No. zdkj201817)

** First author: YU Shaoshuai ; E-mail: hzuyss@ 163. com

*** Corresponding authors: YU Shaoshuai ; E-mail: hzuyss@ 163. com
QIN Weiquan; E-mail: qwq268@ 163. com

Occurrence of 16SrⅡ group related phytoplasma associated with *Emilia sonchifolia* Witches'-broom disease in Hainan island of China*

YU Shaoshuai[1**] ZHAO Ruiling[1] LIN Mingxing[1] WU Yuan[2]
CHEN Shugui[2] YU Fengyu[1] SONG Weiwei[1] ZHU Hui[1]

(1. *Coconut Research Institute of Chinese Academy of Tropical Agricultural Sciences*, *Hainan Innovation Center of Academician Team*, *Wenchang* 571339, *China*;
2. *Hainan Duoyuan Arecanut Industry Development Company Limited*, *Qionghai* 571400, *China*)

Abstract: *Emilia sonchifolia* is a kind of medical and economical plants belonging to the family of Asteraceae, mainly used as a traditional Chinese medicine. During October to November 2020, the plants showing abnormal symptoms including witches' -broom, internode shortening, leaf chlorosis and leaflet were found in Hainan province, a tropical island of China. The total DNA of the plant samples were extracted using 0. 10 g fresh plant leaves using CTAB method. PCR reactions were performed using primers R16mF2/R16mR1 and secAfor1/secArev3 specific for phytoplasma 16S rRNA and *secA* gene fragments. The target productions of the two gene fragments of phytoplasma were detected in the DNA from three symptomatic plant samples whereas not in the DNA from the symptomless plant samples. The two gene fragments of the DNA extracted from the symptomatic plant samples were all identical, with the length of 1324 bp 16S rRNA and 760 bp *secA* gene sequence fragments, putatively encoding 253 (*secA*) amino acids sequence. The phytoplasma strain was named as *Emilia sonchifolia* witches' -broom (EsWB) phytoplasma, EsWB-hnda strain. To our knowledge, this was the first report that *Emilia sonchifolia* witches' -broom disease was caused by the phytoplasma belonging to16SrII-V subgroup in Hainan island of China, with close relationship to 16SrII peanut witches' -broom group phytoplasma strains infecting the plants like peanut, *Desmodium ovalifolium* and cleome from the same island of China and cassava from Viet Nam.

Key words: phytoplasma, *Emilia sonchifolia* witches' -broom disease, 16SrII group, molecular detection

* Funding: This work was supported by the Hainan Provincial Natural Science Foundation of China (Grant No. 320RC743)
** First & Corresponding author: YU Shaoshuai; E-mail: hzuyss@ 163. com

Waltheria indica represents a new host of 16SrI-B subgroup phytoplasma associated with virescence symptoms in China*

YU Shaoshuai[1**]　ZHAO Ruiling[1]　LIN Mingxing[1]　WU Yuan[2]
CHEN Shugui[2]　YU Fengyu[1]　SONG Weiwei[1]　ZHU Hui[1]

(1. *Coconut Research Institute of Chinese Academy of Tropical Agricultural Sciences*, *Hainan Innovation Center of Academician Team*, *Wenchang* 571339, *China*;
2. *Hainan Duoyuan Arecanut Industry Development Company Limited*, *Qionghai* 571400, *China*)

Abstract: *Waltheria indica* is a kind of plants belonging to Sterculiaceae mainly used as a traditional Chinese medicine. During September to November 2020, the plants showing abnormal symptoms including floral virescence, leaf chlorosis and leaflet were found in Dingan county of Hainan province, China and severely impacted their growth resulting in financial loss and ecological damage. The total DNA of symptom or symptomless *Waltheria indica* samples were extracted using 0.10 g fresh plant tissues using CTAB method. PCR reactions were performed using primers R16mF2/R16mR1 and AYgroelF/AYgroelR specific for phytoplasma 16S rRNA and *groEL* gene fragments. The target productions of the two gene fragments of phytoplasma were detected in the DNA from four symptomatic plant samples whereas not in the DNA from the symptomless plant samples. The two gene fragments of the DNA extracted from the symptom plant samples were all identical, with the length of 1340 bp 16S rRNA and 1312 bp *groEL* gene sequence fragments, putatively encoding 437 (*groEL*) amino acids sequence. The phytoplasma strain was named as *Waltheria indica* virescence (WiV) phytoplasma, WiV-hnda strain. To our knowledge, this is the first time that *Waltheria indica* virescence disease induced by 16SrI-B subgroup phytoplasma strain was reported in China. Genetic analysis showed that WiV-hnda was closely related to the phytoplasma strains causing Onion yellows in Japan, Periwinkle virescence and Chinaberry witches'-broom disease in China.

Key words: phytoplasma; *Waltheria indica* virescence disease; 16SrI-B subgroup; molecular detection

* Funding: This work was supported by the Hainan Provincial Natural Science Foundation of China (Grant No. 320RC743)

** First & Corresponding author: YU Shaoshuai; E-mail: hzuyss@163.com

Molecular identification of a 16Sr Ⅱ-V subgroup phytoplasma associated with *Tephrosia purpurea* Witches'-broom disease in Hainan island of China*

YU Shaoshuai[1**] ZHAO Ruiling[1] LIN Mingxing[1]
WU Yuan[2] SONG Weiwei[1] YAN Wei[1]

(1. *Coconut Research Institute of Chinese Academy of Tropical Agricultural Sciences*, *Hainan Innovation Center of Academician Team*, *Wenchang* 571339, *China*;
2. *Hainan Duoyuan Arecanut Industry Development Company Limited*, *Qionghai* 571400, *China*)

Abstract: *Tephrosia purpurea* is a excellent insecticidal plant belonging to the family of Leguminosae distributed in China. Abnormal symptoms of the plant including witches' broom, internode shortening, leaf chlorosis and leaflet were found in Ledong county of Hainan province, a tropical island in China. 16S rRNA and *secA* gene sequence fragments of phytoplasma were detected through PCR amplification using primers R16mF2/R16mR1 and secAfor1/secArev3. The two gene sequence fragments of phytoplasma were obtained in the DNA from six symptomatic plant samples whereas not in the DNA from six symptomless plant samples. Total DNA of *Tephrosia purpurea* samples were extracted by CTAB method. 16S rRNA and *secA* gene sequence fragments of phytoplasma were detected through PCR amplification using primers R16mF2/R16mR1 and secAfor1/secArev3. The two gene sequence fragments of phytoplasma were obtained in the DNA from six symptomatic plant samples whereas not in the DNA from six symptomless plant samples. The two gene sequence fragments of the DNA obtained from the disease plant samples were all identical, with the length of 1335 bp 16S rRNA and 729 bp *secA* gene sequence fragments, putatively encoding 242 (*secA*) amino acids sequence. The phytoplasma strain was named as *Tephrosia purpurea* witches' -broom (TpWB) phytoplasma, a 16SrII-V subgroup strain, which was analyzed by online analysis of *i*PhyClassifier. To our knowledge, this was the first time that 16SrII-V subgroup phytoplasma associated with TpWB disease was identification in China. Molecular analysis based on the 16S rRNA and *secA* gene sequence fragments indicated that TpWB-hnld phytoplasma was more closely related to the phytoplasma strains belonging to 16SrII group.

Key words: phytoplasma; *Tephrosia purpurea* witches' -broom disease; 16Sr Ⅱ-V subgroup; molecular identification

---

* Funding: This work was supported by the Fundamental Research Funds for the Central Non-profit Research Institute of Chinese Academy of Tropical Agricultural Sciences (Grant No. 1630152021005) and the Hainan Provincial Natural Science Foundation of China (Grant No. 320RC743)

** First & Corresponding author: YU Shaoshuai; E-mail: hzuyss@ 163. com

不同地区香蕉种植地根际及非根际的土壤微生物多样性特征及差异分析*

黄穗萍[1**]　金德才[2**]　李其利[1]　唐利华[1]　莫贱友[1]　郭堂勋[1***]
（1. 广西农业科学院植物保护研究所/广西作物病虫害生物学重点实验室，南宁　530007；
2. 中国科学院生态环境研究中心环境生物技术重点实验室，北京　100085）

摘　要：本研究以广西不同地区香蕉种植园的土壤微生物为研究对象，利用扩增子测序技术对健康的香蕉根际和非根际土壤微生物丰度与多样性进行测定分析，阐述了不同地区的香蕉根际与非根际微生物群落之间的差异。结果表明：3 个地区（龙州县，隆安县和浦北县）的香蕉根际细菌群落的丰度与多样性都比非根际的更为丰富，同时，香蕉根际和非根际土壤微生物群落均存在显著差异，并共同受土壤 pH 值的驱动；香蕉种植园的土壤微生物以 Proteobacteria 和 Acidobacteria 为主要的门，并均能“招募” Gemmatimonas、Nitrospira 和 Sphingomonas 等优势菌群；FAPROTAX 预测结果表明，根际土壤能够“富集”化能异养、好氧化能异养等相关功能的菌群。以上研究能够为揭示不同地区香蕉根际微生物的共性特征及调控提供理论基础。

关键词：香蕉根际土壤；微生物多样性；群落结构；pH 值

* 基金项目：广西科技重大专项（No. 桂科 AA18118028）；广西自然科学基金青年科学基金项目（No. 2018GXNSFBA281077）；广西作物病虫害生物学重点实验室基金项目（No. 2019-ST-05）；广西自然科学基金面上项目（No. 2020GXNSFAA259064）

** 第一作者：黄穗萍，博士，研究方向为植物病原真菌防治技术；E-mail：361566787@ qq. com
金德才，博士；E-mail：dcjin@ rcees. ac. cn
*** 通信作者：郭堂勋，硕士，研究方向为植物病原真菌学；E-mail：gtx6530@ 163. com

云南省马铃薯植原体发生特点及基因序列分析*

杨 毅[1,2]** 余希希[1] 张力维[1] 李柱花[1] 唐 唯[1,2]***

（1. 云南师范大学生命科学学院，昆明 650500；
2. 云南省马铃薯生物学重点实验室，昆明 650500）

摘 要：马铃薯是我国重要粮食作物，植原体侵染可导致马铃薯顶叶变紫红（黑）、丛枝、僵顶、叶片皱缩和薯块变色中空。本研究首先于2018—2020年对云南省2个马铃薯主产区（昭通和大理）进行病害调查并采集了植原体病害样品86份。结果发现，从传播方式上看，植原体病害在田间以蚜虫和叶蝉取食传播为主；从症状上来看，主栽品种合作88和会-2顶叶初期从叶片边缘开始变红，到后期全部紫红且丛枝增多；威芋3号顶叶淡红且少变紫；丽薯6号和宣薯2号顶叶多为紫黑。随后，对2019年采集于大理州剑川县马厂村的1份来自合作88的病样提取DNA后，利用植原体扩增通用引物P1/P7和R16F2n/ R16R2进行巢式PCR。结果表明，PCR产物扩增、克隆测序后得到长度1 296 bp的片段。接着，将序列上传至DDBJ数据库（菌株号XD1，LC536021）并利用植原体组型在线分析网站*i*PhyClassifier（https：//plantpathology.ba.ars.usda.gov/cgi-bin/resource/iphyclassifier.cgi）鉴定为16Sr Ⅻ-E亚组，Blast分析发现和分离自立陶宛草莓的*Candidatus* Phytoplasma fragariae（DQ086423）16S rRNA序列同源性最高，为95.87%。

关键词：马铃薯；植原体；组型；16S rRNA

* 基金项目：2020年度国家级大学生创新训练计划（202010168 1019）

** 第一作者：杨毅，硕士研究生，研究方向为马铃薯植原体病害

*** 通信作者：唐唯，副教授，研究方向为马铃薯病害机制

Immersion with β-aminobutyric acid delays senescence and reduces decay in postharvest strawberry fruit during storage at 20 ℃

WANG Lei[1]　ZHANG Hua[1]　YUE Yutong[1]　LIU Ran[1]
ZENG Qinghua[1]　ZHENG Yonghua[2]

(1. *College of Agriculture*, *Liaocheng University*, *Liaocheng* 252000, *P. R. China*;
2. *College of Food Science and Technology*, *Nanjing Agricultural University*, *Nanjing* 210095, *P. R. China*)

Abstract: Freshly harvested strawberry fruit were immersed with 20 mmol L^{-1} β-aminobutyric acid (BABA) for 10 min and then stored at 20 ℃ for 3 d to investigate the effect of BABA on fruit senescence and postharvest decay. The results showed that BABA treatment markedly inhibited the increase of ion leakage, lipoxygenase (LOX) activity and malondialdehyde (MDA) content. The treatment enhanced activities of glutathione reductase (GR), ascorbate peroxidase (APX), superoxide dismutase (SOD), catalase (CAT) and glutathione peroxidase (GPX). BABA treatment resulted in lower activities of polygalacturonase (PG) and pectinmethylesterase (PME) compared with the control. Furthermore, BABA transiently inhibited the expression of *FaPG* and *FaPME*. These results indicate that the delay in fruit senescence by BABA may be due to depressed ion leakage and malondialdehyde content, reduced oxidative stress, and retarded fruit softening, which might collectively contribute to disease resistance in strawberry fruit.

Key words: β-aminobutyric acid; Immersion; Strawberry; Delay senescence

壳聚糖和氨基寡糖素处理对梨果实采后愈伤的比较

余丽蓉* 宗元元 张学梅 朱亚同 谢鹏东 贾菊艳 赵诗佳 毕 阳**
（甘肃农业大学食品科学与工程学院，兰州 730070）

摘 要：比较壳聚糖（Chitosan，CTS）和氨基寡糖素（Chitooligosaccharides，COS）处理对梨果实愈伤的效果，探讨相关机理。用 1 g/L 的 CTS 和 COS 分别处理人工模拟损伤的“冬果梨”果实，置于黑暗条件下进行愈伤。测定愈伤期间损伤果实的失重率以及损伤接种 *Penicillium expansum* 果实的病情指数，观察伤口处聚酚软木酯（suberin poly phenolic，SPP）和木质素的积累，分析伤口处的苯丙烷代谢关键酶和 POD 活性，苯丙烷代谢产物以及 H_2O_2 含量。CTS 和 COS 处理均显著降低了愈伤期间梨果实的失重率和病情指数，愈伤 7 d 时，CTS 处理果实失重率和病情指数分别低于对照 30.05%和 37.51%，COS 处理果实失重率和病情指数分别低于对照 36.93%和 39.47%。CTS 和 COS 处理均显著促进了伤口处 SPP 和木质素的沉积，愈伤 3 d 以后，CTS 和 COS 处理果实伤口处的 SPP 和木质素积累量和积累速度明显高于对照，但两处理间无显著差异。此外，CTS 和 COS 处理还激活了果实伤口处的 PAL、C4H、4CL 和 CAD，提高了肉桂酸、对香豆酸、咖啡酸、阿魏酸、肉桂醇、松柏醇、芥子醇和木质素含量。此外，CTS 和 COS 处理还提高了果实伤口处的 H_2O_2 含量和 POD 活性。因此，CTS 和 COS 处理均可激活梨果实伤口处的苯丙烷代谢，提高伤口处的 H_2O_2 含量和 POD 活性，促进梨果实愈伤。其中 COS 处理效果更好。

关键词：梨果实；壳聚糖；氨基寡糖素；愈伤；苯丙烷代谢

* 第一作者：余丽蓉，硕士，研究方向为果蔬采后生物学与技术；E-mail：yulirong317@163.com
** 通信作者：毕阳，教授，博士，研究方向为果蔬采后生物学与技术；E-mail：biyang@gsau.edu.cn

中国槟榔黄化病媒介昆虫研究初报*

唐庆华** 黄山春 马光昌 宋薇薇 孟秀利 林兆威 牛晓庆 覃伟权***

［中国热带农业科学院椰子研究所；院士团队创新中心（槟榔黄化病综合防控及棕榈植物病害发生规律与生态调控研究）；海南省槟榔产业工程研究中心，文昌 571339］

摘 要：，植原体是一类由媒介昆虫（主要为叶蝉、飞虱、蜡蝉）传播的植物病原细菌。目前，由槟榔黄化植原体引起的槟榔黄化病（YLD）已成为制约印度和中国槟榔产业可持续发展的最主要的病害之一。接种实验表明，印度槟榔黄化病可通过甘蔗斑袖蜡蝉［*Proutista moesta*（Westwood）］传播，而中国槟榔黄化病（主要分布于海南省）的媒介昆虫尚未见相关报道。为了明确中国 YLD 自然条件下通过哪种昆虫传播，2018—2019 年，笔者对海南省万宁、琼海、屯昌等市县槟榔园内的昆虫进行了系统调查，结果共发现 27 种害虫，其中刺吸式口器害虫 21 种。笔者采集了生产上常见的粉蚧、蓟马、粉虱、蚜虫等刺吸式口器昆虫，然后用本项目组根据 16S rRNA 基因开发的引物对 F4/R1、F2/R2 进行了巢式 PCR 检测。电泳结果表明椰子坚蚜、长尾粉蚧、黑刺粉虱、蓟马、棘缘蝽、白盾蚧 6 种昆虫全基因组 DNA 中均扩增到约 520 bp 的植原体特征条带，测序、比对结果表明，扩增得到的序列与槟榔黄化植原体同源性达 99% 以上。该结果表明，6 种昆虫携带植原体，然而能否传播槟榔黄化植原体尚需进一步研究。

关键词：槟榔；黄化病；媒介昆虫；分子检测

---

* 基金项目：2018 年海南省槟榔病虫害重大科技项目：槟榔黄化灾害防控及生态高效栽培关键技术研究与示范（ZDKJ201817）；中国热带农业科学院基本科研业务费专项：槟榔产业技术创新团队—槟榔黄化病及其他病虫害综合防控技术研究及示范（1630152017015）

** 第一作者：唐庆华，博士，副研究员，研究方向为棕榈作物植原体病害综合防治及病原细菌—植物互作功能基因组学；E-mail：tchuna129@163.com。

*** 通信作者：覃伟权，研究员；E-mail：QWQ268@163.com

外源磷酸钠对三季梨果实贮藏品质的影响

曲淋鸿[*]　李灿婴[**]　张　希　李　雪　葛永红
（渤海大学食品科学与工程学院，锦州　121013）

摘　要：为探究外源磷酸钠对三季梨果实采后贮藏品质的影响，将新鲜采摘的果实用0.5 g/L的磷酸钠溶液和清水（对照）浸泡处理10 min，研究常温贮藏期间果实品质指标和乙烯释放量的变化。结果表明，磷酸钠处理显著抑制了果实失重率的升高，延缓果肉硬度的下降，显著降低了乙烯释放量，可维持较高的可溶性固形物含量。此外，磷酸钠处理还延缓了可滴定酸和抗坏血酸含量的下降，显著抑制了水不溶性果胶含量的下降及水溶性果胶的生成。由此表明，外源磷酸钠能够通过抑制乙烯释放从而保持三季梨果实的贮藏品质，延缓衰老进程。

关键词：三季梨；磷酸钠；乙烯释放量；果胶

* 第一作者：曲淋鸿，硕士研究生，研究方向为食品加工与安全；E-mail：qlh13591811477@163.com
** 通信作者：李灿婴，硕士，实验师，研究方向为果蔬采后生物学与技术；E-mail：cora_51@163.com

外源苯并噻重氮对三季梨果实常温贮藏品质的影响

季潇男[*]　范翌婷　程　园　李灿婴　葛永红[**]
（渤海大学食品科学与工程学院，锦州　121013）

摘　要：衰老是导致果实贮藏品质下降的原因之一，不仅降低果实的抗性，还会导致病原菌的侵染，造成巨大的经济损失。以三季梨果实为材料，研究采后 0.1 g/L 苯并噻重氮（acibenzolar-S-methyl，ASM）处理对果实常温贮藏品质的影响。结果表明，外源 ASM 处理显著降低了果实呼吸速率，减缓了乙烯释放量和果实表面颜色变黄。此外，ASM 处理还抑制了可滴定酸和抗坏血酸含量的下降，保持了较高的果肉硬度和水不溶性果胶含量。由此表明，外源 ASM 能够保持三季梨果实贮藏品质并延缓其衰老过程。

关键词：三季梨；苯并噻重氮；呼吸速率；乙烯

* 第一作者：季潇男，硕士研究生，研究方向为食品加工与安全；E-mail：JXN970827@163.com
** 通信作者：葛永红，博士，教授，研究方向为果蔬采后生物学与技术；E-mail：geyh1979@163.com

解淀粉芽孢杆菌 Jt84 高产脂肽类抗菌物质发酵工艺优化*

张荣胜** 张 浩 于俊杰 齐中强 乔俊卿 刘邮洲 刘永锋***

(江苏省农业科学院植物保护研究所，南京 210014)

摘 要：解淀粉芽孢杆菌 Jt84 是对水稻稻瘟病和稻曲病具有良好防效，田间防效分别为 79.2%和 82.5%，与化学药剂三环唑和氟环唑的防效相当。前期研究发现，解淀粉芽孢 Jt84 分泌的脂肽类抗菌物质是抑制稻瘟病菌和稻曲病菌生长的主要抗菌物质。本文通过 Plackett-Burman 单因素试验设计和 Box-Behnken 响应曲面法优化对解淀粉芽孢杆菌 Jt84 高产脂肽类抗菌物质的发酵配方工艺进行优化，结果表明发酵配方中的葡萄糖、大豆蛋白胨和 K_2HPO_4 是影响抗菌物质产量的主效因子；通过响应曲面优化获得主效因子的二次多项式回归方程为 Y（抑菌带宽）= $14.00+0.75\times A+0.50\times B-1.25\times C-0.63\times AB+0.38\times AC+1.88\times BC-2.44\times A^2-1.44\times B^2-2.44\times C^2$ $R^2=0.9462$，经回归方差分析显示大豆蛋白胨和 K_2HPO_4 间交互作用显著。最终获得的最优配方配比为：葡糖糖 5.34 g/L、大豆蛋白胨 8.95 g/L、K_2HPO_4 0.44 g/L、柠檬酸钠 0.20 g/L、$MnCl_2$ 0.01 g/L；以稻瘟病菌作为指示菌，抑菌带宽最大值为 14.2mm，比初始发酵培养基 YPG 发酵液的抑菌带宽高 71.08%。

关键词：解淀粉芽孢杆菌；脂肽类抗菌物质；发酵配方

---

* 基金项目：国家重点研发计划（2017YFE0104900）；江苏省自主创新资金项目 CX20（2002）

** 第一作者：张荣胜，博士，副研究员，研究方向为水稻病害生物防治及其应用技术；E-mail：r_szhang@163.com

*** 通信作者：刘永锋，研究员，研究方向为植物病害致病机制及其防控技术；E-mail：liuyf@jaas.ac.cn

新疆柳树花变叶植原体分子鉴定*

李静霞** 赖刚刚** 李 丰** 赵志慧 张 萍 朱天生***
（塔里木大学植物科学学院，南疆农业有害生物综合治理兵团重点实验室/
南疆特色果树高效优质栽培与深加工技术国家地方联合工程实验室，阿拉尔 843300）

摘　要：研究对新疆7个地区柳树花变叶病病原进行分子鉴定。通过CTAB法提取柳树总DNA，利用植原体16S rRNA基因通用引物和*tuf*基因特异性引物进行PCR扩增，将扩增得到的基因片段通过克隆、测序，将所获得与NCBI中已公布的序列进行Blast比对、同源性比较，构建系统进化树和16S rRNA虚拟RFLP分析。PCR扩增分别获得16S rRNA（1 238 bp）和*tuf*（824 bp）的片段，证明该病害与植原体有关，将其命名为柳树花变叶植原体（WPP）；16S rRNA序列分析表明，该植原体与中国桃黄化植原体（'Prunus persica' yellows phytoplasma）、枣疯病（Ziziphus jujuba' witches' - broom phytoplasma）、杏褪绿卷叶植原体（Apricot leaf roll phytoplasma）同源性均为99.68%；16S rRNA虚拟RFLP分析结果表明，WPP与枣疯病株系（GenBank登录号：AB052876）有99.8%的相似性，虚拟RFLP模式与16SrV-B亚组的参考模式相同，相似系数为1.00，进一步证明WPP为16SrV-B亚组成员。WPP *tuf*基因与榆树黄化组（EY）组同源性达99%以上，系统进化树显示，柳树花变叶植原体与榆树黄化组（16SrV）植原体聚为一枝。柳树花变叶植原体属于16SrV-B、*tuf*-B亚组。

关键词：柳树；植原体；分子鉴定；16S rRNA；*tuf*

---

* 基金项目：国家自然科学基金（31060238）

** 第一作者：李静霞，在读硕士研究生，研究方向为植物病理学；E-mail：1936584038@qq.com
赖刚刚，在读硕士研究生，研究方向为植物病理学；E-mail：1830317027@qq.com
李丰，在读硕士研究生，研究方向为植物病理学；E-mail：2925008071@qq.com
*** 通信作者：朱天生，教授，研究方向为植物病理学；E-mail：ztszky@163.com

一种木霉菌孢子粉规模化生产工艺及其生物制剂研制*

张　成[1,2**]　廖文敏[3]　刘　铜[1,2***]

（1. 海南大学植物保护学院，热带农林生物灾害绿色防控教育部重点实验室，海口　570228；
2. 海南省绿色农用生物制剂创制工程研究中心，海口　570228；
3. 贵州益百亿生物科技有限公司，平塘　558300）

摘　要：本研究以实验室前期获得一株生长速度快、抑菌促生效果优良的生防菌株 *Trichoderma brev* T069 为出发菌，通过对斗提上料、蒸球灭菌、风冷传送、固体接种、自动通风翻搅发酵、热风烘干、水冷粉碎等流程的优化，实现了 *T. brev* T069 孢子粉规模化生产。结果表明：以接种量1%、入曲温度28 ℃、物料厚度7~10 cm，保持自动间歇式通风加湿，将物料内部温度控制在28~32 ℃，可使木霉菌在40 h内迅速生长，在48 h、52 h、57 h使用翻曲机将菌丝打断使其迅速扩繁，在77 h时第四次翻搅使孢子快速产生，92 h后发酵完成后通风将物料烘干，将其粉碎后过筛，其木霉菌分生孢子粉含量可达20亿孢子/g，该生产工艺自动化程度高，操作简单，可实现木霉菌规模化生产。以生产的孢子粉为材料，以硅藻土为载体，添加湿润剂AB-3、分散剂NNO、保护剂抗坏血酸等开发出 *T. brev* 可湿性粉剂；以甲酯化大豆油为溶剂，添加增稠剂 Atlox Rheostrux 100、表面活性剂 Atlas G-1086、Atlox 4916、Atlas G-5002L 等助剂研制成水分散油悬浮剂，各项指标达到国家标准，目前该菌株的生物制剂产品在不同作物上进行示范与推广。

关键词：木霉菌；工厂；规模；可湿性粉剂；油悬剂

---

* 基金项目：海南省科技厅重点研发项目（ZDYF2019064）项目资助

** 第一作者：张成，硕士，研究方向为生物防治；E-mail：17862886841@163.com

*** 通信作者：刘铜，教授，博士生导师，研究方向为植物病理学和生物防治；E-mail：liutongamy@sina.com

解淀粉芽孢杆菌 W1 次生代谢产物分析及杀螨活性的虚拟筛选

李兴玉[1,2]　Shahzad Munir[4]　徐　岩[b]　王跃虎[3]　何月秋[4]

（1. 云南农业大学理学院，昆明　650201；
2. 克利夫兰州立大学化学系，克利夫兰　44115，美国；
3. 中国科学院昆明植物研究所，资源植物与生物技术所级重点实验室，昆明　650201；
4. 云南农业大学植物保护学院，昆明　650201）

摘　要：本文利用一种综合策略系统分析了二斑叶螨（*Tetranychus urticae* Koch）的生防菌株解淀粉芽孢杆菌 W1（*Bacillus velezensis* W1）的次生代谢产物。首先通过基因组挖掘，鉴定出14 个编码次级代谢产物的生物合成基因簇，然后通过基质辅助激光解吸飞行时间串联质谱（MALDI-TOF-MS/MS）和高效液相色谱串联质谱（LC-ESI-MS/MS）检测并鉴定了 4 个杆菌霉素（Bacillomycin D C13-C17）、2 个大环内酯（macrolactin A 和 7-O-malonyl-macrolactin A）、2 个表面活性素（surfactin C14 和 surfactin C15）。利用气相色谱质谱联用（GC-MS）检测并鉴定了 4 类 27 个挥发性小分子，主要为环二肽、烷烃、有机酸和酯类。结合前期活性追踪分离鉴定结果，最终从 W1 中共鉴定出 43 个化合物用于杀螨活性的虚拟筛选。通过网络数据库（Binding DB）进行杀螨活性虚拟筛选，得到具有杀螨活性潜力的化合物 16 个，主要为环二肽、杆菌酶素、大环内酯和表面活性素。本文探索了一种生防菌株活性成分研究的综合分析策略，系统分析了解淀粉芽孢杆菌 W1 的次生代谢产物，并虚拟筛选出杀螨活性物质，为进一步研究杀螨机制奠定了物质基础。

关键词：解淀粉芽孢杆菌 W1；质谱；基因挖掘；虚拟筛选；环二肽；杆菌霉素 D；大环内酯 A；表面活性素

采前氨基寡糖素喷洒通过加速伤口处聚酚软木脂和木质素的沉积促进采后厚皮甜瓜的愈伤

李宝军[1]　刘志恬[1]　薛素琳[1]　柴秀伟[1]　李志程[1]　毕　阳[1]　Dov Prusky[2]　张锋岗[3]

（1. 甘肃农业大学食品科学与工程学院，兰州　730070；
2. Department of Postharvest Science of Fresh Produce，Agricultural Research Organization，Rishon LeZion 7505101，Israel；
3. 海南正业中农高科股份有限公司，海口　570216）

摘　要：研究果实发育期氨基寡糖素多次喷洒对采后厚皮甜瓜愈伤的影响，探讨相关机理。在果实发育的幼果期、膨大前期、膨大后期及采收期，用 2 mL/L 氨基寡糖素对“玛瑙”甜瓜植株和果实进行 4 次喷洒。果实采收后进行人工模拟损伤，并于常温黑暗条件下进行愈伤，测定愈伤期间损伤果实的失重率和 *Trichothecium roseum* 接种果实的病情指数，观察果实伤口处聚酚软木脂和木质素的沉积，分析伤口处组织苯丙烷代谢关键酶活性和产物含量，以及 H_2O_2 含量及过氧化物酶活性。氨基寡糖素喷洒有效降低了愈伤期间损伤果实的失重率及损伤接种果实的病情指数，愈伤 7 d 时，处理果实的失重率和病情指数分别低于对照 28.64%和 32%。氨基寡糖素喷洒促进了果实伤口处聚酚软木脂和木质素的沉积，愈伤 5 d 时，处理伤口处聚酚软木脂和木质素沉积的细胞层厚度分别高出对照 22.70%和 25.07%。氨基寡糖素提高了果实伤口处苯丙氨酸解氨酶活性，以及总酚、类黄酮和木质素的含量。处理还显著提高了果实伤口处的 H_2O_2 含量和过氧化物酶活性。果实发育期氨基寡糖素多次喷洒激活了采后厚皮甜瓜伤口处的苯丙烷代谢，提高了 H_2O_2 含量及过氧化物酶活性，加速了聚酚软木脂和木质素在伤口处的沉积，有效降低了果实愈伤期间的失重率和病情指数，促进了果实愈伤。

关键词：氨基寡糖素；采前喷洒；厚皮甜瓜；愈伤；苯丙烷代谢

柑橘黄龙病传播介体-柑橘木虱的天敌种类调查*

白津铭　廖咏梅　任立云**
（广西大学农学院，南宁　530004）

摘　要：柑橘木虱是柑橘黄龙病的重要传播介体，目前主要采用化学药剂防治柑橘木虱，易造成农药残留、环境污染等问题，利用自然天敌防治柑橘木虱日益受到重视。笔者于 2020 年 9 月至 2021 年 5 月在南宁市广西大学多功能标本园九里香绿篱上系统调查柑橘木虱天敌种类，每 15 d 调查 1 次，观察并用指形管采集九里香绿篱上疑似的捕食性天敌，在指形管中观察其对柑橘木虱的捕食行为；采集带有柑橘木虱若虫的九里香嫩梢，装入指形管并逐日观察是否有寄生蜂羽化；通过形态特征，鉴定天敌的种类。调查发现柑橘木虱的捕食性天敌有 13 种：六斑月瓢虫 *Menochilus sexmaculata*、异色瓢虫 *Harmonia axyridis*、双带盘瓢虫 *Coelophora biplagiata*、四斑月瓢虫 *Chilomenes quadriplagiat*、龟纹瓢虫 *Propylea japonica*、粗网巧瓢虫 *Oenopia chinensis*、中华通草蛉 *Chrysoperla sinica*、悦金蝉蛛 *Phintella suavis*、锯艳蛛 *Epocilla calcarata*、丽亚蛛 *Asianellus festivus*、角红蟹蛛 *Thomisus labefactus*、斜纹猫蛛 *Oxyopes sertatus* 及园果大赤螨 *Anystis baccarnm*；寄生性天敌 1 种——亮腹釉小蜂 *Tamarixia radiata*。

调查点 3 月上旬开始出现柑橘木虱若虫，同期蜘蛛类天敌已在田间活动，3 月中旬田间发现草蛉，3 月下旬发现瓢虫类天敌，5 月上旬出现亮腹釉小蜂，每次调查均发现园果大赤螨。11 月上旬草蛉消失，12 月上旬柑橘木虱若虫消失，瓢虫类和蜘蛛类的消失时间滞后于柑橘木虱，分别为 12 月中旬和 12 月下旬。因此，瓢虫和蜘蛛是值得开发和利用的天敌类群。园果大赤螨爬行速度极快，活动范围大，活动时间长，值得重点研究与利用。悦金蝉蛛、锯艳蛛和丽亚蛛均属跳蛛科游猎型蜘蛛，可捕食田间小型活体昆虫，如叶蝉和稻飞虱等，该三种蜘蛛捕食柑橘木虱属国内首次报道。

5 月中旬发现亮腹釉小蜂的重寄生蜂，根据其体色黄色、复眼灰绿色、头后区具褐色斑、翅长大于翅宽、触角具 11 节等形态特征，鉴定该重寄生蜂为黄食虱跳小蜂 *Psyllaphycus diaphorinae*。王竹红等（2019）报道，黄食虱跳小蜂重寄生阿里食虱跳小蜂 *Diaphorencyrtus aligarhensiss*。本文发现黄食虱跳小蜂重寄生亮腹釉小蜂，属国内首次报道。重寄生蜂的存在将影响寄生蜂的群体数量，进而影响寄生蜂对柑橘木虱的控制效果。

关键词：柑橘黄龙病；柑橘木虱；天敌种类；调查

---

* 基金项目：广西科技重大专项（桂科 AA18118046）
** 通信作者：任立云；E-mail：liyun_ren@ 163. com

二氧化氯处理对马铃薯伤口处聚酚软木酯和木质素积累的影响

柴秀伟[1] 孔 蕊[1] 郑晓渊[1] 朱亚同[1] 梁 伟[1] 李宝军[1] Dov Prusky[2] 毕 阳[1]

（1. 甘肃农业大学食品科学与工程学院，兰州 730070；

2. Institute of Postharvest and Food Sciences，Agricultural Research Organization，Volcani Center，Rishon LeZion，Israel 50250）

摘 要：二氧化氯（ClO_2）是一种安全高效的消毒剂，广泛用于果蔬保鲜和病害的防治。但 ClO_2 处理对马铃薯采后块茎的愈伤效果尚不明确。本研究笔者观察到，在 ClO_2 处理后，损伤块茎的失重率以及损伤接种 *Fusarium sulphureum* 后块茎的病情指数在 14 d 分别低于对照 20.8% 和 45.3%。此外，ClO_2 处理加速了聚酚软木酯和木质素的沉积，增加了愈伤期间损伤组织的细胞层厚度。ClO_2 处理显著提高了块茎伤口组织处苯丙氨酸解氨酶、肉桂酸-4-羟化酶与肉桂醇脱氢酶的活性，增加了肉桂酸、*p*-香豆酸、咖啡酸、阿魏酸和芥子酸及 *p*-香豆醇、芥子醇和松柏醇的含量；与对照组相比，ClO_2 处理还显著提高了总酚、类黄酮和木质素的合成，提高了 H_2O_2 含量和过氧化物酶活性。这些发现为采后 ClO_2 处理马铃薯块茎愈伤的有效性提供了坚实的基础。ClO_2 处理激活了苯丙烷代谢，提高了 H_2O_2 含量和过氧化物酶活性，加速了聚酚软木酯、木质素及其前体物质在损伤组织中的积累。

关键词：ClO_2；马铃薯块茎；聚酚软木脂；木质素；愈伤；苯丙烷代谢

水稻病害图像自动识别中数据集的构建

周惠汝　吴波明*

（中国农业大学 植物保护学院，北京　100193）

摘　要：利用图像识别技术开发手机软件来实现对水稻病害图像的自动鉴别，可为水稻种植户提供便利，降低成本。本研究以稻瘟病为例，利用深度学习对自行拍摄构建的田间稻瘟病及健康水稻叶片图像数据集进行二分类训练及测试，探究不同数量的水稻病害图像对卷积神经网络模型精度的影响，寻找能够满足二分类训练要求所需的水稻病害图像数量。分别建立单类含 50，100，300，500，1 000，1 500，2 000，3 000 幅图片的数据集并按照 8：2 的比例分为训练集及验证集，利用卷积神经网络模型 VGG16 分别对各数据集进行三次重复训练，并使用 300 张图片对得到的不同模型进行测试，统计测试结果。最后用数学模型对训练得到的损失率及准确度进行拟合，并使用单类为 2 500 的数据集训练及测试结果对拟合模型进行测试。训练及测试结果表明，随着单类水稻病害图片数量的上升，损失率有逐渐下降的趋势，准确率则在逐渐上升且上升趋势逐渐平缓。利用多重比较的方法对不同数量等级的模型训练准确率进行比较发现，当单类数量从 500 增加到 1 000，模型的准确率会有显著提升，但是单类图片数从 1 000~ 3 000 的模型准确率无显著变化。结果表明水稻病害图像的数量上升可提高模型训练效果，但超过一定数量，训练时间会大幅度增加，模型准确率却不会显著上升。

关键词：稻瘟病；深度学习；卷积神经网络；模型拟合；图像识别

＊ 通信作者：吴波明；E-mail：bmwu@ cau. edu. cn

Effect of *Aureobasidium pullulans* S-2 on the postharvest microbiome of tomato during storage

SHI Yu YANG Qiya ZHAO Qianhua ZHANG Xiaoyun
WANG Kaili ZHAO Lina ZHANG Hongyin
(*School of Food and Biological Engineering, Jiangsu University, Zhenjiang* 212013)

Abstract: Biological control of fruit postharvest diseases by antagonistic microorganisms has been considered an effective alternative to chemical fungicides. The influence of microbial antagonists on fruit-associated microbiome will provide a new perspective for in-depth study of the antagonistic mechanism. In this study, the biocontrol efficacy of *A. pullulans* S-2 against postharvest diseases of tomatoes was investigated. Meanwhile, the fungal and bacterial microbiota on tomato surfaces were examined by high-throughput sequencing.

A. pullulans S-2 can significantly inhibit the decay rate, maintain fruit firmness and reduce weight loss of tomatoes. In addition, the treatment group can maintain higher titratable acid, ascorbic acid and lycopene than the control group. After using *A. pullulans S-2*, more dramatic changes were observed in fungal diversity than bacterial in the microbiota. *Aureobasidium* was significantly enriched in the treatment group, while *Cladosporium*, *Mycosphaerella*, *Alternaria* and *Penicillium* were deficient compared with the control group. *Pantoea*, *Brevibacterium*, *Brachybacterium*, *Serratia*, *Glutamicibacter* and *Pseudomonas* also had significant differences between the two groups.

This study demonstrated that the application of *A. pullulans S* - 2 resulted in alterations in the bacterial and fungal community and that could inhibit pathogens and decrease fruit disease incidence. It provides new insights into the dynamics of the tomato's surface microbiome after microbial antagonist treatment.

Key words: *Aureobasidium pullulans*; Tomatoes; Biocontrol; Fungal community; Bacterial community

Analysis of long non-coding RNAs and mRNAs in harvested kiwifruit in response to the yeast antagonist, *Wickerhamomyces anomalus*

ZHAO Qianhua[1]　YANG Qiya[1]　WANG Zhenshuo[2]
SUI Yuan[3]　WANG Qi[2]　LIU Jia[3]　ZHANG Hongyin[1]
(1. *School of Food and Biological Engineering*, *Jiangsu University*, *Zhenjiang* 212013, *China*;
2. *Department of Plant Pathology*, *MOA Key Lab of Pest Monitoring and Green Management*, *College of Plant Protection*, *China Agricultural University*, *Beijing* 100193, *China*;
3. *Chongqing Key Laboratory of Economic Plant Biotechnology*, *College of Landscape Architecture and Life Science/Institute of Special Plants*, *Chongqing University of Arts and Sciences*, *Yongchuan*, *Chongqing* 402160, *China*)

Abstract: Biological control utilizing antagonistic yeasts is an effective method for controlling post-harvest diseases. Long non-coding RNAs (lncRNAs) have been found to be involved in a variety of plant growth and development processes, including those associated with plant disease resistance. In the present study, the yeast antagonist, *Wickerhamomyces anomalus*, was found to strongly inhibit postharvest blue mold (*Pencillium expansum*) and gray mold (*Botrytis cinerea*) decay of kiwifruit. Additionally, lncRNA high-throughput sequencing and bioinformatics analysis was used to identify lncRNAs in *W. anomalus*-treated wounds in kiwifruit and predict their function based on putative target genes. Our results indicate that lncRNAs may be involved in activating ethylene (ET), jasmonic acid (JA), abscisic acid (ABA), auxin (IAA) and signal transduction pathways that regulate the expression of several transcription factors (*WRKY*72, *WRKY*53, *BHLH*167, *BHLH*162, *ZIP*3, *AP*2). These transcription factors (TFs) then mediate the expression of downstream, defense-related genes (*ZAR*1, *PAD*4, *CCR*4, *NPR*4) and the synthesis of secondary metabolites, thus, potentially enhancing disease resistance. Notably, by stimulating the accumulation of antifungal compounds such as phenols and lignin, the antifungal ability of kiwifruit was also enhanced. Our study provides new information on the mechanism of disease resistance induced by *W. anomalus* in kiwifruit, as well as a new disease resistance strategy that can be used to enhance the defense response of fruit to pathogenic fungi.

Key words: Kiwifruit; lncRNAs; Postharvest disease; Resistance; *Wickerhamomyces anomalus*

植物生长调节剂对烟草种子萌芽的影响*

牛萌康[1,2**]　孟颢光[1]　彭靖媛[1,2]　李荣超[1]　张文豪[1]　冯春雨[1]　刘子玮[1,2]
蒋士君[1]　王晓强[3]　闫海涛[3]　何晓冰[3]　许跃奇[3]　常　栋[3***]　崔江宽[1***]
（1. 河南农业大学植物保护学院，郑州　450002；2. 河南农业大学烟草学院，郑州　450002；
3. 河南省烟草公司平顶山市公司，平顶山　467000）

摘　要：烟草（*Nicotiana tabacum* L.）是我国重要的经济作物。种子催芽作为烟草生产中需要面对的第一步，在烟草生产中至关重要。烟草在培育过程中的基础步骤便是种子萌发和幼苗生长，种子活力直接影响烟叶质量，而播种前的预处理能明显提高烟草种子活力。催芽作为种子播种前预处理的一种简单有效的方法，常在农业生产中被选择，浸种催芽为在人工控制温度和湿度条件下在种子播种前人工干预种子发芽的方法，比直接播种可以提前5~10 d出苗，而且出苗整齐一致。为探究植物生长调节剂在烟草催芽中的应用潜力，本试验采用双因素分析法系统研究了水杨酸、赤霉素、6-苄氨基嘌呤、α-萘乙酸、3-吲哚乙酸、3-吲哚丁酸、2,4-二氯苯氧乙酸、β-萘氧乙酸、复合腐殖酸、2,4-表芸苔素内酯、海藻酸对包衣和未包衣烟草种子萌发、出芽率、生长势和幼苗根系活力的影响。结果表明：不同植物生长调节剂处理后对烟草发芽均有一定的提升效果；其中，750mg/L复合腐殖酸处理无包衣种子的发芽率、发芽势、发芽指数最高，分别为100%、100%和7.41；250倍液海藻酸处理对烟草种子具有明显的抑制作用，种子发芽率、发芽势、发芽指数分别为0%、0%和0，降低处理浓度后对种子的萌芽促进效果略有提升，但与对照相比无显著差异。1 125 mg/L复合腐殖酸和500倍海藻素处理能有效促进包衣种子幼苗芽的生长，分别达0.9 cm和1.2 cm，有利于提高幼苗出苗率，出苗整齐，幼苗健壮。综合烟草种子发芽率、发芽势、根系生长、芽生长等因素，复合腐殖酸（生态制剂）对烟草种子萌发有明显的效果。因此，复合腐殖酸可作为生产上促进烟草种子萌发的潜在开发药剂。

关键词：植物生长调节剂；烟草；种子萌发；腐殖酸

---

* 基金项目：河南省烟草公司平顶山市公司科技项目（PYKJ202102）；河南省烟草公司许昌市公司科技项目（2020411000240074）

** 第一作者：牛萌康，本科生，研究方向为烟草植物病理学；E-mail：mengk18887@163.com

*** 通信作者：崔江宽，副教授，研究方向为植物与线虫互作机制；E-mail：jk_cui@163.com

常栋，农艺师，研究方向为烟草栽培及土壤保育；E-mail：cd411@outlook.com

中国植原体病害研究状况、分布及多样性*

王晓燕**　张荣跃　李　婕　李银煳　李文凤　单红丽　黄应昆***

（云南省农业科学院甘蔗研究所，云南省甘蔗遗传改良重点实验室，开远　661699）

摘　要：植原体（phytoplasma）原称类菌原体（mycoplasma-like organism，MLO），是引起众多植物病害的一类重要原核致病菌，隶属于柔膜菌纲，植原体暂定属。植原体在植物和昆虫中广泛分布，能引起许多重要粮食作物、蔬菜、果树、观赏植物和林木严重病害，造成巨大损失。中国是发现植原体较多国家，至今已报道了100多种植原体病害，遍布全国各地。危害严重的有枣疯病、泡桐丛枝病、小麦蓝矮病、香蕉束顶病、甘蔗白叶病和桑树萎缩病等，且不断有许多新的植原体病害及其株系被发现，表明植原体比以前认为的更加多样化。植原体主要由韧皮部取食的叶蝉、飞虱和木虱类刺吸式介体昆虫传播；也可通过嫁接或菟丝子传播。植原体和植原体、病毒、细菌及螺原体的复合侵染已成为一些作物的严重问题，并造成了更多的协同损失。随着技术不断发展和完善进步，分子生物学技术已成为检测鉴定植原体的主要手段。目前中国对植原体病害的研究主要集中在病原鉴定分类、介体昆虫和寄主多样性等方面，在致病性、比较基因组以及效应因子等方面研究较少；受关注较多的有小麦蓝矮植原体、泡桐丛枝植原体、枣疯植原体、甘蔗白叶病植原体等；其他植原体病害有见报道，但并没有深入的研究。本文综述了中国植原体研究的历史、现状和植原体病害的状况、分布及多样性，并对植原体今后可能的研究方向作一些展望。

关键词：中国；植原体病害；状况；分布；多样性

* 基金项目：财政部和农业农村部国家现代农业产业技术体系专项资金资助（CARS-170303）；云岭产业技术领军人才培养项目“甘蔗有害生物防控”（2018LJRC56）；云南省现代农业产业技术体系建设专项资金

** 作者简介：王晓燕，硕士，副研究员，研究方向为甘蔗病害；E-mail：xiaoyanwang402@ sina. com

*** 通信作者：黄应昆，研究员，研究方向为甘蔗病害防控；E-mail：huangyk64@ 163. com

采前和采后 1-MCP 处理对金针菇鲜味与香气的影响

夏榕嵘　王　璐　辛　广　包秀婧　孙丽斌　许贺然　侯振山
（沈阳农业大学食品学院，沈阳　110866）

摘　要：金针菇味道鲜美，营养丰富而被广泛食用。新鲜金针菇常温下只能保存 2~3 d，易褐变腐软、失去风味。以采前和采后分别施用 1-甲基环丙烯（1-methylcyclopropene，1-MCP）的金针菇为研究对象，研究 1-MCP 处理对 10 ℃贮藏条件下金针菇感官评分、乙烯释放量、呼吸速率、鲜味和香气特征的影响。结果表明，采前处理对金针菇呼吸和乙烯产量的抑制作用高于采后处理；提高感官评分和风味 5′-核苷酸含量。采前和采后处理组的等效鲜味浓度值（Equivalent umami concentration，EUC）在 0 d 分别是未处理组的 10.5 倍和 1.4 倍。与采后处理相比，采前处理显著提高鲜味得分，并保留更多挥发性化合物，从而改善了整体风味。因此，采前 1-MCP 处理可以作为保留金针菇鲜味和香气的一种方法。

关键词：采前；1-甲基环丙烯；鲜味；香味；金针菇

外源褪黑素处理通过调控活性氧代谢诱导增强采后杏果实抑制黑斑病的效果

张亚琳*　朱　璇**
（新疆农业大学食品科学与药学学院，乌鲁木齐　830052）

摘　要：以新疆“赛买提”杏为试验材料，为探究外源褪黑素处理对采后杏果实黑斑病抑制效果及活性氧代谢的影响。将杏果实置于 100 μmol/L 褪黑素溶液进行减压处理 2 min，后常压状态下浸泡 8 min，以清水处理为参照，自然晾干后转入温度（0±1）℃，相对湿度 90%～95%条件下贮藏 24 h 后，损伤接种交链格孢菌（*Alternaria alternata*）于相同条件下贮藏，定期测定外源褪黑素对杏果实采后黑斑病的抗性效果及活性氧代谢的影响。结果表明：外源褪黑素处理显著抑制了杏果实损伤接种病斑直径扩散及果实自然发病率，诱导杏果实快速积累 H_2O_2 含量，加快了超氧阴离子（$O_2^{-\cdot}$）产生速率，降低了丙二醛（MDA）含量（$P<0.05$）；显著提高了杏果实贮藏期间过氧化氢酶（catalase，CAT）、过氧化物酶（peroxidase，POD）、超氧化物歧化酶（superoxide dismutase，SOD）、抗坏血酸过氧化物酶（ascorbate peroxidase，APX）的酶活力（$P<0.05$）。表明了外源褪黑素诱导增强了采后杏果实对黑斑病的抗性与活性氧代谢密切相关。

关键词：杏；褪黑素；黑斑病；活性氧代谢

* 第一作者：张亚琳，硕士研究生，研究方向为果蔬贮藏与保鲜；E-mail：1542172662@ qq. com
** 通信作者：朱璇，博士，教授，研究方向为果蔬贮藏与保鲜；E-mail：zx9927@ 126. com

内生真菌与蚜虫互作对麦宾草地上部分总酚含量的影响

程方姝　陈耀宇　郭钊伶　宋秋艳
（兰州大学草地农业科技学院/草地农业生态系统国家重点实验室/
农业农村部草地畜牧业创新重点实验室，兰州　730020）

摘　要：麦宾草（*Elymus tangutorum*）是优质的多年生禾本科牧草，广泛分布于高海拔地区的山坡、草地上。内生真菌（*Epichloë bromicola*）在长期协同进化过程中与植物形成互利共生关系，植物为内生真菌提供所需营养物质，内生真菌则促进宿主生长、提高宿主对病虫害、环境胁迫等方面的抗性。禾谷缢管蚜是世界范围内最具破坏性的害虫之一，影响植物发育，造成其品质与产量的降低。本研究以麦宾草为材料，选用不同提取溶剂，探究内生真菌与禾谷缢管蚜互作对麦宾草地上部分总酚的影响。

关键词：麦宾草；内生真菌；黄酮；总酚；互作

Effects of interaction between *Epichloë bromicola* and *Rhopalosiphum padi* on the contents of polyphenols in *Elymus tangutorum*

CHENG Fangshu　CHENG Yiaoyu　GUO Zhaoling　SONG Qiuyan
(*State Key Laboratory of Grassland Agro-ecosystems*, *Key Laboratory of Grassland Livestock Industry Innovation*, *Ministry of Agriculture and Rural Affairs*, *College of Pastoral Agriculture Science and Technology*, *Lanzhou University*, *Lanzhou* 730020, *China*)

Abstract: *Elymus tangutorum* is a high-quality perennial grasses, which is widely distributed on the slopes and grasslands of high altitude areas. *Epichloë bromicola* and its host plant form a mutual symbiosis in the long-term coevolutionary process. Plants provide nutrients for *E. bromicola*, while *E. bromicola* promote the growth of hosts and improve their resistance to diseases, insect pests and environmental stress. *Rhopalosiphum padi* is one of the most destructive pests in the world, affecting plant development and reducing quality and yield. In this study, the effects of interaction between *E. bromicola* and *R. padi* on the contents of polyphenols in *El. tangutorum* were investigated by using different extraction solvents.

Key words: *Elymus tangutorum*; *Epichloë bromicola*; polyphenols; flavonoids; interaction effects

麦宾草（*Elymus tangutorum*）为禾本科披碱草属丛生草本植物，在我国，麦宾草主要分布于西部，西北部及北部各省区。植物次生代谢是长期自然进化的结果，对植物适应各种生态性环境有重要意义。禾草内生真菌是指存在于健康植物体内，定植于植物各组织和细胞中，且不会对禾本科植物造成危害的一类真菌[1]。多酚是一类广泛存在于植物体内的具有多元酚结构的次生代谢物，主要存在于植物的皮、根、叶、果中。常见的植物多酚有茶多酚、葡萄多酚、柑橘多酚等[2]。经研究发现，植物多酚具有抗菌、抗病毒、抗肿瘤与抗癌变、抗氧化、抗营养、抗病虫害和抗逆境等多重效果，对于植物多酚的研究有助于新型食品添加剂的开发[3-4]。本文研究了有无禾谷缢管蚜（*Rhopalosiphum padi*）压迫条件下，内生真菌对植物适应能力的影响及其可能的作用机制，并分析了植物体内次生代谢产物总酚的变化，为以后的麦宾草生物防治禾谷缢管蚜提供理论基础。

1　材料与方法

1.1　实验材料

实验于2020年6月在兰州大学榆中校区草地农业科技学院温室进行，共设4个处理，携带 *E. bromicola* 内生真菌处理（记作 E^+），接种禾谷缢管蚜处理（记作 E^-&P），携带 *E. bromicola* 内生真菌和禾谷缢管蚜处理（记作 E^+&P）与不携带 *E. bromicola* 内生真菌和不接种蚜虫处理（记作 E^-）。

1.2　试剂与仪器

旋转蒸发仪、分光光度计、超声波清洗器、恒温水浴锅、布氏漏斗、50mL容量瓶。钼酸钠（$Na_2MoO_4 \cdot 2H_2O$）、碳酸钠（Na_2CO_3）磷酸（$H_3PO_4 \geq 85\%$）、硫酸锂（Li_2SO_4）、钨酸钠（$Na_2WO_4 \cdot 2H_2O$）、碳、30%过氧化氢（H_2O_2）和盐酸均为分析纯。水为蒸馏水。

1.3　样品的制备

自然干燥的麦宾草茎叶，将其剪碎，然后进行粉碎，过100目筛。称取3.0 g，装入150 mL锥形瓶中，分别加入甲醇、95%乙醇、水100 mL，对其浸泡1 h。抽滤、旋蒸、除去有机溶剂。转移至50 mL容量瓶中，用蒸馏水定容。

1.4　标准曲线的制作

称取0.05g没食子酸，用蒸馏水定容至100 mL，获取500 μg/mL的没食子酸溶液，分别取0.1 mL、0.2 mL、0.3 mL、0.4 mL、0.5 mL上述溶液加入50 mL容量瓶中，加入10 mL蒸馏水，摇晃均匀。分别加入1.5 mL Folin显色剂，2.0 mL 20% Na_2CO_3，用蒸馏水定容，置于55 ℃恒温水浴锅中显色1.5 h，在760 nm波长处测定吸光度，获取标准曲线[5]。

1.5　数据分析

本试验使用统计IBM SPSS Statistics 26软件进行方差分析，使用作图软件Origin 2018软件进行作图。

2　结果与分析

2.1　总酚标准曲线制作

如图1所示，没食子酸的浓度为1～6 μg/mL，其与吸光度呈良好的线性关系，在此范围内的线性回归方程为 $y=0.1448x+0.0376$，相关系数为 $R^2=0.9909$，检测限位0.1 μg/mL。

2.2　甲醇提取总酚含量

采用甲醇提取四种处理下的麦宾草植物中的总酚，结果如图2所示。禾谷缢管蚜处理后，E^-&P（0.596 685 μg/mL）与 E^-（0.952 348 μg/mL）相比，总酚含量降低幅度为37.35%，E^+&P（0.707 182 μg/mL）与 E^+（0.824 586 μg/mL）相比，总酚含量降低幅度为14.24%，其含量存在显著差别，该结果表明蚜虫会降低麦宾草总酚的含量。且单因素影响下，禾谷缢管蚜对麦宾草中总酚含量的影响大于内生真菌（分别下降37.35%和13.42%）。E^+&P与 E^-&P相比，总酚含量提升18.52%，二者含量差异显著（E^+&P多酚含量为0.707 182 μg/mL，E^-&P为0.596 685 μg/mL）。表明内生真菌能够在一定程度上降低蚜虫对麦宾草的影响。

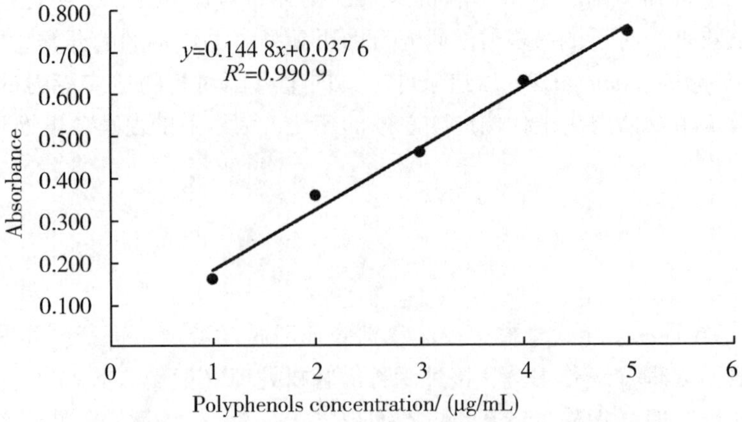

Fig. 1 standard curve for determination of polyphenols

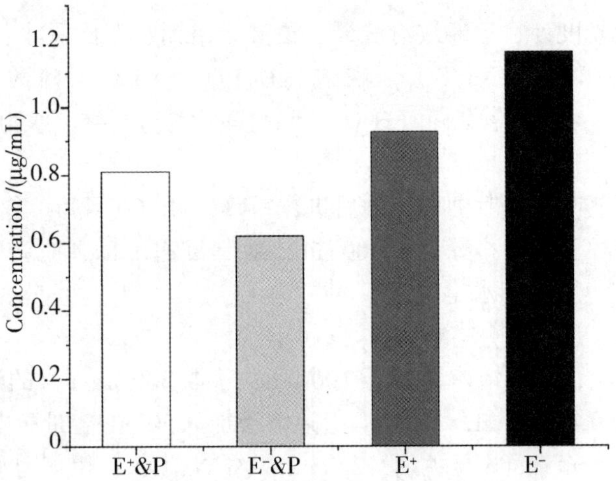

Fig. 2 polyphenolscontent extracted by methanol

2.3 乙醇提取总酚含量

如图 3 所示，禾谷缢管蚜处理后，E^-&P（1.116 367 μg/mL）与 E^-（1.618 785 μg/mL）相比，总酚含量降低幅度为 31.04%，E^+&P（1.152 624 μg/mL）与 E^+（1.473 757 μg/mL）相比，总酚含量降低幅度为 21.79%，其含量存在显著差别，该结果表明蚜虫会降低麦宾草总酚的含量。且单因素影响下，禾谷缢管蚜对麦宾草中总酚含量的影响大于内生真菌（分别下降 31.04%和 8.96%）。E^+&P 与 E^-&P 相比，总酚含量提升 3.25%，二者含量差异显著（E^+&P 总酚含量为 1.152 624 μg/mL，E^-&P 为 1.116 367 μg/mL）。表明内生真菌能够在一定程度上降低蚜虫对麦宾草的影响。

2.4 水提取总酚含量

禾谷缢管蚜处理后，E^-&P（1.021 409 μg/mL）与 E^-（1.197 514 μg/mL）相比，总酚含量降低幅度为 14.71%，E^+&P（1.137 086 μg/mL）与 E^+（1.304 558 μg/mL）相比，总酚含量降低幅度为 12.84%，其含量存在显著差别，该结果表明蚜虫会降低麦宾草总酚的含量（图 4）。且单因素影响下，禾谷缢管蚜对麦宾草中总酚含量的影响大于内生真菌（分别为下降 14.71%和提升 8.94%）。E^+&P 与 E^-&P 相比，总酚含量提升 11.33%，二者含量差异显著（E^+&P 总酚含量为 1.137 086 μg/mL，E^-&P 为 1.021 409 μg/mL）。表明内生真菌能够在一定程度上降低蚜虫对麦宾草的影响。

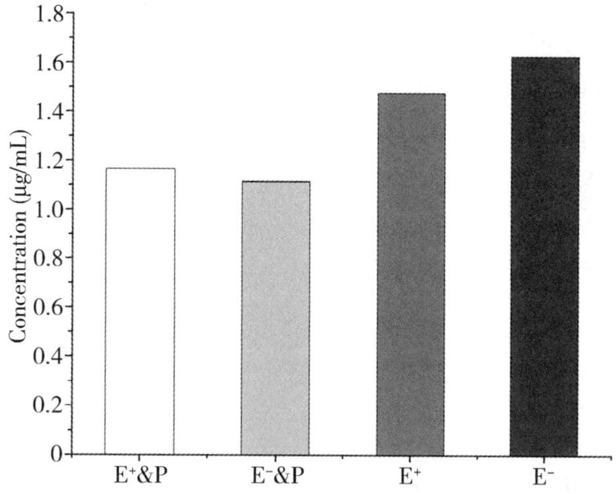

Fig. 3　polyphenols content extracted by ethanol

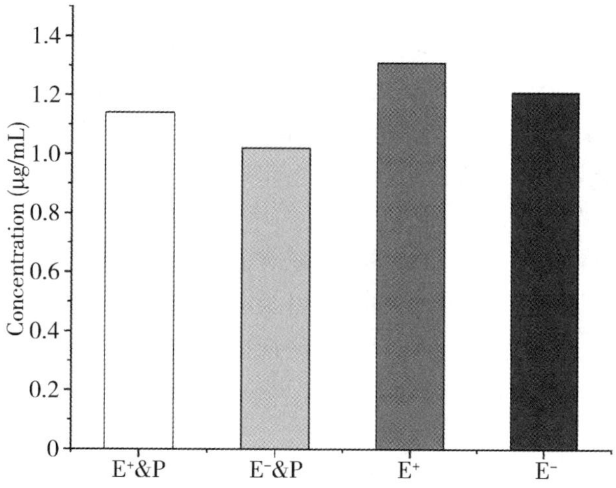

Fig. 4　polyphenols content extracted by water

2.5　总酚提取剂的选择

本文分别选取甲醇、95%乙醇和蒸馏水作为溶剂，按 2.2.3 方法进行最佳溶剂的选择试验，3 种溶剂提取效果如图 5 所示，95%乙醇的提取率最高，水的提取效果较好，而甲醇的提取率最低，故 95%乙醇宜作为提取麦宾草总酚的溶液提取剂。以上结果说明提取溶剂的不同，总酚含量存在差异。甲醇与 95%乙醇对 E^+与 E^-总酚含量影响相一致，均是 E^-大于 E^+；而用水提取时，E^+大于 E^-，该结论与有机溶剂提取时相反，可能是认为操作失误所导致。对于 E^+&P 与 E^-&P 来说，三种溶剂提取的总酚含量均是 E^+&P 大于 E^-&P，说明溶剂对其总酚含量没有影响。

3　讨论

植物中总酚提取率影响的因素有很多，不仅包括温度、时间、提取剂种类等因素，还有其他多种因素也会对此造成影响，如提取剂浓度、料液比等。鲁晓翔等人 2008 年对板栗壳多酚提取条件及其抗氧化性研究[6]，刘锡建 2004 年对沙棘果汁总酚的提取、精制和抗氧化性能的研究，表明有机溶剂对总酚的提取率比水的提取率高[7]。而本实验中 95%乙醇为提取总酚的最适溶剂，谭飏对辣木籽多酚提取工艺优化及其抗氧化活性的研究中表明，有机溶剂的浓度会影响提取总酚的提取率[8]。

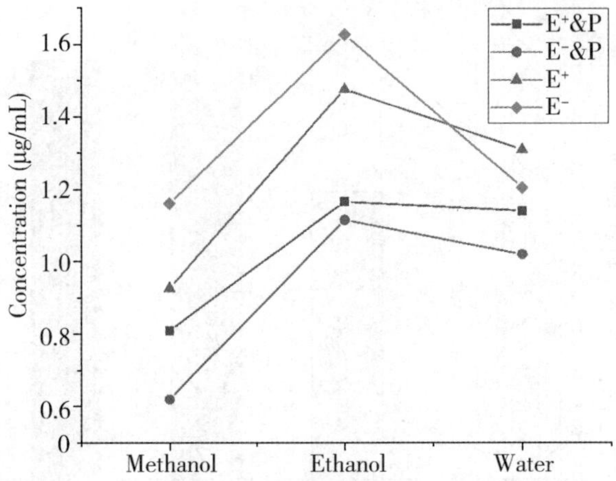

Fig. 5 Effects of different solution extractants on the determination of polyphenols

E^+&P 与 E^-&P 比较，3 种溶剂下，麦宾草的总酚含量都为 E^+&P 大于 E^-&P，E^-&P 与 E^-比较，都为 E^-&P 小于 E^-，说明蚜虫吸食后会导致麦宾草总酚的减少，而麦宾草携带内生真菌后则能减少蚜虫对于麦宾草的影响。Dariusz P. Malinowski 等人对植物内生真菌侵染冷季禾本科植物对环境胁迫的适应性研究中表明，内生真菌感染的植物所产生的生物碱类能保护植株，减轻植食性昆虫的危害[9]。张兴旭对内生真菌对醉马草抗虫性影响的研究表明，内生真菌共生体中的麦角新碱和麦角酰胺的含量与禾谷缢管蚜虫口密度之间呈显著的负相关。其结果与本文的相似，内生真菌可减少蚜虫对麦宾草的影响[10]。

本次实验结果表明内生真菌可减少禾谷缢管蚜对麦宾草的影响，但并没有进一步探究通过何种方式减轻影响，若对此进行更深一步的研究，可为麦宾草内生真菌共生体作用原理提供依据，也可为内生真菌生物防治、改善自然环境提供理论依据。

参考文献

[1] RODRIGUEZ R J, WHITE J F, ARNOLD A E, et al. Fungal endophytes: diversity and functional roles [J]. New Phytol, 2009, 182: 314-330.

[2] ORHAN I E, SENOL F S, OZTURK N, et al. Profiling of in vitro neurobiological effects and phenolic acids of selected endemic *Salvia* species [J]. Food Chem, 2012, 132: 1360-1367.

[3] ANESINI C, FERRARO G E, FILIP R. Total polyphenol content and antioxidant capacity of commercially available tea (*Camellia sinensis*) in Argentina [J]. J Agr Food Chem, 2008, 56: 9225-9229.

[4] LLORENT-MARTINEZ E J, SPINOLA V, CASTILHO P C. Phenolic profiles of *Lauraceae* plant species endemic to Laurisilva forest: A chemotaxonomic survey [J]. Ind. Crop. Prod, 2017, 107: 1-12.

[5] LIU H Y, QIU N X, DING H H, et al. Polyphenols contents and antioxidant capacity of 68 Chinese herbals suitable for medical or food uses [J]. Food Res Int, 2008, 41: 363-370.

[6] 鲁晓翔，赵晨光，连喜军．板栗壳多酚提取条件及其抗氧化性研究 [J]. 食品研究与开发，2008 (3): 32-36.

[7] 刘锡建．沙棘果渣总黄酮的提取、精制和抗氧化性能的研究 [D]. 北京：北京化工大学，2004.

[8] 谭飔，夏国灯，韩杨，等．辣木籽多酚提取工艺优化及其抗氧化活性研究 [J]. 食品科技，2019，44: 280-285.

[9] MALINOWSKI D P, BELESKY D P. Adaptations of endophyte-infected cool-season grasses to environmental stresses: Mechanisms of drought and mineral stress tolerance [J]. Crop Sci, 2000, 40: 923-940.

[10] 张兴旭．内生真菌对醉马草抗虫性影响的研究 [D]. 兰州：兰州大学，2008.

Transcriptome analysis of postharvest pear (*Pyrus pyrifolia* Nakai) in response to *Penicillium expansum* infection

XU Meiqiu　ZHANG Xiaoyun　ZHAO Lina　YANG Qiya
WANG Kaili　ZHANG Hongyin
(*School of Food and Biological Engineering*, *Jiangsu University*, 301 *Xuefu Road*, *Zhenjiang* 212013, *China*)

Abstract: In pears, blue mold decay caused by *Penicillium expansum*, is a destructive postharvest disease around the world, which leads to stasis of the pear industry and creates huge economic losses. Our previous research work proved that *P. expansum* mainly secretes cell wall degrading enzymes (CWDEs) to infect pears. To further understand the molecular basis of *P. expansum* infection and disease progression, in the present study we have tried to investigate the transcriptome of pears infected with *P. expansum*. The differentially expressed genes (DEGs) identified from the RNA-seq results were clustered into 2 upward trends and 6 downward trends according to their gene expression patterns. Comparison of Gene ontology (GO) terms in downward and upward trend profiles evidenced that the enriched GO terms (included metabolic processes for L-phenylalanine, aromatic amino acid family and ethylene, etc.), found in upward trend profiles were more relevant to pear defense. Moreover, the Kyoto Encyclopedia of Genes and Genomes (KEGG) results revealed that pears can produce a complex defense response against *P. expansum* infection. Briefly, *P. expansum* produced CWDEs to establish infection, which triggers relevant transduction pathways in pear. These pathways led to further activation of the secondary regulatory networks. Finally, some metabolites were synthesised to defense against *P. expansum*. In general, the information obtained in this study will be supportive to develop new strategies to control fungal diseases.

Key words: Pear; *Penicillium expansum*; RNA-seq; Defense mechanism; Transcription

外源阿魏酸对苹果青霉病的控制和贮藏品质的影响

郭　谜[*]　黄　蕊　李灿婴　葛永红[**]
(渤海大学食品科学与工程学院，锦州　121013)

摘　要：以“秋锦”苹果为材料，研究体内和体外条件下不同浓度（0.5 g/L、1.0 g/L、2.0 g/L）阿魏酸处理对扩展青霉（*Penicillium expansum*）的抑制效果及对果实贮藏品质的影响。结果表明，1.0 g/L 和 2.0 g/L 阿魏酸显著降低了离体条件下 *P. expansum* 菌落直径，1.0 g/L 阿魏酸显著抑制了损伤接种苹果果实病斑扩展。因此，选择 1.0 g/L 阿魏酸处理进行果实贮藏品质及抗性指标的研究。阿魏酸处理提高了果实 a^* 值、可溶性固形物含量、抗坏血酸和苹果酸含量，但对果实 L^*、b^*、失重率和果肉硬度没有显著影响。由此表明，阿魏酸处理能够控制 *P. expansum* 引起的苹果青霉病，并且能够保持贮藏期间的果实品质。

关键词：苹果；阿魏酸；扩展青霉；品质

* 第一作者：郭谜，硕士研究生，研究方向为农产品加工及贮藏工程；E-mail：guomi6511@163.com
** 通信作者：葛永红，教授，博士，研究方向为果蔬采后生物学与技术；E-mail：geyh1979@163.com